Java 从入门到精通

（第 7 版）

明日科技　编著

清华大学出版社

北　京

内 容 简 介

《Java 从入门到精通（第 7 版）》从初学者角度出发，通过通俗易懂的语言、丰富多彩的实例，详细讲解了使用 Java 语言进行程序开发需要掌握的知识。全书分为 4 篇共 24 章，内容包括初识 Java，开发工具（IDEA、Eclipse），Java 语言基础，流程控制，数组，类和对象，继承、多态、抽象类与接口，包和内部类，异常处理，字符串，常用类库，集合类，枚举类型与泛型，lambda 表达式与流处理，I/O（输入/输出），反射与注解，数据库操作，Swing 程序设计，Java 绘图，多线程，并发，网络通信，飞机大战游戏，MR 人脸识别打卡系统。书中所有知识都结合具体实例进行讲解，涉及的程序代码都给出了详细的注释，这可以帮助读者轻松领会 Java 程序开发的精髓，并快速提高开发技能。

另外，本书除了纸质内容，还配备了 Java 在线开发资源库，主要内容如下：

☑ 同步教学微课：共 249 集，时长 32 小时　　　☑ 技术资源库：426 个技术要点
☑ 技巧资源库：583 个开发技巧　　　　　　　　☑ 实例资源库：707 个应用实例
☑ 项目资源库：40 个实战项目　　　　　　　　　☑ 源码资源库：747 项源代码
☑ 视频资源库：644 集学习视频　　　　　　　　☑ PPT 电子教案

本书适合作为软件开发入门者的自学用书，也适合作为高等院校相关专业的教学参考用书，还可供开发人员查阅、参考。

图书在版编目（CIP）数据

Java 从入门到精通 / 明日科技编著. —7 版. —北京：清华大学出版社，2023.4（2025.4 重印）
（软件开发视频大讲堂）
ISBN 978-7-302-63262-7

Ⅰ. ①J… Ⅱ. ①明… Ⅲ. ①JAVA 语言—程序设计 Ⅳ. ①TP312.8

中国国家版本馆 CIP 数据核字（2023）第 058768 号

责任编辑：贾小红
封面设计：刘　超
版式设计：文森时代
责任校对：马军令
责任印制：杨　艳

出版发行：清华大学出版社
　　　网　　　址：https://www.tup.com.cn，https://www.wqxuetang.com
　　　地　　　址：北京清华大学学研大厦 A 座　　　邮　　编：100084
　　　社 总 机：010-83470000　　　　　　　　　　邮　　购：010-62786544
　　　投稿与读者服务：010-62776969，c-service@tup.tsinghua.edu.cn
　　　质量反馈：010-62772015，zhiliang@tup.tsinghua.edu.cn
印 装 者：河北鹏润印刷有限公司
经　　销：全国新华书店
开　　本：203mm×260mm　　　　印　　张：32　　　　字　　数：898 千字
版　　次：2008 年 9 月第 1 版　　2023 年 6 月第 7 版　　印　　次：2025 年 4 月第 6 次印刷
定　　价：89.80 元

产品编号：101101-01

如何使用本书开发资源库

本书赠送价值 999 元的"Java 在线开发资源库"一年的免费使用权限，结合图书和开发资源库，读者可快速提升编程水平和解决实际问题的能力。

1. VIP 会员注册

刮开并扫描图书封底的防盗码，按提示绑定手机微信，然后扫描右侧二维码，打开明日科技账号注册页面，填写注册信息后将自动获取一年（自注册之日起）的 Java 在线开发资源库的 VIP 使用权限。

读者在注册、使用开发资源库时有任何问题，均可咨询明日科技官网页面上的客服电话。

Java 开发资源库

2. 纸质书和开发资源库的配合学习流程

Java 开发资源库中提供了技术资源库（426 个技术要点）、技巧资源库（583 个开发技巧）、实例资源库（707 个应用实例）、项目资源库（40 个实战项目）、源码资源库（747 项源代码）、视频资源库（644 集学习视频），共计六大类、3147 项学习资源。学会、练熟、用好这些资源，读者可在最短的时间内快速提升自己，从一名新手晋升为一名软件工程师。

| 首页 | 术 技术资源库 426 | 巧 技巧资源库 583 | 例 实例资源库 707 | 项 项目资源库 40 | 码 源码资源库 747 | 视 视频资源库 644 |

《Java 从入门到精通（第 7 版）》纸质书和"Java 在线开发资源库"的配合学习流程如下。

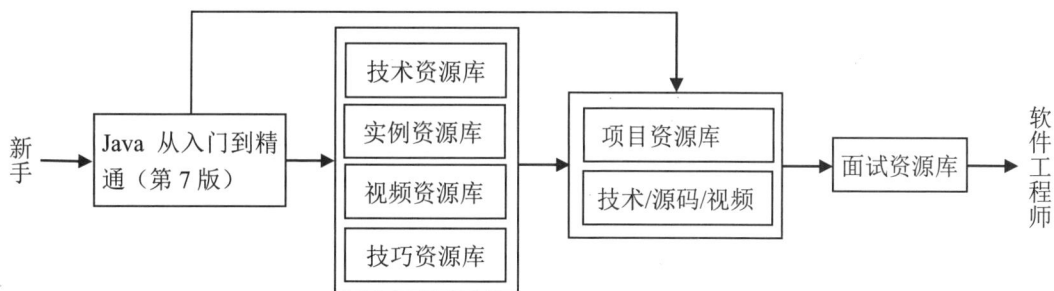

3. 开发资源库的使用方法

在学习到本书某一章节时，可利用实例资源库对应内容提供的大量热点实例和关键实例，巩固所学编程技能，提升编程兴趣和信心。

开发过程中，总有一些易混淆、易出错的地方，利用技巧资源库可快速扫除盲区，掌握更多实战技巧，精准避坑。需要查阅某个技术点时，可利用技术资源库锁定对应知识点，随时随地深入学习。

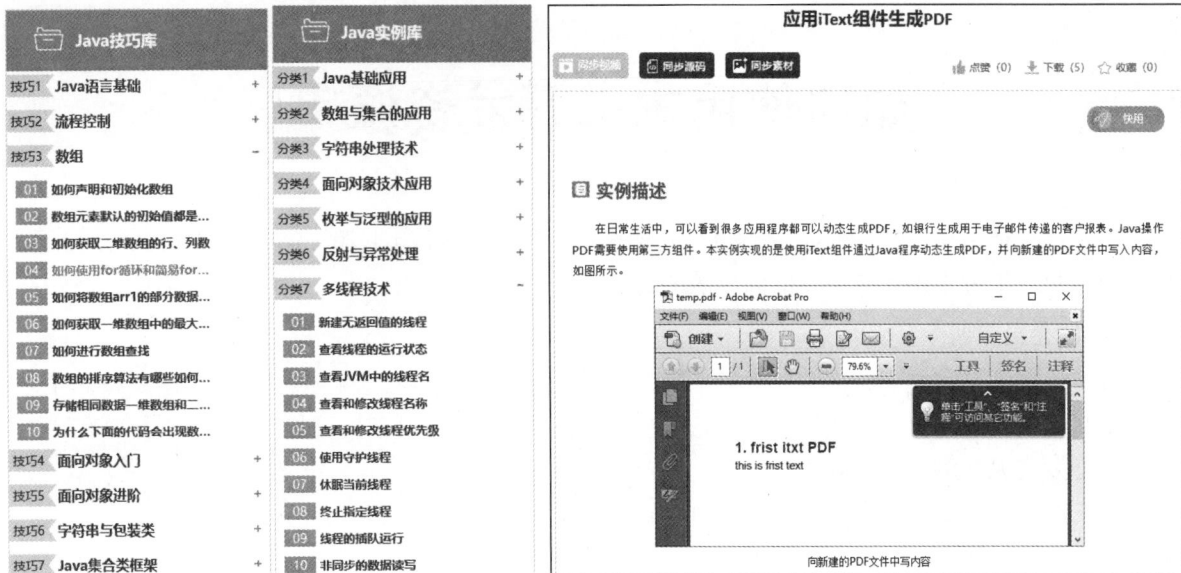

学习完本书后，读者可通过项目资源库中的 **40** 个经典项目，全面提升个人的综合编程技能和解决实际开发问题的能力，为成为 Java 软件开发工程师打下坚实的基础。

另外，利用页面上方的搜索栏，还可以对技术、技巧、实例、项目、源码、视频等资源进行快速查阅。

万事俱备后，读者该到软件开发的主战场上接受洗礼了。本书资源包中提供了 Java 各方向的面试真题，是求职面试的绝佳指南。读者可扫描图书封底的"文泉云盘"二维码获取。

📖 Java面试资源库
- 📄 第1部分 Java语言基础
- 📄 第2部分 面向对象程序设计
- 📄 第3部分 高级编程技术
- 📄 第4部分 数据库相关技术
- 📄 第5部分 网络与数据流
- 📄 第6部分 企业面试真题汇编

前 言

Preface

丛书说明： "软件开发视频大讲堂"丛书第 1 版于 2008 年 8 月出版，因其编写细腻、易学实用、配备海量学习资源和全程视频等，在软件开发类图书市场上产生了很大反响，绝大部分品种在全国软件开发零售图书排行榜中名列前茅，2009 年多个品种被评为"全国优秀畅销书"。

"软件开发视频大讲堂"丛书第 2 版于 2010 年 8 月出版，第 3 版于 2012 年 8 月出版，第 4 版于 2016 年 10 月出版，第 5 版于 2019 年 3 月出版，第 6 版于 2021 年 7 月出版。十五年间反复锤炼，打造经典。丛书迄今累计重印 680 多次，销售 400 多万册，不仅深受广大程序员的喜爱，还被百余所高校选为计算机、软件等相关专业的教学参考用书。

"软件开发视频大讲堂"丛书第 7 版在继承前 6 版所有优点的基础上，进行了大幅度的修订。第一，根据当前的技术趋势与热点需求调整品种，拓宽了程序员岗位就业技能用书；第二，对图书内容进行了深度更新、优化，如优化了内容布置，弥补了讲解疏漏，将开发环境和工具更新为新版本，增加了对新技术点的剖析，将项目替换为更能体现当今 IT 开发现状的热门项目等，使其更与时俱进，更适合读者学习；第三，改进了教学微课视频，为读者提供更好的学习体验；第四，升级了开发资源库，提供了程序员"入门学习→技巧掌握→实例训练→项目开发→求职面试"等各阶段的海量学习资源；第五，为了方便教学，制作了全新的教学课件 PPT。

Java 是 Sun 公司推出的跨平台、可移植性高的一种面向对象编程语言。自面世以来，Java 凭借其易学易用、功能强大的特点得到了广泛的应用。其强大的跨平台特性使 Java 程序可以运行在大部分系统平台上，甚至可以运行在移动电子产品上，真正做到"一次编写，到处运行"。Java 可用于编写桌面应用程序、Web 应用程序、分布式系统和嵌入式系统应用程序等，这使得它成为应用范围最广泛的开发语言。随着 Java 技术的不断更新，在全球云计算和移动互联网飞速发展的产业环境下，Java 的显著优势和广阔前景将进一步呈现出来。

本书内容

本书提供了从 Java 入门到编程高手所必需的各类知识，共分 4 篇，整体结构如下图所示。

第 1 篇：基础知识。 本篇通过对初识 Java、开发工具、Java 语言基础、流程控制和数组等内容的讲解，结合大量的图示、举例、视频等，使读者快速掌握 Java 语言的基础知识，为以后编程奠定坚实的基础。

第 2 篇：面向对象编程。 本篇讲解类和对象，继承、多态、抽象类与接口，包和内部类等内容。学习完本篇，读者将能掌握如何采用面向对象思维编写 Java 代码。

第 3 篇：核心技术。 本篇讲解异常处理、字符串、常用类库、集合类、枚举类型与泛型、lambda 表达式与流处理、I/O（输入/输出）、反射与注解、数据库操作、Swing 程序设计、Java 绘图、多线程、并发和网络通信等内容。学习完本篇，读者将能够开发出一些小型应用程序。

第 4 篇：项目实战。本篇通过一个小型的游戏项目和一个利用人工智能视觉分析的人脸识别打卡系统项目，运用软件工程的设计思想，让读者学习如何进行软件项目的实践开发。项目按照"编写项目计划书→系统设计→数据库设计→创建项目→实现项目→运行项目→解决开发常见问题"的过程进行讲解，带领读者一步一步地体验项目开发的全过程。

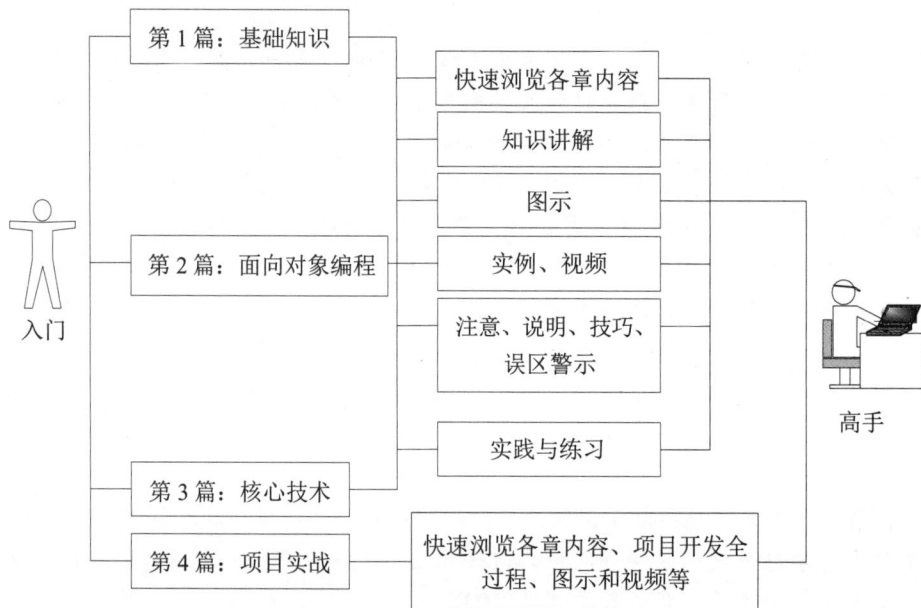

本书特点

☑ **由浅入深，循序渐进。** 本书以零基础入门读者和初、中级程序员为对象，让读者先从 Java 基础知识学起，再学习面向对象编程，接着学习 Java 的核心技术，最后学习开发两个完整项目。讲解过程中步骤详尽，版式新颖，在操作的内容图片上以❶❷❸……的编号+内容的方式进行标注，使读者在阅读时一目了然，可以快速掌握书中内容。

☑ **微课视频，讲解详尽。** 为便于读者直观感受程序开发的全过程，书中重要章节配备了视频讲解（共 249 集，时长 32 小时），读者可以使用手机扫描章节标题一侧的二维码进行观看和学习。这也便于初学者轻松入门，感受编程的快乐，获得成就感，进一步增强学习的信心。

☑ **基础示例+强化训练+综合练习+项目案例，实战为王。** 通过例子学习是最好的学习方式，本书核心知识讲解通过"一个知识点、一个示例、一个结果、一段评析、一个综合应用"的模式，详尽透彻地讲述了实际开发中所需的各类知识。全书共计有 219 个应用实例，149 个编程训练，96 个综合练习，2 个项目案例，为初学者打造"学习 1 小时，训练 10 小时"的强化实战学习环境。

☑ **精彩栏目，贴心提醒。** 本书根据需要在各章安排了很多"注意""说明""技巧""误区警示"等小栏目，让读者可以在学习过程中更轻松地理解相关知识点及概念，更快地掌握相关技术的应用技巧。

读者对象

- ☑ 初学编程的自学者
- ☑ 大中专院校的老师和学生
- ☑ 做毕业设计的学生
- ☑ 程序测试及维护人员
- ☑ 编程爱好者
- ☑ 相关培训机构的老师和学员
- ☑ 初、中级程序开发人员
- ☑ 参加实习的"菜鸟"程序员

资源与服务

本书提供了大量的辅助学习资源，读者需刮开图书封底的防盗码，扫描并绑定微信后，获取学习权限。

- ☑ 同步教学微课

学习书中知识时，扫描章节名称处的二维码，可在线观看教学视频。

- ☑ 在线开发资源库

本书配备了强大的 Java 开发资源库，包括技术资源库、技巧资源库、实例资源库、项目资源库、源码资源库、视频资源库。扫描右侧"Java 开发资源库"二维码，可登录明日科技网站，获取 Java 开发资源库一年的免费使用权限。

Java 开发资源库

- ☑ 配套源码

本书中实例和综合实战项目配有源码，编程练习题配有答案。扫描图书封底的"文泉云盘"二维码，即可下载。

- ☑ 教学资源

扫描右侧"教学资源"二维码或者登录清华大学出版社网站（www.tup.com.cn），可在对应图书页面下查阅本书的 PPT 课件、课程教学大纲等教学辅助资源的获取方式。

教学资源

- ☑ 学习答疑

本书配有完善的新媒体学习矩阵，包括 IT 今日热榜（实时提供最新技术热点）、微信公众号、学习交流群、400 电话、技术社区等，可为读者提供专业的知识拓展与答疑服务。扫描右侧"学习答疑"二维码，根据说明操作，即可享受答疑服务。

学习答疑

致读者

本书由明日科技 Java 程序开发团队组织编写。明日科技是一家专业从事软件开发、教育培训以及软件开发教育资源整合的高科技公司，其编写的教材非常注重选取软件开发中的必需、常用内容，同时也很注重内容的易学、方便性以及相关知识的拓展性，深受读者喜爱。其教材多次荣获"全行业优秀畅销品种""全国高校出版社优秀畅销书"等奖项，多个品种长期位居同类图书销售排行榜的前列。

在编写本书的过程中，我们始终本着科学、严谨的态度，力求精益求精，但书中难免有疏漏和不当之处，敬请广大读者提出意见和建议。

感谢您选择本书，希望本书能成为您编程路上的领航者。

"零门槛"编程，一切皆有可能。

祝读书快乐！

编　者

2023 年 5 月

目 录

Contents

第1篇 基 础 知 识

第 2 篇　面向对象编程

第 3 篇　核 心 技 术

第4篇　项目实战

第 *1* 篇

基础知识

本篇通过对初识 Java、开发工具（IDEA 和 Eclipse）、Java 语言基础、流程控制和数组等内容的讲解，结合大量的图示、举例、视频等，使读者快速掌握 Java 语言的基础知识，为以后编程奠定坚实的基础。

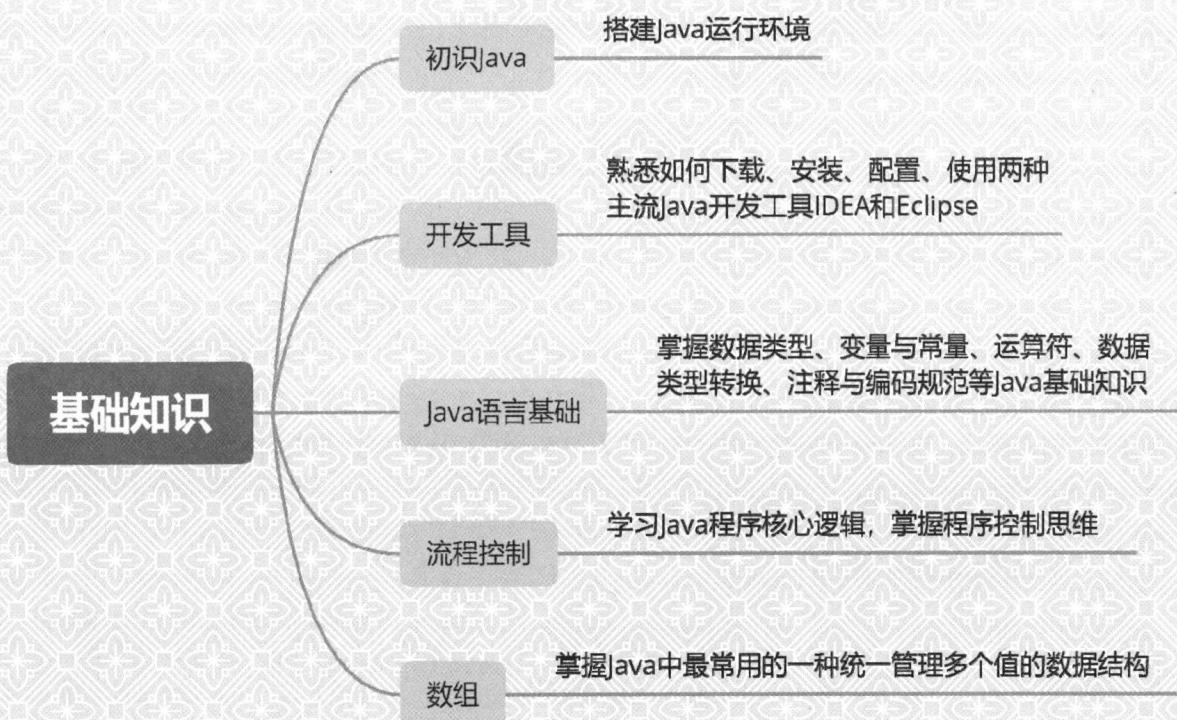

基础知识

- 初识Java —— 搭建Java运行环境
- 开发工具 —— 熟悉如何下载、安装、配置、使用两种主流Java开发工具IDEA和Eclipse
- Java语言基础 —— 掌握数据类型、变量与常量、运算符、数据类型转换、注释与编码规范等Java基础知识
- 流程控制 —— 学习Java程序核心逻辑，掌握程序控制思维
- 数组 —— 掌握Java中最常用的一种统一管理多个值的数据结构

第1章

初识 Java

本章将简单介绍 Java 语言的不同版本、相关特性以及学好 Java 语言的方法等,主要是让读者对 Java 语言有一个整体的了解,进而能够高效地学习其具体内容,最后达到完全掌握 Java 语言的目的。

本章的知识架构及重难点如下。

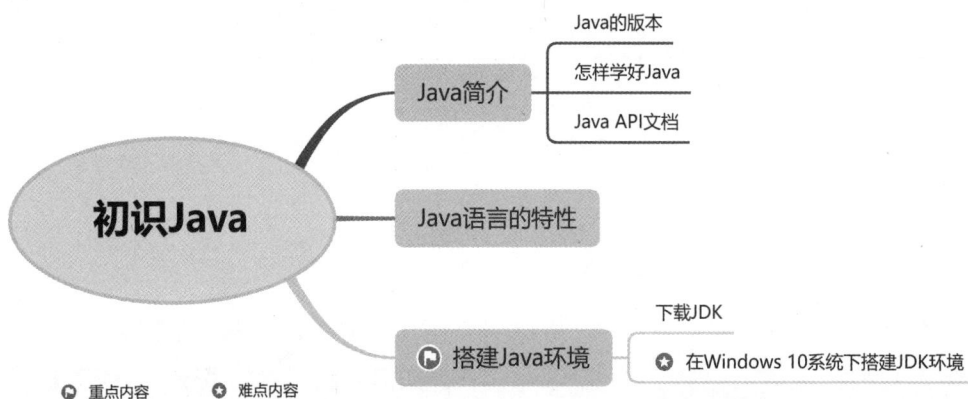

1.1　Java 简介

Java 是一门高级的面向对象的程序设计语言。使用 Java 语言编写的程序是跨平台的,从计算机到智能手机,到处都运行着 Java 开发的程序和游戏。Java 程序可以在任何计算机、操作系统以及支持 Java 的硬件设备上运行。

1.1.1　什么是 Java 语言

Java 是 1995 年由 Sun 公司推出的一门极富创造力的面向对象的程序设计语言,它是由有"Java 之父"之称的 Sun 研究院院士詹姆斯·戈士林博士亲手设计而成的,正是他完成了 Java 技术的原始编译器和虚拟机。Java 最初的名字是 OAK,在 1995 年被重命名为 Java,并正式发布。

Java 是一种通过解释方式来执行的语言,其语法规则和 C++类似。同时,Java 也是一种跨平台的程序设计语言,用 Java 语言编写的程序,可以运行在任何平台和设备上,如跨越 IBM 个人计算机、MAC 苹果计算机、各种微处理器硬件平台,以及 Windows、UNIX、OS/2、Mac OS 等系统平台,真正实现"一次编写,到处运行"。Java 非常适于企业网络和 Internet 环境,并且已成为 Internet 中最具有影响力、最受欢迎的编程语言之一。

与目前常用的 C++相比，Java 语言简洁得多，而且提高了可靠性，除去了最大的程序错误根源，此外它还有较高的安全性，可以说，它是有史以来最为卓越的编程语言。

Java 语言编写的程序既是编译型的，又是解释型的。程序代码经过编译之后转换为一种称为 Java 字节码的中间语言，Java 虚拟机（JVM）将对字节码进行解释和运行。编译只进行一次，而解释在每次运行程序时都会进行。编译后的字节码采用一种针对 JVM 优化过的机器码形式进行保存，虚拟机将字节码解释为机器码，然后在计算机上运行。Java 语言程序代码的编译和运行过程如图 1.1 所示。

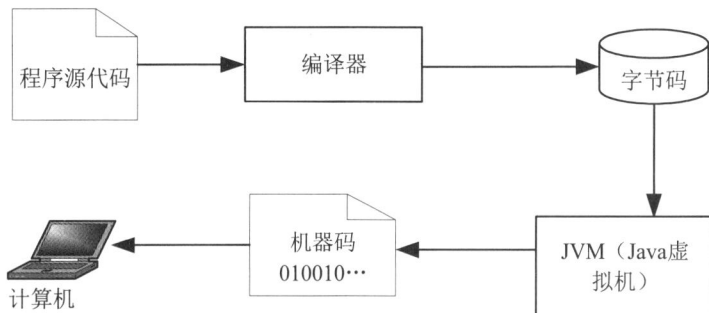

图 1.1　Java 程序的编译和运行过程

1.1.2　Java 的应用领域

借助 Java，程序开发人员可以自由地使用现有的硬件和软件系统平台。这是因为 Java 是独立于平台的，它还可以应用于计算机之外的领域。Java 程序可以在便携式计算机、电视、电话、手机和其他的大量电子设备上运行。Java 的用途不胜枚举，它拥有无可比拟的能力，节省的时间和费用十分可观。Java 的应用领域主要有以下方面：

- ☑ 桌面应用系统开发。
- ☑ 嵌入式系统开发。
- ☑ 电子商务应用。
- ☑ 企业级应用开发。
- ☑ 交互式系统开发。
- ☑ 多媒体系统开发。
- ☑ 分布式系统开发。
- ☑ Web 应用系统开发。
- ☑ 移动端应用开发。

Java 无处不在。它已经拥有几百万个用户，其发展速度要快于在它之前的任何一种计算机语言。Java 能够给企业和最终用户带来数不尽的好处。Oracle 公司董事长和首席执行官 Larru Ellison 说过："Java 正在进入企业、家庭和学校。它正在像 Internet 本身一样，成为一种普遍存在的技术。"

如果仔细观察，会发现 Java 就在我们身边。我们经常使用的 Java 开发工具有 Eclipse、IntelliJ IDEA、NetBeans、JBuilder 等。

1.1.3　Java 的版本

Java 主要分为两个版本：Java SE 和 Java EE。

Java SE 全称 Java platform standard edition，是 Java 的标准版，主要用于桌面应用程序开发。它包

含了 Java 语言基础、JDBC（Java 数据库连接）、I/O（输入/输出）、TCP/IP 网络、多线程等核心技术。

Java EE 全称 Java platform enterprise edition，是 Java 的企业版，主要用于开发服务器应用程序，如网站、服务器接口等，其核心为 EJB（企业 Java 组件）。Java EE 版本兼容 Java SE 版本。

以 Java SE 为例，各版本的特点如下：

☑ JDK 1.0～JDK 1.4 已不能满足开发需求而被广大开发者放弃。

☑ JDK 1.5 添加了自动装箱、自动拆箱、枚举、不定长参数、泛型等功能。

☑ JDK 1.6 在 JDK 1.5 基础上添加了许多新的类，但核心语法没有发生变化。

☑ JDK 7 也可称为 JDK 1.7，该版本 switch 语句可用字符串参数，简化了泛型语法，添加了 try 语句自动关闭流资源等功能。

☑ JDK 8 添加了 lambda 表达式、JavaFX 技术、流式处理和 JS 脚本引擎等功能。

☑ JDK 9 在 JDK 8 基础上添加了许多新的类，优化了线程并发处理和垃圾回收处理的代码，并开启了模块化 Java API 的先河。不过 JDK 9 刚推出半年就立刻被 JDK 10 替代。

☑ JDK 10 添加了 var 关键字用于声明局部变量，同时进一步优化了 JDK 9 的代码，并删除了冗余的过时代码。

☑ JDK 11 优化了垃圾处理的机制，将以前版本标记弃用的内容彻底删除（如删除了 Nashorn JavaScript 引擎；删除 JavaFX，JavaFX 将成为一个独立的框架），对一些语法问题进行了优化。JDK 11 是一个长期更新版本，建议使用此版本。

☑ JDK 12 添加了 switch 表达式。

☑ JDK 13 添加了可以保存长文本的文本块语法。

☑ JDK 14 添加了"record class"记录类语法，可以快速创建 JavaBean；instanceof 关键字添加了自动显示转换的语法；优化了空指针异常的日志内容，可以精确地看到哪个对象是 null。

☑ JDK 15 提供了隐藏类，可以将 lambda 表达式等特殊语法中出现的隐藏数据封装成类。

☑ JDK 16 提供了用于矢量计算的 jdk.incubator.vector、用于简化对 native code 进行调用的 jdk.incubator.foreign、用于标注并作为 value-based 的类的注解@jdk.internal.ValueBased 和关于在 Java 平台中任何基于值的类的实例上进行同步的警告。

☑ JDK 17 已将密封类添加到 Java 语言中，使用开关表达式、语句的模式匹配和模式语言的扩展增强 Java 语言，提供了用于访问更高质量的图像的 javax.swing.filechooser.FileSystemView. getSystemIcon(File, int, int)方法、为伪随机数生成器（PRNG）提供新的接口类型和实现。此外，JDK 17 弃用了 Applet API、安全管理器、Kerberos 中的 3DES 和 RC4、实现工厂机制的套接字和 JVM TI 堆函数 1.0。

☑ JDK 18 默认 UTF-8 是 Java SE API 的字符集，使用方法句柄重新实现核心反射，引入 Vector API 表达向量计算，引入外部函数和内存 API 允许 JVM 之外的代码和不受 JVM 管理的内存进行交互。

☑ JDK 19 提供了用于简化多线程编程的结构化并发，允许嵌套记录模式和类型模式以实现数据导航和数据处理，允许每个模式都有特定的操作以表达面向数据的复杂查询，提供了压缩向量操作、扩展向量操作和互补向量掩码压缩操作、补充向量 API 以扩展逐位积分通道操作。

> **说明**
>
> 在 JDK 7 升级到 JDK 8 的过程中，Oracle 公司放弃了原本的"1.X"版本号名称，直接使用版本号的最后第二位数字，所以很多资料中仍会记载"JDK 1.7"而不是"JDK 7"，其实这两个名称是同一个版本的不同叫法。即使是 JDK 8 版本，使用"java-version"命令查询出的结果仍然是"1.8.XX"。这个版本名称不统一的问题直到 JDK 9 才得以解决，JDK 9 彻底删除了"1.X"前缀。

以上介绍的是 Oracle 公司推出的 JDK，除此之外还有一个 Open JDK。Open JDK 最早由 Sun 公司推出，它是一个完全开源且商业免费的 Java 平台，被广泛应用到 Linux 系统上。因为 Oracle JDK 的源码有知识产权问题，所以 Open JDK 的源码和 Oracle JDK 并不是完全一样的，但运行效果是相同的。

Open JDK 有以下几个特点：

- ☑ 所有代码都是开源代码。在 Oracle JDK 中但凡有产权的代码都被替换了，不存在知识产权纠纷，因此完全免费，任何人都可以随意下载。
- ☑ 虽然是代码开源的，但功能不完整，只包含了 JDK 中最精简的功能。
- ☑ 不包含 Oracle JDK 的 Deployment（部署）功能。
- ☑ 不能使用 Java 的"咖啡杯"商标。
- ☑ 性能不如 Oracle JDK 高。

不同版本的 JDK 之间可能存在不兼容问题。当技术人员开发服务器应用程序时，需要提前知道服务器的 JDK 版本，要按照各版本的要求编写 Java 代码。

1.1.4　怎样学好 Java

如何学好 Java 语言，是所有初学者都需要面对的问题。其实，每种语言的学习方法都大同小异。初学者需要注意以下几点：

- ☑ 明确自己的学习目标和大的方向，选择并锁定一门语言，然后按照自己的方向努力学习，认真研究。
- ☑ 初学者不用看太多的书，先找本相对基础的书进行系统的学习。很多程序开发人员工作了很久也只是熟悉部分基础而已，并没有系统地学习 Java 语言。
- ☑ 了解设计模式。开发程序必须编写程序代码，这些代码必须具有高度的可读性，这样编写的程序才有调试、维护和升级的价值。学习一些设计模式，能够更好地把握项目的整体结构。
- ☑ 不要死记语法。在刚接触一门语言，特别是 Java 语言时，掌握好基本语法并大概了解一些功能即可。尽量借助开发工具（如 Eclipse 或 NetBeans）的代码辅助功能完成代码的录入，这样可以快速进入学习状态。
- ☑ 多实践，多思考，多请教。仅读懂书本中的内容和技术是不行的，必须动手编写程序代码，并运行程序、分析运行结构，从而对学习内容有个整体的认识和肯定。学会用自己的方式思考问题，通过编写代码来提高编程思想。平时多请教老师或同事，和其他人多沟通技术问题，提高自己的技术和见识。
- ☑ 不要急躁。遇到技术问题，必须冷静对待，不要让自己思维混乱。保持清醒的头脑才能分析和解决各种问题。可以尝试用听歌、散步等方式来放松自己。

☑ 遇到问题，首先尝试自己解决，这样可以提高自己的程序调试能力，并对常见问题有一定的了解，明白出错的原因，甚至能举一反三，解决其他关联的错误问题。

☑ 多查阅资料。可以经常到 Internet 上搜索相关资料或解决问题的方法，网络上已经摘录了很多人遇到的问题和不同的解决方法，分析这些问题的解决方法，找出最适合自己的方法。

☑ 多阅读别人的源代码。不但要看懂他人的程序代码，还要分析他人的编程思想和设计模式，并化为己用。

1.1.5 Java API 文档

API 的全称是 application programming interface，即应用程序编程接口，主要包括类的继承结构、成员变量、成员方法、构造方法、静态成员的描述信息和详细说明等内容。读者朋友可以在 https://docs.oracle.com/en/java/javase/19/docs/api/index.html 中找到 JDK 19 的 API 文档，页面效果如图 1.2 所示。

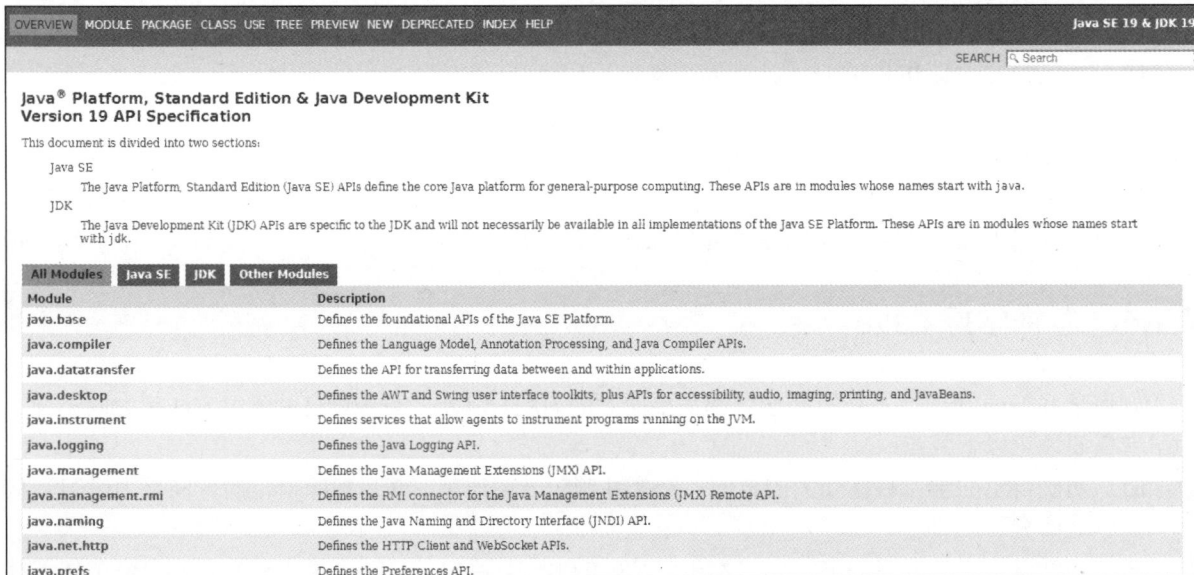

图 1.2　JDK 19 的 API 文档

说明

从 JDK 1.7 开始，官方已不再发布中文版的 API 文档。如果读者感觉阅读英文吃力，可以选择查看基于 JDK 1.6 的中文版 API 文档。国内的"开源中国"网站提供了一个可以在线查找的中文版 JDK 1.6 API 文档，地址为 https://tool.oschina.net/apidocs/apidoc?api=jdk-zh。

1.2　Java 语言的特性

Java 语言的作者们编写了具有广泛影响力的 Java 白皮书，里面详细介绍了他们的设计目标以及实现成果，还用简短的篇幅介绍了 Java 语言的特性。下面将对这些特性进行扼要的介绍。

1．简单

Java 语言的语法简单明了，容易掌握，而且是一种纯面向对象的语言。Java 语言的简单性主要体现在以下几个方面：

- ☑ 语法规则和 C++类似。从某种意义上讲，Java 语言是由 C 和 C++语言转变而来的，因此 C/C++程序设计人员可以很容易地掌握 Java 语言的语法。
- ☑ Java 语言对 C++进行了简化和提高。例如，Java 语言使用接口取代了多重继承，并取消了指针，因为指针和多重继承通常使程序变得复杂。Java 语言还通过垃圾自动收集，大大简化了程序设计人员的资源释放管理工作。
- ☑ Java 语言提供了丰富的类库、API 文档以及第三方开发包，另外还有大量基于 Java 的开源项目。JDK（Java 开发者工具箱）已经开放源代码，读者可以通过分析项目的源代码，提高自己的编程水平。

2．面向对象

面向对象是 Java 语言的基础，也是 Java 语言的重要特性，它本身就是一种纯面向对象的程序设计语言。Java 语言提倡万物皆对象，语法中不能在类外面定义单独的数据和函数，也就是说，Java 语言最外部的数据类型是对象，所有的元素都要通过类和对象来访问。

3．分布性

Java 的分布性包括操作分布和数据分布，其中操作分布是指在多个不同的主机上布置相关操作，而数据分布是将数据分别存储在多个不同的主机上，这些主机是网络中的不同成员。Java 可以凭借 URL（统一资源定位符）对象访问网络对象，访问方式与访问本地系统相同。

4．可移植性

Java 程序具有与体系结构无关的特性，它可以非常方便地被移植到网络上的不同计算机中。同时，Java 的类库也实现了针对不同平台的接口，使得这些类库也可以被移植。

5．解释型

运行 Java 程序需要解释器。任何移植了 Java 解释器的计算机或其他设备都可以用 Java 字节码进行解释执行。字节码独立于平台，它本身携带了许多编译时的信息，使得连接过程更加简单，开发过程更加迅速，更具探索性。

6．安全性

Java 语言取消了类 C 语言中的指针和内存释放等语法，有效地避免了用户对内存的非法操作。Java 程序代码要经过代码校验、指针校验等很多测试步骤才能够运行，因此未经允许的 Java 程序不可能运行，也不可能出现损害系统平台的行为，而且使用 Java 可以编写出防病毒和防修改的系统。

7．健壮性

Java 语言的设计目标之一，是能编写出多方面、可靠的应用程序。因此，Java 会检查程序在编译和运行时的错误，并消除错误。类型检查能帮助用户检查出许多在开发早期出现的错误，集成开发工具（如 Eclipse、NetBeans）的出现也使得编译和运行 Java 程序更加容易。

8. 多线程

Java 语言支持多线程机制，能够使应用程序在同一时间并行执行多项任务，而且相应的同步机制可以保证不同线程能够正确地共享数据。使用多线程，可以带来更好的交互能力和实时行为。

9. 高性能

Java 编译后的字节码是在解释器中运行的，所以它的速度较多数交互式应用程序提高了很多。另外，字节码可以在程序运行时被翻译成特定平台的机器指令，从而进一步提高运行速度。

10. 动态

Java 在很多方面比 C 和 C++ 更能够适应不断发展的环境，可以动态地调整库中方法和变量的增加，而客户端不需要任何更改。在 Java 中进行动态调整是非常简单和直接的。

1.3　搭建 Java 环境

工欲善其事，必先利其器。在学习 Java 语言之前，必须了解并搭建好它所需的开发环境。要编译和执行 Java 程序，JDK（Java developer's kit）是必备的。

下面将具体介绍下载和安装 Open JDK 以及配置环境变量的方法。

1.3.1　下载 JDK

JDK 为 Java 代码提供编译和运行的环境。虽然 Oracle JDK 是最完善的商业 JDK，但是在 Oracle 官网下载稳定版本的 JDK 安装包需要用户先登录账号。因为国内用户注册 Oracle 官网账号是一件很麻烦的事情，所以本书采用与 Oracle JDK 具有相同功能的、可以免费下载的 Open JDK。

Open JDK 提供的 JDK 版本中，JDK 8 为 32 位版本，JDK 19 为笔者写作本书时最新的 64 位版本。读者需要先确认计算机系统的位数，再下载相应的版本。

下面介绍下载 JDK 19 的方法，具体步骤如下：

（1）打开浏览器，输入网址 http://jdk.java.net，单击如图 1.3 所示的 JDK 19 超链接，进入 JDK 19 的版本概述页面。

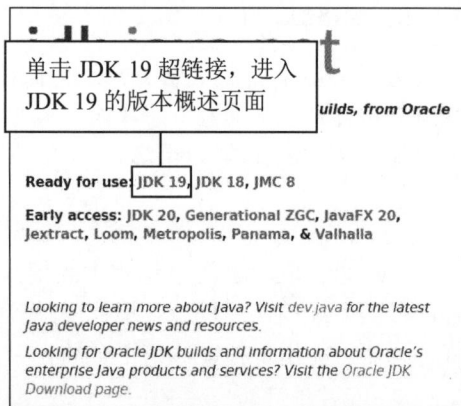

单击 JDK 19 超链接，进入 JDK 19 的版本概述页面

...uilds, from Oracle

Ready for use: JDK 19, JDK 18, JMC 8

Early access: JDK 20, Generational ZGC, JavaFX 20, Jextract, Loom, Metropolis, Panama, & Valhalla

Looking to learn more about Java? Visit dev.java for the latest Java developer news and resources.

Looking for Oracle JDK builds and information about Oracle's enterprise Java products and services? Visit the Oracle JDK Download page.

图 1.3　Open JDK 首页

> **说明**
>
> 本书推荐使用最新版本的 JDK，JDK 19 是笔者写作本书时最新的 64 位版本。因为 JDK 版本更新速度较快，所以读者下载 JDK 时按本书的下载步骤下载最新版本的 JDK 即可。

（2）在如图 1.4 所示的 JDK 19 的版本概述页面中，单击 Builds 下 Windows/x64 后的 zip (sha256)
超链接，即可下载 JDK 19 的 ZIP 压缩包。

图 1.4　JDK 19 的版本概述页面

1.3.2　在 Windows 10 系统下搭建 JDK 环境

在 Windows 系统下搭建 JDK 环境并不需要安装 JDK 19，只需先将下载好的压缩包解压到计算机
硬盘中，再配置好环境变量即可。

1．解压缩

下载完 JDK 19 的 ZIP 压缩包后，将压缩包解压到计算机的
硬盘中，例如把 JDK 19 的 ZIP 压缩包解压到 D:\Java\jdk-19 目录
下，效果如图 1.5 所示。

2．配置环境变量

图 1.5　解压 JDK 19 的 Zip 压缩包

在 Windows 10 系统配置环境变量的步骤如下：

（1）在桌面上的"此电脑"图标上右击，在弹出的快捷菜单中选择"属性"命令，接着在弹出的
窗体左侧单击"高级系统设置"超链接，如图 1.6 所示。

（2）单击"高级系统设置"超链接后，将打开如图 1.7 所示的"系统属性"对话框。单击"环境
变量"按钮，弹出如图 1.8 所示的"环境变量"对话框，在此对话框中先选中"系统变量"栏中的 Path
变量，再单击下方的"编辑"按钮。

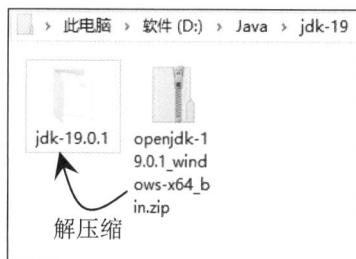

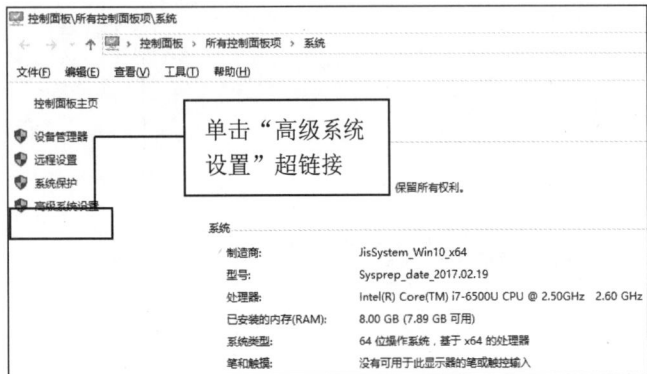

图 1.6　控制面板"系统"界面

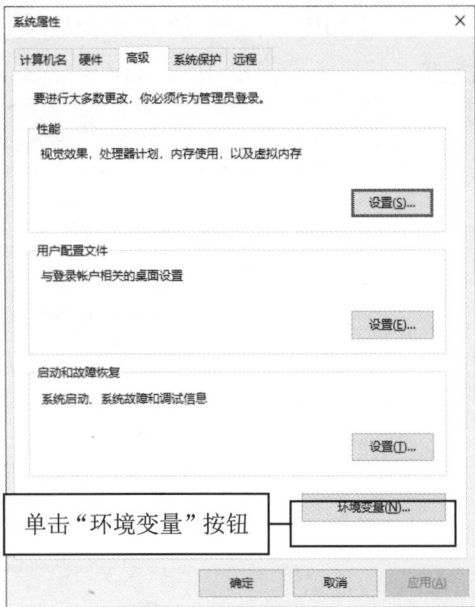

图 1.7　"系统属性"对话框

（3）单击"编辑"按钮后，将打开如图 1.9 所示的"编辑环境变量"对话框。在该对话框中，首先单击右侧的"新建"按钮，列表中会出现一个空的环境变量，然后把 JDK 19 的 bin 文件夹所在的路径填入这个空环境变量中（如图 1.9 所示，笔者应填入的路径是 D:\Java\jdk-19\jdk-19.0.1\bin），最后单击下方的"确定"按钮。

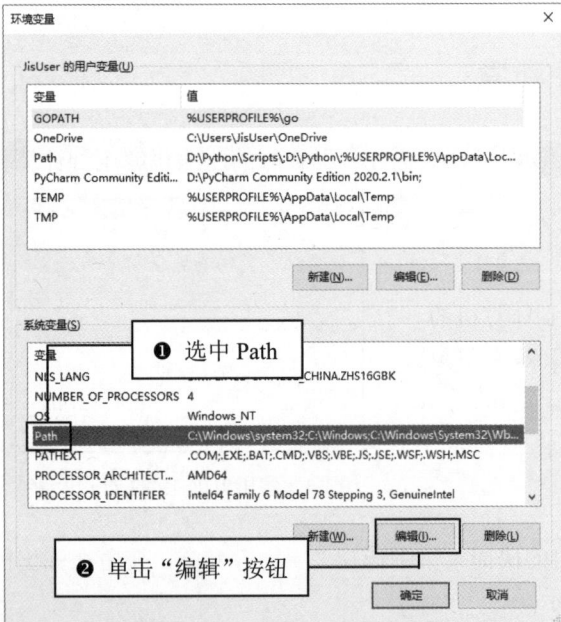

图 1.8　"环境变量"对话框

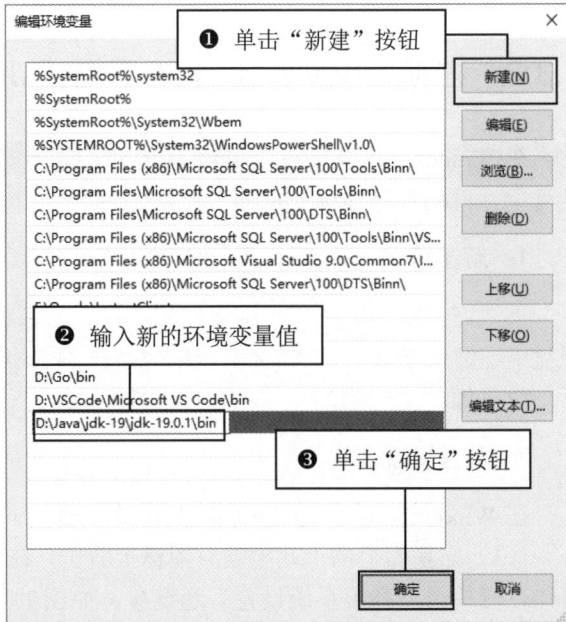

图 1.9　创建 Openc JDK 的环境变量

（4）逐个单击对话框中的"确定"按钮，依次退出上述对话框后，即可完成在 Windows 10 下配置 JDK 环境变量的相关操作。

　　JDK 环境变量配置完成后，需要确认其是否配置准确。在 Windows 10 下测试 JDK 环境需要先单击桌面左下角的▦图标（在 Windows 7 系统下单击▩图标），在下方搜索框中输入 cmd，如图 1.10 所示，然后按 Enter 键启动"命令提示符"对话框。

　　在"命令提示符"对话框中输入 java -version 命令，按 Enter 键，将显示如图 1.11 所示的 JDK 版本信息。如果显示当前 JDK 版本号、位数等信息，则说明 JDK 环境已搭建成功；如果显示"XXX 不是内部或外部命令……"，则说明 JDK 环境搭建失败，请重新检查在环境变量中填写的路径是否正确。

图 1.10　输入 cmd 后的效果图

图 1.11　JDK 版本信息

第 2 章

开发工具

在学习 Java 语言之前，介绍两款功能强大、操作简单、具有辅助编码功能的 IDE（集成开发工具），即 IDEA（全称是 IntelliJ IDEA）和 Eclipse。IDEA 和 Eclipse 都是当下非常流行的 Java 程序开发工具。它们都能够帮助程序开发人员自动完成语法修正、补全文字、代码修正、API 提示等编码工作。本章先简单介绍 IDEA，再着重介绍 Eclipse，使读者能够初步掌握这两个开发工具的使用方法。

本章的知识架构及重难点如下。

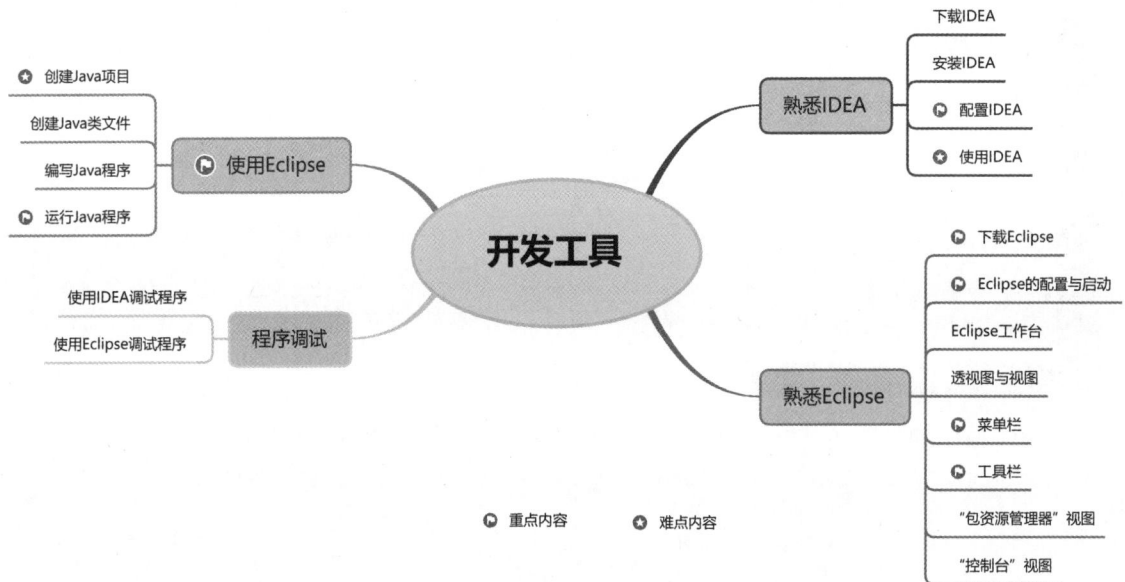

2.1　熟悉 IDEA

IDEA 是由 JetBrains 公司推出的一款用于设计 Java 程序的开发工具。IDEA 在当下非常流行，它在代码补全、代码提示、代码重构、代码审查等方面表现得尤为突出。本节将讲解如何下载、安装、配置 IDEA。

2.1.1　下载 IDEA

本节将介绍如何在 IDEA 的官方网站下载 IDEA 开发工具，其下载步骤如下：

（1）打开浏览器，在地址栏中输入 http://www.jetbrains.com/后，按 Enter 键访问 IDEA 的官网首页。如图 2.1 所示，先单击官网首页导航栏中的 Developer Tools，再单击 Find your tool 按钮。

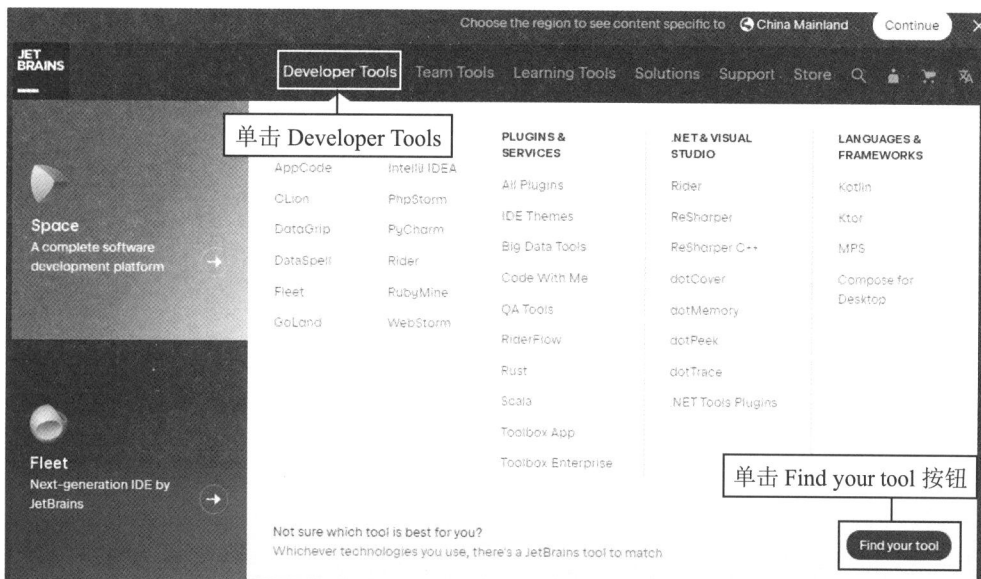

图 2.1　IDEA 的官网首页

（2）在浏览器显示如图 2.2 所示的页面后，找到并单击 IntelliJ IDEA 中的 Download 按钮。

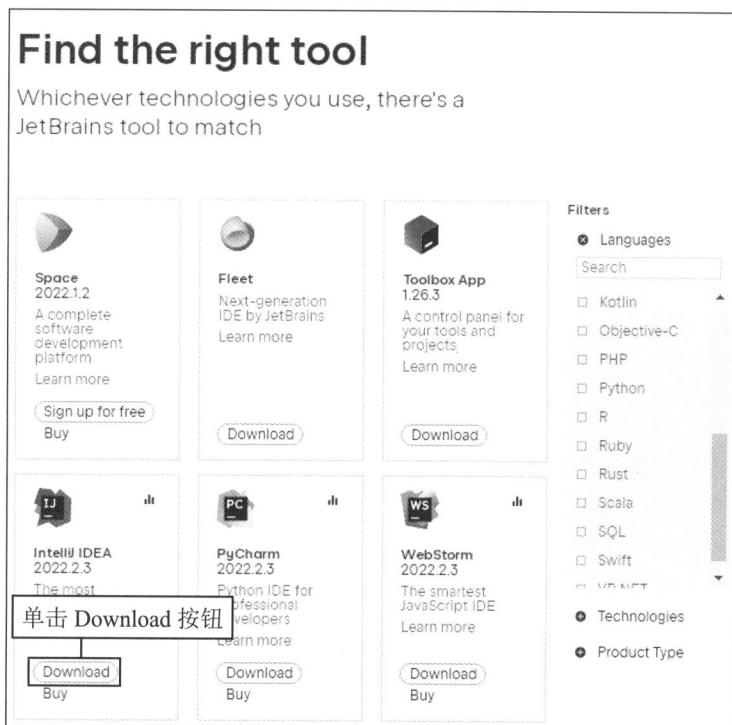

图 2.2　单击 IntelliJ IDEA 中的 Download 按钮

（3）在浏览器显示如图 2.3 所示的页面后，先选择操作系统（因为笔者使用的操作系统是 64 位的 Windows 10，所以笔者单击的是 Windows），再确定下载的版本是 Community（Ultimate 是旗舰版，可以试用 30 天，需付费使用；Community 是社区版，是免费而且开源的），然后单击 Download 按钮。

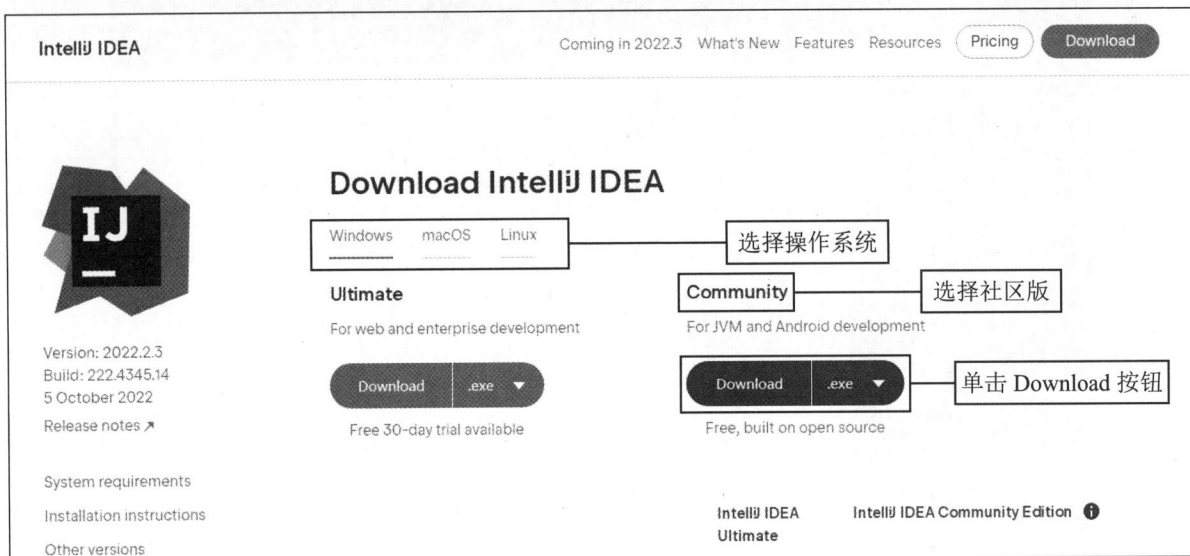

图 2.3　先选择操作系统，再下载社区版

2.1.2　安装 IDEA

本节将介绍如何安装 IDEA 开发工具，其安装步骤如下：

（1）如图 2.4 所示，根据下载时的路径找到并双击已经下载完成的.exe 文件。如果弹出"安装警告"对话框，就单击"运行"按钮。

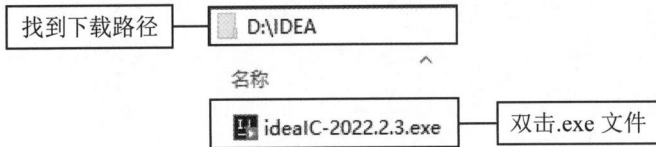

图 2.4　找到并双击已经下载完成的.exe 文件

（2）在弹出如图 2.5 所示的 IDEA 社区版的欢迎对话框后，单击 Next 按钮。

（3）在弹出如图 2.6 所示的选择 IDEA 安装路径的对话框后，先单击 Browse 按钮，选择 IDEA 的安装路径，再单击 Next 按钮。

（4）在弹出如图 2.7 所示的创建桌面快捷方式的对话框后，先选中 InteliJ IDEA Community Edition 复选框，再单击 Next 按钮。

（5）在弹出如图 2.8 所示的选择开始菜单文件夹的对话框后，单击 Install 按钮。

（6）在弹出如图 2.9 所示的显示安装进度的对话框后，必须等待一段时间。待 IDEA 安装完成后，将弹出如图 2.10 所示的显示 IDEA 安装完成的对话框，单击 Finish 按钮。然后，桌面就会出现如图 2.11

所示的 IntelliJ IDEA 的图标。

图 2.5　单击 Next 按钮

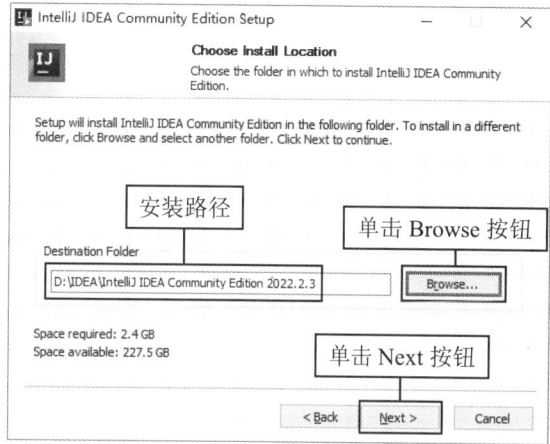

图 2.6　选择 IDEA 的安装路径

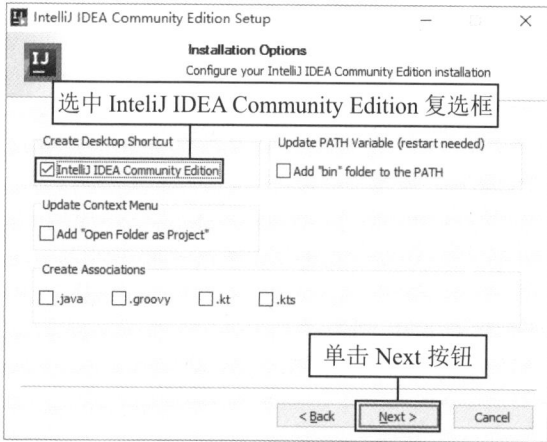

图 2.7　创建桌面快捷方式

图 2.8　单击 Install 按钮

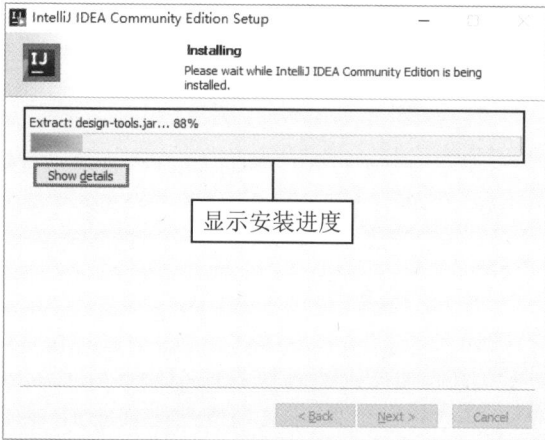

图 2.9　显示安装进度

图 2.10　IDEA 安装完成

图 2.11　桌面出现 IntelliJ IDEA 的图标

2.1.3　配置 IDEA

本节将介绍如何配置 IDEA 开发工具，其安装步骤如下：

（1）如图 2.12 所示，根据 IDEA 的安装路径，找到并打开其中的 bin 文件夹。

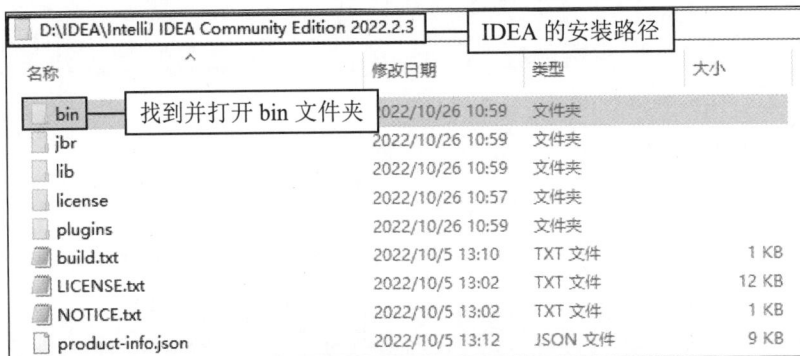

图 2.12　找到并打开 IDEA 安装路径下的 bin 文件夹

（2）在 bin 文件夹中，找到如图 2.13 所示的 idea64.exe.vmoptions。

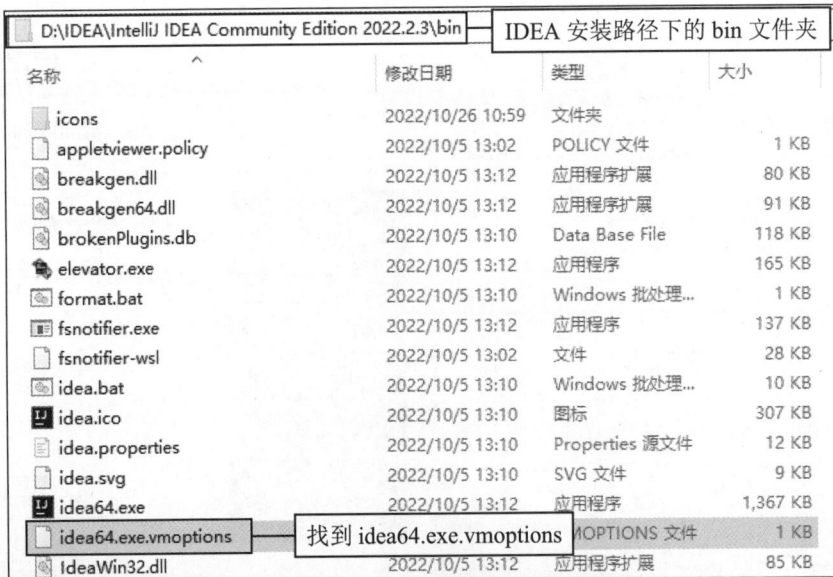

图 2.13　找到 bin 文件夹中的 idea64.exe.vmoptions

（3）如图 2.14 所示，右击 idea64.exe.vmoptions，将光标移动到"打开方式"上，选择"记事本"

（在"更多应用"中也可以找到"记事本"），单击"确定"按钮。使用"记事本"打开 idea64.exe.vmoptions 后的效果如图 2.15 所示。

图 2.14　使用"记事本"打开 idea64.exe.vmoptions

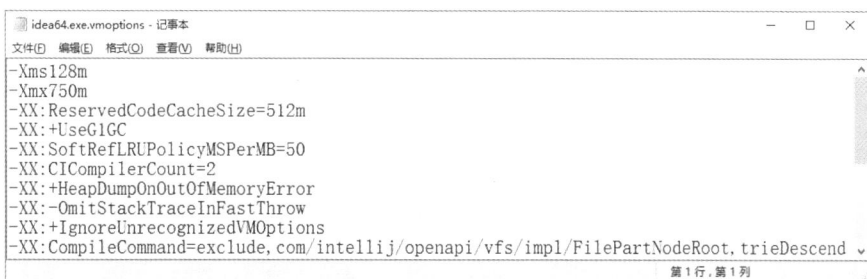

图 2.15　idea64.exe.vmoptions 被打开后的效果

（4）如图 2.16 所示，把图 2.15 中的 Xms128m 和 Xmx750m 分别修改为 Xms500m 和 Xmx1500m。

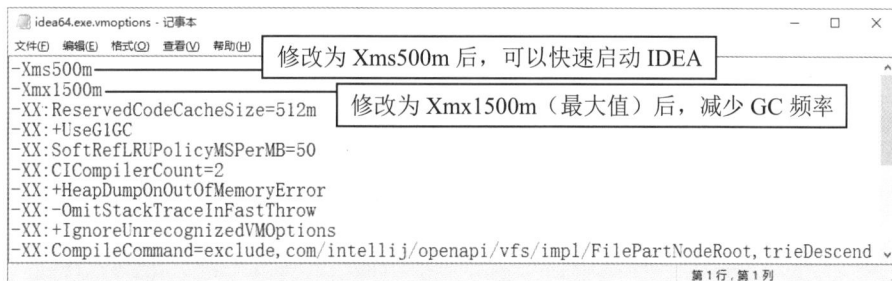

图 2.16　把 Xms128m 和 Xmx750m 分别修改为 Xms500m 和 Xmx1500m

2.1.4　使用 IDEA

通过以上内容，依次完成了 IDEA 的下载、安装和配置。这样，即可使用 IDEA 设计 Java 程序。

（1）双击如图 2.11 所示的 IntelliJ IDEA 的图标，打开 IntelliJ IDEA 后，将看到如图 2.17 所示的对话框。

（2）单击图 2.17 中的 New Project 后，将弹出如图 2.18 所示的 New Project 对话框。

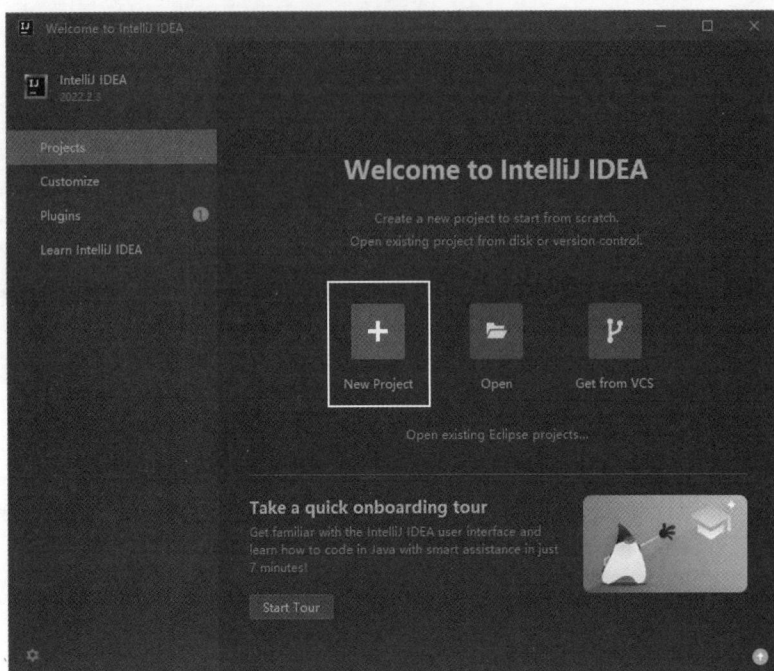

图 2.17　打开 IntelliJ IDEA 后弹出的对话框

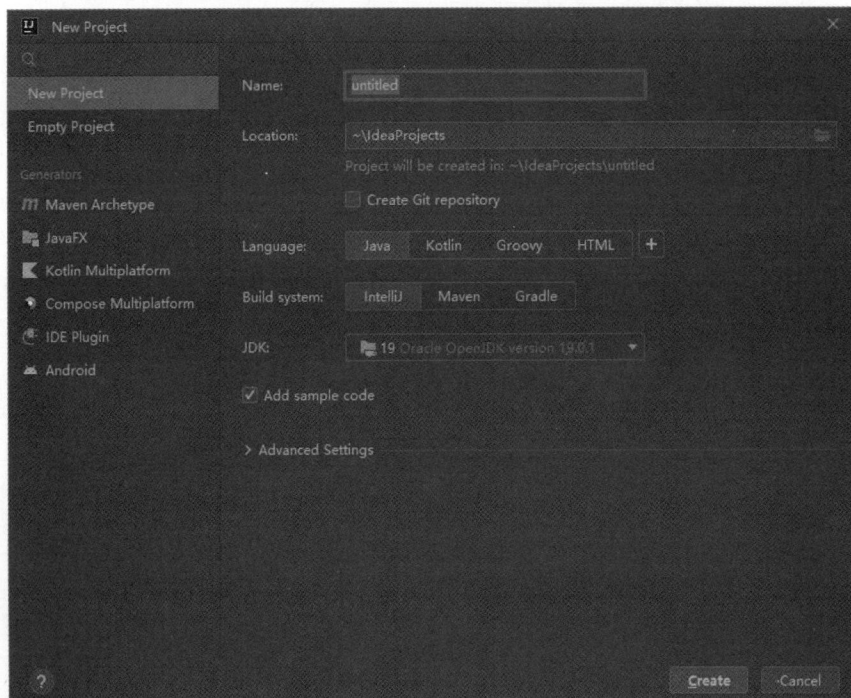

图 2.18　New Project 对话框

（3）在 New Project 对话框中，需要设置项目名称和项目路径。如图 2.19 所示，项目名称为 MyFirstIDEADemo，项目路径为 D:\IDEA\IntelliJ IDEA Community Edition 2022.2.3\ideaProjects。设置完

成后单击 Create 按钮。

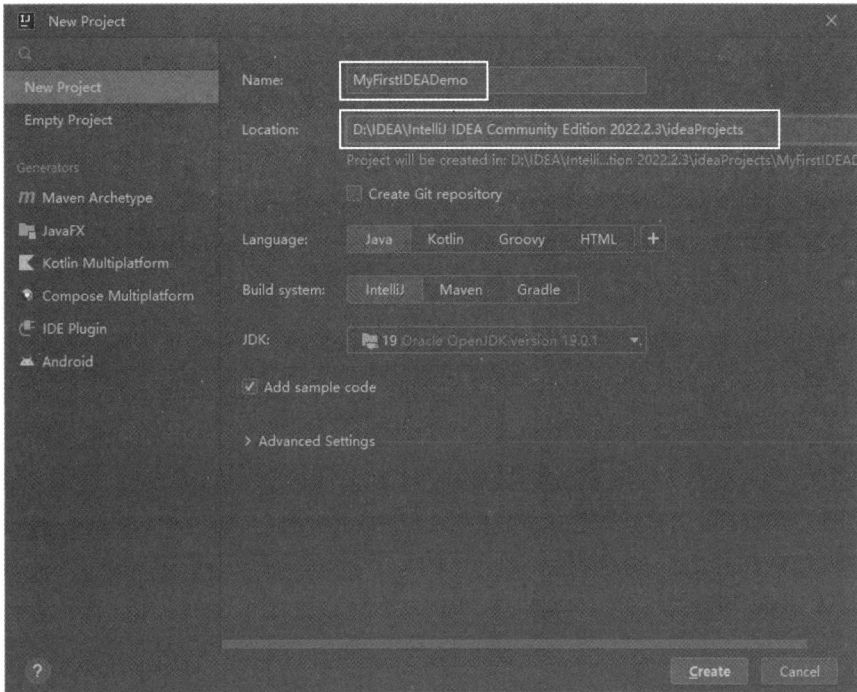

图 2.19　设置项目名称和项目路径

（4）项目创建后，将显示如图 2.20 所示的工作区。

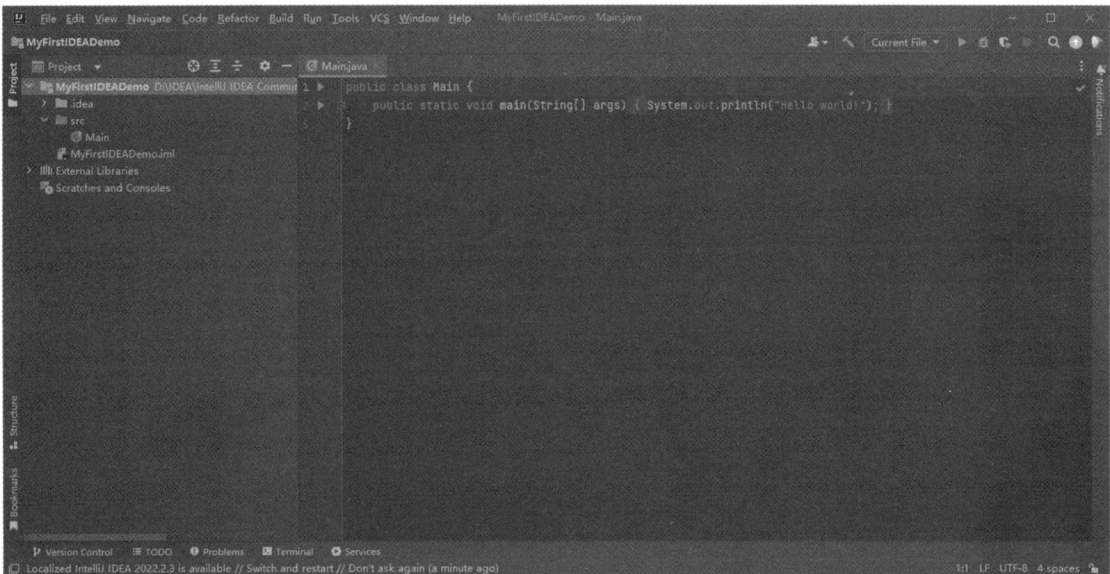

图 2.20　工作区

（5）从图 2.20 中可以看到，在工作区中显示的是 Main.java 文件，该文件对应的类是 Main。在 Main 类的 main()方法中，包含一条输出语句。通过修改这条输出语句中的数据，即可在控制台上输出修改后的数据。例如，将如下的输出语句：

System.out.println("Hello world!");

修改为

System.out.println("你好，Java!");

如图 2.21 所示，在工作区中右击，在弹出的快捷菜单中选择"Run 'Main.main()'"命令，运行 Main.java 文件，运行结果如图 2.22 所示。

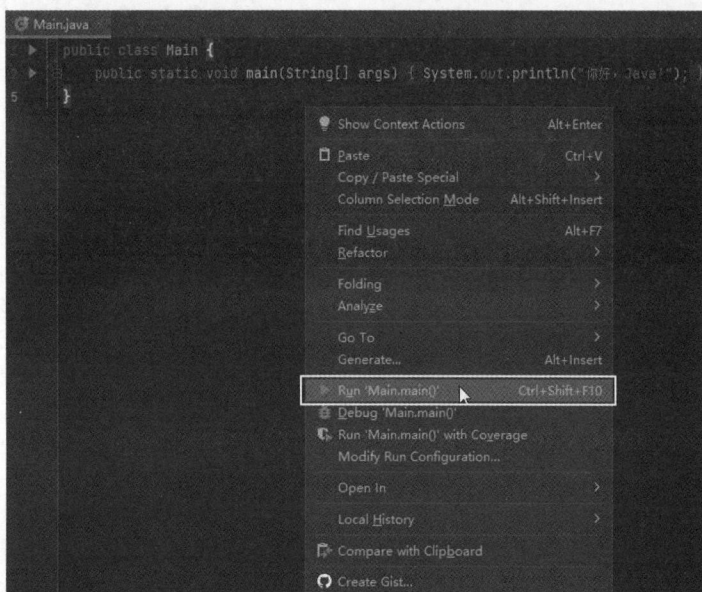

图 2.21　运行 Main.java 文件

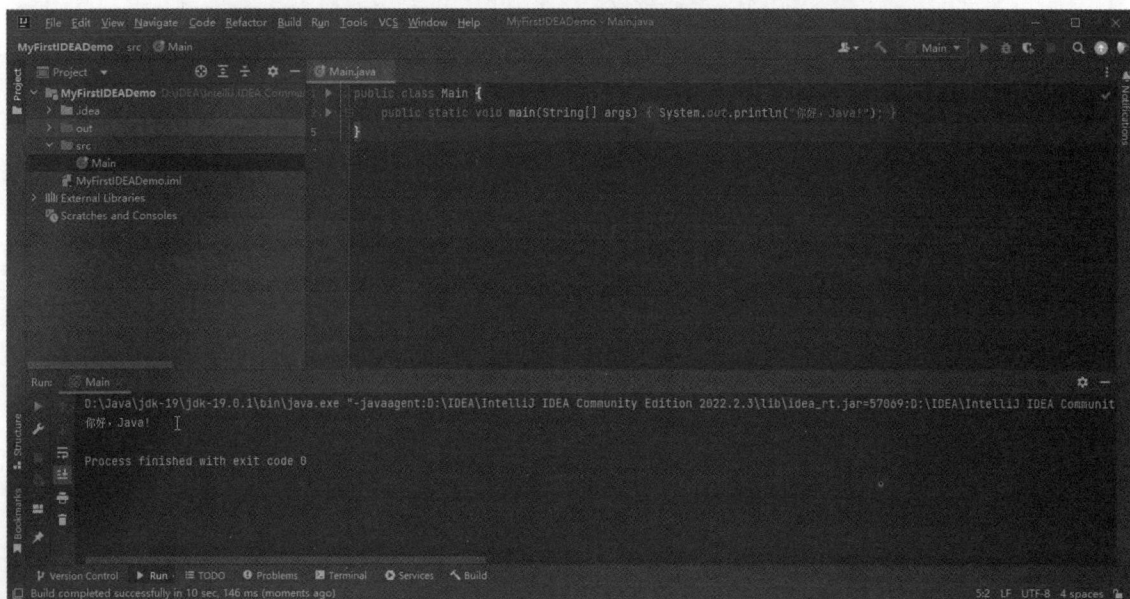

图 2.22　运行 Main.java 文件的结果

（6）如果想新建一个项目，就需要选择 File→New→Project...命令，如图 2.23 所示。

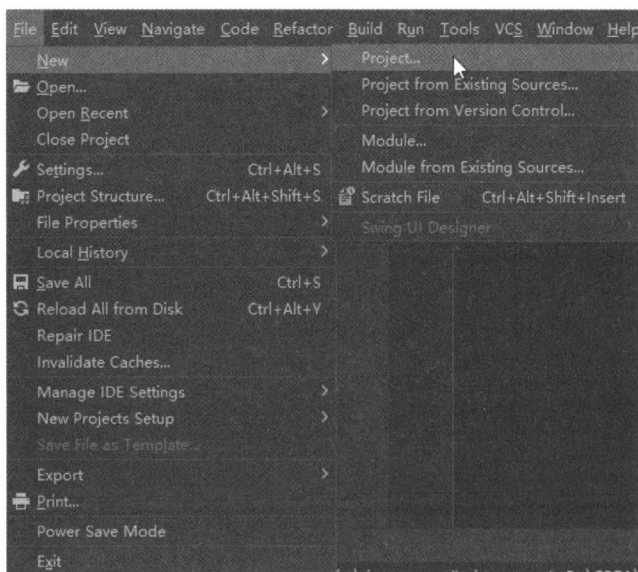

图 2.23　新建一个项目

（7）在弹出如图 2.24 所示的 New Project 对话框中，设置项目名称，如 MySecondIDEADemo。

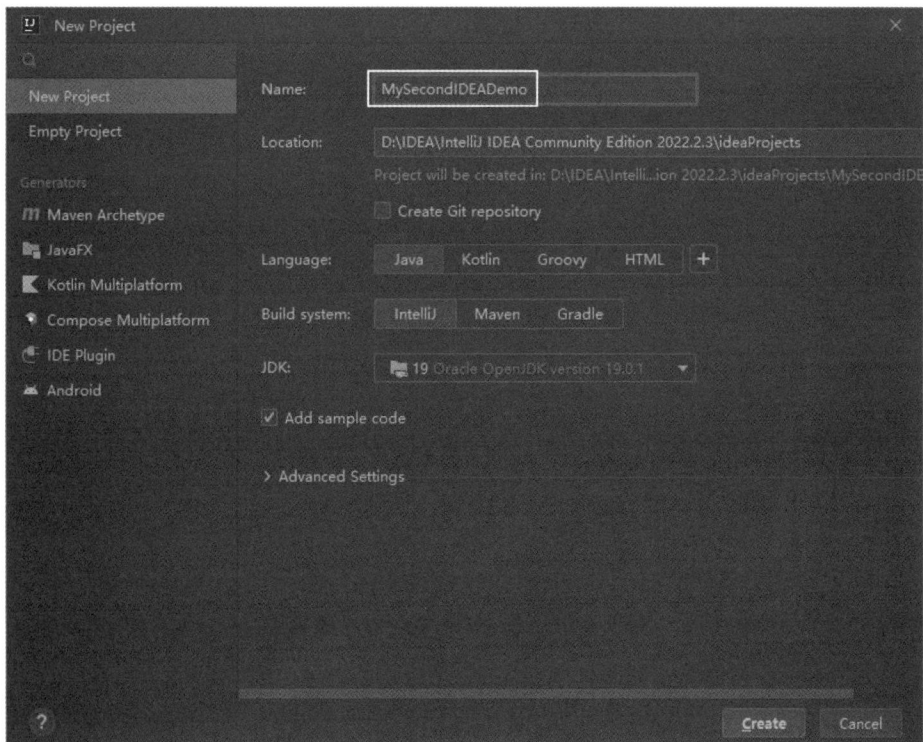

图 2.24　设置项目名称

（8）单击图 2.24 中的 Create 按钮后，弹出如图 2.25 所示的对话框。单击 This Window 按钮或者单击 New Window 按钮均可。本书单击的是 This Window 按钮，即在当前窗口中打开新建的项目。

（9）如果想在新建的项目中新建一个类，就需要先右击项目中的 src 文件夹，再在弹出的快捷菜单中选择 New→Java Class 命令，如图 2.26 所示。

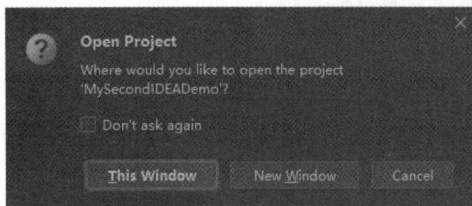

图 2.25　打开项目

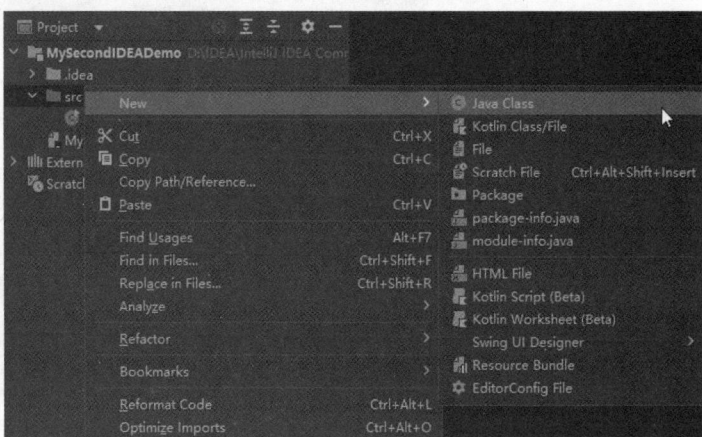

图 2.26　在项目中新建一个类

（10）在弹出如图 2.27 所示的对话框中，先确认新建的是 Class，再输入 Class 的名称（如 Test），然后按 Enter 键。

（11）通过上述步骤，即可在 MySecondIDEADemo 项目的 src 文件夹下，新建一个 Test 类，如图 2.28 所示。

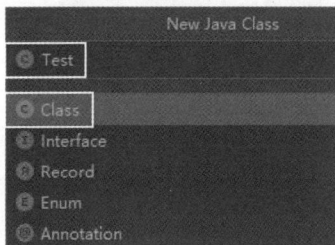

图 2.27　输入 Class 的名称后按 Enter 键

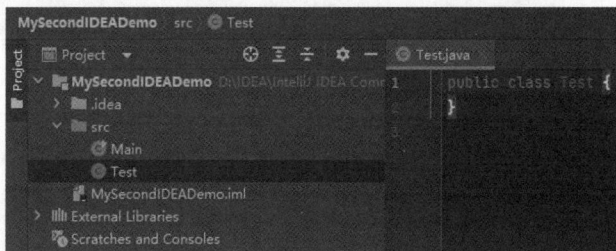

图 2.28　显示新建的 Test 类

2.2　熟悉 Eclipse

Eclipse 由 IBM 公司投资 4000 万美元研发而成，也是当下非常流行的一个 Java 集成开发工具。Eclipse 所有代码都是开源的、可扩展的；它的平台体系结构是在插件概念的基础上构建的，插件是 Eclipse 区别于其他开发工具的特征之一。

2.2.1　下载 Eclipse

本节将介绍如何在 Eclipse 的官方网站下载本书所使用的 Eclipse 开发工具。其下载步骤如下：

（1）打开浏览器，在地址栏中输入 https://www.eclipse.org/downloads/后，按 Enter 键访问 Eclipse 的官网首页，然后单击如图 2.29 所示的 Download Packages 超链接。

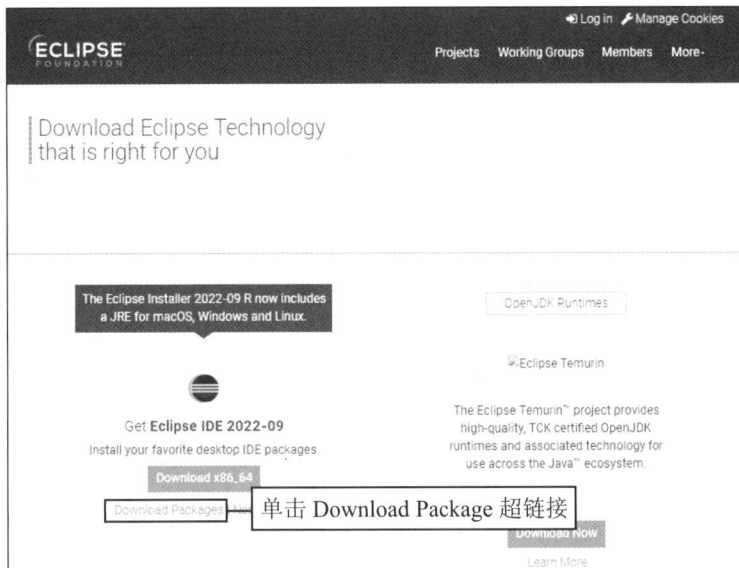

图 2.29　Eclipse 下载网站首页

（2）进入 Eclipse IDE Downloads 页面，在 Eclipse IDE for Java Developers 下载列表中，单击右侧的 Windows 64-bit（或 32-bit）超链接，如图 2.30 所示。

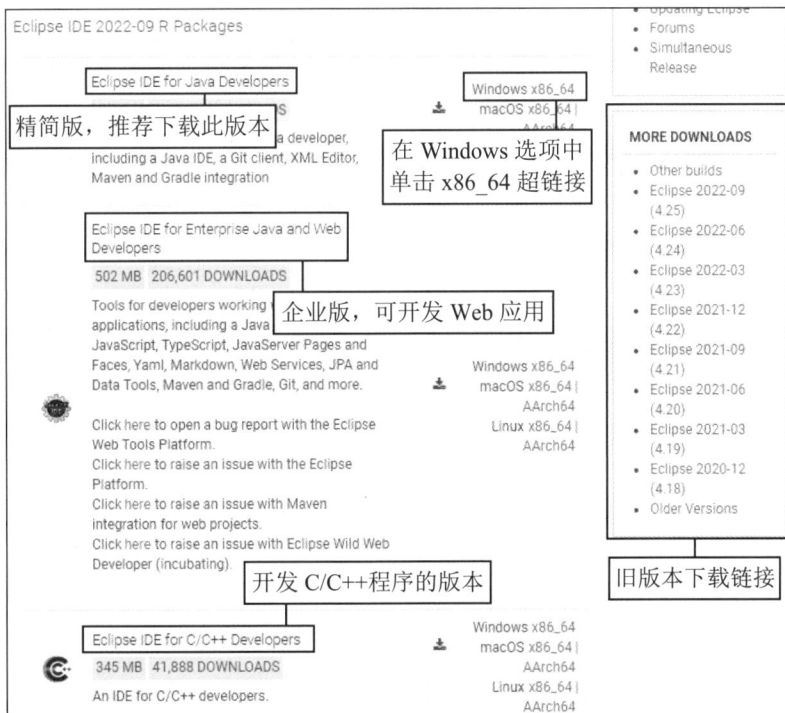

图 2.30　Eclipse 下载页面

23

（3）Eclipse 服务器会根据客户端所在的地理位置，分配合理的下载镜像站点，如图 2.31 所示。建议使用默认镜像地址，这里直接单击页面中的 Download 按钮即可。

（4）单击 Download 按钮之后，若 5 秒后仍未开始下载任务，可单击如图 2.32 所示的 click here 超链接，重新开启下载任务。

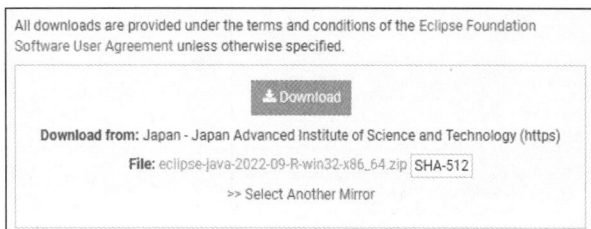

图 2.31　Eclipse 下载镜像页面

图 2.32　重新开始下载任务

2.2.2　Eclipse 的配置与启动

把下载完成的 Eclipse 的 Zip 压缩包解压后，就可以启动 Eclipse 了。在 Eclipse 的安装文件夹中找到并运行 eclipse.exe 文件，将弹出"Eclipse 启动程序"对话框。该对话框用于设置 Eclipse 的工作空间（用于保存 Eclipse 建立的 Java 程序和相关设置）。本书把 Eclipse 的工作空间统一设置为 Eclipse 安装位置的 workspace 文件夹，在"Eclipse 启动程序"对话框的 Workspace（工作空间）文本框中输入 .\eclipse-workspace，单击 Launch 按钮，即可启动 Eclipse，如图 2.33 所示。

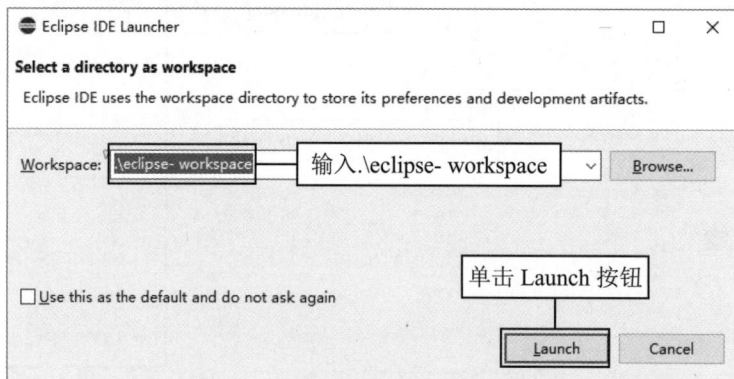

图 2.33　设置 Workspace（工作空间）

首次启动 Eclipse 时，会显示 Eclipse 欢迎界面，如图 2.34 所示。单击标题栏上的×按钮，即可关闭该界面。

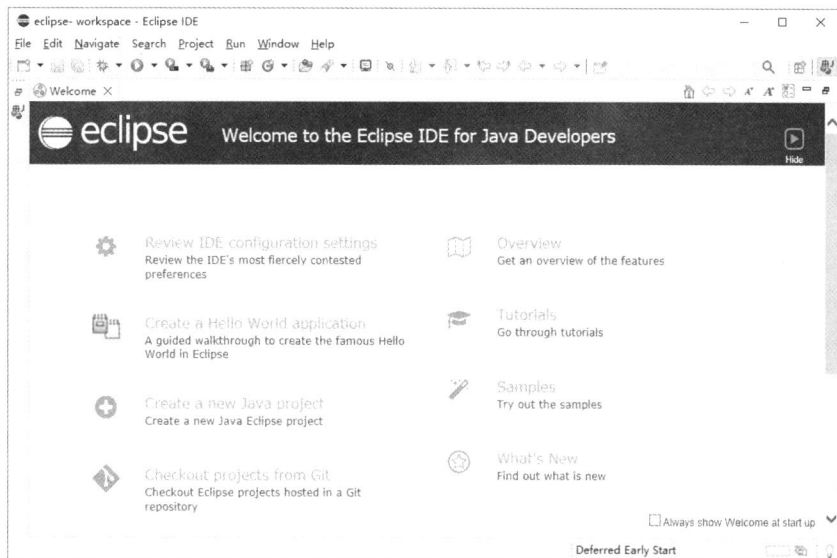

图 2.34　Eclipse 的欢迎界面

2.2.3　Eclipse 工作台

关闭 Eclipse 欢迎界面后，Eclipse 将显示工作台，工作台是程序开发人员开发程序的主要场所。Eclipse 可以将各种插件无缝地集成到工作台中，当然，开发人员也可以在工作台中开发各种插件。Eclipse 工作台主要包括标题栏、菜单栏、工具栏、编辑器、透视图和相关的视图等，如图 2.35 所示。在接下来的章节中将介绍 Eclipse 的透视图、视图、菜单栏与工具栏，还介绍常用视图。

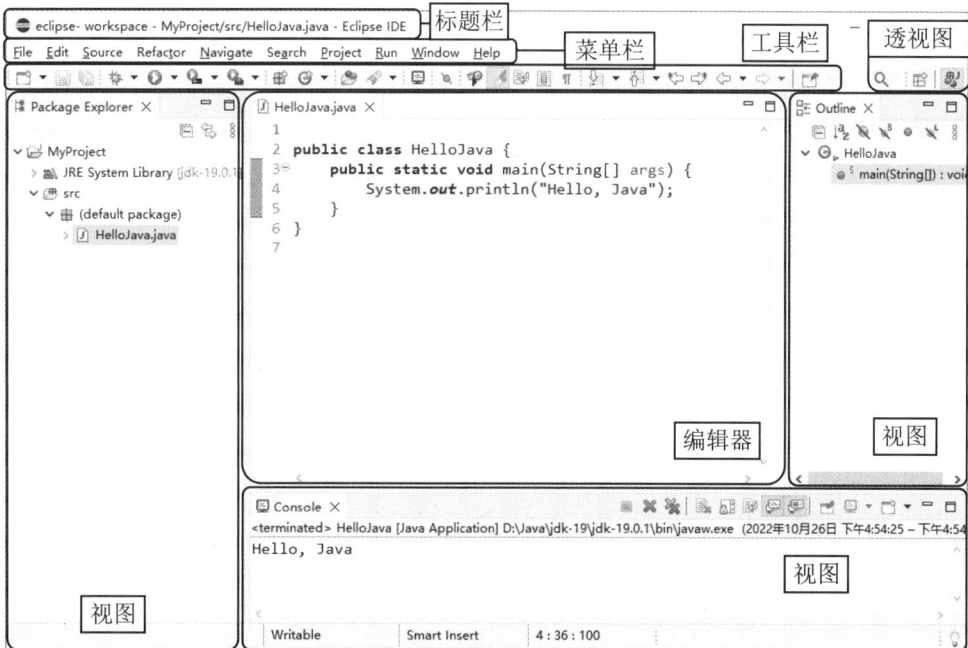

图 2.35　Eclipse 工作台

2.2.4 透视图与视图

透视图和视图是 Eclipse 中的概念，本节将分别介绍透视图、视图及其在 Eclipse 中的作用。

1. 透视图

透视图是 Eclipse 工作台提供的附加组织层，它实现多个视图的布局和可用操作的集合，并为这个集合定义一个名称，起到一个组织的作用。例如，Eclipse 提供的 Java 透视图组织了与 Java 程序设计有关的视图和操作的集合，而"调试"透视图负责组织与程序调试有关的视图和操作集。在 Eclipse 的 Java 开发环境中提供了几种常用的透视图，如 Java 透视图、"资源"透视图、"调试"透视图、"小组同步"透视图等。不同的透视图之间可以进行切换，但是同一时刻只能使用一个透视图。

2. 视图

视图多用于浏览信息的层次结构和显示活动编辑器的属性。例如，"控制台"视图用于显示程序运行时的输出信息和异常错误，而"包资源管理器"视图可以浏览项目的文件组织结构。视图可以单独出现，也可以将它与其他视图以选项卡样式叠加在一起。视图有自己独立的菜单和工具栏，并且可以通过拖动改变其布局位置。

2.2.5 菜单栏

Eclipse 的菜单栏包含了 Eclipse 的基本命令，在使用不同的编辑器时，Eclipse 会动态地添加有关该编辑器的菜单。基本的菜单栏中包含常用的"File（文件）""Edit（编辑）""Window（窗口）""Help（帮助）"等菜单，如图 2.36 所示。

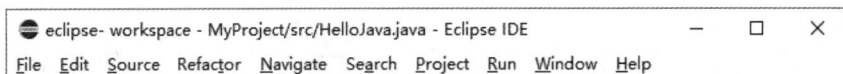

图 2.36　Eclipse 的菜单栏

不同菜单中包含了不同的命令，如文件的打开与保存、代码的格式化、程序的运行与分步调试等。为了方便理解，现给出中英文对照的、各菜单包含的命令，具体如图 2.37、图 2.38、图 2.39、图 2.40、图 2.41、图 2.42、图 2.43 和图 2.44 所示。

2.2.6 工具栏

和大多数软件的布局格式相同，Eclipse 的工具栏位于菜单栏的下方。工具栏中的按钮都是菜单命令对应的快捷图标，在打开不同的编辑器时，还会动态地添加与编辑器相关的新工具栏按钮。另外，除了菜单栏下面的主工具栏，Eclipse 中还有视图工具栏、透视图工具栏和快速视图工具栏等多种工具栏。

1. 主工具栏

主工具栏就是位于 Eclipse 菜单栏下方的工具栏，其内容将根据不同的透视图和不同类型的编辑器显示相关工具按钮，如图 2.45 所示。

图 2.37　File 菜单的中英文对照（全）

图 2.38　Edit 菜单的中英文对照（主要）

图 2.39　Navigate 菜单的中英文对照（主要）

图 2.40　Search 菜单的中英文对照（主要）

图 2.41　Project 菜单的中英文对照（全）

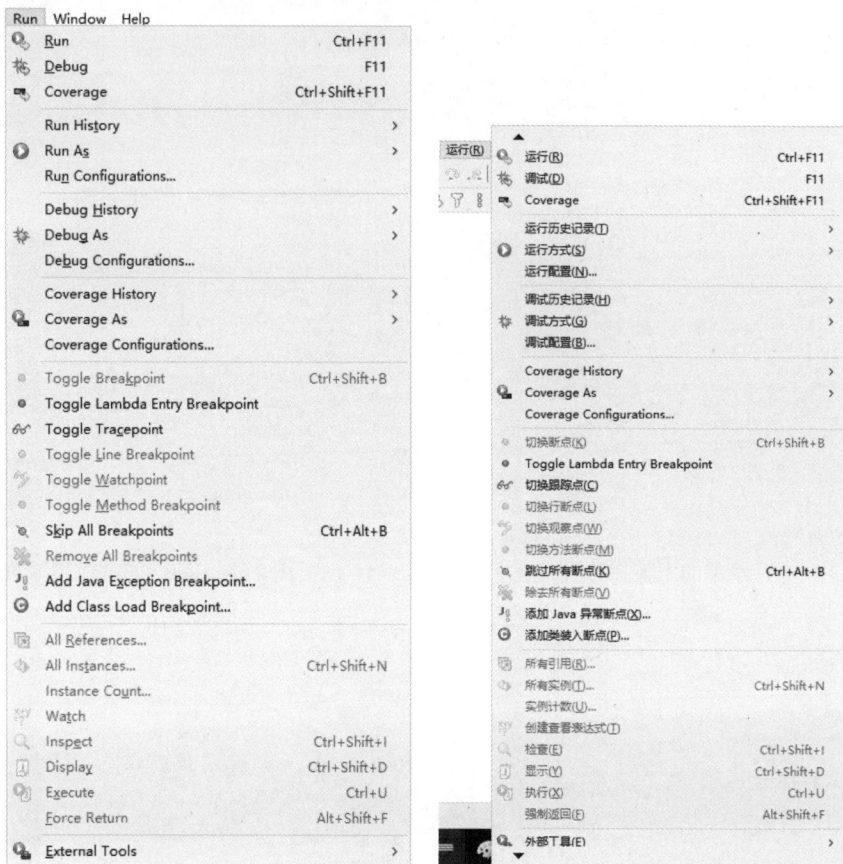

图 2.42　Run 菜单的中英文对照（全）

图 2.43　Window 菜单的中英文对照（全）

图 2.44　Help 菜单的中英文对照（全）

图 2.45　Eclipse 主工具栏

2. 视图工具栏

Eclipse 界面中包含多种视图，这些视图有不同的用途（有关视图的概念已在 2.2.4 节中讲述过），可以根据视图的功能需求在视图的标题栏位置添加相应的视图工具栏。例如，"控制台"视图的标题栏和工具栏如图 2.46 所示。

图 2.46 "控制台"视图的标题栏和工具栏

3. 透视图工具栏

透视图工具栏主要包括切换已经打开的不同透视图的缩略按钮以及打开其他视图的按钮。在相应的工具按钮上右击会弹出透视图的管理菜单，实现透视图的定制、关闭、复位、布局位置、是否显示文本等操作，如图 2.47 所示。

图 2.47 透视图工具栏

2.2.7 "包资源管理器"视图

"包资源管理器"视图用于浏览项目结构中的 Java 元素，包括包、类、类库的引用等，但最主要的用途还是操作项目中的源代码文件。"包资源管理器"视图的界面如图 2.48 所示。

2.2.8 "控制台"视图

"控制台"视图用于显示程序运行的输出结果和异常信息（Runtime Exception）。在学习 Swing 程序设计之前，必须使用控制台实现与程序的交互。例如，为方便调试某个方法，该视图在方法执行前后会分别输出"方法开始"和"方法结束"信息。"控制台"视图的界面如图 2.49 所示。

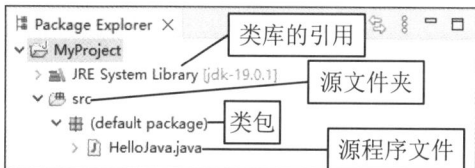

图 2.48 "包资源管理器"视图

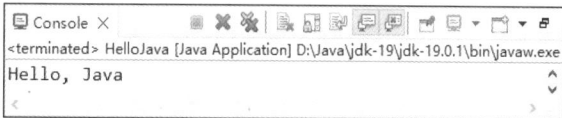

图 2.49 "控制台"视图

2.3 使用 Eclipse

现在读者对 Eclipse 工具已经有了大体的认识，本节将介绍如何使用 Eclipse 完成 HelloJava 程序的编写和运行。

2.3.1 创建 Java 项目

在 Eclipse 中编写程序，需要先创建项目。创建项目的步骤如下：

（1）选择 File→New→Java Project 命令，将弹出如图 2.50 所示的"新建 Java 项目"对话框，这时会发现 Eclipse 默认使用的是 JDK 17。下面需要将 Eclipse 使用的 JDK 17 修改为 JDK 19。

（2）在如图 2.51 所示的"新建 Java 项目"对话框中，先选中 Use default JRE 'jre' and workspace compiler preferences 单选按钮，再找到并单击 Configure JREs 超链接。在打开如图 2.52 所示的"安装 JREs"对话框后，单击 Add 按钮。

（3）在弹出如图 2.53 所示的"（选择）JRE 类型"对话框后，先确认 Eclipse 已经选择了 Standard VM 类型，再单击 Next 按钮。

（4）在弹出如图 2.54 所示的"JRE 自定义"对话框后，先单击 Directory 按钮，通过如图 2.55 所示的"选择文件夹"对话框在本地计算机中找到 JDK 19 的存储位置，单击"选择文件夹"按钮，返回"JRE 自定义"对话框后，再单击 Finish 按钮。

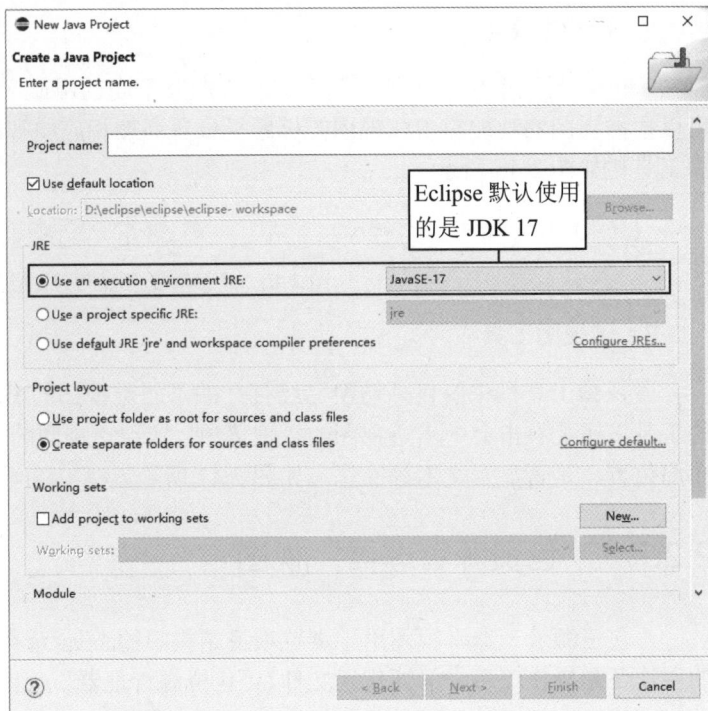

图 2.50　"新建 Java 项目"对话框（一）

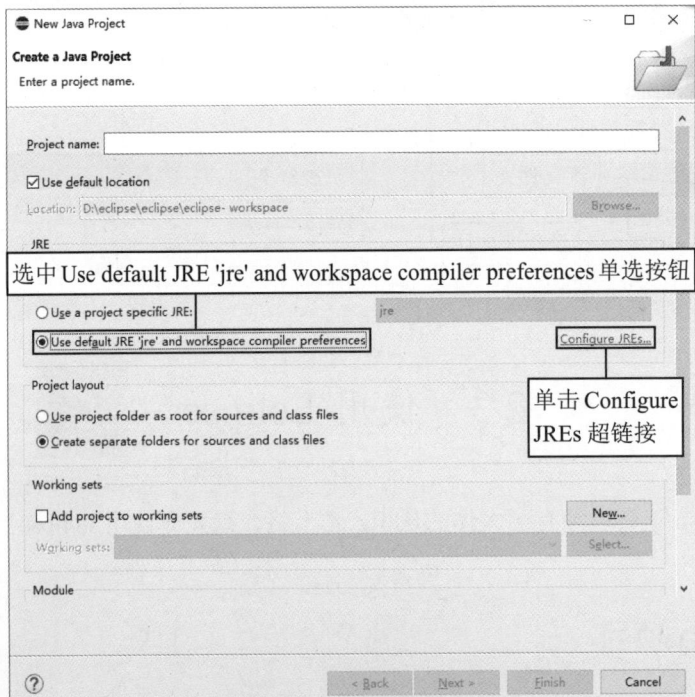

图 2.51　"新建 Java 项目"对话框（二）

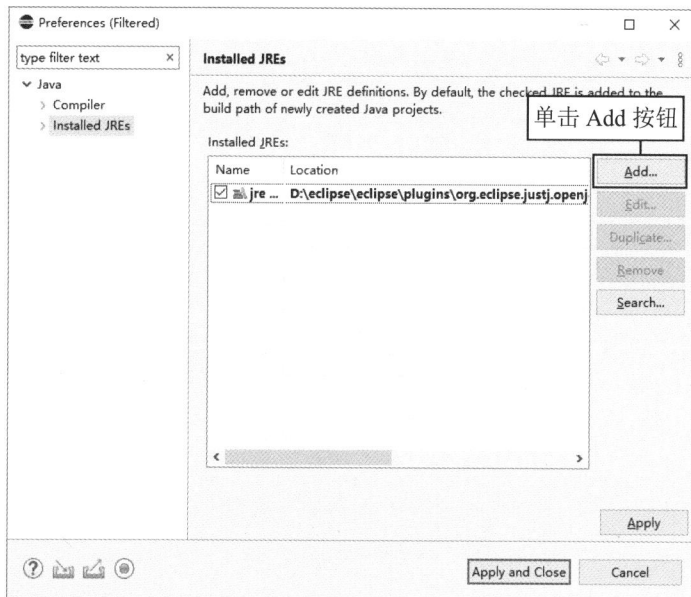

图 2.52 "安装 JREs"对话框（一）

图 2.53 "（选择）JRE 类型"对话框

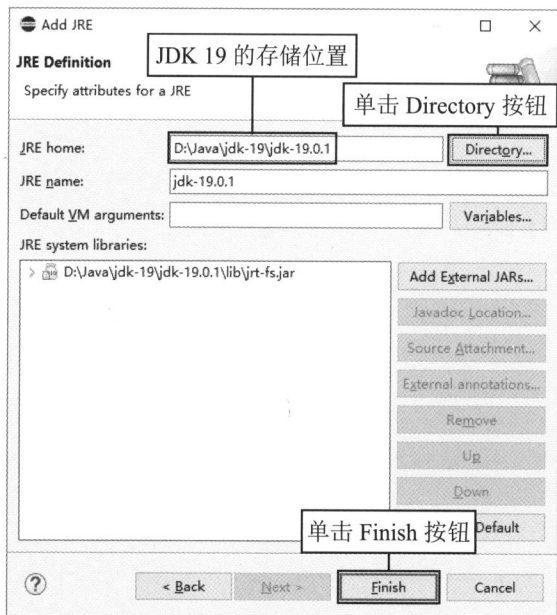

图 2.54 "JRE 自定义"对话框

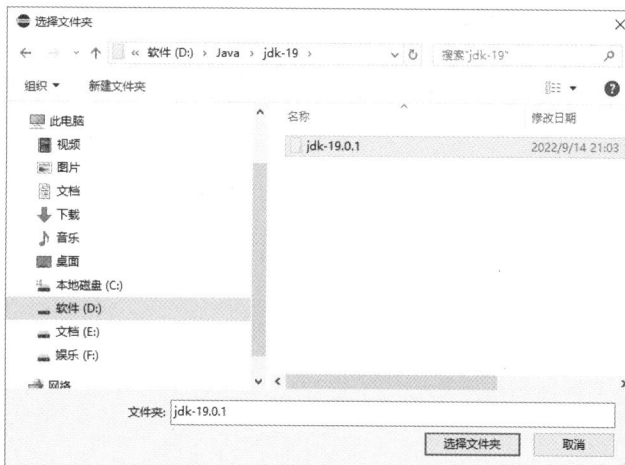

图 2.55 "选择文件夹"对话框

（5）待 Eclipse 返回如图 2.56 所示的"安装 JREs"对话框后，先选中 jdk-19.0.1 复选框，再单击 Apply and Close 按钮。

（6）待 Eclipse 返回如图 2.57 所示的"新建 Java 项目"对话框后，在"Project name（项目名）"文本框中输入 MyProject 后，单击 Finish 按钮。

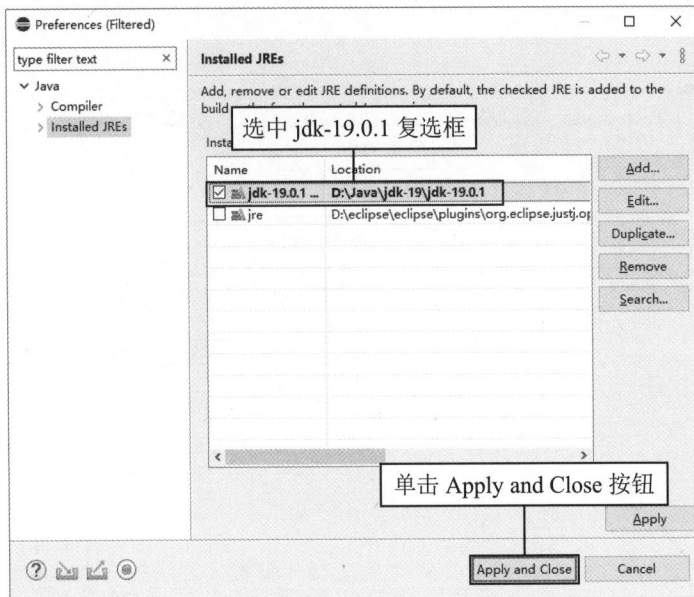

图 2.56　"安装 JREs"对话框（二）

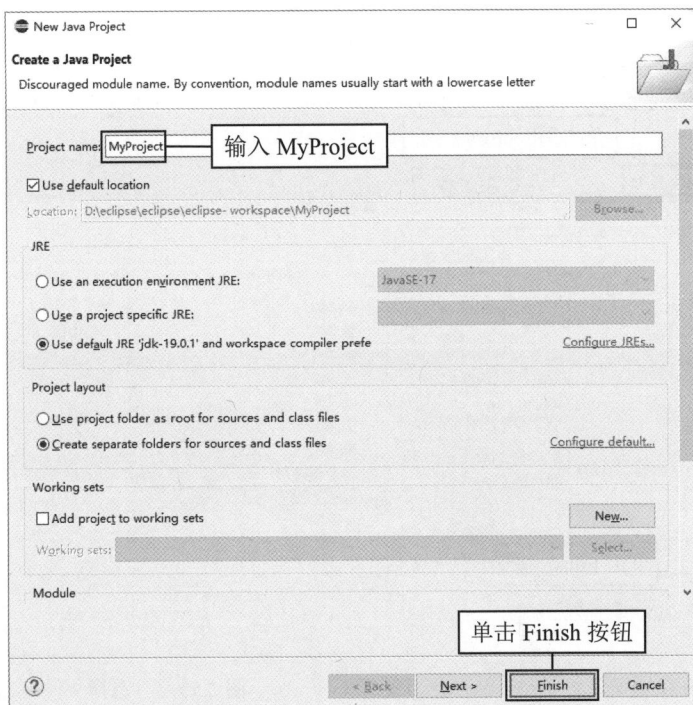

图 2.57　"新建 Java 项目"对话框（三）

（7）待 Eclipse 返回如图 2.58 所示的 Eclipse 工作台后，单击〉图标，展开项目 MyProject 的项目结构。

（8）如图 2.59 所示，项目 MyProject 的项目结构被展开后，即可看到项目 MyProject 使用的是 JDK 19。单击项目结构中的 src 文件夹旁边的〉图标，展开 src 文件夹。

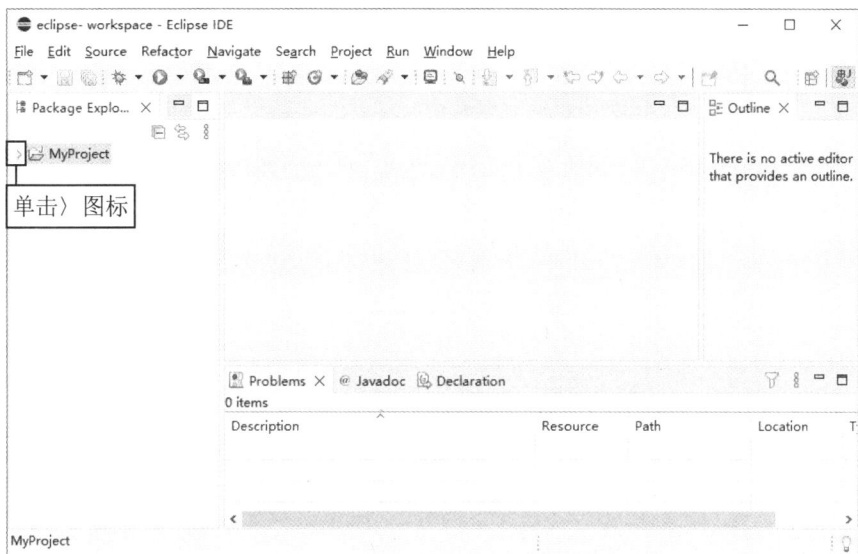

图 2.58　Eclipse 工作台

（9）如图 2.60 所示，src 文件夹被展开后，会发现其中包含了一个模块化声明文件。右击 module-info.java 文件，在弹出的快捷菜单中选择 Delete 命令，删除 module-info.java 文件。

图 2.59　项目 MyProject 的项目结构

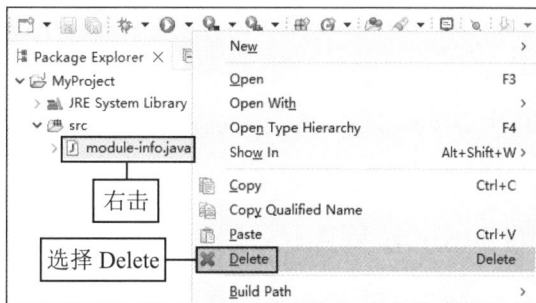

图 2.60　删除 module-info.java 文件

2.3.2　创建 Java 类文件

创建 Java 类文件时，在 Eclipse 菜单栏中选择 File→New→Class 命令，将打开如图 2.61 所示的"新建 Java 类"对话框。

使用该向导对话框创建 Java 类的步骤如下：

（1）在"Source folder（源文件夹）"文本框中输入项目源程序文件夹的位置。通常向导会自动填写该文本框，没有特殊情况，不需要修改。

（2）在"Package（包）"文本框中输入类文件的包名，这里暂时默认为空，不输入任何信息，这样就会使用 Java 工程的默认包。

（3）在"Name（名称）"文本框中输入新建类的名称，如 HelloJava。

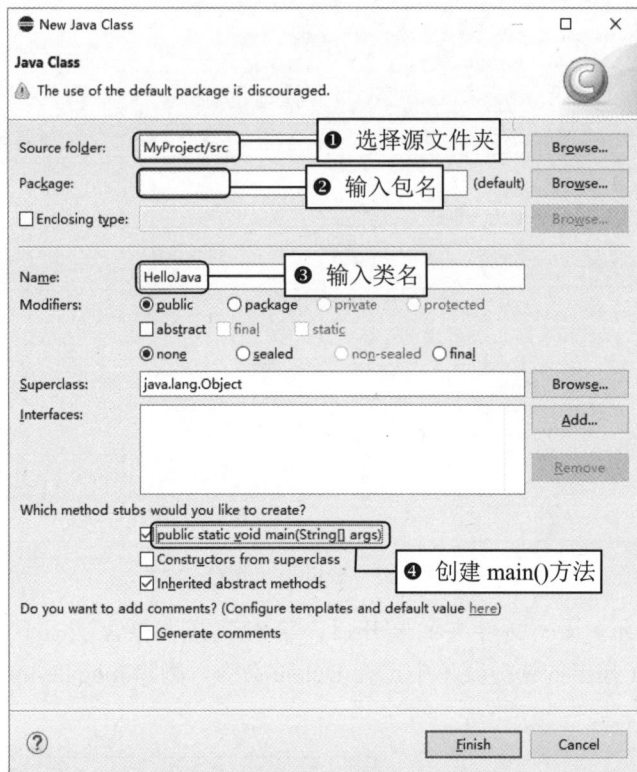

图 2.61　"新建 Java 类"向导对话框

（4）选中 public static void main(String[] args)复选框，向导在创建类文件时，会自动为该类添加 main()方法，使该类成为可以运行的主类。

2.3.3　编写 Java 程序

编辑器总是位于 Eclipse 工作台的中间区域，该区域可以重叠放置多个编辑器。编辑器的类型可以不同，但它们的主要功能都是完成 Java 程序、XML 配置等代码编写或可视化设计工作。本节将介绍如何使用 Java 编辑器和其代码辅助功能快速编写 Java 程序。

1．打开 Java 编辑器

在使用向导创建 Java 类文件之后，会自动打开 Java 编辑器编辑新创建的 Java 类文件。除此之外，打开 Java 编辑器最常用的方法是双击 Java 源文件。Java 编辑器的界面如图 2.62 所示。

从图 2.62 中可以看到，Java 编辑器以不同的样式和颜色突出显示 Java 语法。这些突出显示的语法包括以下几个方面：

- ☑　程序代码注释。
- ☑　Javadoc 注释。
- ☑　Java 关键字。

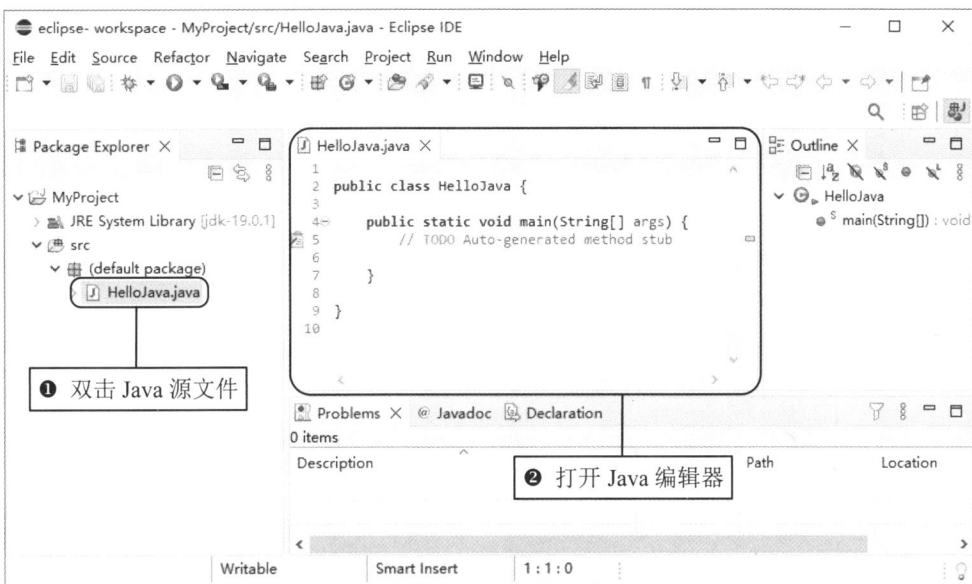

图 2.62 Java 编辑器界面

2. 编写 Java 代码

Eclipse 的强大之处并不在于编辑器能突出显示 Java 语法，而在于它强大的代码辅助功能。在编写 Java 程序代码时，可以使用 Ctrl+Alt+/快捷键自动补全 Java 关键字，也可以使用 Alt+/快捷键启动 Eclipse 代码辅助菜单。

在使用向导创建 HelloJava 类之后，向导会自动构建 HelloJava 类结构的部分代码，并建立 main()方法，程序开发人员需要做的就是将代码补全，为程序添加相应的业务逻辑。本程序的完整代码如图 2.63 所示。

```
1
2  public class HelloJava {
3      private static String say = "我要学会你";
4
5      public static void main(String[] args) {
6          // TODO Auto-generated method stub
7          System.out.println("Java" + say);
8      }
9
10 }
```

图 2.63 HelloJava 程序代码

技巧

Ctrl+=快捷键可以放大代码的字体，Ctrl+-快捷键可以缩小代码的字体。

对比图 2.62 和图 2.63 后，会发现只需要编写图 2.63 中的第 3 行和第 7 行的代码，即可完成 HelloJava 程序的编写。

首先来看第 3 行代码，它包括 private、static、String 3 个关键字。这 3 个关键字在记事本程序中手动输入虽然不会花多长时间，但却无法避免出现输入错误的情况。例如，将 private 关键字输入为“privat”，缺少了字母“e”，这个错误可能在编译程序时才会被发现。如果是名称更长、更复杂的关键字，就更容易出现错误。而在 Eclipse 的 Java 编辑器中，可以只输入关键字的部分字母，然后使用 Ctrl+Alt+/快捷键自动补全 Java 关键字，如图 2.64 所示。

其次是第 7 行的程序代码，它使用 System.out.println()方法将文字信息输出到控制台中，这是程序开发时最常使用的方法之一。当输入“.”操作符时，编辑器会自动弹出代码辅助菜单，也可以在输入

部分文字之后按 Alt+/快捷键调出代码辅助菜单，完成关键语法的输入，如图 2.65 所示。

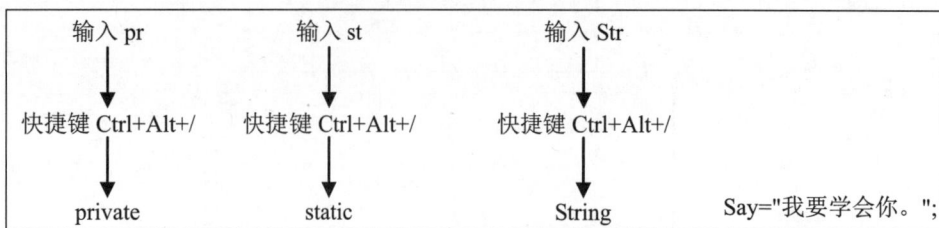

图 2.64　使用快捷键补全关键字

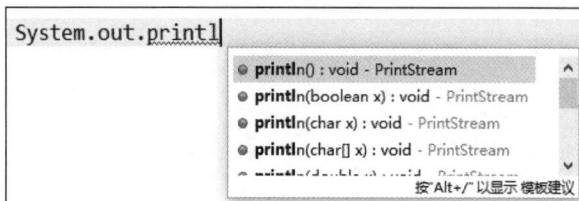

图 2.65　代码辅助菜单

技巧

（1）在 Java 编辑器中，可以通过先输入 "syso"，再按 Alt+/快捷键来完成 System.out.println() 方法的输入操作。

（2）将光标移动到 Java 编辑器的错误代码位置处，按 Ctrl+1 快捷键可以激活 "代码修正" 菜单，从中可选择一种合适的修正方法。

2.3.4　运行 Java 程序

HelloJava 类包含 main()方法，它是一个可以运行的主类。例如，在 Eclipse 中运行 HelloJava 程序，需要右击 HelloJava.java 文件,在弹出的快捷菜单中选择 Run As→ 🗾1 Java Application 命令运行该程序。程序运行结果如图 2.66 所示。

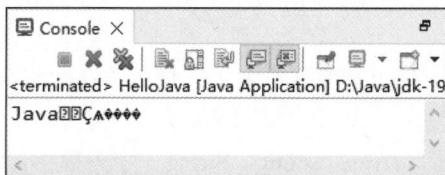

图 2.66　HelloJava 程序在控制台中的输出结果

不难发现，运行结果中的中文 "我要学会你" 呈现乱码。那么，如何才能让 Eclipse 的控制台显示中文字符呢？方法是需要把控制台的编码格式设置为 GBK，具体步骤如下：

（1）如图 2.67 所示，右击 HelloJava.java 文件，在弹出的快捷菜单中选择 Run As→Run Configurations 命令。

（2）在弹出如图 2.68 所示的 Run Configurations 对话框后，单击》图标，选择 Common 选项。

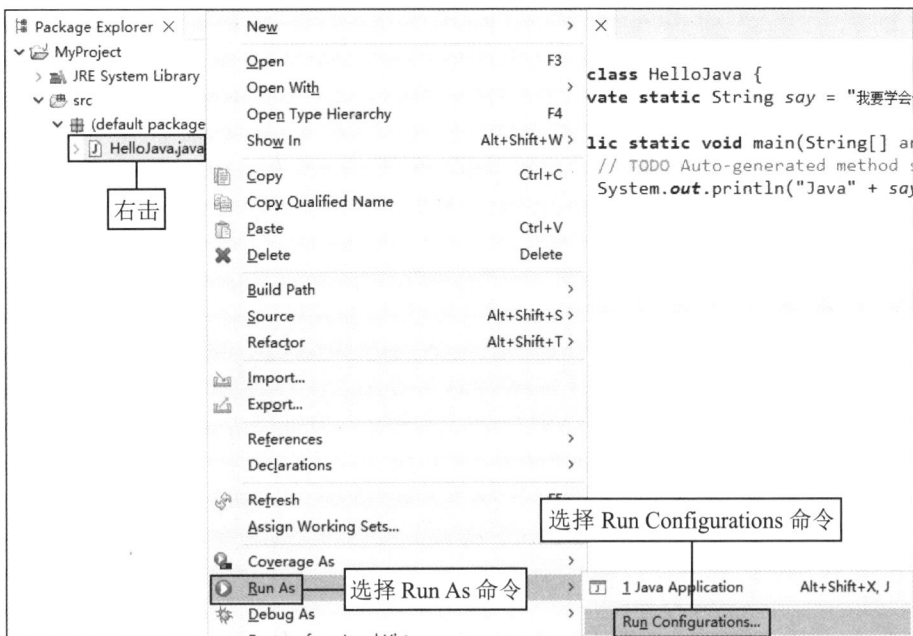

图 2.67　选择 Run As 中的 Run Configurations 命令

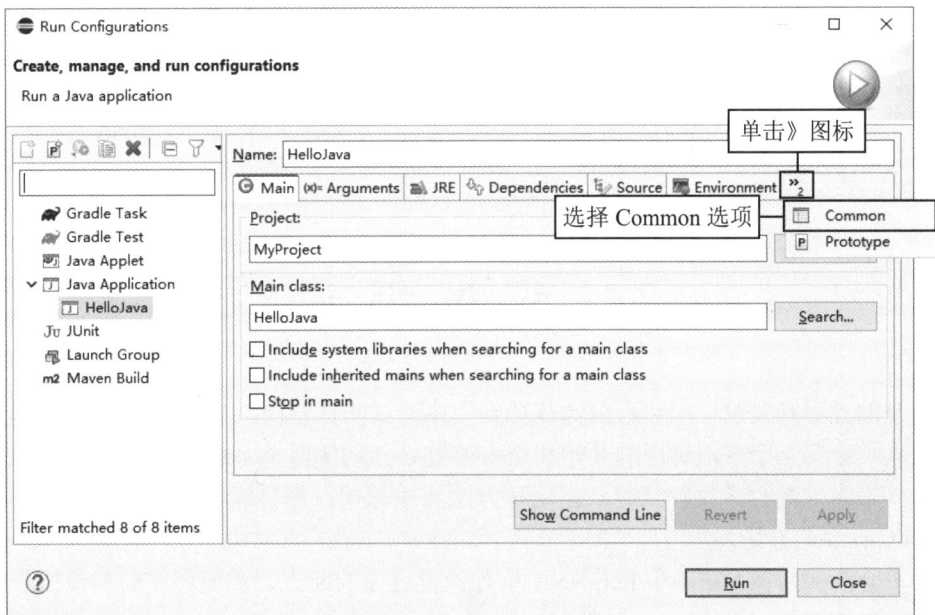

图 2.68　选择 Common 选项

（3）如图 2.69 所示，打开 Common 选项后，先选中 Encoding 下的 Use system encoding (GBK)单选按钮，再单击 Apply 按钮，然后单击 Run 按钮。

（4）单击 Run 按钮后，HelloJava 程序被再次运行，运行结果如图 2.70 所示。这时，Eclipse 的控制台就会正常显示中文字符。

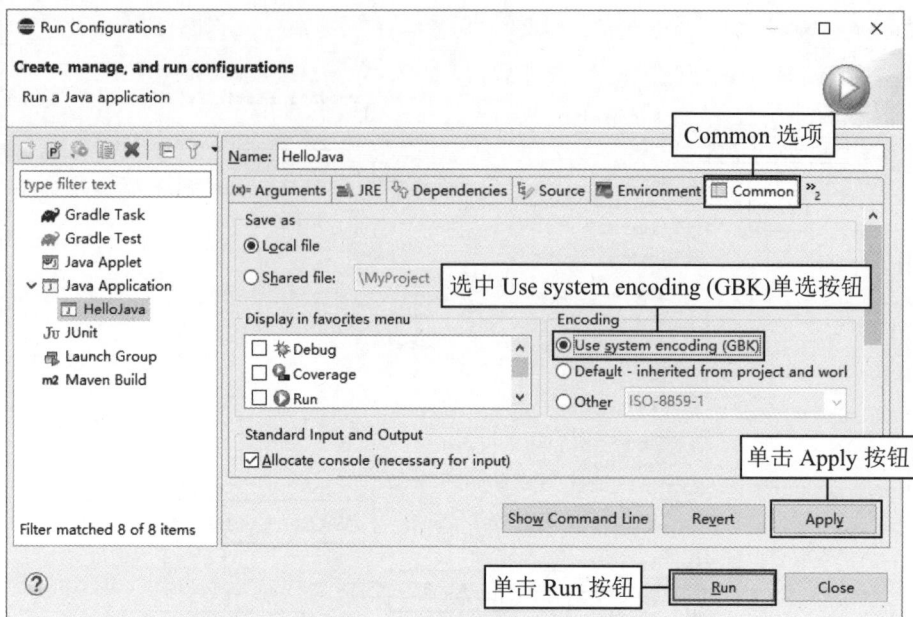

图 2.69　把编码格式设置为 GBK

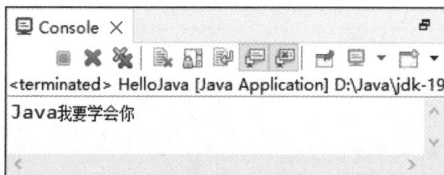

图 2.70　运行结果

2.4　程 序 调 试

读者在将来的程序开发过程中会不断地体会到程序调试的重要性。为验证 Java 单元的运行状况，以往程序开发人员会在某个方法调用的开始和结束位置处分别使用 System.out.println()方法输出状态信息，并根据这些信息判断程序执行状况，但这种方法比较原始，而且经常导致程序代码混乱（导出的都是 System.out.println()方法）。

本节将简单介绍如何在 IDEA 和 Eclipse 中执行设置程序的断点、实现程序的单步执行、在调试过程中查看变量和表达式的值等操作，这样可以避免在程序中编写大量的 System.out.println()方法输出调试信息。

1. 断点

设置断点是程序调试中必不可少的手段，Java 调试器每次遇到程序断点时都会将当前线程挂起，即暂停当前程序的运行。

☑　可以在 IDEA 中所显示的代码行号的右边单击添加或删除当前行的断点，如图 2.71 所示。

☑ 可以在 Eclipse 中所显示的代码行号的位置处双击添加或删除当前行的断点，或者在当前行号的位置处右击，在弹出的快捷菜单中选择 Toggle Breakpoint 命令实现断点的添加与删除，如图 2.72 所示。

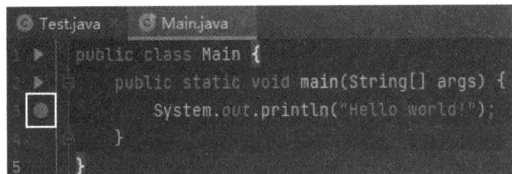

图 2.71　在 IDEA 中设置断点

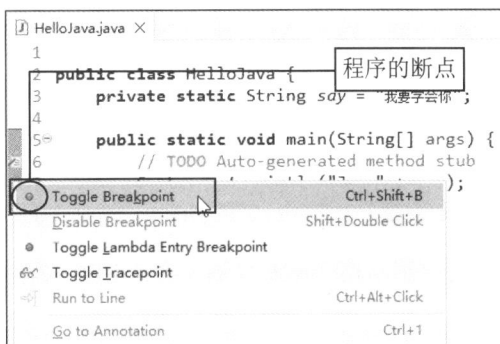

图 2.72　在 Eclipse 中设置断点

2. 以调试方式运行 Java 程序

☑ 要在 IDEA 中以调试方式运行 Main.java，可以在 Main.java 的工作区内右击，在弹出的快捷菜单中选择 Debug 'Main.main()'命令。调试器将在该断点处挂起当前线程，使程序暂停，如图 2.73 所示。

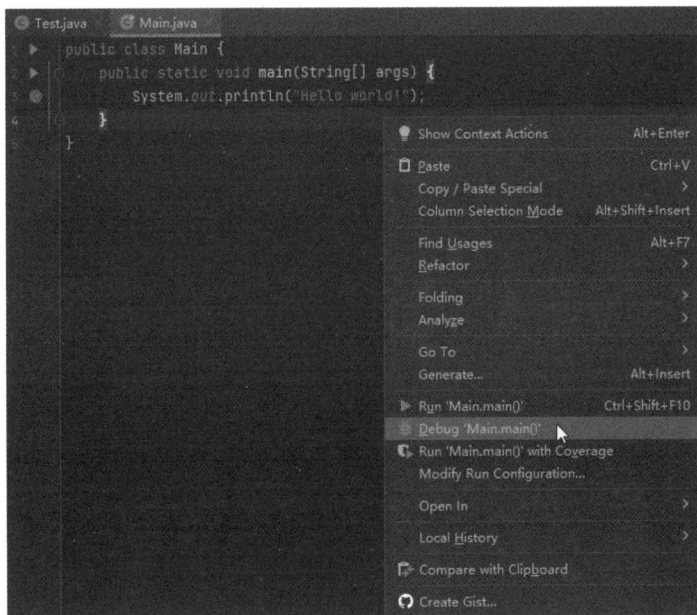

图 2.73　在 IDEA 中以调试方式运行 Main.java

☑ 要在 Eclipse 中调试 HelloJava 程序，可以右击 HelloJava.java 文件，在弹出的快捷菜单中选择 Debug As→ 1 Java Application 命令。如图 2.74 所示，在第 7 行代码处设置了断点，调试器将在该断点处挂起当前线程，使程序暂停。

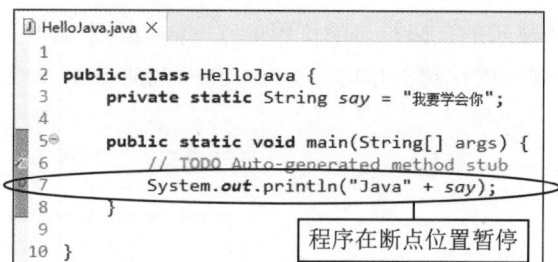

图 2.74 程序执行到断点后暂停

3. 程序调试

程序执行到断点处被暂停后，可以通过"调试"视图工具栏上的按钮执行相应的调试操作，如运行、停止等。

下面对"调试"视图中的两个关键操作进行简要介绍。

☑ 单步跳过。

➤ 在如图 2.75 所示的 IDEA 的"调试"视图的工具栏中单击▇按钮或按 F8 键，将执行单步跳过操作，即运行单独的一行程序代码，但是不进入调用方法的内部，然后跳到下一个可执行点并暂挂线程。

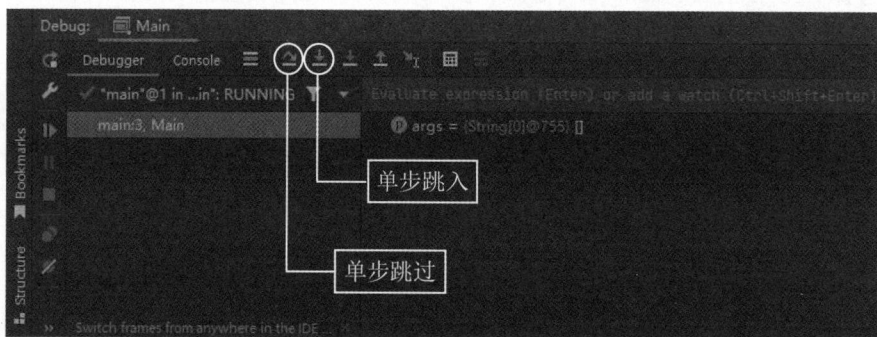

图 2.75 IDEA 的"调试"视图

➤ 在如图 2.76 所示的 Eclipse 的"调试"视图的工具栏中单击◑按钮或按 F6 键，将执行单步跳过操作，即运行单独的一行程序代码，但是不进入调用方法的内部，然后跳到下一个可执行点并暂挂线程。

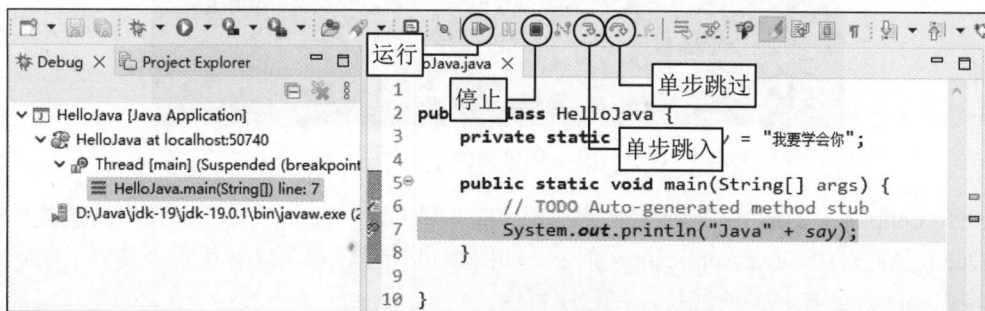

图 2.76 "调试"视图

说明

不停地执行单步跳过操作，会每次执行一行程序代码，直到程序结束或等待用户操作。

☑　单步跳入。

➤　在如图 2.75 所示的 IDEA 的"调试"视图的工具栏中单击![按钮]按钮或按 F7 键，将跳入调用方法或对象的内部，单步执行程序并暂挂线程。

➤　在如图 2.76 所示的 Eclipse 的"调试"视图的工具栏中单击![按钮]按钮或按 F5 键，将跳入调用方法或对象的内部，单步执行程序并暂挂线程。

第 3 章

Java 语言基础

很多人认为在学习 Java 语言之前必须先学习 C 或 C++语言，其实并非如此。之所以存在这种错误的认识，是因为很多人在学习 Java 语言之前都学过 C 或 C++语言。事实上，Java 语言比 C 或 C++语言更容易掌握。要掌握并熟练应用 Java 语言，就需要对 Java 语言的基础进行充分的了解。本章将对 Java 语言基础进行比较详细的讲解，初学者应该对本章的各个小节进行仔细的阅读、思考，这样才能达到事半功倍的效果。

本章的知识架构及重难点如下。

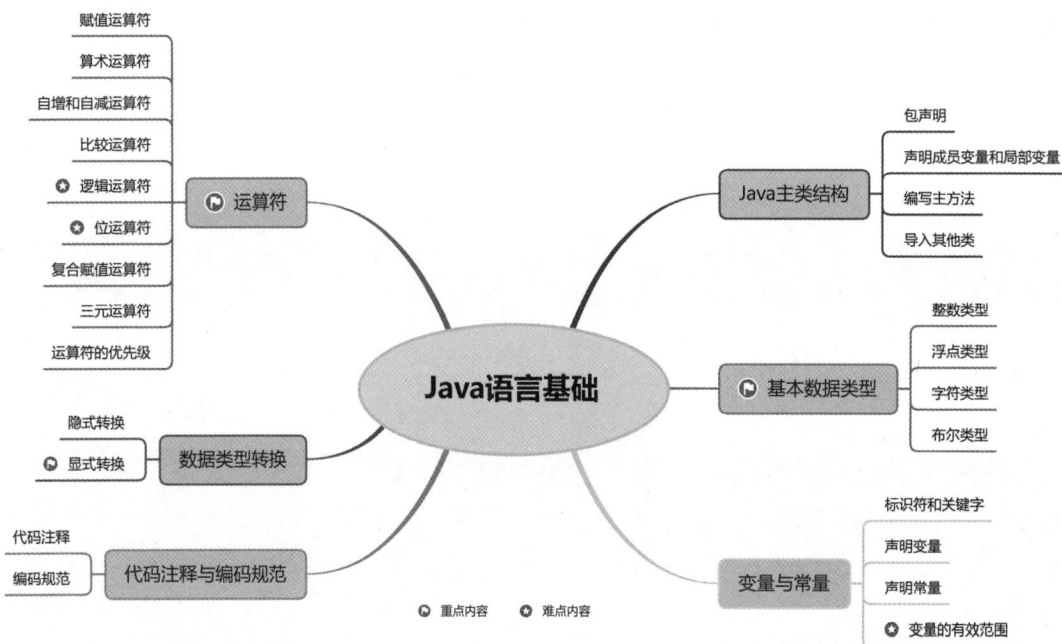

3.1 Java 主类结构

Java 语言是面向对象的程序设计语言，Java 程序的基本组成单元是类，类体中又包括属性与方法两部分（本书将在第 6 章中逐一介绍）。每一个应用程序都必须包含一个 main()方法，含有 main()方法的类称为主类。下面通过程序来介绍 Java 主类结构。

【例 3.1】创建主类并调用其主方法（**实例位置：资源包\TM\sl\3\1**）

在 Eclipse 下依次创建项目 item、包 Number 和类 First。在类体中输入以下代码，实现在控制台上输出"你好 Java"。

```java
package Number;
public class First {
    static String s1 = "你好";
    public static void main(String[] args) {
        String s2 = "Java";
        System.out.println(s1);
        System.out.println(s2);
    }
}
```

运行结果如下：

```
你好
Java
```

📢 **注意**

代码中的所有标点符号都是英文字符。不要在中文输入法状态下输入标点符号，如双引号和分号，否则会导致编译错误。

文件名必须和类名 First 相同，即 First.java。还要注意大小写，Java 是区分大小写的。

1．包声明

一个 Java 应用程序是由若干个类组成的。在例 3.1 中就是一个类名为 First 的类，语句 package Number 为声明该类所在的包，package 为包的关键字（关于包的详细讲解可参见第 11 章）。

2．声明成员变量和局部变量

通常将类的属性称为类的全局变量（成员变量），将方法中的属性称为局部变量。全局变量被声明在类体中，局部变量被声明在方法体中。全局变量和局部变量都有各自的应用范围。在例 3.1 中，s1 是成员变量，s2 是局部变量。

3．编写主方法

main()方法是类体中的主方法。该方法从"{"开始，至"}"结束。public、static 和 void 分别是 main()方法的权限修饰符、静态修饰符和返回值修饰符，Java 程序中的 main()方法必须被声明为 public static void。String[] args 是一个字符串类型的数组，它是 main()方法的参数（在后续章节中将对其进行详细的讲解）。Java 程序首先从 main()方法开始执行。

4．导入 API 类库

在 Java 语言中可以通过 import 关键字导入相关的类。在 JDK 的 API 中（应用程序接口）提供了 130 多个包，如 java.swing、java.io 等。可以通过 JDK 的 API 文档来查看这些包中的类，把握类的继承结构、类的应用、成员变量表、构造方法表等，并对每个变量的使用目的进行了解，API 文档是程序开发人员不可或缺的工具。

📚 **误区警示**

Java 语言是严格区分大小写的。例如，不能将关键字 class 等同于 Class。

3.2 基本数据类型

在 Java 中有 8 种基本数据类型来存储数值、字符和布尔值，如图 3.1 所示。

3.2.1 整数类型

整数类型简称整型，用来存储整数数值，即没有小数部分的数值。它们可以是正

基本数据类型
- 数值型
  - 整数类型（byte、short、int、long）
  - 浮点类型（float、double）
- 字符型
- 布尔型

图 3.1 Java 基本数据类型

数，也可以是负数。整型数据根据它所占内存大小的不同，可分为 byte、short、int 和 long 4 种类型。它们具有不同的取值范围，如表 3.1 所示。

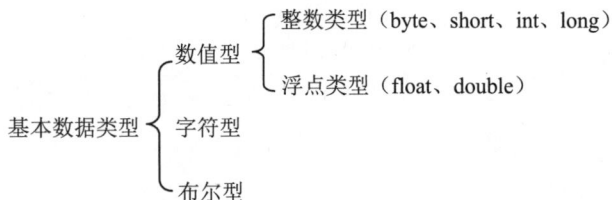

表 3.1 整型数据类型

数 据 类 型	内存空间（8 位等于 1 字节）	取 值 范 围
byte	8 位	−128～127
short	16 位	−32768～32767
int	32 位	−2147483648～2147483647
long	64 位	−9223372036854775808～9223372036854775807

下面分别对这 4 种整型数据类型进行介绍。

1. int 型

定义 int 型变量有以下 4 种语法：

```
int x;                          //定义 int 型变量 x
int x,y;                        //同时定义 int 型变量 x,y
int x = 10,y = -5;              //同时定义 int 型变量 x,y 并赋予初值
int x = 5 + 23;                 //定义 int 型变量 x，并赋予公式（5+23）计算结果的初值
```

int 型变量在内存中占 4 字节，也就是 32 位，在计算机中 bit 是由 0 和 1 来表示的，所以 int 型值 5 在计算机中是这样显示的：

```
00000000 00000000 00000000 00000101
```

int 型是 Java 整型值的默认数据类型。当对多个尚未定义数据类型的整数做运算时，运算的结果将默认为 int 类型。例如，下面这行代码：

```
System.out.println(15 + 20);    //输出 35
```

等同于如下代码：

```
int a = 15;
int b = 20;
int c = a + b;
System.out.println(c);          //输出 35
```

2．byte 型

byte 型的定义方式与 int 型的定义方式相同。定义 byte 类型变量，代码如下：

```
byte a;
byte a, b, c;
byte a = 19, b = -45;
```

3．short 型

short 型的定义方式与 int 型的定义方式相同。定义 short 类型变量，代码如下：

```
short s;
short s, t, r;
short s = 1000, t = -19;
short s = 20000 / 10;
```

4．long 型

由于 long 类型变量的取值范围比 int 类型变量的取值范围大，且属于高精度数据类型，因此在赋值时要和 int 型做出区分，需要在整数后加 L 或者 l（小写的 L）。定义 long 类型变量，代码如下：

```
long number;
long number, rum;
long number = 12345678l, rum = -987654321L;
long number = 123456789L * 987654321L;
```

> **注意**
>
> 整数在 Java 程序中有 3 种表示形式，分别为十进制、八进制和十六进制。
>
> （1）十进制：十进制的表现形式大家都很熟悉，如 120、0、-127。除了数字 0，不能以 0 作为其他十进制数的开头。
>
> （2）八进制：如 0123（转换成十进制数为 83）、-0123（转换成十进制数为-83）。八进制数必须以 0 开头。
>
> （3）十六进制：如 0x25（转换成十进制数为 37）、0Xb01e（转换成十进制数为 45086）。十六进制数必须以 0X 或 0x 开头。

3.2.2　浮点类型

浮点类型简称浮点型，用来存储含有小数部分的数值。Java 语言中浮点类型分为单精度浮点类型（float）和双精度浮点类型（double），它们具有不同的取值范围，如表 3.2 所示。

表 3.2　浮点型数据类型

数 据 类 型	内存空间（8 位等于 1 字节）	取 值 范 围
float	32 位	1.4E-45～3.4028235E38
double	64 位	4.9E-324～1.7976931348623157E308

在默认情况下，小数都被看作 double 型，若想使用 float 型小数，则需要在小数后面添加 F 或 f。另外，可以使用后缀 d 或 D 来明确表明这是一个 double 类型数据，但加不加 d 或 D 并没有硬性规定。

而定义 float 型变量时，如果不加 F 或 f，系统会认为它是一个 double 类型数据，并出错。定义浮点类型变量，代码如下：

```
float f1 = 13.23f;
double d1 = 4562.12d;
double d2 = 45678.1564;
```

误区警示

浮点值属于近似值，在系统中运算后的结果可能与实际有偏差。

【例 3.2】根据身高体重计算 BMI 指数（实例位置：资源包\TM\sl\3\2）

创建 BMIexponent 类；声明 double 型变量 height 以记录身高，单位为米；声明 int 型变量 weight 以记录体重，单位为千克；根据 BMI=体重/(身高×身高)计算 BMI 指数。实例代码如下：

```java
public class BMIexponent {
    public static void main(String[] args) {
        double height = 1.72;                             //身高变量，单位：米
        int weight = 70;                                  //体重变量，单位：千克
        double exponent = weight / (height * height);     //BMI 计算公式
        System.out.println("您的身高为： " + height);
        System.out.println("您的体重为： " + weight);
        System.out.println("您的 BMI 指数为： " + exponent);
        System.out.print("您的体重属于： ");
        if (exponent < 18.5) {                            //判断 BMI 指数是否小于 18.5
            System.out.println("体重过轻");
        }
        if (exponent >= 18.5 && exponent < 24.9) {        //判断 BMI 指数是否为 18.5～24.9
            System.out.println("正常范围");
        }
        if (exponent >= 24.9 && exponent < 29.9) {        //判断 BMI 指数是否为 24.9～29.9
            System.out.println("体重过重");
        }
        if (exponent >= 29.9) {                           //判断 BMI 指数是否大于 29.9
            System.out.println("肥胖");
        }
    }
}
```

运行结果如下：

```
您的身高为：1.72
您的体重为：70
您的 BMI 指数为：23.661438615467823
您的体重属于：正常范围
```

3.2.3 字符类型

1. char 型

字符类型（char）用于存储单个字符，占用 16 位（两个字节）的内存空间。在定义字符型变量时，要用单引号表示，如's'表示一个字符。但是"s"则表示一个字符串，虽然只有一个字符，但由于使用双引号，因此它仍然表示字符串，而不是字符。

使用 char 关键字可定义字符变量，其语法如下：

```java
char x = 'a';
```

由于字符 a 在 Unicode 表中的排序位置是 97，因此允许将上面的语句写成：

char x = 97;

同 C 和 C++语言一样，Java 语言也可以把字符作为整数对待。由于 Unicode 编码采用无符号编码，可以存储 65536 个字符（0x0000～0xffff），因此 Java 中的字符几乎可以处理所有国家的语言文字。若想得到一个 0～65536 的数所代表的 Unicode 表中相应位置上的字符，必须使用 char 型显式转换。

【例 3.3】查看字符与 Unicode 码互转的结果（实例位置：资源包\TM\sl\3\3）

在项目中创建类 Gess，编写如下代码，将 Unicode 表中某些位置上的字符以及一些字符在 Unicode 表中的位置输出到控制台上。

```java
public class Gess {                                          //定义类
    public static void main(String[] args) {                 //主方法
        char word = 'd', word2 = '@';                        //定义 char 型变量
        int p = 23045, p2 = 45213;                           //定义 int 型变量
        System.out.println("d 在 Unicode 表中的顺序位置是：" + (int) word);
        System.out.println("@在 Unicode 表中的顺序位置是：" + (int) word2);
        System.out.println("Unicode 表中的第 23045 位是：" + (char) p);
        System.out.println("Unicode 表中的第 45213 位是：" + (char) p2);
    }
}
```

运行结果如下：

```
d 在 Unicode 表中的顺序位置是：100
@在 Unicode 表中的顺序位置是：64
Unicode 表中的第 23045 位是：婭
Unicode 表中的第 45213 位是：?
```

String 类型为字符串类型，可以用来保存由多个字符组成的文本内容，其用法与字符类型类似，但文本内容需要用双引号标注。关于字符串的详细用法请参考本书第 10 章内容。

2．转义字符

转义字符是一种特殊的字符变量，它以反斜杠"\"开头，后跟一个或多个字符。转义字符具有特定的含义，不同于字符原有的意义，故称"转义"。例如，printf 函数的格式串中用到的"\n"就是一个转义字符，意思是"回车换行"。Java 中的转义字符如表 3.3 所示。

表 3.3　转义字符

转 义 字 符	含 义	转 义 字 符	含 义
\ddd	1～3 位八进制数据所表示的字符，如\123	\r	回车
\uxxxx	4 位十六进制数据所表示的字符，如\u0052	\n	换行
\'	单引号字符	\b	退格
\\	反斜杠字符	\f	换页
\t	垂直制表符，将光标移到下一个制表符的位置		

将转义字符赋值给字符变量时，与字符常量值一样需要使用单引号。

【例 3.4】输出'\'字符和'★'字符（实例位置：资源包\TM\sl\3\4）

'\'字符的转移字符为'\\'，'★'字符的 Unicode 码为 2605，实例代码如下：

```java
public class Demo {
```

```
public static void main(String[] args) {
    char c1 = '\\';                          //将转义字符 '\\' 赋值给变量 c1
    char char1 = '\u2605';                   //将转义字符 '\u2605' 赋值给变量 char1
    System.out.println(c1);                  //输出结果\
    System.out.println(char1);               //输出结果★
    }
}
```

运行结果如下：

```
\
★
```

3.2.4 布尔类型

布尔类型又称逻辑类型，简称布尔型，通过关键字 boolean 来定义布尔类型变量。布尔类型只有 true 和 false 两个值，分别代表布尔逻辑中的"真"和"假"。布尔值不能与整数类型进行转换。布尔类型通常被用在流程控制中，作为判断条件。定义布尔类型变量，代码如下：

```
boolean b;                                   //定义布尔型变量 b
boolean b1, b2;                              //定义布尔型变量 b1、b2
boolean b = true;                           //定义布尔型变量 b，并赋给初值 true
```

编程训练（答案位置：资源包\TM\sl\3\编程训练）

【训练 1】统计粮仓的粮食　一个圆柱形粮仓，底面直径为 10 米，高为 3 米，该粮仓体积为多少立方米？如果每立方米屯粮 750 千克，该粮仓一共可储存多少千克粮食？

【训练 2】谁该缴税　员工 a 与员工 b 的月薪分别为 4500 元和 5500 元，判断哪位员工需要缴纳个人所得税，哪位员工不需要缴纳个人所得税。（假设工资、薪金所得的个税起征点为 5000 元）

3.3　变量与常量

在程序执行过程中，其值不能被改变的量称为常量，其值能被改变的量称为变量。变量与常量的命名都必须使用合法的标识符。本节将向读者讲解标识符与关键字、变量与常量的声明、变量的有效范围。

3.3.1 标识符和关键字

1. 标识符

标识符可以简单地被理解为一个名字，它是用来标识类名、变量名、方法名、数组名、文件名的有效字符序列。

Java 语言规定标识符由任意顺序的字母、下画线（_）、美元符号（$）和数字组成，并且第一个字符不能是数字。标识符不能是 Java 中的关键字（保留字）。

下面是合法标识符：

```
name
user_age
$page
```

下面是非法标识符：

```
4word
String
User name
```

在 Java 语言中，标识符中的字母是严格区分大小写的，如 good 和 Good 是不同的两个标识符。Java 语言使用 Unicode 标准字符集，最多可以标识 65535 个字符。因此，Java 语言中的字母不仅包括通常的拉丁文字 a、b、c 等，还包括汉语、日语以及其他许多语言中的文字。

2．关键字

关键字又称保留字，是 Java 语言中已经被赋予特定意义的一些单词，不可以把这些单词作为标识符来使用。3.2 节介绍数据类型时提到的 int、boolean 等都是关键字。Java 语言中的关键字如表 3.4 所示。

表 3.4　Java 关键字

关　键　字	说　　明	关　键　字	说　　明
abstract	表明类或者成员方法具有抽象属性	class	用于声明类
assert	断言，用来调试程序	const	保留关键字，没有具体含义
boolean	布尔类型	continue	回到一个块的开始处
break	跳出语句，提前跳出一块代码	default	默认，如在 switch 语句中表示默认分支
byte	字节类型	do	do…while 循环结构使用的关键字
case	用在 switch 语句之中，表示其中的一个分支	double	双精度浮点类型
catch	用在异常处理中，用来捕捉异常	else	用在条件语句中，表明当条件不成立时的分支
char	字符类型	enum	用于声明枚举
extends	用于创建继承关系	public	公有权限修饰符
final	用于声明不可改变的最终属性，如常量	return	返回方法结果
finally	声明异常处理语句中始终会被执行的代码块	short	短整数类型
float	单精度浮点类型	static	静态修饰符
for	for 循环语句关键字	strictfp	用于声明 FP_strict（单精度或双精度浮点数）表达式遵循 IEEE 754 算术标准
goto	保留关键字，没有具体含义	super	父类对象
if	条件判断语句关键字	switch	分支结构语句关键字
implements	用于创建类与接口的实现关系	synchronized	线程同步关键字
import	导入语句	this	本类对象
instanceof	判断两个类的继承关系	throw	抛出异常
int	整数类型	throws	方法将异常处理抛向外部方法
interface	用于声明接口	transient	声明不用序列化的成员域
long	长整数类型	try	尝试监控可能抛出异常的代码块
native	用于声明一个方法是由与计算机相关的语言（如 C/C++/FORTRAN 语言）实现的	var	声明局部变量
new	用于创建新实例对象	void	表明方法无返回值
package	包语句	volatile	表明两个或多个变量必须同步发生变化
private	私有权限修饰符	while	while 循环语句关键字
protected	受保护权限修饰符		

3.3.2 声明变量

变量的使用是程序设计中一个十分重要的环节。声明变量就是要告诉编译器（compiler）这个变量的数据类型，这样编译器才知道需要配置多少空间给它，以及它能存放什么样的数据。在程序运行过程中，空间内的值是变化的，这个内存空间就称为变量。为了便于操作，给这个空间取个名字，称为变量名。变量名必须是合法的标识符。内存空间内的值就是变量值。在声明变量时可以不用赋值，也可以直接赋予初值。

例如，声明一个整数类型变量和声明一个字符类型变量，代码如下：

```
int age;                                      //声明 int 型变量
char char1 = 'r';                             //声明 char 型变量并赋值
```

编写以上程序代码，究竟会产生什么样的效果呢？要了解这个问题，就需要对变量的内存配置有一定的认识。用图解的方式将上述程序代码在内存中的状况表现出来，如图 3.2 所示。

由图 3.2 可知，系统的内存大略可被分为 3 个区域，即系统（OS）区、程序（program）区和数据（data）区。当执行程序时，程序代码会被加载到内存的程序区中，数据暂时被存储在数据区中。假设上述两个变量被定义在方法体中，则程序被加载到程序区中。当执行此行程序代码时，会在数据区配置空间给出这两个变量。

对于变量的命名并不是随意的，应遵循以下几条规则：

☑ 变量名必须是一个有效的标识符。
☑ 变量名不可以使用 Java 中的关键字。
☑ 变量名不能重复。
☑ 应选择有意义的单词作为变量名。

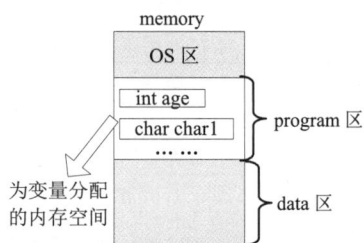

图 3.2 变量占用的内存空间

说明

在 Java 语言中允许使用汉字或其他语言文字作为变量名，如"int 年龄 = 21"，在程序运行时不会出现错误，但建议读者尽量不要使用这些语言文字作为变量名。

Java 10 提供了一个方便好用的新特性：使用 var 声明局部变量。使用 var 声明局部变量的语法如下：

```
var 变量名称 = 值
```

需要注意的是，var 是关键字，它相当于一种动态类型。编译器会根据赋给变量的值推断出变量的类型，因此使用 var 声明局部变量时必须赋予值。

例如，在 main()方法中，先使用 var 声明一个变量，变量的值为"好好学习，天天向上"，再使用输出语句输出这个变量的值。代码如下：

```
public class Demo {
    public static void main(String[] args) {
        var str = "好好学习，天天向上";
        System.out.println(str);
    }
}
```

运行结果如下：

```
好好学习，天天向上
```

此外，还需要注意的是：var 不能用于声明成员变量，如图 3.3 所示；使用 var 声明的局部变量不能作为方法的返回值，如图 3.4 所示。

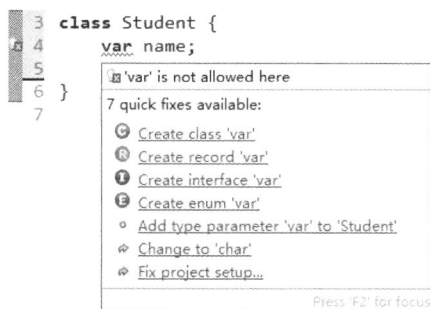

```
3  class Student {
4      var name;
                ┌─────────────────────────────────────┐
                │ 🔴 'var' is not allowed here        │
6  }             │ 7 quick fixes available:            │
7               │                                     │
                │ ⓖ Create class 'var'                │
                │ ⓡ Create record 'var'               │
                │ ① Create interface 'var'            │
                │ ⓔ Create enum 'var'                 │
                │ ○ Add type parameter 'var' to 'Student' │
                │ ↪ Change to 'char'                  │
                │ ↪ Fix project setup...              │
                │                    Press 'F2' for focus │
                └─────────────────────────────────────┘
```

```
public void getAge() {
    var age = 26;
    return age;
}
        ┌──────────────────────────────────────┐
        │ 🔴 Void methods cannot return a value │
        │ 2 quick fixes available:             │
        │ ↪ Change method return type to 'int' │
        │ ↪ Change to 'return;'                │
        │                  Press 'F2' for focus │
        └──────────────────────────────────────┘
```

图 3.3　var 不能用于声明成员变量　　　　图 3.4　使用 var 声明的局部变量不能作为方法的返回值

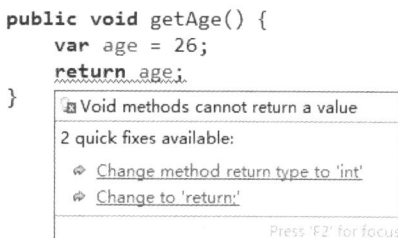

3.3.3　声明常量

在程序运行过程中一直不会改变的量被称为常量（constant），通常也被称为"final 变量"。常量在整个程序中只能被赋值一次。在为所有的对象共享值时，常量是非常有用的。

在 Java 语言中声明一个常量，除了要指定数据类型，还需要通过 final 关键字进行限定。声明常量的标准语法如下：

final 数据类型 常量名称 [= 值]

常量名通常使用大写字母，但这并不是必需的。很多 Java 程序员使用大写字母表示常量，是为了清楚地表明正在使用常量。

例如，声明常量 π（程序中用 PI 表示），代码如下：

final double PI = 3.1415926D;　　　　　　　　　//声明 double 型常量 PI 并赋值

当变量被 final 关键字修饰时，该变量就变成了常量，必须在定义时就设定它的初值，否则将会产生编译错误。从下面的实例中可看出变量与常量的区别。

【例 3.5】尝试给常量赋值，观察是否会发生错误（**实例位置：资源包\TM\sl\3\5**）

在项目中创建类 Part，在类体中创建变量 age 与常量 PI。在主方法中分别对变量和常量进行赋值，通过输出信息可测试变量与常量的有效范围。

```
public class Part {                                        //新建类 Part
    //声明常量 PI，此时如不对 PI 进行赋值，则会出现错误提示
    static final double PI = 3.14;
    static int age = 23;                                   //声明 int 型变量 age 并进行赋值

    public static void main(String[] args) {               //主方法
        final int number;                                  //声明 int 型常量 number
        number = 1235;                                     //对常量进行赋值
        age = 22;                                          //再次对变量进行赋值
        number = 1236;                                     //错误代码，number 为常量，只能赋值一次
        System.out.println("常量 PI 的值为：" + PI);          //输出 PI 的值
        System.out.println("赋值后 number 的值为:" + number); //输出 number 的值
        System.out.println("int 型变量 age 的值为：" + age);   //输出 age 的值
    }
}
```

运行结果如下：

```
Exception in thread "main" java.lang.Error: 无法解析的编译问题：
    final 局部变量 number 可能已经被赋过值
    at Part.main(Part.java:10)
```

从这个结果中可以看到，Part 类被运行后发生了错误，异常日志中记载 Part 类出现编译问题，此编译问题正是常量 number 被二次赋值。

> **说明**
>
> 英文版原版的异常日志为：
>
> Exception in thread "main" java.lang.Error: Unresolved compilation problem:
>   The final local variable number may already have been assigned
>   at Part.main(Part.java:10)

3.3.4 变量的有效范围

由于变量被定义出来后只是暂存在内存中，等到程序执行到某一个点，该变量会被释放掉，也就是说变量有它的生命周期。因此，变量的有效范围是指程序代码能够访问该变量的区域，若超出该区域，则在编译时会出现错误。在程序中，一般会根据变量的"有效范围"将变量分为"成员变量"和"局部变量"。

1. 成员变量

在类体中所声明的变量被称为成员变量，成员变量在整个类中都有效。类的成员变量又可分为两种，即静态变量和实例变量。例如下面这段代码：

```
class Demo{
    int x = 45;
    static int y = 90
}
```

其中，x 为实例变量，y 为静态变量（也被称为类变量）。如果在成员变量的类型前面加上关键字 static，这样的成员变量被称为静态变量。静态变量的有效范围可以跨类，甚至可到达整个应用程序之内。静态变量除了能在声明它的类内存取，还能直接以"类名.静态变量"的方式在其他类内使用。

2. 局部变量

在类的方法体中声明的变量（方法内部定义，在"{"与"}"之间的代码中声明的变量）称为局部变量。局部变量只在当前代码块中有效，也就是只能在"{"与"}"之间的代码中使用它。

在类的方法中声明的变量，包括方法的参数，都属于局部变量。局部变量只在当前定义的方法内有效，不能用于类的其他方法中。局部变量的生命周期取决于方法，当方法被调用时，Java 虚拟机会为方法中的局部变量分配内存空间，当该方法的调用结束后，则会释放方法中局部变量占用的内存空间，局部变量也将会被销毁。

局部变量可与成员变量的名字相同，此时成员变量将被隐藏，即这个成员变量在此方法中暂时失效。

变量的有效范围如图 3.5 所示。

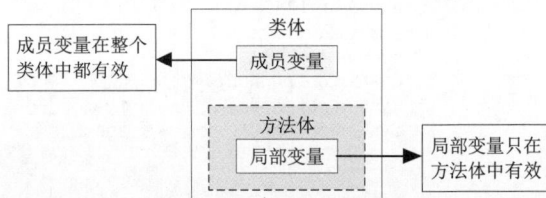

图 3.5　变量的有效范围

【例 3.6】 把成员变量"排挤掉"的局部变量（**实例位置：资源包\TM\sl\3\6**）

在项目中创建类 Val，并分别定义名称相同的 成员变量与局部变量，当名称相同时成员变量将被隐藏。

```java
public class Val {                              //新建类
    static int times = 3;                       //定义成员变量 times
    public static void main(String[] args) {    //主方法
        int times = 4;                          //定义局部变量 times
        System.out.println("times 的值为： " + times);  //输出 times 的值
    }
}
```

运行结果如下：

times 的值为：4

编程训练（答案位置：资源包\TM\sl\3\编程训练）

【训练 3】 比较字符和整数　比较'g'和 103 是否相等。

【训练 4】 输出连续的字符　在控制台中输出"ABCDEFG"。

3.4　运　算　符

运算符是一些特殊的符号，主要用于数学函数、一些类型的赋值语句和逻辑比较方面。Java 中提供了丰富的运算符，如赋值运算符、算术运算符、比较运算符等。本节将向读者介绍这些运算符。

3.4.1　赋值运算符

赋值运算符以符号"="表示，它是一个二元运算符（对两个操作数做处理），其功能是将右方操作数所含的值赋给左方的操作数。例如：

int a = 100;

该表达式是将 100 赋值给变量 a。左方的操作数必须是一个变量，而右边的操作数则可以是任何表达式，包括变量（如 a、number）、常量（如 123、'book'）、有效的表达式（如 45 * 12）。

由于赋值运算符"="处理时会先取得右方表达式处理后的结果，因此一个表达式中若含有两个以上的"="运算符，会从最右方的"="开始处理。

【例 3.7】 使用赋值运算符同时为两个变量赋值（**实例位置：资源包\TM\sl\3\7**）

在项目中创建类 Eval，在主方法中定义变量，使用赋值运算符为变量赋值。

```java
public class Eval {                             //创建类
    public static void main(String[] args) {    //主方法
        int a, b, c;                            //声明 int 型变量 a、b、c
        a = 15;                                 //将 15 赋值给变量 a
        c = b = a + 4;                          //将 a 与 4 的和赋值给变量 b，然后赋值给变量 c
        System.out.println("c 值为： " + c);     //输出变量 c 的值
        System.out.println("b 值为： " + b);     //输出变量 b 的值
    }
}
```

运行结果如下：

```
c 值为：19
b 值为：19
```

说明

在 Java 中可以把赋值运算符连在一起使用。如：

x = y = z = 5;

在这个语句中，变量 x、y、z 都得到同样的值 5，但在实际开发中建议开发者分开对其进行赋值，这样可以让代码的层次更清晰。

3.4.2 算术运算符

Java 中的算术运算符主要有+（加）、-（减）、*（乘）、/（除）、%（求余），它们都是二元运算符。Java 中算术运算符的功能及使用方式如表 3.5 所示。

表 3.5　Java 算术运算符

运　算　符	说　　明	实　　例	结　　果
+	加	12.45f + 15	27.45
-	减	4.56 - 0.16	4.4
*	乘	5L * 12.45f	62.25
/	除	7 / 2	3
%	取余数	12 % 10	2

其中，"+"和"-"运算符还可以作为数值的正负符号，如+5、-7。

注意

在进行除法运算时，0 不能做除数。例如，对于语句"int a = 5 / 0;"，系统会抛出 ArithmeticException 异常。

下面通过一个小程序来介绍算术运算符的使用方法。

【例 3.8】 使用算术运算符模拟计算器（**实例位置：资源包\TM\sl\3\8**）

创建 ArithmeticOperator 类，让用户输入两个数字，分别用 5 种运算符对这两个数字进行计算。

```java
import java.util.Scanner;
public class ArithmeticOperator {
    public static void main(String[] args) {
        Scanner sc = new Scanner(System.in);                              //创建扫描器，获取控制台输入的值
        System.out.println("请输入两个数字，用空格隔开(num1 num2)：");        //输出提示
        double num1 = sc.nextDouble();                                    //记录输入的第一个数字
        double num2 = sc.nextDouble();                                    //记录输入的第二个数字
        System.out.println("num1+num2 的和为：" + (num1 + num2));          //计算和
        System.out.println("num1-num2 的差为：" + (num1 - num2));          //计算差
        System.out.println("num1*num2 的积为：" + (num1 * num2));          //计算积
        System.out.println("num1/num2 的商为：" + (num1 / num2));          //计算商
        System.out.println("num1%num2 的余数为：" + (num1 % num2));        //计算余数
        sc.close();                                                       //关闭扫描器
```

```
        }
    }
```

运行结果如图 3.6 所示，图中数字 23 和 15 为用户在控制台中输入的值。

说明

代码中出现的 Scanner 扫描器类可以让程序获得用户在控制台输入的值，关于 Scanner 类的详细用法请参考本书"第 11 章　常用类库"的相关内容。

```
Console ×
<terminated> ArithmeticOperator [Java Application] D:\Java
请输入两个数字，用空格隔开（num1 num2）：
23 15
num1+num2的和为：38.0
num1-num2的差为：8.0
num1*num2的积为：345.0
num1/num2的商为：1.5333333333333334
num1%num2的余数为：8.0
```

图 3.6　运行结果

3.4.3　自增和自减运算符

自增、自减运算符是单目运算符，可以放在操作元之前，也可以放在操作元之后。操作元必须是一个整型或浮点型变量。自增、自减运算符的作用是使变量的值增 1 或减 1。放在操作元前面的自增、自减运算符，会先将变量的值加 1（减 1），然后使该变量参与表达式的运算。放在操作元后面的自增、自减运算符，会先使变量参与表达式的运算，然后将该变量加 1（减 1）。例如：

```
++a(--a)        //表示在使用变量a之前，先将a的值加（减）1
a++(a--)        //表示在使用变量a之后，将a的值加（减）1
```

粗略地分析，"++a"与"a++"的作用都相当于 a = a + 1。假设 a = 4，则：

```
b = ++a;        //先将a的值加1，然后赋给b，此时a值为5，b值为5
```

再看另一个语法，同样假设 a = 4，则：

```
b = a++;        //先将a的值赋给b，再将a的值变为5，此时a值为5，b值为4
```

3.4.4　比较运算符

比较运算符属于二元运算符，用于程序中的变量之间、变量和自变量之间以及其他类型的信息之间的比较。比较运算符的运算结果是 boolean 型。当运算符对应的关系成立时，运算结果为 true，否则为 false。所有比较运算符通常作为判断的依据用在条件语句中。比较运算符共有 6 个，如表 3.6 所示。

表 3.6　比较运算符

运　算　符	作　　用	举　　例	操 作 数 据	结　　果
>	比较左方是否大于右方	'a' > 'b'	整型、浮点型、字符型	false
<	比较左方是否小于右方	156 < 456	整型、浮点型、字符型	true
==	比较左方是否等于右方	'c' == 'c'	基本数据类型、引用型	true
>=	比较左方是否大于或等于右方	479 >= 426	整型、浮点型、字符型	true
<=	比较左方是否小于或等于右方	12.45 <= 45.5	整型、浮点型、字符型	true
!=	比较左方是否不等于右方	'y'! = 't'	基本数据类型、引用型	true

【例 3.9】 使用不同的比较运算符判断两个整数的关系（**实例位置：资源包\TM\sl\3\9**）

在项目中创建类 Compare，在主方法中创建整型变量，使用比较运算符对变量进行比较运算，并输出运算后的结果。

```java
public class Compare {                                    //创建类
    public static void main(String[] args) {
        int number1 = 4;                                  //声明 int 型变量 number1
        int number2 = 5;                                  //声明 int 型变量 number2
        //依次输出变量 number1 与变量 number2 的比较结果
        System.out.println("number1>number2 的返回值为：" + (number1 > number2));
        System.out.println("number1< number2 返回值为："+ (number1 < number2));
        System.out.println("number1==number2 返回值为："+ (number1 == number2));
        System.out.println("number1!=number2 返回值为："+ (number1 != number2));
        System.out.println("number1>= number2 返回值为："+ (number1 >= number2));
        System.out.println("number1<=number2 返回值为："+ (number1 <= number2));
    }
}
```

运行结果如下：

```
number1>number2 的返回值为：false
number1< number2 返回值为：true
number1==number2 返回值为：false
number1!=number2 返回值为：true
number1>= number2 返回值为：false
number1<=number2 返回值为：true
```

3.4.5　逻辑运算符

返回类型为布尔型的表达式（如比较运算符）可以被组合在一起构成一个更复杂的表达式。这是通过逻辑运算符来实现的。逻辑运算符包括&（&&）（逻辑与）、||（逻辑或）、!（逻辑非）。逻辑运算符的操作元必须是 boolean 型数据。在逻辑运算符中，除了"!"是一元运算符，其他都是二元运算符。表 3.7 给出了逻辑运算符的用法和含义。

表 3.7　逻辑运算符

运　算　符	含　　义	用　　法	结　合　方　向
&&、&	逻辑与	op1 && op2	从左到右
||	逻辑或	op1 || op2	从左到右
!	逻辑非	!op	从右到左

结果为 boolean 型的变量或表达式可以通过逻辑运算符组合为逻辑表达式。

用逻辑运算符进行逻辑运算时，结果如表 3.8 所示。

表 3.8　使用逻辑运算符进行逻辑运算

表达式 1	表达式 2	表达式 1 && 表达式 2	表达式 1 || 表达式 2	!表达式 1
true	true	true	true	false
true	false	false	true	false
false	false	false	false	true
false	true	false	true	true

逻辑运算符"&&"与"&"都表示"逻辑与"，那么它们之间的区别在哪里呢？从表 3.8 中可以看出，当两个表达式都为 true 时，"逻辑与"的结果才会是 true。使用逻辑运算符"&"会判断两个表达式；而逻辑运算符"&&"则是针对 boolean 类型的类进行判断的，当第一个表达式为 false 时则不去判

断第二个表达式，直接输出结果，从而节省计算机判断的次数。通常将这种在逻辑表达式中从左端的表达式可推断出整个表达式的值的情况称为"短路"，而将那些始终需要执行逻辑运算符两边的表达式才能推断出整个表达式的值的情况称为"非短路"。"&&"属于"短路"运算符，而"&"属于"非短路"运算符。

【例 3.10】 使用不同的比较运算符判断两个整数的关系（**实例位置：资源包\TM\sl\3\10**）

在项目中创建类 Calculation，在主方法中创建 3 个整数，分别记录男生人数、女生人数和总人数，使用逻辑运算符来判断"男生人数大于女生人数并且总人数大于 30 人"和"男生人数大于女生人数或者总人数大于 30 人"这两种情况是否存在。

```java
public class Calculation {
    public static void main(String[] args) {
        int boys = 15;                                      //男生人数
        int girls = 17;                                     //女生人数
        int totle = boys + girls;                           //总人数
        boolean result1 = ((boys > girls) && (totle > 30)); //男生人数多于女生，且总人数大于 30
        boolean result2 = ((boys > girls) || (totle > 30)); //男生人数多于女生，或总人数大于 30
        System.out.println("男生人数大于女生人数并且总人数大于 30 人：" + result1);    //输出结果
        System.out.println("男生人数大于女生人数或者总人数大于 30 人：" + result2);
    }
}
```

运行结果如下：

```
男生人数大于女生人数并且总人数大于 30 人：false
男生人数大于女生人数或者总人数大于 30 人：true
```

3.4.6　位运算符

位运算符除"按位与"和"按位或"运算符外，其他只能用于处理整数的操作数，包括 byte、short、char、int 和 long 等数据类型。位运算是完全针对位方面的操作。整型数据在内存中以二进制的形式进行表示，如 int 型变量 7 的二进制表示是 00000000 00000000 00000000 00000111。

左边最高位是符号位，最高位是 0 表示正数，若为 1 则表示负数。负数采用补码表示，如-8 的二进制表示为 11111111 11111111 1111111 11111000。这样就可以对整型数据进行按位运算。

1．"按位与"运算

"按位与"运算的运算符为"&"，为双目运算符。"按位与"运算的运算法则是：如果两个整型数据 a、b 对应位都是 1，则结果位才是 1，否则为 0。如果两个操作数的精度不同，则结果的精度与精度高的操作数相同，如图 3.7 所示。

2．"按位或"运算

"按位或"运算的运算符为"|"，为双目运算符。"按位或"运算的运算法则是：如果两个操作数对应位都是 0，则结果位才是 0，否则为 1。如果两个操作数的精度不同，则结果的精度与精度高的操作数相同，如图 3.8 所示。

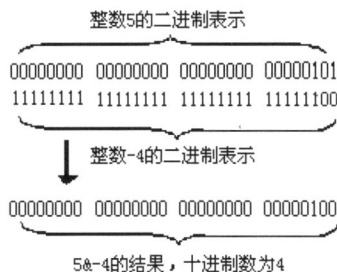

整数5的二进制表示
```
00000000 00000000 00000000 00000101
11111111 11111111 11111111 11111100
```
整数-4的二进制表示
```
00000000 00000000 00000000 00000100
```
5&-4的结果，十进制数为4

图 3.7　5 & -4 的运算过程

3．"按位取反"运算

"按位取反"运算也称"按位非"运算，运算符为"~"，为单目运算符。"按位取反"就是将操作数二进制中的 1 修改为 0，0 修改为 1，如图 3.9 所示。

4．"按位异或"运算

"按位异或"运算的运算符是"^"，为双目运算符。"按位异或"运算的运算法则是：当两个操作数的二进制表示相同（同时为 0 或同时为 1）时，结果为 0，否则为 1。若两个操作数的精度不同，则结果的精度与精度高的操作数相同，如图 3.10 所示。

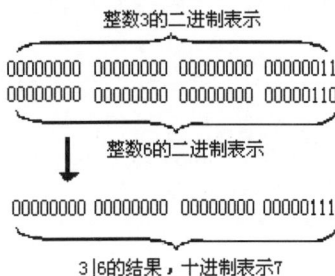

整数3的二进制表示
00000000 00000000 00000000 00000011
00000000 00000000 00000000 00000110

↓ 整数6的二进制表示

00000000 00000000 00000000 00000111

3|6的结果，十进制表示7

图 3.8　3|6 的运算过程

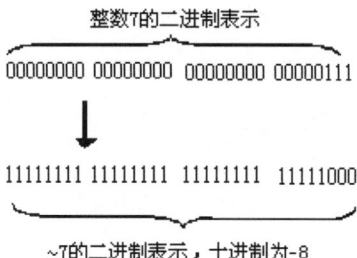

整数7的二进制表示
00000000 00000000 00000000 00000111

↓

11111111 11111111 11111111 11111000

~7的二进制表示，十进制为-8

图 3.9　~7 的运算过程

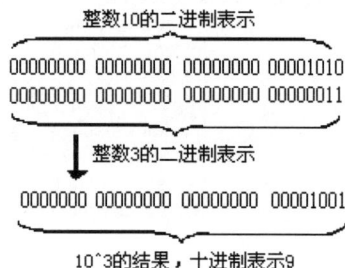

整数10的二进制表示
00000000 00000000 00000000 00001010
00000000 00000000 00000000 00000011

↓ 整数3的二进制表示

00000000 00000000 00000000 00001001

10^3的结果，十进制表示9

图 3.10　10＾3 的运算过程

5．移位操作

除了上述运算符，还可以对数据按二进制位进行移位操作。Java 中的移位运算符有以下 3 种：
- ☑　<<：左移。
- ☑　>>：右移。
- ☑　>>>：无符号右移。

左移就是将运算符左边的操作数的二进制数据，按照运算符右边操作数指定的位数向左移动，右边移空的部分补 0。右移则复杂一些。当使用">>"符号时：如果最高位是 0，右移空的位就填入 0；如果最高位是 1，右移空的位就填入 1，如图 3.11 所示。

Java 还提供了无符号右移">>>"，无论最高位是 0 还是 1，左侧被移空的高位都填入 0。

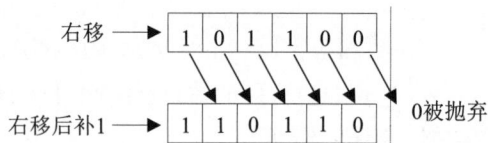

右移 →　1 0 1 1 0 0
右移后补1 →　1 1 0 1 1 0　　0被抛弃

图 3.11　右移

技巧

移位可以实现整数除以或乘以 2^n 的效果。例如，y << 2 与 y*4 的结果相同，y >> 1 的结果与 y / 2 的结果相同。总之：一个数左移 n 位，就是将这个数乘以 2^n；一个数右移 n 位，就是将这个数除以 2^n。

3.4.7　复合赋值运算符

和其他主流编程语言一样，Java 中提供了复合赋值运算符。所谓复合赋值运算符，就是将赋值运算符与其他运算符合并成一个运算符来使用，从而同时实现两种运算符的效果。Java 中的复合运算符如表 3.9 所示。

表 3.9　复合赋值运算符

运　算　符	含　　义	举　　例	等　价　效　果
+=	相加结果赋予左侧	a += b;	a = a + b;
-=	相减结果赋予左侧	a -= b;	a = a – b;
*=	相乘结果赋予左侧	a *= b;	a = a * b;
/=	相除结果赋予左侧	a /= b;	a = a / b;
%=	取余结果赋予左侧	a %= b;	a = a % b;
&=	与结果赋予左侧	a &= b;	a = a & b;
|=	或结果赋予左侧	a |= b;	a = a | b;
^=	异或结果赋予左侧	a ^= b;	a = a ^ b;
<<=	左移结果赋予左侧	a <<= b;	a = a << b;
>>=	右移结果赋予左侧	a >>= b;	a = a >> b;
>>>=	无符号右移结果赋予左侧	a >>>= b;	a = a >>> b;

以 "+=" 为例，虽然 "a += 1" 与 "a = a + 1" 二者最后的计算结果是相同的，但是在不同的场景下，两种运算符都有各自的优势和劣势：

（1）低精度类型自增。

在 Java 编译环境中，整数的默认类型是 int 型，因此下面的赋值语句会报错：

```
byte a = 1;                          //创建 byte 型变量 a
a = a + 1;                           //让 a 的值+1，错误提示：无法将 int 型转换成 byte 型
```

在没有进行强制转换的条件下，a+1 的结果是一个 int 值，无法直接赋给一个 byte 变量。但是如果使用 "+=" 实现递增计算，就不会出现这个问题。

```
byte a = 1;                          //创建 byte 型变量 a
a += 1;                              //让 a 的值+1
```

（2）不规则的多值相加。

"+=" 虽然简洁、强大，但是有些时候是不好用的，比如下面这个语句：

```
a = (2 + 3 - 4) * 92 / 6;
```

这条语句如果改成使用复合赋值运算符，代码就会显得比较烦琐，代码如下：

```
a += 2;
a += 3;
a -= 4;
a *= 92;
a /= 6;
```

3.4.8　三元运算符

三元运算符的使用格式如下：

```
条件式 ? 值 1 : 值 2
```

三元运算符的运算法则是：若条件式的值为 true，则整个表达式取值 1，否则取值 2。例如：

```
boolean b = 20 < 45 ? true : false;
```

上述程序表达式"20 < 45"的运算结果返回真，那么 boolean 型变量 b 取值为 true。相反，如果表达式的运算结果返回为假，则 boolean 型变量 b 取值为 false。

三元运算符等价于 if...else 语句，例如上述代码等价于：

```
boolean a;          //声明 boolean 型变量
if(20<45)           //将 20 < 45 作为判断条件
  a = true;         //条件成立，将 true 赋值给 a
else
  a = false;        //条件不成立，将 false 赋值给 a
```

3.4.9　运算符的优先级

Java 中的表达式就是使用运算符连接起来的符合 Java 规则的式子。运算符的优先级决定了表达式中运算执行的先后顺序。通常，优先级由高到低的顺序依次是：

- ☑　增量和减量运算。
- ☑　算术运算。
- ☑　比较运算。
- ☑　逻辑运算。
- ☑　赋值运算。

如果两个运算有相同的优先级，那么左边的表达式要比右边的表达式先被处理。表 3.10 显示了在 Java 中众多运算符特定的优先级。

表 3.10　运算符的优先级

优 先 级	描　　述	运 　算 　符	优 先 级	描　　述	运　 算 　符
1	圆括号	()	9	按位与运算	&
2	正负号	+、-	10	按位异或运算	^
3	一元运算符	++、--、!	11	按位或运算	|
4	乘除	*、/、%	12	逻辑与运算	&&
5	加减	+、-	13	逻辑或运算	||
6	移位运算	>>、>>>、<<	14	三元运算符	?:
7	比较大小	<、>、>=、<=	15	赋值运算符	=
8	比较是否相等	==、! =			

技巧

在编写程序时尽量使用圆括号来指定运算次序，以免产生错误的运算顺序。

编程训练（答案位置：资源包\TM\sl\3\编程训练）

【训练 5】计算机车加速度　平均加速度，即速度的变化量除以这个变化所用的时间。现有一辆轿车用了 8.7 秒从每小时 0 千米加速到每小时 100 千米，计算并输出这辆轿车的平均加速度。

【训练 6】求解二元一次方程组　使用克莱姆法则求解二元一次方程组。

$$\begin{cases} 21.8x + 2y = 28 \\ 7x + 8y = 62 \end{cases}$$

提示：克莱姆法则求解二元一次方程组的公式如下：

$$\begin{cases} ax + by = e \\ cx + dy = f \end{cases} \Rightarrow x = \frac{ed - bf}{ad - bc}, y = \frac{af - ec}{ad - bc}$$

3.5　数据类型转换

类型转换是将一个值从一种类型更改为另一种类型的过程。例如，可以将 String 类型的数据"457"转换为数值型，也可以将任意类型的数据转换为 String 类型。

如果从低精度数据类型向高精度数据类型转换，则永远不会溢出，并且总是成功的；而把高精度数据类型向低精度数据类型转换时，则会有信息丢失，有可能失败。

数据类型转换有两种方式，即隐式转换与显式转换。

3.5.1　隐式类型转换

从低级类型向高级类型的转换，系统将自动执行，程序员无须进行任何操作。这种类型的转换被称为隐式转换。下列基本数据类型会涉及数据转换，不包括逻辑类型和字符类型。这些类型按精度从低到高排列的顺序为 byte < short < int < long < float < double。

例如，可以将 int 型变量直接赋值给 float 型变量，此时 int 型变量将隐式转换成 float 型变量。代码如下：

```
int x = 50;                          //声明 int 型变量 x
float y = x;                         //将 x 赋值给 y，y 的值为 50.0
```

隐式转换也要遵循一定的规则来解决在什么情况下将哪种类型的数据转换成另一种类型的数据。表 3.11 列出了各种数据类型隐式转换的一般规则。

表 3.11　隐式类型转换规则

操作数 1 的数据类型	操作数 2 的数据类型	转换后的数据类型
byte、short、char	int	int
byte、short、char、int、	long	long
byte、short、char、int、long	float	float
byte、short、char、int、long、float	double	double

下面通过一个简单实例介绍数据类型隐式转换。

【例 3.11】使用隐式转换提升数值的精度（**实例位置：资源包\TM\sl\3\11**）

在项目中创建类 Conver，在主方法中创建不同数值型的变量，实现将各变量隐式转换。

```
public class Conver {
    public static void main(String[] args) {
        byte mybyte = 127;               //定义 byte 型变量 mybyte，并把允许的最大值赋给 mybyte
        int myint = 150;                 //定义 int 型变量 myint，并赋值
        float myfloat = 452.12f;         //定义 float 型变量 myfloat，并赋值
        char mychar = 10;                //定义 char 型变量 mychar，并赋值
        double mydouble = 45.46546;      //定义 double 型变量，并赋值
        //输出运算结果
        System.out.println("byte 型与 float 型数据进行运算结果为：" + (mybyte + myfloat));
        System.out.println("byte 型与 int 型数据进行运算结果为：" + mybyte * myint);
```

```
        System.out.println("byte 型与 char 型数据进行运算结果为: " + mybyte / mychar);
        System.out.println("double 型与 char 型数据进行运算结果为: " + (mydouble + mychar));
    }
}
```

运行结果如下：

```
byte 型与 float 型数据进行运算结果为: 579.12
byte 型与 int 型数据进行运算结果为: 19050
byte 型与 char 型数据进行运算结果为: 12
double 型与 char 型数据进行运算结果为: 55.46546
```

技巧

要理解类型转换，读者可以这么想象，大脑前面是一片内存，源和目标分别是两个大小不同的内存块（由变量及数据的类型来决定），将源数据赋值给目标内存的过程，就是用目标内存块尽可能多地套取源内存中的数据。

3.5.2 显式类型转换

当把高精度的变量的值赋给低精度的变量时，必须使用显式类型转换运算（又称强制类型转换）。语法如下：

(类型名)要转换的值

例如，将高精度数字转换为低精度数字。代码如下：

```
int a = (int)45.23;              //此时输出 a 的值为 45
long y = (long)456.6F;           //此时输出 y 的值为 456
int b = (int)'d';                //此时输出 b 的值为 100
```

执行显式类型转换时，可能会导致精度损失。除 boolean 类型外，其他基本类型都能以显式类型转换的方法实现转换。

误区警示

当把整数赋值给一个 byte、short、int、long 型变量时，不可以超出这些变量的取值范围，否则必须进行强制类型转换。例如：

byte b = (byte)129;

编程训练（答案位置：资源包\TM\sl\3\编程训练）

【训练7】输出连续的英文字母　使用 char 型声明'a'～'g'，然后输出它们相加后的结果。

【训练8】货车装箱子　一辆货车运输箱子，载货区宽 2 米、长 4 米，一个箱子宽 1.5 米、长 1.5 米，请问载货区一层可以放多少个箱子？

3.6　代码注释与编码规范

在程序代码中适当地添加注释，可以提高程序的可读性和可维护性。好的编码规范可以使程序更易阅读和理解。本节将介绍 Java 中的几种代码注释方法以及应该注意的编码规范。

3.6.1　代码注释

通过在程序代码中添加注释可提高程序的可读性。注释中包含了程序的信息，可以帮助程序员更好地阅读和理解程序。在 Java 源程序文件的任意位置处都可添加注释语句。因为 Java 编译器不会对注释语句进行编译，所以代码中的所有注释语句都不会对程序产生任何影响。Java 语言提供了 3 种添加注释的方法，分别为单行注释、多行注释和文档注释。

1．单行注释

"//" 为单行注释标记，从符号 "//" 开始直到换行的所有内容均作为注释而被编译器忽略。语法如下：

```
//注释内容
```

例如，以下代码为声明的 int 型变量添加注释：

```
int age;              //定义 int 型变量，用于保存年龄信息
```

2．多行注释

"/* */" 为多行注释标记，符号 "/*" 与 "*/" 之间的所有内容均为注释内容。注释中的内容可以换行。语法如下：

```
/*
注释内容 1
注释内容 2
…
*/
```

> **注意**
>
> （1）在多行注释中可嵌套单行注释。例如：
>
> ```
> /*
>  程序名称：Hello world   //开发时间：2021-03-05
> */
> ```
>
> （2）多行注释中不可以嵌套多行注释，以下代码是错误的：
>
> ```
> /*
>  程序名称：Hello world
>  /* 开发时间：2021-03-05；作者：张先生 */
> */
> ```

3．文档注释

"/** */" 为文档注释标记。符号 "/**" 与 "*/" 之间的内容均为文档注释内容。当文档注释出现在声明（如类的声明、类的成员变量的声明、类的成员方法的声明等）之前时，会被 Javadoc 文档工具读取作为 Javadoc 文档内容。除注释标记不同外，文档注释的格式与多行注释的格式相同。对于初学者而言，文档注释并不是很重要，了解即可。

> **说明**
>
> 一定要养成良好的编程习惯。软件编码规范中提到"可读性第一，效率第二"，所以程序员必须在程序中添加适量的注释来提高程序的可读性和可维护性。程序中，注释要占程序代码总量的 20%～50%。

3.6.2　编码规范

在学习开发的过程中要养成良好的编码习惯，规整的代码格式会为程序日后的维护工作提供极大的便利。在此对编码规则做了以下总结，供读者学习。

- ☑　每条语句尽量单独占一行，并且每条语句都要以分号结束。

> **注意**
>
> 程序代码中的分号必须是在英文状态下输入的，初学者经常会将";"写成中文状态下的"；"，此时编译器会报出 Invalid Character（非法字符）这样的错误信息。

- ☑　在声明变量时，尽量使每个变量单独占一行，即使有多个数据类型相同的变量，也应将其各自放置在单独的一行上，这样有助于添加注释。对于局部变量，应在声明它们的同时为它们赋予初始值。
- ☑　在 Java 代码中，空格仅提供分隔使用，无其他含义，开发者应控制好空格的数量，不要写过多的无用空格。例如：

```
public        static        void        main        (                String        args[        ]        )
```

等价于

```
public static void main(String args[])
```

- ☑　为了方便日后的维护，不要使用技术性很高、难懂、易混淆的语句。因为程序的开发者与维护者可能不是同一个人，所以应尽量使用简洁、清晰的代码编写程序需要的功能。
- ☑　对于关键的方法要多加注释，这样有助于阅读者了解代码的结构与设计思路。

代码应该写在哪？这可能是第一次学习编程的读者最大的疑惑了。笔者对 Java 代码的主要结构做出了几点总结：

- ☑　package 语句要写在类文件的第一行。如果类不在任何包中，可以不写 package 语句。
- ☑　import 语句要写在类上方、package 语句下方。
- ☑　方法必须写在类的{ }之内。在方法的{ }内不可以创建其他方法。
- ☑　类的成员变量必须定义在类的{ }之内、方法的{ }之外的位置。在方法的{ }之内定义的变量均为局部变量。
- ☑　除了上面几种类型的代码，其他类型代码都应该写在某个{ }中（如代码块或方法体之内）。其他类型的代码包括局部变量、内部类等。

如果你现在无法读懂这几点总结，请不要焦虑，这里出现的很多概念、语句在后面的内容中都会重点讲解。只要勤加练习，这些注意事项自然就会掌握。

3.7　实践与练习

（答案位置：资源包\TM\sl\3\实践与练习）

综合练习 1：象棋口诀　先使用 char 型变量定义"马""象""卒" 3 个棋子，再输出"马走日，象走田，小卒一去不复还"的象棋口诀。

综合练习 2：输出汇款单　向张三卡号为 1234567890987654321 的银行卡里汇款 10000 元，控制台输出如下所示的汇款单：

```
中国工商银行

------------------------
日期：      2021-03-10
户名：      张三
账号：      1234567890987654321
币种：      RMB
存款金额：      10000.0
存款序号：      010
柜员号：      12345
```

综合练习 3：输出个人信息　控制台输出如下所示的个人基本信息。

```
个人基本信息

------------------------
姓名：      李四
性别：      男
年龄：      25
身高：      1.76 米
体重：      65.5 千克
是否已婚：  false
```

综合练习 4：计算月收入　小李每月的工资是 4500 元，每月的奖金是 1000 元，每月要缴纳的五险一金合计是 500 元，计算小李每月的最终收入是多少元？

综合练习 5：计算商和余数　应用除法运算符可以计算两个数的商，应用取余运算符可以计算两个数相除所得的余数。根据这两个运算符做一个数字转置的练习，将 123 的各数字顺序前后颠倒后进行输出。

综合练习 6：判断成绩能否及格　当分数大于或等于 60 时，成绩及格，否则不及格。现一名学生的分数是 80 分，使用三元运算符判断这名学生的成绩能否及格。

综合练习 7：话费充值　向手机中充值 10 元。通话 0.2 元/分钟，通话时长已有 30 分钟；流量已使用 10MB，流量费用为 0.3 元/MB。计算话费余额还可以通话的时长。

综合练习 8：货车装西瓜　一货车的车厢长 400 厘米、宽 160 厘米、高 30 厘米，现有 100 个直径约为 23 厘米的西瓜。问：这辆货车满载时能装多少个西瓜？实际能装多少个西瓜？

第 4 章

流程控制

做任何事情都要遵循一定的原则。例如，到图书馆借书，就必须要有借书证，并且借书证不能过期，这两个条件缺一不可。程序设计也是如此，需要有流程控制语句来实现与用户的交流，并根据用户的输入决定程序要"做什么""怎么做"等。

流程控制对于任何一门编程语言来说都是至关重要的，它提供了控制程序步骤的基本手段。如果没有流程控制语句，整个程序将按照线性的顺序来执行，不能根据用户的输入决定执行的序列。本章将向读者讲解 Java 语言中的流程控制语句。

本章的知识架构及重难点如下。

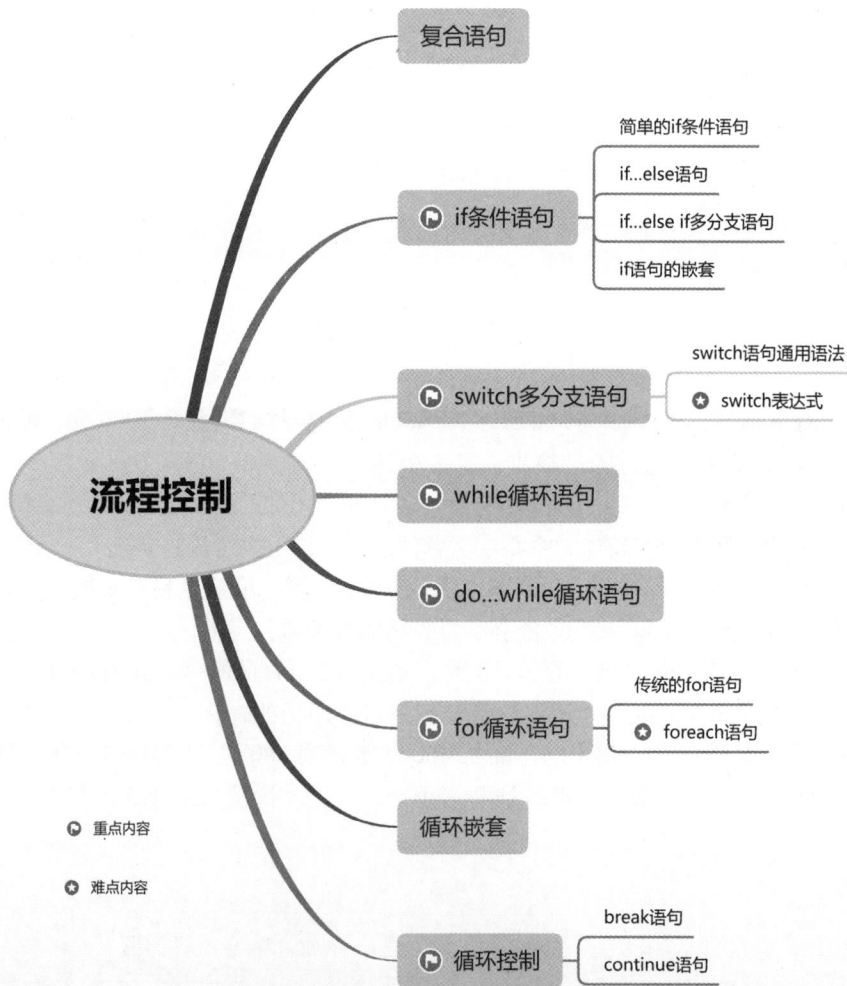

4.1　复合语句

在 Java 语言中，语句是最小的组成单位，每条语句都必须使用分号作为结束符。如果想把多条语句看作单条语句，Java 提供的方法又是什么呢？答案就是复合语句。

与 C 语言及其他语言相同，Java 语言的复合语句是以整个块区为单位的语句，所以又称块语句。简而言之，复合语句是很多条语句的组合。在语法格式方面，复合语句由开括号"{"开始，闭括号"}"结束。

在前面的学习中我们已经接触了这种复合语句。例如，在定义一个类或方法时，类体就是以"{"与"}"作为开始与结束的标记，方法体同样也是以"{"与"}"作为标记的。复合语句中的每个语句都是从上到下被执行的。复合语句以整个块为单位，它能够被用在任何一个单独语句可以使用的地方，并且在复合语句中还可以嵌套复合语句。

例如，下面这段代码，在主方法中定义了复合语句块，复合语句块中还可以包含另一复合语句块。

```java
public class Compound {
    public static void main(String args[]) {
        int x = 20;
        {
            int y = 40;
            System.out.println(y);
            int z = 245;
            boolean b;
            {
                b = y > z;
                System.out.println(b);
            }
        }
        String word = "hello java";
        System.out.println(word);
    }
}
```

在使用复合语句时要注意，复合语句为局部变量创建了一个作用域，该作用域为程序的一部分，在该作用域中某个变量被创建并能够被使用。如果在某个变量的作用域外使用该变量，则会发生错误。例如，在上述代码中，如果在复合语句外使用变量 y、z、b，则将会出现错误，而变量 x 可在整个方法体中被使用。

为了使程序语句排列得更加美观且容易阅读和排除错误，一般使用如下规则格式化源代码。

☑　在一行内只写一条语句，并采用空格、空行来保证语句容易阅读。

☑　在每个复合语句内使用 Tab 键向右缩进。

4.2　if 条件语句

条件语句可根据不同的条件执行不同的语句。条件语句包括 if 条件语句与 switch 多分支语句。本节将向读者讲解条件语句的用法。

使用 if 条件语句，可选择是否要执行紧跟在条件之后的那个语句。关键字 if 之后是作为条件的"布尔表达式"。如果该表达式返回的结果为 true，则执行其后的语句；如果为 false，则不执行 if 条件之后的语句。if 条件语句可分为简单的 if 条件语句、if…else 语句和 if…else if 多分支语句。

4.2.1　简单的 if 条件语句

简单的 if 条件语句是用于告诉程序在某种条件成立的情况下执行某一段语句，而在另一种条件成立的情况下执行另一段的语句。

简单的 if 条件语句的语法如下：

```
if(布尔表达式){
    语句序列
}
```

☑　布尔表达式：必要参数，表示最后返回的结果必须是一个布尔值。它可以是一个单纯的布尔变量或常量，也可以是使用关系或布尔运算符的表达式。

☑　语句序列：可选参数。它可以是一条或多条语句，当表达式的值为 true 时执行这些语句。若语句序列中仅有一条语句，则可以省略条件语句中的"{ }"。

如果语句序列中只有一条语句，则可以采用以下写法：

```
int a = 100;
if(a == 100)
    System.out.print("a 的值是 100");
```

误区警示

虽然 if 条件语句中的语句序列只有一条语句时，省略"{ }"并无语法错误，但为了增强程序的可读性，最好不要省略。

条件语句后的语句序列被省略时：可以保留外面的大括号；也可以省略大括号，然后在末尾添加";"。如下所示的两种情况都是正确的：

```
boolean b = false;
if(b);
boolean b = false;
if(b){ }
```

简单的 if 条件语句的执行过程如图 4.1 所示。

【例 4.1】 判断手机号码是否存在（实例位置：资源包\TM\sl\4\1）

创建 TakePhone 类，模拟拨打电话场景，如果电话号码不是 84972266，则提示拨打的号码不存在。

```
public class TakePhone {
    public static void main(String[] args) {
        int phoneNumber = 123456789;                    //创建变量，保存电话号码
        if (phoneNumber != 84972266) {                  //如果此电话号码不是 84972266
            System.out.println("对不起，您拨打的号码不存在！");   //提示号码不存在
        }
    }
}
```

运行结果如下：

对不起，您拨打的号码不存在！

4.2.2 if…else 语句

if…else 语句是条件语句中最常用的一种形式，它会针对某种条件有选择地做出处理。这通常表现为"如果满足某种条件，就进行某种处理，否则就进行另一种处理"。语法如下：

```
if(条件表达式) {
    语句序列 1
} else {
    语句序列 2
}
```

if 后面"()"内的表达式的值必须是 boolean 型的。如果表达式的值为 true，则执行紧跟 if 语句的复合语句；如果表达式的值为 false，则执行 else 后面的复合语句。if…else 语句的执行过程如图 4.2 所示。

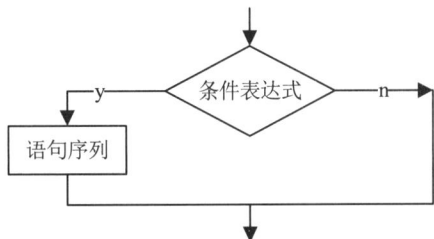

图 4.1 if条件语句的执行过程   图 4.2 if…else 语句的执行过程

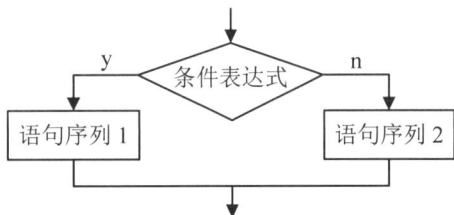

同简单的 if 条件语句一样，如果 if…else 语句的语句序列中只有一条语句（不包括注释），则可以省略该语句序列外面的"{ }"。有时为了编程的需要，else 或 if 后面的"{ }"中可以没有语句。

【例 4.2】使用 if…else 语句校验密码（**实例位置：资源包\TM\sl\4\2**）

在项目中创建 Login 类，在主方法中定义变量，并通过使用 if…else 语句判断变量的值，以决定输出结果。

```
public class Login {
    public static void main(String[] args) {
        int password = 987654321;                                    //密码值
        if (123456789 == password) {                                 //如果密码是 123456789
            System.out.println("密码正确，欢迎登录");                  //提示密码正确
        } else {                                                      //否则
            System.out.println("密码错误，拒绝登录");                  //提示密码错误
        }
    }
}
```

运行结果如下：

密码错误，拒绝登录

4.2.3 if…else if 多分支语句

if…else if 多分支语句用于针对某一事件的多种情况进行处理。通常表现为"如果满足某种条件，

就进行某种处理；否则，如果满足另一种条件，则执行另一种处理"。语法如下：

```
if(条件表达式 1){
    语句序列 1
} else if(条件表达式 2){
    语句序列 2
}
…
else if(条件表达式 n){
    语句序列 n
}
```

☑ 条件表达式 1～条件表达式 n：必要参数。可以由多个表达式组成，但最后返回的结果一定要为 boolean 类型。

☑ 语句序列：可以是一条或多条语句。当条件表达式 1 的值为 true 时，执行语句序列 1；当条件表达式 2 的值为 true 时，执行语句序列 2，以此类推。当省略任意一组语句序列时，可以保留其外面的"{ }"，也可以将"{ }"替换为"；"。

if…else if 多分支语句的执行过程如图 4.3 所示。

【例 4.3】使用 if…else if 语句实现饭店座位的分配（**实例位置：资源包\TM\sl\4\3**）

创建 Restaurant 类，声明整型变量 count 表示用餐人数，根据人数安排客人到 4 人桌、8 人桌或包厢用餐。

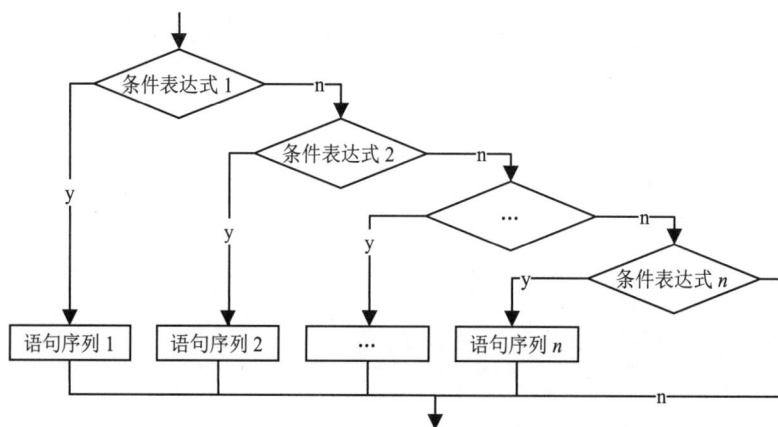

图 4.3　if…else if 多分支语句的执行过程

```java
public class Restaurant {
    public static void main(String args[]) {
        System.out.println("欢迎光临，请问有多少人用餐？");     //输出问题提示
        int count = 9;                                      //用餐人数
        System.out.println("回答：" + count + "人");          //输出回答
        if (count <= 4) {                                    //如果人数少于或等于 4 人
            System.out.println("客人请到大厅 4 人桌用餐");      //请到 4 人桌
        } else if (count > 4 && count <= 8) {                //如果人数为 4～8 人
            System.out.println("客人请到大厅 8 人桌用餐");      //请到 8 人桌
        } else if (count > 8 && count <= 16) {               //如果人数为 8～16 人
            System.out.println("客人请到楼上包厢用餐");         //请到包厢
        } else {                                             //当以上条件都不成立时，执行该语句块
            System.out.println("抱歉，我们店暂时没有这么大的包厢！");  //输出信息
        }
    }
}
```

运行结果如下：

```
欢迎光临，请问有多少人用餐？
回答：9 人
客人请到楼上包厢用餐
```

4.2.4　if 语句的嵌套

if 语句和 if...else 语句都可以嵌套判断语句。在 if 语句中嵌套 if...else 语句。语法格式如下：

```
if (表达式 1){
    if (表达式 2)
        语句 1;
    else
        语句 2;
}
```

在 if...else 语句中嵌套 if...else 语句。形式如下：

```
if (表达式 1){
    if (表达式 2)
        语句 1;
    else
        语句 2;
}
else{
    if (表达式 2)
        语句 1;
    else
        语句 2;
}
```

判断语句可以有多种嵌套方式，可以根据具体需要进行设计，但一定要注意逻辑关系的正确处理。

例如：使用嵌套的判断语句，判断控制台输入的年份是否是闰年；能被 4 整除且不能被 100 整除的年份，或者能被 400 整除的年份。代码如下：

```java
import java.util.Scanner;
public class JudgeLeapYear {
    public static void main(String[] args) {
        int iYear;                                          //创建整形变量，保存输入的年份
        Scanner sc = new Scanner(System.in);                //创建扫描器
        System.out.println("please input number");
        iYear = sc.nextInt();                               //在控制台上输入一个数字
        if (iYear % 4 == 0) {                               //如果能被 4 整除
            if (iYear % 100 == 0) {                         //如果能被 100 整除
                if (iYear % 400 == 0)                       //如果能被 400 整除
                    System.out.println("It is a leap year");    //是闰年
                else
                    System.out.println("It is not a leap year");    //不是闰年
            } else
                System.out.println("It is a leap year");    //是闰年
        } else
            System.out.println("It is not a leap year");    //不是闰年
    }
}
```

当在控制台上输入 2024 时，运行结果如图 4.4 所示。

当在控制台上输入 2026 时，运行结果如图 4.5 所示。

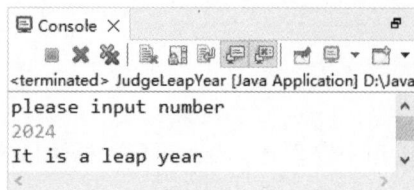

图 4.4　判断 2024 年是否是闰年

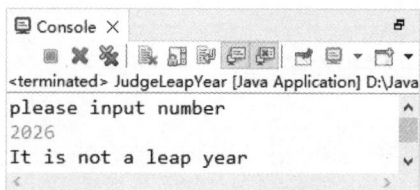

图 4.5　判断 2026 年是否是闰年

4.3　switch 多分支语句

4.3.1　switch 语句通用语法

在编程中，一个常见的问题就是检测一个变量是否符合某个条件，如果不符合，再用另一个值来检测，以此类推。当然，这种问题使用 if 条件语句也可以完成。

例如，使用 if 语句对考试成绩进行评估，关键代码如下：

```java
if(grade == 'A'){
    System.out.println("真棒");
}
if(grade == 'B'){
    System.out.println("做得不错");
}
```

这个程序显得比较笨重，程序员需要测试不同的值来给出输出语句。在 Java 中，可以用 switch 语句将动作组织起来，以一个较简单明了的方式来实现"多选一"的选择。语法如下：

```java
switch(表达式) {
case 常量值 1:
    语句块 1
    [break;]
...
case 常量值 n:
    语句块 n
    [break;]
default:
    语句块 n+1;
    [break;]
}
```

switch 语句中表达式的值必须是整型、字符型、字符串类型或枚举类型，常量值 1～n 的数据类型必须与表达式的值的类型相同。

switch 语句首先计算表达式的值，如果表达式的计算结果和某个 case 后面的常量值相同，则执行该 case 语句后的若干条语句，直到遇到 break 语句。此时，如果该 case 语句中没有 break 语句，则将继续执行后面 case 中的若干条语句，直到遇到 break 语句。若没有一个常量的值与表达式的值相同，则执行 default 后面的语句。default 语句为可选的，如果它不存在，且 switch 语句中表达式的值不与任何 case 的常量值相同，那么 switch 语句就不做任何处理。

注意

（1）同一条 switch 语句，case 的常量值必须互不相同。

（2）在 switch 语句中，case 语句后的常量表达式的值可以为整数，但绝不可以是非整数的实数。例如，下面的代码就是错误的：

```
case 1.1:
```

switch 语句的执行过程如图 4.6 所示。

【例 4.4】使用 switch 语句为考试分数分级（实例位置：资源包\TM\sl\4\4）

创建 Grade 类，使用 Scanner 类在控制台中输入分数，然后用 switch 多分支语句判断输入的分数属于哪类成绩。10 分和 9 分属于优，8 分属于良，7 分和 6 分属于中，5 分、4 分、3 分、2 分、1 分以及 0 分均属于差。

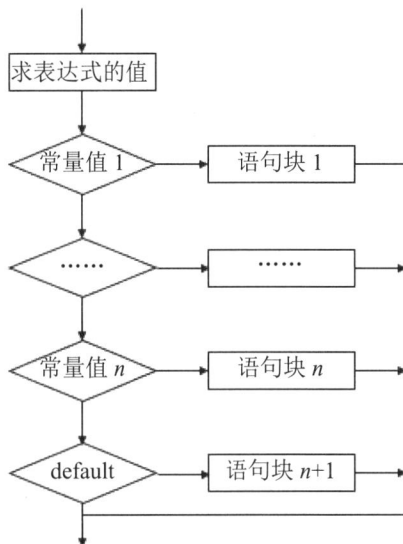

图 4.6　switch 语句的执行过程

```java
import java.util.Scanner;                              //导入 Scanner 类
public class Grade {
    public static void main(String[] args) {
        Scanner sc = new Scanner(System.in);           //创建扫描器，接收在控制台中输入的内容
        System.out.print("请输入成绩：");              //输出字符串
        int grade = sc.nextInt();                       //获取在控制台中输入的数字
        switch (grade) {                                //使用 switch 判断数字
        case 10:                                        //如果等于 10，则继续执行下一行代码
        case 9:                                         //如果等于 9
            System.out.println("成绩为优");            //输出成绩为优
            break;                                      //结束判断
        case 8:                                         //如果等于 8
            System.out.println("成绩为良");            //输出成绩为良
            break;                                      //结束判断
        case 7:                                         //如果等于 7，则继续执行下一行代码
        case 6:                                         //如果等于 6
            System.out.println("成绩为中");            //输出成绩为中
            break;                                      //结束判断
        case 5:                                         //如果等于 5，则继续执行下一行代码
        case 4:                                         //如果等于 4，则继续执行下一行代码
        case 3:                                         //如果等于 3，则继续执行下一行代码
        case 2:                                         //如果等于 2，则继续执行下一行代码
        case 1:                                         //如果等于 1，则继续执行下一行代码
        case 0:                                         //如果等于 0
            System.out.println("成绩为差");            //输出成绩为差
            break;                                      //结束判断
        default:                                        //如果不符合以上任何一个结果
            System.out.println("成绩无效");            //输出成绩无效
        }
        sc.close();                                     //关闭扫描器
    }
}
```

运行结果如图 4.7～图 4.10 所示。

图 4.7　输入 9，判断成绩
为优

图 4.8　输入 7，判断成绩
为中

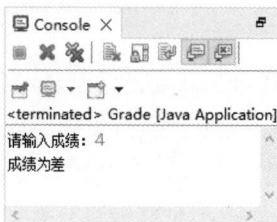

图 4.9　输入 4，判断成绩
为差

图 4.10　输入 -1，判断成绩
无效

4.3.2　switch 表达式

switch 语句是用于条件判断、流程控制的组件。从例 4.4 中不难看出，switch 语句的写法显得非常笨拙。为了简化代码，Java 14 提供了一个新特性：switch 表达式。

下面演示如何使用 switch 表达式改写例 4.4。代码如下：

```java
import java.util.Scanner;                              //导入 Scanner 类
public class Grade {
    public static void main(String[] args) {
        Scanner sc = new Scanner(System.in);           //创建扫描器，接收在控制台中输入的内容
        System.out.print("请输入成绩：");                //输出字符串
        int grade = sc.nextInt();
        String result = switch (grade) {
            case 10, 9 -> "成绩为优";
            case 8 -> "成绩为良";
            case 7, 6 -> "成绩为中";
            case 5, 4, 3, 2, 1, 0 -> "成绩为差";
            default -> "成绩无效";
        };
        System.out.println(result);                    //关闭扫描器
        sc.close();
    }
}
```

编程训练（答案位置：资源包\TM\sl\4\编程训练）

【训练 1】划分成绩等级　对一、二年级学生的考试成绩进行等级划分，等级划分标准如下：

☑　"优秀"，大于或等于 90 分。

☑　"良好"，大于或等于 80 分，小于 90 分。

☑　"合格"，大于或等于 60 分，小于 80 分。

☑　"不合格"，小于 60 分。

使用 if…else if 语句判断成绩等级并输出与该成绩对应的等级。

【训练 2】判断月份对应的季节　使用 switch 多分支语句判断某个月份属于哪个季节。

4.4　while 循环语句

while 语句也称条件判断语句，它的循环方式是利用一个条件来控制是否要继续反复执行这个语

句。语法如下：

```
while (条件表达式) {
    语句序列
}
```

当条件表达式的返回值为真时，则执行"{}"中的语句，当执行完
"{}"中的语句后，重新判断条件表达式的返回值，直到表达式返回的
结果为假时，退出循环。while 循环语句的执行过程如图 4.11 所示。

【例 4.5】计算 1～1000 的相加结果（实例位置：资源包\TM\sl\4\5）

创建 GetSum 类，在主方法中通过 while 循环计算 1～1000 相加的
和并输出最终的相加结果。

图 4.11　while 语句的执行过程

```
public class GetSum {
    public static void main(String args[]) {
        int x = 1;                                    //从 1 开始
        int sum = 0;                                  //相加的结果
        while (x <= 1000) {                           //循环 1000 次
            sum = sum + x;                            //sum 与之前计算的和相加
            x++;                                      //每次循环后 x 的值 + 1
        }
        System.out.println("sum = " + sum);           //输出最终的相加结果
    }
}
```

运行结果如下：

```
sum = 500500
```

误区警示

初学者经常犯的一个错误就是在 while 表达式的括号后加";"。如：

```
while(x == 5);
System.out.println("x 的值为 5");
```

这时程序会认为要执行一条空语句，而进入无限循环，Java 编译器又不会报错。这可能会浪费
很多时间调试程序，应注意这个问题。

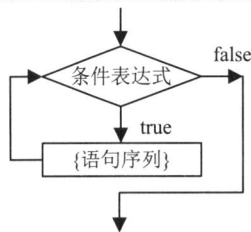

4.5　do…while 循环语句

do…while 循环语句与 while 循环语句类似，它们之间的区别是，while 语句先判断条件是否成立再
执行循环体，而 do…while 循环语句则先执行一次循环后，再判断条件是否成立。也就是说，do…while
循环语句"{}"中的程序段至少要被执行一次。语法如下：

```
do {
    语句序列
} while (条件表达式);
```

do…while 语句与 while 语句的一个明显区别是，do…while 语句在结尾处多了一个分号。根据

do…while 循环语句的语法特点总结出 do…while 循环语句的执行过程，如图 4.12 所示。

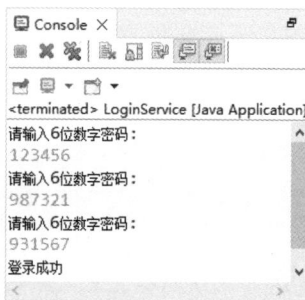

【例 4.6】 使用 do…while 语句进行用户登录验证（**实例位置：资源包\TM\sl\4\6**）

创建 LoginService 类，首先提示用户输入 6 位密码，然后使用 Scanner 扫描器类获取用户输入的密码，最后进入 do…while 语句中进行循环，以判断用户输入的密码是否正确，如果用户输入的密码不是"931567"，则让用户反复输入，直到输入正确的密码。

```java
import java.util.Scanner;                          //导入 Scanner 类
public class LoginService {
    public static void main(String[] args) {
        Scanner sc = new Scanner(System.in);       //创建扫描器，获取在控制台中输入的值
        int password;                              //保存用户输入的密码
        do {
            System.out.println("请输入 6 位数字密码:");   //输出提示
            password = sc.nextInt();               //将用户在控制台中输入的密码记录下来
        } while (931567 != password);              //如果用户输入的密码不是"931567"，则继续执行循环
        System.out.println("登录成功");            //提示循环已结束
        sc.close();                                //关闭扫描器
    }
}
```

运行结果如图 4.13 所示。

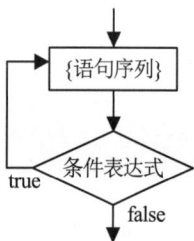

图 4.12　do…while 循环语句的执行过程　　图 4.13　输入正确的密码才会显示"登录成功"

4.6　for 循环语句

for 循环是 Java 程序设计中最有用的循环语句之一。一个 for 循环可以用来重复执行某条语句，直到某个条件得到满足。for 循环有两种语句，一种是传统的 for 语句，另一种是 foreach 语句，下面分别介绍这两种语句的使用方法。

4.6.1　传统的 for 语句

传统的 for 语句中有 3 个表达式，其语法如下：

```java
for(表达式 1;表达式 2;表达式 3) {
    语句序列
}
```

☑　表达式 1：初始化表达式，负责完成变量的初始化。

☑ 表达式 2：它是循环条件表达式，该表达式的值为 boolean 型，该值指定循环条件。等同于 while 循环里的表达式。

☑ 表达式 3：每次循环结束后执行的语句，通常用来改变循环条件。

for 循环语句的执行过程如图 4.14 所示。

在执行 for 循环时，首先执行表达式 1，完成某一变量的初始化工作；下一步判断表达式 2 的值，若表达式 2 的值为 true，则进入循环体；在执行完循环体后紧接着计算表达式 3，这部分通常是增加或减少循环控制变量的一个表达式。这样一轮循环就结束了。第二轮循环从计算表达式 2 开始，若表达式 2 返回 true，则继续循环，否则跳出整个 for 语句。

图 4.14   for 循环语句的执行过程

【例 4.7】使用 for 循环计算 2～100 的所有偶数之和（**实例位置：资源包\TM\sl\4\7**）

创建 Circulate 类，编写程序，使用 for 循环语句计算 2～100 的所有偶数的和并输出相加后的结果。

```
public class Circulate {
    public static void main(String args[]) {
        int sum = 0;                                    //偶数相加后的结果
        for (int i = 2; i <= 100; i += 2) {             //指定循环条件及循环体
            sum = sum + i;
        }
        System.out.println("2～100 的所有偶数之和为：" + sum);   //输出相加后的结果
    }
}
```

运行结果如下：

2～100 的所有偶数之和为：2550

4.6.2   foreach 语句

foreach 语句是 for 语句的特殊简化版本，不能完全取代 for 语句，但任何 foreach 语句都可以被改写为 for 语句版本。foreach 并不是一个关键字，习惯上将这种特殊的 for 语句格式称为 foreach 语句。foreach 语句在遍历数组等方面为程序员提供了很大的方便（本书将在第 5 章对数组进行详细的介绍）。语法如下：

```
for(元素类型 x : 遍历对象 obj){
    引用了 x 的 java 语句；
}
```

对于 foreach 语句中的元素变量 x，不必对其进行初始化。下面通过简单的例子来介绍 foreach 语句是如何遍历一维数组的。

【例 4.8】使用 foreach 语句遍历整型数组（**实例位置：资源包\TM\sl\4\8**）

创建类 Repetition，在主方法中定义一维数组，并用 foreach 语句遍历该数组。

```
public class Repetition {
    public static void main(String args[]) {
        int arr[] = { 5, 13, 96 };                      //一维整型数组
        System.out.println("一维数组中的元素分别为：");
        //x 的类型与 arr 元素的类型相同。for 循环依次取出 arr 中的值并赋给 x
```

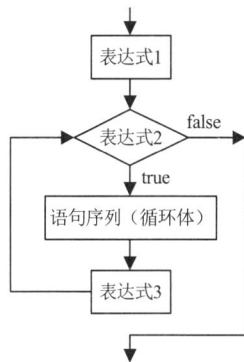

```
        for (int x : arr) {
            System.out.println(x);                              //输出遍历出的元素值
        }
    }
}
```

运行结果如下：

```
一维数组中的元素分别为：
5
13
96
```

4.7 循 环 嵌 套

循环有 3 种，即 while、do...while 和 for，这 3 种循环可以相互嵌套。例如，在 for 循环中套用 for 循环的代码如下：

```
for(...){
    for(...) {
        ...
    }
}
```

在 while 循环中套用 while 循环的代码如下：

```
while(...){
    while(...){
        ...
    }
}
```

在 while 循环中套用 for 循环的代码如下：

```
while(...){
    for(...) {
        ...
    }
}
```

【例 4.9】使用嵌套 for 循环输出乘法口诀表（实例位置：资源包\TM\sl\4\9）

创建 Multiplication 类，使用嵌套 for 循环实现在控制台上输出乘法口诀表，实例代码如下：

```
public class Multiplication {
    public static void main(String[] args) {
        int i, j;                                               //i 代表行，j 代表列
        for (i = 1; i < 10; i++) {                              //输出 9 行
            for (j = 1; j < i + 1; j++) {                       //输出与行数相等的列
                System.out.print(j + "*" + i + "=" + i * j + "\t");  //输出拼接的字符串
            }
            System.out.println();                              //换行
        }
    }
}
```

运行结果如图 4.15 所示。

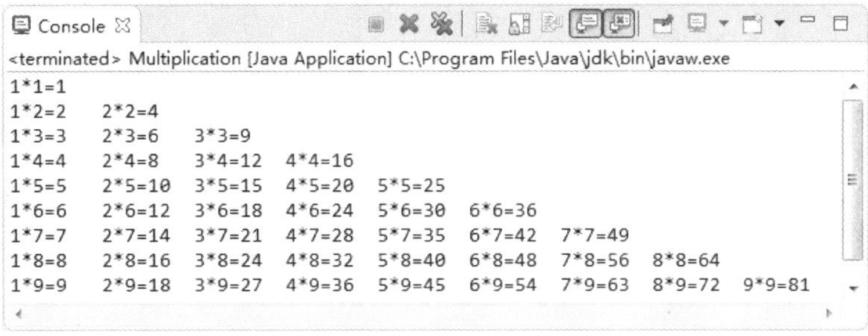

图 4.15　使用嵌套 for 循环输出乘法口诀表

这个结果是如何得出来的呢？最外层的循环负责控制输出的行数，i 从 1 到 9，当 i = 1 的时候，输出第一行，然后进入内层循环，这里的 j 是循环变量，循环的次数与 i 的值相同，所以使用 "j < i+1" 来控制，内层循环的次数决定本行有几列，所以先输出 j 的值，然后输出 "*" 号，再输出 i 的值，最后输出 j * i 的结果。内层循环全部执行完毕后，输出换行，然后开始下一行的循环。

编程训练（答案位置：资源包\TM\sl\4\编程训练）

【训练 3】细胞分裂实验　生物实验室做单细胞细菌繁殖实验，每一代细菌数量都会成倍数增长，一代菌落中只有一个细菌，二代菌落中的细胞经分裂变成两个细菌，三代菌落中的细胞经分裂变成 4 个细菌，以此类推，请计算第十代菌落中的细菌数量。

【训练 4】斐波那契数列　1，1，2，3，5，8，13，21，34，…是一组典型的斐波那契数列，前两个数相加等于第三个数。那么请问这组数中的第 n 个数的值是多少？

4.8　循 环 控 制

循环控制包含两方面的内容，一方面是控制循环变量的变化方式，另一方面是控制循环的跳转。控制循环的跳转需要使用 break 和 continue 两个关键字，这两条跳转语句的跳转效果不同，break 语句是中断循环，continue 语句是执行下一次循环。

4.8.1　break 语句

使用 break 语句可以跳出 switch 结构。在循环结构中，同样也可用 break 语句跳出当前循环体，从而中断当前循环。

在 3 种循环语句中使用 break 语句的形式如图 4.16 所示。

```
while(...)        do               for
{                {                {
    ...              ...              ...
    break;           break;           break;
    ...              ...              ...
}                }while(...);     }
```

图 4.16　break 语句的使用形式

【例 4.10】 输出 1～20 出现的第一个偶数（**实例位置：资源包\TM\sl\4\10**）

创建 BreakTest 类，循环输出 1～20 的偶数值，在遇到第一个偶数时，使用 break 语句结束循环。

```java
public class BreakTest {
    public static void main(String[] args) {
        for (int i = 1; i < 20; i++) {
            if (i % 2 == 0) {                    //如果 i 是偶数
                System.out.println(i);           //输出 i 的值
                break;                           //结束循环
            }
        }
        System.out.println("---end---");         //结束时输出一行文字
    }
}
```

运行结果如下：

```
2
---end---
```

> **注意**
>
> 在循环嵌套情况下，break 语句将只会使程序流程跳出包含它的最内层的循环结构，即只跳出一层循环。

如果想让 break 跳出外层循环，Java 提供了"标签"的功能，语法如下：

```
标签名: 循环体{
    break 标签名;
}
```

☑ 标签名：任意标识符。

☑ 循环体：任意循环语句。

☑ break 标签名：break 跳出指定的循环体，此循环体的标签名必须与 break 的标签名一致。

带有标签的 break 可以指定跳出的循环，这个循环可以是内层循环，也可以是外层循环。

【例 4.11】 使用标签让 break 结束外层循环（**实例位置：资源包\TM\sl\4\11**）

创建 BreakInsideNested 类，在该类中写两层 for 循环，第一层 for 语句循环 3 次，第二层 for 语句循环 5 次。当第二层 for 语句循环至第 4 次时，强行用 break 中断循环。输出程序执行时外层循环和内层循环各循环了多少次。

```java
public class BreakInsideNested {
    public static void main(String[] args) {
        for (int i = 1; i <= 3; i++) {              //外层循环
            for (int j = 1; j <= 5; j++) {          //内层循环
                if (j == 4) {                       //内层循环至第 4 次时就结束
                    break;
                }
                System.out.println("i=" + i + " j=" + j);
            }
        }
    }
}
```

运行结果如下：

```
i=1 j=1
i=1 j=2
i=1 j=3
i=2 j=1
i=2 j=2
i=2 j=3
i=3 j=1
i=3 j=2
i=3 j=3
```

从这个运行结果中可以看到以下内容。

☑　循环中的 if 语句判断：当 j 等于 4 时，执行 break 语句，中断了内层的循环，所以输出的 j 值最大到 3 为止。

☑　外层的循环没有受任何影响，输出的 i 值最大为 3，正是 for 循环设定的最大值。

现在修改这段代码，给外层循环添加一个名为 Loop 的标签，让内层循环结束外层循环，再查看运行结果。

```
public class BreakInsideNested {
    public static void main(String[] args) {
        Loop: for (int i = 1; i <= 3; i++) {          //外层循环，添加了标签
            for (int j = 1; j <= 5; j++) {            //内层循环
                if (j == 4) {                          //内层循环至第 4 次时就结束
                    break Loop;                        //结束外层循环
                }
                System.out.println("i=" + i + " j=" + j);
            }
        }
    }
}
```

运行结果如下：

```
i=1 j=1
i=1 j=2
i=1 j=3
```

从这个结果中可以看出，当 j 的值等于 4 时，直接结束外层循环，i 的值不再增加。

4.8.2　continue 语句

continue 语句是针对 break 语句的补充。continue 不是立即跳出循环体，而是跳过本次循环，回到循环的条件测试部分，重新开始执行循环。在 for 循环语句中遇到 continue 后，首先执行循环的增量部分，然后进行条件测试。在 while 和 do…while 循环中，continue 语句使控制直接回到条件测试部分。

在 3 种循环语句中，使用 continue 语句的形式如图 4.17 所示。

```
while(...)        do                for
{                 {                 {
    ...               ...               ...
    continue;         continue;         continue;
    ...               ...               ...
}                 }while(...);      }
```

图 4.17　continue 语句的使用形式

【例 4.12】 输出 1～20 的奇数（实例位置：资源包\TM\sl\4\12）

创建 ContinueTest 类，编写一个 for 循环从 1 循环至 20，如果当前循环的次数为偶数，则使用 continue 语句跳过循环。

```java
public class ContinueTest {
    public static void main(String[] args) {
        for (int i = 1; i <= 20; i++) {
            if (i % 2 == 0) {                  //如果 i 是偶数
                continue;                       //跳到下一循环
            }
            System.out.println(i);              //输出 i 的值
        }
    }
}
```

运行结果如下：

```
1
3
5
7
9
11
13
15
17
19
```

与 break 语句一样，continue 也支持标签功能，语法如下：

```
标签名：循环体{
    continue 标签名;
}
```

☑ 标签名：任意标识符。

☑ 循环体：任意循环语句。

☑ continue 标签名：continue 跳出指定的循环体，此循环体的标签名必须与 continue 的标签名一致。

编程训练（答案位置：资源包\TM\sl\4\编程训练）

【训练 5】蜗牛爬井 有一口井，深 10 米，一只蜗牛从井底向井口爬，白天向上爬 2 米，晚上向下滑 1 米，问多少天可以爬到井口？

【训练 6】剧院售票 某剧院发售演出门票，演播厅观众席有 4 行，每行有 10 个座位。为了不影响观众视角，在发售门票时，屏蔽掉最左一列和最右一列的座位。请编写程序，结合本节知识点模拟整个售票过程。

4.9　实践与练习

（**答案位置：资源包\TM\sl\4\实践与练习**）

综合练习 1：判断奇偶数　编写 Java 程序，实现判断变量 x 是奇数还是偶数。

综合练习 2：输出菱形　编写 Java 程序，使用 for 循环输出菱形，效果如下：

```
            *
          * * *
        * * * * *
      * * * * * * *
    * * * * * * * * *
  * * * * * * * * * * *
* * * * * * * * * * * * *
  * * * * * * * * * * *
    * * * * * * * * *
      * * * * * * *
        * * * * *
          * * *
            *
```

综合练习 3：计算 1~20 的阶乘的倒数之和　编写 Java 程序，使用 while 循环语句计算 1 + 1/2! + 1/3! + … + 1/20!之和。

综合练习 4：无重复组合　使用 for 循环，在控制台上输出由 4、5、6、7 能组成的互不相同且没有重复数字的三位数。

综合练习 5：查找素数　使用 for 循环，判断 1~100 有多少个素数，并在控制台上输出所有素数。

综合练习 6：判断生肖　使用 switch 多分支语句判断某一年对应的中国生肖。

综合练习 7：摄氏度转华氏度　使用 do…while 循环，在控制台上输出摄氏温度与华氏温度的对照表。对照表从摄氏温度-30℃到 50℃，每行间隔 10℃，运行结果如下：

```
摄氏温度：-30℃ 华氏温度：-22.0℉
摄氏温度：-20℃ 华氏温度：-4.0℉
摄氏温度：-10℃ 华氏温度：14.0℉
摄氏温度：0℃   华氏温度：32.0℉
摄氏温度：10℃  华氏温度：50.0℉
摄氏温度：20℃  华氏温度：68.0℉
摄氏温度：30℃  华氏温度：86.0℉
摄氏温度：40℃  华氏温度：104.0℉
摄氏温度：50℃  华氏温度：122.0℉
```

综合练习 8：百钱买百鸡　5 文钱可以买一只公鸡，3 文钱可以买 1 只母鸡，1 文钱可以买 3 只雏鸡，现在用 100 文钱买 100 只鸡，那么公鸡、母鸡、雏鸡各有多少只？

第 5 章

数组

　　数组是最为常见的一种数据结构，是相同类型的用一个标识符封装到一起的基本类型数据序列或对象序列。可以用一个统一的数组名和下标来唯一地确定数组中的元素。实质上，数组是一个简单的线性序列，因此访问速度很快。本章将讲解有关数组的知识。

　　本章的知识架构及重难点如下。

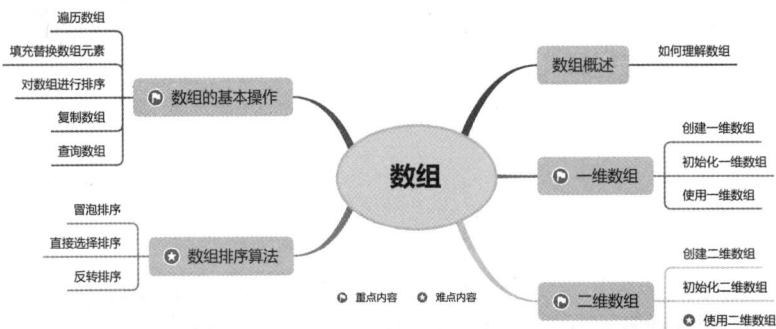

5.1　数组概述

　　数组是具有相同数据类型的一组数据的集合。例如：球类的集合——足球、篮球、羽毛球等；电器集合——电视机、洗衣机、电风扇等。在程序的设计中，可以将这些集合称为数组。数组中的每个元素具有相同的数据类型。在 Java 中同样将数组看作一个对象，虽然基本数据类型不是对象，但由基本数据类型组成的数组却是对象。在程序的设计中引入数组可以更有效地管理和处理数据。可根据数组的维数将数组分为一维数组、二维数组……

5.2　一　维　数　组

　　一维数组实质上是一组相同类型的数据的线性集合，当在程序中需要处理一组数据，或者传递一组数据时，可以应用这种类型的数组。本节将讲解一维数组的创建、初始化及使用。

5.2.1　创建一维数组

　　数组作为对象允许使用 new 关键字进行内存分配。在使用数组之前，必须首先定义数组变量所属的类型。一维数组的创建有两种形式。

1．先声明，再用 new 关键字进行内存分配

声明一维数组有下列两种方式：

```
数组元素类型 数组名字[];
数组元素类型[] 数组名字;
```

数组元素类型决定了数组的数据类型，它可以是 Java 中任意的数据类型，包括简单类型和组合类型。数组名字为一个合法的标识符，符号"[ ]"指明该变量是一个数组类型变量。单个"[ ]"表示要创建的数组是一个一维数组。

声明一维数组，代码如下：

```
int arr[];                    //声明 int 型数组，数组中的每个元素都是 int 型数值
```

声明数组后，还不能立即访问它的任何元素，因为声明数组只是给出了数组名字和元素的数据类型，要想真正使用数组，还要为它分配内存空间。在为数组分配内存空间时必须指明数组的长度。为数组分配内存空间的语法格式如下：

```
数组名字 = new 数组元素的类型[数组元素的个数];
```

☑　数组名字：被连接到数组变量的名称。

☑　数组元素的个数：指定数组中变量的个数，即数组的长度。

通过上面的语法可知，使用 new 关键字为数组分配内存时，必须指定数组元素的类型和数组元素的个数，即数组的长度。

为数组分配内存，代码如下：

```
arr = new int[5];
```

以上代码表示要创建一个含有 5 个元素的整型数组，并且将创建的数组对象赋给引用变量 arr，即通过引用变量 arr 来引用这个数组，如图 5.1 所示。

在图 5.1 中，arr 为数组名称，方括号"[ ]"中的值为数组的下标。数组通过下标来区分数组中不同的元素。数组的下标是从 0 开始的。由于创建的数组 arr 中有 5 个元素，因此数组中元素的下标为 0～4。

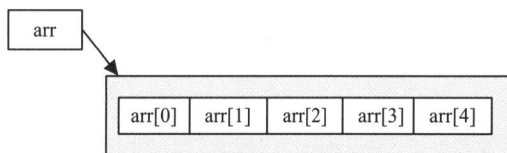

图 5.1　一维数组的内存模式

误区警示

使用 new 关键字为数组分配内存时，整型数组中各个元素的初始值都为 0。

2．声明的同时为数组分配内存

这种创建数组的方法是将数组的声明和内存的分配合在一起执行。语法如下：

```
数组元素的类型 数组名 = new 数组元素的类型[数组元素的个数];
```

声明并为数组分配内存，代码如下：

```
int month[ ] = new int[12]
```

上面的代码创建数组 month，并指定了数组长度为 12。这种创建数组的方法也是 Java 程序编写过程中普遍的做法。

5.2.2 初始化一维数组

数组与基本数据类型一样可以进行初始化操作。数组的初始化可分别初始化数组中的每个元素。数组的初始化有以下两种方式：

```
int arr[] = new int[]{1,2,3,5,25};                      //第一种初始化方式
int arr2[] = {34,23,12,6};                              //第二种初始化方式
```

从中可以看出，数组的初始化就是包括在大括号之内用逗号分开的表达式列表。用逗号（,）分割数组中的各个元素，系统自动为数组分配一定的空间。第一种初始化方式将创建 5 个元素的数组，其元素依次为 1、2、3、5、25。第二种初始化方式会创建 4 个元素的数组，其元素依次为 34、23、12、6。

5.2.3 使用一维数组

在 Java 集合中，一维数组是常见的一种数据结构。那么，如何使用一维数组解决生活中的实际问题呢？来看下面的实例。

【例 5.1】使用一维数组输出 1～12 月每个月份的天数（实例位置：资源包\TM\sl\5\1）

在项目中创建 GetDay 类，在主方法中创建并初始化一个用于存储 1～12 月每个月份天数的 int 型数组，在控制台上输出 1～12 月每个月份的天数。实例代码如下：

```
public class GetDay {                                           //创建类
    public static void main(String[] args) {                   //主方法
        int day[]=new int[]{ 31, 28, 31, 30, 31, 30, 31, 31, 30, 31, 30, 31};   //创建并初始化一维数组
        for (int i = 0; i < 12; i++) {                          //利用循环将信息输出
            System.out.println((i + 1) + "月有" + day[i] + "天");   //输出每月的天数
        }
    }
}
```

运行结果如下：

```
1 月有 31 天
2 月有 28 天
3 月有 31 天
4 月有 30 天
5 月有 31 天
6 月有 30 天
7 月有 31 天
8 月有 31 天
9 月有 30 天
10 月有 31 天
11 月有 30 天
12 月有 31 天
```

编程训练（答案位置：资源包\TM\sl\5\编程训练）

【训练 1】使用一维数组存储键盘字母 分别把键盘上每一排字母按键都保存成一个一维数组，利用数组长度分别输出键盘中 3 排字母键的个数。

【训练 2】寻找空储物箱 超市有 20 个储物箱，现第 2、3、5、8、12、13、16、19、20 号尚未使用，使用数组的长度分别输出尚未使用的储物箱个数以及已经使用的储物箱个数。

5.3　二　维　数　组

如果一维数组中的各个元素仍然是一个数组，那么它就是一个二维数组。二维数组常用于表示表，表中的信息以行和列的形式被组织，第一个下标代表元素所在的行，第二个下标代表元素所在的列。

5.3.1　创建二维数组

二维数组可以被看作是特殊的一维数组，因此二维数组的创建同样有两种方式。

1．先声明，再用 new 关键字进行内存分配

声明二维数组的语法如下：

```
数组元素的类型 数组名字[ ][ ];
数组元素的类型[ ][ ] 数组名字;
```

声明二维数组，代码如下：

int a[][];

同一维数组一样，二维数组在声明时也没有分配内存空间，同样要使用 new 关键字来分配内存，然后才可以访问每个元素。对于高维数组，有两种为数组分配内存的方式。

第一种内存分配方式是直接为每一维分配内存空间，代码如下：

a = new int[2][4]

上述代码创建了二维数组 a，二维数组 a 中包括两个长度为 4 的一维数组，内存分配如图 5.2 所示。

第二种内存分配方式是分别为每一维分配内存，代码如下：

a = new int[2][];
a[0] = new int[2];
a[1] = new int[3];

上述代码创建了二维数组 a，但是只声明了 a 第一维的长度，也就是"行数"，第二维的长度也就是"列数"，则是为每一行单独声明的，因此创建的数组 a 是"不定长数组"，其内存分配如图 5.3 所示。

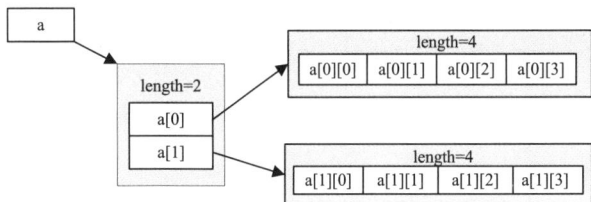

图 5.2　二维数组内存分配（第一种方式）　　　　图 5.3　二维数组内存分配（第二种方式）

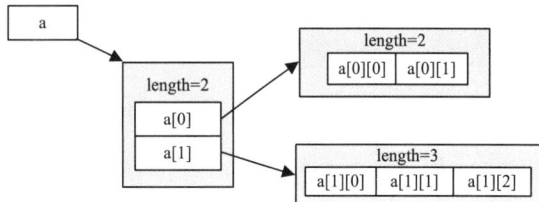

2．声明的同时为数组分配内存

第二种创建方式与第一种实现的功能相同，只不过声明与赋值被合并到同一行代码中。例如，创建一个 2 行 4 列的二维数组，代码如下：

int a = new int[2][4]

5.3.2　初始化二维数组

二维数组的初始化与一维数组初始化类似，同样可以使用大括号完成。语法如下：

```
type arrayname[][] = {value1,value2,…,valuen};
```

- ☑　type：数组数据类型。
- ☑　arrayname：数组名称，一个合法的标识符。
- ☑　value：二维数组中各元素，都代表一个一维数组。

初始化二维数组，代码如下：

```
int myarr[][] = {{12,0},{45,10}};
```

初始化二维数组后，要明确数组的下标都是从 0 开始的。例如，上面的代码中 myarr[1][1]的值为 10。int 型二维数组是以 int a [][]来定义的，所以可以直接给 a[x][y]赋值。例如，给 a[1]的第 2 个元素赋值的语句如下：

```
a[1][1] = 20
```

5.3.3　使用二维数组

二维数组在实际应用中被用得非常广泛。下面的实例就是使用二维数组输出一个 3 行 4 列且所有元素都是 0 的矩阵。

【例 5.2】输出一个 3 行 4 列且所有元素都为 0 的矩阵（**实例位置：资源包\TM\sl\5\2**）

在项目中创建 Matrix 类，在主方法中编写代码实现输出一个 3 行 4 列且所有元素都为 0 的矩阵。实例代码如下：

```
public class Matrix {                                    //创建类
    public static void main(String[] args) {             //主方法
        int a[][] = new int[3][4];                       //定义二维数组
        for (int i = 0; i < a.length; i++) {
            for (int j = 0; j < a[i].length; j++) {      //循环遍历数组中的每个元素
                System.out.print(a[i][j]);               //将数组中的元素进行输出
            }
            System.out.println();                        //输出空格
        }
    }
}
```

运行结果如下：

```
0000
0000
0000
```

> **误区警示**
>
> 对于整型二维数组，创建成功之后系统会给数组中每个元素赋予初始值 0。

编程训练（答案位置：资源包\TM\sl\5\编程训练）

【训练 3】模拟书柜放书　一个私人书柜有 3 层 2 列，分别向该书柜第 1 层第 1 列放入历史类读物，向该书柜第 2 层第 1 列放入经济类读物，向该书柜第 2 层第 2 列放入现代科学类读物。创建一个二维数组，并给该二维数组赋值。

【训练 4】输出古诗　创建 Poetry 类，声明一个字符型二维数组，将古诗《春晓》的内容存储在这个二维数组中，然后分别用横版和竖版两种方式进行输出。

5.4　数组的基本操作

java.util 包的 Arrays 类中包含了用来操作数组（如排序和搜索）的各种方法，本节将讲解数组的基本操作。

5.4.1　遍历数组

遍历数组就是获取数组中的每个元素。通常遍历数组都是使用 for 循环来实现的。遍历一维数组很简单，也很好理解，下面详细介绍遍历二维数组的方法。

遍历二维数组需使用双层 for 循环，通过数组的 length 属性可获得数组的长度。

【例 5.3】呈梯形输出二维数组中的元素（实例位置：资源包\TM\sl\5\3）

在项目中创建 Trap 类，在主方法中编写代码，定义二维数组，将二维数组中的元素呈梯形进行输出。实例代码如下：

```java
public class Trap {                                      //创建类
    public static void main(String[] args) {             //主方法
        int b[][] = new int[][]{{ 1 },{ 2, 3},{ 4, 5, 6 } };  //定义二维数组
        for (int k = 0; k < b.length; k++) {             //循环遍历二维数组中的每个元素
            for (int c=0;c<b[k].length; c++){
                System.out.print(b[k][c]);               //将数组中的元素进行输出
            }
            System.out.println();                        //输出空格
        }
    }
}
```

运行结果如下：

```
1
23
456
```

在遍历数组时，使用 foreach 语句可能会更简单。下面的实例就是通过 foreach 语句遍历二维数组的。

【例 5.4】使用 foreach 语句遍历二维数组（实例位置：资源包\TM\sl\5\4）

在项目中创建 Tautog 类，在主方法中定义二维数组，使用 foreach 语句遍历二维数组。实例代码如下：

```java
public class Tautog {                                    //创建类
    public static void main(String[] args) {             //主方法
        int arr2[][] = { { 4, 3 }, { 1, 2 } };           //定义二维数组
        System.out.println("数组中的元素是: ");           //提示信息
        int i = 0;                                       //外层循环计数器变量
        for (int x[] : arr2) {                           //外层循环变量为一维数组
            i++;                                         //外层计数器递增
            int j = 0;                                   //内层循环计数器变量
```

```
              for (int e : x) {                        //循环遍历每一个数组元素
                  j++;                                 //内层计数器递增
                  if (i == arr2.length && j == x.length) {   //判断变量是二维数组中的最后一个元素
                      System.out.print(e);             //输出二维数组的最后一个元素
                  } else                               //如果不是二维数组中的最后一个元素
                      System.out.print(e + "、");       //输出信息
              }
          }
      }
}
```

运行结果如下：

```
数组中的元素是：
4、3、1、2
```

5.4.2　填充替换数组元素

数组中的元素被定义完成后，可通过 Arrays 类的静态方法 fill()来对数组中的元素进行替换。该方法通过各种重载形式可完成对任意类型的数组元素的替换。fill()方法有两种参数类型，下面以 int 型数组为例讲解 fill()方法的使用方法。

1．fill(int[] a,int value)

该方法可将指定的 int 值分配给 int 型数组的每个元素。语法如下：

```
fill(int[] a, int value)
```

☑　a：要进行元素替换的数组。

☑　value：要存储数组中所有元素的值。

【例 5.5】使用 fill()方法填充数组元素（实例位置：资源包\TM\sl\5\5）

在项目中创建 Swap 类，在主方法中创建一维数组，并实现通过 fill()方法填充数组元素，最后将数组中的各个元素进行输出。实例代码如下：

```
import java.util.Arrays;                              //导入 java.util.Arrays 类
public class Swap {                                   //创建类
    public static void main(String[] args) {          //主方法
        int arr[] = new int[5];                       //创建 int 型数组
        Arrays.fill(arr, 8);                          //使用同一个值对数组进行填充
        for (int i = 0; i < arr.length; i++) {        //循环遍历数组中的元素
            System.out.println("第" + i + "个元素是：" + arr[i]);   //将数组中的元素依次进行输出
        }
    }
}
```

运行结果如下：

```
第 0 个元素是：8
第 1 个元素是：8
第 2 个元素是：8
第 3 个元素是：8
第 4 个元素是：8
```

2．fill(int[] a,int fromIndex,int toIndex,int value)

该方法将指定的 int 值分配给 int 型数组指定范围中的每个元素。填充的范围从索引 fromIndex（包

括）一直到索引 toIndex（不包括）。如果 fromIndex == toIndex，则填充范围为空。语法如下：

fill(**int**[] a, **int** fromIndex, **int** toIndex, **int** value)

- ☑ a：要进行填充的数组。
- ☑ fromIndex：要使用指定值填充的第一个元素的索引（包括）。
- ☑ toIndex：要使用指定值填充的最后一个元素的索引（不包括）。
- ☑ value：要分配给数组指定范围中的每个元素的值。

误区警示

如果指定的索引位置大于或等于要进行填充的数组的长度，则会报出 ArrayIndexOutOf-BoundsException（数组越界异常，关于异常的知识将在后面的章节中进行讲解）异常。

【例 5.6】 使用 fill()方法替换数组中的元素（**实例位置：资源包\TM\sl\5\6**）

在项目中创建 Displace 类，在主方法中创建一维数组，并通过 fill()方法替换数组元素，最后将数组中的各个元素进行输出。实例代码如下：

```java
import java.util.Arrays;                                    //导入 java.util.Arrays 类
public class Displace {                                     //创建类
    public static void main(String[] args) {                //主方法
        int arr[] = new int[] { 45, 12, 2, 10 };            //定义并初始化 int 型数组 arr
        Arrays.fill(arr, 1, 2, 8);                          //使用 fill()方法替换数组指定范围内的元素
        for (int i = 0; i < arr.length; i++) {              //循环遍历数组中的元素
            System.out.println("第" + i + "个元素是： " + arr[i]);  //将数组中的每个元素进行输出
        }
    }
}
```

运行结果如下：

```
第 0 个元素是：45
第 1 个元素是：8
第 2 个元素是：2
第 3 个元素是：10
```

5.4.3 对数组进行排序

通过 Arrays 类的静态方法 sort()可以实现对数组的排序。sort()方法提供了多种重载形式，可对任意类型的数组进行升序排序。语法如下：

Arrays.sort(object)

其中，object 是指进行排序的数组名称。

【例 5.7】 使用 sort()方法将数组排序后进行输出（**实例位置：资源包\TM\sl\5\7**）

在项目中创建 Taxis 类，在主方法中创建一维数组，将数组排序后进行输出。实例代码如下：

```java
import java.util.Arrays;                                    //导入 java.util.Arrays 类
public class Taxis {                                        //创建类
    public static void main(String[] args) {                //主方法
        int arr[] = new int[] { 23, 42, 12, 8 };            //声明数组
        Arrays.sort(arr);                                   //将数组进行排序
        for (int i = 0; i < arr.length; i++) {              //循环遍历排序后的数组
```

```
                System.out.println(arr[i]);                    //将排序后数组中的各个元素进行输出
            }
        }
    }
```

运行结果如下：

```
8
12
23
42
```

上述实例是对整型数组进行排序的。Java 中的 String 类型数组的排序算法是根据字典编排顺序排序的，因此数字排在字母前面，大写字母排在小写字母前面。

5.4.4 复制数组

Arrays 类的 copyOf()方法与 copyOfRange()方法可以实现对数组的复制。copyOf()方法是复制数组至指定长度，copyOfRange()方法则将指定数组的指定长度复制到一个新数组中。

1. copyOf()方法

该方法提供了多种重载形式，用于满足不同类型数组的复制。语法如下：

```
copyOf(arr, int newlength)
```

☑ arr：要进行复制的数组。

☑ newlength：int 型常量，指复制后的新数组的长度。如果新数组的长度大于数组 arr 的长度，则用 0 填充（根据复制数组的类型来决定填充的值，整型数组用 0 填充，char 型数组则使用 null 来填充）；如果新数组长度小于数组 arr 的长度，则会从数组 arr 的第一个元素开始截取至满足新数组长度为止。

【例 5.8】复制数组（实例位置：资源包\TM\sl\5\8）

在项目中创建 Cope 类，在主方法中创建一维数组，实现将此数组进行复制以得到一个长度为 5 的新数组，并将新数组进行输出。实例代码如下：

```
import java.util.Arrays;                                      //导入 java.util.Arrays 类
public class Cope {                                           //创建类
    public static void main(String[] args) {                 //主方法
        int arr[] = new int[] { 23, 42, 12 };                //定义数组
        int newarr[] = Arrays.copyOf(arr, 5);                //复制数组 arr
        for (int i = 0; i < newarr.length; i++) {            //循环遍历复制后的新数组
            System.out.println(newarr[i]);                   //将新数组输出
        }
    }
}
```

运行结果如下：

```
23
42
12
0
0
```

2. copyOfRange()方法

该方法同样提供了多种重载形式。语法如下：

copyOfRange(arr, **int** formIndex, **int** toIndex)

☑ arr：要进行复制的数组对象。

☑ formIndex：指定开始复制数组的索引位置。formIndex 必须在 0 至整个数组的长度之间。新数组包括索引是 formIndex 的元素。

☑ toIndex：要复制范围的最后索引位置。可大于数组 arr 的长度。新数组不包括索引是 toIndex 的元素。

【例 5.9】按照索引复制数组（**实例位置：资源包\TM\sl\5\9**）

在项目中创建 Repeat 类，在主方法中创建一维数组，并将数组中索引位置是 0～2 的元素复制到新数组中，最后将新数组进行输出。实例代码如下：

```java
import java.util.Arrays;                              //导入 java.util.Arrays 类
public class Repeat {                                 //创建类
    public static void main(String[] args) {          //主方法
        int arr[] = new int[] { 23, 42, 12, 84, 10 }; //定义数组
        int newarr[] = Arrays.copyOfRange(arr, 0, 3); //复制数组
        for (int i = 0; i < newarr.length; i++) {     //循环遍历复制后的新数组
            System.out.println(newarr[i]);            //将新数组中的每个元素进行输出
        }
    }
}
```

运行结果如下：

```
23
42
12
```

5.4.5 查询数组

Arrays 类的 binarySearch()方法，可使用二分搜索法来搜索指定数组，以获得指定对象。该方法返回要搜索元素的索引值。binarySearch()方法提供了多种重载形式，用于满足各种类型数组的查找需要。binarySearch()方法有两种参数类型。

1. binarySearch(Object[] a, Object key)

语法如下：

binarySearch(Object[] a, Object key)

☑ a：要搜索的数组。

☑ key：要搜索的值。

如果 key 被包含在数组中，则返回搜索值的索引；否则返回-1 或 "-"（插入点）。插入点是搜索键将要被插入数组中的那一点，即第一个大于此键的元素索引。

误区警示

必须在调用 binarySearch(Object[] a, Object key)之前对数组进行排序（通过 sort()方法）。如果没有对数组进行排序，则结果是不确定的。如果数组包含多个带有指定值的元素，则无法保证找到的是哪一个。

【例 5.10】 查找元素在数组中的索引位置（实例位置：资源包\TM\sl\5\10）

在项目中创建 Reference 类，在主方法中创建一维数组 ia，实现查找元素 4 在数组 ia 中的索引位置。实例代码如下：

```java
import java.util.Arrays;                                    //导入 java.util.Arrays 类
public class Reference {                                    //创建类
    public static void main(String[] args) {                //主方法
        int ia[] = new int[] { 1, 8, 9, 4, 5 };             //定义 int 型数组 ia
        Arrays.sort(ia);                                     //对数组进行排序
        int index = Arrays.binarySearch(ia, 4);             //查找数组 ia 中元素 4 的索引位置
        System.out.println("4 的索引位置是："+ index);         //对索引进行输出
    }
}
```

运行结果如下：

4 的索引位置是：1

说明

返回值"1"是对数组 ia 进行排序后元素 4 的索引位置。

2. binarySearch(Object[],a,int fromIndex,int toIndex,Object key)

该方法在指定的范围内检索某一元素。语法如下：

binarySearch(Object[] a, **int** fromIndex, **int** toIndex, Object key)

☑ a：要进行检索的数组。

☑ fromIndex：指定范围的开始处索引（包含）。

☑ toIndex：指定范围的结束处索引（不包含）。

☑ key：要搜索的元素。

在使用该方法前，同样要对数组进行排序，这样才能获得准确的索引值。如果要搜索的元素 key 在指定的范围内，则返回搜索键的索引；否则返回-1 或"-"（插入点）。如果范围中的所有元素都小于指定的键，则插入点为 toIndex（注意，这保证了当且仅当此键被找到时，返回的值将大于或等于 0）。

误区警示

如果指定的范围大于或等于数组的长度，则会报出 ArrayIndexOutOfBoundsException 异常。

【例 5.11】 在指定范围内查找元素在数组中的索引位置（实例位置：资源包\TM\sl\5\11）

在项目中创建 Rakel 类，在主方法中创建 String 数组，实现在指定范围内查找元素"cd"在数组 str 中的索引位置。实例代码如下：

```
import java.util.Arrays;                                        //导入 java.util.Arrays 类
public class Rakel {                                            //创建类
    public static void main(String[] args) {                   //主方法
        String str[] = new String[] { "ab", "cd", "ef", "yz" };   //定义 String 型数组 str
        Arrays.sort(str);                                      //对数组进行排序
        int index = Arrays.binarySearch(str, 0, 2, "cd");      //在指定范围内搜索元素"cd"的索引位置
        System.out.println("cd 的索引位置是："+ index);          //对索引进行输出
    }
}
```

运行结果如下：

cd 的索引位置是：1

编程训练（答案位置：资源包\TM\sl\5\编程训练）

【训练 5】鸡蛋装箱（一）　某鸡蛋公司准备好 10 个包装箱，每箱装 60 枚鸡蛋。由于机器故障，每箱少装了 2 枚鸡蛋，使用数组的相关知识体现该过程。

【训练 6】鸡蛋装箱（二）　某鸡蛋公司准备好 10 个包装箱，每箱装 60 枚鸡蛋。由于机器故障，后 6 箱少装了 2 枚鸡蛋，使用数组的相关知识体现该过程。

5.5　数组排序算法

数组有很多常用的算法，本节将介绍常用的排序算法，包括冒泡排序、直接选择排序和反转排序。

5.5.1　冒泡排序

在程序设计中，经常需要对一组数列进行排序，这样更加方便统计与查询。程序常用的排序方法有冒泡排序、选择排序和反转排序等。本节将讲解冒泡排序方法，这种排序方法以其简洁的思想和实现方法备受开发人员青睐，是广大学习者最先接触的一种排序算法。

冒泡排序是最常用的数组排序算法之一，它排序数组元素的过程总是将较小的数往前放、较大的数往后放，类似水中气泡往上升的动作，因此称为冒泡排序。

1．基本思想

冒泡排序的基本思想是对比相邻的元素值，如果满足条件，就交换元素值，把较小的元素移动到数组前面，把较大的元素移动到数组后面（也就是交换两个元素的位置），这样较小的元素就像气泡一样从底部上升到顶部。

2．算法示例

冒泡算法由双层循环实现，其中外层循环用于控制排序轮数，一般为要排序的数组长度减 1 次，因为最后一次循环只剩下一个数组元素，不需要对比，同时数组已经完成排序了。而内层循环主要用于对比数组中每个邻近元素的大小，以确定是否交换位置，对比和交换次数随排序轮数而减少。例如，一个拥有 6 个元素的数组，在排序过程中每一次循环的排序过程和结果如图 5.4 所示。

第 1 轮外层循环时把最大的元素值 63 移动到了最后面（相应地，比 63 小的元素向前移动，类似气泡上升）；第 2 轮外层循环不再对比最后一个元素值 63，因为它已经被确认为最大（不需要上升），

应该放在最后，需要对比和移动的是其他剩余元素，这次将元素 24 移动到了 63 的前一个位置。其他循环将以此类推，继续完成排序任务。

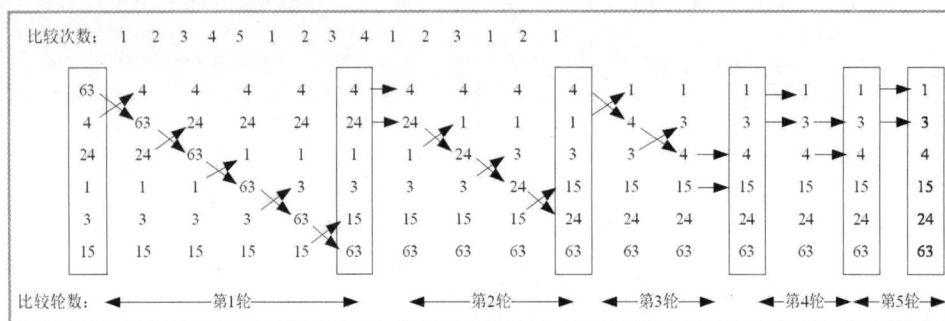

图 5.4　6 个元素数组的排序过程和结果

3．算法实现

下面介绍冒泡排序的具体用法。

【例 5.12】冒泡排序（实例位置：资源包\TM\sl\5\12）

在项目中创建 BubbleSort 类，这个类的代码将对一个 int 型的一维数组中的元素进行冒泡排序。实例代码如下：

```java
public class BubbleSort {
    public static void main(String[] args) {
        int[] array = { 63, 4, 24, 1, 3, 15 };          //创建一个数组，元素是乱序的
        BubbleSort sorter = new BubbleSort();           //创建冒泡排序类的对象
        sorter.sort(array);                             //调用排序方法，对数组排序
    }

    public void sort(int[] array) {
        for (int i = 1; i < array.length; i++) {
            //比较相邻两个元素，较大的元素往后冒泡
            for (int j = 0; j < array.length - i; j++) {
                if (array[j] > array[j + 1]) {
                    int temp = array[j];                //把第一个元素值保存到临时变量中
                    array[j] = array[j + 1];            //把第二个元素值保存到第一个元素单元中
                    array[j + 1] = temp;                //把临时变量（第一个元素原值）保存到第二个元素单元中
                }
            }
        }
        showArray(array);                               //输出冒泡排序后的数组元素
    }

    public void showArray(int[] array) {
        for (int i : array) {                           //遍历数组
            System.out.print(" >" + i);                 //输出每个数组元素值
        }
        System.out.println();
    }
}
```

运行结果如下：

```
>1 >3 >4 >15 >24 >63
```

从实例的运行结果中可以看出，数组中的元素已经按从小到大的顺序排列好了。冒泡排序的主要思想就是：把相邻两个元素进行比较，如果满足一定条件则进行交换（如判断大小或日期前后等），每次循环都将最大（或最小）的元素排在最后，下一次循环是对数组中其他的元素进行类似操作。

5.5.2　直接选择排序

直接选择排序属于选择排序的一种，它的排序速度要比冒泡排序快一些，也是常用的排序算法，初学者应该掌握。

1．基本思想

直接选择排序的基本思想是将指定排序位置元素与其他数组元素分别对比，如果满足条件就交换元素值。注意这里与冒泡排序的区别，不是交换相邻元素，而是把满足条件的元素与指定的排序位置元素进行交换（如从最后一个元素开始排序），这样排序好的位置被逐渐扩大，直至整个数组都变成已排序好的格式。

这就好比有一名小学生，从包含数字 1～10 的乱序的数字堆中分别选择合适的数字，组成一个 1～10 的排序，而这名学生首先从数字堆中选出 1，放在第一位，然后选出 2（注意这时数字堆中已经没有 1 了）放在第二位，以此类推，直到其找到数字 9，放到 8 的后面，最后剩下 10，就不用选择了，直接放到最后就可以。

与冒泡排序相比，直接选择排序的交换次数要少很多，因此速度会快些。

2．算法示例

每一趟从待排序的数据元素中选出最小（或最大）的一个元素，顺序地放在已排好序的数列的最后，直到全部待排序的数据元素被排完。例如：

```
初始数组资源    【63    4    24    1    3    15】
第一趟排序后    【15    4    24    1    3  】 63
第二趟排序后    【15    4    3    1】   24   63
第三趟排序后    【1     4    3】   15   24   63
第四趟排序后    【1     3】   4    15   24   63
第五趟排序后    【1】   3    4    15   24   63
```

3．算法实现

下面介绍直接选择排序的具体用法。

【例 5.13】直接选择排序（实例位置：资源包\TM\sl\5\13）

在项目中创建 SelectSort 类，这个类的代码将对一个 int 型的一维数组中的元素进行直接选择排序。实例代码如下：

```java
public class SelectSort {
    public static void main(String[] args) {
        int[] array = { 63, 4, 24, 1, 3, 15 };          //创建一个数组，元素是乱序的
        SelectSort sorter = new SelectSort();           //创建直接排序类的对象
        sorter.sort(array);                             //调用排序对象方法，对数组进行排序
    }

    public void sort(int[] array) {
        int index;
        for (int i = 1; i < array.length; i++) {
```

```
            index = 0;
            for (int j = 1; j <= array.length - i; j++) {
                    if (array[j] > array[index]) {
                            index = j;
                    }
            }
            //交换在位置 array.length - i 和 index(最大值)上的两个数
            int temp = array[array.length - i];        //把第一个元素值保存到临时变量中
            array[array.length - i] = array[index];     //把第二个元素值保存到第一个元素单元中
            array[index] = temp;                        //把临时变量（第一个元素原值）保存到第二个元素单元中
        }
        showArray(array);                               //输出直接选择排序后的数组元素
    }

    public void showArray(int[] array) {
        for (int i : array) {                           //遍历数组
            System.out.print(" >" + i);                 //输出每个数组元素值
        }
        System.out.println();
    }
}
```

运行结果如下：

```
>1 >3 >4 >15 >24 >63
```

5.5.3 反转排序

顾名思义，反转排序就是以相反的顺序把原有数组的内容进行重新排序。反转排序算法在程序开发中也经常使用。

1．基本思想

反转排序的基本思想比较简单，也很好理解，其实现思路就是将数组最后一个元素与第一个元素进行替换，将倒数第二个元素与第二个元素进行替换，以此类推，直到将所有数组元素进行反转替换。

2．算法示例

反转排序是对数组两边的元素进行替换，因此 for 循环只需要循环数组长度的半数次，如数组长度为 7，那么 for 循环只需要循环 3 次。例如：

初始数组资源	【10	20	30	40	50	60 】
第一趟排序后	60	【20	30	40	50 】	10
第二趟排序后	60	50	【30	40 】	20	10
第三趟排序后	60	50	40	30	20	10

3．算法实现

下面介绍反转排序的具体用法。

【例 5.14】反转排序（实例位置：资源包\TM\sl\5\14）

在项目中创建 ReverseSort 类，这个类的代码将对一个 int 型的一维数组中的元素进行反转排序。实例代码如下：

```
public class ReverseSort {
    public static void main(String[] args) {
```

```
    int[] array = { 10, 20, 30, 40, 50, 60 };        //创建一个数组
    ReverseSort sorter = new ReverseSort();          //创建反转排序类的对象
    sorter.sort(array);                              //调用排序对象方法，将数组反转
}

public void sort(int[] array) {
    System.out.println("数组原有内容：");
    showArray(array);                                //输出排序前的数组元素
    int temp;
    int len = array.length;
    for (int i = 0; i < len / 2; i++) {
        temp = array[i];
        array[i] = array[len - 1 - i];
        array[len - 1 - i] = temp;
    }
    System.out.println("数组反转后内容：");
    showArray(array);                                //输出排序后的数组元素
}

public void showArray(int[] array) {
    for (int i : array) {                            //遍历数组
        System.out.print("\t" + i);                  //输出每个数组元素值
    }
    System.out.println();
}
}
```

运行结果如下：

```
数组原有内容：
    10    20    30    40    50    60
数组反转后内容：
    60    50    40    30    20    10
```

编程训练（答案位置：资源包\TM\sl\5\编程训练）

【训练 7】成绩排名（一）　10 名学生在一次英语竞赛中的成绩分别为 71、89、67、53、78、64、92、56、74 和 85，使用冒泡排序编写一个程序，将这 10 名学生的英语竞赛成绩由小到大进行排序。

【训练 8】成绩排名（二）　将"训练 7"中的 10 名学生的英语竞赛成绩由大到小进行排序。

5.6　实践与练习

（答案位置：资源包\TM\sl\5\实践与练习）

综合练习 1：数独　将 1～9 的数字放入一个 3×3 的数组中，判断该数组每行每列以及每个对角线的值相加是否都相同。

综合练习 2：矩阵转置　交换二维数组"int[][] array = {{ 91,25,8 }, { 56,14,2 }, { 47,3,67 }};"的行、列数据。

综合练习 3：杨辉三角　使用二维数组实现如图 5.5 所示的杨辉三角。

综合练习 4：推箱子游戏　编写一个简易的推箱子游戏，使用 10×8 的二维字符数据表示游戏画面，H 表示墙壁，&表示玩家角色，o 表示箱子，*表示目的地。玩家可以通过输入 A、D、W、S 字符控制角色移动，当箱子推到目的地时显示游戏结束，运行结果如图 5.6 所示。

综合练习 5：五子棋游戏　编写一个简易五子棋游戏，在控制台上绘制棋盘，棋盘每一个点都有对应的坐标，下棋者输入两位数字表示落棋子的坐标。其中，第一个数字表示横坐标，第二个数字表示纵坐标，运行结果如图 5.7 所示。

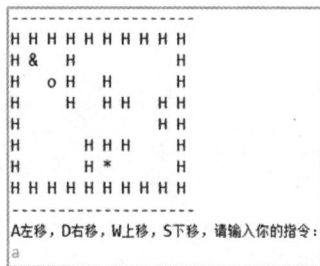

图 5.5　杨辉三角　　　　　图 5.6　推箱子游戏　　图 5.7　简易五子棋游戏

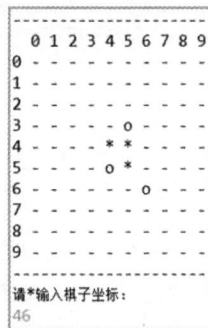

综合练习 6：统计学生成绩　输入学生的学号及语文、数学、英语成绩，输出学生各科成绩信息、平均成绩和总成绩，运行结果如图 5.8 所示。

综合练习 7：模拟客车售票　一辆大巴有 9 排 4 列的座位，编写一个程序，模拟这辆大巴的售票过程（1 代表"有票"，0 代表"无票"），运行结果如图 5.9 所示。

综合练习 8：自动批卷程序　现有学号为 1～8 的 8 名学生和 10 道题目（标准答案为{ "B", "A", "D", "C", "C", "B", "C", "A", "D", "B" }），将学生的答案存储在一个二维数组中，通过学号找到并输出该学生的答案以及回答正确的题目总数，运行结果如图 5.10 所示。

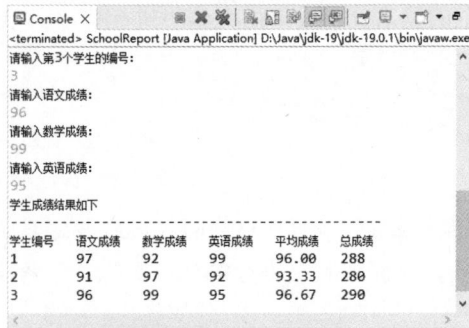

图 5.8　统计学生成绩　　　　　图 5.9　客车售票　　　　图 5.10　统计学生的答案

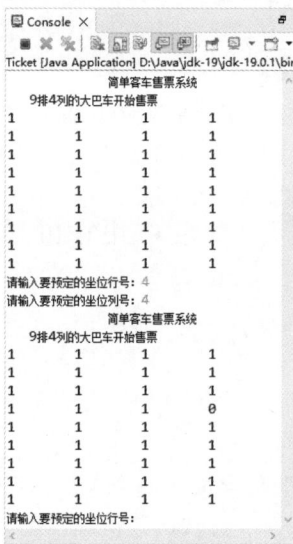

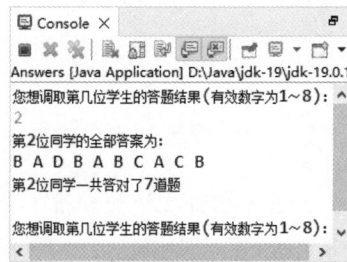

第 **2** 篇
面向对象编程

本篇讲解类，对象，继承，多态，抽象类，接口，包和内部类等内容。学习完本篇，读者将能掌握采用面向对象思维编写Java代码的方法。

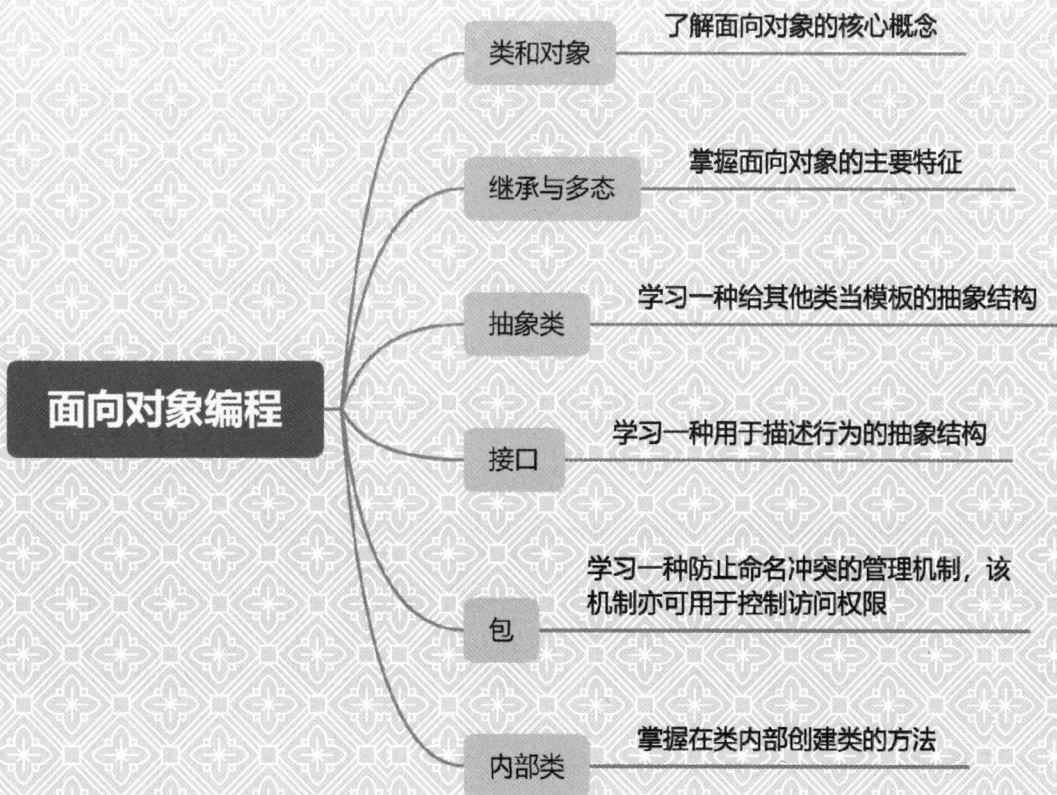

面向对象编程

- 类和对象 —— 了解面向对象的核心概念
- 继承与多态 —— 掌握面向对象的主要特征
- 抽象类 —— 学习一种给其他类当模板的抽象结构
- 接口 —— 学习一种用于描述行为的抽象结构
- 包 —— 学习一种防止命名冲突的管理机制，该机制亦可用于控制访问权限
- 内部类 —— 掌握在类内部创建类的方法

第 6 章

类和对象

在 Java 语言中，经常被提到的两个词是类与对象。实际上，可以将类看作是对象的载体，它定义了对象所具有的功能。学习 Java 语言必须掌握类与对象，这样可以深入地理解 Java 这种面向对象语言的开发理念，从而更好、更快地掌握 Java 编程思想与编程方式。本章将详细讲解类的各种方法以及对象，为了使初学者更容易入门，在讲解过程中列举了大量实例。

本章的知识架构及重难点如下。

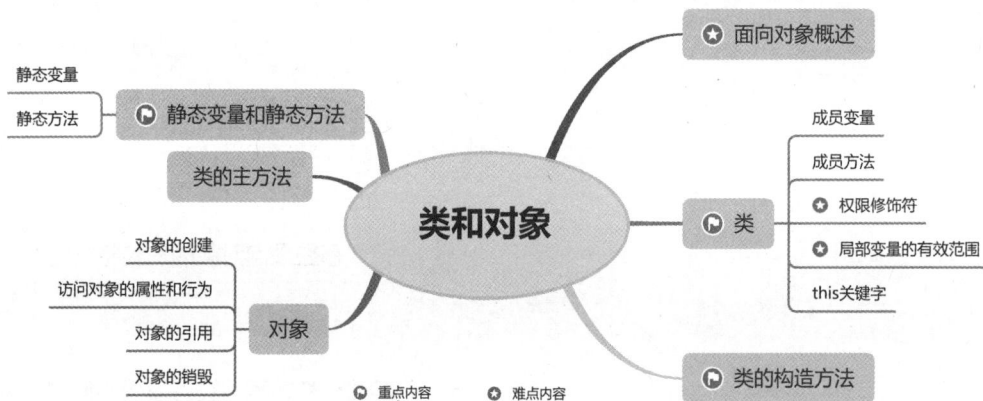

6.1 面向对象概述

在程序开发初期，人们使用结构化开发语言。随着软件的规模越来越庞大，结构化语言的弊端也逐渐暴露出来，开发周期越来越长，产品的质量也不尽如人意。这时人们开始将另一种开发思想引入程序中，即面向对象的开发思想。面向对象思想是人类最自然的一种思考方式，它将所有预处理的问题抽象为对象，通过了解这些对象具有哪些相应的属性以及展示这些对象的行为，以解决这些对象面临的一些实际问题。在程序开发中引入面向对象设计的概念，其实质上就是对现实世界中的对象进行建模操作。

6.1.1 对象

现实世界中，随处可见的一种事物就是对象。对象是事物存在的实体，如人、书桌、计算机、高楼大厦等。人类解决问题的方式总是将复杂的事物简单化，于是就会思考这些对象都是由哪些部分组成的。通常都会将对象划分为两个部分，即静态部分与动态部分。顾名思义，静态部分就是不能动的部分，这个部分被称为"属性"，任何对象都会具备其自身属性，如一个人，其属性包括高矮、胖瘦、性别、年龄等。动态部分即对象可执行的动作，这部分被称为"行为"，也是一个值得探讨的部分，同样对于一个人，其可以哭泣、微笑、说话、行走，这些都是这个人具备的行为。人类通过探讨对象的属性和观察对象的行为来了解对象。

在计算机的世界中，面向对象程序设计的思想要以对象来思考问题，首先要将现实世界的实体抽象为对象，然后考虑这个对象具备的属性和行为。例如，现在面临一只大雁要从北方飞往南方这样一个实际问题，试着以面向对象的思想来解决这一实际问题。步骤如下：

（1）从这一问题中抽象出对象，这里抽象出的对象为大雁。

（2）识别这个对象的属性。对象具备的属性都是静态属性，如大雁有一对翅膀、黑色的羽毛等。这些属性如图 6.1 所示。

（3）识别这个对象的动态行为，即这只大雁可以进行的动作，如飞行、觅食等，这些行为都是这个对象基于其属性而具有的动作。这些行为如图 6.2 所示。

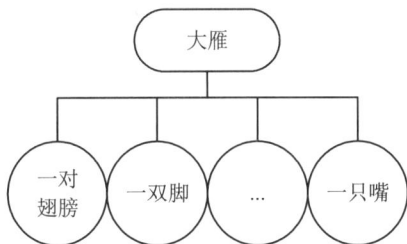

图 6.1　识别对象的属性

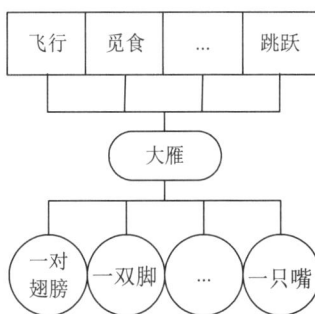

图 6.2　识别对象具有的行为

（4）识别出这个对象的属性和行为后，这个对象就被定义完成了。然后可以根据这只大雁具有的特性制定这只大雁从北方飞向南方的具体方案，以解决问题。

究其本质，所有的大雁都具有以上属性和行为，可以将这些属性和行为封装起来，构成一个类，以描述大雁这类动物。由此可见，类实质上就是封装对象属性和行为的载体，而对象则是类抽象出来的一个实例，二者的关系如图 6.3 所示。

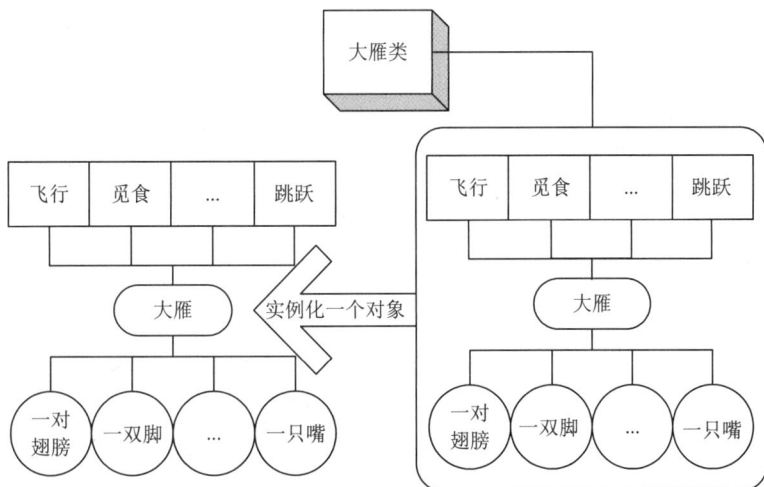

图 6.3　描述对象与类之间的关系

6.1.2　类

不能将一个事物描述成一类事物，如一只鸟不能被称为鸟类。但如果要给某一类事物一个统称，就需要用到类这个概念。

类就是同一类事物的统称，如果将现实世界中的一个事物抽象成对象，类就是这类对象的统称，如鸟类、家禽类、人类等。类是构造对象时所依赖的规范，如一只鸟有一对翅膀，它可以用这对翅膀飞行，而基本上所有的鸟都具有"有翅膀"这个特性和飞行的技能，这样具有相同特性和行为的一类事物就被称为类，类的思想就是这样产生的。图 6.3 描述了类与对象之间的关系，对象就是符合某个类的定义所产生的实例。更为恰当的描述是，类是世间事物的抽象称呼，而对象则是这个事物对应的实体。如果面临实际问题，通常需要实例化类对象来解决。例如，解决大雁南飞的问题，这里只能拿这只大雁来处理这个问题，而不能拿大雁类或鸟类来解决。

类是封装对象的属性和行为的载体，反过来说，具有相同属性和行为的一类实体被称为类。例如，鸟类封装了所有鸟的共同属性和应具有的行为，其结构如图 6.4 所示。

定义完鸟类之后，可以根据这个类抽象出一个实体对象，最后通过实体对象来解决相关的实际问题。

在 Java 语言中，类对象的行为是以方法的形式定义的，对象的属性是以成员变量的形式定义的，所以类包括对象的属性和方法。有关类的具体实现会在后续章节中进行讲解。

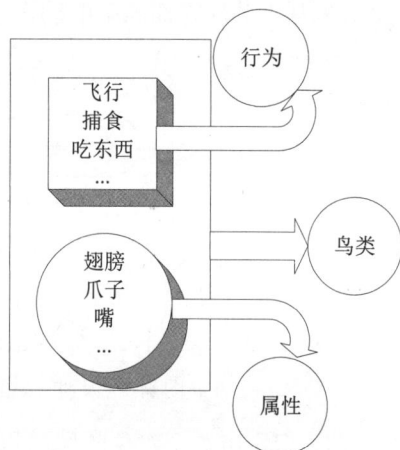

图 6.4　鸟类结构

6.1.3　封装

面向对象程序设计具有以下特点：封装性、继承性和多态性。

封装是面向对象编程的核心思想。将对象的属性和行为封装起来，其载体就是类，类通常对客户隐藏其实现细节，这就是封装的思想。例如，用户使用计算机时，只需要使用手指敲击键盘就可以实现一些功能，无须知道计算机内部是如何工作的。即使知道计算机的工作原理，但在使用计算机时也并不完全依赖于计算机工作原理等细节。

采用封装的思想保证了类内部数据结构的完整性，使用类的用户不能轻易地直接操作类的数据结构，只能执行类允许公开的数据。这样就避免了外部操作对内部数据的影响，提高了程序的可维护性。

使用类实现封装特性如图 6.5 所示。

6.1.4　继承

类与类之间同样具有关系，这种关系被称为关联。关联主要描述两个类之间的一般二元关系。例如，一个百货公司类与销售员类就是一个关联，学生类

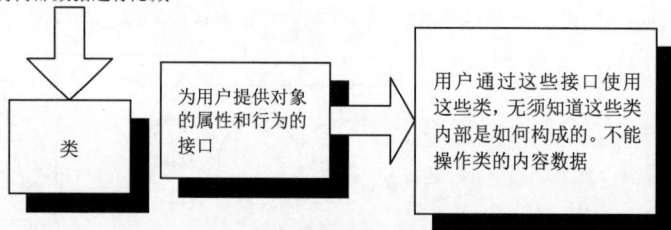

图 6.5　封装特性示意图

与教师类也是一个关联。两个类之间的关系有很多种，继承是关联中的一种。

当处理一个问题时，可以将一些有用的类保留下来，在遇到同样的问题时拿来复用。假如这时需要解决信鸽送信的问题，我们很自然就会想到如图 6.4 所示的鸟类结构。由于鸽子属于鸟类，具有与鸟类相同的属性和行为，便可以在创建信鸽类时将鸟类拿来复用，并且保留鸟类具有的属性和行为。不过，并不是所有的鸟都有送信的习惯，因此还需要再添加一些信鸽具有的独特属性及行为。鸽子类保留了鸟类的属性和行为，这样就节省了定义鸟和鸽子共同具有的属性和行为的时间，这就是继承的基本思想。设计软件时，使用继承思想可以缩短软件开发的周期，复用那些已经定义好的类可以提高系统性能，减少系统在使用过程中出现错误的概率。

继承性主要利用特定对象之间的共有属性。例如，平行四边形是四边形，正方形、矩形也都是四边形，平行四边形类与四边形类具有共同特性，就是拥有 4 个边，可以将平行四边形类看作四边形类的延伸，平行四边形类复用了四边形类的属性和行为，同时添加了平行四边形独有的属性和行为，如平行四边形的对边平行且相等。这里可以将平行四边形类看作是从四边形类中继承的。在 Java 语言中，将类似于平行四边形类的类称为子类，将类似于四边形类的类称为父类或超类。值得注意的是，可以说平行四边形是特殊的四边形，但不能说四边形是平行四边形，也就是说子类的实例都是父类的实例，但不能说父类的实例是子类的实例。图 6.6 阐明了图形类之间的继承关系。

从图 6.6 中可以看出，继承关系可以使用树形关系来表示，父类与子类存在一种层次关系。一个类处于继承体系中，它既可以是其他类的父类，为其他类提供属性和行为，也可以是其他类的子类，继承父类的属性和方法，如三角形类既是图形类的子类也是等边三角形类的父类。

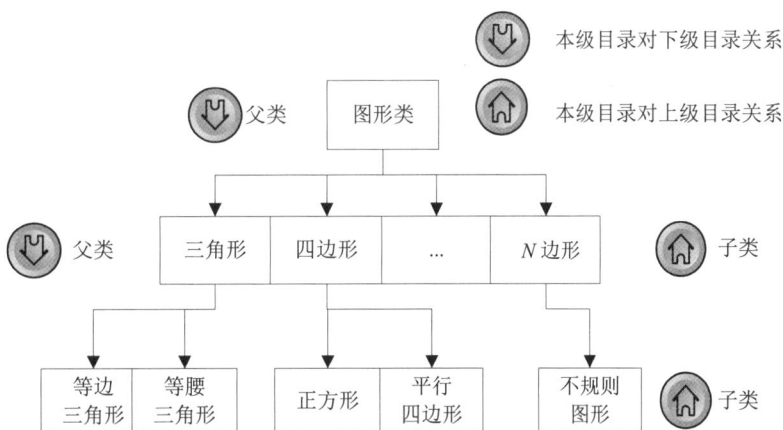

图 6.6　图形类层次结构示意图

6.1.5　多态

在 6.1.4 节中介绍了继承、父类和子类，其实将父类对象应用于子类的特征就是多态。依然以图形类来说明多态，每个图形都拥有绘制自己的能力，这个能力可以被看作是该类具有的行为，如果子类的对象被统一看作是父类的实例对象，那么在绘制图形时，只需调用父类也就是图形类绘制图形的方法就可以绘制任何图形，这就是多态最基本的思想。

多态性允许以统一的风格编写程序，以处理种类繁多的已存在的类及相关类。该统一风格可以由父类来实现，根据父类统一风格的处理，可以实例化子类的对象。由于整个事件的处理都只依赖于父类的方法，因此日后只要维护和调整父类的方法即可，这样就降低了维护的难度，节省了时间。

提到多态，就不得不提抽象类和接口，因为多态的实现并不依赖于具体类，而是依赖于抽象类和接口。

再回到绘制图形的实例上。图形类作为所有图形的父类，具有绘制图形的能力，这个方法可以称为"绘制图形"，但如果要执行这个"绘制图形"的命令，没有人知道应该画什么样的图形，并且如果要在图形类中抽象出一个图形对象，那么没有人能说清这个图形究竟是什么图形，因此使用"抽象"这个词来描述图形类比较恰当。在 Java 语言中，称这样的类为抽象类，抽象类不能实例化对象。在多态的机制中，父类通常会被定义为抽象类，在抽象类中给出一个方法的标准，而不给出实现的具体流程。实质上这个方法也是抽象的，如图形类中的"绘制图形"方法只提供一个可以绘制图形的标准，并没有提供具体绘制图形的流程，因为没有人知道究竟需要绘制什么形状的图形。

在多态的机制中，比抽象类更方便的方式是将抽象类定义为接口。由抽象方法组成的集合就是接口。接口的概念在现实中也极为常见，如从不同的五金商店买来螺丝帽和螺丝钉，螺丝帽可以很轻松地被拧在螺丝钉上，可能螺丝帽和螺丝钉的厂家不同，但这两个物品可以轻易地被组合在一起，这是因为生产螺丝帽和螺丝钉的厂家都遵循着统一的标准，这个统一的标准在 Java 中就是接口。依然拿"绘制图形"来说明，可以将"绘制图形"作为一个接口的抽象方法，然后使图形类实现这个接口，同时实现"绘制图形"这个抽象方法，当三角形类需要绘制时，就可以继承图形类，重写其中的"绘制图形"方法，并将这个方法改写为"绘制三角形"，这样就可以通过这个标准绘制不同的图形。

6.2　类

在 6.1.2 节中已经讲解过类是封装对象的属性和行为的载体，而在 Java 语言中对象的属性以成员变量的形式存在，对象的方法以成员方法的形式存在。本节将讲解类在 Java 语言中是如何定义的。

6.2.1　成员变量

在 Java 中，对象的属性也称为成员变量，成员变量可以是任意类型，整个类中均是成员变量作用范围。下面通过一个实例来演示成员变量在类中所处的位置。

【例 6.1】为书添加书名属性（**实例位置：资源包\TM\sl\6\1**）

创建一个 Book 类，在类中设置一个 name 属性，并为该属性编写 Getter/Setter 方法。

```java
public class Book {                          //类
    private String name;                     //String 类型的成员变量
    public String getName() {                //name 的 Getter 方法
        return name;
    }
    public void setName(String name) {       //name 的 Setter 方法
        this.name = name;                    //将参数值赋予类中的成员变量
    }
}
```

在上面这个实例中可以看到，在 Java 语言中需要使用 class 关键字来定义类，Book 是类的名称。同时在 Book 类中定义了一个成员变量，成员变量的类型为 String 类型。其实成员变量就是普通的变量，可以为它设置初始值，也可以不设置初始值。如果不设置初始值，则会有默认值。读者应该注意到成员变量 name 前面有一个 private 关键字，它被用来定义一个私有成员（关于权限修饰符的说明将在 6.2.3 节中进行讲解）。

6.2.2 成员方法

在 Java 语言中,使用成员方法对应于类对象的行为。以 Book 类为例,它包含 getName()和 setName()两个方法,这两个成员方法分别为获取图书名称和设置图书名称的方法。

定义成员方法的语法格式如下:

```
权限修饰符 返回值类型 方法名(参数类型 参数名){
    ...                                        //方法体
    return 返回值;
}
```

一个成员方法可以有参数,这个参数可以是对象,也可以是基本数据类型的变量,同时成员方法有返回值和不返回任何值的选择,如果方法需要返回值,则可以在方法体中使用 return 关键字,使用这个关键字后,方法的执行将被终止。

注意

要使 Java 代码中的成员方法无返回值,可以使用 void 关键字表示。

成员方法的返回值可以是计算结果,也可以是其他想要的数值和对象,返回值类型要与方法返回的值类型一致。

在成员方法中可以调用其他成员方法和类成员变量,如在例 6.1 的 getName()方法中就调用了 setName()方法将一个值赋予图书名称。同时,在成员方法中可以定义一个变量,这个变量为局部变量(局部变量的内容将在 6.2.4 节中进行讲解)。

说明

如果一个方法中含有与成员变量同名的局部变量,则在方法中对这个变量的访问以局部变量进行。类的成员变量和成员方法也可以被统称为类成员。

6.2.3 权限修饰符

Java 中的权限修饰符主要包括 private、public 和 protected,这些修饰符控制着对类和类的成员变量以及成员方法的访问。如果一个类的成员变量或成员方法被修饰为 private,则该成员变量只能在本类中使用,在子类中是不可见的,并且对其他包的类也是不可见的。如果将类的成员变量和成员方法的访问权限设置为 public,那么除了可以在本类中使用这些数据,还可以在子类和其他包的类中使用这些数据。如果一个类的访问权限被设置为 private,这个类将隐藏其内的所有数据,以免用户直接访问它。如果需要使类中的数据被子类或其他包中的类使用,则可以将这个类设置为 public 访问权限。如果一个类使用 protected 修饰符,那么只有本包内的该类的子类或其他类可以访问此类中的成员变量和成员方法。

这么看来,public 和 protected 修饰的类可以由子类进行访问,如果子类和父类不在同一包中,那么只有修饰符为 public 的类可以被子类进行访问。如果父类不允许通过继承产生的子类访问它的成员变量,那么必须使用 private 声明父类的这个成员变量。表 6.1 中描述了 private、protected 和 public 修饰符的修饰权限。

表 6.1　Java 语言中的修饰符权限

访问包位置	类 修 饰 符		
	private	protected	public
本类	可见	可见	可见
同包其他类或子类	不可见	可见	可见
其他包的类或子类	不可见	不可见	可见

注意

当声明类时不使用 public、protected 和 private 修饰符设置类的权限，则这个类被预设为包存取范围，即只有一个包中的类可以访问这个类的成员变量或成员方法。

例如，在项目的 com.mr 包下创建 AnyClass 类，该类使用默认的访问权限。

```
package com.mr;
class AnyClass {
    public void doString(){
        …                            //方法体
    }
}
```

在上述代码中，由于类的修饰符为默认修饰符，即只有一个包内的其他类和子类可以对该类进行访问，而 AnyClass 类中的 doString()方法却又被设置为 public 访问权限，即使这样，doString()方法的访问权限依然与 AnyClass 类的访问权限相同。

6.2.4　局部变量

在 6.2.2 节中已经讲述过成员方法，如果在成员方法内定义一个变量，那么这个变量被称为局部变量。

实际上，方法中的形参也可作为一个局部变量。例如，在例 6.1 的 Book 类中定义 setName(String name)方法，String name 这个形参就被看作是局部变量。

局部变量是在方法被执行时创建，在方法执行结束时被销毁。局部变量在使用时必须进行赋值操作或被初始化，否则会出现编译错误。

【例 6.2】交换两个整数的值（实例位置：资源包\TM\sl\6\2）

在 ChangeDemo 类中创建静态的 exchange()方法，该方法可以将数组参数 arr 的前两个元素值进行互换，通过在方法中定义一个保存临时数据的局部变量 tmp，利用 tmp 交换两个元素的值。

```
public class ChangeDemo {
    public static int[] exchange(int[] arr) {
        int tmp = arr[0];              //创建局部变量 tmp，保存数组第一个元素的值
        arr[0] = arr[1];               //第二个元素值被赋予第一个元素
        arr[1] = tmp;                  //第二个元素值被改为 tmp
        return arr;
    }

    public static void main(String[] args) {
```

```
        int arr[] = { 17, 29 };
        System.out.println("第一个值=" + arr[0] + ",第二个值=" + arr[1]);
        arr = exchange(arr);
        System.out.println("第一个值=" + arr[0] + ",第二个值=" + arr[1]);
    }
}
```

运行结果如下：

```
第一个值=17,第二个值=29
第一个值=29,第二个值=17
```

6.2.5 局部变量的有效范围

可以将局部变量的有效范围称为变量的作用域，局部变量的有效范围从该变量的声明开始到该变量的结束为止。图 6.7 描述了局部变量的作用范围。

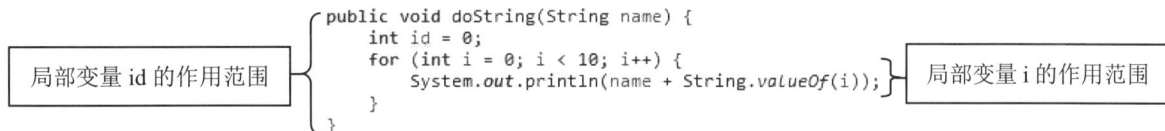

图 6.7 局部变量的作用范围

在相互不嵌套的作用域中可以同时声明两个名称和类型都相同的局部变量，如图 6.8 所示。

但是在相互嵌套的区域中不可以这样声明，如果将局部变量 id 在方法体的 for 循环中再次进行定义，那么编译器将会报错，如图 6.9 所示。

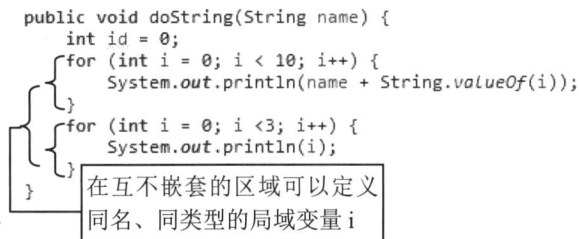

图 6.8 在互不嵌套区域可以定义相同名称和
类型的局部变量

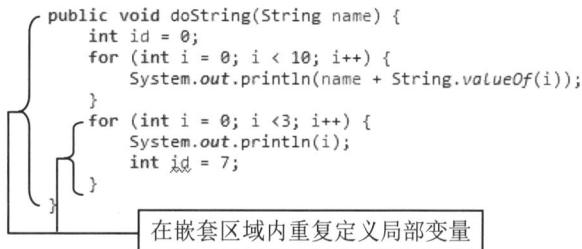

图 6.9 在嵌套区域中不可以定义相同名称和
类型的局部变量

注意

在作用范围外使用局部变量是一个常见的错误，因为在作用范围外没有声明局部变量的代码。

6.2.6 this 关键字

this 关键字用于表示本类当前的对象，当前对象不是某个 new 出来的实体对象，而是当前正在编辑的类。this 关键字只能用于本类中。

例如，例 6.1 中图书类的 setName()方法的代码如下：

```
public void setName(String name){          //定义一个 setName()方法
    this.name=name;                        //将参数值赋予类中的成员变量
}
```

在上述代码中可以看到，成员变量与 setName()方法中的形式参数的名称相同，都为 name，那么该如何在类中区分使用的是哪一个变量呢？在 Java 语言中，规定使用 this 关键字来代表本类对象的引用，this 关键字被隐式地用于引用对象的成员变量和方法，如在上述代码中，this.name 指的就是 Book 类中的 name 成员变量，而 this.name = name 语句中的第二个 name 则指的是形参 name。实质上，setName()方法实现的功能就是将形参 name 的值赋予成员变量 name。

在这里读者明白了 this 可以调用成员变量和成员方法，但 Java 语言中最常规的调用方式是使用"对象.成员变量"或"对象.成员方法"进行调用（关于使用对象调用成员变量和方法的问题，将在后续章节中进行讲述）。

既然 this 关键字和对象都可以调用成员变量和成员方法，那么 this 关键字与对象之间具有怎样的关系呢？事实上，this 引用的就是本类的一个对象。在局部变量或方法参数覆盖了成员变量时，如上面代码的情况，就要添加 this 关键字明确引用的是类成员还是局部变量或方法参数。

如果省略 this 关键字并将其直接写成 name = name，那么这只是把参数 name 赋值给参数变量本身而已，成员变量 name 的值没有改变，因为参数 name 在方法的作用域中覆盖了成员变量 name。

其实，this 除了可以调用成员变量或成员方法，还可以作为方法的返回值。例如，返回图书类本类的对象，可以写成下面这种形式：

```
public Book getBook(){
    return this;                           //返回 Book 类的本类对象
}
```

在 getBook()方法中，因为返回值为 Book 类，所以方法体中使用 return this 这种形式返回 Book 类对象。

编程训练（答案位置：资源包\TM\sl\6\编程训练）

【训练1】汽车加油　一辆汽车的油箱为 30 升，油箱里现剩余 6 升汽油。加油站每 5 秒为这辆汽车加 2 升汽油直至加满，控制台输出加油过程和加油时间。

【训练2】交换数组元素　现有一个整型数组 int a[] = {1，3，5，7}，编写一段代码，将这个数组的第一个元素值与第三个元素值进行交换，第二个元素值与第四个元素值进行交换，最后输出数组交换后的结果。

6.3　类的构造方法

在类中，除成员方法外，还存在一种特殊类型的方法，那就是构造方法。构造方法是一个与类同名的方法，对象的创建就是通过构造方法完成的。每当类实例化一个对象时，类都会自动调用构造方法。

构造方法的特点如下：

☑　构造方法没有返回值。
☑　构造方法的名称要与本类的名称相同。

注意

在定义构造方法时，构造方法没有返回值，但这与普通没有返回值的方法不同，普通没有返回值的方法使用 public void methodEx()这种形式进行定义，但构造方法并不需要使用 void 关键字进行修饰。

构造方法的定义语法格式如下：

```
public Book(){
    ...                                //构造方法体
}
```

☑ public：构造方法修饰符。

☑ Book：构造方法的名称。

在构造方法中可以为成员变量赋值，这样当实例化一个本类对象时，相应的成员变量也将被初始化。如果类中没有明确定义构造方法，编译器会自动创建一个不带参数的默认构造方法。

注意

> 如果在类中定义的构造方法都不是无参的构造方法，那么编译器也不会为类设置一个默认的无参构造方法，当试图调用无参构造方法实例化一个对象时，编译器会报错。因此，只有在类中没有定义任何构造方法时，编译器才会在该类中自动创建一个不带参数的构造方法。

在 6.2.6 节中介绍过 this 关键字，了解了 this 可以调用类的成员变量和成员方法，事实上 this 还可以调用类中的构造方法，看下面的实例。

【例 6.3】 "构造" 鸡蛋灌饼（**实例位置：资源包\TM\sl\6\3**）

当顾客购买鸡蛋灌饼时：如果要求加两个蛋，店家就给饼加两个蛋；不要求时，店家会默认给饼加一个蛋。创建鸡蛋灌饼类（EggCake 类），使用 this 关键字，在无参构造方法中调用有参构造方法，实现上述加蛋过程。代码如下：

```java
public class EggCake {
    int eggCount;                       //鸡蛋灌饼里蛋的个数

    public EggCake(int eggCount) {      //参数为鸡蛋灌饼里蛋的个数的构造方法
        this.eggCount = eggCount;       //将参数 eggCount 的值赋予属性 eggCount
    }

    public EggCake() {                  //无参数构造方法，默认给饼加一个蛋
        //调用参数为鸡蛋灌饼里蛋的个数的构造方法，并设置鸡蛋灌饼里蛋的个数为 1
        this(1);
    }

    public static void main(String[] args) {
        EggCake cake1 = new EggCake();
        System.out.println("顾客不要求加蛋的数量，饼里会有" + cake1.eggCount + "个蛋。");
        EggCake cake2 = new EggCake(2);
        System.out.println("顾客要求加 2 个蛋，饼里会有" + cake2.eggCount + "个蛋。");
    }
}
```

运行结果如下：

```
顾客不要求加蛋的数量，饼里会有 1 个蛋。
顾客要求加 2 个蛋，饼里会有 2 个蛋。
```

编程训练（答案位置：资源包\TM\sl\6\编程训练）

【训练 3】买可乐　张三去 KFC 买可乐，商家默认不加冰块，但是张三可以要求加 3 个冰块。请利用构造方法实现上述功能。

【训练 4】设置信用卡密码　创建信用卡类，有两个成员变量，分别是卡号和密码，如果用户开户时没有设置初始密码，则使用"123456"作为默认密码。设计两个不同的构造方法，分别用于用户设置密码和用户未设置密码两种构造场景。

6.4　静态变量和静态方法

在介绍静态变量和静态方法之前，首先需要介绍 static 关键字，因为由 static 修饰的变量和方法被称为静态变量和静态方法。

有时，在处理问题时会需要两个类在同一个内存区域共享一个数据。例如，在球类中使用圆周率 PI 这个值，可能除了本类需要这个值，在另一个圆类中也需要这个值。这时没有必要在两个类中同时创建 PI，因为这样系统会将这两个不在同一个类中定义的静态值分配到不同的内存空间中。为了解决这个问题，可以将 PI 设置为静态的。PI 在内存中被共享的布局如图 6.10 所示。

被声明为 static 的变量和方法被称为静态成员。静态成员属于类所有，区别于个别对象，可以在本类或其他类使用类名和"."运算符调用静态成员。语法如下：

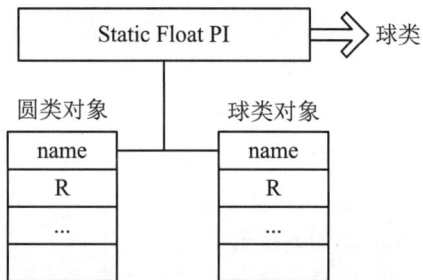

图 6.10　PI 在内存中被共享的情况

```
类名.静态类成员
```

【例 6.4】创建并调用静态变量和静态方法（实例位置：资源包\TM\sl\6\4）

创建 StaticDemo 类，在类中使用 static 关键字定义一个变量和一个方法，并在主方法中调用它们。

```java
public class StaticDemo {
    static double PI = 3.1415;              //在类中定义静态变量

    public static void method() {          //在类中定义静态方法
        System.out.println("这是静态方法");
    }

    public static void main(String[] args) {
        System.out.println(StaticDemo.PI);  //调用静态变量
        StaticDemo.method();                //调用静态方法
    }
}
```

运行结果如下：

```
3.1415
这是静态方法
```

注意

虽然静态成员也可以使用"对象.静态成员"的形式进行调用，但通常不建议用这样的形式，因为这样容易混淆静态成员和非静态成员。

静态变量与静态方法的作用通常是为了提供共享数据或方法，如数学计算公式等。尽管使用这种方式调用静态成员比较方便，但静态成员同样遵循 public、private 和 protected 修饰符的约束。

【例 6.5】统计顾客总人数（实例位置：资源包\TM\sl\6\5）

在 Cust 类中创建一个静态整数类型属性 count，在构造方法中让 count 自增。

```java
public class Cust {                                    //顾客类
    static int count = 0;                              //共享的属性：人数
    String name;                                       //名称属性
    public Cust(String name) {
        this.name = name;                              //记录名称
        count++;                                       //人数递增
    }

    public static void main(String[] args) {
        Cust c1 = new Cust("tom");
        System.out.println("我是第" + Cust.count + "名顾客，我叫" + c1.name);
        Cust c2 = new Cust("张三");
        System.out.println("我是第" + Cust.count + "名顾客，我叫" + c2.name);
        Cust c3 = new Cust("狗蛋儿");
        System.out.println("我是第" + Cust.count + "名顾客，我叫" + c3.name);
    }
}
```

运行结果如下：

```
我是第 1 名顾客，我叫 tom
我是第 2 名顾客，我叫张三
我是第 3 名顾客，我叫狗蛋儿
```

从这个结果中可以看出，因为 count 是用 static 修饰的，对于所有顾客来说这是一个共享的属性，每创建一个顾客，count 这个属性都会加 1，所以最后 count 统计出来的就是顾客的总人数。

如果在执行类时，希望先执行类的初始化动作，可以使用 static 定义一个静态区域，这块区域称为静态代码块。当类文件被执行时，会首先执行 static 块中的程序，并且只会执行一次。静态代码块的语法如下：

```java
public class example {
    static {
        ...                                            //可以在这里写初始化的代码
    }
}
```

最后总结使用 static 关键字要注意的以下几点：

☑ 在静态方法中不可以使用 this 关键字。
☑ 在静态方法中不可以直接调用非静态方法。
☑ 局部变量不可以使用 static 关键字进行声明。
☑ 主方法必须用 static 关键字进行声明。

☑ 只有内部类可以使用 static 关键字进行声明。

编程训练（答案位置：资源包\TM\sl\6\编程训练）

【训练 5】信用卡消费记录　使用静态变量定义使用信用卡消费的总次数，控制台先输出使用信用卡消费时的每一条交易信息，再输出使用信用卡消费的总次数。运行结果如下：

```
您有一笔大额消费，交易金额：1550.0 元。
您有一笔大额消费，交易金额：1920.0 元。
您有一笔大额消费，交易金额：1979.0 元。
您有一笔大额消费，交易金额：2259.0 元。
您有一笔大额消费，交易金额：1835.0 元。
您有一笔大额消费，交易金额：1799.0 元。
您有一笔大额消费，交易金额：2688.0 元。
您最近有 7 笔交易。
```

【训练 6】水池放水　创建一个水池类，在类中先定义一个静态变量表示水池中的水量，并初始化为 0；再定义两个静态方法，即注水（一次注入 3 个单位）方法和放水（一次放出 2 个单位）方法。通过调用这两个静态方法，控制水池中的水量。

6.5　类的主方法

主方法是类的入口点，它定义了程序从何处开始。主方法提供对程序流向的控制，Java 编译器通过主方法来执行程序。主方法的语法如下：

```
public static void main(String[] args){
    …                                          //方法体
}
```

在主方法的定义中可以看到其具有以下特性：

☑ 主方法是静态的，因此如要直接在主方法中调用其他方法，则该方法也必须是静态的。

☑ 主方法没有返回值。

☑ 主方法的形参为数组。其中，args[0]～args[n]分别代表程序的第一个参数到第 n 个参数，可以使用 args.length 获取参数的个数。

【例 6.6】读取主方法的参数值（实例位置：资源包\TM\sl\6\6）

在项目中创建 MainDemo 类，在主方法中编写以下代码，并在 Eclipse 中设置程序参数。

```
public class MainDemo {
    public static void main(String[] args) {          //定义主方法
        for (int i = 0; i < args.length; i++) {        //根据参数个数做循环操作
            System.out.println(args[i]);               //循环输出参数内容
        }
    }
}
```

运行代码前，先要在 Eclipse 中设置运行参数，步骤如下：

（1）在 Eclipse 中的 MainDem.java 文件上右击，在弹出的快捷菜单中选择 Run As→Run Configrations 命令，弹出 Run Configrations 对话框。

（2）在 Run Configurations 对话框中选择 Arguments 选项卡，在 Program arguments 文本框中输入相

应的参数，每个参数间按 Enter 键隔开。具体设置如图 6.11 所示。

（3）单击 Apply 按钮，再单击 Run 按钮，查看在控制台中的运行结果，如下所示：

参数 1
参数 2

如果不按照以上步骤操作，直接运行源码，则不会输出任何结果。

编程训练（答案位置：资源包\TM\sl\6\编程训练）

【训练 7】从运行时参数中读取用户账号、密码　在 Run Configrations 对话框中选择 Arguments 选项卡，在 Program

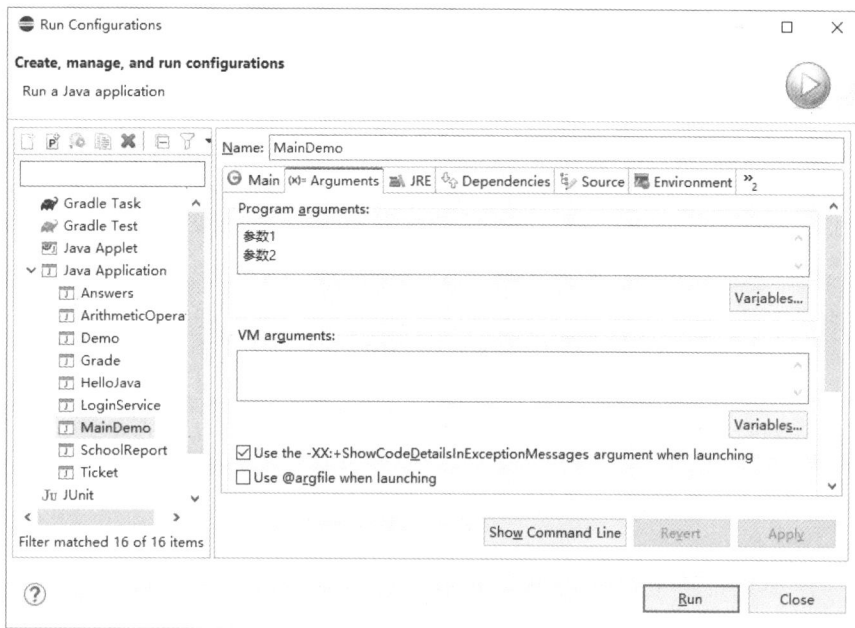

图 6.11　Eclipse 中的 Run Configrations 对话框

arguments 文本框中输入字符串“张三”和“123456”，利用 main 函数参数给程序添加权限判断。如果用户名、密码正确，那么控制台输出“开始执行……”；否则，输出“您的权限无法运行此程序”。

【训练 8】将运行时参数中的字母转为大写　在 Run Configrations 对话框中选择 Arguments 选项卡，在 Program arguments 文本框中输入字符串 where、r 和 u，利用 main 函数参数分别将字符串 where、r 和 u 转换为大写并输出“WHERE R U?”的结果。

6.6　对　　象

Java 是一门面向对象的程序设计语言，对象是由类实例化而来的，所有问题都通过对象来处理。对象可以通过操作类的属性和方法来解决相应的问题，因此了解对象的产生、操作和消亡是十分必要的。本节就来讲解对象在 Java 语言中的应用。

6.6.1　对象的创建

在 6.1 节中曾经讲解过对象，对象可以被认为是在一类事物中抽象出的某一个特例，程序开发人员可以通过这个特例处理这类事物出现的问题。在 Java 语言中，通过 new 操作符创建对象。前文在讲解构造方法时介绍过，每实例化一个对象就会自动调用一次构造方法，实质上这个过程就是创建对象的过程。准确地说，可以在 Java 语言中使用 new 操作符调用构造方法创建对象。语法如下：

```
Test test = new Test();
Test test = new Test("a");
```

其参数说明如表 6.2 所示。

表 6.2　创建对象语法中的参数说明

设　置　值	描　　　述	设　置　值	描　　　述
Test	类名	new	创建对象操作符
test	创建 Test 类对象	"a"	构造方法的参数

　　test 对象被创建出来时，就是一个对象的引用，这个引用在内存中为对象分配了存储空间。6.3 节中介绍过，可以在构造方法中初始化成员变量，当创建对象时，自动调用构造方法。也就是说，在 Java 语言中，初始化与创建是被捆绑在一起的。

　　每个对象都是相互独立的，在内存中占据独立的内存地址，并且每个对象都具有自己的生命周期，当一个对象的生命周期结束时，对象就变成垃圾，由 Java 虚拟机自带的垃圾回收机制处理，不能再被使用（对于垃圾回收机制的知识将在 6.6.4 节中进行讲解）。

注意

　　在 Java 语言中，对象和实例事实上可以通用。

【例 6.7】 创建人类并创建其对象（实例位置：**资源包\TM\sl\6\7**）

　　创建人类（People 类），类中有名字、年龄和性别 3 个属性，并为 People 类创建有参和无参两种构造方法。以人类为模板，创建两个对象，分别为 23 岁名叫 tom 的小伙子、19 岁名叫 lily 的小姑娘。

```java
public class People {
    String name;
    int age;
    String sex;

    public People() {
    }

    public People(String name, int age, String sex) {
        this.name = name;
        this.age = age;
        this.sex = sex;
    }

    public static void main(String[] args) {
        People p1 = new People("tom", 23, "男");
        People p2 = new People("lily", 19, "女");
    }
}
```

6.6.2　访问对象的属性和行为

　　用户使用 new 操作符创建一个对象后，可以使用"对象.类成员"来获取对象的属性和行为。前文已经提到过，对象的属性和行为在类中是通过类的成员变量和成员方法的形式来表示的，因此当对象获取类成员时，也相应地获取了对象的属性和行为。

【例 6.8】 描述狗的特征（**实例位置：资源包\TM\sl\6\8**）

在 Dog 类中创建名字、颜色和声音 3 个属性，再创建一个"叫"的方法。以 Dog 类为模板创建两只狗，一只是白色且会汪汪汪叫的毛毛，另一只是灰色且会嗷呜叫的灰灰。

```java
public class Dog {                                                    //狗
    String name;                                                     //名字
    String Color;                                                    //颜色
    String vioce;                                                    //声音

    public Dog(String name, String color, String vioce) {
        this.name = name;
        Color = color;
        this.vioce = vioce;
    }

    public void call() {                                             //叫
        System.out.println(vioce);
    }

    public static void main(String[] args) {
        Dog d1 = new Dog("毛毛", "白色", "汪汪汪");
        System.out.print(d1.name + "的颜色是" + d1.Color);            //访问对象的属性
        System.out.print("，叫起来的声音：");
        d1.call();                                                   //访问对象的行为

        Dog d2 = new Dog("灰灰", "灰色", "嗷呜~");
        System.out.print(d2.name + "的颜色是" + d2.Color);
        System.out.print("，叫起来的声音：");
        d2.call();
    }
}
```

运行结果如下：

```
毛毛的颜色是白色，叫起来的声音：汪汪汪
灰灰的颜色是灰色，叫起来的声音：嗷呜~
```

6.6.3 对象的引用

在 Java 语言中，尽管一切都可以被看作是对象，但真正的操作标识符实质上是一个引用，那么引用在 Java 中是如何体现的呢？语法如下：

类名 对象的引用变量

例如，一个 People 类的引用可以使用以下代码：

People tom;

通常一个引用不一定需要有一个对象与其相关联。引用与对象相关联的语法如下：

People tom = new People();

在上述代码中，各个单词的含义如图 6.12 所示。

实际上真正的对象是 new People()这段代码。为了方便开发者保存、调用对象，于是创建了一个 People 类型、名叫 tom 的引用变量。实际上，tom 只是一段

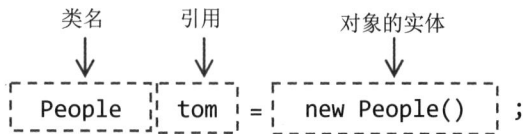

图 6.12 代码中各单词的含义

内存地址，用于标记 new People()对象在内存中的位置。因为内存地址又长又乱，很难让人记住，所以 Java 语言利用引用变量帮开发者标记内存地址。开发者只要记住引用变量的名字，就能够在内存里找到对象数据。简单来说，tom 是 new People()的"代理人"。

既然 tom 是 new People()的"代理人"，那么 new People()对象能做的事，tom 也能做。例如，下面这行代码：

```
new People().getClass();
```

等价于：

```
People tom = new People();
tom.getClass();
```

6.6.4 对象的销毁

每个对象都有生命周期，当对象的生命周期结束时，分配给该对象的内存地址需要被回收。在其他语言中，需要用户手动回收废弃的对象。Java 拥有一套完整的垃圾回收机制，用户不必担心废弃的对象会占用内存，垃圾回收器会自动回收无用却占用内存的资源。

在学习垃圾回收机制之前，读者首先需要了解何种对象会被 Java 虚拟机视为"垃圾"。主要包括以下两种情况：

☑　对象引用超过其作用范围，这个对象将被视为垃圾，如图 6.13 所示。

☑　给对象赋值为 null，如图 6.14 所示。

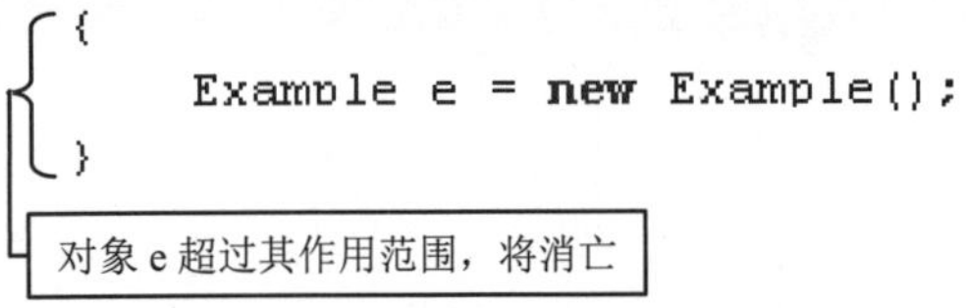

图 6.13　对象超过作用范围将消亡 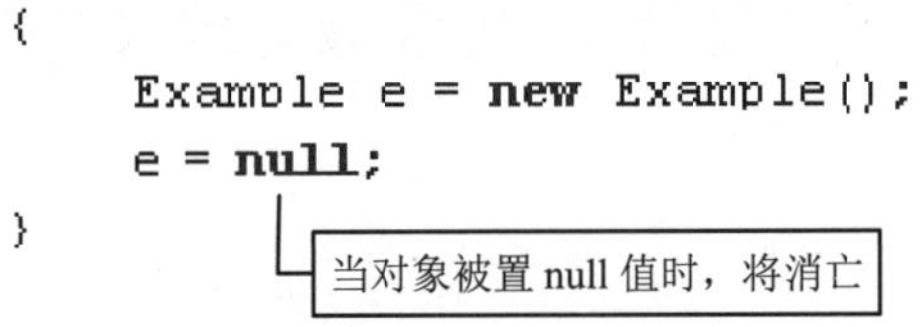　　　图 6.14　对象被置为 null 值时将消亡

虽然 Java 的垃圾回收机制已经很完善，但垃圾回收器只能回收那些由 new 操作符创建的对象。某些对象不是通过 new 操作符在内存中获取存储空间的，这种对象无法被垃圾回收机制所识别。在 Java 中，提供了一个 finalize()方法，这个方法是 Object 类的方法，它被声明为 protected，用户可以在自己的类中定义这个方法。如果用户在类中定义了 finalize()方法，在垃圾回收时会首先调用该方法，在下一次垃圾回收动作发生时，才真正回收被对象占用的内存。

说明

需要明确的是，垃圾回收或 finalize()方法并不保证一定会发生。如果 Java 虚拟机内存损耗待尽，它将不会执行垃圾回收处理。

由于垃圾回收不受人为控制，具体执行时间也不确定，因此 finalize()方法也就无法执行。为此，Java 提供了 System.gc()方法来强制启动垃圾回收器，这与给 120 打电话通知医院来救护病人的道理一样，主动告知垃圾回收器来进行清理。

编程训练（答案位置：资源包\TM\sl\6\编程训练）

【训练 9】创建猫类　编写一个猫类，然后分别创建 3 只猫的对象，分别是黑猫、白猫和黄猫，让 3 只猫都去抓老鼠。

【训练 10】创建数学工具类　编写一个数学工具类，类中有一个 pow()方法。当为 pow()方法传入一个 double 值时，该方法会返回这个值的 4 次幂。利用这个工具类，计算 45.6 和 0.35 的 4 次幂。

6.7　实践与练习

（答案位置：资源包\TM\sl\6\实践与练习）

综合练习 1：简易计算器　使用静态方法模拟一个只能进行两个数加、减、乘、除的简易计算器，效果如下：

```
4.4 加上 7.11 的结果：11.510000000000002
8.9 减去 2.28 的结果：6.620000000000001
5.2 乘以 13.14 的结果：68.328
92 除以 89 的结果：1.0337078651685394
```

综合练习 2：购买电影票　购买电影票有优惠：满 18 周岁的付 40 元，未满 18 周岁的享受半价。使用成员变量、成员方法、构造方法和 this 关键字，控制台输出如下所示的姓名、年龄、票价等信息。

姓名	年龄	票价(元)
李明	20	40
钱丽	16	20
周刚	8	20
吴红	32	40

综合练习 3：计算平均分　使用成员变量、成员方法、构造方法和 this 关键字，先记录 4 名学生的语文、数学、英语 3 科成绩，再计算每个人的平均分。运行结果如下：

学号	姓名	语文	数学	英语	平均分
1	张三	91.5	98.0	89.0	92.833336
2	李四	96.0	98.5	93.0	95.833336
3	王五	97.0	100.0	98.5	98.5
4	钱六	77.0	83.0	81.0	80.333336

综合练习 4：厘米与英寸互转　编写工具类，提供厘米与英寸之间的相互转换的工具方法。

综合练习 5：多种权限的工具类　创建一个类，在该类中，getRandomNumber()方法可以被所有人使用，setNumber()方法只可以被同包下的类使用，sort()方法只能自己使用。

综合练习 6：计算矩形面积　尝试编写一个矩形类，将长与宽作为矩形类的属性，在构造方法中将长、宽初始化，定义一个成员方法求此矩形的面积。

综合练习 7：判断是否存在运行时参数　编写一个类，将 main 方法的所有运行参数输出到控制台中，如果没有运行时参数，则输出"无运行参数"提示。

综合练习 8：单例模式　创建一个类，该类无法通过构造方法创建对象，只能通过该类提供的 getInstance()静态方法获得该类对象。

第 7 章

继承、多态、抽象类与接口

继承和多态是面向对象开发中非常重要的一组概念。继承和多态使用得当，整个程序的架构将变得非常有弹性，同时可以减少代码的冗余性。继承机制下，用户可以复用一些定义好的类，减少重复代码的编写。多态机制下，用户可以动态调整对象的调用，降低对象之间的依存关系。为了优化继承与多态，一些类除了可继承父类，还需要使用接口的形式。Java 中的类可以同时实现多个接口，接口被用来建立类与类之间关联的标准。正因为具有这些灵活、高效的机制，Java 语言才更具有生命力。

本章的知识架构及重难点如下。

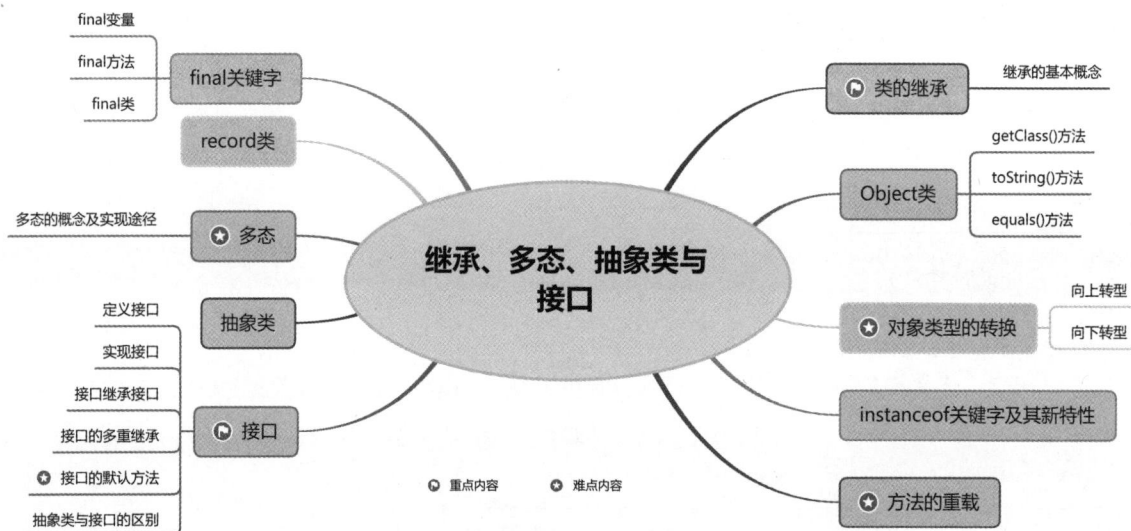

7.1 类 的 继 承

继承在面向对象开发思想中是一个非常重要的概念，它使整个程序架构具有一定的弹性。在程序中复用一些已经定义完善的类，不仅可以减少软件开发周期，也可以提高软件的可维护性和可扩展性。本节将详细讲解类的继承。

在 Java 语言中，一个类继承另一个类需要使用关键字 extends，关键字 extends 的使用方法如下：

```
class Child extends Parent { }
```

因为 Java 只支持单继承，即一个类只能有一个父类，所以类似下面的代码是错误的：

```
class Child extends Parent1, Parents2 { }
```

子类在继承父类之后，创建子类对象的同时也会调用父类的构造方法。

【例 7.1】创建子类对象，观察构造方法执行顺序（实例位置：资源包\TM\sl\7\1）

父类 Parent 和子类 Child 都各自有一个无参的构造方法，在 main()方法中创建子类对象时，Java 虚拟机会先执行父类的构造方法，然后执行子类的构造方法。

```java
class Parent {
    public Parent() {
        System.out.println("调用父类构造方法");
    }
}
class Child extends Parent {
    public Child() {
        System.out.println("调用子类构造方法");
    }
}
public class Demo {
    public static void main(String[] args) {
        new Child();
    }
}
```

运行结果如下：

```
调用父类构造方法
调用子类构造方法
```

子类继承父类之后可以调用父类创建好的属性和方法。

【例 7.2】在电话类基础上衍生出手机类（实例位置：资源包\TM\sl\7\2）

Telephone 电话类作为父类衍出 Mobile 手机类，手机类可以直接使用电话类的按键属性和拨打电话功能。

```java
class Telephone {                                    //电话类
    String button = "button:0~9";                    //成员属性，10 个按键
    void call() {                                    //拨打电话功能
        System.out.println("开始拨打电话");
    }
}

class Mobile extends Telephone {                     //手机类继承电话类
    String screen = "screen:液晶屏";                  //成员属性，液晶屏幕
}

public class Demo2{
    public static void main(String[] args) {
        Mobile motto = new Mobile();
        System.out.println(motto.button);            //子类调用父类属性
        System.out.println(motto.screen);            //子类调用父类没有的属性
        motto.call();                                //子类调用父类方法
    }
}
```

运行结果如下：

```
button:0~9
screen:液晶屏
开始拨打电话
```

子类 Mobile 仅创建了一个显示屏属性，剩余的其他属性和方法都是从父类 Telephone 中继承的。

Java 虽然不允许同时继承两个父类，但不代表没有多继承的关系，可以通过类似"祖父>父>儿子>孙子"的方式实现多代继承。

例如，因为绝大多数动物都有眼睛、鼻子和嘴，犬类继承动物类，所以犬类也有眼睛、鼻子和嘴。哈士奇是犬类的一个品种，犬类有的特性哈士奇类都有。但哈士奇的眼睛、鼻子和嘴并不是从犬类继承的，而是从动物类继承的。用 Java 代码编写如下：

```
class Animal {                        //父类：动物类
    Eye eye;
    Mouth mouth;
    Nose nose;
}
class Dog extends Animal { }          //子类：犬类
class Husky extends Dog { }           //孙子类：哈士奇类
```

这 3 个类的继承关系就是 Husky 类继承 Dog 类，Dog 类继承 Animal 类，虽然 Husky 类没有直接继承 Animal 类，但是 Husky 类可以调用 Animal 类提供的可被继承的成员变量和方法。

编程训练（答案位置：资源包\TM\sl\7\编程训练）

【训练 1】储蓄卡与信用卡　创建银行卡类，并设计它的两个子类：储蓄卡类与信用卡类。

【训练 2】水果售价　使用继承展示经过人工包装的水果与普通水果在价格上的区别。

7.2　Object 类

在开始学习使用 class 关键字定义类时，就应用到了继承原理，因为在 Java 中所有的类都直接或间接继承了 java.lang.Object 类。Object 类是比较特殊的类，它是所有类的父类，是 Java 类层中的最高层类。用户创建一个类时，除非已经指定它从其他类继承，否则它就是从 java.lang.Object 类继承而来的。

Java 中的每个类都源自 java.lang.Object 类，如 String 类、Integer 类等都是继承自 Object 类。除此之外，自定义的类也都继承自 Object 类。由于所有类都是 Object 类的子类，因此在定义类时可省略 extends Object，如图 7.1 所示。

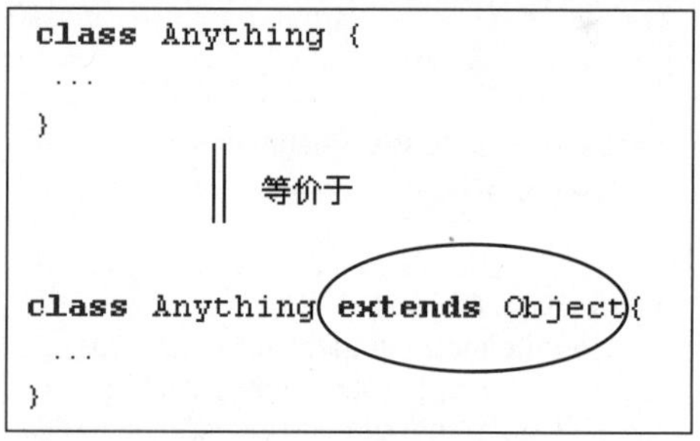

在 Object 类中，主要包括 clone()、finalize()、equals()、toString()等方法，其中常用的两个方法为 equals()和 toString()。由于所有的类都是 Object 类的子类，因此任何类都可以重写 Object 类中的方法。

```
class Anything {
    ...
}

        ‖  等价于

class Anything extends Object{
    ...
}
```

图 7.1　定义类时可以省略 extends Object

注意

Object 类中的 getClass()、notify()、notifyAll()、wait()等方法不能被重写，因为这些方法被定义为 final 类型。

下面详细讲述 Object 类中的几个重要方法。

1．getClass()方法

getClass()方法是 Object 类定义的方法，它会返回对象执行时的 Class 实例，然后使用此实例调用 getName()方法可以取得类的名称。语法如下：

```
getClass().getname();
```

可以将 getClass()方法与 toString()方法联合使用。

2．toString()方法

toString()方法的功能是将一个对象返回为字符串形式，它会返回一个 String 实例。在实际的应用中通常重写 toString()方法，为对象提供一个特定的输出模式。当这个类转换为字符串或与字符串连接时，将自动调用重写的 toString()方法。

【例 7.3】让学生自我介绍（**实例位置：资源包\TM\sl\7\3**）

创建 Student 类，重写 toString()方法，使该类的对象可以自定义输出自己的姓名和年龄。

```java
public class Student {
    String name;
    int age;

    public Student(String name, int age) {
        this.name = name;
        this.age = age;
    }

    public String toString() {
        return "我叫" + name + ", 今年" + age + "岁。";
    }

    public static void main(String[] args) {
        Student s1 = new Student("张三", 16);
        System.out.println(s1);
        Student s2 = new Student("李四", 19);
        System.out.println(s2);
    }
}
```

运行结果如下：

```
我叫张三, 今年 16 岁。
我叫李四, 今年 19 岁。
```

3．equals()方法

在 Java 语言中，有两种比较对象的方式，分别为 "=="运算符与 equals()方法。二者的区别在于："=="比较的是两个对象引用内存地址是否相等，而 equals()方法比较的是两个对象的实际内容。来看下面的实例。

【例 7.4】根据身份证号判断是否为同一人（**实例位置：资源包\TM\sl\7\4**）

为 People 类创建身份证号和姓名两个属性，重写 equals()方法，仅以身份证号作为区分条件。创建 *n* 个 People 对象，用 equals()方法和 "=="运算符来判断是否存在多个对象代表同一个人。

```java
public class People {
    int id;                                    //身份证号
    String name;                               //名字

    public People(int id, String name) {
        this.id = id;
        this.name = name;
    }

    public boolean equals(Object obj) {        //重写 Object 类的 equals()方法
        if (this == obj)                       //如果参数与本类是同一个对象
            return true;
        if (obj == null)                       //如果参数是 null
            return false;
        if (getClass() != obj.getClass())      //如果参数与本类类型不同
            return false;
        People other = (People) obj;           //将参数强转成本类对象
        if (id != other.id)                    //如果二者的身份证号不相等
            return false;
        return true;
    }

    public String toString() {                 //重写 Object 类的 toString()方法
        return name;                           //只输出名字
    }

    public static void main(String[] args) {
        People p1 = new People(220, "tom");
        People p2 = new People(220, "汤姆");
        People p3 = new People(330, "张三");
        Object o = new Object();

        System.out.println(p1 + "与" + p2 + "是否为同一人？ ");
        System.out.println("equals()方法的结果： " + p1.equals(p2));
        System.out.println("==运算符的结果： " + (p1 == p2));

        System.out.println();
        System.out.print(p1 + "与" + p3 + "是否为同一人？ ");
        System.out.println(p1.equals(p3));

        System.out.print(p1 + "与" + o + "是否为同一人？ ");
        System.out.println(p1.equals(o));
    }
}
```

运行结果如下：

```
tom 与汤姆是否为同一人？
equals()方法的结果： true
==运算符的结果： false

tom 与张三是否为同一人？ false
tom 与 java.lang.Object@48cf768c 是否为同一人？ false
```

从这个结果中可以看出，"tom" 和 "汤姆" 虽然名字不同，但是二者的身份证号相同，因此 equals()方法判断出了这两个对象实际上是同一个，而 "==" 运算符无法做出有效判断。如果两个对象的身份证号不同，或者两个对象类型都不同，那么 equals()方法就会认为二者不是同一个人。

编程训练（答案位置：资源包\TM\sl\7\编程训练）

【训练 3】输出水果类价格 重写 toString()方法，将如下信息输出到控制台上：红色的苹果被称为"糖心富士"，每 500 克 4.98 元，买了 2500 克"糖心富士"，需支付多少元。

【训练 4】让猫狗是同类 重写 equals()方法，得到一个荒唐的结果：猪和狗是同类。

7.3 对象类型的转换

对象类型的转换在 Java 编程中经常遇到，主要包括向上转型与向下转型操作。本节将详细讲解对象类型转换的内容。

7.3.1 向上转型

向上转型可以被理解为将子类类型的对象转换为父类类型的对象，即把子类类型的对象直接赋值给父类类型的对象，从而实现按照父类描述子类的效果。

【例 7.5】tom 是谁？（实例位置：资源包\TM\sl\7\5）

使用向上转型模拟如下场景：这里有一个人，名叫 tom，他是一名教师。

```java
class People { }
class Teacher extends People { }
public class Demo3 {
    public static void main(String[] args) {
        People tom = new Teacher();
    }
}
```

在上述代码中，"People tom = new Teacher();"运用了向上转型的语法，那么该如何理解这行代码的含义呢？理解方式如图 7.2 所示。

综上所述，因为人类（People）是教师类（Teacher）的父类，所以通过向上转型，能够把教师类（Teacher）类型的对象（new Teacher();）

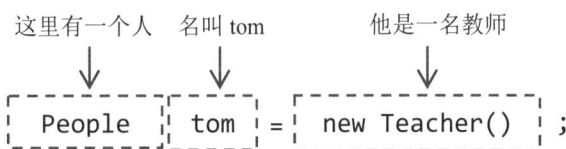

图 7.2 向上转型结合实例的说明

直接赋值给人类（People）类型的变量（tom）。也就是说，进行向上转型，父类类型的对象可以引用子类类型的对象。而且，向上转型是安全的，因为向上转型是将一个较具体的类的对象转换为一个较抽象的类的对象。例如，可以说平行四边形是四边形，但不能说四边形是平行四边形。

那么，使用向上转型的过程中，父类的对象是否可以调用子类独有的属性或者方法呢？下面以父类四边形类的对象调用子类平行四边形类独有的属性为例，阐述这一问题。

例如，四边形类是平行四边形类的父类，用 Quadrangle 表示四边形类、用 Parallelogram 表示平行四边形类；在 Parallelogram 类中，定义一个值为 4 的表示底边长度的变量 edges；在 Parallelogram 类的主方法中，运用向上转型，把平行四边形类（Parallelogram）类型的对象直接赋值给四边形类（Quadrangle）类型的对象。人为强制四边形类（Quadrangle）类型的对象可以调用变量 edges，并将 edges 的值修改为 6，Eclipse 能通过编译么？Eclipse 的效果图如图 7.3 所示，从该图中可以看出，Eclipse 在相关代码处显示波浪线等错误标志，说明代码有误。

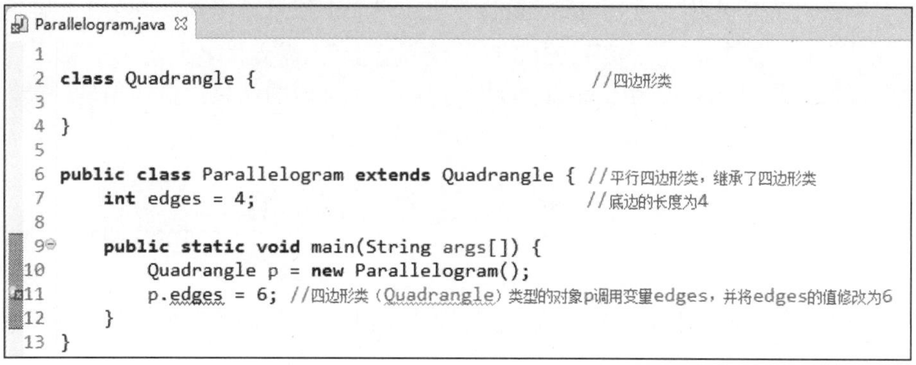

```
Parallelogram.java ☒
 1
 2  class Quadrangle {                                    //四边形类
 3
 4  }
 5
 6  public class Parallelogram extends Quadrangle {  //平行四边形类，继承了四边形类
 7      int edges = 4;                                    //底边的长度为4
 8
 9⊖     public static void main(String args[]) {
10          Quadrangle p = new Parallelogram();
11          p.edges = 6;  //四边形类（Quadrangle）类型的对象p调用变量edges，并将edges的值修改为6
12      }
13  }
```

图 7.3　父类的对象是否可以调用子类独有的属性

综上所述，在运用向上转型的过程中，父类的对象无法调用子类独有的属性或者方法。

7.3.2　向下转型

向下转型可以被理解为将父类类型的对象转换为子类类型的对象。但是，运用向下转型，如果把一个较抽象的类的对象转换为一个较具体的类的对象，这样的转型通常会出现错误。例如，可以说某只鸽子是一只鸟，却不能说某只鸟是一只鸽子。因为鸽子是具体的，鸟是抽象的。一只鸟除了可能是鸽子，还有可能是老鹰、麻雀等。因此，向下转型是不安全的。

【例 7.6】谁是鸽子？（**实例位置：资源包\TM\sl\7\6**）

编写代码证明"可以说某只鸽子是一只鸟，却不能说某只鸟是一只鸽子"。其中，鸟类是鸽子类的父类，用 Bird 表示鸟类，用 Pigeon 表示鸽子类。

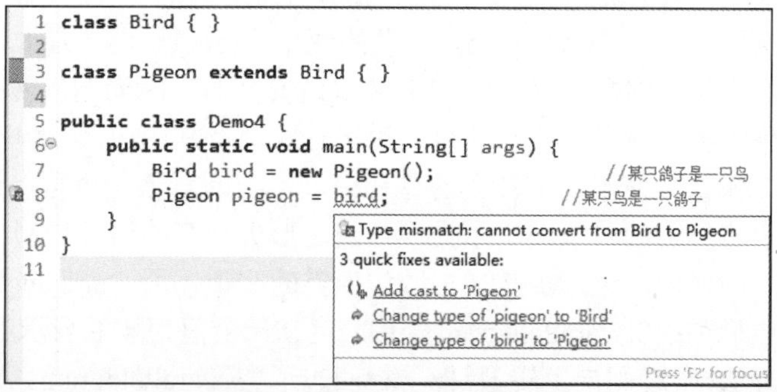

```
class Bird { }
class Pigeon extends Bird { }
public class Demo4 {
    public static void main(String[] args) {
        Bird bird = new Pigeon();                //某只鸽子是一只鸟
        Pigeon pigeon = bird;                    //某只鸟是一只鸽子
    }
}
```

本例在运行之前，Eclipse 会报出如图 7.4 所示的编译错误，这是因为父类对象不能直接赋值给子类对象。

如果想要告诉编译器"某只鸟就是一只鸽子"，应该如何修正？答案就是强制类型转换。也就是说，要想实现向下转型，需要借助强制类型转换。语法如下：

```
1  class Bird { }
 2
 3  class Pigeon extends Bird { }
 4
 5  public class Demo4 {
 6⊖     public static void main(String[] args) {
 7          Bird bird = new Pigeon();              //某只鸽子是一只鸟
 8          Pigeon pigeon = bird;                  //某只鸟是一只鸽子
 9      }
10  }
11
        ⊗ Type mismatch: cannot convert from Bird to Pigeon
        3 quick fixes available:
        ⚡ Add cast to 'Pigeon'
        ⚐ Change type of 'pigeon' to 'Bird'
        ⚐ Change type of 'bird' to 'Pigeon'
                                      Press 'F2' for focus
```

图 7.4　向下转型时会发生的错误

子类类型 子类对象 = (子类类型)父类对象;

因此，要想实现把鸟类对象转换为鸽子类对象（相当于告诉编译器"某只鸟就是一只鸽子"），需要将图 7.4 中第 8 行代码修改为：

```
Pigeon pigeon = (Pigeon) bird;                    //通过强制类型转换，告诉编译器"某只鸟就是一只鸽子"
```

> **注意**
>
> （1）两个没有继承关系的对象不可以进行向上转型或者向下转型。
>
> （2）父类对象可以强制转换为子类对象，但有一个前提：这个父类对象要先引用这个子类对象。

如果把上述实例中的代码：

```
Bird bird = new Pigeon();                         //某只鸽子是一只鸟
Pigeon pigeon = (Pigeon) bird;                    //通过强制类型转换，告诉编译器"某只鸟就是一只鸽子"
```

修改为如下代码：

```
Bird bird = new Bird();                           //某只鸟
Pigeon pigeon = (Pigeon) bird;                    //通过强制类型转换，告诉编译器"某只鸟就是一只鸽子"
```

虽然 Eclipse 没有提示编译错误，但运行程序后，控制台将输出如下错误信息：

```
Exception in thread "main" java.lang.ClassCastException: class Bird cannot be cast to class Pigeon
```

编程训练（答案位置：资源包\TM\sl\7\编程训练）

【训练 5】模拟轿车驾驶　对于轿车而言，它至少有油门踏板和刹车踏板。模拟自动挡车型的正确驾驶方式。

【训练 6】动物分类　创建动物类，它有 3 个子类：鹰、青蛙和蝗虫。创建 3 个动物类，并将它们分别强制转成 3 个子类，执行 3 个子类吃食物的方法。

7.4　instanceof 关键字及其新特性

当在程序中执行向下转型操作时，如果父类对象不是子类对象的实例，就会发生 ClassCastException 异常，因此在执行向下转型之前需要养成一个良好的习惯，就是判断父类对象是否为子类对象的实例。这个判断通常使用 instanceof 关键字来完成。可以使用 instanceof 关键字判断是否一个类实现了某个接口（接口会在第 7.8 节中进行讲解），也可以用它来判断一个实例对象是否属于一个类。

instanceof 的语法格式如下：

```
myobject instanceof ExampleClass
```

☑　myobject：某类的对象引用。

☑　ExampleClass：某个类。

使用 instanceof 关键字的表达式返回值为布尔值。如果返回值为 true，则说明 myobject 对象为 ExampleClass 的实例对象；如果返回值为 false，则说明 myobject 对象不是 ExampleClass 的实例对象。

> **误区警示**
>
> instanceof 是 Java 语言的关键字，Java 语言中的关键字都为小写。

下面来看一个向下转型与 instanceof 关键字结合的例子。

【例 7.7】分析几何图形之间的继承关系（**实例位置：资源包\TM\sl\7\7**）

创建 Quadrangle 四边形类、Square 正方形类和 Circular 圆形类。其中，Square 类继承 Quadrangle 类，在主方法中分别创建这些类的对象，然后使用 instanceof 关键字判断它们的类型并输出结果。

```java
class Quadrangle { }
class Square extends Quadrangle { }
class Circular { }

public class Demo5 {
    public static void main(String args[]) {
        Quadrangle q = new Quadrangle();                    //四边形对象
        Square s = new Square();                            //正方形对象
        System.out.println(q instanceof Square);            //判断四边形是否为正方形的子类
        System.out.println(s instanceof Quadrangle);        //判断正方形是否为四边形的子类
        System.out.println(q instanceof Circular);          //判断正方形是否为圆形的子类
    }
}
```

本实例在运行之前，Eclipse 就会报出如图 7.5 所示的编译错误。

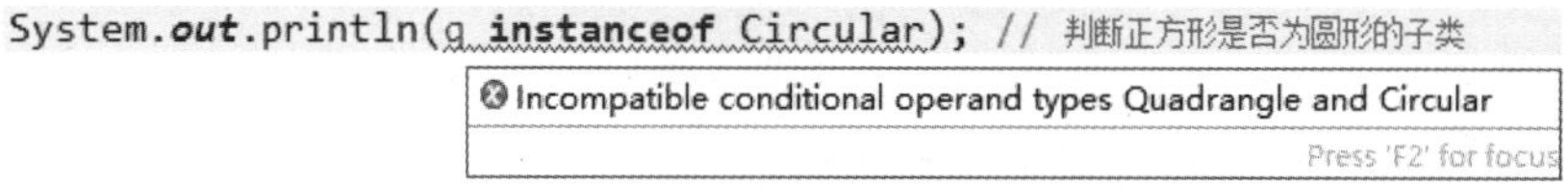

```
System.out.println(q instanceof Circular); // 判断正方形是否为圆形的子类
⊗ Incompatible conditional operand types Quadrangle and Circular
                                                              Press 'F2' for focus
```

图 7.5　使用 instanceof 关键字发生的编译错误

由于四边形类与圆形类没有继承关系，因此二者不能使用 instanceof 关键字进行比较，否则会发生"不兼容"错误。如果删除或注释掉这行代码，则运行结果如下：

```
false
true
```

Java 14 为 instanceof 关键字提供了一个新特性：instanceof 模式匹配。那么，应该如何理解"instanceof 模式匹配"呢？下面通过一个示例予以说明。

已知现有一个表示"平行四边形类"的 Quadrangle 类、一个表示"圆环类"的 Circular 类和一个用于测试 Test 类。在 Quadrangle 类和 Circular 类中都包含一个用于获取图形类别的 getCategory()方法。在 Test 类中包含一个静态的、参数为 Object 类对象的 testGraphics()方法，该方法用于检验 Object 类对象属于"平行四边形类"，还是属于"圆环类"。代码如下：

```java
class Quadrangle {
    public String getCategory() {
        return "我属于平行四边形类";
    }
}

class Circular {
    public String getCategory() {
        return "我属于圆环类";
    }
}

public class Test {
    public static void main(String args[]) {
        Circular c = new Circular();
```

```
                testGraphics(c);
        }

        static void testGraphics(Object obj) {
                if(obj instanceof Quadrangle) {
                        Quadrangle q = (Quadrangle) obj;
                        System.out.println(q.getCategory());
                } else if(obj instanceof Circular) {
                        Circular c = (Circular) obj;
                        System.out.println(c.getCategory());
                }
        }
}
```

运行结果如下：

我属于圆环类

从上述代码中不难看出，instanceof 确认成功后，还需要转换 Object 类对象的数据类型，才能调用相应类中的方法。使用 "instanceof 模式匹配" 可以简化这个过程。关键代码如下：

```
static void testGraphics(Object obj) {
        if(obj instanceof Quadrangle q) {
                System.out.println(q.getCategory());
        } else if(obj instanceof Circular c) {
                System.out.println(c.getCategory());
        }
}
```

也就是说，使用 "instanceof 模式匹配" 省去了 "转换 Object 类对象的数据类型" 的步骤。此外，instanceof 模式匹配的使用对象还被限定了作用域范围，使得程序更加安全。

编程训练（答案位置：资源包\TM\sl\7\编程训练）

【训练 7】鸡是不是鸟？　判断 "鸡是不是鸟" 并阐明依据（因为鸡是鸟的子类，所以鸡是鸟）。

【训练 8】总统是不是公务员？　通过 instanceof 判断总统是不是公务员，并输出公务员和总统的主要工作。

7.5　方法的重载

在第 6 章中我们曾学习过构造方法，知道构造方法的名称由类名决定，因此构造方法只有一个名称。如果希望以不同的方式来实例化对象，就需要使用多个构造方法来完成。由于这些构造方法都需要根据类名进行命名，为了让方法名相同而形参不同的构造方法同时存在，必须用到方法重载。虽然方法重载起源于构造方法，但它也可以被应用到其他方法中。本节将讲述方法的重载。

方法的重载就是在同一个类中允许存在一个以上的同名方法，只要这些方法的参数个数或类型不同即可。为了更好地解释重载，来看下面的实例。

【例 7.8】编写不同形式的加法运算方法（实例位置：资源包\TM\sl\7\8）

创建 OverLoadTest 类，在该类中编写 add() 方法的多个重载形式，然后在主方法中分别输出这些方法的返回值。

```java
public class OverLoadTest {
    public static int add(int a, int b) {          //定义一个方法
        return a + b;
    }
    public static double add(double a, double b) {  //与第一个方法名称相同、参数类型不同
        return a + b;
    }
    public static int add(int a) {                  //与第一个方法参数个数不同
        return a;
    }
    public static int add(int a, double b) {        //先 int 参数，后 double 参数
        return a;                                   //输出 int 参数值
    }
    public static int add(double a, int b) {        //先 double 参数，后 int 参数
        return b;                                   //输出 int 参数值
    }
    public static void main(String args[]) {
        System.out.println("调用 add(int,int)方法：" + add(1, 2));
        System.out.println("调用 add(double,double)方法：" + add(2.1, 3.3));
        System.out.println("调用 add(int)方法：" + add(1));
        System.out.println("调用 add(int,double)方法：" + add(5, 8.0));
        System.out.println("调用 add(double,int)方法：" + add(5.0, 8));
    }
}
```

运行结果如下：

```
调用 add(int,int)方法：3
调用 add(double,double)方法：5.4
调用 add(int)方法：1
调用 add(int,double)方法：5
调用 add(double,int)方法：8
```

在本实例中分别定义了 5 个方法，在这 5 个方法中：前两个方法的参数类型不同，并且方法的返回值类型也不同，因此这两个方法构成重载关系；前两个方法与第 3 个方法相比，第 3 个方法的参数个数少于前两个方法，因此这 3 个方法也构成了重载关系；最后两个方法相比，发现除了参数的出现顺序不同，其他都相同，同样构成了重载关系。图 7.6 表明了所有可以构成重载的条件。

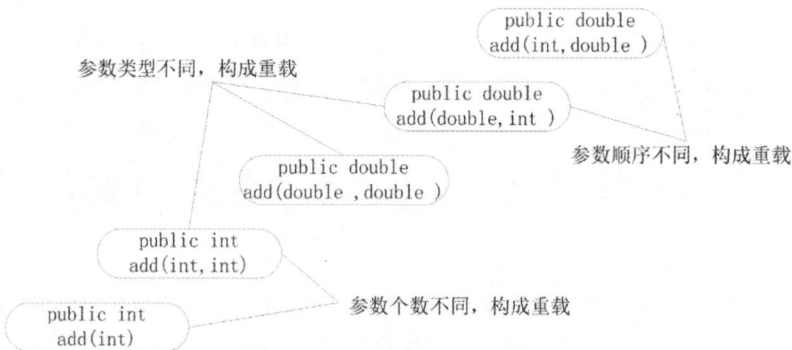

图 7.6　构成方法重载的条件

误区警示

虽然在方法重载中可以使两个方法的返回类型不同，但只有返回类型不同并不足以区分两个方法的重载，还需要通过参数的个数以及参数的类型来设置。

根据图 7.6 所示的构成方法重载的条件，可以总结出编译器是利用方法名、方法各参数类型和参数的个数、参数的顺序来确定类中的方法是否唯一。方法的重载使得方法以统一的名称被管理，使程序

代码更有条理。

在谈到参数个数可以确定两个方法是否具有重载关系时，会想到定义不定长参数方法。不定长方法的语法如下：

返回值 方法名(参数数据类型…参数名称)

如果将上述代码放在例 7.8 中，关键代码如例 7.9 所示。

【例 7.9】使用不定长参数重载加法运算方法（**实例位置：资源包\TM\sl\7\9**）

创建 OverLoadTest2 类，在该类中编写 add()方法的多种重载形式，并编写该方法的不定长参数形式。然后在主方法中调用这些重载方法，并输出返回值。

```java
public class OverLoadTest2 {
    public static int add(int a, int b) {
        return a + b;
    }
    public static double add(double a, double b) {
        return a + b;
    }
    public static int add(int a) {
        return a;
    }
    public static int add(int a, double b) {
        return a;
    }
    public static int add(double a, int b) {
        return b;
    }
    public static int add(int ... a) {              //定义不定长参数方法
        int s = 0;
        for (int i = 0; i < a.length; i++) {        //根据参数个数做循环操作
            s += a[i];                              //对每个参数进行累加
        }
        return s;                                   //返回计算结果
    }
    public static void main(String args[]) {
        System.out.println("调用 add(int,int)方法：" + add(1, 2));
        System.out.println("调用 add(double,double)方法：" + add(2.1, 3.3));
        System.out.println("调用 add(int)方法：" + add(1));
        System.out.println("调用 add(int,double)方法：" + add(5, 8.0));
        System.out.println("调用 add(double,int)方法：" + add(5.0, 8));

        //调用不定长参数方法
        System.out.println("调用不定长参数方法：" + add(1, 2, 3, 4, 5, 6, 7, 8, 9));
        System.out.println("调用不定长参数方法：" + add(1));
    }
}
```

运行结果如下：

```
调用 add(int,int)方法：3
调用 add(double,double)方法：5.4
调用 add(int)方法：1
调用 add(int,double)方法：5
调用 add(double,int)方法：8
调用不定长参数方法：45
调用不定长参数方法：1
```

在上述实例中，在参数列表中使用"…"的形式定义不定长参数，其实这个不定长参数 a 就是一个数组，编译器会将"int...a"这种形式看作是"int[] a"，因此在 add()方法体做累加操作时使用了 for 循环语句，在循环中是根据数组 a 的长度作为循环条件的，最后返回累加结果。

编程训练（答案位置：资源包\TM\sl\7\编程训练）

【训练 9】购物车　某商品单价 580 元，购买两件或多于两件的该商品享 8 折优惠。在控制台上输入购买商品的数量，编写两个同名的 pay()方法，一个方法用于输出购买一件商品的应付金额，另一个方法用于输出购买两件或多于两件商品的应付金额。

【训练 10】大写转小写　定义一个值为 66 的整数，编写两个同名的 print()方法，一个方法用于输出在 ASCII 表中这个整数对应的大写字母，另一个方法用于输出这个大写字母对应的小写字母。运行结果如下：

```
在 ASCII 表中，66 对应的大写字母是 B。
B 的小写字母是 b。
```

7.6　final 关键字

final 被译为"最后的""最终的"，final 是 Java 语言中的一个关键字，凡是被 final 关键字修饰过的内容都是不可改变的。本节将讲解 final 关键字的 3 种使用场景。

7.6.1　final 变量

final 关键字可用于变量声明，一旦该变量被设定，就不可以再改变该变量的值。通常，由 final 关键字定义的变量为常量。例如，在类中定义 PI 值，可以使用如下语句：

final double PI = 3.14;

当在程序中使用了 PI 这个常量时，它的值就是 3.14。如果在程序中再次对定义为 final 的常量进行赋值，那么编译器将不会接受。

由 final 关键字定义的变量必须在声明时对其进行赋值操作。final 关键字除了可以修饰基本数据类型的常量，还可以修饰对象引用。由于数组也可以被看作一个对象来引用，因此 final 关键字可以修饰数组。一个对象引用一旦被修饰为 final 关键字后，它就只能恒定指向一个对象，无法将其改变以指向另一个对象。一个既是 static 又是 final 的字段只占据一段不能改变的存储空间。为了深入了解 final 关键字，来看下面的实例。

【例 7.10】定义不允许被修改的常量 π（实例位置：资源包\TM\sl\7\10）

创建 FinalData 类，在该类中定义表示圆周率的常量 PI，并尝试修改 PI 的值。

```java
public class FinalData {
    static final double PI = 3.1415926;
    public static void main(String[] args) {
        System.out.println("圆周率的值为：" + PI);
        System.out.println("半径为 3 的圆的周长为：" + (2 * 3 * PI));
        PI = 3.1415927;                    //尝试修改 PI 的值
    }
}
```

本实例在运行之前，Eclipse 就会报出如图 7.7 所示的编译错误。常量 PI 不允许被修改。

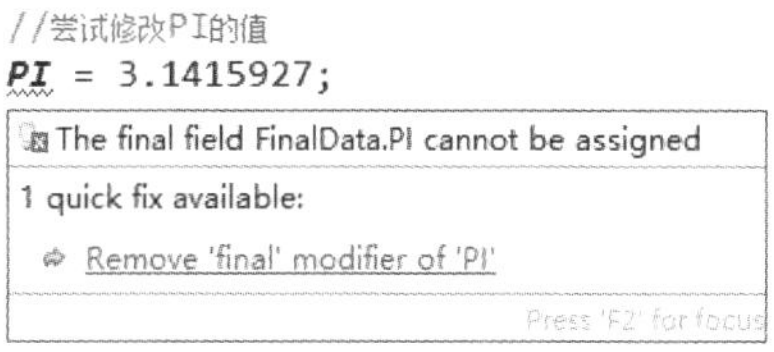

```
//尝试修改PI的值
PI = 3.1415927;
```
The final field FinalData.PI cannot be assigned
1 quick fix available:
⟳ Remove 'final' modifier of 'PI'
Press 'F2' for focus

图 7.7　修改 final 的常量时发生的编译错误

7.6.2　final 方法

将方法定义为 final 类型，可以防止子类修改父类的定义与实现方式，同时定义为 final 的方法的执行效率要高于非 final 方法。在修饰权限中曾经提到过 private 修饰符，如果一个父类的某个方法被设置为 private，子类将无法访问该方法，自然无法覆盖该方法。也就是说，一个定义为 private 的方法被隐式地指定为 final 类型，因此无须将一个定义为 private 的方法再定义为 final 类型。例如下面的语句：

```
private final void test(){
    …                          //省略一些程序代码
}
```

【例 7.11】使用 final 关键字为电视机上儿童锁（实例位置：资源包\TM\sl\7\11）

创建 Dad 爸爸类，给 Dad 类定义一个打开电视机的方法，该方法使用 final 关键字修饰。创建 Dad 类的子类 Baby 类，让 Baby 类尝试自己重写打开电视的方法。

```
class Dad {
    public final void turnOnTheTV() {
        System.out.println("爸爸打开了电视");
    }
}
class Baby extends Dad {
    public final void turnOnTheTV() {
        System.out.println("宝宝也要打开电视");
    }
}
```

本实例在运行之前，Eclipse 就会报出如图 7.8 所示的编译错误。因为打开电视这个方法是由 final 关键字修饰的，子类无法被重写。所以 Baby 想要打开电视，就只能找爸爸来打开了。

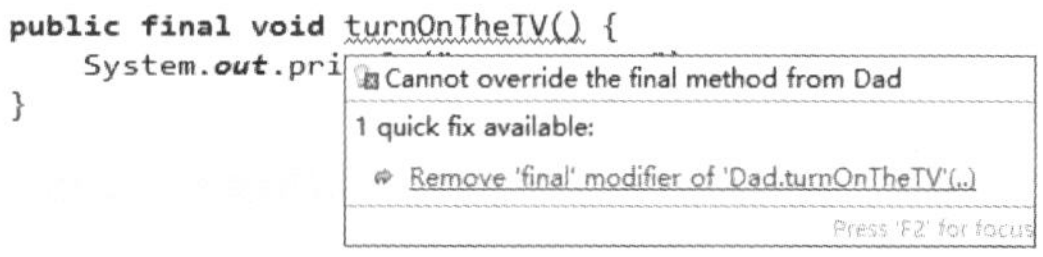

```
public final void turnOnTheTV() {
    System.out.pri...
}
```
Cannot override the final method from Dad
1 quick fix available:
⟳ Remove 'final' modifier of 'Dad.turnOnTheTV'(..)
Press 'F2' for focus

图 7.8　final 方法无法被重写

7.6.3　final 类

定义为 final 的类不能被继承。如果希望一个类不被任何类继承，并且不允许其他人对这个类进行任何改动，可以将这个类设置为 final 类。final 类的语法如下：

```
final 类名{}
```

如果将某个类设置为 final 类，则该类中的所有方法都被隐式地设置为 final 方法，但是 final 类中的成员变量可以被定义为 final 或非 final 形式。

例如，已知 JDK 的 java.lang 包下的 Math 数学类和 String 字符串类都是由 final 关键字修饰的类，这两个类就无法做任何类的父类，如果这两个类出现在 extends 右侧，就会发生编译错误，如图 7.9 所示。

```
1  class MyMath extends java.lang.Math {}
2       The type MyMath cannot subclass the final class Math
3                                        Press 'F2' for focus
4
5  class MyString extends java.lang.String {}
6       The type MyString cannot subclass the final class String
7                                        Press 'F2' for focus
8
```

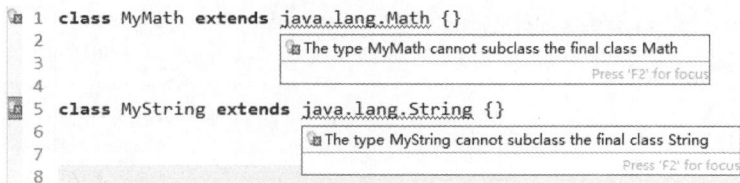

图 7.9　final 类无法被继承

编程训练（答案位置：资源包\TM\sl\7\编程训练）

【训练 11】创建月球类　因为地球周围没有其他类似月球的卫星，所以月球类不能有子类。

【训练 12】交通信号灯　编写交通类，把表示遵守交通规则的方法设为 final 方法，不管是行人、非机动车，还是机动车，要遵守的交通规则都是一样的。在行至有交通信号灯的路口时，要遵守"红灯停、绿灯行"的交通规则。

7.7　record 类

在上文中，都是使用 class 关键字定义类的。下面讲解另一个用于定义类的关键字：record。record 关键字是由 Java 16 正式发布的，其作用在于提供了一种更简洁、更紧凑的 final 类的定义方式。也就是说，record 类是一种 final 类，即不可变类。

例如，使用 class 关键字定义一个表示"时钟"的 final 类 Clock，其中包含两个被 final 修饰的变量，一个表示"时钟上有多少个小时"的 hours，另一个表示"每个小时有多少分钟"的 minutesperhour。此外，在 Clock 类中还包含了 3 个方法：一个是有参构造方法，一个是用于获取"时钟上有多少个小时"的 getHours()方法，另一个是用于获取"每个小时有多少分钟"的 getMinutesperhour()方法。Clock 类的代码如下：

```java
public final class Clock {
    final int hours;                                    //小时数
    final int minutesperhour;                           //每小时的分钟数

    public Clock(int hours, int minutesperhour) {
        this.hours = hours;
        this.minutesperhour = minutesperhour;
    }

    public int getHours() {
        return this.hours;
    }

    public int getMinutesperhour() {
        return this.minutesperhour;
    }
}
```

下面演示如何使用 record 关键字把上述的 final 类修改为 record 类。代码如下：

```java
public record Clock(int hours, int minutesperhour) {
    public int getHours() {
```

```
        return this.hours;
    }

    public int getMinutesperhour() {
        return this.minutesperhour;
    }
}
```

7.8　多　　态

利用多态可以使程序具有良好的扩展性，并可以对所有类对象进行通用的处理。在 7.3 节中已经学习过子类对象可以被作为父类的对象实例使用，这种将子类对象视为父类对象的做法称为"向上转型"。

假如现在要编写一个绘制图形的方法 draw()，如果传入正方形对象就绘制正方形，如果传入圆形对象就绘制圆形，这种场景可以使用重载来实现，定义如下：

```
public void draw(Square s){          //绘制正方形的方法
}
public void draw(Circular c){        //绘制圆形的方法
}
```

但是这种写法有个问题：正方形和圆形都是图形，这场景细分的重载方式不仅增加了代码量，还降低了"易用度"。如果定义一个图形类，让它处理所有继承该类的对象，根据"向上转型"原则可以使每个继承图形类的对象作为 draw()方法的参数，然后在 draw()方法中做一些限定就可以根据不同图形类对象绘制相应的图形。这样处理能够很好地解决代码冗余问题，同时程序也易于维护。

【例 7.12】万能的绘图方法（**实例位置：资源包\TM\sl\7\12**）

创建 Shape 图形类，作为 Square 正方形类和 Circular 圆形类的父类。创建 Demo6 类，并在该类中创建一个绘图用的 draw()方法，参数为 Shape 类型，任何 Shape 类的子类对象都可以被作为方法的参数，并且方法会根据参数的类型绘制相应的图形。

```
class Shape { }                                      //图形类
class Square extends Shape { }                        //正方形类继承图形类
class Circular extends Shape { }                      //圆形类继承图形类

public class Demo6 {
    public static void draw(Shape s) {               //绘制方法
        if (s instanceof Square) {                   //如果是正方形
            System.out.println("绘制正方形");
        } else if (s instanceof Circular) {          //如果是圆形
            System.out.println("绘制圆形");
        } else {                                     //如果是其他类型
            System.out.println("绘制父类图形");
        }
    }

    public static void main(String[] args) {
        draw(new Shape());
        draw(new Square());
        draw(new Circular());
    }
}
```

运行结果如下：

```
绘制父类图形
绘制正方形
绘制圆形
```

从本实例的运行结果中可以看出，以不同类对象为参数调用 draw()方法，可以处理不同的图形绘制问题。使用多态节省了开发和维护时间，因为程序员无须在所有的子类中定义执行相同功能的方法，避免了大量重复代码的编写。同时，只要实例化一个继承父类的子类对象，即可调用相应的方法，如果需求发生了变更，只需要维护一个 draw()方法即可。

编程训练（答案位置：资源包\TM\sl\7\编程训练）

【训练 13】教师与学生　使用多态编写一个程序，在控制台上输出如下内容。其中，人类（People）既是教师类（Teacher）的父类，也是学生类（Student）的父类。

```
每个人都要工作
教师要认真授课
学生要好好学习
```

【训练 14】交通灯亮几秒？　使用 instanceof 关键字模拟交通红绿灯的点亮时间，控制台输出如下内容：

```
红灯亮 45 秒
黄灯亮 5 秒
绿灯亮 30 秒
```

7.9　抽　象　类

通常可以说四边形具有 4 条边，或者更具体一点，平行四边形是具有对边平行且相等特性的特殊四边形，等腰三角形是其中两条边相等的三角形，这些描述都是合乎情理的。但仅对于"图形"这个词却不能使用具体的语言进行描述，它有几条边？它有几个角？它有多大？没有人能说清楚。同理，仅用来描述特征且极具抽象性类，在 Java 中被定义为抽象类。

在解决实际问题时，一般将父类定义为抽象类，需要使用这个父类进行继承与多态处理。回想继承和多态原理，继承树中越是在上方的类越抽象，如鸽子类继承鸟类、鸟类继承动物类等。在多态机制中，并不需要将父类初始化为对象，我们需要的只是子类对象，因此在 Java 语言中设置抽象类不可以被实例化为对象。

使用 abstract 关键字定义的类被称为抽象类，而使用这个关键字定义的方法被称为抽象方法。抽象方法没有方法体，这个方法本身没有任何意义，除非它被重写，而承载这个抽象方法的抽象类必须被继承，实际上抽象类除了被继承没有任何意义。定义抽象类的语法如下：

```
public abstract class Parent{
    abstract void testAbstract();          //定义抽象方法
}
```

反过来讲，如果声明一个抽象方法，就必须将承载这个抽象方法的类定义为抽象类，不能在非抽象类中获取抽象方法。换句话说，只要类中有一个抽象方法，此类就被标记为抽象类。

抽象类被继承后需要实现其中所有的抽象方法，也就是保证以相同的方法名称、参数列表和返回值类型创建出非抽象方法，当然也可以是抽象方法。图 7.10 说明了抽象类的继承关系。

从图 7.10 中可以看出，继承抽象类的所有子类需要将抽象类中的抽象方法进行覆盖。这样在多态机制中，就可以将父类修改为抽象类，将 draw()方法设置为抽象方法，然后每个子类都重写这个方法来处理。但这又会出现我们刚探讨多态时讨论的问题，程序中会有太多冗余的代码，同时这样的父类局限性很大，也许某个不需要 draw()方法的子类也不得不重写 draw()方法。如果将 draw()方法放置在另一个类中，让那些需要 draw()

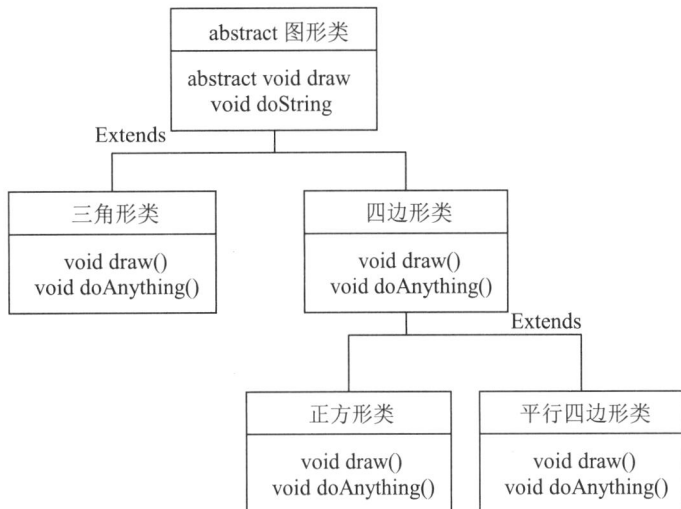

图 7.10　抽象类继承关系

方法的类继承该类，不需要 draw()方法的类继承图形类，又会产生新的问题：所有的子类都需要继承图形类，因为这些类是从图形类中导出的，同时某些类还需要 draw()方法，而 Java 中规定类不能同时继承多个父类。为了应对这种问题，接口的概念便出现了。

7.10　接　　口

接口是抽象类的延伸，可以将它看作是纯粹的抽象类，接口中的所有方法都没有方法体。对于 7.8 节中遗留的问题，可以将 draw()方法封装到一个接口中，使需要 draw()方法的类实现这个接口，同时也继承图形类，这就是接口存在的必要性。图 7.11 描述了各个子类继承图形类后使用接口的关系。

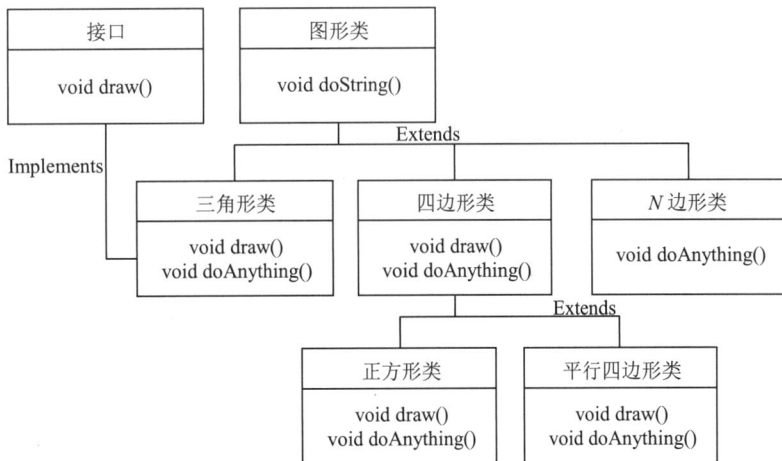

图 7.11　使用接口继承关系

7.10.1　定义接口

接口使用 interface 关键字进行定义，其语法如下：

```
public interface Paintable {
    void draw();                                    //定义接口方法可省略 public abstract 关键字
}
```

☑ public：接口可以像类一样被权限修饰符修饰，但 public 关键字仅限用于接口在与其同名的文件中被定义。
☑ interface：定义接口关键字。
☑ Paintable：接口名称。

7.10.2 实现接口

一个类继承一个父类的同时再实现一个接口，可以写成如下形式：

```
public class Parallelogram extends Quadrangle implements Paintable {
    …
}
```

注意

（1）在接口中，方法必须被定义为 public 或 abstract 形式，其他修饰权限不被 Java 编译器认可。或者说，即使不将该方法声明为 public 形式，它也是 public 形式。
（2）在接口中定义的任何字段都自动是 static 和 final 的。

【例 7.13】将绘图方法设为接口方法（**实例位置：资源包\TM\sl\7\13**）

将图形对象的绘图方法剥离出来，作为 Paintable 可绘制接口中的抽象方法。创建四边形类作为平行四边形类和正方形类的父类，同时让这两个子类实现 Paintable 接口。创建圆形类实现 Paintable 接口，但不继承四边形类。

```
interface Paintable {                               //可绘制接口
    public void draw();                             //绘制抽象方法
}

class Quadrangle {                                  //四边形类
    public void doAnything() {
        System.out.println("四边形提供的方法");
    }
}

//平行四边形类，继承四边形类，并实现了可绘制接口
class Parallelogram extends Quadrangle implements Paintable {
    public void draw() {                            //由于该类实现了接口，因此需要覆盖 draw()方法
        System.out.println("绘制平行四边形");
    }
}

//正方形类，继承四边形类，并实现了可绘制接口
class Square extends Quadrangle implements Paintable {
    public void draw() {
        System.out.println("绘制正方形");
    }
}
```

```
//圆形类，仅实现了可绘制接口
class Circular implements Paintable {
    public void draw() {
        System.out.println("绘制圆形");
    }
}

public class Demo7 {
    public static void main(String[] args) {
        Square s = new Square();
        s.draw();
        s.doAnything();
        Parallelogram p = new Parallelogram();
        p.draw();
        p.doAnything();
        Circular c = new Circular();
        c.draw();
    }
}
```

运行结果如下：

```
绘制正方形
四边形提供的方法
绘制平行四边形
四边形提供的方法
绘制圆形
```

从这个结果中可以看出，“绘制”这个行为可不是四边形独有的，圆形也能被绘制，因此 draw()方法被独立封装在了可绘制接口中。

正方形类与平行四边形类分别继承了四边形类并实现了可绘制接口，因此正方形类与平行四边形类既可以调用绘制方法，又可以调用四边形提供的 doAnything()方法。但是，圆形不属于四边形，且可以被绘制，因此最后圆形对象只调用了 draw()方法。

在 Java 中，类虽然不可以同时继承多个类，但可以同时实现多个接口。

当类同时实现多个接口时，要将所有需要实现的接口放在 implements 关键字后，并用英文格式下的逗号“,”隔开。类同时实现多个接口语法如下：

```
class 类名 implements 接口 1, 接口 2, ..., 接口 n {
    …
}
```

例如，通过类同时实现多个接口模拟如下场景：爸爸喜欢看电视和钓鱼，妈妈喜欢购物和画画，他们的孩子喜欢做的事和爸爸、妈妈喜欢做的事一样。

首先，创建一个 DadLike 接口（表示“爸爸喜欢的”），在接口中声明两个抽象方法 watchTV()和 fish()。代码如下：

```
interface DadLike {          //爸爸喜欢的
    void watchTV ();         //看电视
    void fish();             //钓鱼
}
```

然后，创建一个 MomLike 接口（表示“妈妈喜欢的”），在接口中声明两个抽象方法 shop()和 draw()。代码如下：

```
interface MomLike {                              //妈妈喜欢的
    void shop();                                 //购物
    void draw();                                 //画画
}
```

最后，创建一个 ChildLikeThings 类，同时实现 DadLike 和 MomLike 两个接口，并实现这两个接口中所有的抽象方法。代码如下：

```
public class ChildLikeThings implements MomLike, DadLike {
    //继承了爸爸喜欢的
    @Override
    public void watchTV() {
        System.out.println("我喜欢看动画片");
    }

    @Override
    public void fish() {
        System.out.println("我爱钓鱼缸里的鱼");
    }

    //继承了妈妈喜欢的
    @Override
    public void shop() {
        System.out.println("我爱去逛超市");
    }

    @Override
    public void draw() {
        System.out.println("我爱画大房子");
    }
}
```

7.10.3 接口继承接口

如果是接口继承接口，那么应该使用 extends 关键字，而不是 implements 关键字。接口继承接口的语法如下：

```
interface 接口 1 extends 接口 2 {
    …
}
```

需要注意的是，如果类实现了子接口，那么在类中就需要同时重写父接口和子接口中所有的抽象方法。示例代码如下：

```
interface FatherLike {                           //父接口
    void fatherMethod();                         //父接口方法
}

interface ChildLike extends FatherLike {         //子接口，继承父接口
    void ChildLikeMethod();                      //子接口方法
}

class InterfaceExtends implements ChildLike {    //实现子接口，但必须重写所有方法
    @Override
    public void fatherMethod() {
        System.out.println("实现父接口方法");
```

```
    }

    @Override
    public void ChildLikeMethod() {
        System.out.println("实现子接口方法");
    }
}
```

7.10.4　接口的多重继承

接口是一种比较特殊的结构，它可以使用 Java 明令禁止的"多重继承"语法，即子接口可以同时继承多个父接口。其语法如下：

```
interface 子接口 extends 父接口 1, 父接口 2, 父接口 3, ... {
    ...
}
```

例如，先创建 3 个接口，分别为 A、B、C。代码如下：

```
interface A {
    void a();
}

interface B {
    void b();
}

interface C {
    void c();
}
```

再创建一个接口 Letter，并继承了 A、B、C 3 个接口。代码如下：

```
interface Letter extends A, B, C {

}
```

接着创建一个类 LetterImp，并实现接口 Letter，此时必须同时实现 A、B、C 3 个接口中所有的抽象方法。代码如下：

```
class LetterImp implements Letter {
    @Override
    public void a() {
        System.out.println("A 接口中的抽象方法");
    }

    @Override
    public void b() {
        System.out.println("B 接口中的抽象方法");
    }

    @Override
    public void c() {
        System.out.println("C 接口中的抽象方法");
    }
}
```

7.10.5　接口的默认方法

Java 8 为接口新增了两个默认方法，即 default 方法和 static 方法，并且允许这两个方法可以有方法体。下面对 default 方法和 static 方法进行讲解。

default 方法既可以被子接口继承，也可以被其实现类调用。default 方法被继承时，可以被子接口重写方法。

在一个 Java 类实现了多个接口，且这些接口中无继承关系的情况下，但如果这些接口中包含相同的（同名，同参数）的 default 方法，则接口实现类会报错，接口实现类必须通过特殊语法指定该实现类要实现哪个接口的 default 方法。特殊语法的格式如下：

```
<接口>.super.<方法名>([参数])
```

所谓 static 方法，指的是接口里的静态方法，即 static 修饰的有方法体的方法。它不会被继承或者实现，只能被自身调用。

例如，定义一个 DefalutMethods 接口，在接口中定义 default 方法和 static 方法，代码如下：

```java
public interface DefalutMethods {
    default void defaultMethod(){
        System.out.println("defalut 方法");
    }
    static void staticMethod() {
        System.out.println("static 方法");
    }
}
```

定义 Test 类，并且实现 DefalutMethods 接口。在 Test 类中重写 default 方法，并且使用特殊语法调用 DefalutMethods 接口中的 default 方法。代码如下：

```java
public class Test implements DefalutMethods {
    @Override
    public void defaultMethod() {
        DefalutMethods.super.defaultMethod();
    }
}
```

7.10.6　抽象类与接口的区别

因为接口在许多方面与抽象类很相似，所以很容易搞混抽象类和接口。下面将结合抽象类和接口的特点，总结二者的区别：

- ☑　抽象类和接口都可以有子类，其中把接口的子类称作实现类。
- ☑　抽象类通常作为子类的"模板"，接口通常用来描述子类的"行为"。
- ☑　子类虽然只能继承一个抽象类，但可以同时实现任意多个接口。
- ☑　创建抽象类需要使用 abstract 关键字，创建接口需要使用 interface 关键字。
- ☑　声明抽象类中的抽象方法需要使用 abstract 关键字,声明接口中的抽象方法可以省略 abstract 关键字。

☑ 在接口中可以使用 default 关键字定义有方法体的非抽象方法，但是在抽象类中不能用。

☑ 在接口中不能有构造方法，但是在抽象类中可以有。

☑ 在抽象类中可以有代码块、静态代码块和静态方法，但是在接口中不能有。

☑ 抽象类中的成员属性可以定义为任意权限、任意类型、静态或非静态的变量，但是接口中的成员属性只能是静态常量。

☑ 子接口可以同时继承多个父接口，但是子抽象类只能继承一个父抽象类。

编程训练（答案位置：资源包\TM\sl\7\编程训练）

【训练 15】汽车厂、鞋厂都是工厂　创建抽象的工厂类，工厂类中有一个抽象的生产方法。让汽车厂和鞋厂都继承工厂类，汽车厂生产的是汽车，鞋厂生产的是鞋。

【训练 16】五颜六色的接口　创建一个表示五颜六色的接口 Colorful，接口中有一个表示点亮的抽象方法 shine()。编写一段代码，实现红灯发红光，黄灯发黄光，绿灯发绿光。

7.11　实践与练习

（答案位置：资源包\TM\sl\7\实践与练习）

综合练习 1：创建猫类　创建 Cat 类，类中包含表示名字的属性 name、表示年龄的属性 age、表示重量的属性 weight 和表示颜色的属性 color。重写 toString() 方法，在控制台上输出如下内容：

```
猫咪 1 号：名字：Java
年龄：12
重量：21.0
颜色：java.awt.Color[r=0,g=0,b=0]

猫咪 2 号：名字：C++
年龄：12
重量：21.0
颜色：java.awt.Color[r=255,g=255,b=255]

猫咪 3 号：名字：Java
年龄：12
重量：21.0
颜色：java.awt.Color[r=0,g=0,b=0]
```

综合练习 2：创建昆虫类　首先，创建一个表示飞行的接口 Flyable，接口中有一个表示飞行的抽象方法 fly()。然后，创建一个抽象的昆虫类 Insect，类中有一个表示昆虫有多少条腿的 int 型变量 legs，有一个有参的构造方法，还有一个表示繁殖的抽象方法 reproduce()。接着，创建一个苍蝇类，使之继承昆虫类 Insect，并实现接口 Flyable。最后，创建测试类 Test，并在控制台上输出如下内容：

```
苍蝇有 6 条腿。
苍蝇可以在空中飞行。
苍蝇的繁殖方式是产卵。
```

综合练习 3：餐馆点菜　编写一个程序，使用向下转型模拟如下场景：餐馆里有 3 位客人，一位老师、一位学生和一位医生；老师点了"香辣肉丝"，学生点了"火腿炒面"，医生点了"麻辣香锅"。

综合练习 4：老虎机　老虎机有 3 个玻璃框，每个玻璃框中都有红、黄、蓝 3 张卡片。拉下拉杆后，每个玻璃框中的 3 张卡片同时开始转动。编写一个程序，使用 instanceof 关键字实现上述过程，并将每个玻璃框停止转动时的结果输出在控制台上。例如，"黄黄红""蓝黄黄""黄红黄"等。

综合练习 5：抽象的图形　　创建一个抽象的图形类，图形类中有一个表示"颜色"的属性、一个有参构造方法和一个抽象的"获得面积"的方法。让长方形类继承图形类，先在长方形类的构造方法中调用图形类的构造方法，再在长方形类中声明表示"长"和"宽"的两个属性，接着在长方形类中重写图形类中的抽象方法。在控制台上输出如下内容：

长为 6.0、宽为 2.0 的黄色长方形的面积是 12.0

综合练习 6：判断 3 条给定长度的边能否构成三角形　　创建一个抽象的图形类，图形类中有一个抽象的"计算周长"的方法。让三角形类继承图形类，先在三角形类中声明三角形的 3 条边，再判断这 3 条边能否构成三角形，接着重写图形类中的抽象方法。现有长为 3、4、5 的 3 条边和长为 1、4、5 的 3 条边，控制台分别输出这两组边能否构成三角形。如果能，则计算三角形的周长。在控制台上输出如下内容：

长为 3.0、4.0、5.0 的 3 条边能构成三角形，这个三角形的周长为 12.0
长为 1.0、4.0、5.0 的 3 条边不能构成三角形，因为三角形两边之和必须大于第三边

综合练习 7：USB/TypeC 充电接口　　首先，创建一个表示 USB 充电的接口 USBRechargeable，接口中有一个表示充电的抽象方法 charge()。然后，创建一个表示 TypeC 充电的接口 TypeCRechargeable，接口中也有一个表示充电的抽象方法 charge()。接着，创建一个汽车类 Car，使之同时实现接口 USBRechargeable 和接口 TypeCechargeable。最后，创建测试类 Test，并在控制台上输出"汽车上的 USB 和 TypeC 接口都能用于给手机充电"。

综合练习 8：景区游客人数　　创建 3 个接口，分别表示可增加的接口 Addable，可减少的接口 Reducible 和可变化的接口 Changeable，其中接口 Changeable 同时继承接口 Addable 和接口 Reducible。接口 Addable 中有一个表示增加的抽象方法 add()，接口 Reducible 中有一个表示减少的抽象方法 reduce()，接口 Changeable 中有一个表示均匀变化 30 个单位的常量 UNITS。创建一个人数类 Number，使之实现接口 Changeable。编写一个程序模拟如下场景：某景区只允许满载 30 人的大巴车进出，当天自景区开放起，已驶入景区的大巴车有 7 辆，驶出景区的大巴车有 4 辆，计算景区里还有多少人？

第 8 章

包和内部类

类除了具有普通的特性，还具有一些高级特性，如包、内部类等。包在整个管理过程中起到了非常重要的作用，使用包可以有效地管理繁杂的类文件，解决类重名的问题。在类中应用包与权限修饰符，可以控制其他人对类成员的访问。Java 中还有一个更为有效的隐藏实现细节的方式，那就是使用内部类，通过使用内部类机制可以把实现细节向上转型为被内部类实现的公共接口。由于在类中可以定义多个内部类，实现接口的方式也不止一个，因此只要将内部类中的方法设置为类最小范围的修饰权限，即可将内部类的实现细节有效地进行隐藏。

本章的知识架构及重难点如下。

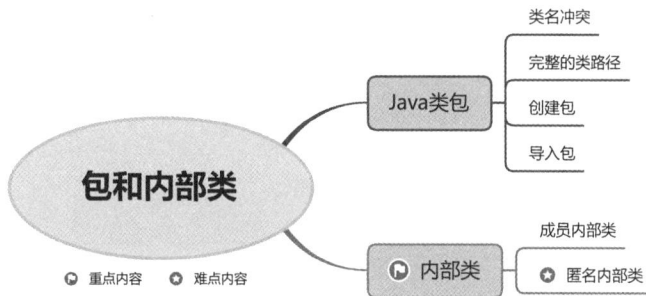

8.1　Java 类包

在 Java 中每定义好一个类，并通过 Java 编译器进行编译之后，都会生成一个扩展名为.class 的文件。当程序的规模被逐渐扩大时，就很容易发生类名称冲突的现象。JDK API 中提供了成千上万具有各种功能的类，系统又是如何管理的呢？Java 中提供了一种管理类文件的机制，就是类包。

8.1.1　类名冲突

Java 中每个接口或类都来自不同的类包，无论是 Java API 中的类与接口还是自定义的类与接口，都需要隶属于某一个类包，这个类包包含了一些类和接口。如果没有包的存在，管理程序中的类名称将是一件非常麻烦的事情。如果程序只由一个类组成，自然不会出现类名重叠的问题，但是随着程序的类的数量增多，难免会出现这一问题。例如，在程序中定义一个 Login 类，因业务需要，还要定义一个名称为 Login 的类，但是这两个类所实现的功能完全不同，于是问题就产生了——编译器不会允许存在同名的类文件。解决这类问题的办法是将这两个类放置在不同的类包中。

8.1.2　完整的类路径

编写 Java 程序经常使用 String 类（第 10 章将对其进行详细讲解），其实 String 类并不是它的完整名称，就如同一个人需要有名有姓一样，String 类的完整名称如图 8.1 所示。可以看出，一个完整的类名需要包名与类名的组合，每个类都隶属于一个类包，只要保证同一类包中的类不同名，就可以有效地避免同名类冲突的情况。

图 8.1　定义完整的类名

例如，一个程序中同时使用 java.util.Date 类与 java.sql.Date 类，如果在程序中不指定完整的类路径，那么编译器不会知道这段代码使用的是 java.util 类包中的 Date 类还是 java.sql 类包中的 Date 类，因此需要在指定代码中给出完整的类路径。

例如，在程序中使用两个不同 Date 类的完整类路径，可以使用如下代码：

```
java.util.Date date = new java.util.Date();
java.sql.Date date2 = new java.sql.Date(1000);
```

在 Java 中采用类包机制非常重要，类包不仅可以解决类名冲突的问题，还可以在开发庞大的应用程序时，帮助开发人员管理庞大的应用程序组件，方便软件复用。下面来看在 Java 中如何创建类包（以下简称包）。

说明

同一包中的类相互访问时，可以不指定包名。

8.1.3　创建包

在 Eclipse 中创建包的步骤如下：

（1）在项目的 src 节点上右击，在弹出的快捷菜单中选择 New→Package 命令。

（2）弹出 New Java Package 对话框，在 Name 文本框中输入新建的包名，如 com.mr，然后单击 Finish 按钮，如图 8.2 所示。

（3）在 Eclipse 中创建类时，可以在新建立的包上右击，然后在弹出的快捷菜单中选择 New 命令，这样新建的类会默认保存在该包中。

在 Java 中包名设计应与文件系统结构相对应，如一个包名为 com.mr，那么该包中的类位于 com 文件夹下的 mr 子文件夹中。没有定义包的类会被归纳在默认包（default package）中。在实际开发中，应该为所有类设置包名，这是良好的编程习惯。在类中定义包名的语法如下：

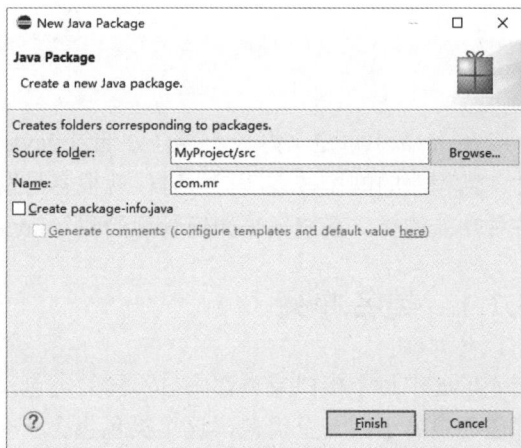

图 8.2　"新建 Java 包"对话框

```
package 包名
```

在类中指定包名时，需要将 package 表达式放置在程序的第一行，它必须是文件中的第一行非注释代码。使用 package 关键字为类指定包名之后，包名将会成为类名中的一部分，预示着这个类必须指定全名。例如，在使用位于 com.mr 包下的 Dog.java 类时，需要使用形如 com.mr.Dog 这样的表达式。

> **注意**
>
> Java 包的命名规则是全部使用小写字母。

在 8.1.1 节中已经谈到类名的冲突问题，也许有的读者会产生疑问，如此之多的包不会产生包名冲突现象吗？这是有可能的。为了避免这样的问题，在 Java 中定义包名时通常使用创建者的 Internet 域名的反序，由于 Internet 域名是独一无二的，包名自然不会发生冲突。下面来看一个实例。

【例 8.1】创建自定义的 Math 类（实例位置：资源包\TM\sl\8\1）

在项目中创建 Math 类，在创建类的对话框中指定包名为 com.mr，并在主方法中输出说明该类并非 java.lang 包的 Math 类（在第 11 章会详细讲解 java.lang.Math 类）。

```java
package com.mr;                              //指定包名
public class Math {
    public static void main(String[] args) {
        System.out.println("不是 java.lang.Math 类，而是 com.mr.Math 类");
    }
}
```

运行结果如下：

```
不是 java.lang.Math 类，而是 com.mr.Math 类
```

本实例中，在程序的第一行指定包名，同时在 com.mr 包中定义 Math 类。Java 类包中提供了 java.lang.Math 类，而本实例定义的是 com.mr.Math 类，可以看出在不同包中定义相同类名也是没有问题的，因此在 Java 中使用包可以有效地管理各种功能的类。

8.1.4　导入包

1. 使用 import 关键字导入包

如果某个类中需要使用 Math 类，那么如何告知编译器当前应该使用哪一个包中的 Math 类，是 java.lang.Math 类还是 com.mr.Math 类？这是一个令人困扰的问题。此时，可以使用 Java 中的 import 关键字指定。例如，如果在程序中使用 import 关键字导入 com.mr.Math 类，在程序中使用 Math 类时就会自动选择 com.mr.Math 类。import 关键字的语法如下：

```java
import com.mr.*;                     //导入 com.mr 包中的所有类
import com.mr.Math                   //导入 com.mr 包中的 Math 类
```

在使用 import 关键字时，可以指定类的完整描述，如果为了使用包中更多的类，则可以在使用 import 关键字指定时在包指定后加上*，这表示可以在程序中使用该包中的所有类。

📢 **注意**

如果类定义中已经导入 com.mr.Math 类，在类体中再使用其他包中的 Math 类时就必须指定完整的带有包格式的类名。例如，在上述情况下再使用 java.lang 包的 Math 类时就要使用全名格式 java.lang.Math。

当在程序中添加 import 关键字时，它会开始在 CLASSPATH 指定的目录中进行查找，查找子目录 com.mr，然后从这个目录下编译完成的文件中查找符合的名称，最后寻找到 Math.class 文件。另外，当使用 import 指定了一个包中的所有类时，并不会指定这个包的子包中的类，如果使用这个包的子包中的类，则需要再次对子包进行单独引用。

2. 使用 import 导入静态成员

import 关键字除导入包外，还可以导入静态成员，这是由 JDK 5.0 以上版本提供的功能。导入静态成员可以使编程更为方便。使用 import 导入静态成员的语法如下：

```
import static 静态成员
```

【例 8.2】 使用 import 导入静态成员（实例位置：资源包\TM\sl\8\2）

在项目中创建 ImportTest 类，在该类中使用 import 关键字导入静态成员。

```
package com.mr;
import static java.lang.Math.max;                        //导入静态成员方法
import static java.lang.System.out;                      //导入静态成员变量
public class ImportTest {
    public static void main(String[] args) {
        out.println("1 和 4 的较大值为: " + max(1, 4));    //在主方法中可以直接使用这些静态成员
    }
}
```

运行结果如下：

```
1 和 4 的较大值为: 4
```

从本实例中可以看出，分别使用 import static 导入了 java.lang.Math 类中的静态成员方法 max()和 java.lang.System 类中的 out 成员变量，这时就可以在程序中直接引用这些静态成员，如在主方法中直接使用 out.println()表达式以及 max()方法。

编程训练（答案位置：资源包\TM\sl\8\编程训练）

【训练 1】 创建明日测试包　创建名为 com.mingrisoft.test 的包，在包中创建名为 MyTest 的类。

【训练 2】 创建明日游戏包　创建名为 com.mr.game 的包，包中创建 GameDemo 类，并在此类中创建训练 1 中的 MyTest 类对象。

8.2 内 部 类

我们在前面的学习过程中，在一个文件中定义两个类，并且其中任何一个类都不在另一个类的内部。如果在类中再定义一个类，则将在类中再定义的那个类称为内部类。成员内部类和匿名类是最常

见的内部类，本节将对这两种内部类进行讲解。

8.2.1　成员内部类

1. 成员内部类简介

在一个类中使用内部类，可以在内部类中直接存取其所在类的私有成员变量。成员内部类的语法如下：

```
class OuterClass {                           //外部类
    class InnerClass {                       //内部类

    }
}
```

在成员内部类中可以随意使用外部类的成员方法及成员变量，尽管这些类成员被修饰为 private。图 8.3 充分说明了内部类的使用，尽管成员变量 i 以及成员方法 g() 都在外部类中被修饰为 private，但在成员内部类中可以直接使用。

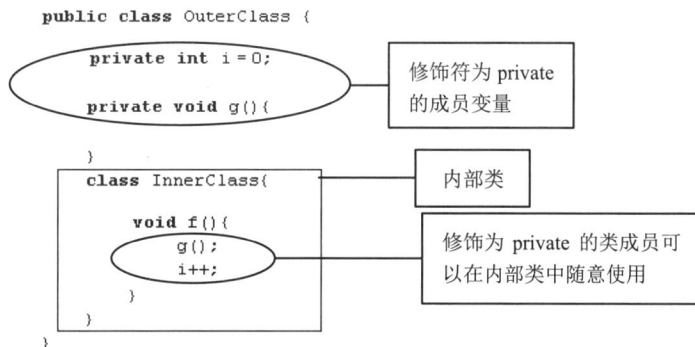

```
public class OuterClass {

    private int i = 0;                ──── 修饰符为 private
                                           的成员变量
    private void g(){

    }

    class InnerClass{                 ──── 内部类

        void f(){
            g();                      ──── 修饰为 private 的类成员可
            i++;                           以在内部类中随意使用
        }
    }
}
```

图 8.3　内部类可以使用外部类的成员

内部类的实例一定要被绑定在外部类的实例上，如果从外部类中初始化一个内部类对象，那么内部类对象就会被绑定在外部类对象上。内部类初始化方式与其他类的初始化方式相同，都是使用 new 关键字。下面来看一个实例。

【例 8.3】使用成员内部类模拟发动机点火（**实例位置：资源包\TM\sl\8\3**）

首先创建 Car 类，Car 类中有私有属性 brand 和 start() 方法，然后在 Car 类的内部创建 Engine 类，Engine 类中有私有属性 model 和 ignite() 方法，最后输出"启动大众朗行，发动机 EA211 点火"。

```
public class Car {                                   //创建汽车类
    private String brand;                            //汽车品牌
    public Car(String brand) {                       //汽车类的构造方法，参数为汽车品牌
        this.brand = brand;                          //给汽车品牌赋值
    }
    class Engine {                                   //发动机类（内部类）
        String model;                                //发动机型号
        public Engine(String model) {                //发动机类的构造方法，参数为发动机型号
            this.model = model;                      //给发动机型号赋值
        }
```

```
        public void ignite() {                          // （发动机）点火方法
            System.out.println("发动机" + this.model + "点火");
        }
    }
    public void start() {                               //启动（汽车）方法
        System.out.println("启动" + this.brand);
    }
    public static void main(String[] args) {
        Car car = new Car("大众朗行");                   //创建汽车类对象，并为汽车品牌赋值
        car.start();                                    //汽车类对象调用启动（汽车）方法
        //创建发动机类（内部类）对象，并为发动机型号赋值
        Car.Engine engine = car.new Engine("EA211");
        engine.ignite();                                //发动机类对象调用（发动机）点火方法
    }
}
```

运行结果如下：

```
启动大众朗行
发动机 EA211 点火
```

成员内部类不止可以在外部类中使用，在其他类中也可以使用。在其他类中创建内部类对象的语法非常特殊，语法如下：

```
外部类 outer = new 外部类();
外部类.内部类 inner = outer.new 内部类();
```

注意

（1）如果在外部类和非静态方法之外实例化内部类对象，需要使用"外部类.内部类"的形式指定该对象的类型。

（2）内部类对象会依赖于外部类对象，除非已经存在一个外部类对象，否则类中不会出现内部类对象。

2. 使用 this 关键字获取内部类与外部类的引用

如果在外部类中定义的成员变量与内部类的成员变量名称相同，可以使用 this 关键字。

【例 8.4】 在内部类中调用外部类对象（实例位置：资源包\TM\sl\8\4）

在项目中创建 TheSameName 类，在类中定义成员变量 x，再定义一个内部类 Inner，在内部类中也创建 x 变量，并在内部类的 doit()方法中定义一个局部变量 x。

```
public class TheSameName {
    private int x = 7;                                  //外部类的 x
    private class Inner {
        private int x = 9;                              //内部类的 x
        public void doit() {
            int x = 11;                                 //局部变量 x
            x++;
            this.x++;                                   //调用内部类的 x
            TheSameName.this.x++;                       //调用外部类的 x
        }
    }
}
```

在类中，如果遇到内部类与外部类的成员变量重名的情况，则可以使用 this 关键字进行处理。例

如，在内部类中使用 this.x 语句可以调用内部类的成员变量 x，而使用 TheSameName.this.x 语句可以调用外部类的成员变量 x，即使用外部类名称后跟一个点操作符和 this 关键字便可获取外部类的一个引用。

8.2.2 匿名内部类

匿名类是只在创建对象时才会编写类体的一种写法。匿名类的特点是"现用现写"，其语法如下：

```
new 父类/父接口(){
    子类实现的内容
};
```

误区警示

最后一个大括号之后有分号。

【例 8.5】使用匿名内部类创建一个抽象狗类的对象（**实例位置：资源包\TM\sl\8\5**）

创建一个抽象的狗类，类中有一个颜色属性和两个抽象方法，在测试类的主方法中创建抽象类对象，并用匿名内部类实现该对象的抽象方法。

```java
abstract class Dog {
    String Color;
    public abstract void move();
    public abstract void call();
}

public class Demo {
    public static void main(String args[]) {
        Dog maomao = new Dog() {
            public void move() {
                System.out.println("四腿狂奔");
            }
            public void call() {
                System.out.println("嗷呜~");
            }
        };
        maomao.Color = "灰色";
        maomao.move();
        maomao.call();
    }
}
```

运行结果如下：

```
四腿狂奔
嗷呜~
```

从这个结果中可以看出，本来无法创建对象的抽象类竟然也可以出现在 new 关键字的右侧。为何叫匿名内部类？就是因为实例中 Dog 抽象类的实现类没有名称。创建出的对象 maomao 既不是金毛犬，也不是哈士奇犬，在程序中 maomao 只能被解读为"一只具体的无名之狗"。使用匿名类时应该遵循以下原则：

- ☑ 匿名类不能写构造方法。
- ☑ 匿名类不能定义静态的成员。

☑ 如果匿名类创建的对象没有赋值给任何引用变量，会导致该对象用完一次就会被 Java 虚拟机销毁。

说明

匿名内部类编译以后，会产生以"外部类名$序号"为名称的.class 文件，序号以 1～$n$ 排列，分别代表 1～n 个匿名内部类。

编程训练（答案位置：资源包\TM\sl\8\编程训练）

【训练 3】让心脏成为内部类　创建一个人类，人类中包含一个内部类——心脏类。当人类执行走路方法时，心脏方法也会同时执行。

【训练 4】猫吃鱼，狗吃肉　参照下面的代码，创建 Animal 类的匿名子类对象，重写 eat()方法，执行该方法后会在控制台上输出"猫吃鱼，狗吃肉"字样。

```java
class Animal {
    void eat() {        }
}
```

8.3　实践与练习

（答案位置：资源包\TM\sl\8\实践与练习）

综合练习 1：划火柴　定义一个点燃接口，再定义一个火柴类实现点燃接口，每根火柴对象只能调用一次点燃方法，这种对象该如何创建？

综合练习 2：跳动的心脏　心脏是动物的重要器官，不断跳动的心脏就意味着鲜活的生命力。现在创建一个人类，把心脏类设计为人类里面的一个成员内部类。心脏类有一个跳动的方法，在一个人被创建时，心脏就开始不断地跳动。

综合练习 3：吃水果　创建一个抽象的水果类，类中有一个获取水果名称的抽象方法。创建人类，人类有一个吃的方法，参数类型为水果类型，执行该方法后可以在控制台上输出吃了什么。请用匿名类创建吃方法的参数，让人类吃苹果和香蕉。

综合练习 4：匿名类实现让小狗跑　参照下面的代码，创建 Moveable 接口的匿名子类对象，重写 run()方法，执行该方法后会在控制台输出"小狗向前跑"字样。

```java
interface Moveable{
    void run();
}
```

第 3 篇

核心技术

本篇将讲解异常处理、字符串、常用类库、集合类、枚举类型与泛型、lambda 表达式与流处理、I/O（输入/输出）、反射与注解、数据库操作、Swing 程序设计、Java 绘图、多线程、开发和网络通信等 Java 核心技术。学习完本篇，读者将能够开发出一些小型应用程序。

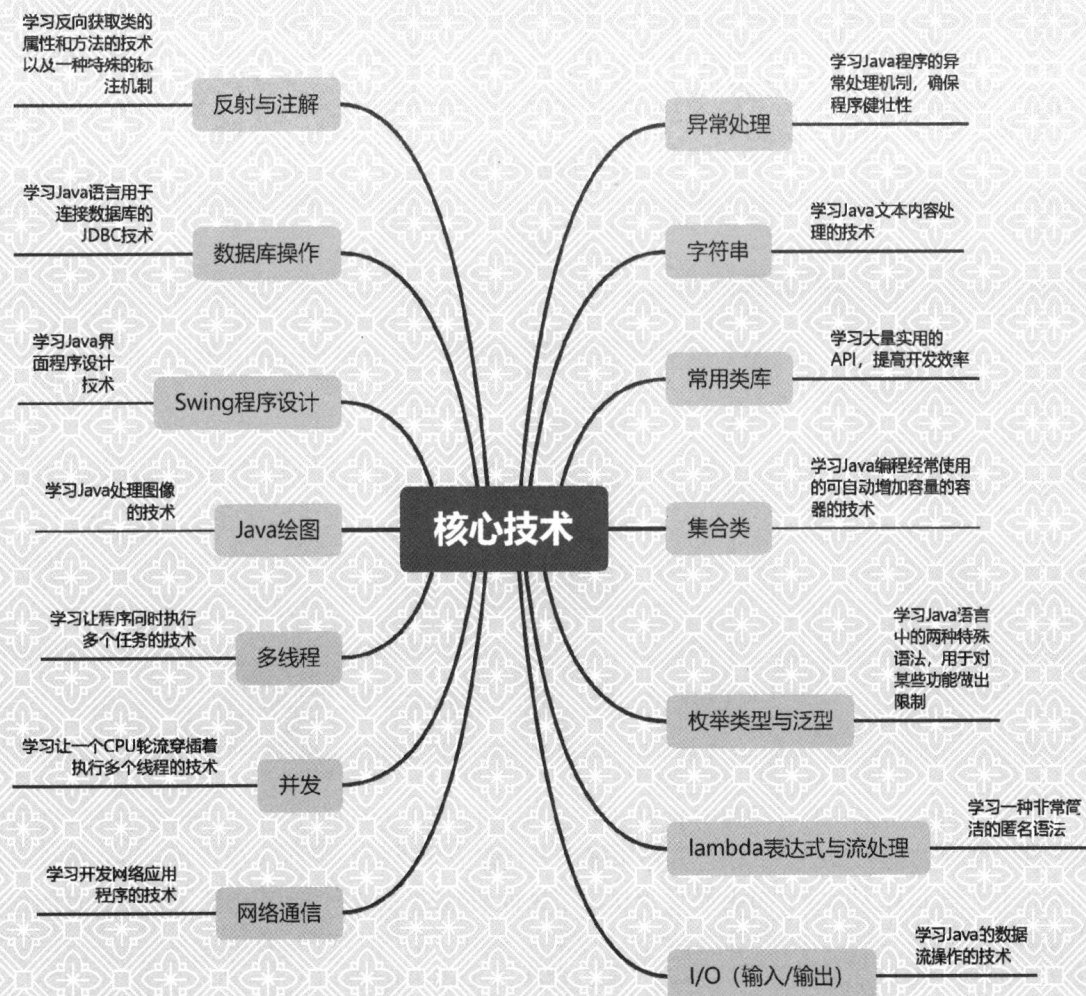

学习反向获取类的
属性和方法的技术
以及一种特殊的标
注机制 —— 反射与注解

学习Java程序的异
常处理机制，确保
程序健壮性 —— 异常处理

学习Java语言用于
连接数据库的
JDBC技术 —— 数据库操作

学习Java文本内容处
理的技术 —— 字符串

学习Java界
面程序设计
技术 —— Swing程序设计

学习大量实用的
API，提高开发效率 —— 常用类库

学习Java处理图像
的技术 —— Java绘图

学习Java编程经常使用
的可自动增加容量的容
器的技术 —— 集合类

核心技术

学习让程序同时执行
多个任务的技术 —— 多线程

学习Java语言
中的两种特殊
语法，用于对
某些功能做出
限制 —— 枚举类型与泛型

学习让一个CPU轮流穿插着
执行多个线程的技术 —— 并发

学习一种非常简
洁的匿名语法 —— lambda表达式与流处理

学习开发网络应用
程序的技术 —— 网络通信

学习Java的数据
流操作的技术 —— I/O（输入/输出）

第 9 章

异常处理

在程序设计和运行过程中，发生错误是不可避免的。为此，Java 提供了异常处理机制来帮助程序员检查可能出现的错误，保证程序的可读性和可维护性。Java 中将异常封装到一个类中，出现错误时就会抛出异常。本章将讲解 Java 的异常处理机制。

本章的知识架构及重难点如下。

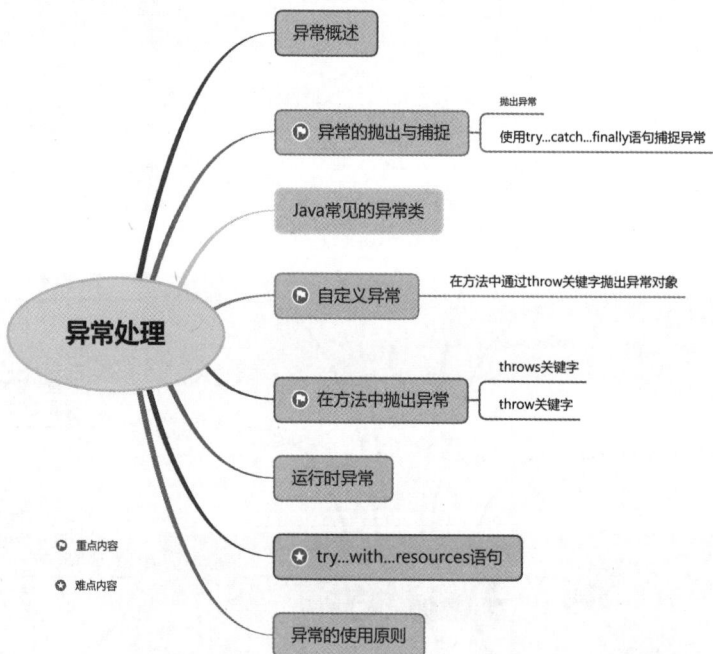

9.1 异常概述

在程序中，异常可能由程序员没有预料到的各种情况产生，也可能由超出了程序员可控范围的环境因素产生，如用户的坏数据、试图打开一个根本不存在的文件等。在 Java 中，将这种在程序运行时可能出现的一些错误称为异常。异常是一个在程序执行期间发生的事件，它中断了正在执行的程序的正常指令流。

【例 9.1】0 可以作为除数么？（实例位置：资源包\TM\sl\9\1）

在项目中创建 Baulk 类，在主方法中定义 int 型变量，将 0 作为除数的算术表达式赋值给该变量。代码如下：

```
public class Baulk {                                //创建类 Baulk
    public static void main(String[] args) {        //主方法
        int result = 3 / 0;                         //定义 int 型变量并赋值
        System.out.println(result);                 //将变量进行输出
    }
}
```

运行结果如图 9.1 所示。

图 9.1　例 9.1 的运行结果

程序运行的结果报告发生了算术异常 ArithmeticException（根据给出的错误提示可知，发生错误是因为在算术表达式 "3/0" 中，0 被作为除数出现），系统不再执行下去，提前结束。这种情况就是所说的异常。

有许多异常的例子，如数组溢出等。Java 语言是一门面向对象的编程语言，因此异常在 Java 语言中也是作为类的实例的形式出现的。当某一方法中发生错误时，这个方法会创建一个对象，并且把它传递给正在运行的系统。这个对象就是异常对象。通过异常处理机制，可以将非正常情况下的处理代码与程序的主逻辑分离，即在编写代码主流程的同时在其他地方处理异常。

9.2　异常的抛出与捕捉

为了保证程序有效地执行，需要对抛出的异常进行相应的处理。在 Java 中，如果某个方法抛出异常，既可以在当前方法中进行捕捉，而后处理该异常，也可以将异常向上抛出，交由方法调用者来处理。本节将讲解 Java 中捕获异常的方法。

9.2.1　抛出异常

异常抛出后，如果不做任何处理，程序就会被终止。例如，将一个字符串转换为整型，可以通过 Integer 类的 parseInt() 方法来实现。但如果该字符串不是数字形式的，那么 parseInt() 方法就会抛出异常，程序将在出现异常的位置处被终止，不再执行下面的语句。

【例 9.2】控制台输出 "lili 年龄是：20L"（**实例位置：资源包\TM\sl\9\2**）

在项目中创建 Thundering 类，在主方法中实现将不是数字形式的字符串转换为 int 型。运行程序，系统会报出异常提示。实例代码如下：

```
public class Thundering {                           //创建类
    public static void main(String[] args) {        //主方法
        String str = "lili";                        //定义字符串
        System.out.println(str + "年龄是：");        //输出的提示信息
        int age = Integer.parseInt("20L");          //数据类型的转换
        System.out.println(age);                    //输出信息
    }
}
```

运行结果如图 9.2 所示。

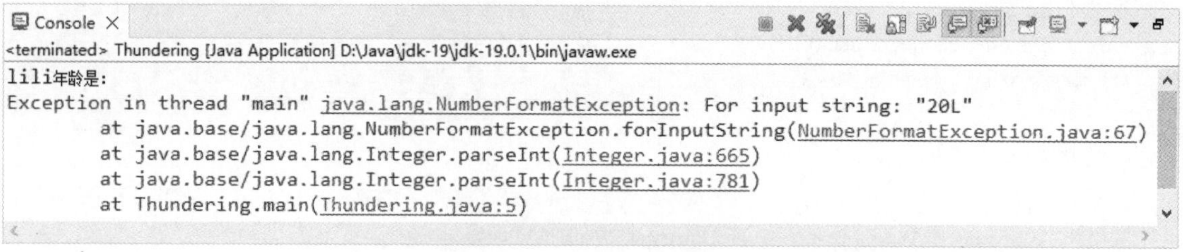

```
Console ×
<terminated> Thundering [Java Application] D:\Java\jdk-19\jdk-19.0.1\bin\javaw.exe
lili年龄是：
Exception in thread "main" java.lang.NumberFormatException: For input string: "20L"
        at java.base/java.lang.NumberFormatException.forInputString(NumberFormatException.java:67)
        at java.base/java.lang.Integer.parseInt(Integer.java:665)
        at java.base/java.lang.Integer.parseInt(Integer.java:781)
        at Thundering.main(Thundering.java:5)
```

图 9.2 例 9.2 的运行结果

从图 9.2 中可以看出，本实例报出的是 NumberFormatException（字符串转换为数字）异常。提示信息"lili 年龄是："已经输出，可知该句代码之前并没有异常，而变量 age 没有输出，可知程序在执行类型转换代码时已经被终止。

9.2.2 使用 try…catch…finally 语句捕捉异常

Java 语言的异常捕获结构由 try、catch 和 finally 3 部分组成。其中：try 语句块存放的是可能发生异常的 Java 语句；catch 语句块在 try 语句块之后，用来激发被捕获的异常；finally 语句块是异常处理结构的最后执行部分，无论 try 语句块中的代码如何退出，都将执行 finally 语句块。语法如下：

```
try{
    //程序代码块
}
catch(Exceptiontype1 e){
    //对 Exceptiontype1 的处理
}
catch(Exceptiontype2 e){
    //对 Exceptiontype2 的处理
}
…
finally{
    //程序代码块
}
```

通过异常处理器的语法可知，异常处理器大致分为 try…catch 语句块和 finally 语句块。

1．try…catch 语句块

下面对例 9.2 中的代码进行修改。

【例 9.3】捕获例 9.2 中主方法抛出的异常（**实例位置：资源包\TM\sl\9\3**）

在项目中创建 Take 类，在主方法中使用 try…catch 语句块将可能出现的异常语句进行异常处理。实例代码如下：

```
public class Take {                                    //创建类
    public static void main(String[] args) {
        try {                                          //try 语句块中包含可能出现异常的程序代码
            String str = "lili";                       //定义字符串变量
            System.out.println(str + "年龄是：");       //输出的信息
            int age = Integer.parseInt("20L");         //数据类型转换
            System.out.println(age);
```

```
        } catch (Exception e) {                        //catch 语句块用来获取异常信息
            e.printStackTrace();                        //输出异常性质
        }
        System.out.println("program over");            //输出信息
    }
}
```

运行结果如图 9.3 所示。

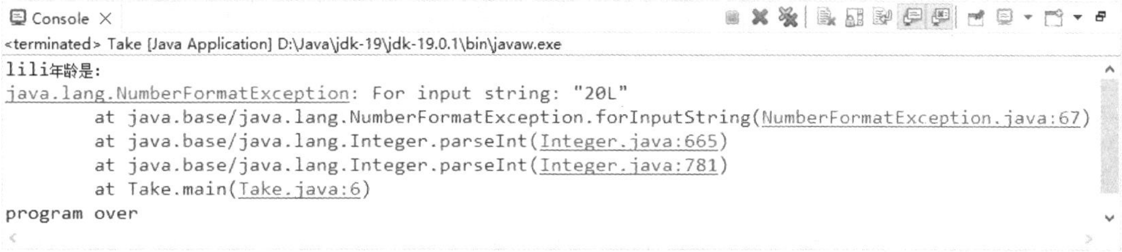

```
Console ✕                                    🗑 ✖ 🔧 | 🗐 📑 🖉 | 🗐 🖉 ▾ 🗐 ▾ 📄 ▾
<terminated> Take [Java Application] D:\Java\jdk-19\jdk-19.0.1\bin\javaw.exe
lili年龄是：
java.lang.NumberFormatException: For input string: "20L"
        at java.base/java.lang.NumberFormatException.forInputString(NumberFormatException.java:67)
        at java.base/java.lang.Integer.parseInt(Integer.java:665)
        at java.base/java.lang.Integer.parseInt(Integer.java:781)
        at Take.main(Take.java:6)
program over
```

图 9.3　例 9.3 的运行结果

从图 9.3 中可以看出，程序仍然输出最后的提示信息，没有因为异常而终止。在例 9.3 中，将可能出现异常的代码用 try…catch 语句块进行处理，当 try 语句块中的语句发生异常时，程序就会跳转到 catch 语句块中执行，执行完 catch 语句块中的程序代码后，将继续执行 catch 语句块后的其他代码，而不会执行 try 语句块中发生异常语句后面的代码。由此可知，Java 的异常处理是结构化的，不会因为一个异常影响整个程序的执行。

误区警示

有时为了编程简单会忽略 catch 语句后的代码，这样 try…catch 语句就成了一种摆设，一旦程序在运行过程中出现了异常，就会导致最终运行结果与期望的不一致，而错误发生的原因很难查找。因此要养成良好的编程习惯，最好在 catch 语句块中写入处理异常的代码。

2．finally 语句块

完整的异常处理语句一定要包含 finally 语句，无论程序中有无异常发生，并且无论之前的 try…catch 语句块是否被顺利执行完毕，都会执行 finally 语句。但是，在以下 4 种特殊情况下，finally 块不会被执行：

- ☑　在 finally 语句块中发生了异常。
- ☑　在前面的代码中使用了 System.exit() 退出程序。
- ☑　程序所在的线程死亡。
- ☑　关闭 CPU。

编程训练（答案位置：资源包\TM\sl\9\编程训练）

【训练 1】简易计算器　模拟一个简单的整数计算器（只能计算两个整数之间的加、减、乘、除运算），使用 try…catch 语句块捕捉 InputMismatchException（控制台输入的不是整数）异常。

【训练 2】校验银行取款金额　使用 try…catch 语句块和 finally 语句块模拟一个取款过程。某个银行账号现有余额 1023.79 元，且银行规定每次取款金额必须是整数，当在控制台上输入的取款金额不是整数时，会捕捉到数字格式转换异常。

9.3 Java 常见的异常类

在 Java 中，提供了一些异常类用来描述经常发生的异常。其中，有的需要程序员进行捕获处理或声明抛出，有的是由 Java 虚拟机自动进行捕获处理的。Java 中常见的异常类如表 9.1 所示。

表 9.1 常见的异常类

异 常 类	说 明
ClassCastException	类型转换异常
ClassNotFoundException	未找到相应类时抛出的异常
ArithmeticException	算术异常
ArrayIndexOutOfBoundsException	数组下标越界时抛出的异常
ArrayStoreException	数组中包含不兼容的值时抛出的异常
SQLException	操作数据库时抛出的异常
NullPointerException	空指针时抛出的异常
NoSuchFieldException	字段未找到时抛出的异常
NoSuchMethodException	方法未找到时抛出的异常
NumberFormatException	字符串被转换为数字时抛出的异常
NegativeArraySizeException	数组元素个数为负数时抛出的异常
StringIndexOutOfBoundsException	字符串索引超出范围时抛出的异常
IOException	输入输出异常
IllegalAccessException	不允许访问某类时抛出的异常
InstantiationException	当应用程序试图使用 Class 类中的 newInstance()方法创建一个类的实例，而指定的类对象无法被实例化时，抛出该异常
EOFException	文件已结束时抛出的异常
FileNotFoundException	文件未找到时抛出的异常

9.4 自定义异常

使用 Java 内置的异常类可以描述在编程时出现的大部分异常情况。除此之外，用户只需继承 Exception 类即可自定义异常类。在程序中使用自定义异常类，大体可分为以下几个步骤：

（1）创建自定义异常类。

（2）在方法中通过 throw 关键字抛出异常对象。

（3）如果在当前抛出异常的方法中处理异常，可以使用 try…catch 语句块进行捕获和处理，否则在方法的声明处通过 throws 关键字指明要抛出给方法调用者的异常，继续进行下一步操作。

（4）在出现异常的方法的调用者中捕获并处理异常。

【例 9.4】 如何创建自定义异常（实例位置：资源包\TM\sl\9\4）

在项目中创建 MyException 类，该类继承 Exception 类。实例代码如下：

```java
public class MyException extends Exception {        //创建自定义异常，继承 Exception 类
    public MyException(String ErrorMessage) {        //构造方法
        super(ErrorMessage);                         //父类构造方法
    }
}
```

字符串 ErrorMessage 是要输出的错误信息。若想抛出用户自定义的异常对象，要使用 throw 关键字（throw 关键字的讲解可参考 9.5 节）。

【例 9.5】自定义异常的抛出与捕捉（**实例位置：资源包\TM\sl\9\5**）

在项目中创建 Tran 类，在该类中创建一个带有 int 型参数的方法 avg()，该方法用来检查参数是否小于 0 或大于 100。如果参数小于 0 或大于 100，则通过 throw 关键字抛出一个 MyException 异常对象，并在 main() 方法中捕捉该异常。实例代码如下：

```java
public class Tran {                                  //创建类
    static int avg(int number1, int number2) throws MyException {    //定义方法，抛出异常
        if (number1 < 0 || number2 < 0) {            //判断方法中参数是否满足指定条件
            throw new MyException("不可以使用负数");  //错误信息
        }
        if (number1 > 100 || number2 > 100) {        //判断方法中参数是否满足指定条件
            throw new MyException("数值太大了");       //错误信息
        }
        return (number1 + number2) / 2;              //将参数的平均值进行返回
    }
    public static void main(String[] args) {         //主方法
        try {                                        //使用 try 语句块处理可能出现异常的代码
            int result = avg(102, 150);              //调用 avg()方法
            System.out.println(result);              //输出 avg()方法的返回值
        } catch (MyException e) {
            System.out.println(e);                   //输出异常信息
        }
    }
}
```

运行结果如图 9.4 所示。

编程训练（答案位置：资源包\TM\sl\9\编程训练）

【训练 3】模拟老师上课前的点名过程　将旷课的学生作为异常抛出：张三、李四、王五（老师在点名册上记下了"王五旷课"）。

【训练 4】超市限购　超市经常会对定价较市场价低的产品实施限购：超市里的鲜鸡蛋每 500 克 3.98 元，每人限购 1500 克。现将超过 1500 克的作为异常抛出，而对于满足条件的，计算出应付款。

图 9.4　例 9.5 的运行结果

9.5　在方法中抛出异常

若某个方法可能会发生异常，但不想在当前方法中处理这个异常，则可以使用 throws、throw 关键字在方法中抛出异常。

9.5.1　使用 throws 关键字抛出异常

throws 关键字通常被应用在声明方法时，用来指定方法可能抛出的异常。多个异常可使用逗号分隔。

【例 9.6】 指明异常起源于何处（**实例位置：资源包\TM\sl\9\6**）

在项目中创建 Shoot 类，在该类中创建方法 pop()，在该方法中抛出 NegativeArraySizeException 异常，在主方法中调用该方法，并实现异常处理。实例代码如下：

```
public class Shoot {                                              //创建类
    static void pop() throws NegativeArraySizeException {
        //定义方法并抛出 NegativeArraySizeException 异常
        int[] arr = new int[-3];                                 //创建数组
    }
    public static void main(String[] args) {                     //主方法
        try {                                                    //使用 try 语句处理异常信息
            pop();                                               //调用 pop()方法
        } catch (NegativeArraySizeException e) {
            System.out.println("pop()方法抛出的异常");             //输出异常信息
        }
    }
}
```

运行结果如图 9.5 所示。

使用 throws 关键字将异常抛给上一级后，如果不想处理该异常，可以继续向上抛出，但最终要有能够处理该异常的代码。

图 9.5　例 9.6 的运行结果

> **说明**
>
> 如果项目中创建的类是 Error 类、RuntimeException 类或它们的子类，则可以不使用 throws 关键字来声明要抛出的异常，编译仍能顺利通过，但在运行时会被系统抛出。

9.5.2　使用 throw 关键字抛出异常

throw 关键字通常用于方法体中，并且抛出一个异常对象。程序在执行到 throw 语句时立即终止，它后面的语句都不被执行。通过 throw 关键字抛出异常后：如果想在上一级代码中捕获并处理异常，则需要在抛出异常的方法中使用 throws 关键字在方法的声明中指明要抛出的异常；如果要捕捉 throw 关键字抛出的异常，则必须使用 try…catch 语句块。

throw 关键字通常用来抛出用户自定义异常。下面通过实例介绍 throw 关键字的用法。

【例 9.7】 创建自定义异常（**实例位置：资源包\TM\sl\9\7**）

在项目中创建自定义异常类（MyException 类），继承 Exception 类。实例代码如下：

```
public class MyException extends Exception {                      //创建自定义异常类
    String message;                                              //定义 String 类型变量
    public MyException(String ErrorMessagr) {                    //父类方法
        message = ErrorMessagr;
    }
    public String getMessage() {                                 //覆盖 getMessage()方法
```

```
                return message;
        }
}
```

【例 9.8】使用 throw 关键字捕捉自定义异常（**实例位置：资源包\TM\sl\9\8**）

使用 throw 关键字捕捉异常。在项目中创建 Captor 类，向该类中的 quotient()方法传递两个 int 型参数，如果其中的一个参数为负数，则会抛出 MyException 异常，最后在 main()方法中捕捉异常。实例代码如下：

```
public class Captor {                                    //创建类
    static int quotient(int x, int y) throws MyException {   //定义方法抛出异常
        if (y < 0) {                                     //判断参数是否小于 0
            throw new MyException("除数不能是负数");      //异常信息
        }
        return x / y;                                    //返回值
    }
    public static void main(String args[]) {             //主方法
        try {                                            //try 语句块包含可能发生异常的语句
            int result = quotient(3, -1);                //调用方法 quotient()
        } catch (MyException e) {                        //处理自定义异常
            System.out.println(e.getMessage());          //输出异常信息
        } catch (ArithmeticException e) {                //处理 ArithmeticException 异常
            System.out.println("除数不能为 0");           //输出提示信息
        } catch (Exception e) {                          //处理其他异常
            System.out.println("程序发生了其他的异常");    //输出提示信息
        }
    }
}
```

运行结果如图 9.6 所示。

上面的实例使用了多个 catch 语句来捕捉异常。如果调用 quotient(3,-1)方法，则将发生 MyException 异常，程序跳转到 catch (MyException e)语句块中进行执行；如果调用 quotient(5,0)方法，则会发生 Arithmeti-cException 异常，

图 9.6　例 9.8 的运行结果

程序跳转到 catch(ArithmeticException e)语句块中进行执行；如果还有其他异常发生，则将使用 catch (Exception e)捕捉异常。由于 Exception 是所有异常类的父类，如果将 catch (Exception e)语句块放在其他两个语句块的前面，后面的语句块将永远得不到执行，也就没有什么意义了，因此 catch 语句的顺序不可调换。

编程训练（答案位置：资源包\TM\sl\9\编程训练）

【训练 5】没带车钥匙　使用 throws 关键字模拟一个生活场景：有位车主想打开车门，不巧的是，他发现自己没带车钥匙，引发了空指针异常（NullPointerException）。

【训练 6】价格调控　当某种商品的价格过高时，国家会对这种商品采取宏观调控，从而使得这种商品的价格趋于稳定。编写一个程序，使用 throw 关键字模拟上述生活场景：规定西红柿单价不得超过 7 元，超过 7 元的情况作为异常抛出，运行结果如图 9.7 所示。

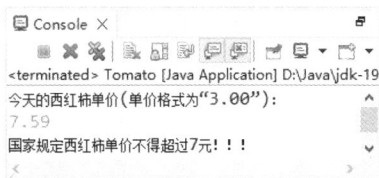

图 9.7　使用 throw 关键字抛出异常

9.6　运行时异常

RuntimeException 异常是程序运行过程中抛出的异常。Java 类库的每个包中都被定义了异常类，所有这些类都是 Throwable 类的子类。Throwable 类派生了两个子类，分别是 Error 类和 Exception 类。Error 类及其子类用来描述 Java 运行系统中的内部错误以及资源耗尽的错误，这类错误比较严重。Exception 类被称为非致命性类，可以通过捕捉处理使程序继续执行。Exception 类又根据错误发生的原因分为 RuntimeException 异常和除 RuntimeException 之外的异常，如图 9.8 所示。

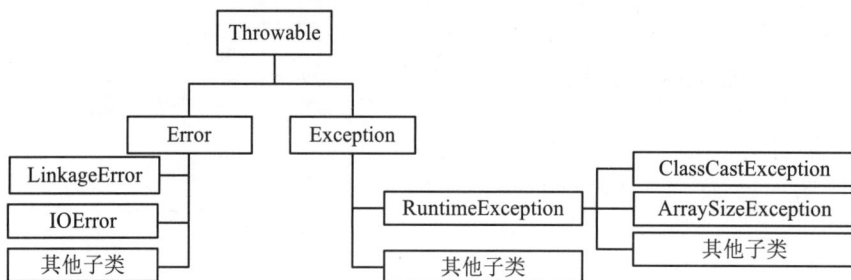

图 9.8　Java 异常类结构

Java 中提供了常见的 RuntimeException 异常，这些异常可通过 try…catch 语句捕获，如表 9.2 所示。

表 9.2　RuntimeException 异常的种类

种　　类	说　　明
NullPointerException	空指针异常
ArrayIndexOutOfBoundsException	数组下标越界异常
ArithmeticException	算术异常
ArrayStoreException	数组中包含不兼容的值抛出的异常
IllegalArgumentException	非法参数异常
SecurityException	安全性异常
NegativeArraySizeException	数组长度为负异常

9.7　try…with…resources 语句

Java 7 提供了一个新的异常处理机制：try…with…resources 语句。它能够很容易地关闭在 try-catch 语句中使用的资源。这些资源指的是在程序运行结束后，必须关闭的对象。也就是说，try-with-resources 语句确保了每个资源在程序运行结束后都会被关闭。下面将从两个方面演示 try-with-resources 语句的使用方法。

1. 关闭一个资源

如果一个资源对象是在 try…with…resources 语句中声明的，那么 AutoCloseable 接口中的 close()方法就会自动执行。也就是说，JVM 会自动调用 close()方法关闭资源。

例如，定义一个实现 AutoCloseable 接口的 Resource 类。在 Resource 类中，包含一个用于执行任务的 doTask()方法和重写的 close()方法。定义一个用于测试的 Test 类，使用 try…with…resources 语句实现自动关闭资源的功能。代码如下：

```java
class Resource implements AutoCloseable {
    void doTask() {
        System.out.println("执行任务");
    }

    @Override
    public void close() throws Exception {
        System.out.println("关闭资源");
    }
}

public class Test {
    public static void main(String[] args) {
        try(Resource r = new Resource()) {
            r.doTask();
        } catch (Exception e) {
            e.printStackTrace();
        }
    }
}
```

运行结果如下：

```
执行任务
关闭资源
```

2. 关闭多个资源

例如，定义实现 AutoCloseable 接口的 ResourceOne 类和 ResourceTwo 类。在 ResourceOne 类中，包含一个用于执行任务 1 的 doTaskOne()方法和重写的 close()方法；在 ResourceTwo 类中，包含一个用于执行任务 2 的 doTaskTwo()方法和重写的 close()方法。定义一个用于测试的 Test 类，对 ResourceOne 类和 ResourceTwo 类使用 try…with…resources 语句实现自动关闭资源的功能。代码如下：

```java
class ResourceOne implements AutoCloseable {
    void doTaskOne() {
        System.out.println("执行任务 1");
    }

    @Override
    public void close() throws Exception {
        System.out.println("关闭资源 1");
    }
}

class ResourceTwo implements AutoCloseable {
    void doTaskTwo() {
```

```java
            System.out.println("执行任务 2");
        }

        @Override
        public void close() throws Exception {
            System.out.println("关闭资源 2");
        }
    }

public class Test {
    public static void main(String[] args) {
        try(ResourceOne ro = new ResourceOne();
            ResourceTwo rt = new ResourceTwo()) {
                ro.doTaskOne();
                rt.doTaskTwo();
        } catch (Exception e) {
                e.printStackTrace();
        }
    }
}
```

运行结果如下：

```
执行任务 1
执行任务 2
关闭资源 2
关闭资源 1
```

9.8　异常的使用原则

Java 异常强制用户考虑程序的强健性和安全性。异常处理不应用来控制程序的正常流程，其主要作用是捕获程序在运行时发生的异常并进行相应的处理。编写代码处理某个方法可能出现的异常时，可遵循以下几条原则：

☑　在当前方法声明中使用 try…catch 语句捕获异常。

☑　当一个方法被覆盖时，覆盖它的方法必须抛出与它相同的异常或异常的子类。

☑　如果父类抛出多个异常，则覆盖方法必须抛出那些异常的一个子集，不能抛出新异常。

9.9　实践与练习

（答案位置：资源包\TM\sl\9\实践与练习）

综合练习 1：引发越界异常　编写一个简单的程序，使之产生越界异常（IndexOutOfBounds Exception）。

综合练习 2：数据类型转换异常　编写一个简单程序，使之产生数据类型转换异常（NumberFormatException）。

综合练习 3：数组发生的异常　在控制台上简述一个整型数组（如"int a[] = { 1, 2, 3, 4 };"）遍历的过程，并体现出当 i 的值为多少时，会产生异常，异常的种类是什么？

综合练习 4：乘法引发的异常　创建 Number 类，通过类中的方法 count()可得到两个数据类型为 int 型的整数相乘后的结果，在调用该方法的主方法中使用 try...catch 语句捕捉 12315 乘以 57876876 可能发生的异常。

综合练习 5：除数不能为 0　使用静态变量、静态方法以及 throws 关键字，实现当两个数相除且除数为 0 时，程序会捕获并处理抛出的 ArithmeticException 异常（算术异常），运行结果如图 9.9 所示。

图 9.9　捕获并处理抛出的 ArithmeticException 异常

综合练习 6：校验年龄格式　编写一个信息录入程序，获取用户输入的姓名和年龄。如果用户输入的年龄不是正确的年龄数字（如 0.5），则抛出异常并让用户重新输入；如果年龄正确，则输出用户输入的信息。

综合练习 7：中断循环　编写使用 for 循环在控制台上输出 0～9 的代码。代码要实现以下两个功能：当循环变量的值为 2 时，抛出异常，循环被中断；当循环变量的值为 2 时，虽然会抛出异常，但是循环不会被中断。

综合练习 8：计算最大公约数　创建 Computer 类，该类中有一个计算两个数的最大公约数的方法，如果向该方法传递负整数，该方法就会抛出自定义异常。

第 10 章

字符串

　　字符串是 Java 程序中经常处理的对象，如果字符串运用得不好，将影响到程序运行的效率。在 Java 中，字符串作为 String 类的实例来处理。以对象的方式处理字符串，将使字符串更加灵活、方便。了解字符串上可用的操作，可以节省程序编写与维护的时间。本章从创建字符串开始向读者讲解字符串本身的特性以及字符串上可用的重要操作等。

　　本章的知识架构及重难点如下。

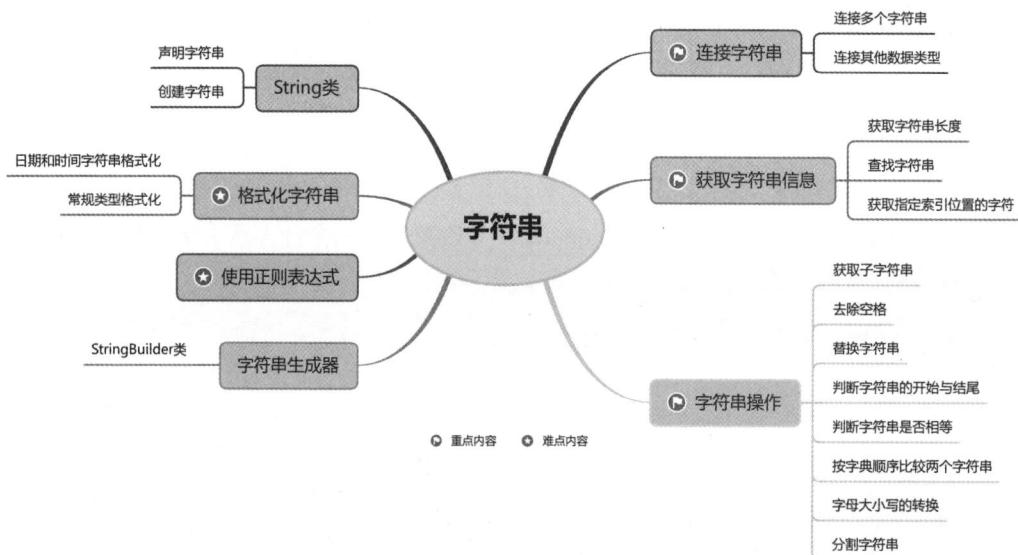

10.1　String 类

　　单个字符可以用 char 类型进行保存，多个字符组成的文本就需要保存在 String 对象中。String 通常被称为字符串，一个 String 对象最多可以保存（$2^{32}-1$）个字节（占用 4GB 空间大小）的文本内容。本节将详细讲解 String 类的使用方法。

10.1.1　声明字符串

　　在 Java 语言中，字符串必须被包含在一对双引号（" "）之内。例如：

"23.23"、"ABCDE"、"你好"

以上这些都是字符串常量，字符串常量可以是系统能够显示的任何文字信息，甚至可以是单个字符。

误区警示

在 Java 中由双引号("")包围的都是字符串，字符串不能作为其他数据类型来使用，如 "1+2" 的输出结果不可能是 3。

可以通过以下语法格式来声明字符串变量：

String str;

☑　String：指定该变量为字符串类型。

☑　str：任意有效的标识符，表示字符串变量的名称。

声明字符串变量 s，代码如下：

String s;

说明

声明的字符串变量必须经过初始化才能使用，否则编译器会报出"变量未被初始化错误"。

10.1.2　创建字符串

在 Java 语言中，将字符串作为对象来处理，因此可以像创建其他类对象一样来创建字符串对象。创建对象要使用类的构造方法。String 类的常用构造方法如下。

1．String(char a[])

该方法用一个字符数组 a 创建 String 对象，代码如下：

```
char a[ ] = {'g','o','o','d'};          等价于
String s = new String(a);      ⟹    String s = new String("good")
```

2．String(char a[], int offset, int length)

该方法提取字符数组 a 中的一部分创建一个字符串对象。参数 offset 表示开始截取字符的位置，length 表示截取字符串的长度。代码如下：

```
char a[] = {'s','t','u','d','e','n','t'};   等价于
String s = new String(a,2,4);      ⟹   String s = new String("uden");
```

3．String(char[] value)

该构造方法可分配一个新的 String 对象，使其表示字符数组参数中所有元素连接的结果。代码如下：

```
char a[]={'s','t','u','d','e','n','t'};   等价于
String s = new String(a);      ⟹   String s = new String("student");
```

除通过以上几种使用 String 类的构造方法来创建字符串变量外，还可通过将字符串常量的引用赋值给一个字符串变量来创建字符串。代码如下：

```
String str1,str2;
str1 = "We are students"
srt2 = "We are students"
```

此时，str1 与 str2 引用相同的字符串常量，因此具有相同的实体，内存示意图如图 10.1 所示。

编程训练（答案位置：资源包\TM\sl\10\编程训练）

【训练 1】3 种形式创建字符串　用上述 3 种方式创建内容为"要么你主宰生活，要么你被生活主宰。——吉姆·罗恩"的字符串对象。

【训练 2】字节码转字符串　已知-60、-29、-70、-61 这 4 个数字是一段文字的字节码，请输出这段文字内容。

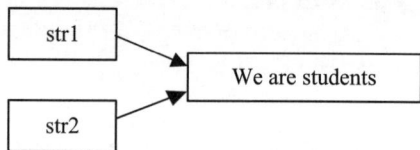

图 10.1　内存示意图

10.2　连接字符串

对于已声明的字符串，可以对其进行相应的操作，连接字符串就是字符操作中较简单的一种。可以对多个字符串进行连接，也可使字符串与其他数据类型进行连接。

10.2.1　连接多个字符串

使用"+"运算符可实现连接多个字符串的功能。"+"运算符可以连接多个 String 对象并产生一个新的 String 对象。

【例 10.1】先连接一副对联的上、下联，再分行输出到控制台上（**实例位置：资源包\TM\sl\10\1**）

在项目中创建 Join 类，在主方法中创建两个 String 型变量，它们的值分别是"春色绿千里"和"马蹄香万家"，使用"+"运算符连接这两个 String 型变量和"\n"，在控制台上输出连接后的字符串。实例代码如下：

```java
public class Join {                              //创建类
    public static void main(String args[]) {      //主方法
        String s1 = new String("春色绿千里");      //声明 String 对象 s1
        String s2 = new String("马蹄香万家");      //声明 String 对象 s2
        String s = s1 + "\n" + s2;                 //将对象 s1、"\n"和对象 s2 进行连接并将结果赋值给 s
        System.out.println(s);                     //将 s 进行输出
    }
}
```

运行结果如图 10.2 所示。

10.2.2　连接其他数据类型

字符串也可同其他基本数据类型进行连接。如果将字符串

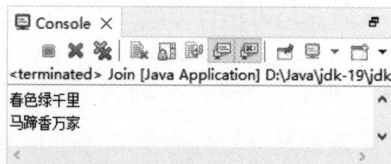

图 10.2　例 10.1 的运行结果

同其他数据类型数据进行连接，则会将其他数据类型的数据直接转换成字符串。

【例 10.2】统计每天的阅读和上机时间（实例位置：资源包\TM\sl\10\2）

在项目中创建 Link 类，在主方法中创建数值型变量，实现将字符串与整型、浮点型变量相连的结果进行输出。实例代码如下：

```
public class Link {                                    //创建类
    public static void main(String args[]) {           //主方法
        int booktime = 4;                              //声明 int 型变量 booktime
        float practice = 2.5f;                         //声明 float 型变量 practice
        //将字符串与整型、浮点型变量进行相连，并输出结果
        System.out.println("我每天花费" + booktime + "小时看书；"
                + practice + "小时上机练习");
    }
}
```

运行结果如图 10.3 所示。

本实例实现的是将字符串常量与整型变量 booktime 和浮点型变量 practice 相连后的结果进行输出。在这里 booktime 和 practice 都不是字符串，当它们与字符串相连时会自动调用 toString()方法并被转换成字符串形式，然后参与字符串的连接。

误区警示

只要 "+" 运算符的一个操作数是字符串，编译器就会将另一个操作数转换成字符串形式，所以应谨慎地将其他数据类型的数据与字符串相连，以免出现意想不到的结果。

如果将例 10.2 中的输出语句修改为：

```
System.out.println("我每天花费" + booktime + "小时看书；" + (practice+booktime) + "小时上机练习");
```

则例 10.2 修改后的运行结果如图 10.4 所示。

图 10.3　例 10.2 的运行结果　　　　图 10.4　例 10.2 的输出语句被修改后的运行结果

为什么会这样呢？这是由于运算符是有优先级的，圆括号的优先级最高，因此先被执行，然后将结果与字符串进行相连。

编程训练（答案位置：资源包\TM\sl\10\编程训练）

【训练 3】拼接字符串　字符串没有支持 char 类型参数的方法，如果想要将一个 char 类型变量转为字符串，最简单的方法就是拼接。请将字符 "@" 转成字符串。

【训练 4】拼接古诗　用 3 种方法将 "白日依山尽" 和 "黄河入海流" 两句古诗拼接成一个字符串（每个诗句后要加标点）。

169

10.3　获取字符串信息

每个字符串都是一个对象，通过这个对象调用相应方法就能够获取字符串的有效信息，如获取某字符串的长度、某个索引位置的字符等。本节将讲解几种获取字符串的相关信息的方法。

10.3.1　获取字符串长度

使用 String 类的 length()方法来获取声明的字符串对象的长度。语法如下：

```
str.length();
```

其中，str 为字符串对象。

获取字符串长度，代码如下：

```
String str = "We are students";
int size = str.length();
```

上段代码是将字符串 str 的长度赋值给 int 型变量 size，此时变量 size 的值为 15，这表示 length()方法返回的是字符串的长度（包括字符串中的空格）。

10.3.2　查找字符串

String 类提供了两种查找字符串的方法，即 indexOf()与 lastIndexOf()方法。这两种方法都允许在字符串中搜索指定条件的字符或字符串。indexOf()方法返回的是搜索的字符或字符串首次出现的位置，lastIndexOf()方法返回的是搜索的字符或字符串最后一次出现的位置。

1．indexOf(String s)

该方法用于返回参数字符串 s 在指定字符串中首次出现的索引位置。当调用 String 类的 indexOf()方法时，会从当前字符串的开始位置处搜索 s 的位置。indexOf()方法如果没有检索到字符串 s，则返回 −1。语法如下：

```
str.indexOf(substr)
```

☑　str：任意字符串对象。
☑　substr：要搜索的字符串。

查找字符 a 在字符串 str 中的索引位置，代码如下：

```
String str = "We are students";
int size = str.indexOf("a");          //变量 size 的值是 3
```

要理解字符串的索引位置，则需要对字符串的下标有所了解。在 Java 语言中，String 对象是用数组表示的。字符串的下标是 0～length()−1。因此，字符串 "We are students" 的下标如图 10.5 所示。

2. lastIndexOf(String str)

该方法用于返回指定字符串最后一次出现的索引位置。当调用 String 类的 lastIndexOf()方法时，会从当前字符串的开始位置处检索参数字符串 str，并将最后一次出现 str 的索引位置进行返回。lastIndexOf()方法如果没有检索到字符串 str，则返回-1。语法如下：

str.lastIndexOf(substr)

- ☑ str：任意字符串对象。
- ☑ substr：要搜索的字符串。

说明

如果 lastIndexOf()方法中的参数是空字符串""（注意没有空格），则该方法返回的结果与调用 length()方法的返回结果相同。

【例 10.3】用两种方式判断字符串的长度（实例位置：资源包\TM\sl\10\3）

在项目中创建 Text 类，在主方法中创建 String 对象，先使用 lastIndexOf()方法查看字符串 str 中空字符串的位置，再输出这个字符串的长度，然后查看这两个结果是否相同。实例代码如下：

```java
public class Text {                                         //创建类
    public static void main(String args[]) {                //主方法
        String str = "We are students";                     //定义字符串 str
        //将空字符串在 str 中的索引位置赋值给变量 size
        int size = str.lastIndexOf("");
        System.out.println("空字符串在字符串 str 中的索引位置是: " + size);   //输出变量 size
        System.out.println("字符串 str 的长度是: " + str.length());      //输出字符串 str 的长度

    }
}
```

运行结果如图 10.6 所示。

图 10.5　字符串 str 的下标

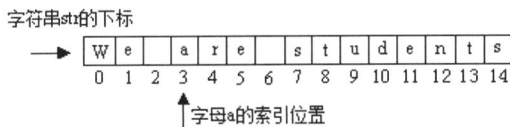

图 10.6　例 10.3 的运行结果

10.3.3　获取指定索引位置的字符

使用 charAt()方法可将指定索引处的字符进行返回。语法如下：

str.charAt(int index)

- ☑ str：任意字符串。
- ☑ index：整型值，用于指定要返回字符的下标。

【例 10.4】查看指定索引位置上的字符（实例位置：资源包\TM\sl\10\4）

在项目中创建 Ref 类，在主方法中创建 String 对象，使用 charAt()方法查看字符串 str 中索引位置是 6 的字符。实例代码如下：

```
public class Ref {                                          //创建类
    public static void main(String args[]) {                //主方法
        String str = "hello world";                         //定义字符串 str
        char mychar = str.charAt(6);                        //将字符串 str 中索引位置是 6 的字符进行返回
        System.out.println("字符串 str 中索引位置是 6 的字符为： " + mychar); //输出信息
    }
}
```

运行结果如图 10.7 所示。

编程训练（答案位置：资源包\TM\sl\10\编程训练）

【训练 5】判断某段文字是否只出现一次　设计一个方法，判断某段文字是否在指定字符串中只出现一次。

【训练 6】获得最中间的字符　如何获得任意字符串里最中间的字符（如果字符个数为偶数，则取中间两个字符中索引值较小的字符）？

图 10.7　例 10.4 的运行结果

10.4　字符串操作

String 类中包含了很多方法，允许程序员对字符串进行操作来满足实际编程中的需要。本节将讲解几种常见的字符串操作。

10.4.1　获取子字符串

通过 String 类的 substring()方法可对字符串进行截取。substring()方法被两种不同的形式重载，以满足不同的需要。这些形式的共同点是，它们都利用字符串的下标进行截取，并且字符串下标是从 0 开始的。

1. substring(int beginIndex)

该方法返回的是从指定的索引位置开始截取直到该字符串结尾的子串。语法如下：

`str.substring(int beginIndex)`

其中，beginIndex 指定从某一索引处开始截取字符串。

截取字符串，代码如下：

```
String str = "Hello World";                  //定义字符串 str
String substr = str.substring(3);            //获取字符串，此时 substr 值为 lo World
```

使用 substring(beginIndex)截取字符串的过程如图 10.8 所示。

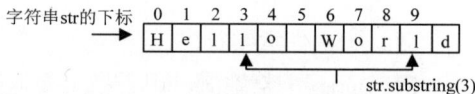

误区警示

在字符串中，空格占用一个索引位置。

图 10.8　substring(3)的截取过程

2．substring(int beginIndex, int endIndex)

该方法返回的是从字符串某一索引位置开始截取至某一索引位置结束的子串。语法如下：

substring(**int** beginIndex, **int** endIndex)

☑ beginIndex：开始截取子字符串的索引位置。

☑ endIndex：子字符串在整个字符串中的结束位置。

【例 10.5】《将进酒》的作者是哪位诗人？（**实例位置：资源包\TM\sl\10\5**）

在项目中创建 Subs 类，在主方法中创建 String 对象，实现使用 substring()方法对字符串进行截取，并将截取后形成的新字符串进行输出。实例代码如下：

```java
public class Subs {                                    //创建类
    public static void main(String args[]) {           //主方法
        String str = "《将进酒》：李白（唐）";              //定义的字符串
        String substr = str.substring(6, 8);           //对字符串进行截取
        System.out.println("《将进酒》的作者是" + substr);  //输出截取后的字符串
    }
}
```

运行结果如图 10.9 所示。

图 10.9 例 10.5 的运行结果

10.4.2 去除空格

trim()方法返回字符串的副本，忽略前导空格和尾部空格。语法如下：

str.trim()

其中，str 为任意字符串对象。

【例 10.6】去掉字符串首、尾的空格（**实例位置：资源包\TM\sl\10\6**）

在项目中创建 Blak 类，在主方法中创建 String 对象，在控制台上输出字符串原来的长度和去掉首、尾空格后的长度。实例代码如下：

```java
public class Blak {                                              //创建类
    public static void main(String args[]) {                     //主方法
        String str = "  Java  class  ";                          //定义字符串 str
        System.out.println("字符串原来的长度: " + str.length());    //将 str 原来的长度进行输出
        //将 str 去掉前导和尾部的空格后的长度进行输出
        System.out.println("去掉空格后的长度: " + str.trim().length());
    }
}
```

运行结果如图 10.10 所示。

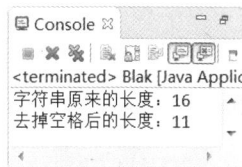

10.4.3 替换字符串

replace()方法可实现将指定的字符或字符串替换成新的字符或字符串。语法如下：

str.replace(CharSequence target, CharSequence replacement)

图 10.10 例 10.6 的运行结果

173

☑　　target：要替换的字符或字符串。

☑　　replacement：用于替换原来字符串的内容。

replace()方法返回的结果是一个新的字符串。如果字符或字符串 oldChar 没有出现在该对象表达式的字符串序列中，则将原字符串进行返回。

【例 10.7】将单词中的字母 a 替换为字母 A（实例位置：资源包\TM\sl\10\7）

在项目中创建 NewStr 类，在主方法中创建 String 型变量，将该变量中的字母 a 替换成 A，并将替换后的字符串进行输出。实例代码如下：

```java
public class NewStr {                              //创建类
    public static void main(String args[]) {       //主方法
        String str = "address";                    //定义字符串 str
        //将 str 中 "a" 替换成 "A" 并返回新字符串 newstr
        String newstr = str.replace("a", "A");
        System.out.println(newstr);                //将字符串 newstr 进行输出
    }
}
```

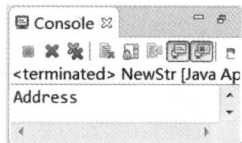

运行结果如图 10.11 所示。

图 10.11　例 10.7 的运行结果

> **说明**
>
> 如果要替换的字符 oldChar 在字符串中重复出现多次，那么 replace()方法会将所有 oldChar 字符全部替换成 newChar。例如：
>
> ```java
> String str = "java project";
> String newstr = str.replace("j","J");
> ```
>
> 此时，newstr 的值为 Java proJect。
>
> 需要注意的是，要替换的字符 oldChar 的大小写要与原字符串中字符的大小写保持一致，否则它不能被成功地替换。例如，如果将上面的实例写成如下语句，则 oldChar 字符不能被成功地替换：
>
> ```java
> String str = "java project";
> String newstr = str.replace("P","t");
> ```

10.4.4　判断字符串的开始与结尾

startsWith()方法与 endsWith()方法分别用于判断字符串是否以指定的内容开始或结束。这两个方法的返回值都为 boolean 类型。

1．startsWith()方法

该方法用于判断当前字符串对象的前缀是否为参数指定的字符串。语法如下：

```java
str.startsWith(String prefix)
```

其中，prefix 是指作为前缀的字符串。

2．endsWith()方法

该方法用于判断当前字符串是否为以给定的子字符串结束。语法如下：

```java
str.endsWith(String suffix)
```

其中，suffix 是指作为后缀的字符串。

【例 10.8】判断字符串是否以指定的内容开始或结束（**实例位置：资源包\TM\sl\10\8**）

在项目中创建 StartOrEnd 类，在主方法中创建两个 String 型变量，它们的值分别为"22045612"和"21304578"，先判断"22045612"是否是以"22"开始的，再判断"21304578"是否是以"78"结束的。实例代码如下：

```java
public class StartOrEnd {                                              //创建类
    public static void main(String args[]) {                          //主方法
        String num1 = "22045612";                                     //定义字符串 num1
        String num2 = "21304578";                                     //定义字符串 num2
        boolean b = num1.startsWith("22");                            //判断字符串 num1 是否以'22'开头
        boolean b2 = num2.endsWith("78");                            //判断字符串 num2 是否以'78'结束
        System.out.println("字符串 num1 是以'22'开始的吗？" + b);
        System.out.println("字符串 num2 是以'78'结束的吗？" + b2);       //输出信息
    }
}
```

运行结果如图 10.12 所示。

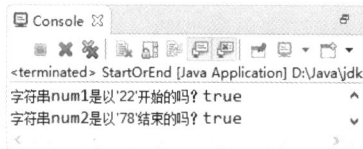

10.4.5　判断字符串是否相等

对字符串对象进行比较不能简单地使用比较运算符"=="，因为比较运算符比较的是两个字符串的地址是否相同。即使两个字符串的内容相同，两个对象的内存地址也是不同的，使用比较运算符仍然会返回 false。使用比较运算符比较两个字符串，代码如下：

```java
String tom = new String("I am a student");
String jerry = new String("I am a student");
boolean b = (tom == jerry);
```

此时，布尔型变量 b 的值为 false，因为字符串是对象，tom、jerry 是引用，内存示意图如图 10.13 所示。

因此，要比较两个字符串内容是否相等，应使用 equals()方法和 equalsIgnoreCase()方法。

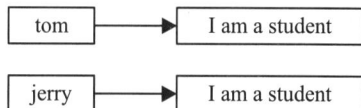

图 10.12　例 10.8 的运行结果

图 10.13　内存示意图

1. equals()方法

如果两个字符串具有相同的字符和长度，则使用 equals()方法进行比较时，返回 true；否则，返回 false。语法如下：

```java
str.equals(String otherstr)
```

其中，str、otherstr 是要比较的两个字符串对象。

2. equalsIgnoreCase()方法

使用 equals()方法对字符串进行比较时是区分大小写的，而使用 equalsIgnoreCase()方法是在忽略了大小写的情况下比较两个字符串是否相等的，返回结果仍为 boolean 类型。语法如下：

```java
str.equalsIgnoreCase(String otherstr)
```

其中，str、otherstr 是要比较的两个字符串对象。

通过下面的例子可以看出 equals()方法和 equalsIgnoreCase()方法的区别。

【例 10.9】判断"abc"与"ABC"是否相等（**实例位置：资源包\TM\sl\10\9**）

在项目中创建 Opinion 类，在主方法中创建两个 String 型变量，它们的值分别为"abc"和"ABC"，判断这两个字符串是否相等。实例代码如下：

```java
public class Opinion {                                  //创建类
    public static void main(String args[]) {            //主方法
        String s1 = new String("abc");                  //创建字符串对象 s1
        String s2 = new String("ABC");                  //创建字符串对象 s2
        boolean b = s1.equals(s2);                      //使用 equals()方法比较 s1 与 s2
        boolean b2 = s1.equalsIgnoreCase(s2);           //使用 equalsIgnoreCase()方法比较 s1 与 s2
        System.out.println(s1 + " equals " + s2 + ":" + b);    //输出信息
        System.out.println(s1 + " equalsIgnoreCase " + s2 + ":" + b2);
    }
}
```

运行结果如图 10.14 所示。

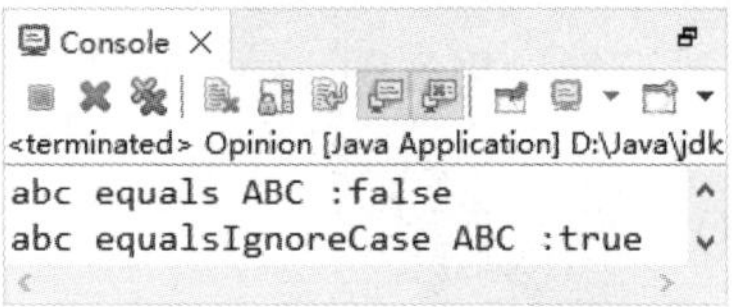

10.4.6　按字典顺序比较两个字符串

图 10.14　例 10.9 的运行结果

compareTo()方法是按字典顺序比较两个字符串的，该比较基于字符串中各个字符的 Unicode 值，按字典顺序将 String 对象表示的字符序列与参数字符串所表示的字符序列进行比较。如果按字典顺序此 String 对象位于参数字符串之前，则比较结果为一个负整数；如果按字典顺序此 String 对象位于参数字符串之后，则比较结果为一个正整数；如果这两个字符串相等，则结果为 0。语法如下：

```
str.compareTo(String otherstr)
```

其中，str、otherstr 是要比较的两个字符串对象。

> **说明**
>
> compareTo()方法只有在 equals(Object)方法返回 true 时才返回 0。

【例 10.10】判断字母 b 的位置（**实例位置：资源包\TM\sl\10\10**）

在项目中创建 Wordbook 类，在主方法中创建 3 个 String 变量，它们的值分别为 a、b 和 c，使用 compareTo()方法判断字母 b 的位置，即在字母 a 的后面，在字母 c 的前面。实例代码如下：

```java
public class Wordbook {                                 //创建类
    public static void main(String args[]) {            //主方法
        String str = new String("b");
        String str2 = new String("a");                  //用于比较的 3 个字符串
        String str3 = new String("c");
        System.out.println(str + " compareTo " + str2 + ":"
                + str.compareTo(str2));                 //输出 str 与 str2 比较的结果
        System.out.println(str + " compareTo " + str3 + ":"
                + str.compareTo(str3));                 //输出 str 与 str3 比较的结果
    }
}
```

运行结果如图 10.15 所示。

10.4.7　字母大小写的转换

String 类的 toLowerCase()方法可将字符串中的所有大写字母改写为小写字母，而 toUpperCase()方法可将字符串中的所有小写字母改写为大写字母。

1．toLowerCase()方法

该方法将字符串中的所有大写字母转换为小写。如果字符串中没有应该被转换的字符，则将原字符串返回；否则将返回一个新的字符串，将原字符串中每个大写字母都转换成小写，字符串长度不变。语法如下：

```
str.toLowerCase()
```

其中，str 是要进行转换的字符串。

2．toUpperCase()方法

该方法将字符串中所有的小写字母转换为大写。如果字符串中没有应该被转换的字符，则将原字符串返回；否则返回一个新字符串，将原字符串中每个小写字母都转换成大写，字符串长度不变。语法如下：

```
str.toUpperCase()
```

其中，str 是要进行转换的字符串。

说明

　　使用 toLowerCase()方法和 toUpperCase()方法进行大小写转换时，数字或其他非英文字母类字符不受影响。

【例 10.11】字母大小写的转换（实例位置：资源包\TM\sl\10\11）

在项目中创建 UpAndLower 类，在主方法中创建一个值为"Oh My God"的 String 型变量，对这个字符串进行字母大小写转换，然后将转换后的结果输出在控制台上。实例代码如下：

```java
public class UpAndLower {                        //创建类
    public static void main(String args[]) {      //主方法
        String str = new String("Oh My God");     //创建字符串 str
        String newstr = str.toLowerCase();        //使用 toLowerCase()方法实行小写转换
        String newstr2 = str.toUpperCase();       //使用 toUpperCase()方法实行大写转换
        System.out.println(newstr);               //输出转换后的结果
        System.out.println(newstr2);
    }
}
```

运行结果如图 10.16 所示。

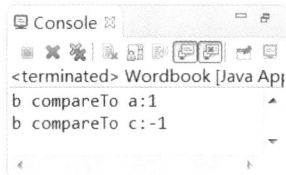

图 10.15　例 10.10 的运行结果

图 10.16　例 10.11 的运行结果

10.4.8　分割字符串

使用 split()方法可以使字符串按指定的分割字符或字符串进行分割，并将分割后的结果存储在字符串数组中。split()方法提供了以下两种字符串分割形式。

1．split(String sign)

该方法可根据给定的分割符对字符串进行拆分。语法如下：

```
str.split(String sign)
```

其中，sign 为分割字符串的分割符，也可以使用正则表达式。

> **说明**
>
> 没有统一的对字符进行分割的符号。如果想定义多个分割符，可使用符号"|"。例如，",|="表示分割符分别为","和"="。

2．split(String sign,int limit)

该方法可根据给定的分割符对字符串进行拆分，并限定拆分的次数。语法如下：

```
str.split(String sign,int limit)
```

- ☑　sign：分割字符串的分割符，也可以使用正则表达式。
- ☑　limit：限制的分割次数。

【例 10.12】按要求分割"192.168.0.1"（实例位置：资源包\TM\sl\10\12）

在项目中创建 Division 类，在主方法中创建一个值为"192.168.0.1"的 String 型变量，先按照"."分割字符串，再按照"."对这个字符串进行两次分割。实例代码如下：

```java
public class Division {
    public static void main(String[] args) {
        String str = "192.168.0.1";                          //创建字符串
        String[] firstArray = str.split("\\.");              //按照"."进行分割，使用转义字符"\\."
        String[] secondArray = str.split("\\.", 2);          //按照"."进行两次分割，使用转义字符"\\."
        System.out.println("str 的原值为：[" + str + "]");    //输出 str 原值
        System.out.print("全部分割的结果：");                 //输出全部分割的结果
        for (String a : firstArray) {
            System.out.print("[" + a + "]");
        }
        System.out.println();                                //换行
        System.out.print("分割两次的结果：");                 //输出分割两次的结果
        for (String a : secondArray) {
            System.out.print("[" + a + "]");
        }
        System.out.println();
    }
}
```

运行结果如图 10.17 所示。

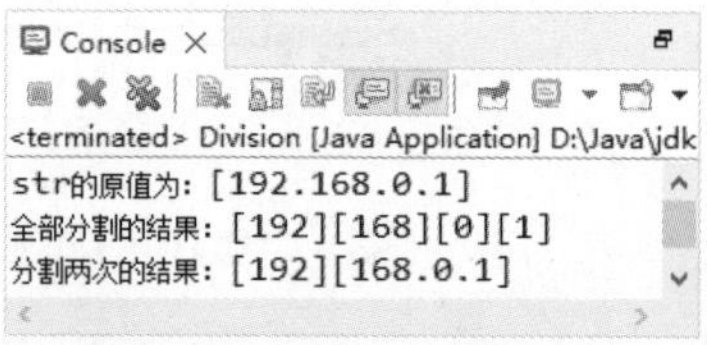

图 10.17　例 10.12 的运行结果

编程训练（答案位置：资源包\TM\sl\10\编程训练）

【训练 7】截取 QQ 号　截取任意 QQ 邮箱地址中的 QQ 号。

【训练 8】模拟员工打卡　公司有"张三""李四""王五""赵六""周七""王哲""白浩""贾蓉""慕容阿三""黄蓉"10 名员工，请模拟员工打卡：员工输入自己的名字，如果名单中有该员工，则提示"签到成功"，否则提示员工不存在。

10.5　格式化字符串

String 类的静态 format()方法用于创建格式化的字符串。format()方法有两种重载形式。

1．format(String format,Object…args)

该方法使用指定的格式字符串和参数返回一个格式化字符串，格式化后的新字符串使用本地默认的语言环境。语法如下：

str.format(String format,Object…args)

- ☑　format：格式字符串。
- ☑　args：格式字符串中由格式说明符引用的参数。如果还有格式说明符以外的参数，则忽略这些额外的参数。此参数的数目是可变的，可以为 0。

2．format(Local l,String format,Object…args)

该方法使用指定的语言环境、格式字符串和参数返回一个格式化字符串，格式化后的新字符串使用其指定的语言环境。语法如下：

str.format(Local l,String format,Object…args)

- ☑　l：格式化过程中要应用的语言环境。如果 l 为 null，则不进行本地化。
- ☑　format：格式字符串。
- ☑　args：格式字符串中由格式说明符引用的参数。如果还有格式说明符以外的参数，则忽略这些额外的参数。此参数的数目是可变的，可以为 0。

10.5.1　日期和时间字符串格式化

在应用程序设计中，经常需要显示日期和时间。如果想输出满意的日期和时间格式，一般需要编写大量的代码、经过各种算法才能实现。format()方法通过给定的特殊转换符作为参数来实现对日期和时间的格式化。

1．日期格式化

先来看一个例子。返回一个月中的天数，代码如下：

```
Date date = new Date();                //创建 Date 对象 date
String s = String.format("%te", date);  //通过 format()方法对 date 进行格式化
```

上述代码中变量 s 的值是当前日期中的天数，如今天是 15 号，则 s 的值为 15；%te 是转换符。常用的日期格式化转换符如表 10.1 所示。

表 10.1　常用的日期格式化转换符

转 换 符	说 明	示 例
%te	一个月中的某一天（1～31）	2
%tb	指定语言环境的月份简称	Feb（英文）、二月（中文）
%tB	指定语言环境的月份全称	February（英文）、二月（中文）
%tA	指定语言环境的星期几全称	Monday（英文）、星期一（中文）
%ta	指定语言环境的星期几简称	Mon（英文）、星期一（中文）
%tc	包括全部日期和时间信息	星期二　三月　25 13:37:22 CST 2008
%tY	4 位年份	2008
%tj	一年中的第几天（001～366）	085
%tm	月份	03
%td	一个月中的第几天（01～31）	02
%ty	2 位年份	08

【例 10.13】按照格式输出今天的年、月、日（实例位置：资源包\TM\sl\10\13）

在项目中创建 Eval 类，控制台输出今天的年、月、日。其中，输出格式为 4 位年份、月份全称和 2 位日期。实例代码如下：

```java
import java.util.Date;                                    //导入 java.util.Date 类
public class Eval {                                        //新建类
    public static void main(String[] args) {               //主方法
        Date date = new Date();                            //创建 Date 对象 date
        String year = String.format("%tY", date);          //对 date 进行格式化
        String month = String.format("%tB", date);
        String day = String.format("%td", date);
        System.out.println("今年是：" + year + "年");        //输出信息
        System.out.println("现在是：" + month);
        System.out.println("今天是：" + day + "号");
    }
}
```

运行结果如图 10.18 所示。

2. 时间格式化

使用 format()方法不仅可以完成日期的格式化，也可以实现时间的格式化。时间的格式化转换符要比日期的格式化转换符更多、更精确，它可以将时间格式化为时、分、秒、毫秒等。格式化时间的转换符如表 10.2 所示。

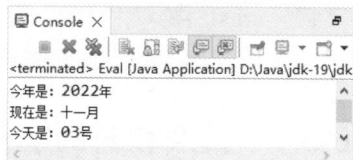

图 10.18　例 10.13 的运行结果

表 10.2　时间格式化转换符

转 换 符	说 明	示 例
%tH	2 位数字的 24 时制的小时（00～23）	14
%tI	2 位数字的 12 时制的小时（01～12）	05
%tk	2 位数字的 24 时制的小时（0～23）	5

续表

转 换 符	说 明	示 例
%tl	2 位数字的 12 时制的小时（1～12）	10
%tM	2 位数字的分钟数（00～59）	05
%tS	2 位数字的秒数（00～60）	12
%tL	3 位数字的毫秒数（000～999）	920
%tN	9 位数字的微秒数（000000000～999999999）	062000000
%tp	指定语言环境下的上午或下午标记	下午（中文）、pm（英文）
%tz	相对于 GMT RFC 82 格式的数字时区偏移量	+0800
%tZ	时区缩写形式的字符串	CST
%ts	1970-01-01 00:00:00 至现在经过的秒数	1206426646
%tQ	1970-01-01 00:00:00 至现在经过的毫秒数	1206426737453

【例 10.14】 按照格式输出当下的时、分、秒（实例位置：**资源包\TM\sl\10\14**）

在项目中创建 GetDate 类，按照格式输出当下的时、分、秒。其中，时、分、秒以 2 位 24 时制小时数、2 位分钟数、2 位秒数的格式进行输出。实例代码如下：

```java
import java.util.Date;                                       //导入 java.util.Date 类
public class GetDate {                                       //新建类
    public static void main(String[] args) {                 //主方法
        Date date = new Date();                              //创建 Date 对象 date
        String hour = String.format("%tH", date);            //对 date 进行格式化
        String minute = String.format("%tM", date);
        String second = String.format("%tS", date);
        System.out.println("现在是：" + hour + "时" + minute + "分" + second + "秒");   //输出的信息
    }
}
```

运行结果如图 10.19 所示。

3．格式化常见的日期时间组合

格式化日期与时间组合的转换符定义了各种日期和时间组合的格式，其中常用的日期和时间组合格式如表 10.3 所示。

图 10.19 例 10.14 的运行结果

表 10.3 常用的日期和时间组合的格式

转 换 符	说 明	示 例
%tF	"年-月-日"格式（4 位年份）	2008-03-25
%tD	"月/日/年"格式（2 位年份）	03/25/08
%tc	全部日期和时间信息	星期二 三月 25 15:20:00 CST 2008
%tr	"时:分:秒 PM（AM）"格式（12 时制）	03:22:06 下午
%tT	"时:分:秒"格式（24 时制）	15:23:50
%tR	"时:分"格式（24 时制）	15:25

【例 10.15】 按照格式输出当下的年、月、日（实例位置：**资源包\TM\sl\10\15**）

在项目中创建 DateAndTime 类，在控制台上输出当前日期时间的全部信息后，按照"2008-03-25"

格式输出当下的年、月、日。实例代码如下：

```java
import java.util.Date;                                    //导入 java.util.Date 类
public class DateAndTime {                                //创建类
    public static void main(String[] args) {              //主方法
        Date date = new Date();                           //创建 Date 对象 date
        String time = String.format("%tc", date);         //对 date 进行格式化
        String form = String.format("%tF", date);
        System.out.println("全部的时间信息是：" + time);    //将格式化后的日期时间进行输出
        System.out.println("年-月-日格式：" + form);
    }
}
```

运行结果如图 10.20 所示。

10.5.2　常规类型格式化

常规类型格式化可应用于任何参数类型，可通过如表 10.4 所示的转换符来实现。

图 10.20　例 10.15 的运行结果

表 10.4　常规转换符

转 换 符	说 明	示 例
%b、%B	结果被格式化为布尔类型	true
%h、%H	结果被格式化为散列码	A05A5198
%s、%S	结果被格式化为字符串类型	"abcd"
%c、%C	结果被格式化为字符类型	'a'
%d	结果被格式化为十进制整数	40
%o	结果被格式化为八进制整数	11
%x、%X	结果被格式化为十六进制整数	4b1
%e	结果被格式化为用计算机科学记数法表示的十进制数	1.700000e+01
%a	结果被格式化为带有效位数和指数的十六进制浮点值	0X1.C000000000001P4
%n	结果为特定于平台的行分隔符	
%%	结果为字面值 "%"	%

【例 10.16】 使用转换符获取表达式的结果（**实例位置：资源包\TM\sl\10\16**）

在项目中创建 General 类，选择并使用恰当的转换符分别输出 400 / 2、3 > 5 和用十六进制整数显示 200 的结果。实例代码如下：

```java
public class General {                                    //新建类
    public static void main(String[] args) {              //主方法
        String str = String.format("%d", 400 / 2);        //将结果以十进制格式进行显示
        String str2 = String.format("%b", 3 > 5);         //将结果以 boolean 型进行显示
        String str3 = String.format("%x", 200);           //将结果以十六进制格式进行显示
        System.out.println("400 的一半是：" + str);        //输出格式化字符串
        System.out.println("3>5 正确吗：" + str2);
        System.out.println("200 的十六进制数是：" + str3);
    }
}
```

运行结果如图 10.21 所示。

编程训练（答案位置：资源包\TM\sl\10\编程训练）

【训练 9】格式化当前时间　按照"HH:MM:SS PM"格式（12 时制）格式化当前时间。

【训练 10】常规转换符　在控制台上输出"玩家 1 连续完成 5 次击杀后，获得了'已超神'的称号"。其中，"玩家 1""5""已超神"为变量的值。

图 10.21　例 10.16 的运行结果

10.6　使用正则表达式

正则表达式通常用于判断语句中，用来检查某一字符串是否满足某一格式。正则表达式是含有一些具有特殊意义字符的字符串，这些特殊字符称为正则表达式的元字符。例如，"\\d"表示数字 0~9 中的任何一个，"\d"就是元字符。正则表达式中的元字符及其意义如表 10.5 所示。

表 10.5　正则表达式中的元字符

元　字　符	正则表达式中的写法	意　　义
.	.	任意一个字符
\d	\\d	0~9 的任何一个数字
\D	\\D	任何一个非数字字符
\s	\\s	空白字符，如'\t'、'\n'
\S	\\S	非空白字符
\w	\\w	可用于标识符的字符，但不包括"$"
\W	\\W	不可用于标识符的字符
\p{Lower}	\\p{Lower}	小写字母 a~z
\p{Upper}	\\p{Upper}	大写字母 A~Z
\p{ASCII}	\\p{ASCII}	ASCII 字符
\p{Alpha}	\\p{Alpha}	字母字符
\p{Digit}	\\p{Digit}	十进制数字，即 0~9
\p{Alnum}	\\p{Alnum}	数字或字母字符
\p{Punct}	\\p{Punct}	标点符号：!"#$%&'()*+,-./:;<=>?@[\]^_`{|}~
\p{Graph}	\\p{Graph}	可见字符：[\p{Alnum}\p{Punct}]
\p{Print}	\\p{Print}	可输出的字符：[\p{Graph}\x20]
\p{Blank}	\\p{Blank}	空格或制表符：[\t]
\p{Cntrl}	\\p{Cntrl}	控制字符：[\x00-\x1F\x7F]

说明

在正则表达式中，"."代表任何一个字符，因此在正则表达式中如果想使用普通意义的点字符"."，必须使用转义字符"\"。

183

在正则表达式中，可以使用方括号括起若干个字符来表示一个元字符，该元字符可代表方括号中的任何一个字符。例如，reg = "[abc]4"，这样字符串 a4、b4、c4 都是和正则表达式匹配的字符串。方括号元字符还可以为其他格式，具体如下。

- ☑ [^456]：代表 4、5、6 之外的任何字符。
- ☑ [a-r]：代表 a～r 的任何一个字母。
- ☑ [a-zA-Z]：可表示任意一个英文字母。
- ☑ [a-e[g-z]]：代表 a～e 或 g～z 的任何一个字母（并运算）。
- ☑ [a-o&&[def]]：代表字母 d、e、f（交运算）。
- ☑ [a-d&&[^bc]]：代表字母 a、d（差运算）。

在正则表达式中允许使用限定修饰符来限定元字符出现的次数。例如，"A*"代表 A 可在字符串中出现 0 次或多次。限定修饰符的用法如表 10.6 所示。

表 10.6　限定修饰符

限定修饰符	意　义	示　例	限定修饰符	意　义	示　例
?	0 次或 1 次	A?	{n}	正好出现 n 次	A{2}
*	0 次或多次	A*	{n,}	至少出现 n 次	A{3,}
+	一次或多次	A+	{n,m}	出现 n～m 次	A{2,6}

【例 10.17】验证 E-mail 地址是否"合法"（实例位置：资源包\TM\sl\10\17）

在项目中创建 Judge 类，使用正则表达式来判断"aaa@""aaaaa""1111@111ffyu.dfg.com"3 个 E-mail 地址哪一个是合法的。实例代码如下：

```java
public class Judge {
    public static void main(String[] args) {
        String regex = "\\w+@\\w+(\\.\\w{2,3})*\\.\\w{2,3}";    //定义要匹配 E-mail 地址的正则表达式
        String str1 = "aaa@";                                  //定义要进行验证的字符串
        String str2 = "aaaaa";
        String str3 = "1111@111ffyu.dfg.com";
        if (str1.matches(regex)) {                             //判断字符串变量是否与正则表达式匹配
            System.out.println(str1 + "是一个合法的 E-mail 地址格式");
        }
        if (str2.matches(regex)) {
            System.out.println(str2 + "是一个合法的 E-mail 地址格式");
        }
        if (str3.matches(regex)) {
            System.out.println(str3 + "是一个合法的 E-mail 地址格式");
        }
    }
}
```

运行结果如图 10.22 所示。

正则表达式分析：

通常情况下，E-mail 的格式为"X@X.com.cn"。字符 X 表示任意的一个或多个字符，@为 E-mail 地址中的特有符号，符号@后还有一个或多个字符，之后是字

图 10.22　例 10.17 的运行结果

符".com"，也可能后面还有类似".cn"的标记。总结 E-mail 地址的这些特点，可以书写正则表达式"\\w+@\\w+(\\.\\w{2,3})*\\.\\w{2,3}"来匹配 E-mail 地址。字符集"\\w"匹配任意字符，符号"+"表

示字符可以出现 1 次或多次，表达式"(\\.\\w{2,3})*"表示形如".com"格式的字符串可以出现 0 次或多次，而最后的表达式"\\.\\w{2,3}"用于匹配 E-mail 地址中的结尾字符，如".cn"。

编程训练（答案位置：资源包\TM\sl\10\编程训练）

【训练 11】判断"ABAB"形式的数字 在控制台上输入一个 4 位数字，判断其是否为"ABAB"形式的数字。

【训练 12】校验密码复杂程度 密码校验：8~20 位，要求至少包含小写字母、大写字母或数字中的两种。判断密码"dave1234"是否符合要求。如果符合，在控制台上输出"此密码符合要求！"；反之，在控制台上输出"请按要求重新设置密码......"。

10.7 字符串生成器

创建成功的字符串对象，其长度是固定的，内容不能被改变和编译。虽然使用"+"可以达到附加新字符或字符串的目的，但"+"会产生一个新的 String 实例，会在内存中创建新的字符串对象。如果重复地对字符串进行修改，将极大地增加系统开销。而 JDK 新增了可变的字符序列 StringBuilder 类，大大提高了频繁增加字符串的效率。

【例 10.18】效率比拼（实例位置：资源包\TM\sl\10\18）

在项目中创建 Jerque 类，先使用"+"运算符把 0~9999 逐一地拼接成字符串，再把 0~9999 逐一地追加到 StringBuilder 类的对象中，在控制台上分别输出这两种方式的消耗时间。实例代码如下：

```java
public class Jerque {                                      //新建类
    public static void main(String[] args) {               //主方法
        String str = "";                                   //创建空字符串
        long starTime = System.currentTimeMillis();        //定义对字符串执行操作的起始时间
        for (int i = 0; i < 10000; i++) {                  //利用 for 循环执行 10000 次操作
            str = str + i;                                 //循环追加字符串
        }
        long endTime = System.currentTimeMillis();         //定义对字符串操作后的时间
        long time = endTime - starTime;                    //计算对字符串执行操作的时间
        System.out.println("String 消耗时间：" + time);     //将执行的时间进行输出
        StringBuilder builder = new StringBuilder("");     //创建字符串生成器
        starTime = System.currentTimeMillis();             //更新操作执行前的时间
        for (int j = 0; j < 10000; j++) {                  //利用 for 循环进行操作
            builder.append(j);                             //循环追加字符
        }
        endTime = System.currentTimeMillis();              //更新操作后的时间
        time = endTime - starTime;                         //更新追加操作执行的时间
        System.out.println("StringBuilder 消耗时间：" + time); //将操作时间进行输出
    }
}
```

运行结果如图 10.23 所示。

通过这一实例可以看出，两种操作执行的时间差距很大。如果在程序中频繁地附加字符串，建议使用 StringBuilder 类。新创建的 StringBuilder 对象初始容量是 16 个字符，可以自行指定初始长度。如果附加的字符超过可容纳的长度，则 StringBuilder 对

```
String消耗时间：110
StringBuilder消耗时间：0
```

图 10.23 例 10.18 的运行结果

象将自动增加长度以容纳被附加的字符。若要输出 StringBuilder 对象中存储的字符，可使用 toString() 方法。利用 StringBuilder 类中的方法可动态地执行添加、删除和插入等字符串的编辑操作。该类的常用方法如下。

1. append()方法

该方法用于向字符串生成器中追加内容。通过该方法的多个重载形式，可实现接收任何类型的数据，如 int、boolean、char、String、double 或者另一个字符串生成器等。语法如下：

```
append(content)
```

其中，content 表示要追加到字符串生成器中的内容，可以是任何类型的数据或者其他对象。

2. insert(int offset, arg)方法

该方法用于向字符串生成器中的指定位置处插入数据内容。通过该方法的不同重载形式，可实现向字符串生成器中插入 int、float、char 和 boolean 等基本数据类型的数据或其他对象。语法如下：

```
insert(int offset arg)
```

☑ offset：字符串生成器的位置。该参数必须大于或等于 0，且小于或等于此序列的长度。

☑ arg：被插入字符串生成器的指定位置处的内容。该参数可以是任何数据类型的数据或其他对象。

向字符串生成器中的指定位置处插入字符，代码如下：

```
StringBuilder bf = new StringBuilder("hello");          //创建字符生成器
bf.insert(5, "world");                                  //在字符串生成器中的指定位置处插入指定内容
System.out.println(bf.toString());                      //此时输出信息为 helloworld
```

3. delete(int start , int end)方法

移除此序列的子字符串中的字符。该子字符串从序列的索引（start）开始，到索引（end -1）结束。如果不存在这种字符，则一直到序列尾部。如果 start 等于 end，则不发生任何更改。语法如下：

```
delete(int start, int end)
```

☑ start：将要删除的字符串的起点位置。

☑ end：将要删除的字符串的终点位置。

删除指定位置的子字符串，代码如下：

```
StringBuilder bf = new StringBuilder("StringBuilder");   //创建字符串生成器
bf.delete(5, 10);                                        //删除的子字符串
System.out.println(bf.toString());                      //此时输出的信息为 Strinder
```

说明

想要了解更多 StringBuilder 类的方法，可查询 java.lang.StringBuilder 的 API 说明。

编程训练（答案位置：资源包\TM\sl\10\编程训练）

【训练 13】给字符串加标点符号 给字符串"熊出没小心"加上标点符号（熊出没，小心；熊出，没小心）。

【训练 14】屏蔽手机号中间四位的值 屏蔽手机号中间四位的值，例如"133****9865"。

10.8　实践与练习

（答案位置：资源包\TM\sl\10\实践与练习）

综合练习 1：判断数字共有多少位　现有如下 long 值：long l = 1234567890987654321L;，请问这个超大的数字共有多少位？

综合练习 2：确认《长恨歌》中的第 85 个字是什么　《长恨歌》节选内容如下：

汉皇重色思倾国，御宇多年求不得。杨家有女初长成，养在深闺人未识。天生丽质难自弃，一朝选在君王侧。回眸一笑百媚生，六宫粉黛无颜色。春寒赐浴华清池，温泉水滑洗凝脂。

侍儿扶起娇无力，始是新承恩泽时。云鬓花颜金步摇，芙蓉帐暖度春宵。春宵苦短日高起，从此君王不早朝。承欢侍宴无闲暇，春从春游夜专夜。后宫佳丽三千人，三千宠爱在一身。

确认上述节选内容的第 85 个字是什么（标点符号算一个字）。

综合练习 3：判断后缀名　设计一个方法，根据传入的文件名字符串判断该文件是不是 MP4 格式。

综合练习 4：找到名字最后一个字相同的人　在"张三""李四""王五""赵六""周七""王哲""白浩""贾蓉""慕容阿三""黄蓉"10 个名字中找到并输出最后一个字相同的名字。

综合练习 5：转置字符串　在控制台上输入一个字符串，并将此字符串转置输出，例如，将"故事"转置后变为"事故"。

综合练习 6：检索图书（一）　书架上存放着《明史讲义》《明代社会生活史》《紫禁城的黄昏》《中国的黄金时代》《国史十六讲》《停滞的帝国》《唐朝定居指南》《明史简述》《明史十讲》《大明风物志》《西方眼中的中国》《皇帝与秀才》，通过关键字或书名检索出相应的书籍。

综合练习 7：检索图书（二）　有两个小型书柜，其中第一个书柜依次有 5 本书，即《Java 语言》《Java Web 语言》《C 语言》《C++语言》《Linux C 语言》。第二个书柜依次也有 5 本书，即《论语》《资治通鉴》《四十二章经》《史记》《隋唐史》。在控制台上输入要搜索的书名或关键字（包括可忽略大小写的字母）后，输出书名以及书的位置，运行结果如图 10.24 所示。

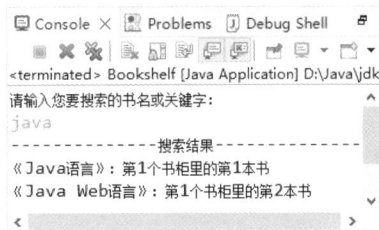

图 10.24　检索图书的位置

综合练习 8：用户名校验　用户注册某网站账号，该网站已注册的用户名为 mrsoft、mr、miss 和 Admin。如果用户申请的用户名已被其他人注册，则注册失败并给予用户提示。

第 11 章

常用类库

Java 中的类把方法与数据连接在一起，构成了自包含式的处理单元。为了提升 Java 程序的开发效率，Java 的类包中提供了很多常用类以方便开发人员使用。正所谓，术业有专攻，在常用类中主要包含可以将基本数据类型封装起来的包装类、解决常见数学问题的 Math 类、生成随机数的 Random 类，以及处理日期时间的相关类等。

本章的知识架构及重难点如下。

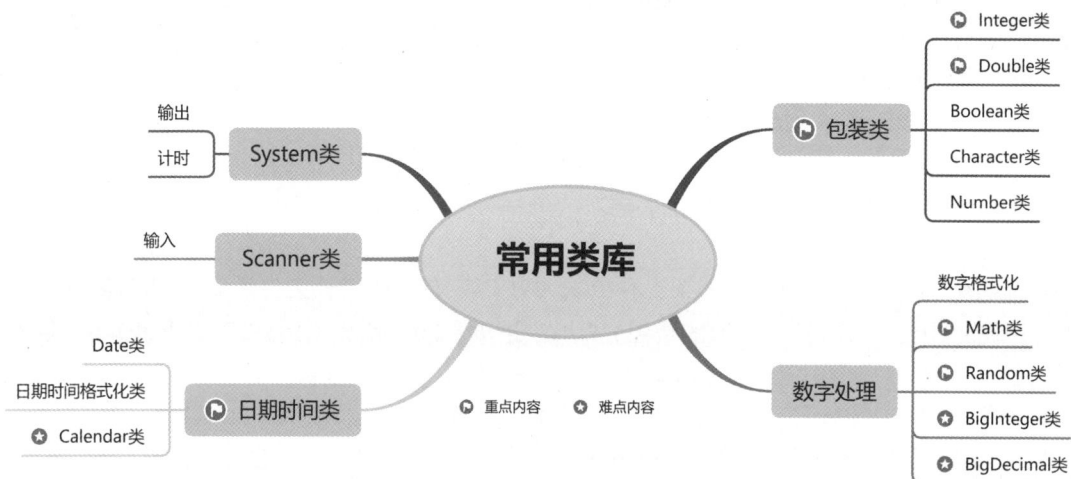

11.1 包 装 类

Java 是一种面向对象语言，但在 Java 中不能定义基本数据类型的对象，为了能将基本数据类型视为对象进行处理，Java 提出了包装类的概念，它主要是将基本数据类型封装在包装类中，如 int 型的包装类 Integer、boolean 型的包装类 Boolean 等，这样便可以把这些基本数据类型转换为对象进行处理。Java 中的包装类及其对应的基本数据类型如表 11.1 所示。

表 11.1 包装类及其对应的基本数据类型

包 装 类	对应基本数据类型	包 装 类	对应基本数据类型
Byte	byte	Short	short
Integer	int	Long	long
Float	float	Double	double
Character	char	Boolean	boolean

> **说明**
>
> Java 是可以直接处理基本数据类型的，但在有些情况下需要将其作为对象来处理，这时就需要将其转换为包装类，这里的包装类相当于基本数据类型与对象类型之间的一个桥梁。由于包装类和基本数据类型间的转换，引入了装箱和拆箱的概念：装箱就是将基本数据类型转换为包装类，而拆箱就是将包装类转换为基本数据类型，这里只需要简单了解这两个概念即可。

11.1.1　Integer 类

java.lang 包中的 Integer 类、Byte 类、Short 类和 Long 类，分别将基本数据类型 int、byte、short 和 long 封装成一个类，由于这些类都是 Number 类的子类，因此它们包含的方法基本相同，区别就是它们封装不同的数据类型。本节以 Integer 类为例来讲解整数包装类。

Integer 类在对象中包装了一个基本数据类型 int 的值，该类的对象包含一个 int 类型的字段。此外，该类提供了多个方法，这些方法可以在 int 类型和 String 类型之间进行转换，同时还提供了其他一些处理 int 类型时非常有用的常量和方法。Integer 类的常用方法如表 11.2 所示。

表 11.2　Integer 类的常用方法

方　　法	功　能　描　述
valueOf(String str)	返回保存指定的 String 值的 Integer 对象
parseInt(String str)	返回包含在由 str 指定的字符串中的数字的等价整数值
toString()	返回一个表示该 Integer 值的 String 对象（可以指定进制基数）
toBinaryString(int i)	以二进制无符号整数形式返回一个整数参数的字符串表示形式
toHexString(int i)	以十六进制无符号整数形式返回一个整数参数的字符串表示形式
toOctalString(int i)	以八进制无符号整数形式返回一个整数参数的字符串表示形式
equals(Object IntegerObj)	比较此对象与指定的对象是否相等
intValue()	以 int 型返回此 Integer 对象
shortValue()	以 short 型返回此 Integer 对象
byteValue()	以 byte 型返回此 Integer 对象
compareTo(Integer anotherInteger)	在数字上比较两个 Integer 对象。两个值相等，返回 0；调用对象的值小于 anotherInteger 的值，返回负值；调用对象的值大于 anotherInteger 的值，返回正值

下面通过一个实例演示 Integer 类的常用方法的使用。

【例 11.1】Integer 类的常用方法（**实例位置：资源包\TM\sl\11\1**）

创建一个 IntegerDemo 类，其中：首先使用 Integer 类的 parseInt()方法将一个字符串转换为 int 数据；然后创建一个 Integer 对象，并调用其 equals()方法与转换的 int 数据进行比较；最后演示使用 Integer 类的 toBinaryString()方法、toHexString()方法、toOctalString()方法和 toString()方法将 int 数据转换为二进制、十六进制、八进制和不常使用的十五进制表示形式。

```java
public class IntegerDemo {
    public static void main(String[] args) {
        int num = Integer.parseInt("456");             //将字符串转换为 int 类型
        Integer iNum = Integer.valueOf("456");         //创建一个 Integer 对象
        System.out.println("int 数据与 Integer 对象的比较： " + iNum.equals(num));
```

```
            String str2 = Integer.toBinaryString(num);            //获取数字的二进制表示
            String str3 = Integer.toHexString(num);               //获取数字的十六进制表示
            String str4 = Integer.toOctalString(num);             //获取数字的八进制表示
            String str5 = Integer.toString(num, 15);              //获取数字的十五进制表示
            System.out.println("456 的二进制表示为: " + str2);
            System.out.println("456 的十六进制表示为: " + str3);
            System.out.println("456 的八进制表示为: " + str4);
            System.out.println("456 的十五进制表示为: " + str5);
        }
}
```

运行结果如下：

```
int 数据与 Integer 对象的比较: true
456 的二进制表示为: 111001000
456 的十六进制表示为: 1c8
456 的八进制表示为: 710
456 的十五进制表示为: 206
```

Integer 类提供了以下 4 个常量。

☑ MAX_VALUE：表示 int 类型可取的最大值，即 $2^{31}-1$。

☑ MIN_VALUE：表示 int 类型可取的最小值，即 -2^{31}。

☑ SIZE：用来以二进制补码形式表示 int 值的位数。

☑ TYPE：表示基本类型 int 的 Class 实例。

【例 11.2】查看 Integer 类的常量值（实例位置：资源包\TM\sl\11\2）

在项目中创建 GetCon 类，在主方法中实现将 Integer 类的常量值进行输出。

```
public class GetCon {
    public static void main(String args[]) {
        int maxint = Integer.MAX_VALUE;                           //获取 Integer 类的常量值
        int minint = Integer.MIN_VALUE;
        int intsize = Integer.SIZE;
        System.out.println("int 类型可取的最大值是: " + maxint);        //将常量值进行输出
        System.out.println("int 类型可取的最小值是: " + minint);
        System.out.println("int 类型的二进制位数是: " + intsize);
    }
}
```

运行结果如下：

```
int 类型可取的最大值是: 2147483647
int 类型可取的最小值是: -2147483648
int 类型的二进制位数是: 32
```

11.1.2　Double 类

Double 类和 Float 类分别封装的是基本类型 double 和 float。由于它们都是 Number 类的子类，并且都是对浮点数进行操作的，因此它们的常用方法基本相同。本节将对 Double 类进行讲解。对于 Float 类，读者可以参考 Double 类的相关内容。

Double 类在对象中包装一个基本类型为 double 的值，每个 Double 类的对象都包含一个 double 类型的字段。此外，该类还提供多个方法，可以将 double 类型转换为 String 类型，将 String 类型转换为 double 类型，也提供了其他一些处理 double 类型时有用的常量和方法。Double 类的常用方法如表 11.3 所示。

表 11.3　Double 类的常用方法

方　　法	功　能　描　述
valueOf(String str)	返回保存用参数字符串 str 表示的 double 值的 Double 对象
parseDouble(String s)	返回一个新的 double 值，该值被初始化为用指定 String 表示的值，与 valueOf()方法一样
doubleValue()	以 double 形式返回此 Double 对象
isNaN()	如果此 double 值是非数字（NaN）值，则返回 true；否则返回 false
intValue()	以 int 形式返回 double 值
byteValue()	以 byte 形式返回 Double 对象值（通过强制转换）
longValue()	以 long 形式返回此 double 的值（通过强制转换为 long 类型）
compareTo(Double d)	对两个 Double 对象的数值进行比较。如果两个值相等，则返回 0；如果调用对象的数值小于 d 的数值，则返回负值；如果调用对象的数值大于 d 的值，则返回正值
equals(Object obj)	将此对象与指定的对象进行比较
toString()	返回此 Double 对象的字符串表示形式
toHexString(double d)	返回 double 参数的十六进制字符串表示形式

下面通过一个实例来演示 Double 类的常用方法的使用。

【例 11.3】Double 类的常用方法（**实例位置：资源包\TM\sl\11\3**）

创建一个 DoubleDemo 类，首先使用 Double 类的 valueOf()方法创建一个 Double 对象，然后使用 Double 类的常用方法对该对象进行操作，并查看它们的显示结果。

```java
public class DoubleDemo {
    public static void main(String[] args) {
        Double dNum = Double.valueOf("3.14");                    //创建一个 Double 对象
        //判断是否为非数字值
        System.out.println("3.14 是否为非数字值: " + Double.isNaN(dNum.doubleValue()));
        System.out.println("3.14 转换为 int 值为: " + dNum.intValue());        //转换为 int 类型
        //判断大小
        System.out.println("值为 3.14 的 Double 对象与 3.14 的比较结果: " + dNum.equals(3.14));
        //转换为十六进制
        System.out.println("3.14 的十六进制表示为: " + Double.toHexString(dNum));
    }
}
```

运行结果如下：

```
3.14 是否为非数字值: false
3.14 转换为 int 值为: 3
值为 3.14 的 Double 对象与 3.14 的比较结果: true
3.14 的十六进制表示为: 0x1.91eb851eb851fp1
```

Double 类主要提供了以下常量。

☑　MAX_EXPONENT：返回 int 值，表示有限 double 变量可能具有的最大指数。

☑　MIN_EXPONENT：返回 int 值，表示标准化 double 变量可能具有的最小指数。

☑　NEGATIVE_INFINITY：返回 double 值，表示保存 double 类型的负无穷大值的常量。

☑　POSITIVE_INFINITY：返回 double 值，表示保存 double 类型的正无穷大值的常量。

11.1.3　Boolean 类

Boolean 类将基本类型为 boolean 的值包装在一个对象中。一个 Boolean 类型的对象只包含一个类型为 boolean 的字段。此外，此类还为 boolean 类型和 String 类型的相互转换提供了许多方法，并提供了处理 boolean 类型时非常有用的其他一些常量和方法。Boolean 类的常用方法如表 11.4 所示。

表 11.4　Boolean 类的常用方法

方　　法	功　能　描　述
booleanValue()	将 Boolean 对象的值以对应的 boolean 值进行返回
equals(Object obj)	判断调用该方法的对象与 obj 是否相等。当且仅当参数不是 null，而且与调用该方法的对象一样都表示同一个 boolean 值的 Boolean 对象时，才返回 true
parseBoolean(String s)	将字符串参数解析为 boolean 值
toString()	返回表示该 boolean 值的 String 对象
valueOf(String s)	返回一个用指定的字符串表示的 boolean 值

【例 11.4】Boolean 类的常用方法（**实例位置：资源包\TM\sl\11\4**）

在项目中创建 BooleanDemo 类，在主方法中以不同的构造方法创建 Boolean 对象，并调用 booleanValue()方法将创建的对象重新转换为 boolean 类型数据输出。

```
public class BooleanDemo {
    public static void main(String args[]) {
        Boolean b1 = Boolean.valueOf("true");        //创建 Boolean 对象
        Boolean b2 = Boolean.valueOf("ok");
        System.out.println("b1：" + b1.booleanValue());
        System.out.println("b2：" + b2.booleanValue());
    }
}
```

运行结果如下：

```
b1：true
b2：false
```

Boolean 提供了以下 3 个常量。

☑　TRUE：对应基值 true 的 Boolean 对象。

☑　FALSE：对应基值 false 的 Boolean 对象。

☑　TYPE：基本类型 boolean 的 Class 对象。

11.1.4　Character 类

Character 类在对象中包装一个基本类型为 char 的值，该类提供了多种方法，以确定字符的类别（小写字母、数字等），并可以很方便地将字符从大写转换成小写，反之亦然。Character 类提供了很多方法来完成对字符的操作，常用的方法如表 11.5 所示。

表 11.5　Character 类的常用方法

方　　法	功　能　描　述
valueOf(char a)	返回保存指定 char 值的 Character 对象
compareTo(Character anotherCharacter)	根据数字比较两个 Character 对象，若这两个对象相等，则返回 0
equals(Object obj)	将调用该方法的对象与指定的对象进行比较

方　　法	功 能 描 述
toUpperCase(char ch)	将字符参数转换为大写
toLowerCase(char ch)	将字符参数转换为小写
toString()	返回一个表示指定 char 值的 String 对象
charValue()	返回此 Character 对象的值
isUpperCase(char ch)	判断指定字符是否为大写字符
isLowerCase(char ch)	判断指定字符是否为小写字符
isLetter(char ch)	判断指定字符是否为字母
isDigit(char ch)	判断指定字符是否为数字

下面通过实例来演示 Character 类的大小写的转换方法的使用，其他方法的使用与其类似。

【例 11.5】Character 类的常用方法（**实例位置：资源包\TM\sl\11\5**）

在项目中创建 UpperOrLower 类，在主方法中创建 Character 类的对象，通过判断字符的大小写状态确认将其转换为大写还是小写。

```java
public class UpperOrLower {
    public static void main(String args[]) {
        Character mychar1 = Character.valueOf('A');
        Character mychar2 = Character.valueOf('a');
        if (Character.isUpperCase(mychar1)) {              //判断是否为大写字母
            System.out.println(mychar1 + "是大写字母 ");
            //转换为小写并输出
            System.out.println("转换为小写字母的结果：  " + Character.toLowerCase(mychar1));
        }
        if (Character.isLowerCase(mychar2)) {              //判断是否为小写字母
            System.out.println(mychar2 + "是小写字母");
            //转换为大写并输出
            System.out.println("转换为大写字母的结果：  " + Character.toUpperCase(mychar2));
        }
    }
}
```

运行结果如下：

```
A是大写字母
转换为小写字母的结果：  a
a是小写字母
转换为大写字母的结果：  A
```

Character 类提供了大量表示特定字符的常量，例如：

☑　CONNECTOR_PUNCTUATION：返回 byte 型值，表示 Unicode 规范中的常规类别 "Pc"。

☑　UNASSIGNED：返回 byte 型值，表示 Unicode 规范中的常规类别 "Cn"。

☑　TITLECASE_LETTER：返回 byte 型值，表示 Unicode 规范中的常规类别 "Lt"。

说明

Character 类提供的常量有很多个，详细列表可查看 Java API 文档。

11.1.5　Number 类

前面介绍了 Java 中的包装类，对于数值型的包装类，它们有一个共同的父类——Number 类。Number 类是一个抽象类，它是 Byte、Integer、Short、Long、Float 和 Double 类的父类，其子类必须提供将表示的数值转换为 byte、int、short、long、float 和 double 的方法。例如，doubleValue() 方法返回双精度浮点值，floatValue() 方法返回单精度浮点值，这些方法如表 11.6 所示。

表 11.6　数值型包装类的共有方法

方　　法	功　能　描　述	方　　法	功　能　描　述
byteValue()	以 byte 形式返回指定的数值	shortValue()	以 short 形式返回指定的数值
intValue()	以 int 形式返回指定的数值	longValue()	以 long 形式返回指定的数值
floatValue()	以 float 形式返回指定的数值	doubleValue()	以 double 形式返回指定的数值

Number 类的方法分别被其各子类所实现，也就是说，在 Number 类的所有子类中都包含以上这几种方法。

编程训练（答案位置：资源包\TM\sl\11\编程训练）
【训练 1】计算字符串数字的平方值　将字符串"351"转换成 int 值，并计算该值的平方。
【训练 2】判断字符是数字还是字母　判断字符串"JDK 11.0.1"上每个字符是数字还是字母。

11.2　数　字　处　理

Java 语言提供了一个执行数学基本运算的 Math 类，该类包括常用的数学运算方法，如三角函数方法、指数函数方法、对数函数方法、平方根函数方法等一些常用数学函数方法。除此之外，Java 语言还提供了一些常用的数学常量，如 PI、E 等。本节将讲解 Math 类以及其中的一些常用方法。

在实际开发中，随机数的使用是很普遍的，因此要掌握生成随机数的操作。在 Java 中主要提供了两种生成随机数的方式，分别为调用 Math 类的 random() 方法生成随机数和调用 Random 类生成各种数据类型的随机数。

Java 语言还提供了大数字的操作类，即 java.math.BigInteger 类与 java.math.BigDecimal 类。这两个类用于高精度计算，其中 BigInteger 类是针对大整数的处理类，而 BigDecimal 类则是针对大小数的处理类。

11.2.1　数字格式化

数字格式化在解决实际问题时应用非常普遍，如表示某超市的商品价格，需要保留两位有效数字。数字格式化操作主要针对的是浮点型数据，包括 double 型和 float 型数据。在 Java 中，程序开发人员可以使用 java.text.DecimalFormat 类来格式化数字，本节将着重讲解 DecimalFormat 类。

在 Java 中，没有格式化的数据遵循以下原则：

☑ 如果数据绝对值大于 0.001 并且小于 10000000，则以常规小数形式进行表示。

☑ 如果数据绝对值小于 0.001 或者大于 10000000，则使用科学记数法进行表示。

由于上述输出格式不能满足解决实际问题的要求，因此通常将结果格式化为指定形式后进行输出。在 Java 中，程序开发人员可以使用 DecimalFormat 类进行格式化操作。

DecimalFormat 类是 NumberFormat 的一个子类，用于格式化十进制数字。它可以将一些数字格式化为整数、浮点数、百分数等。使用 DecimalFormat 类可以为要输出的数字加上单位或控制数字的精度。一般情况下，数字格式可以在实例化 DecimalFormat 对象时予以设置，也可以通过 DecimalFormat 类中的 applyPattern()方法予以设置。

当格式化数字时，可以在 DecimalFormat 类中使用一些特殊字符构成一个格式化模板，使数字按照一定的特殊字符规则进行匹配。表 11.7 列举了格式化模板中的特殊字符及其所代表的含义。

表 11.7 DecimalFormat 类中的特殊字符及其说明

字　符	说　　　明
0	代表阿拉伯数字，使用特殊字符"0"表示数字的一位阿拉伯数字，如果该位不存在数字，则显示 0
#	代表阿拉伯数字，使用特殊字符"#"表示数字的一位阿拉伯数字。如果该位存在数字，则显示字符；如果该位不存在数字，则不显示
.	小数分隔符或货币小数分隔符
–	负号
,	分组分隔符
E	分隔科学记数法中的尾数和指数
%	放置在数字的前缀或后缀，将数字乘以 100 显示为百分数
\u2030	放置在数字的前缀或后缀，将数字乘以 1000 显示为千分数
\u00A4	放置在数字的前缀或后缀，作为货币记号
'	单引号，当上述特殊字符出现在数字中时，应为特殊符号添加单引号，系统会将此符号视为普通符号进行处理

下面以实例说明数字格式化的使用。

【例 11.6】DecimalFormat 类的常用方法（实例位置：资源包\TM\sl\11\6）

在项目中创建 DecimalFormatSimpleDemo 类，在类中分别定义 SimgleFormat() 方法和 UseApplyPatternMethodFormat()方法实现两种格式化数字的方式。

```java
import java.text.DecimalFormat;
public class DecimalFormatSimpleDemo {
    //使用实例化对象时设置格式化模式
    static public void SimgleFormat(String pattern, double value) {
        DecimalFormat myFormat = new DecimalFormat(pattern);    //实例化 DecimalFormat 对象
        String output = myFormat.format(value);                 //对数字进行格式化
        System.out.println(value + " " + pattern + " " + output);
    }

    //使用 applyPattern()方法对数字进行格式化
    static public void UseApplyPatternMethodFormat(String pattern, double value) {
        DecimalFormat myFormat = new DecimalFormat();           //实例化 DecimalFormat 对象
        myFormat.applyPattern(pattern);                         //调用 applyPattern()方法设置格式化模板
        System.out.println(value + " " + pattern + " " + myFormat.format(value));
    }
```

```java
public static void main(String[] args) {
    SimgleFormat("###,###.###", 123456.789);              //调用静态 SimgleFormat()方法
    SimgleFormat("00000000.###kg", 123456.789);           //在数字后加上单位
    //按照格式模板格式化数字，不存在的位以 0 显示
    SimgleFormat("000000.000", 123.78);
    //调用静态 UseApplyPatternMethodFormat()方法
    UseApplyPatternMethodFormat("#.###%", 0.789);         //将数字转换为百分数形式
    UseApplyPatternMethodFormat("###.##", 123456.789);    //将小数点后格式化为两位
    UseApplyPatternMethodFormat("0.00\u2030", 0.789);     //将数字转换为千分数形式
    }
}
```

运行结果如下：

```
123456.789 ###,###.### 123,456.789
123456.789 00000000.###kg 00123456.789kg
123.78 000000.000 000123.780
0.789 #.###% 78.9%
123456.789 ###.## 123456.79
0.789 0.00‰ 789.00‰
```

在本实例中可以看到，代码的第一行使用 import 关键字导入了 java.text.DecimalFormat 类，这是告知系统下面的代码将使用 DecimalFormat 类。然后定义了两个格式化数字的方法，这两个方法的参数都为两个，分别代表数字格式化模板和具体需要格式化的数字。虽然这两个方法都可以实现数字的格式化，但采用的方式有所不同，SimgleFormat()方法是在实例化 DecimalFormat 对象时设置数字格式化模板的，而 UseApplyPatternMethodFormat()方法是在实例化 DecimalFormat 对象后调用 applyPattern()方法设置数字格式化模板的。最后，在主方法中根据不同形式的模板格式化数字。在结果中可以看到：在对以"0"特殊字符构成的模板进行格式化时，如果数字某位不存在，则将显示 0；而在对以"#"特殊字符构成的模板进行格式化操作时，格式化后的数字位数与数字本身的位数一致。

在 DecimalFormat 类中，除了可通过格式化模板来格式化数字，还可以使用一些特殊方法对数字进行格式化设置。例如：

```java
DecimalFormat myFormat = new DecimalFormat();       //实例化 DecimalFormat 类对象
myFormat.setGroupingSize(2);                        //设置将数字分组的大小
myFormat.setGroupingUsed(false);                    //设置是否支持分组
```

在上述代码中，setGroupingSize()方法设置格式化数字的分组大小，setGroupingUsed()方法设置是否可以对数字进行分组操作。为了使读者更好地理解这两个方法的使用，来看下面的实例。

在项目中创建 DecimalMethod 类，在类的主方法中调用 setGroupingSize()与 setGroupingUsed()方法实现数字的分组。

```java
import java.text.DecimalFormat;
public class DecimalMethod {
    public static void main(String[] args) {
        DecimalFormat myFormat = new DecimalFormat();
        myFormat.setGroupingSize(2);                          //设置将数字分组为 2
        String output = myFormat.format(123456.789);
        System.out.println("将数字以每两个数字进行分组  " + output);
        myFormat.setGroupingUsed(false);                      //设置不允许对数字进行分组
        String output2 = myFormat.format(123456.789);
        System.out.println("不允许对数字进行分组  " + output2);
    }
}
```

运行结果如下：

将数字以每两个数字进行分组 12,34,56.789
不允许对数字进行分组 123456.789

11.2.2　Math 类

Math 类提供了众多数学函数方法，主要包括三角函数方法，指数函数方法，取整函数方法，取最大值、最小值，以及平均值函数方法。这些方法都被定义为 static 形式，所以在程序中应用比较简便。可以使用如下形式调用：

Math.数学方法

在 Math 类中，除函数方法外还存在一些常用数学常量，如 PI、E 等。这些数学常量作为 Math 类的成员变量出现，调用起来也很简单。可以使用如下形式调用：

Math.PI
Math.E

Math 类中的常用数学运算方法较多，大致可以将其分为四大类别，分别为三角函数方法，指数函数方法，取整函数方法，以及取最大值、最小值和绝对值函数方法。

1．三角函数方法

Math 类中包含的三角函数方法如下。

- ☑　public static double sin(double a)：返回角的三角正弦。
- ☑　public static double cos(double a)：返回角的三角余弦。
- ☑　public static double tan(double a)：返回角的三角正切。
- ☑　public static double asin(double a)：返回一个值的反正弦。
- ☑　public static double acos(double a)：返回一个值的反余弦。
- ☑　public static double atan(double a)：返回一个值的反正切。
- ☑　public static double toRadians(double angdeg)：将角度转换为弧度。
- ☑　public static double toDegrees(double angrad)：将弧度转换为角度。

以上每个方法的参数和返回值都是 double 型的。将这些方法的参数的值设置为 double 型是有一定道理的，参数以弧度代替角度来实现，其中 1° 等于 $\pi/180$ 弧度，因此 180° 可以使用 π 弧度来表示。除了可以获取角的正弦、余弦、正切、反正弦、反余弦、反正切，Math 类还提供了角度和弧度相互转换的方法，即 toRadians() 和 toDegrees()。但需要注意的是，角度与弧度的转换通常是不精确的。

【例 11.7】在 Java 代码中进行三角函数运算（实例位置：资源包\TM\sl\11\7）

在项目中创建 TrigonometricFunction 类，在类的主方法中调用 Math 类提供的各种三角函数运算方法，并输出运算结果。

```java
public class TrigonometricFunction {
    public static void main(String[] args) {
        System.out.println("90 度的正弦值： " + Math.sin(Math.PI / 2));    //取 90° 的正弦
        System.out.println("0 度的余弦值： " + Math.cos(0));               //取 0° 的余弦
        System.out.println("60 度的正切值： " + Math.tan(Math.PI / 3));    //取 60° 的正切
        //取 2 的平方根与 2 商的反正弦
```

```
            System.out.println("2 的平方根与 2 商的反正弦值: " + Math.asin(Math.sqrt(2) / 2));
            //取 2 的平方根与 2 商的反余弦
            System.out.println("2 的平方根与 2 商的反余弦值: " + Math.acos(Math.sqrt(2) / 2));
            System.out.println("1 的反正切值: " + Math.atan(1));                          //取 1 的反正切
            System.out.println("120 度的弧度值: " + Math.toRadians(120.0));               //取 120° 的弧度值
            System.out.println("π/2 的角度值: " + Math.toDegrees(Math.PI / 2));           //取 π/2 的角度
    }
}
```

运行结果如下：

```
90 度的正弦值: 1.0
0 度的余弦值: 1.0
60 度的正切值: 1.7320508075688767
2 的平方根与 2 商的反正弦值: 0.7853981633974484
2 的平方根与 2 商的反余弦值: 0.7853981633974483
1 的反正切值: 0.7853981633974483
120 度的弧度值: 2.0943951023931953
π/2 的角度值: 90.0
```

通过运行结果可以看出，90°的正弦值为 1，0°的余弦值为 1，60°的正切与 Math.sqrt(3)的值应该是一致的，也就是取 3 的平方根。在结果中可以看到，第 4～6 行的值是基本相同的，这个值被换算后正是 45°，也就是获取的 Math.sqrt(2)/2 反正弦、反余弦值与 1 的反正切值都是 45°。最后两行输出语句实现的是角度和弧度的转换，其中 Math.toRadians(120.0)语句是获取 120°的弧度值，而 Math.toDegrees(Math.PI/2)语句是获取 π/2 的角度值。读者可以将这些具体的值使用 π 的形式表示出来，与上述结果应该是基本一致的，这些结果不能做到十分精确，因为 π 本身也是一个近似值。

2．指数函数方法

Math 类中与指数相关的函数方法如下。

☑ public static double exp(double a)：用于获取 e 的 a 次方，即取 e^a。

☑ public static double log(double a)：用于取自然对数，即取 lna 的值。

☑ public static double log10(double a)：用于取底数为 10 的 a 的对数。

☑ public static double sqrt(double a)：用于取 a 的平方根，其中 a 的值不能为负值。

☑ public static double cbrt(double a)：用于取 a 的立方根。

☑ public static double pow(double a,double b)：用于取 a 的 b 次方。

指数运算包括求方根、取对数以及求 n 次方的运算。为了使读者更好地理解这些运算函数方法的用法，下面举例说明。

【例 11.8】在 Java 代码中进行指数函数运算（实例位置：资源包\TM\sl\11\8）

在项目中创建 ExponentFunction 类，在类的主方法中调用 Math 类中的方法实现指数函数的运算，并输出运算结果。

```
public class ExponentFunction {
    public static void main(String[] args) {
        System.out.println("e 的平方值: " + Math.exp(2));            //取 e 的 2 次方
        System.out.println("以 e 为底 2 的对数值: " + Math.log(2));     //取以 e 为底 2 的对数
        System.out.println("以 10 为底 2 的对数值: " + Math.log10(2)); //取以 10 为底 2 的对数
        System.out.println("4 的平方根值: " + Math.sqrt(4));          //取 4 的平方根
        System.out.println("8 的立方根值: " + Math.cbrt(8));          //取 8 的立方根
```

```
        System.out.println("2 的 2 次方值：" + Math.pow(2, 2));        //取 2 的 2 次方
    }
}
```

运行结果如下：

```
e 的平方值：7.38905609893065
以 e 为底 2 的对数值：0.6931471805599453
以 10 为底 2 的对数值：0.3010299956639812
4 的平方根值：2.0
8 的立方根值：2.0
2 的 2 次方值：4.0
```

在本实例中可以看到，使用 Math 类中的方法比较简单，直接使用 Math 类名调用相应的方法即可。

3. 取整函数方法

在具体的问题中，取整操作使用也很普遍，因此 Java 在 Math 类中添加了数字取整方法。Math 类中主要包括以下几种取整方法。

- ☑ public static double ceil(double a)：返回大于或等于参数的最小整数。
- ☑ public static double floor(double a)：返回小于或等于参数的最大整数。
- ☑ public static double rint(double a)：返回与参数最接近的整数，如果存在两个同样接近的整数，则结果取偶数。
- ☑ public static int round(float a)：将参数加上 0.5 后返回与参数最近的整数。
- ☑ public static long round(double a)：将参数加上 0.5 后返回与参数最近的整数，然后强制转换为长整型。

下面以 1.5 作为参数，获取取整函数的返回值。图 11.1 用坐标轴的形式对此进行了展示。

图 11.1 取整函数的返回值

注意

由于数 1.0 和数 2.0 距离数 1.5 都是 0.5 个单位长度，因此 Math.rint(1.5)返回偶数 2.0。

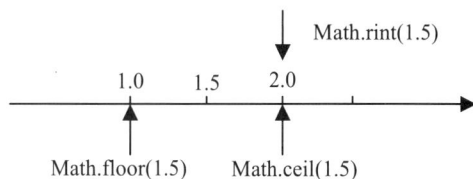

【例 11.9】 各场景下取整函数的运算结果（**实例位置：资源包\TM\sl\11\9**）

在项目中创建 IntFunction 类，在类的主方法中调用 Math 类中的方法实现取整函数的运算，并输出运算结果。

```
public class IntFunction {
    public static void main(String[] args) {
        System.out.println("使用 ceil()方法取整：" + Math.ceil(5.2));        //返回一个大于或等于参数的整数
        System.out.println("使用 floor()方法取整：" + Math.floor(2.5));       //返回一个小于或等于参数的整数
        System.out.println("使用 rint()方法取整：" + Math.rint(2.7));        //返回与参数最接近的整数
        System.out.println("使用 rint()方法取整：" + Math.rint(2.5));        //返回与参数最接近的整数
        //将参数加上 0.5 后返回最接近的整数
        System.out.println("使用 round()方法取整：" + Math.round(3.4f));
        //将参数加上 0.5 后返回最接近的整数，并将结果强制转换为长整型
        System.out.println("使用 round()方法取整：" + Math.round(2.5));
    }
}
```

运行结果如下：

```
使用 ceil()方法取整：6.0
使用 floor()方法取整：2.0
使用 rint()方法取整：3.0
使用 rint()方法取整：2.0
使用 round()方法取整：3
使用 round()方法取整：3
```

4．取最大值、最小值、绝对值函数方法

在程序中最常用的方法就是取最大值、最小值、绝对值等，Math 类中包括的操作方法如下。

- ☑ public static double max(double a,double b)：取 a 与 b 之间的最大值。
- ☑ public static int min(int a,int b)：取 a 与 b 之间的最小值，参数为整型。
- ☑ public static long min(long a,long b)：取 a 与 b 之间的最小值，参数为长整型。
- ☑ public static float min(float a,float b)：取 a 与 b 之间的最小值，参数为单精度浮点型。
- ☑ public static double min(double a,double b)：取 a 与 b 之间的最小值，参数为双精度浮点型。
- ☑ public static int abs(int a)：返回整型参数的绝对值。
- ☑ public static long abs(long a)：返回长整型参数的绝对值。
- ☑ public static float abs(float a)：返回单精度浮点型参数的绝对值。
- ☑ public static double abs(double a)：返回双精度浮点型参数的绝对值。

【例 11.10】取最大值、最小值、绝对值的方法（**实例位置：资源包\TM\sl\11\10**）

在项目中创建 AnyFunction 类，在类的主方法中调用 Math 类中的方法实现求两数的最大值、最小值和取绝对值的运算，并输出运算结果。

```java
public class AnyFunction {
    public static void main(String[] args) {
        System.out.println("4 和 8 较大者：" + Math.max(4, 8));      //取两个参数的最大值
        System.out.println("4.4 和 4 较小者：" + Math.min(4.4, 4));   //取两个参数的最小值
        System.out.println("-7 的绝对值：" + Math.abs(-7));           //取参数的绝对值
    }
}
```

运行结果如下：

```
4 和 8 较大者：8
4.4 和 4 较小者：4.0
-7 的绝对值：7
```

11.2.3　Random 类

Random 类是 JDK 中的随机数生成器类，程序开发人员可以通过实例化一个 Random 类对象来创建一个随机数生成器，语法如下：

```java
Random r = new Random();
```

以这种方式实例化对象时，Java 编译器将以系统当前时间作为随机数生成器的种子。因为每时每刻的时间不可能相同，所以产生的随机数不同。但是，如果运行速度太快，也会产生两个运行结果相同的随机数。

用户也可以在实例化 Random 类对象时，设置随机数生成器的种子。语法如下：

Random r = new Random(seedValue);

☑ r：Random 类对象。

☑ seedValue：随机数生成器的种子。

在 Random 类中，提供了获取各种数据类型随机数的方法，下面列举几个常用的方法。

☑ public int nextInt()：返回一个随机整数。

☑ public int nextInt(int n)：返回大于或等于 0 且小于 *n* 的随机整数。

☑ public long nextLong()：返回一个随机长整型值。

☑ public boolean nextBoolean()：返回一个随机布尔型值。

☑ public float nextFloat()：返回一个随机单精度浮点型值。

☑ public double nextDouble()：返回一个随机双精度浮点型值。

☑ public double nextGaussian()：返回一个概率密度为高斯分布的双精度浮点型值。

【例 11.11】获取不同取值范围、不同类型的随机数（**实例位置：资源包\TM\sl\11\11**）

在项目中创建 RandomDemo 类，在类的主方法中创建 Random 类的对象，使用该对象生成各种类型的随机数，并输出结果。

```java
import java.util.Random;
public class RandomDemo {
    public static void main(String[] args) {
        Random r = new Random();                        //实例化一个 Random 类对象
        //随机产生一个整数
        System.out.println("随机产生一个整数: " + r.nextInt());
        //随机产生一个大于或等于 0 且小于 10 的整数
        System.out.println("随机产生一个大于或等于 0 且小于 10 的整数: " + r.nextInt(10));
        //随机产生一个布尔型的值
        System.out.println("随机产生一个布尔型的值: " + r.nextBoolean());
        //随机产生一个双精度浮点型的值
        System.out.println("随机产生一个双精度浮点型的值: " + r.nextDouble());
        //随机产生一个单精度浮点型的值
        System.out.println("随机产生一个单精度浮点型的值: " + r.nextFloat());
        //随机产生一个概率密度为高斯分布的双精度浮点型的值
        System.out.println("随机产生一个概率密度为高斯分布的双精度浮点型的值: " + r.nextGaussian());
    }
}
```

代码每次运行得到的结果都会不同，笔者写稿时的运行结果如下：

```
随机产生一个整数: -991995210
随机产生一个大于或等于 0 且小于 10 的整数: 5
随机产生一个布尔型的值: true
随机产生一个双精度浮点型的值: 0.05001508158115486
随机产生一个单精度浮点型的值: 0.31018203
随机产生一个概率密度为高斯分布的双精度浮点型的值: 0.6781040183219917
```

注意

random()方法返回的值实际上是伪随机数，它通过复杂的运算而得到一系列的数。该方法使用当前时间作为随机数生成器的参数，因此每次执行程序时都会产生不同的随机数。

11.2.4　BigInteger 类

BigInteger 类的数字范围较 Integer 类的数字范围要大得多。前文介绍过 Integer 类是 int 的包装类，int 的最大值为 $2^{31}-1$，如果要计算更大的数字，使用 Integer 类就无法实现了，因此 Java 提供了 BigInteger 类来处理更大的数字。BigInteger 类支持任意精度的整数，也就是说，在运算中 BigInteger 类可以准确地表示任何大小的整数值而不会丢失信息。

在 BigInteger 类中封装了多种操作，除了基本的加、减、乘、除操作，还提供了绝对值、相反数、最大公约数以及判断是否为质数等操作。

使用 BigInteger 类，可以实例化一个 BigInteger 对象，并自动调用相应的构造函数。BigInteger 类具有很多构造函数，但最直接的一种方式是参数以字符串形式代表要处理的数字。

例如，将 2 转换为 BigInteger 类型，可以使用以下语句进行初始化操作：

```
BigInteger twoInstance = new BigInteger("2");
```

注意

参数 2 的双引号不能省略，因为参数是以字符串的形式存在的。

一旦创建了对象实例，就可以调用 BigInteger 类中的一些方法进行运算操作，包括基本的数学运算和位运算以及一些取相反数、取绝对值等操作。下面列举了 BigInteger 类中常用的几种运算方法。

- ☑　public BigInteger add(BigInteger val)：做加法运算。
- ☑　public BigInteger subtract(BigInteger val)：做减法运算。
- ☑　public BigInteger multiply(BigInteger val)：做乘法运算。
- ☑　public BigInteger divide(BigInteger val)：做除法运算。
- ☑　public BigInteger remainder(BigInteger val)：做取余操作。
- ☑　public BigInteger[] divideAndRemainder(BigInteger val)：用数组返回余数和商，结果数组中第一个值为商，第二个值为余数。
- ☑　public BigInteger pow(int exponent)：进行取参数的 exponent 次方操作。
- ☑　public BigInteger negate()：取相反数。
- ☑　public BigInteger shiftLeft(int n)：将数字左移 n 位，如果 n 为负数，做右移操作。
- ☑　public BigInteger shiftRight(int n)：将数字右移 n 位，如果 n 为负数，做左移操作。
- ☑　public BigInteger and(BigInteger val)：做与操作。
- ☑　public BigInteger or(BigInteger val)：做或操作。
- ☑　public int compareTo(BigInteger val)：做数字比较操作。
- ☑　public boolean equals(Object x)：当参数 x 是 BigInteger 类型的数字并且数值与对象实例的数值相等时，返回 true。
- ☑　public BigInteger min(BigInteger val)：返回较小的数值。
- ☑　public BigInteger max(BigInteger val)：返回较大的数值。

【例 11.12】使用 BigInteger 类进行数学运算（实例位置：资源包\TM\sl\11\12）

在项目中创建 BigIntegerDemo 类，然后在类的主方法中创建两个 BigInteger 类对象，再对两个对象进行加、减、乘、除和其他运算，最后输出运算结果。

```java
import java.math.BigInteger;
public class BigIntegerDemo {
    public static void main(String[] args) {
        BigInteger b1= new BigInteger("987654321987654321");      //第 1 个大数字
        BigInteger b2 = new BigInteger("123456789123456789");     //第 2 个大数字
        System.out.println("加法操作： " + b1.add(b2));              //加法运算
        System.out.println("减法操作： " + b1.subtract(b2));         //减法运算
        System.out.println("乘法操作： " + b1.multiply(b2));         //乘法运算
        System.out.println("除法操作： " + b1.divide(b2));           //除法运算
        System.out.println("取商： " + b1.divideAndRemainder(b2)[0]);  //取商运算
        System.out.println("取余数： " + b1.divideAndRemainder(b2)[1]); //取余运算
        System.out.println("做 2 次方操作： " + b1.pow(2));          //2 次方运算
        System.out.println("取相反数操作： " + b1.negate());         //相反数运算
    }
}
```

运行结果如下：

```
加法操作：1111111111111111110
减法操作：864197532864197532
乘法操作：121932631356500531347203169112635269
除法操作：8
取商：8
取余数：9000000009
做 2 次方操作：975461057940893157555403139789971041
取相反数操作：-987654321987654321
```

误区警示

在本实例中需要注意的是，divideAndRemainder()方法做除法操作，以数组的形式返回，数组中第一个值为做除法的商，第二个值为做除法的余数。

11.2.5　BigDecimal 类

BigDecimal 类和 BigInteger 类都能实现大数字的运算，不同的是 BigDecimal 类加入了小数的概念。一般的 float 型和 double 型数据只可以用来做科学计算或工程计算，但由于在商业计算中要求数字精度比较高，因此要使用 BigDecimal 类。BigDecimal 类支持任何精度的定点数，可以用它来精确计算货币值。在 BigDecimal 类中，常用的两个构造方法如表 11.8 所示。

表 11.8　BigDecimal 类中的常用构造方法

构 造 方 法	功 能 说 明
BigDecimal(double val)	实例化时将双精度浮点型转换为 BigDecimal 类型
BigDecimal(String val)	实例化时将字符串形式转换为 BigDecimal 类型

BigDecimal 类型的数字可以用来做超大的浮点数的运算，如加、减、乘、除等，但是在所有的运算中除法是最复杂的，因为在除不尽的情况下商的小数点后的末位数字的处理是需要考虑的。BigDecimal 类实现的加、减、乘、除的方法如表 11.9 所示。

表 11.9　BigDecimal 类实现的加、减、乘、除的方法

方　法	功　能　说　明
add(BigDecimal augend)	做加法操作
subtract(BigDecimal subtrahend)	做减法操作
multiply(BigDecimal multiplicand)	做乘法操作
divide(BigDecimal divisor,int scale, RoundingMode roundingMode)	做除法操作，方法中 3 个参数分别代表除数、商的小数点后的位数、近似处理模式

在上述方法中，BigDecimal 类中的 divide()方法有多种设置，用于返回商的小数点后的末位数字的处理，这些模式的名称与含义如表 11.10 所示。

表 11.10　BigDecimal 类中的 divide()方法的多种处理模式

模　式	含　义
RoundingMode.UP	商的最后一位如果大于 0，则向前进位，正负数都如此
RoundingMode.DOWN	商的最后一位无论是什么数字都省略
RoundingMode.CEILING	如果商是正数，则按照 UP 模式处理；如果商是负数，则按照 DOWN 模式处理。这种模式的处理都会使近似值大于或等于实际值
RoundingMode.FLOOR	与 CEILING 模式相反：商如果是正数，按照 DOWN 模式处理；商如果是负数，则按照 UP 模式处理。这种模式的处理都会使近似值小于或等于实际值
RoundingMode.HALF_DOWN	对商进行四舍五入操作：如果商最后一位小于或等于 5，则做舍弃操作；如果最后一位大于 5，则做进位操作，如 7.5 ≈ 7
RoundingMode.HALF_UP	对商进行四舍五入操作：如果商的最后一位小于 5，则做舍弃操作；如果大于或等于 5，则做进位操作，如 7.5 ≈ 8
RoundingMode.HALF_EVEN	如果商的倒数第二位为奇数，则按照 HALF_UP 模式处理；如果为偶数，则按照 HALF_DOWN 模式处理，如 7.5 ≈ 8，8.5 ≈ 8

下面设计一个类，这个类包括任意两个 BigDecimal 类型数字的加、减、乘、除运算方法。

【例 11.13】使用 BigDecimal 类进行数学运算（实例位置：资源包\TM\sl\11\13）

在项目中创建 BigDecimalDemo 类，然后在类的主方法中创建两个 BigDecimal 类对象，再对两个对象进行加、减、乘、除运算，最后输出运算结果。

```java
import java.math.BigDecimal;
import java.math.RoundingMode;

public class BigDecimalDemo {
    public static void main(String[] args) {
        BigDecimal b1 = new BigDecimal("0.00987654321987654321");         //第 1 个大小数
        BigDecimal b2 = new BigDecimal("0.00123456789123456789");         //第 2 个大小数
        System.out.println("两个数字相加结果：" + b1.add(b2));              //加法运算
        System.out.println("两个数字相减结果：" + b1.subtract(b2));         //减法运算
        System.out.println("两个数字相乘结果：" + b1.multiply(b2));         //乘法运算
        //除法运算，商小数点后保留 9 位，并对结果进行四舍五入操作
        System.out.println("两个数字相除，保留小数点后 9 位：" + b1.divide(b2, 9, RoundingMode.HALF_UP));
    }
}
```

运行结果如下：

两个数字相加结果：0.01111111111111111110
两个数字相减结果：0.00864197532864197532
两个数字相乘结果：0.00001219326313565005313472031691126352 69
两个数字相除，保留小数点后 9 位：8.000000073

编程训练（答案位置：资源包\TM\sl\11\编程训练）

【训练 3】求偶数和　尝试开发一个程序，获取 2～32（不包括 32）的 6 个偶数，并求得这 6 个偶数的和。

【训练 4】计算圆面积　尝试开发一个程序，定义一个求圆面积的方法，其中以圆半径作为参数，并将计算结果保留 5 位小数。

11.3　System 类

System 类是 JDK 中提供的系统类，该类是用 final 修饰的，因此不允许被继承。System 类提供了很多系统层面的操作方法，并且这些方法全部都是静态的。System 类提供的较常用方法如表 11.11 所示。本节重点讲解利用 System 类在控制台中输出和计时这两个操作。

表 11.11　System 类提供的常用方法

方　　法	功　能　描　述
currentTimeMillis()	返回以毫秒为单位的当前时间
exit(int status)	通过启动虚拟机的关闭序列，终止当前正在运行的 Java 虚拟机。此方法从不正常返回。可以将变量作为一个状态码，非零的状态码表示非正常终止，0 表示正常终止
Map<String,String> getenv()	返回一个不能修改的当前系统环境的字符串映射视图
getenv(String name)	获取指定的环境变量值
getProperties()	确定当前的系统属性
getProperty(String key)	获取用指定键描述的系统属性
setIn(InputStream in)	重新分配"标准"输入流

11.3.1　在控制台中输出字符

System 类提供了标准输入、标准输出和错误输出流，也就是说，System 类提供了 3 个静态对象：in、out 和 err。本书中的代码多次使用了这些对象，最常见的就是 out 对象。在控制台中输出字符串，输出的方法有两种，下面分别进行讲解。

1．不会自动换行的 print()方法

print()方法的语法如下：

```
System..print("Hello!");
```

此方法输出"Hello"文字，输出完毕后，光标会停留在"Hello"文字末尾，不会自动换行。

2．可以自动换行的 println()方法

println()方法在 print 后面加上了 "ln" 后缀（就是 line 的简写），语法如下：

```
System.out.println("书籍是人类进步的阶梯!");
```

此方法输出 "书籍是人类进步的阶梯!" 后会自动换行。光标停留在下一行的开头。

print()方法与 println()方法输出的对比效果如表 11.12 所示

表 11.12　两种输出方法的效果对比

Java 语法	运 行 结 果	Java 语法	运 行 结 果
System.out.print("左"); System.out.print("中"); System.out.print("右");	左中右	System.out.println("上"); System.out.println("中"); System.out.println("下");	上 中 下

综上所述，Java 输出换行的方法有以下两种：

```
System.out.print("\n");            //利用换行符\n 实现换行
System.out.println();              //空参数即可实现换行
```

误区警示

"System.out.println("\n");" 会输出两个空行；"System.out.print();" 无参数会报错。

11.3.2　计时

System.currentTimeMillis()方法可以获取自 1970 年 1 月 1 日零点至今的毫秒数。虽然 Date 日期类也有类似的方法，但代码会比 System 类多，因此 System.currentTimeMillis()方法是为获取当前毫秒数最常用的方法。因为该方法的返回值精确到毫秒，所以可以利用该方法来记录程序的运行时间。

【例 11.14】查看执行一万次字符串拼接所消耗的时间（**实例位置：资源包\TM\sl\11\14**）

创建字符串对象，循环一万次对该字符串做拼接操作，利用 System.currentTimeMillis()方法记录循环消耗的时间，具体代码如下：

```java
public class SystemTimeDemo {
    public static void main(String[] args) {
        long start = System.currentTimeMillis();     //程序开始记录时间
        String str = null;                           //创建 null 字符串
        for (int i = 0; i < 10000; i++) {            //循环一万次
            str += i;                                //字符串与循环变量拼接
        }
        long end = System.currentTimeMillis();       //记录循环结束时间
        System.out.println("循环用时： " + (end - start) + "毫秒");
    }
}
```

因为性能强的处理器计算时间短，性能差的处理器计算时间长，所以该实例在不同计算机上的结果是会发生变化的，笔者写稿时的运行结果如下：

```
循环用时：133 毫秒
```

编程训练（答案位置：资源包\TM\sl\11\编程训练）

【训练 5】输出颜文字　在控制台中输出如下内容：

(^_^) / (T_T)

【训练 6】对比执行效率　比较"+="运算符和 String 类的 concat()方法哪一个拼接字符串的执行效率更高。

11.4　Scanner 类

与 C 语言不同，Java 从控制台中读取用户输入的值，使用的不是一行可以直接使用的代码，而是由一个叫 Scanner 的类来实现的。Scanner 英文直译就是扫描仪，它的用途就和现实生活的扫描仪一样，可以把数字化信息流转为人类可识别的文字。System.out 表示向控制台中输出内容，System.in 表示从控制台中输入内容，让 Scanner 扫描 System.in 就可以获取用户输入的值了。

使用 Scanner 类首先要导入该类，其语法如下：

```
import java.util.Scanner;                                    //导入 Scanner 类
```

Scanner 类提供了如表 11.13 所示的几种常用的方法，通过这些方法可以获取控制台中输入的不同类型的值。

表 11.13　Scanner 类的几个常用方法

方 法 名	返 回 类 型	功 能 说 明	方 法 名	返 回 类 型	功 能 说 明
next()	String	查找并返回此扫描器获取的下一个完整标记	nextInt()	int	扫描一个值并返回 int 类型
nextBoolean()	boolean	扫描一个布尔值标记并返回	nextLine()	String	扫描一个值并返回 String 类型
nextBtye()	byte	扫描一个值并返回 byte 类型	nextLong()	long	扫描一个值并返回 long 类型
nextDouble()	double	扫描一个值并返回 double 类型	nextShort()	short	扫描一个值并返回 short 类型
nextFloat()	float	扫描一个值并返回 float 类型	close()	void	关闭此扫描器

误区警示

nextLine()方法扫描的内容是从第一个字符开始到换行符为止，而 next()、nextInt()等方法扫描的内容是从第一个字符开始到这段完整内容结束。

使用 Scanner 类扫描控制台中的代码如下：

```
Scanner sc = new Scanner(System.in);
```

System.in 表示控制台输入流，在创建 Scanner 对象时把 System.in 作为参数，这样创建出的扫描器对象扫描的目标就是用户在控制台中输入的内容，再通过表 11.13 中列出的方法将用户输入的内容转为 Java 的数据类型，就可以对数据进行加工、显示了。

【例 11.15】猜数字游戏（实例位置：资源包\TM\sl\11\15）

创建 ScannerDemo 类，首先在主方法中创建一个随机数，然后创建一个 while 循环不断获取用户输入的数字，让用户输入的数字与随机数比较，给出"大于"或"小于"的提示，直到用户输入的数字与随机数相等才结束循环。

```java
import java.util.Random;
import java.util.Scanner;
public class ScannerDemo {
    public static void main(String[] args) {
        Random r = new Random();                    //随机数对象
        int num = r.nextInt(100);                   //取值范围为 1～99
        int input = -1;                             //记录用户输入的值
        Scanner sc = new Scanner(System.in);        //扫描器扫描用户在控制台中输入的内容
        while (true) {
            System.out.println("猜一猜随机数是多少？");
            input = sc.nextInt();                   //获取用户输入的一个整数
            if (input > num) {                      //如果大于随机数
                System.out.print("你输入的数字大了！");
            } else if (input < num) {               //如果小于随机数
                System.out.print("你输入的数字小了！");
            } else if (input == num) {              //如果等于随机数
                break;                              //结束循环
            } else {
                System.out.println("您的输入有误！");
            }
        }
        System.out.println("恭喜你答对了！");
        sc.close();                                 //关闭扫描器
    }
}
```

运行结果如图 11.2 所示。

图 11.2　猜数字游戏的运行结果

编程训练（答案位置：资源包\TM\sl\11\编程训练）

【训练 7】边长可变的正方形　根据用户输入的数字，输出对应边长的由"*"字符组成的正方形。

【训练 8】模拟用户登录　如果用户输入的用户名为 mr，输入的密码为 123456，则提示登录成功。

11.5　日期时间类

在程序开发中，经常需要处理日期时间，Java 中提供了专门的日期时间类来处理相应的问题，本节将对 Java 中的日期时间类进行详细讲解。

11.5.1 Date 类

Date 类用于表示日期时间，使用该类表示时间需要使用其构造方法创建对象，其构造方法及其说明如表 11.14 所示。

表 11.14 Date 类的构造方法及其说明

构 造 方 法	说 明
Date()	分配 Date 对象并初始化此对象，以表示分配它的时间（精确到毫秒）
Date(long date)	分配 Date 对象并初始化此对象，以表示自标准基准时间（即 1970 年 1 月 1 日 00:00:00 GMT）起经过指定毫秒数 date 后的时间

例如，使用 Date 类的第 2 种构造方法创建一个 Date 类的对象，代码如下：

```
long timeMillis = System.currentTimeMillis();    //当前系统时间所经历的毫秒数
Date date = new Date(timeMillis);
```

上述代码中的 System 类的 currentTimeMillis()方法主要用来获取当前系统时间距标准基准时间的毫秒数。另外，这里需要注意的是，创建 Date 对象时使用的是 long 型整数，而不是 double 型，这主要是因为 double 类型可能会损失精度。Date 类的常用方法及其说明如表 11.15 所示。

表 11.15 Date 类的常用方法及其说明

方 法	说 明
after(Date when)	测试当前日期是否在指定的日期之后
before(Date when)	测试当前日期是否在指定的日期之前
getTime()	获得自 1970 年 1 月 1 日 00:00:00 GMT 开始到现在所经过的毫秒数
setTime(long time)	设置当前 Date 对象所表示的日期时间值，该值用以表示 1970 年 1 月 1 日 00:00:00 GMT 以后 time 毫秒的时间点

【例 11.16】获取当前的日期和时间（**实例位置：资源包\TM\sl\11\16**）

创建 Date 对象获取当前日期和时间并输出。

```
import java.util.Date;
public class DateDemo {
    public static void main(String[] args) {
        Date date = new Date();                //创建现在的日期
        long value = date.getTime();           //获得毫秒数
        System.out.println("日期：" + date);
        System.out.println("到现在所经历的毫秒数为：" + value);
    }
}
```

运行此代码后，将在控制台中输出日期及自 1970 年 1 月 1 日 00:00:00 GMT 开始至本程序运行时所经历过的毫秒数，结果如下：

```
日期：Wed Jan 18 17:01:48 CST 2023
到现在所经历的毫秒数为：1674032508698
```

误区警示

（1）本节介绍的 Date 类在 java.util 包下，但 java.sql 包下也有一个 Date 类，不要将二者搞混。

（2）因为代码执行的时间不同，所以每次"获取的当前时间"得到的结果都不会一样。

11.5.2 日期时间格式化类

如果在程序中直接输出 Date 对象，显示的是"Mon Feb 29 17:39:50 CST 2016"这种格式的日期时间，那么应该如何将其显示为"2016-02-29"或者"17:39:50"这样的日期时间格式呢？Java 中提供了 DateFormat 类来实现类似的功能。

DateFormat 类是日期时间格式化子类的抽象类，可以按照指定的格式对日期或时间进行格式化。DateFormat 类提供了很多类方法，以获得基于默认或给定语言环境和多种格式化风格的默认日期时间 Formatter，格式化风格主要包括 SHORT、MEDIUM、LONG 和 FULL 4 种。

- ☑ SHORT：完全为数字，如 12.13.52 或 3:30pm。
- ☑ MEDIUM：较长，如 Jan 12, 1952。
- ☑ LONG：更长，如 January 12, 1952 或 3:30:32pm。
- ☑ FULL：完全指定，如 Tuesday、April 12、1952 AD 或 3:30:42pm PST。

另外，使用 DateFormat 类还可以自定义日期时间的格式。要格式化一个当前语言环境下的日期，首先需要创建 DateFormat 类的一个对象，由于它是抽象类，因此可以使用其静态方法 getDateInstance() 进行创建，语法如下：

```
DateFormat df = DateFormat.getDateInstance();
```

使用 getDateInstance()方法获取的是所在国家或地区的标准日期格式。另外，DateFormat 类还提供了一些其他静态方法。例如，使用 getTimeInstance()方法可获取所在国家或地区的时间格式，使用 getDateTimeInstance()方法可获取日期和时间格式。DateFormat 类的常用方法及其说明如表 11.16 所示。

表 11.16 DateFormat 类的常用方法及其说明

方　法	说　明
format(Date date)	将一个 Date 对象实例格式化为日期/时间字符串
getCalendar()	获取与此日期/时间格式器关联的日历
getDateInstance()	获取日期格式器，该格式器具有默认语言环境的默认格式化风格
getDateTimeInstance()	获取日期/时间格式器，该格式器具有默认语言环境的默认格式化风格
getInstance()	获取为日期和时间使用 SHORT 风格的默认日期/时间格式器
getTimeInstance()	获取时间格式器，该格式器具有默认语言环境的默认格式化风格
parse(String source)	将字符串解析成一个日期，并返回这个日期的 Date 对象

例如，将当前日期按照 DateFormat 类默认格式进行输出：

```
DateFormat df = DateFormat.getInstance();
System.out.println(df.format(new Date()));
```

结果如下：

输出长类型格式的当前时间：

```
DateFormat df = DateFormat.getTimeInstance(DateFormat.LONG);
System.out.println(df.format(new Date()));
```

结果如下：

CST 17:04:56

输出长类型格式的当前日期：

```
DateFormat df = DateFormat.getDateInstance(DateFormat.LONG);
System.out.println(df.format(new Date()));
```

结果如下：

2023 年 1 月 18 日

输出长类型格式的当前日期和时间：

```
DateFormat df = DateFormat.getDateTimeInstance(DateFormat.LONG, DateFormat.LONG);
System.out.println(df.format(new Date()));
```

结果如下：

2023 年 1 月 18 日 CST 17:06:44

由于 DateFormat 类是一个抽象类，不能用 new 创建实例对象。因此，除了使用 getXXXInstance()
方法创建其对象，还可以使用其子类，如 SimpleDateFormat 类，该类是一个以与语言环境相关的方式
来格式化和分析日期的具体类，它允许进行格式化（日期→文本）、分析（文本→日期）和规范化。

SimpleDateFormat 类提供了 19 个格式化字符，可以让开发者随意编写日期格式，这 19 个格式化
字符如表 11.17 所示。

表 11.17　SimpleDateFormat 的格式化字符

字　　母	日期或时间元素	类　　型	示　　例
G	Era 标志符	Text	AD
y	年	Year	1996; 96
M	年中的月份	Month	July; Jul; 07
w	年中的周数	Number	27
W	月份中的周数	Number	2
D	年中的天数	Number	189
d	月份中的天数	Number	10
F	月份中的星期	Number	2
E	星期中的天数	Text	Tuesday; Tue
a	Am/pm 标记	Text	PM
H	一天中的小时数（0～23）	Number	0
h	am/pm 中的小时数（1～12）	Number	12
k	一天中的小时数（1～24）	Number	24
K	am/pm 中的小时数（0～11）	Number	0
m	小时中的分钟数	Number	30

续表

字　母	日期或时间元素	类　型	示　例
s	分钟中的秒数	Number	55
S	毫秒数	Number	978
z	时区	General time zone	Pacific Standard Time; PST; GMT-08:00
Z	时区	RFC 822 time zone	-800

通常表 11.17 中的字符出现的数量会影响数字的格式。例如：yyyy 表示 4 位年份，这样输入会显示 2023；yy 表示两位，这样输入就会显示为 23；只有一个 y 的话，会按照 yyyy 显示；如果超过 4 个 y，如 yyyyyy，会在 4 位年份左侧补 0，结果为 02023。一些常用的日期时间格式如表 11.18 所示。

表 11.18　常用日期时间格式

日　期　时　间	对应的格式
2023/1/18	yyyy/MM/dd
2023.1.18	yyyy.MM.dd
2023-1-18 17:06:44	yyyy-MM-dd HH:mm:ss
2023 年 1 月 18 日 17 时 06 分 44 秒 星期三	yyyy 年 MM 月 dd 日 HH 时 mm 分 ss 秒 EEEE
下午 5 时	ah 时
今年已经过去了 17 天	今年已经过去了 D 天

【例 11.17】以中文形式输出当前的日期和时间（实例位置：资源包\TM\sl\11\17）

创建 DateFormatDemo 类，在主方法中创建日期格式化对象，将格式设定为"某年某月某日星期几某时某分某秒"，以新闻开头的方法播报当前时间。

```java
import java.text.DateFormat;
import java.text.SimpleDateFormat;
import java.util.Date;
public class DateFormatDemo {
    public static void main(String[] args) {
        DateFormat df = new SimpleDateFormat("yyyy 年 MM 月 dd 日 EEEE HH 时 mm 分 ss 秒");
        System.out.print("各位观众大家好，现在是");
        System.out.print(df.format(new Date()));
        System.out.println("，欢迎收看新闻。");
    }
}
```

运行结果如下：

各位观众大家好，现在是 2023 年 01 月 18 日 星期三 17 时 14 分 59 秒，欢迎收看新闻。

DateFormat 类提供的 Date parse(String source)方法可以将字符串转为其字面日期对应的 Date 对象，整个过程相当于日期格式化的逆操作。

例如，将"2023-1-18"字符串转成 Date 对象，可以使用如下代码：

```java
DateFormat sdf = new SimpleDateFormat("yyyy-MM-dd");
Date date = sdf.parse("2023-1-18");
```

注意

如果日期字符串不符合格式，则会抛出 java.text.ParseException 异常。

11.5.3　Calendar 类

打开 Java API 文档可以看到 java.util.Date 类提供的大部分方法都已经过时了，因为 Date 类在设计之初没有考虑到国际化，而且很多方法也不能满足用户需求，比如需要获取指定时间的年月日时分秒信息，或者想要对日期时间进行加减运算等复杂的操作，Date 类已经不能胜任，因此 JDK 提供了新的时间处理类——Calendar 日历类。

Calendar 类是一个抽象类，它为特定瞬间与一组诸如 YEAR、MONTH、DAY_OF_MONTH、HOUR 等日历字段之间的转换提供了一些方法，并为操作日历字段（如获得下星期的日期）提供了一些方法。另外，该类还为实现包范围外的具体日历系统提供了其他字段和方法，这些字段和方法被定义为 protected。

Calendar 提供了一个类方法 getInstance()，以获得此类型的一个通用的对象。Calendar 类的 getInstance()方法返回一个 Calendar 对象，其日历字段已由当前日期和时间初始化，其使用方法如下：

```
Calendar rightNow = Calendar.getInstance();
```

> **说明**
>
> 由于 Calendar 类是一个抽象类，不能用 new 创建实例对象，因此只能使用 getInstance()方法创建该类的实例对象。如果需要创建 Calendar 类的对象，必须使用其子类，如 GregorianCalendar 类。

Calendar 类提供的常用字段及其说明如表 11.19 所示。

表 11.19　Calendar 类提供的常用字段及其说明

字　段　名	说　　明
DATE	get 和 set 的字段数字，指示一个月中的某天
DAY_OF_MONTH	get 和 set 的字段数字，指示一个月中的某天
DAY_OF_WEEK	get 和 set 的字段数字，指示一个星期中的某天
DAY_OF_WEEK_IN_MONTH	get 和 set 的字段数字，指示当前月中的第几个星期
DAY_OF_YEAR	get 和 set 的字段数字，指示当前年中的天数
HOUR	get 和 set 的字段数字，指示上午或下午的小时
HOUR_OF_DAY	get 和 set 的字段数字，指示一天中的小时
MILLISECOND	get 和 set 的字段数字，指示一秒中的毫秒
MINUTE	get 和 set 的字段数字，指示一小时中的分钟
MONTH	指示月份的 get 和 set 的字段数字
SECOND	get 和 set 的字段数字，指示一分钟中的秒
time	日历的当前设置时间，以毫秒为单位，表示自格林威治标准时间 1970 年 1 月 1 日 0:00:00 后经过的时间
WEEK_OF_MONTH	get 和 set 的字段数字，指示当前月中的星期数
WEEK_OF_YEAR	get 和 set 的字段数字，指示当前年中的星期数
YEAR	指示年的 get 和 set 的字段数字

Calendar 类提供的常用方法及其说明如表 11.20 所示。

表 11.20　Calendar 类提供的常用方法及其说明

方　　法	说　　明
add(int field, int amount)	根据日历的规则，为给定的日历字段添加或减去指定的时间量
after(Object when)	判断此 Calendar 对象表示的时间是否在指定 Object 表示的时间之后，返回判断结果
before(Object when)	判断此 Calendar 对象表示的时间是否在指定 Object 表示的时间之前，返回判断结果
get(int field)	返回给定日历字段的值
getInstance()	使用默认时区和语言环境获得一个日历
getTime()	返回一个表示此 Calendar 对象时间值（从历元至现在的毫秒偏移量）的 Date 对象
getTimeInMillis()	返回此 Calendar 对象的时间值，以毫秒为单位
roll(int field, boolean up)	在给定的时间字段上添加或减去（上/下）单个时间单元，不更改更大的字段
set(int field, int value)	将给定的日历字段设置为给定值
set(int year, int month, int date)	设置日历字段 YEAR、MONTH 和 DAY_OF_MONTH 的值
set(int year, int month, int date, int hourOfDay, int minute)	设置日历字段 YEAR、MONTH、DAY_OF_MONTH、HOUR_OF_DAY 和 MINUTE 的值
set(int year, int month, int date, int hourOfDay, int minute, int second)	设置字段 YEAR、MONTH、DAY_OF_MONTH、HOUR、MINUTE 和 SECOND 的值
setTime(Date date)	使用给定的 Date 对象设置此 Calendar 对象的时间
setTimeInMillis(long millis)	用给定的 long 值设置此 Calendar 对象的当前时间值

　　从表 11.20 中可以看到，add() 方法和 roll() 方法都用来为给定的日历字段添加或减去指定的时间量，它们的主要区别在于：使用 add() 方法会影响大的字段，像数学里加法的进位或错位，而使用 roll() 方法设置的日期字段只是进行增加或减少，不会改变更大的字段。

　　【例 11.18】今天离中华人民共和国成立 100 周年差多少天（**实例位置：资源包\TM\sl\11\18**）

　　创建 CountDown 类，通过 Calendar 类和 Date 类计算出 2049 年 10 月 1 日距今相差的毫秒数，根据毫秒数计算出相差的天数。

```java
import java.text.SimpleDateFormat;
import java.util.Calendar;
import java.util.Date;

public class CountDown {
    public static void main(String[] args) {
        System.out.println("————————————中华人民共和国成立 100 周年倒计时————————————");
        Date date = new Date();                                    //当前时间
        //创建 SimpleDateFormat 对象，指定目标格式
        SimpleDateFormat simpleDateFormat = new SimpleDateFormat("yyyy 年 MM 月 dd 日");
        //调用 format 方法，格式化时间，转换为指定格式
        String today = simpleDateFormat.format(date);
        System.out.println("今天是" + today);                       //输出当前日期
        //获取自 1970 年 1 月 1 日至当前时间所经过的毫秒数
        long time1 = date.getTime();
        //使用默认时区和语言环境获得一个日历 calendar
        Calendar calendar = Calendar.getInstance();
        //设置日历 calendar 中的年、月和日的值。因为月份是从 0 开始计算的，所以这里要减 1
        calendar.set(2049, 10 - 1, 1);
        //计算自 1970 年 1 月 1 日至 2049 年 10 月 1 日所经过的毫秒数
        long time2 = calendar.getTimeInMillis();
```

```
//计算 2049 年 10 月 1 日距离当前时间相差的天数
long day = (time2 - time1) / (1000 * 60 * 60 * 24);
System.out.println("距离 2049 年 10 月 1 日还有 " + day + " 天！");
        }
}
```

运行结果如下：

————————中华人民共和国成立 100 周年倒计时————————
今天是 2023 年 01 月 18 日
距离 2049 年 10 月 1 日还有 9753 天！

最后对 Calendar 类的使用做出几点总结：

☑ c.set(Calendar.DAY_OF_MONTH, 0)获取的是上个月的最后一天，因此调用前需要将月份往后加一个月。

☑ Calendar.MONTH 的第一个月是使用 0 记录的，因此在获得月份数字后要加 1。年和日是从 1 开始记录的，不需要加 1。

☑ Calendar.DAY_OF_WEEK 的第一天是周日，周一是第二天，周六是最后一天。

编程训练（答案位置：资源包\TM\sl\11\编程训练）

【训练 9】毫秒转时间 分别输出以下毫秒数对应的时间：1000，100000，1000000 以及 10000000。

【训练 10】中文格式日期改英文格式 将"现在是 2023 年 01 月 18 日 17 时 14 分 59 秒"的日期字符串转为"2023/1/18 17:14:59"的格式。

11.6 实践与练习

（答案位置：资源包\TM\sl\11\实践与练习）

综合练习 1：输出日历 使用 Calendar 类计算并输出当前月份的日历，效果如下：

```
    2023-1
日   一   二   三   四   五   六
1    2    3    4    5    6    7
8    9    10   11   12   13   14
15   16   17   18   19   20   21
22   23   24   25   26   27   28
29   30   31
```

综合练习 2：勾股定理数 找出 1～100 都有哪些数符合勾股定理，如 3、4、5。

综合练习 3：坐标移动 一个小球在直角坐标系中的坐标位置是(15,4)，它向与竖直线成 30°角的东北方向移动了 100 个单位的距离，请问小球移动后的坐标是多少？

第 12 章

集合类

集合可以看作是一个容器，如红色的衣服可以看作是一个集合，所有 Java 类的书也可以看作是一个集合。对于集合中的各个对象，很容易将其从集合中取出来，也很容易将其存储到集合中，还可以将其按照一定的顺序进行摆放。Java 中提供了不同的集合类，这些类具有不同的存储对象，同时提供了相应的方法，以方便用户对集合进行遍历、添加、删除和查找指定的对象。学习 Java 语言一定要学会使用集合。

本章的知识架构及重难点如下。

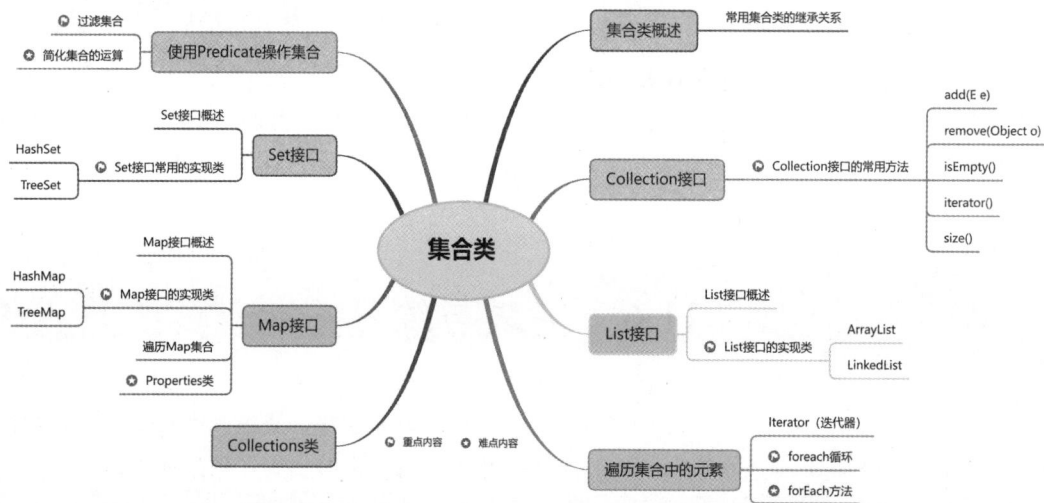

12.1　集合类概述

java.util 包中提供了一些集合类，这些集合类又被称为容器。提到容器不难想到数组。集合类与数组的不同之处是：数组的长度是固定的，集合的长度是可变的；数组用来存储基本类型的数据，集合用来存储对象的引用。常用的集合有 List 集合、Set 集合和 Map 集合，其中 List 集合与 Set 集合继承了 Collection 接口，各接口还提供了不同的实现类。上述集合类的继承关系如图 12.1 所示。

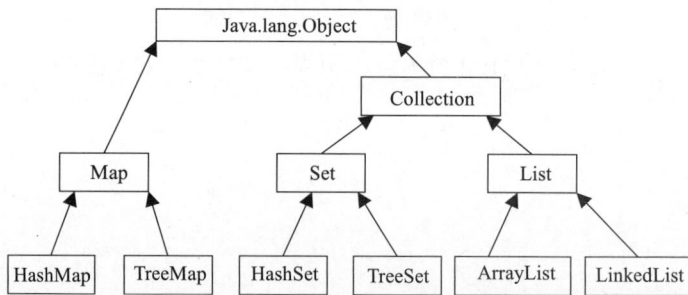

图 12.1　常用集合类的继承关系

12.2　Collection 接口

Collection 接口是层次结构中的根接口，构成 Collection 的单位被称为元素。Collection 接口通常不能被直接使用，但该接口提供了添加元素、删除元素、管理数据的方法。由于 List 接口与 Set 接口都继承了 Collection 接口，因此这些方法对 List 集合与 Set 集合是通用的。Collection 接口的常用方法如表 12.1 所示。

表 12.1　Collection 接口的常用方法

方　　法	功　能　描　述
add(E e)	将指定的对象添加到该集合中
addAll(Collection<? Extends T>)	将参数中的所有元素都添加到该集合中
contains(Obiect o)	判断该集合中是否包含对象 o
remove(Object o)	将指定的对象从该集合中移除
isEmpty()	返回 boolean 值，用于判断当前集合是否为空
iterator()	返回在此 Collection 的元素上进行迭代的迭代器。用于遍历集合中的对象
size()	返回 int 型值，获取该集合中元素的个数
Object[] toArray()	返回一个包含集合中所有元素的数组

如何遍历集合中的每个元素呢？遍历集合通常都是通过迭代器（iterator）来实现的。Collection 接口中的 iterator()方法可返回在此 Collection 进行迭代的迭代器。下面的实例就是典型的遍历集合的方法。

【例 12.1】向 "购物车" 中添加商品（实例位置：资源包\TM\sl\12\1）

在项目中创建 Muster 类，在主方法中使用 Collection 接口创建一个集合对象，把这个集合对象看作一个 "购物车"，先把《Java 从入门到精通》《零基础学 Java》《Java 精彩编程 200 例》3 本书添加到 "购物车" 里，再把 "购物车" 里的商品名称输出到控制台上。实例代码如下：

```
import java.util.*;                                    //导入 java.util 包，其他实例都要添加该语句
public class Muster {                                  //创建 Muster 类
    public static void main(String args[]) {
        Collection<String> list = new ArrayList<>();   //实例化集合类对象
        list.add("《Java 从入门到精通》");                 //向集合中添加数据
        list.add("《零基础学 Java》");
        list.add("《Java 精彩编程 200 例》");
        Iterator<String> it = list.iterator();         //创建迭代器
        while (it.hasNext()) {                          //判断是否有下一个元素
            String str = (String) it.next();           //获取集合中的元素
            System.out.println(str);
        }
    }
}
```

运行结果如图 12.2 所示。

图 12.2　例 12.1 的运行结果

12.3　List 接口

List 集合包括 List 接口以及 List 接口的所有实现类。List 集合中的元素可以重复，各元素的顺序就是对象插入的顺序。类似 Java 数组，用户可通过使用索引（元素在集合中的位置）来访问集合中的元素。

12.3.1　List 接口概述

List 接口继承了 Collection 接口，因此包含 Collection 接口中的所有方法。此外，List 接口还定义了以下两个非常重要的方法。

☑　get(int index)：获得指定索引位置的元素。

☑　set(int index,Object obj)：将集合中指定索引位置的对象修改为指定的对象。

List 接口的常用实现类有 ArrayList 类与 LinkedList 类，简述如下：

☑　ArrayList 类实现了可变的数组，允许保存所有元素，包括 null，并可以根据索引位置对集合进行快速的随机访问。缺点是向指定的索引位置处插入对象或从指定的索引位置处删除对象的速度较慢。

☑　LinkedList 类采用链表结构保存对象。这种结构的优点是便于向集合中插入对象或从集合中删除对象。需要向集合中插入对象或从集合中删除对象时，使用 LinkedList 类实现的 List 集合的效率较高；但对于随机访问集合中的对象，使用 LinkedList 类实现 List 集合的效率较低。

12.3.2　ArrayList 类

使用 List 接口时通常声明为 List 类型，通过 ArrayList 类可以实例化 List 接口。代码如下：

```
List<E> list = new ArrayList<>();
```

在上面的代码中，E 可以是合法的 Java 数据类型。例如，如果集合中的元素为字符串类型，那么 E 可以被修改为 String。

【例 12.2】举例说明 List 集合的常用方法（**实例位置：资源包\TM\sl\12\2**）

在项目中创建 Gather 类，在主方法中创建集合对象，依次向集合对象中添加"a""b""c"3 个元素，先使用 Math 类的 random()方法随机获取集合中的某个元素，再移除集合中索引位置是"2"的元素并把余下的元素输出到控制台上。实例代码如下：

```
public class Gather {                                      //创建 Gather 类
    public static void main(String[] args) {               //主方法
        List<String> list = new ArrayList<>();             //创建集合对象
        list.add("a");                                     //向集合中添加元素
        list.add("b");
        list.add("c");
        int i = (int) (Math.random()*list.size());         //获得 0~2 的随机数
        System.out.println("随机获取集合中的元素: " + list.get(i));
        list.remove(2);                                    //从集合中移除指定索引位置的元素
        System.out.println("从集合中移除索引是'2'的元素后，集合中的元素是: ");
```

```
        for (int j = 0; j < list.size(); j++) {            //循环遍历集合
            System.out.println(list.get(j));
        }
    }
}
```

运行结果如图 12.3 所示。

说明

与数组相同，集合的索引也是从 0 开始的。

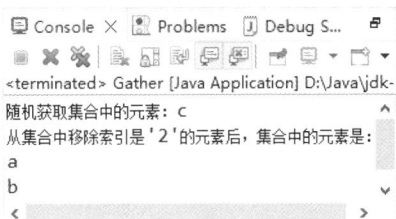

图 12.3 例 12.2 的运行结果

12.3.3 LinkedList 类

通过 LinkedList 类也可以实例化 List 接口，代码如下：

List<E> list = new LinkedList<>();

LinkedList 类采用链表结构保存元素，这种结构的优点是便于向集合中插入元素或者从集合中删除元素。当需要频繁向集合中插入元素或从集合中删除元素时，使用 LinkedList 类比使用 ArrayList 类的效率更高。

LinkedList 类除了包含 Collection 接口和 List 接口中的所有方法，还包含了如表 12.2 所示的方法。

表 12.2 LinkedList 类的特有方法

方　法	功 能 描 述
void addFirst(E e)	将指定元素添加到该集合的开头
void addLast(E e)	将指定元素添加到该集合的末尾
E getFirst()	返回该集合的第一个元素
E getLast()	返回该集合的最后一个元素
E removeFirst()	删除该集合的第一个元素
E removeLast()	删除该集合的最后一个元素

下面通过一个实例演示 LinkedList 类的使用方法。

【例 12.3】记录入库的商品名称（实例位置：资源包\TM\sl\12\3）

首先，记录入库的商品名称，并把它们输出到控制台上。然后，输出录入的第一个商品名称和最后一个商品名称。最后，输出删除录入的最后一个商品后的剩余商品名称。代码如下：

```
import java.util.List;
import java.util.LinkedList;

public class Warehouse {
    public static void main(String[] args) {
        List<String> products = new LinkedList<String>();   //创建集合对象
        String p1 = new String("Java 从入门到精通");
        String p2 = new String("C 语言从入门到精通");
        String p3 = new String("Python 从入门到精通");
        String p4 = new String("C#从入门到精通");
        products.add(p1);                                    //将 p1 对象添加到 LinkedList 集合中
        products.add(p2);                                    //将 p2 对象添加到 LinkedList 集合中
        products.add(p3);                                    //将 p3 对象添加到 LinkedList 集合中
        products.add(p4);                                    //将 p4 对象添加到 LinkedList 集合中
```

```java
String p5 = new String("Spring Boot 从入门到精通");
((LinkedList<String>) products).addLast(p5);              //在集合的末尾添加 p5 对象
System.out.print("*************** 商品信息 ***************");
System.out.println("\n 目前商品有: ");
for (int i = 0; i < products.size(); i++) {
    System.out.print(products.get(i) + "\t");
}
System.out.println("\n 第一个商品的名称为: " + ((LinkedList<String>) products).getFirst());
System.out.println("最后一个商品的名称为: " + ((LinkedList<String>) products).getLast());
((LinkedList<String>) products).removeLast();            //删除最后一个元素
System.out.println("删除最后的元素, 目前商品有: ");
for (int i = 0; i < products.size(); i++) {
    System.out.print(products.get(i) + "\t");
}
    }
}
```

运行结果如下：

```
*************** 商品信息 ***************
目前商品有:
Java 从入门到精通   C 语言从入门到精通   Python 从入门到精通   C#从入门到精通   Spring Boot 从入门到精通
第一个商品的名称为: Java 从入门到精通
最后一个商品的名称为: Spring Boot 从入门到精通
删除最后的元素, 目前商品有:
Java 从入门到精通   C 语言从入门到精通   Python 从入门到精通   C#从入门到精通
```

编程训练（答案位置：资源包\TM\sl\12\编程训练）

【训练 1】输出 NBA 历史十大巨星　输出 NBA 历史十大巨星的"绰号""得分""篮板""助攻"，运行结果如图 12.4 所示。

【训练 2】给图书排序　书桌上有两本书，分别是《西游记》和《水浒传》，书架上有 3 本书，分别是《三国演义》《莎士比亚诗选》《红楼梦》。现要将中国的四大名著按照《水浒传》《三国演义》《西游记》《红楼梦》的顺序放到一起。

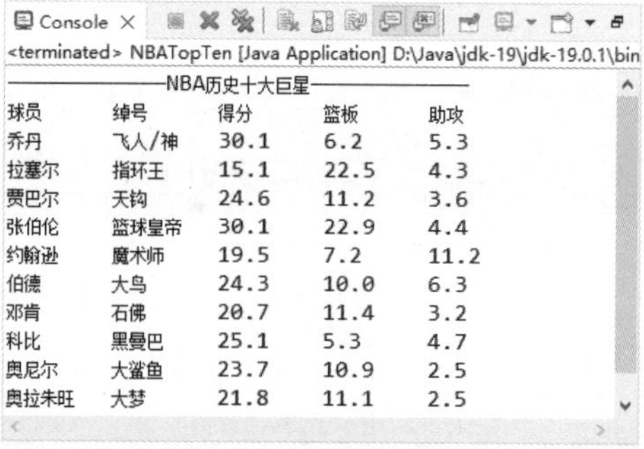

图 12.4　NBA 历史十大巨星

12.4　遍历集合中的元素

在 Java 语言中，遍历集合中的元素有很多种方式，例如使用 Iterator 遍历集合中的元素、使用 foreach 循环遍历集合中的元素、使用 forEach()方法遍历集合中的元素等。下面将分别对上述遍历集合的方式进行讲解。

12.4.1　Iterator 遍历集合中的元素

Iterator（又称"迭代器"）是一个接口，主要用于遍历 Collection 集合中的元素。在遍历 Collection 集合中的元素时，需要使用 Iterator 接口中用于判断集合中的元素是否被遍历完全的 hasNext()方法和用于返回集合里的下一个元素的 next()方法。

例如，定义一个 Collection 集合，向 Collection 集合中添加"Java 从入门到精通""C 语言从入门到精通""C#从入门到精通" 3 个元素后，使用 Iterator 遍历集合中的元素，并把它们输出到控制台上。代码如下：

```java
import java.util.ArrayList;
import java.util.Collection;
import java.util.Iterator;

public class Test {
    public static void main(String[] args) {
        //定义一个 Collection 集合
        Collection ct = new ArrayList<>();
        ct.add("Java 从入门到精通");
        ct.add("C 语言从入门到精通");
        ct.add("C#从入门到精通");
        //获取 Collection 集合对应的迭代器
        Iterator it = ct.iterator();
        while (it.hasNext()) {
            //it.next()方法返回的数据类型是 Object 类型，因此需要强制类型转换
            String obj = (String) it.next();
            System.out.println(obj);
        }
    }
}
```

运行结果如下：

```
Java 从入门到精通
C 语言从入门到精通
C#从入门到精通
```

12.4.2 使用 foreach 循环遍历集合中的元素

使用 foreach 循环遍历集合中的元素要比使用 Iterator 遍历集合中的元素更加便捷。

例如，定义一个 Collection 集合，向 Collection 集合中添加"Java 从入门到精通""C 语言从入门到精通""C#从入门到精通" 3 个元素后，使用 foreach 循环遍历集合中的元素，并把它们输出到控制台上。代码如下：

```java
import java.util.ArrayList;
import java.util.Collection;

public class Test {
    public static void main(String[] args) {
        Collection ct = new ArrayList<>();          //定义一个 Collection 集合
        ct.add("Java 从入门到精通");
        ct.add("C 语言从入门到精通");
        ct.add("C#从入门到精通");
        for (Object object : ct) {
            String value = (String) object;
            System.out.println(value);
        }
    }
}
```

运行结果如下：

Java 从入门到精通
C 语言从入门到精通
C#从入门到精通

12.4.3　使用 forEach()方法遍历集合中的元素

forEach()方法是 Iterable 接口中的一个默认方法。为了遍历 Collection 集合中的元素，即可调用 forEach()方法。

例如，定义一个 Collection 集合，向 Collection 集合中添加 "Java 从入门到精通" "C 语言从入门到精通" "C#从入门到精通" 3 个元素后，使用 forEach()方法遍历集合中的元素，并把它们输出到控制台上。代码如下：

```java
import java.util.ArrayList;
import java.util.Collection;

public class Test {
    public static void main(String[] args) {
        Collection ct = new ArrayList<>();              //定义一个 Collection 集合
        ct.add("Java 从入门到精通");
        ct.add("C 语言从入门到精通");
        ct.add("C#从入门到精通");
        ct.forEach(e -> System.out.println(e));
    }
}
```

运行结果如下：

Java 从入门到精通
C 语言从入门到精通
C#从入门到精通

12.5　使用 Predicate 操作集合

Java 8 为 Collection 集合新增了一个 removeIf(Predicate filter)方法，该方法将会批量删除符合 filter 条件的所有元素。不难发现，removeIf()方法需要一个 Predicate 对象作为参数。因为 Predicate 是一个函数式接口，所以可使用 Lambda 表达式作为 removeIf()方法的参数。

那么，Predicate 的使用场景都有哪些呢？下面通过示例分别进行说明。

1．过滤集合

例如，定义一个 Collection 集合，向 Collection 集合中添加 "Java 从入门到精通" "C 语言从入门到精通" "C#从入门到精通" 3 个元素后，先使用 removeIf()方法批量删除 Collection 集合中字符串长度大于 8 的元素，再把 Collection 集合中的剩余元素输出到控制台上。代码如下：

```java
import java.util.ArrayList;
import java.util.Collection;
```

```
public class Test {
    public static void main(String[] args) {
        Collection ct = new ArrayList<>();                //定义一个 Collection 集合
        ct.add("Java 从入门到精通");
        ct.add("C 语言从入门到精通");
        ct.add("C#从入门到精通");
        ct.removeIf(e -> ((String)e).length() > 8);
        System.out.println(ct);
    }
}
```

运行结果如下：

[C#从入门到精通]

2. 简化集合的运算

例如，定义一个 Collection 集合，向 Collection 集合中添加"Java 从入门到精通""C 语言从入门到精通""C#从入门到精通" 3 个元素后，先输出集合中包含字符串"C"的元素的数量，然后输出集合中包含字符串"Java"的元素的数量，最后输出集合中的元素字符串长度大于 8 的元素的数量。代码如下：

```
import java.util.ArrayList;
import java.util.Collection;
import java.util.function.Predicate;

public class Test {
    public static void main(String[] args) {
        Collection ct = new ArrayList<>();                //定义一个 Collection 集合
        ct.add("Java 从入门到精通");
        ct.add("C 语言从入门到精通");
        ct.add("C#从入门到精通");
        //分别输出集合中包含字符串"C""Java"，以及长度大于 8 的元素的数量
        System.out.println(calNum(ct, e -> ((String)e).contains("C")));
        System.out.println(calNum(ct, e -> ((String)e).contains("Java")));
        System.out.println(calNum(ct, e -> ((String)e).length() > 8));
    }

    public static int calNum(Collection ct, Predicate pc) {
        int number = 0;
        for (Object obj : ct) {
            //使用 Predicate 的 test()方法判断该对象是否满足 Predicate 指定的条件
            if (pc.test(obj)) {
                number++;
            }
        }
        return number;
    }
}
```

运行结果如下：

```
2
1
2
```

223

12.6　Set 接口

因为 Set 集合通常不能记住元素的添加顺序，所以 Set 集合中的元素不按特定的方式进行排序，只是简单地把元素添加到集合中，但 Set 集合中不能包含重复的元素。

12.6.1　Set 接口概述

Set 集合由 Set 接口和 Set 接口的实现类组成。Set 接口继承了 Collection 接口，因此它包含了 Collection 接口中的所有方法。Set 接口常用的实现类有 HashSet 类与 TreeSet 类，下面分别对其进行讲解。

> **误区警示**
>
> Set 集合的构造有一个约束条件，传入的 Collection 对象不能有重复值，必须小心操作可变对象（mutable object）。如果一个 Set 集合中的可变元素改变了自身状态而导致 Object.equals(Object) = true，则会出现一些问题。

12.6.2　HashSet 类

HashSet 类实现 Set 接口，由哈希表（实际上是一个 HashMap 实例）支持。它不保证 Set 集合的迭代顺序，特别是它不保证该顺序恒久不变。此类允许使用 null 元素。

使用 Set 接口时通常被声明为 Set 类型，通过 HashSet 类可以实例化 Set 接口。代码如下：

```
Set<E> set = new HashSet<>();
```

下面通过一个实例来演示 HashSet 类的使用方法。

【例 12.4】 从入门到精通系列的图书有哪些（**实例位置：资源包\TM\sl\12\4**）

使用 HashSet 类实例化 Set 接口，向集合中添加 "Java 从入门到精通" "Python 从入门到精通" "C 语言从入门到精通" "C#从入门到精通"，使用 foreach 循环遍历集合中的元素，并把它们输出到控制台上。代码如下：

```
import java.util.HashSet;
import java.util.Set;

public class IteratorTest {
    public static void main(String[] args) {
        Set<String> set = new HashSet<String>();          //定义一个 Set 集合
        String str1 = new String("Java 从入门到精通");
        String str2 = new String("Python 从入门到精通");
        String str3 = new String("C 语言从入门到精通");
        String str4 = new String("C#从入门到精通");
        set.add(str1);                                     //将 str1 存储到 Set 集合中
        set.add(str2);                                     //将 str2 存储到 Set 集合中
        set.add(str3);                                     //将 str3 存储到 Set 集合中
        set.add(str4);                                     //将 str4 存储到 Set 集合中
        System.out.println("从入门到精通系列的图书有：");
```

```
        for (String string : set) {
            String value = string;
            System.out.println(value);
        }
    }
}
```

运行结果如下：

从入门到精通系列的图书有：
Java 从入门到精通
Python 从入门到精通
C#从入门到精通
C 语言从入门到精通

12.6.3　TreeSet 类

通过 TreeSet 类可以实例化 Set 接口。代码如下：

```
Set<E> set = new TreeSet<>();
```

TreeSet 类不仅实现了 Set 接口，还实现了 java.util.SortedSet 接口，因此在遍历集合时，TreeSet 类实现的 Set 集合可以按照自然顺序进行递增排序，也可以按照指定比较器进行递增排序，即可以通过比较器对用 TreeSet 类实现的 Set 集合中的对象进行排序。TreeSet 类新增的方法如表 12.3 所示。

表 12.3　TreeSet 类增加的方法

方　　法	功 能 描 述
first()	返回此 Set 集合中当前第一个（最低）元素
last()	返回此 Set 集合中当前最后一个（最高）元素
comparator()	返回对此 Set 集合中的元素进行排序的比较器。如果此 Set 集合使用自然顺序，则返回 null
headSet(E toElement)	返回一个新的 Set 集合，这个新集合包含 toElement 对象（不包含）之前的所有对象
subSet(E fromElement, E fromElement)	返回一个新的 Set 集合，这个新集合包含 fromElement 对象（包含）与 fromElement 对象（不包含）之间的所有对象
tailSet(E fromElement)	返回一个新的 Set 集合，这个新集合包含 fromElement 对象（包含）之后的所有对象

下面通过一个实例来演示 TreeSet 类的使用方法。

【例 12.5】使用 TreeSet 类实现自然（升序）排序（**实例位置：资源包\TM\sl\12\5**）

在项目中创建 TreeSetTest 类，首先使用 TreeSet 类创建一个 Set 集合对象，然后使用 add()方法向 Set 集合中添加 5 个元素，即-5、-7、10、6 和 3，最后使用 Iterator 迭代器遍历并输出 Set 集合中的元素。实例代码如下：

```
import java.util.Iterator;
import java.util.Set;
import java.util.TreeSet;

public class TreeSetTest {                              //创建 TreeSetTest 类
    public static void main(String[] args) {
        Set<Integer> set = new TreeSet<>();             //使用 TreeSet 类创建 Set 集合对象
        set.add(-5);                                    //以下几行代码负责向 Set 集合中添加元素
        set.add(-7);
        set.add(10);
```

```
            set.add(6);
            set.add(3);
            Iterator<Integer> it = set.iterator();                    //创建 Iterator 迭代器对象
            System.out.print("Set 集合中的元素: ");                   //提示信息
            while (it.hasNext()) {                                     //遍历并输出 Set 集合中的元素
                    System.out.print(it.next() + "   ");
            }
    }
}
```

运行结果如图 12.5 所示。

技巧

headSet()、subSet()、tailSet()方法截取对象生成新集合时是否包含指定的参数，可通过如下方法来判别：

（1）如果指定参数位于新集合的起始位置处，则包含该对象，如 subSet()方法的第一个参数和 tailSet()方法的参数。

（2）如果指定参数是新集合的终止位置处，则不包含该参数，如 headSet()方法的入口参数和 subSet()方法的第二个入口参数。

编程训练（答案位置：资源包\TM\sl\12\编程训练）

【训练 3】使用 TreeSet 类排序　使用 TreeSet 类实现定制排序（降序）（如-5、-7、3、6、10）。

【训练 4】模拟当当网购物车　有位读者看中了 3 本书：《Java 从入门到精通》，明日科技编著，59.8 元；《Java 从入门到精通（实例版）》，明日科技编著，69.8 元；《Java Web 从入门到精通》，明日科技编著，69.8 元。他把这 3 本书放进了购物车里打算结账：使用封装和 HashSet 类，输出这 3 本书的信息，并求出 3 本书的价格总和，运行结果如图 12.6 所示。

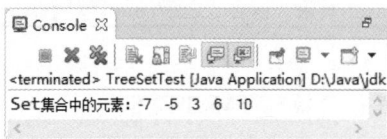

图 12.5　例 12.3 的运行结果

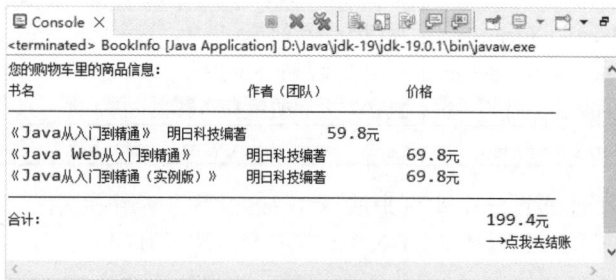

图 12.6　模拟当当网购物车

12.7　Map 接口

Map 接口没有继承 Collection 接口，其提供的是 key 到 value 的映射。通过 Map 接口的实现类实现 Map 接口，即可创建 Map 集合。在 Map 集合中不能包含相同的 key，每个 key 只能映射一个 value。key 还决定了存储对象在映射中的存储位置，但不是由 key 对象本身决定的，而是通过一种"散列技术"进行处理的，产生一个散列码的整数值。散列码通常被用作一个偏移量，该偏移量对应分配给映射的内存区域的起始位置，从而确定存储对象在映射中的存储位置。

12.7.1　Map 接口概述

Map 接口提供了将 key 映射到值的对象。一个映射不能包含重复的 key，每个 key 最多只能映射到一个值。除集合的常用方法外，Map 接口还提供了如表 12.4 所示的特殊方法。

表 12.4　Map 接口中除集合常用方法外的特殊方法

方　　法	功 能 描 述
put(K key, V value)	向集合中添加指定的 key 与 value 的映射关系
containsKey(Object key)	如果此映射包含指定 key 的映射关系，则返回 true
containsValue(Object value)	如果此映射将一个或多个 key 映射到指定值上，则返回 true
get(Object key)	如果存在指定的 key 对象，则返回该对象对应的值，否则返回 null
keySet()	返回该集合中的所有 key 对象形成的 Set 集合
values()	返回该集合中所有值对象形成的 Collection 集合

12.7.2　HashMap 类

建议使用 HashMap 类实现 Map 集合，因为由 HashMap 类实现的 Map 集合添加和删除映射关系效率更高。可以通过 HashMap 类创建 Map 集合，当需要顺序输出时，再创建一个完成相同映射关系的 TreeMap 类实例。

【例 12.6】输出 Map 集合中书号（键）和书名（值）（**实例位置：资源包\TM\sl\12\6**）

在项目中创建 HashMapTest 类，先在主方法中创建 Map 集合，再向 Map 集合中添加键值对。其中，key 的值分别为 "ISBN-978654" "ISBN-978361" "ISBN-978893" "ISBN-978756"，value 的值分别为 "Java 从入门到精通" "Android 从入门到精通" "21 天学 Android" "21 天学 Java"。接着，分别获取 Map 集合中的 key 和 value，并把它们分别输出到控制台上。实例代码如下：

```java
import java.util.Collection;
import java.util.HashMap;
import java.util.Iterator;
import java.util.Map;
import java.util.Set;


public class HashMapTest {
    public static void main(String[] args) {
        Map<String, String> map = new HashMap<>();                    //创建 Map 集合对象
        map.put("ISBN-978654", "Java 从入门到精通");                   //向 Map 集合中添加元素
        map.put("ISBN-978361", "Android 从入门到精通");
        map.put("ISBN-978893", "21 天学 Android");
        map.put("ISBN-978756", "21 天学 Java");
        Set<String> set = map.keySet();                               //构建 Map 集合中所有 key 的 Set 集合
        Iterator<String> it = set.iterator();                         //创建 Iterator 迭代器
        System.out.println("key 值: ");
        while (it.hasNext()) {                                        //遍历并输出 Map 集合中的 key 值
            System.out.print(it.next() + "   ");
        }
        Collection<String> coll = map.values();                      //构建 Map 集合中所有 value 值的集合
```

```
        it = coll.iterator();
        System.out.println("\nvalue 值：");
        while (it.hasNext()) {                                    //遍历并输出 Map 集合中的 value 值
                System.out.print(it.next() + "    ");
        }
    }
}
```

运行结果如图 12.7 所示。

图 12.7　例 12.4 的运行结果

12.7.3　遍历 Map 集合

Map 集合的遍历与 List 集合和 Set 集合的遍历不同。因为 Map 集合有 key（键）和 value（值）两组值，所以遍历 Map 集合时既可以只遍历 key（键），也可以只遍历 value（值），还可以同时遍历 key（键）和 value（值）。

1. 同时遍历 Map 集合的 key（键）和 value（值）

在 for 循环中使用 entries 能够同时遍历 Map 集合的 key（键）和 value（值）。这种方式不仅是非常常见的，而且是非常常用的。

例如，通过 HashMap 类实现 Map 接口，创建一个 Map 集合。向 Map 集合中添加键值对，其中把星期的英文缩合作为 key（键），把星期的中文作为 value（值）。在 for 循环中使用 entries 能够同时遍历 Map 集合的 key（键）和 value（值），并把它们以键值对的形式输出到控制台上。代码如下：

```
import java.util.HashMap;
import java.util.Map;

public class Test {
    public static void main(String[] args) {
        //创建 Map 集合对象
        Map<String, String> map = new HashMap<>();
        //向 Map 集合中添加键值对
        map.put("Mon", "星期一");
        map.put("Tue", "星期二");
        map.put("Wed", "星期三");
        map.put("Thu", "星期四");
        map.put("Fri", "星期五");
        map.put("Sat", "星期六");
        map.put("Sun", "星期天");
        //在 for 循环中使用 entries 遍历 Map 集合
        for (Map.Entry<String, String> entry : map.entrySet()) {
            String key = entry.getKey();                    //获取
            String value = entry.getValue();
            System.out.println(key + ": " + value);
        }
    }
}
```

运行结果如下：

```
Thu：星期四
Tue：星期二
```

Wed：星期三
Sat：星期六
Fri：星期五
Mon：星期一
Sun：星期天

2. 遍历 Map 集合的 key（键）或者 value（值）

使用 foreach 循环能够遍历 Map 集合的 key（键）或者 value（值）。

例如，通过 HashMap 类实现 Map 接口，创建一个 Map 集合。向 Map 集合中添加键值对，其中把星期的英文缩合作为 key（键），把星期的中文作为 value（值）。使用 foreach 循环分别遍历 Map 集合的 key（键）和 value（值），并把 key（键）和 value（值）分别输出到控制台上。代码如下：

```java
import java.util.HashMap;
import java.util.Map;

public class Test {
    public static void main(String[] args) {
        //创建 Map 集合对象
        Map<String, String> map = new HashMap<>();
        //向 Map 集合中添加键值对
        map.put("Mon", "星期一");
        map.put("Tue", "星期二");
        map.put("Wed", "星期三");
        map.put("Thu", "星期四");
        map.put("Fri", "星期五");
        map.put("Sat", "星期六");
        map.put("Sun", "星期天");
        //输出 key（键）
        for (String key : map.keySet()) {
            System.out.print(key + "\t");
        }
        System.out.println(); //换行
        //输出 value（值）
        for (String value : map.values()) {
            System.out.print(value + "\t");
        }
    }
}
```

运行结果如下：

Thu	Tue	Wed	Sat	Fri	Mon	Sun
星期四	星期二	星期三	星期六	星期五	星期一	星期天

12.7.4 TreeMap 类

TreeMap 类不仅实现了 Map 接口，还实现了 java.util.SortedMap 接口，因此集合中的映射关系具有一定的顺序。但在添加、删除和定位映射关系时，TreeMap 类比 HashMap 类性能稍差。由于 TreeMap 类实现的 Map 集合中的映射关系是根据键对象按照一定的顺序排列的，因此不允许键对象是 null。

下面通过 TreeMap 类实现 Map 接口，修改例 12.4。代码如下：

```java
import java.util.Collection;
import java.util.Iterator;
import java.util.Map;
```

```
import java.util.Set;
import java.util.TreeMap;

public class TreeMapTest {
    public static void main(String[] args) {
        Map<String, String> map = new TreeMap<>();              //创建 Map 集合对象
        map.put("ISBN-978654", "Java 从入门到精通");            //向 Map 集合中添加元素
        map.put("ISBN-978361", "Android 从入门到精通");
        map.put("ISBN-978893", "21 天学 Android");
        map.put("ISBN-978756", "21 天学 Java");
        Set<String> set = map.keySet();                        //构建 Map 集合中所有 key 的 Set 集合
        Iterator<String> it = set.iterator();                  //创建 Iterator 迭代器
        System.out.println("key 值：");
        while (it.hasNext()) {                                 //遍历并输出 Map 集合中的 key 值
            System.out.print(it.next() + "   ");
        }
        Collection<String> coll = map.values();                //构建 Map 集合中所有 value 值的集合
        it = coll.iterator();
        System.out.println("\nvalue 值：");
        while (it.hasNext()) {                                 //遍历并输出 Map 集合中的 value 值
            System.out.print(it.next() + "   ");
        }
    }
}
```

运行结果如图 12.8 所示。

12.7.5　Properties 类

Properties 类是一个比较特殊的集合，它表示一个持久的属性集，在属性列表中的每个 key（键）及其对应的 value（值）都是一个字符串。Properties 类主要用于读取 Java 的配置文件，其配置文件常为.properties 文件，属文本文件，是以键值对的形式进行参数配置的。

Properties 类的常用方法及其说明如表 12.5 所示。

图 12.8　运行结果

表 12.5　Properties 类的常用方法及其说明

方　　法	功 能 描 述
String getProperty(String key)	用指定的键在此属性列表中搜索属性
void load(InputStream inStream) throws IOException	将文件中的键值对加载到 propreties 集合中
Object setProperty(String key, String value)	调用 Hashtable 的方法 put()
void store(Writer writer, String comments)	将集合中的数据存储到.propreties 文件中

例如，创建一个 preperties 集合，向该集合中分别添加如下的键值对：连接 MySQL 数据库的驱动、连接 MySQL 数据库的用户名和连接 MySQL 数据库的密码。使用 getProperty()方法分别获取连接 MySQL 数据库的驱动、用户名和密码，并输出到控制台上。代码如下：

```
import java.util.Properties;

public class Test {
    public static void main(String[] args) {
        //创建 preperties 集合
```

```
        Properties pro = new Properties();
        //向集合中存储数据
        pro.put("driver", "com.mysql.jdbc.driver");
        pro.put("username", "root");
        pro.put("password", "123456");
        //取数据
        String v1 = pro.getProperty("driver");
        String v2 = pro.getProperty("username");
        String v3 = pro.getProperty("password");
        //输出数据
        System.out.println(v1);
        System.out.println(v2);
        System.out.println(v3);
    }
}
```

运行结果如下：

```
com.mysql.jdbc.driver
root
123456
```

再例如，创建一个 preperties 集合，向 preperties 集合中分别添加以下键值对：name 及其值 David、age 及其值 26。使用 store()方法将 preperties 集合中的键值对存储到当前项目文件夹下的 pro.propreties 文件中。代码如下：

```
import java.io.FileOutputStream;
import java.util.Properties;

public class Test {
    public static void main(String[] args) {
        //创建 propreties 集合
        Properties pro = new Properties();
        pro.put("name", "David");
        pro.put("age", "26");
        //明确 pro.propreties 文件的路径
        try (FileOutputStream fos = new FileOutputStream("pro.propreties")) {
            //将集合中的数据存储到 propreties 文件中
            pro.store(fos, "this is a person");                    //propreties 文件中不可以存储中文
        } catch (Exception e) {
            e.printStackTrace();
        }
    }
}
```

找到并打开 pro.propreties 文件后，即可看到如图 12.9 所示的运行结果。

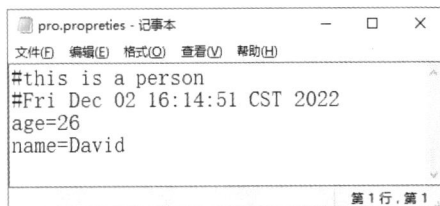

图 12.9　运行结果

编程训练（答案位置：资源包\TM\sl\12\编程训练）

【训练 5】省市联动　使用 Map 接口实现类，输出东北三省的每个省份中的城市名称。

【训练 6】模拟 2021 年 NBA 扣篮大赛评分　请 5 位评委（冰人格文、穆大叔、魔术师约翰逊、大鲨鱼奥尼尔和麦蒂）打分，在控制台中输入 5 个 0～10 的整数，中间用逗号隔开（如 10,9,9,8,10），最后计算 5 位评委给出的分数之和。

12.8　Collections 类

Java.util.Collections 是一个集合工具类，用于操作 List、Set、Map 等集合。它提供了一系列的、用于操作集合中的元素的静态方法。需要特别注意的是，Collections 类不能通过 new 关键字创建对象，这是因为 Collections 类的构造方法被私有化处理了。因此，直接通过类名即可调用 Collections 类的静态方法。

Collections 和 Collection 虽然只有一个字母的区别，却是两个完全不同的概念。Collections 是一个具有属性和静态方法的工具类，Collection 是一个含有 List 接口及其实现类和 Set 接口及其实现类的接口。

Collections 类的常用方法及其说明如表 12.6 所示。

表 12.6　Collections 类的常用方法及其说明

方　法	功　能　描　述
static void shuffle(List)	打乱排序
static <T> boolean addAll(Collection<T> c, T... elements)	添加一些元素
static <T> void sort(List<T> list，Comparator<? super T>)	排序，将集合中元素按照指定规则进行排序
static <T extends Comparable<? super T>> void sort(List<T> list)	排序，将集合中元素按照默认规则进行排序
static int binarySearch(List list, Object key)	查找，使用二分搜索法搜索指定的 List 集合，以获得指定对象在 List 集合中的索引。如果要使该方法可以正常工作，则必须保证 List 中的元素已经处于有序状态
static void copy(List <? super T> dest,List<? extends T> src)	复制，用于将指定集合中的所有元素复制到另一个集合中
static void replaceAll()	替换，替换集合中所有的旧元素为新元素

下面以 shuffle()方法为例，演示如何使用 Collections 类的静态方法。

【例 12.7】打乱 List 集合中元素的顺序（**实例位置：资源包\TM\sl\12\7**）

通过 LinkedList 类实现 List 接口，创建一个 List 集合。向 List 集合中添加 12、34、56、78 和 90 等整数后，通过遍历集合把它们输出到控制台上。使用 shuffle()方法打乱集合中元素的原来顺序后，通过遍历集合把打乱顺序后的各个元素输出到控制台上。代码如下：

```
import java.util.Collections;
import java.util.LinkedList;
import java.util.List;

public class Test {
    public static void main(String[] args) {
        //创建一个 List 集合
        List<Integer> list = new LinkedList<>();
        //向 List 集合中添加元素
        list.add(12);
        list.add(34);
        list.add(56);
        list.add(78);
        list.add(90);
        //使用 foreach 遍历集合
        for (Integer integer : list) {
            System.out.print(integer + "\t");
```

```
        }
        System.out.println();                          //换行
        Collections.shuffle(list);                     //打乱顺序
        System.out.println("============打乱顺序后的结果============");
        //使用 foreach 遍历打乱元素顺序的集合
        for (Integer integer : list) {
            System.out.print(integer + "\t");
        }
    }
}
```

运行结果如图 12.10 所示

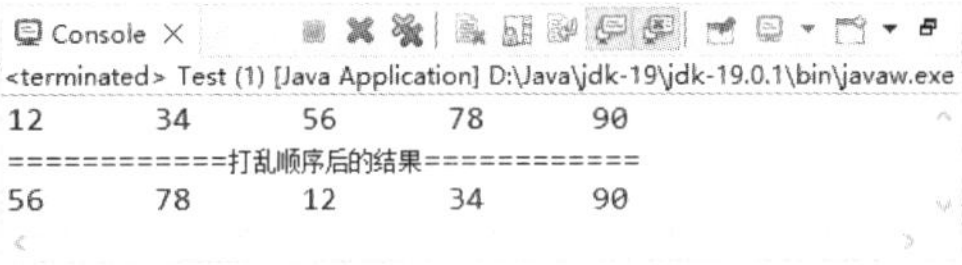

📢 **注意**

　　shuffle()方法的作用是随机打乱集合中元素的原来顺序，并且 shuffle()方法只能作用于 List 集合中。

图 12.10　例 12.7 的运行结果

12.9　实践与练习

（答案位置：资源包\TM\sl\12\实践与练习）

　　综合练习 1：26 个英文字母的正反输出　使用数组和 ArrayList 类，先输出 A～Z，再输出 z～a。

　　综合练习 2：模拟账户存取款　使用 ArrayList 类模拟账户存取款，运行结果如图 12.11 所示。

　　综合练习 3：给随机数组排序　随机数组就是在指定长度的数组中用随机数字为每个元素赋值，这常用于需要不确定数值的环境，如拼图游戏需要随机数组来打乱图片排序。可是同时也存在问题，就是随机数的重复问题，这个问题也常常被忽略，请利用 TreeSet 集合实现不重复的数列，并自动完成元素的排序，然后生成数组，效果如图 12.12 所示。

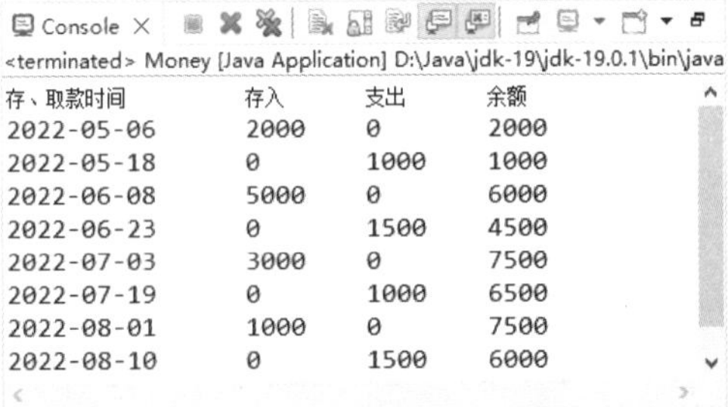

图 12.11　模拟账户存取款

图 12.12　随机数组中的元素不重复且升序排列

　　综合练习 4：寻找梁山好汉　在控制台上按格式（如"呼保义宋江""智多星吴用"等）输出《水浒传》中梁山前十位好汉的绰号和人名。当在控制台上输入一位梁山好汉绰号（如"智多星"）时，控制台会输出这位梁山好汉的人名。

　　综合练习 5：玩骰子　张三、李四、王五、赵六玩掷骰子游戏，比点数大小（提示：向 ArrayList 集合中添加骰子的点数，向 Map 集合中添加姓名（key）和骰子的点数（value），其中 value 是随机的 ArrayList 集合中的元素。如果 value 值有重复，则重新开始；如果 value 的值没有重复，则输出点数最大的那个人的姓名）。

第 13 章

枚举类型与泛型

枚举类型可以取代以往常量的定义方式，即将常量封装在类或接口中。此外，它还提供了安全检查功能。枚举类型本质上还是以类的形式存在的。泛型的出现不仅可以让程序员少写一些代码，更重要的是它可以解决类型安全问题。泛型提供了编译时的安全检查，不会因为将对象置于某个容器中而失去其类型。本章将着重讲解枚举类型与泛型。

本章的知识架构及重难点如下。

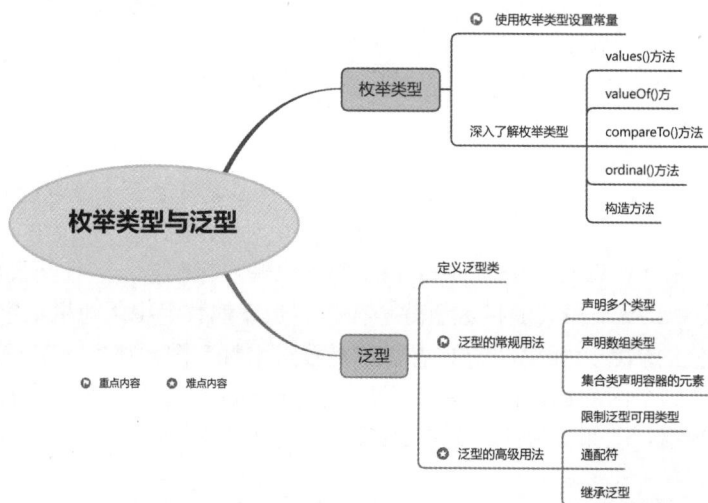

13.1 枚举类型

使用枚举类型，可以取代前面学习过的定义常量的方式，同时枚举类型还赋予程序在编译时进行检查的功能。本节将详细讲解枚举类型。

13.1.1 使用枚举类型设置常量

设置常量时，我们通常将常量放置在接口中，这样在程序中就可以直接对其进行使用。该常量不能被修改，因为在接口中定义常量时，该常量的修饰符为 final 与 static。常规定义常量的代码如下：

```
public interface Constants {
    public static final int Constants_A = 1;
    public static final int Constants_B = 12;
}
```

枚举类型出现后，逐渐取代了上述常量定义方式。使用枚举类型定义常量的语法如下：

```
public enum Constants{
    Constants_A,
    Constants_B,
}
```

其中，enum 是定义枚举类型的关键字。当需要在程序中使用该常量时，可以使用 Constants.
Constants_A 来表示。

【例 13.1】分别创建四季的接口常量和枚举，比较二者的使用场景（**实例位置：资源包\TM\sl\13\1**）

分别创建 SeasonInterface 接口和 SeasonEnum 枚举来定义四季常量，在 SeasonDemo 类中创建两个
printSeason()方法，分别以 SeasonInterface 接口常量和 SeasonEnum 枚举作为参数，输出传入的月份名
称。尝试在调用 printSeason()方法时使用接口常量值以外的数字"冒充"常量值。

```
interface SeasonInterface {                                //四季接口
    int SPRING = 1, SUMMER = 2, AUTUMN = 3, WINTER = 4;
}

enum SeasonEnum {                                          //四季枚举
    SPRING, SUMMER, AUTUMN, WINTER
}

public class SeasonDemo {
    public static void printSeason1(int season) {
        switch (season) {
        case SeasonInterface.SPRING:
            System.out.println("这是春季");break;
        case SeasonInterface.SUMMER:
            System.out.println("这是夏季");break;
        case SeasonInterface.AUTUMN:
            System.out.println("这是秋季");break;
        case SeasonInterface.WINTER:
            System.out.println("这是冬季");break;
        default:
            System.out.println("这不是四季的常量值");
        }
    }

    public static void printSeason2(SeasonEnum season) {
        switch (season) {
        case SPRING:
            System.out.println("这是春季");break;
        case SUMMER:
            System.out.println("这是夏季");break;
        case AUTUMN:
            System.out.println("这是秋季");break;
        case WINTER:
            System.out.println("这是冬季");break;
        }
    }

    public static void main(String[] args) {
        printSeason1(SeasonInterface.SPRING);//使用接口常量作为参数
        printSeason1(3);                     //可以使用数字作为参数
        printSeason1(-1);                    //使用接口常量值以外的数字"冒充"常量
        printSeason2(SeasonEnum.WINTER);     //使用枚举作为参数，而且只能用枚举中已经定义的值
    }
}
```

运行结果如下：

```
这是春季
这是秋季
这不是四季的常量值
这是冬季
```

13.1.2 深入了解枚举类型

枚举类型较传统定义常量的方式，除具有参数类型检测的优势外，还具有其他方面的优势。

用户可以将一个枚举类型看作是一个类，它继承自 java.lang.Enum 类，当定义一个枚举类型时，每一个枚举类型成员都可以被看作是枚举类型的一个实例，这些枚举类型成员都默认被 final、public、static 修饰，因此当使用枚举类型成员时直接使用枚举类型名称调用枚举类型成员即可。

由于枚举类型对象继承自 java.lang.Enum 类，因此该类中一些操作枚举类型的方法都可以应用到枚举类型中。表 13.1 中列举了枚举类型中的常用方法。

表 13.1　枚举类型的常用方法

方　　法	具　体　含　义	使　用　方　法	举　　例
values()	该方法可以将枚举类型成员以数组的形式返回	枚举类型名称.values()	Constants2.values()
valueOf()	该方法可以实现将普通字符串转换为枚举实例	枚举类型名称.valueOf()	Constants2.valueOf("abc")
compareTo()	该方法用于比较两个枚举对象在定义时的顺序	枚举对象.compareTo()	Constants_A.compareTo (Constants_B)
ordinal()	该方法用于得到枚举成员的位置索引	枚举对象.ordinal()	Constants_A.ordinal()

接下来，具体讲解枚举类型的常用方法与构造方法。

1．values()方法

枚举类型实例包含一个 values()方法，该方法将枚举中所有的枚举值以数组的形式返回。

【例 13.2】输出四季枚举中的所有枚举值（**实例位置：资源包\TM\sl\13\2**）

在项目中创建 ShowEnum 类，在该类中使用枚举类型中的 values()方法获取四季枚举中的所有枚举值并进行输出。

```java
enum SeasonEnum {                                          //四季枚举
    SPRING, SUMMER, AUTUMN, WINTER
}

public class ShowEnum {
    public static void main(String[] args) {
        SeasonEnum es[] = SeasonEnum.values();
        for (int i = 0; i < es.length; i++) {
            System.out.println("枚举常量：" + es[i]);
        }
    }
}
```

运行结果如下：

```
枚举常量：SPRING
枚举常量：SUMMER
```

枚举常量: AUTUMN
枚举常量: WINTER

2. valueOf()方法与 compareTo()方法

枚举类型中静态方法 valueOf()可以将普通字符串转换为枚举类型, 而 compareTo()方法用于比较两个枚举类型对象定义时的顺序。

【例 13.3】使用字符串创建一个季节的枚举值, 并判断季节的位置（**实例位置: 资源包\TM\sl\13\3**）

创建 EnumMethodTest 类, 在主方法中创建字面值为 "SUMMER" 的季节枚举, 将创建出的枚举与四季枚举的每一个值进行对比, 以判断 "SUMMER" 所在的位置。

```java
enum SeasonEnum {                                          //四季枚举
    SPRING, SUMMER, AUTUMN, WINTER
}

public class EnumMethodTest {
    public static void main(String[] args) {
        SeasonEnum tmp = SeasonEnum.valueOf("SUMMER");    //根据字符串创建一个枚举值
        SeasonEnum es[] = SeasonEnum.values();            //获取所有枚举值
        for (int i = 0; i < es.length; i++) {
            String message = "";                          //待输出的消息
            int result = tmp.compareTo(es[i]);            //记录两个枚举的比较结果
            if (result < 0) {
                message = tmp + "在" + es[i] + "的前" + (-result) + "个位置";
            } else if (result > 0) {
                message = tmp + "在" + es[i] + "的后" + result + "个位置";
            } else if (result == 0) {
                message = tmp + "与" + es[i] + "是同一个值";
            }
            System.out.println(message);
        }
    }
}
```

运行结果如下:

```
SUMMER 在 SPRING 的后 1 个位置
SUMMER 与 SUMMER 是同一个值
SUMMER 在 AUTUMN 的前 1 个位置
SUMMER 在 WINTER 的前 2 个位置
```

3. ordinal()方法

枚举类型中的 ordinal()方法用于获取某个枚举对象的位置索引值。

【例 13.4】输出每一个季节的索引位置（**实例位置: 资源包\TM\sl\13\4**）

在项目中创建 EnumIndexTest 类, 在该类中使用枚举类型中的 ordinal()方法获取枚举类型成员的位置索引。

```java
enum SeasonEnum {                                          //四季枚举
    SPRING, SUMMER, AUTUMN, WINTER
}

public class EnumIndexTest {
    public static void main(String[] args) {
        SeasonEnum es[] = SeasonEnum.values();
        for (int i = 0; i < es.length; i++) {
```

```
                System.out.println(es[i] + "在枚举类型中位置索引值" + es[i].ordinal());
            }
        }
    }
```

运行结果如下：

```
SPRING 在枚举类型中位置索引值 0
SUMMER 在枚举类型中位置索引值 1
AUTUMN 在枚举类型中位置索引值 2
WINTER 在枚举类型中位置索引值 3
```

4．枚举类型中的构造方法

在枚举类型中，可以添加构造方法，但是规定这个构造方法必须由 private 修饰符修饰。枚举类型定义的构造方法语法如下：

```
enum 枚举类型名称{
    Constants_A("我是枚举成员 A"),
    Constants_B("我是枚举成员 B"),
    Constants_C("我是枚举成员 C"),
    Constants_D(3);
    private String description;
    private Constants2(){                          //定义默认构造方法
    }
    private Constants2(String description) {       //定义带参数的构造方法，参数类型为字符串型
        this.description = description;
    }
    private Constants2(int i){                     //定义带参数的构造方法，参数类型为整型
        this.i = this.i + i;
    }
}
```

从枚举类型构造方法的语法中可以看出，无论是无参构造方法还是有参构造方法，修饰权限都为 private。定义一个有参构造方法后，需要对枚举类型成员相应地使用该构造方法，如 Constants_A("我是枚举成员 A")和 Constants_D(3)语句，相应地使用了参数为 String 型和参数为 int 型的构造方法。然后可以在枚举类型中定义两个成员变量，在构造方法中为这两个成员变量赋值，这样就可以在枚举类型中定义该成员变量的 getXXX()方法了。

【例 13.5】为四季枚举创建构造方法，记录每一个季节的特征（**实例位置：资源包\TM\sl\13\5**）

在四季枚举中创建一个字符串类型的备注属性，并创建该属性的 Getter 方法，在枚举构造方法中为备注属性赋值，最后输出每一个季节枚举的备注值。

```
enum SeasonEnum {                                  //四季枚举
    SPRING("万物复苏"),
    SUMMER("烈日炎炎"),
    AUTUMN("秋草枯黄"),
    WINTER("白雪皑皑");

    private String remarks;                        //枚举的备注
    private SeasonEnum(String remarks) {           //构造方法
        this.remarks = "我是" + this.toString() + ",我来之后" + remarks + "。";
    }
    public String getRemarks() {                   //获取备注值
        return remarks;
    }
}
```

```
public class EnumIConstructTest {
    public static void main(String[] args) {
        SeasonEnum es[] = SeasonEnum.values();
        for (int i = 0; i < es.length; i++) {
            System.out.println(es[i].getRemarks());
        }
    }
}
```

运行结果如下：

我是 SPRING,我来之后万物复苏。
我是 SUMMER,我来之后烈日炎炎。
我是 AUTUMN,我来之后秋草枯黄。
我是 WINTER,我来之后白雪皑皑。

13.1.3　使用枚举类型的优势

枚举类型声明提供了一种对用户友好的变量定义方法，枚举了某种数据类型所有可能出现的值。总结枚举类型，它具有以下特点：

☑　类型安全。
☑　紧凑有效的数据定义。
☑　可以和程序其他部分完美交互。
☑　运行效率高。

编程训练（答案位置：资源包\TM\sl\13\编程训练）
【训练 1】月份枚举　创建月份枚举，共 12 个月。
【训练 2】星期枚举　在控制台中输入要查询的英文星期简写（小写，如 mon）后，控制台输出该星期简称的中英文对照（例如：MONDAY——星期一）。

13.2　泛　　型

泛型实质上就是使程序员定义安全的类型。在没有出现泛型之前，Java 也提供了对 Object 类型的引用"任意化"操作，这种"任意化"操作就是对 Object 类型引用进行向下转型及向上转型操作，但某些强制类型转换的错误也许不会被编译器捕捉，而在运行后出现异常，可见强制类型转换存在安全隐患，因此在此提供了泛型机制。本节就来探讨泛型机制。

13.2.1　回顾向上转型与向下转型

在介绍泛型之前，先来看一个例子。在项目中创建 Test 类，在该类中将基本类型向上转型为 Object 类型，具体代码如下：

```
public class Test {
    private Object b;                          //定义 Object 类型成员变量
```

```
    public Object getB() {                    //设置相应的 getXXX()方法
        return b;
    }
    public void setB(Object b) {              //设置相应的 setXXX()方法
        this.b = b;
    }
    public static void main(String[] args) {
        Test t = new Test();
        t.setB(Boolean.valueOf(true));        //向上转型操作
        System.out.println(t.getB());
        t.setB(Float.valueOf("12.3"));
        Float f = (Float) t.getB();           //向下转型操作
        System.out.println(f);
    }
}
```

运行结果如下：

```
true
12.3
```

在本实例中，Test 类中定义了私有的成员变量 b，它的类型为 Object 类型，同时为其定义了相应的 setXXX()与 getXXX()方法。在类的主方法中，将 Boolean.valueOf(true)作为 setB()方法的参数，由于 setB()方法的参数类型为 Object 类型，这样就实现了向上转型操作。同时，在调用 getB()方法时，将 getB()方法返回的 Object 对象以相应的类型进行返回，这个就是向下转型操作，问题通常就会出现在这里。因为向上转型是安全的，而如果进行向下转型操作时用错了类型，或者并没有执行该操作，就会出现异常，例如以下代码：

```
t.setB(Float.valueOf("12.3"));
Integer f = (Integer) t.getB();
System.out.println(f);
```

该段并不存在语法错误，因此可以被编译器接受，但在执行时会出现 ClassCastException 异常。这样看来，向下转型操作通常会出现问题，而泛型机制有效地解决了这一问题。

13.2.2 定义泛型类

Object 类为最上层的父类，很多程序员为了使程序更为通用，设计程序时通常使传入的值与返回的值都以 Object 类型为主。当需要使用这些实例时，必须正确地将该实例转换为原来的类型，否则在运行时将会发生 ClassCastException 异常。

为了提前预防这种问题，Java 提供了泛型机制。其语法如下：

```
类名<T>
```

其中，T 是泛型的名称，代表某一种类型。开发者在创建该类对象时需要指定 T 代表哪种具体的类型。如果不指定具体类型，T 则采用 Object 类型。

【例 13.6】创建带泛型的图书类（实例位置：资源包\TM\sl\13\6）

为 Book 图书类创建泛型 T，用 T 声明一个成员变量 bookInfo。创建不同的图书对象，分别将 bookInfo 的类型指定为字符串、浮点数和布尔值类型。

```java
public class Book<T> {                                    //定义带泛型的 Book<T>类
    private T bookInfo;                                   //类型形参：书籍信息
    public Book(T bookInfo) {                             //参数为类型形参的构造方法
        this.bookInfo = bookInfo;                        //为书籍信息赋值
    }
    public T getBookInfo() {                             //获取书籍信息的值
        return bookInfo;
    }
    public static void main(String[] args) {
        //创建参数为 String 类型的书名对象
        Book<String> bookName = new Book<String>("《Java 从入门到精通》");
        //创建参数为 String 类型的作者对象
        Book<String> bookAuthor = new Book<String>("明日科技");
        //创建参数为 Double 类型的价格对象
        Book<Double> bookPrice = new Book<Double>(69.8);
        //创建参数为 Boolean 类型的附赠源码
        Book<Boolean> hasSource = new Book<Boolean>(true);
        //控制台输出书名、作者、价格和是否附赠光盘
        System.out.println("书名： " + bookName.getBookInfo());
        System.out.println("作者： " + bookAuthor.getBookInfo());
        System.out.println("价格： " + bookPrice.getBookInfo());
        System.out.println("是否附赠源码? " + hasSource.getBookInfo());
    }
}
```

运行结果如下：

```
书名：《Java 从入门到精通》
作者：明日科技
价格：69.8
是否附赠源码? true
```

从这个实例中可以看出，使用泛型定义的类在声明该类对象时可以根据不同的需求指定<T>真正的类型，而在使用类中的方法传递或返回数据类型时将不再需要进行类型转换操作，而是使用在声明泛型类对象时"<>"符号中设置的数据类型。

使用泛型这种形式将不会发生 ClassCastException 异常，因为在编译器中就可以检查类型匹配是否正确。

如果不按照泛型指定的类型进行赋值，就会发生编译错误。例如，将泛型指定为 Double 类型的值赋值给 Integer 类型时，就会出现如图 13.1 所示的错误。

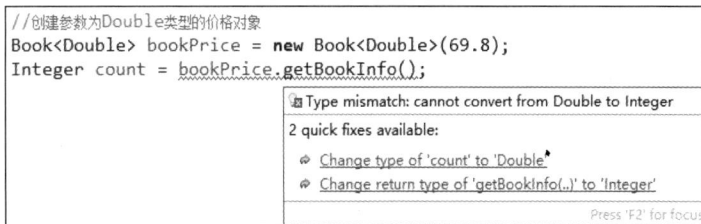

```java
//创建参数为Double类型的价格对象
Book<Double> bookPrice = new Book<Double>(69.8);
Integer count = bookPrice.getBookInfo();
```

- Type mismatch: cannot convert from Double to Integer
- 2 quick fixes available:
    - Change type of 'count' to 'Double'
    - Change return type of 'getBookInfo(..)' to 'Integer'

Press 'F2' for focus

图 13.1　不按照泛型指定的类型进行赋值引起的编译错误

13.2.3　泛型的常规用法

1．定义泛型类时声明多个类型

在定义泛型类时，可以声明多个类型。语法如下：

```java
class MyClass<T1,T2>{ }
```

其中，T1 和 T2 为可能被定义的类型。

这样，在实例化指定类型的对象时就可以指定多个类型。例如：

```
MyClass <Boolean,Float> m = new MyClass <Boolean,Float>();
```

2. 定义泛型类时声明数组类型

定义泛型类时也可以声明数组类型，下面的实例在定义泛型时便声明了数组类型。

【例 13.7】定义泛型数组（实例位置：资源包\TM\sl\13\7）

在项目中创建 ArrayClass 类，在该类中定义用于声明数据类型的泛型类。

```java
public class ArrayClass<T> {
    private T[] array;                          //定义泛型数组
    public T[] getArray() {
        return array;
    }
    public void setArray(T[] array) {
        this.array = array;
    }
    public static void main(String[] args) {
        ArrayClass<String> demo = new ArrayClass<String>();
        String value[] = { "成员 1", "成员 2", "成员 3", "成员 4", "成员 5" };
        demo.setArray(value);
        String array[] = demo.getArray();
        for (int i = 0; i < array.length; i++) {
            System.out.println(array[i]);
        }
    }
}
```

运行结果如下：

```
成员 1
成员 2
成员 3
成员 4
成员 5
```

可见，可以在使用泛型机制时声明一个数组，但是不可以使用泛型来建立数组的实例。例如，图 13.2 中显示的代码就是错误的。

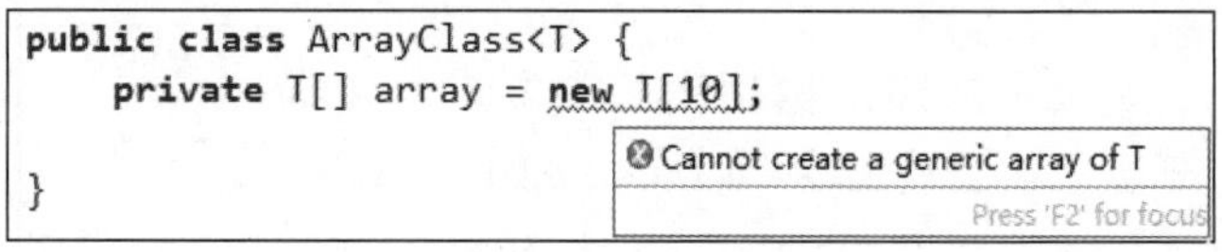

```
public class ArrayClass<T> {
    private T[] array = new T[10];
                            ⊗ Cannot create a generic array of T
}
                                          Press 'F2' for focus
```

图 13.2　泛型不可以创建数组实例

3. 集合类声明容器的元素

JDK 中的集合接口、集合类都被定义了泛型，其中 List<E> 的泛型 E 实际上就是 element 元素的首字母，Map<K,V> 的泛型 K 和 V 就是 key 键和 value 值的首字母。常用的被泛型化的集合类如表 13.2 所示。

表 13.2　常用的被泛型化的集合类

集　合　类	泛　型　定　义
ArrayList	ArrayList<E>
HashMap	HashMap<K,V>
HashSet	HashSet<E>

下面的实例演示了这些集合的使用方式。

【例 13.8】 使用泛型约束集合的元素类型（**实例位置：资源包\TM\sl\13\8**）

在项目中创建 AnyClass 类，在该类中使用泛型实例化常用集合类。

```java
import java.util.ArrayList;
import java.util.HashMap;
import java.util.Map;

public class AnyClass {
    public static void main(String[] args) {
        //定义 ArrayList 容器，设置容器内的值类型为 Integer
        ArrayList<Integer> a = new ArrayList<Integer>();
        a.add(1);                                              //为容器添加新值
        for (int i = 0; i < a.size(); i++) {
            //根据容器的长度，循环显示容器内的值
            System.out.println("获取 ArrayList 容器的成员值: " + a.get(i));
        }
        //定义 HashMap 容器，设置容器的键名和键值类型分别为 Integer 型和 String 型
        Map<Integer, String> m = new HashMap<Integer, String>();
        for (int i = 0; i < 5; i++) {
            m.put(i, "成员" + i);                               //为容器填充键名和键值
        }
        for (int i = 0; i < m.size(); i++) {
            System.out.println("获取 Map 容器的成员值" + m.get(i));   //根据键名获取键值
        }
    }
}
```

运行结果如下：

```
获取 ArrayList 容器的成员值: 1
获取 Map 容器的值成员 0
获取 Map 容器的值成员 1
获取 Map 容器的值成员 2
获取 Map 容器的值成员 3
获取 Map 容器的值成员 4
```

13.2.4　泛型的高级用法

泛型的高级用法包括限制泛型可用类型和使用类型通配符等。

1. 限制泛型可用类型

默认可以使用任何类型来实例化一个泛型类对象，但 Java 中也对泛型类实例的类型进行了限制。语法如下：

```java
class 类名称<T extends anyClass>
```

其中，anyClass 指某个接口或类。

使用泛型限制后，泛型类的类型必须实现或继承 anyClass 这个接口或类。无论 anyClass 是接口还是类，在进行泛型限制时都必须使用 extends 关键字。

【例 13.9】 限制泛型的类型必须为 List 的子类（**实例位置：资源包\TM\sl\13\9**）

在项目中创建 LimitClass 类，在该类中限制泛型类型。

```
import java.util.ArrayList;
import java.util.HashMap;
import java.util.LinkedList;
import java.util.List;

public class LimitClass<T extends List> {                      //限制泛型的类型
    public static void main(String[] args) {
        //可以实例化已经实现 List 接口的类
        LimitClass<ArrayList> l1 = new LimitClass<ArrayList>();
        LimitClass<LinkedList> l2 = new LimitClass<LinkedList>();
        //这句是错误的，因为 HashMap 类没有实现 List 接口
        LimitClass<HashMap> l3 = new LimitClass<HashMap>();
    }
}
```

在上面这个实例中，设置泛型类型必须实现 List 接口。例如，ArrayList 类和 LinkedList 类都实现了 List 接口，而 HashMap 类没有实现 List 接口，因此在这里不能实例化 HashMap 类型的泛型对象。

当没有使用 extends 关键字限制泛型类型时，默认 Object 类下的所有子类都可以实例化泛型类对象。图 13.3 显示的两个语句是等价的。

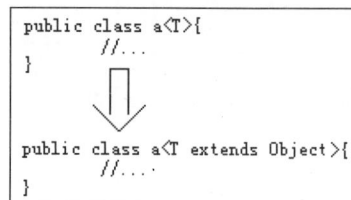

```
public class a<T>{
    //...
}

        ⇩

public class a<T extends Object>{
    //...
}
```

图 13.3　两个等价的泛型类

2. 使用类型通配符

在泛型机制中，提供了类型通配符，其主要作用是在创建一个泛型类对象时限制这个泛型类的类型实现或继承某个接口或类的子类。要声明这样一个对象可以使用 "?" 通配符来表示，同时使用 extends 关键字来对泛型加以限制。使用泛型类型通配符的语法如下：

```
泛型类名称<? extends List> a=null;
```

其中，<? extends List>表示类型未知，当需要使用该泛型对象时，可以单独对其进行实例化。例如：

```
A<? extends List> a = null;
a = new A<ArrayList>();
a = new A<LinkedList>();
```

如果实例化没有实现 List 接口的泛型对象，编译器将会报错。例如，实例化 HashMap 对象时，编译器将会报错，因为 HashMap 类没有实现 List 接口。

除了可以实例化一个限制泛型类型的实例，还可以将该实例放置在方法的参数中。例如：

```
public void doSomething(A<? extends List> a){ }
```

在上述代码中，定义方式有效地限制了传入 doSomething()方法的参数类型。

如果使用 A<?>这种形式实例化泛型类对象，则默认表示可以将 A 指定为实例化 Object 及以下的子类类型。例如：

```
List<String> l1 = new ArrayList<String>();        //实例化一个 ArrayList 对象
l1.add("成员");                                    //在集合中添加内容
List<?> l2 = l1;                                   //使用通配符
List<?> l3 = new LinkedList<Integer>();
System.out.println(l2.get(0));                     //获取集合中第一个值
```

在上面的例子中，List<?>类型的对象可以接受 String 类型的 ArrayList 集合，也可以接受 Integer

类型的 LinkedList 集合。也许有的读者会有疑问，"List<?> l2 = l1"语句与"List l2 = l1"语句存在何种本质区别？这里需要注意的是，对于使用通配符的对象不能向其中加入新的信息，只能从其中获取或删除信息。例如：

```
l1.set(0, "成员改变");              //没有使用通配符的对象调用 set()方法
//l2.set(0, "成员改变");            //使用通配符的对象调用 set()方法时，该方法不能被调用
//l3.set(0, 1);
l2.get(0);                       //可以使用 l2 的实例获取集合中的值
l2.remove(0);                    //根据键名删除集合中的值
```

从上述代码中可以看出，由于对象 l1 是没有使用 A<?>这种形式初始化出来的对象，因此它可以调用 set()方法改变集合中的值，但 l2 与 l3 对象则是通过使用通配符的方式创建出来的，因此不能改变集合中的值。

> **技巧**
>
> 　　泛型类型限制除了可以向下限制，还可以进行向上限制，只要在定义时使用 super 关键字即可。例如，像"A<? super List> a = null;"这样定义后，对象 a 只接受 List 接口或上层父类类型，如"a = new A<Object>();"。

3. 继承泛型类与实现泛型接口

定义为泛型的类和接口也可以被继承与实现。例如，让 SubClass 类继承 ExtendClass 的泛型，代码如下：

```
class ExtendClass<T1>{ }
class SubClass<T1,T2,T3> extends ExtendClass<T1>{ }
```

如果在 SubClass 类继承 ExtendClass 类时保留父类的泛型类型，需要在继承时指明，如果没有指明，直接使用"extends ExtendsClass"语句进行继承操作，则 SubClass 类中的 T1、T2 和 T3 都会自动变为 Object 类型，所以在一般情况下都将父类的泛型类型进行保留。

定义为泛型的接口也可以被实现。例如，让 SubClass 类实现 SomeInterface 接口，并继承接口的泛型，代码如下：

```
interface SomeInterface<T1>{ }
class SubClass<T1,T2,T3> implements SomeInterface<T1>{ }
```

13.2.5　泛型总结

下面总结泛型的使用方法：

☑　泛型的类型参数只能是类类型，不可以是简单类型，如 A<int>这种泛型定义就是错误的。

☑　泛型的类型个数可以是多个。

☑　可以使用 extends 关键字限制泛型的类型。

☑　可以使用通配符限制泛型的类型。

编程训练（答案位置：资源包\TM\sl\13\编程训练）

【训练 3】模拟银行存钱　使用泛型类模拟场景：赵四刚刚（通过 Date 类获取当前时间）在中国

建设银行向账号为"6666 7777 8888 9996 789"的银行卡上存入"¥8,888.00"，存入后卡上余额还有"¥18,888.88"。现要将"银行名称""存款时间""户名""卡号""币种""存款金额""账户余额"等信息通过泛型类 BankList<T>在控制台上进行输出。

【训练 4】输出 NBA 球队信息　定义泛型类（Miami<T>），再创建两个类（Detroit 类和 Philadelphia 类）继承该泛型类，输出 NBA 中夺冠次数为 3 次的球队及夺冠年份：迈阿密热火队（2006 年、2012 年、2013 年），底特律活塞队（1989 年、1990 年、2004 年），费城 76 人队（1955 年、1967 年、1983 年）。

13.3　实践与练习

（答案位置：资源包\TM\sl\13\实践与练习）

综合练习 1：彩虹枚举　编写一个彩虹枚举，枚举中有"红橙黄绿蓝靛紫"7 种颜色。

综合练习 2：性别枚举　设计一个厕所类，提供一个入口方法，要求男生只能进男厕所，女生只能进女厕所。

综合练习 3：通道提示　创建一个通道类，类中有一个入口方法，如果顾客进入通道则提示"顾客您好，小心地滑"。如果员工进入通道则没有任何提示内容。请创建两个通道对象，一个是公共通道，一个员工通道。顾客不能进入员工通道。

综合练习 4：权限设置　模拟明日学院的权限设置模块，0 表示游客，1 表示注册用户，2 表示 VIP 会员，3 表示管理员，在控制台上输入 0~3 的任意数字后，输出每种权限的"特权"。游客：观看部分视频、浏览所有课程、注册、登录；注册用户：免费观看所有视频、部分配套习题、收藏课程、实时提问、个人设置；　VIP 会员：免费观看所有视频、浏览所有习题及答案、源码下载、定期在线互动交流；管理员：后台所有管理模块、前台所有功能模块。

综合练习 5：体检记录　按照以下步骤完成体检记录模拟：

（1）创建一个性别枚举，有男性和女性两个枚举项。

（2）创建一个测试类，类有 A、B、C 3 个泛型。分别使用这 3 个泛型创建 3 个成员变量。编写可以为 3 个成员变量赋值的构造方法。

（3）创建第一个测试类对象 date，该对象用于记录日期，3 个成员变量分别记录表示年、月和日的整型数字，在控制台上输出 date 对象的所有属性值。

（4）创建第二个测试类对象 tom，该对象用于记录人物信息，3 个成员变量分别记录姓名、身高和性别。姓名是字符串，身高是整数，性别使用（1）中提供的枚举。在控制台上输出 tom 对象的所有属性值。

lambda 表达式与流处理

　　lambda 就是数学中的"λ"的读音，lambda 表达式是基于 λ 演算而得名的，因为 lambda 抽象（lambda abstraction）表示一个匿名的函数，于是开发语言也将 lambda 表达式用来表示匿名函数，也就是没有函数名字的函数。C#、Python，甚至是 C++ 都有 lambda 表达式语法。为了提高开发者的开发效率，并照顾"跨语言"开发者的开发习惯，Java 语言也加入了 lambda 表达式。流处理是 Java 程序中一种重要的数据处理手段，它用少量的代码便可以执行复杂的数据过滤、映射、查找和收集等功能。

　　本章知识架构及重难点如下。

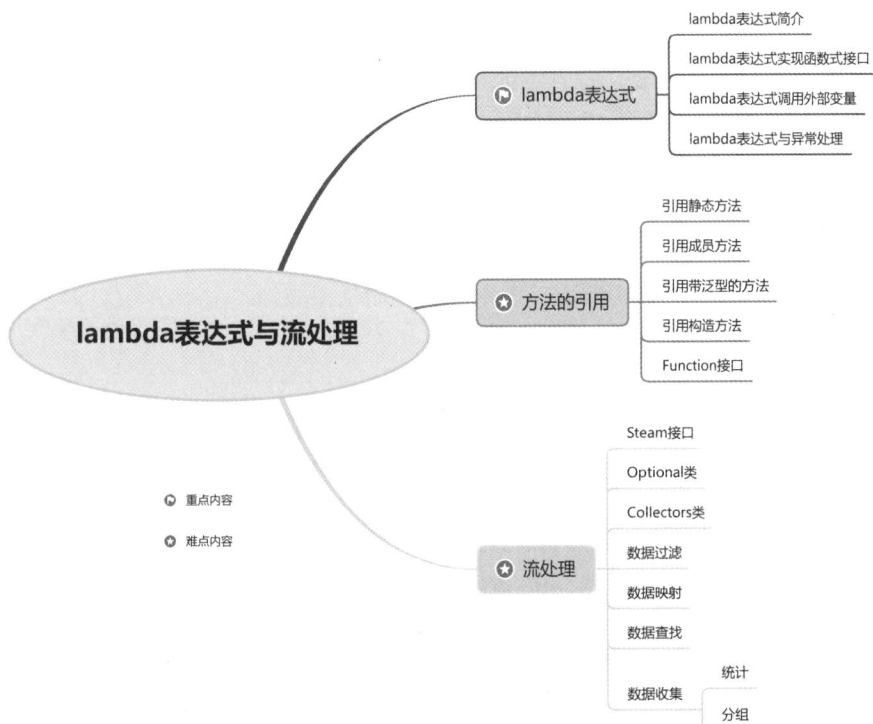

14.1　lambda 表达式

14.1.1　lambda 表达式简介

　　lambda 表达式可以用非常少的代码实现抽象方法。lambda 表达式不能被独立执行，因此必须实现函数式接口，并且会返回一个函数式接口的对象。lambda 表达式的语法非常特殊，语法格式如下：

```
() -> 结果表达式
参数 -> 结果表达式
(参数 1, 参数 2, ... , 参数 n) -> 结果表达式
```

☑ 第 1 行实现无参方法，单独写一对圆括号表示方法无参数，操作符右侧的结果表达式表示方法的返回值。

☑ 第 2 行实现只有一个参数的方法，参数可以写在圆括号里，或者不写圆括号。

☑ 第 3 行实现多参数的方法，所有参数按顺序写在圆括号里，且圆括号不可以省略。

lambda 表达式也可以实现复杂方法，将操作符右侧的结果表达式换成代码块即可，语法格式如下：

```
() -> { 代码块 }
参数 -> { 代码块 }
(参数 1, 参数 2, ... , 参数 n) -> { 代码块 }
```

☑ 第 1 行实现无参方法，方法体是操作符右侧的代码块。

☑ 第 2 行实现只有一个参数的方法，方法体是操作符右侧的代码块。

☑ 第 3 行实现多参数的方法，方法体是操作符右侧的代码块。

lambda 表达式的语法非常抽象，并且有着非常强大的自动化功能，如自动识别泛型、自动数据类型转换等，这会让初学者很难掌握。如果将 lambda 表达式的功能归纳总结，则可以将 lambda 表达式语法用如下方式理解：

```
()              ->          { 代码块 }
这个方法        按照        这样的代码来实现
```

简单总结：操作符左侧的是方法参数，操作符右侧的是方法体。

误区警示

"->" 符号是由英文状态下的 "-" 和 ">" 组成的，符号之间没有空格。

14.1.2　lambda 表达式实现函数式接口

lambda 表达式可以实现函数式接口，本节将讲解函数式接口概念以及用 lambda 表达式实现不同类型的函数式接口。

1. 函数式接口

函数式接口指的是仅包含一个抽象方法的接口，接口中的方法简单明了地说明了接口的用途，如线程接口 Runnable、动作事件监听接口 ActionListener 等。开发者可以创建自定义的函数式接口，例如：

```java
interface MyInterface {
    void method();
}
```

如果接口中包含一个以上的抽象方法，则不符合函数式接口的规范，这样的接口不能用 lambda 表达式创建匿名对象。本章内容中所有被 lambda 表达式实现的接口均为函数式接口。

2. lambda 表达式实现无参抽象方法

很多函数式接口的抽放方法是无参数的，如线程接口 Runnable 只有一个 run() 方法，这样的无参抽象方法在 lambda 表达式中使用 "( )" 表示。

【例 14.1】 使用 lambda 表达式实现打招呼接口（**实例位置：资源包\TM\sl\14\1**）

创建函数式接口和测试类，接口抽象方法为无参方法并返回一个字符串。使用 lambda 表达式实现接口，让方法可以输出当前日期。

```
interface SayHiInterface {                           //打招呼接口
    String say();                                    //打招呼的方法
}

public class NoParamterDemo {                        //测试类
    public static void main(String[] args) {
        //lambda 表达式实现打招呼接口，返回抽象方法结果
        SayHiInterface pi = () -> "你好啊，这是 lambda 表达式";
        System.out.println(pi.say());
    }
}
```

运行结果如下：

```
你好啊，这是 lambda 表达式
```

本例直接在 lambda 表达式中创建 SayHiInterface 接口对象，并指定了一个字符串作为接口方法的返回值。最后在输出语句中，pi 对象就是 lambda 表达式创建出的对象，当 pi 调用接口方法时就输出了 lambda 表达式指定的字符串。

3. lambda 表达式实现有参抽象方法

抽象方法中有一个或多个参数的函数式接口也是很常见的，lambda 表达式中可以用 "(a1,a2,a3)" 的方法表示有参抽象方法，圆括号里的标识符对应抽象方法的参数。如果抽象方法中只有一个参数，lambda 表达式则可以省略圆括号。

【例 14.2】 使用 lambda 表达式做加法计算（**实例位置：资源包\TM\sl\14\2**）

创建函数式接口和测试类，接口抽象方法有两个参数并返回一个 int 型结果。使用 lambda 表达式实现接口，让方法可以计算两个整数的和，具体代码如下：

```
interface AdditionInterface {                        //加法接口
    int add(int a, int b);                           //加法的抽象方法
}

public class ParamterDemo {                           //测试类
    public static void main(String[] args) {
        //lambda 表达式实现加法接口，返回参数相加的值
        AdditionInterface np = (x, y) -> x + y;
        int result = np.add(15, 26);                  //调用接口方法
        System.out.println("相加结果：" + result);     //输出相加结果
    }
}
```

运行结果如下：

```
相加结果：41
```

在这个实例中，函数式接口的抽象方法有两个参数，lambda 表达式的圆括号内也写了两个参数对应的抽象方法。这里需要注意以下一点：lambda 表达式中的参数不需要与抽象方法的参数名称相同，但顺序必须相同。

4．lambda 表达式使用代码块

当函数式接口的抽象方法需要实现复杂逻辑而不是返回一个简单的表达式时，就需要在 lambda 表达式中使用代码块。lambda 表达式会自动判断返回值类型是否符合抽象方法的定义。

【例 14.3】使用 lambda 表达式为考试成绩分类（实例位置：资源包\TM\sl\14\3）

创建函数式接口和测试类，接口抽象方法有一个整型参数表示成绩，输入成绩后，返回成绩的字符串评语。在 lambda 表达式中实现成绩判断。

```java
interface CheckGrade {
    String check(int grade);                     //查询成绩结果
}

public class GradeDemo {
    public static void main(String[] args) {
        CheckGrade g = (n) -> {                   //lambda 表达式实现代码块
            if (n >= 90 && n <= 100) {            //如果成绩为 90～100
                return "成绩为优";                 //输出成绩为优
            } else if (n >= 80 && n < 90) {       //如果成绩为 80～89
                return "成绩为良";                 //输出成绩为良
            } else if (n >= 60 && n < 80) {       //如果成绩为 60～79
                return "成绩为中";                 //输出成绩为中
            } else if (n >= 0 && n < 60) {        //如果成绩小于 60
                return "成绩为差";                 //输出成绩为差
            } else {                              //其他数字不是有效成绩
                return "成绩无效";                 //输出成绩无效
            }
        };                                        //不要丢掉 lambda 语句后的分号
        System.out.println(g.check(89));          //输出查询结果
    }
}
```

运行结果如下：

```
成绩为良
```

14.1.3　lambda 表达式调用外部变量

lambda 表达式除了可以调用定义好的参数，还可以调用表达式以外的变量。但是，这些外部的变量有些可以被更改，有些则不能。例如，lambda 表达式无法更改局部变量的值，但是却可以更改外部类的成员变量（也可以叫作类属性）的值。

1．lambda 表达式无法更改局部变量

局部变量在 lambda 表达式中默认被定义为 final，也就是说，lambda 表达式只能调用局部变量，却不能改变其值。

【例 14.4】使用 lambda 表达式修改局部变量（实例位置：资源包\TM\sl\14\4）

创建函数式接口和测试类，在测试类的 main()方法中创建局部变量和接口对象，接口对象使用

lambda 表达式予以实现，并在 lambda 表达式中尝试更改局部变量值。

```
interface VariableInterface1 {                          //测试接口
    void method();                                      //测试方法
}

public class VariableDemo1 {                             //测试类
    public static void main(String[] args) {
        int value = 100;                                //创建局部变量
        VariableInterface1 v = () -> {                  //实现测试接口
            int num = value - 90;                       //使用局部变量进行赋值
            value = 12;                                 //更改局部变量，此处会报错，无法通过编译
        };
    }
}
```

在 Eclipse 中编写完这段代码后，会看到更改局部变量的相关代码被标注编译错误，错误提示如图 14.1
所示，表示局部变量在 lambda 表达式中是以 final 形式存在的。

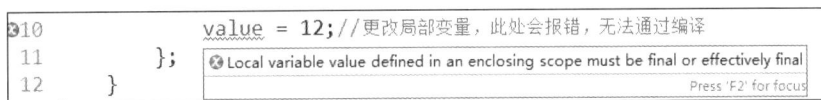

图 14.1　在 lambda 表达式中更改局部变量会弹出编译错误

2．lambda 表达式可以更改类成员变量

类成员变量在 lambda 表达式中不是被 final 修饰的，因此 lambda 表达式可以改变其值。

【例 14.5】使用 lambda 表达式修改类成员变量（**实例位置：资源包\TM\sl\14\5**）

创建函数式接口和测试类，在测试类中创建成员属性 value 和成员方法 action()。在 action()方法中
使用 lambda 表达式创建接口对象，并在 lambda 表达式中修改 value 的值。运行程序，查看 value 值是
否发生变化。

```
interface VariableInterface2 {                          //测试接口
    void method();                                      //测试方法
}

public class VariableDemo2 {                             //测试类
    int value = 100;                                    //创建类成员变量
    public void action() {                              //创建类成员方法
        VariableInterface2 v = () -> {                  //实现测试接口
            value = -12;                                //更改成员变量，没提示任何错误
        };
        System.out.println("运行接口方法前 value=" + value);   //运行接口方法前先输出成员变量值
        v.method();                                     //运行接口方法
        System.out.println("运行接口方法后 value=" + value);   //运行接口方法后再输出成员变量值
    }
    public static void main(String[] args) {
        VariableDemo2 demo = new VariableDemo2();       //创建测试类对象
        demo.action();                                  //执行测试类方法
    }
}
```

运行结果如下：

```
运行接口方法前 value=100
运行接口方法后 value=-12
```

从这个结果中可以看出以下几点：

☑ lambda 表达式可以调用并修改类成员变量的值。

☑ lambda 表达式只是描述了抽象方法是如何实现的，在抽象方法没有被调用前，lambda 表达式中的代码并没有被执行，因此在运行抽象方法之前类成员变量的值不会发生变化。

☑ 只要抽象方法被调用，就会执行 lambda 表达式中的代码，类成员变量的值也就会被修改。

14.1.4 lambda 表达式与异常处理

很多接口的抽象方法为了保证程序的安全性，会在定义时就抛出异常。但是 lambda 表达式中并没有抛出异常的语法，这是因为 lambda 表达式会默认抛出抽象方法原有的异常，当此方法被调用时则需要进行异常处理。

【例 14.6】使用 lambda 表达式实现防沉迷接口（**实例位置：资源包\TM\sl\14\6**）

创建自定义异常 UnderAgeException，当发现用户是未成年人时进入此异常处理。创建函数式接口，在抽象方法中抛出 UnderAgeException 异常，使用 lambda 表达式实现此接口，并让接口对象执行抽象方法。

```java
import java.util.Scanner;
interface AntiaddictInterface {                                  //防沉迷接口
    boolean check(int age) throws UnderAgeException;             //抽象检查方法，抛出用户未成年异常
}

class UnderAgeException extends Exception {                       //自定义未成年异常
    public UnderAgeException(String message) {                   //有参构造方法
        super(message);                                          //调用原有父类构造方法
    }
}

public class ThrowExceptionDemo {                                //测试类
    public static void main(String[] args) {                     //主方法
        //lambda 表达式创建 AntiaddictInterface 对象，默认抛出原有异常
        AntiaddictInterface ai = (a) -> {
            if (a < 18) {                                        //如果年龄小于 18 岁
                throw new UnderAgeException("未满 18 周岁，开启防沉迷模式！");  //抛出异常
            } else {                                             //否则
                return true;                                     //验证通过
            }
        };

        Scanner sc = new Scanner(System.in);                     //创建控制台扫描器
        System.out.println("请输入年龄");                         //控制台提示
        int age = sc.nextInt();                                  //获取用户输入的年龄

        try {                                                    //因为接口方法抛出异常，所以此处必须捕捉异常
            if (ai.check(age)) {                                 //验证年龄
                System.out.println("欢迎进入 XX 世界");
            }
        } catch (UnderAgeException e) {
            System.err.println(e);                               //在控制台上输出异常警告
        }
        sc.close();                                              //关闭扫描器
    }
}
```

从这个实例中可以看出,即使 lambda 表达式没有定义异常,原抽象方法抛出的异常仍然是存在的,当接口对象执行此方法时会被强制要求进行异常处理。

这段代码中使用了 Scanner 类来获取用户输入的年龄,当用户输入的年龄小于 18 岁时,捕获到 UnderAgeException 异常,运行结果如图 14.2 所示。

如果用户输入的年龄大于 18 岁,则不会触发异常处理,直接执行其他业务逻辑,运行效果如图 14.3 所示。

图 14.2 年龄小于 18 岁会捕获到 UnderAgeException 异常　　图 14.3 年龄大于 18 岁,直接进入 XX 世界

编程训练(答案位置:资源包\TM\sl\14\编程训练)

【训练 1】计算素数　使用 lambda 表达式创建 SingleNumInterface 接口对象。抽象方法可以输出方法参数值以内的所有素数。SingleNumInterface 接口的定义如下:

```
interface SingleNumInterface {
    int[] getSingleNums(int max);
}
```

【训练 2】小动物吃东西　编写一个 Eatable 接口,接口中只有一个 eat()抽象方法。使用 lambda 表达式创建 3 个 Eatable 接口对象,分别代表小狗、小猫和小鸡,三者执行各自的 eat()方法后会输出不同的文本,效果如下:

```
dog.eat();      输出      小狗爱吃骨头
cat.eat();      输出      小猫爱吃鱼
chick.eat();    输出      小鸡爱吃毛毛虫
```

14.2 方法的引用

lambda 表达式还添加了一类新语法,用来引用方法,也就是说方法也可以作为一个对象被调用。根据不同的方法类型,方法的引用包括引用静态方法、引用成员方法和引用构造方法等。

14.2.1 引用静态方法

引用静态方法的语法如下:

```
类名::静态方法名
```

这个语法中出现了一个新的操作符"::",这是由两个英文冒号组成的操作符,冒号之间没有空格。这个操作符左边表示方法所属的类名,右边是方法名。需要注意的是,这个语法中方法名是没有圆括号的。

【例 14.7】使用 lambda 表达式引用静态方法（实例位置：资源包\TM\sl\14\7）

创建函数式接口和测试类，在接口中定义抽象方法 method()，在测试类中编写一个可以用来实现抽象方法的静态方法——add()方法。在 main()方法中创建接口对象，并使用引用静态方法的语法让接口对象的抽象方法按照测试类的 add()方法来实现。

```java
interface StaticMethodInterface {                          //测试接口
    int method(int a, int b);                              //抽象方法
}
public class StaticMethodDemo {
    static int add(int x, int y) {                         //静态方法，返回两个参数相加的结果
        return x + y;                                      //返回相加结果
    }

    public static void main(String[] args) {
        StaticMethodInterface sm = StaticMethodDemo::add;  //引用 StaticMethodDemo 类的静态方法
        int result = sm.method(15, 16);                    //直接调用接口方法获取结果
        System.out.println("接口方法结果：" + result);       //输出结果
    }
}
```

运行结果如下：

接口方法结果：31

从这个结果中可以看出，接口方法得出的结果正是按照 add()方法中的逻辑计算出来的。

14.2.2　引用成员方法

引用成员方法的语法如下：

对象名::成员方法名

与引用静态方法语法不同，这里操作符左侧的内容必须是一个对象名，而不是类名。这种语法也可以达到抽象方法按照类成员方法逻辑来实现的目的。

【例 14.8】使用 lambda 表达式引用成员方法（实例位置：资源包\TM\sl\14\8）

创建函数式接口和测试类，在接口中定义抽象方法 method()，在测试类中编写一个可以用来实现抽象方法的成员方法——format()方法。在 main()方法中创建接口对象，并使用引用成员方法的语法让接口对象的抽象方法按照测试类的 format()方法来实现。

```java
import java.text.SimpleDateFormat;
import java.util.Date;
interface InstanceMethodInterface {                        //创建测试接口
    String method(Date date);                              //带参数的抽象方法
}
public class InstanceMethodDemo {
    public String format(Date date) {                      //格式化方法
        //创建日期格式化对象，并指定日期格式
        SimpleDateFormat sdf = new SimpleDateFormat("yyyy-MM-dd");
        return sdf.format(date);                           //返回格式化结果
    }

    public static void main(String[] args) {
        InstanceMethodDemo demo = new InstanceMethodDemo();  //创建类对象
```

```
        InstanceMethodInterface im = demo::format;         //引用类对象的方法
        Date date = new Date();                            //创建日期对象
        System.out.println("默认格式：" + date);            //输出日期对象默认格式
        System.out.println(接口输出的格式： " + im.method(date)); //输出经过接口方法处理过的格式
    }
}
```

运行结果如下：

```
默认格式：Thu Jan 19 09:22:19 CST 2023
接口输出的格式：2023-01-19
```

从这个结果中可以看出，抽象方法的结果是按照类成员方法的逻辑计算出来的。

14.2.3　引用带泛型的方法

泛型是 Java 开发经常使用到的功能，":"操作符支持引用带泛型的方法。除方法外，":"操作符也支持引用带泛型的类。

【例 14.9】使用 lambda 表达式引用带泛型的方法（**实例位置：资源包\TM\sl\14\9**）

创建函数式接口和测试类，在接口定义时添加泛型 T，并且在抽象方法参数中使用此泛型。在测试类中创建带有泛型的静态方法，同样在方法参数中使用此泛型。抽象方法和类静态方法参数类型保持一致。类静态方法会利用哈希集合不保存重复数据的原理，实现过滤数组中的重复数据。

```
import java.util.HashSet;
interface ParadigmInterface<T> {                           //测试接口
    int method(T[] t);                                     //抽象方法
}

public class ParadigmDemo {                                //测试类
    //静态方法，使用泛型参数，在方法名之前定义泛型。此方法用于查找数组中的重复元素个数
    static public <T> int repeatCoount(T[] t) {
        int arrayLength = t.length;                        //记录数组长度
        java.util.HashSet<T> set = new HashSet<>();        //创建哈希集合
        for (T tmp : t) {                                  //遍历数组
            set.add(tmp);                                  //将数组元素放入集合中
        }
        return arrayLength - set.size();                   //返回数组长度与集合长度的差
    }

    public static void main(String[] args) {
        Integer a[] = {1, 1, 2, 3, 1, 5, 6, 1, 8, 8};      //整数数组
        String s[] = {"王", "李", "赵", "陈", "李", "孙", "张"}; //字符串数组
        //创建接口对象，Integer 作为泛型，引入 ParadigmDemo 类的静态方法，方法名要定义泛型
        ParadigmInterface<Integer> p1 = ParadigmDemo::<Integer> repeatCoount;
        System.out.println("整数数组重复元素个数：" + p1.method(a)); //调用接口方法
        //创建接口对象，String 作为泛型，引入 ParadigmDemo 类的静态方法
        //方法名若不定义泛型，则默认使用接口已定义好的泛型
        ParadigmInterface<String> p2 = ParadigmDemo::repeatCoount;
        System.out.println("字符串数组重复元素个数：" + p2.method(s)); //调用接口方法
    }
}
```

运行结果如下：

整数数组重复元素个数：4
字符串数组重复元素个数：1

注意

与其他使用泛型的场景一样，要保证代码前后泛型一致，否则会发生编译错误。

14.2.4　引用构造方法

lambda 表达式有 3 种引用构造方法的语法，分别是引用无参构造方法、引用有参构造方法和引用数组构造方法，下面分别进行讲解。

1．引用无参构造方法

引用构造方法的语法如下：

类名::**new**

因为构造方法与类名相同，如果在操作符左右都写上类名，会让操作符误以为是在引用与类名相同的静态方法，这样会导致程序出现 bug，所以引用构造方法的语法使用了 new 关键字。在操作符右侧写上 new 关键字，表示引用构造方法。

这个语法有一点要注意：new 关键字之后没有圆括号，也没有参数的定义。如果类中既有无参构造方法，又有有参构造方法，使用引用构造方法语法后，究竟哪一个构造方法被引用了呢？引用哪个构造方法是由函数式接口决定的，"::"操作符会返回与抽象方法的参数结构相同的构造方法。如果找不到参数接口相同的构造方法，则会发生编译错误。

【例 14.10】使用 lambda 表达式引用无参构造方法（**实例位置：资源包\TM\sl\14\10**）

创建函数式接口和测试类。测试类中创建一个无参构造方法和一个有参构造方法。接口抽象方法返回值为测试类对象，并且方法无参数。使用引用构造方法语法创建接口对象，调用接口对象方法创建测试类对象，查看输出结果。

```
interface ConstructorsInterface1 {                          //构造方法接口
    ConstructorsDemo1 action();                             //调用无参方法
}

public class ConstructorsDemo1 {                             //测试类
    public ConstructorsDemo1() {                            //无参构造方法
        System.out.println("调用无参构造方法");
    }
    public ConstructorsDemo1(int i) {                       //有参构造方法
        System.out.println("调用有参构造方法");
    }
    public static void main(String[] args) {
        ConstructorsInterface1 a = ConstructorsDemo1::new;  //引用 ConstructorsDemo1 类的构造方法
        ConstructorsDemo1 b = a.action();                  //通过无参方法创建对象
    }
}
```

运行结果如下：

调用无参构造方法

从这个结果中可以看出，如果接口方法没有参数，调用的就是无参的构造方法。

2．引用有参构造方法

引用有参构造方法的语法与引用无参构造方法的语法一样。区别就是函数式接口的抽象方法是有参数的。

【例 14.11】 使用 lambda 表达式引用有参数的构造方法（**实例位置：资源包\TM\sl\14\11**）

创建函数式接口和测试类。测试类创建一个无参构造方法和一个有参构造方法。接口抽象方法返回值为测试类对象，并且方法的参数结构要和测试类有参构造方法的参数结构一致。使用引用构造方法语法创建接口对象，调用接口对象方法创建测试类对象，查看输出结果。

```java
interface ConstructorsInterface2 {                          //构造方法接口
    ConstructorsDemo2 action(int i);                        //调用有参方法
}

public class ConstructorsDemo2 {                            //测试类
    public ConstructorsDemo2() {                            //无参构造方法
        System.out.println("调用无参构造方法");
    }
    public ConstructorsDemo2(int i) {                       //有参构造方法
        System.out.println("调用有参构造方法，参数为:" + i);
    }
    public static void main(String[] args) {
        ConstructorsInterface2 a = ConstructorsDemo2::new;  //引用 ConstructorsDemo2 类的构造方法
        ConstructorsDemo2 b = a.action(123);               //通过有参方法创建对象
    }
}
```

运行结果如下：

```
调用有参构造方法，参数为:123
```

从这个结果中可以看出，无参构造方法没有被调用，接口方法使用的就是有参数的构造方法。

3．引用数组构造方法

Java 开发可能出现这样一种特殊场景：把数组类型当作泛型。如果方法返回值是泛型，在这种特殊场景下，方法就应该返回一个数组类型的结果。如果要求抽象方法既引用构造方法，又要返回数组类型结果，这种场景下抽象方法的参数就有了另一个含义：数组个数。抽象方法的参数可以决定返回的数组长度，但数组中的元素并不是有值的，还需要再次对其进行赋值。引用数组构造方法的语法也会有所不同，语法如下：

```
类名[]::new
```

【例 14.12】 使用 lambda 表达式引用数组的构造方法（**实例位置：资源包\TM\sl\14\12**）

创建函数式接口和测试类。定义接口时创建一个泛型 T，同时 T 作为抽象方法的返回值。抽象方法定义一个整型参数。创建接口对象时，将测试类数组作为泛型，并引用数组构造方法。通过接口方法创建测试类数组，再分别为每个数组元素赋值。

```java
interface ArraysConsInterface<T> {                          //构造方法接口
    //抽象方法返回对象数组，方法参数决定数组个数
    T action(int n);
```

```
    }
public class ArraysConsDemo {
    public static void main(String[] args) {
        //引用数组的构造方法
        ArraysConsInterface<ArraysConsDemo[]> a = ArraysConsDemo[]::new;
        ArraysConsDemo array[] = a.action(3);                   //接口创建数组，并指定数组个数
        array[0] = new ArraysConsDemo();                        //对数组元素进行实例化
        array[1] = new ArraysConsDemo();
        array[2] = new ArraysConsDemo();
        //如果调用或给 array[3]赋值，代码就会抛出数组下标越界异常
        //array[3] = new ArraysConsDemo();
    }
}
```

实例中不能给 array[3]赋值，因为接口方法的参数是 3，创建的数组只包含 3 个元素。

14.2.5 Function 接口

在此之前的所有实例中，想要使用 lambda 表达式都需要先创建或调用已有的函数式接口，但 java.util.function 包已经提供了很多预定义函数式接口，就是没有实现任何功能，仅用来封装 lambda 表达式的对象。该包中最常用的接口是 Function<T,R>，这个接口有以下两个泛型。

☑   T：被操作的类型，可以理解为方法参数类型。

☑   R：操作结果类型，可以理解为方法的返回类型。

Function 接口是函数式接口，因此只有一个抽象方法，但是 Function 接口还提供了 3 个已实现的方法，以方便开发者对函数逻辑进行更深层的处理。Function 接口方法如表 14.1 所示。

表 14.1 Function 接口方法

方　　法	功 能 说 明	方法返回值
apply(T t)	抽象方法。按照被子类实现的逻辑，执行函数。参数为被操作泛型对象	R
andThen(Function<? super R, ? extends V> after)	先执行 apply(t)方法，将执行结果作为该方法的参数，再按照 after 函数逻辑继续执行该方法	(T t) -> after.apply(apply(t))
compose(Function<? super V, ? extends T> before)	先按照 before 函数逻辑操作接口的被操作对象 t，再将执行结果作为 apply()方法的参数	(V v) -> apply(before.apply(v))
static identity()	此方法是静态方法。返回一个 Function 对象，此对象的 apply()方法只会返回参数值	t -> t

【例 14.13】使用 lambda 表达式拼接 IP 地址（**实例位置：资源包\TM\sl\14\13**）

创建 Function 接口对象，使用 lambda 表达式实现拼接 IP 地址的功能，具体代码如下：

```
import java.util.function.Function;
public class FunctioinDemo {
    //创建 Function 接口对象，参数类型是 Integer[]，返回值类型是 String
    Function<Integer[], String> function = (n) -> {
        StringBuilder str = new StringBuilder();                //创建字符序列
        for (Integer num : n) {                                 //遍历参数数组
            str.append(num);                                    //向字符序列中添加数组元素
            str.append('.');                                    //向字符序列中添加字符'.'
        }
```

```java
        str.deleteCharAt(str.length() - 1);              //删除末尾的','
        return str.toString();                           //返回字符串
    };

    public static void main(String[] args) {
        Integer[] ip = { 192, 168, 1, 1 };               //待处理的数组
        FunctioinDemo demo = new FunctioinDemo();
        System.out.println(demo.function.apply(ip));     //输出处理结果
    }
}
```

运行结果如下：

192.168.1.1

编程训练（答案位置：资源包\TM\sl\14\编程训练）

【训练 3】对数组进行排序　编写一个 Sortable 接口，接口中只有一个抽象方法，其定义如下：

void sort(int arr[]);

创建一个 Sortable 接口的对象 s，让 s 引用 java.util.Arrays 类的 sort()静态方法，然后使用 s 对数组
{9, 4, 1, 5, 2, 6, 3}进行排序。

14.3　流　处　理

流处理有点类似数据库的 SQL 语句，可以执行非常复杂的过滤、映射、查找和收集功能，并且代
码量很少。唯一的缺点是代码可读性不高，如果开发者基础不好，可能会看不懂流 API 所表达的含义。

为了能让读者更好地理解流 API 的处理过程和结果，本节先创建一个公共类——Employee 员工类。
员工类包含员工的姓名、年龄、薪资、性别和部门属性，并给这些属性提供了 getter 方法。重写 toString()
方法可以方便查看员工对象的所有信息。公共类提供了一个静态方法 getEmpList()，这个方法已经创建
好了一些员工对象，然后将这些员工封装成一个集合并返回。本节将重点对这些员工数据进行流处理。

员工集合的详细数据如表 14.2 所示。

表 14.2　公共类提供已定义好的员工集合数据

姓名（name）	年龄（age）	薪资（salary）	性别（sex）	部门（dept）
老张	40	9000	男	运营部
小刘	24	5000	女	开发部
大刚	32	7500	男	销售部
翠花	28	5500	女	销售部
小马	21	3000	男	开发部
老王	35	6000	女	人事部
小王	21	3000	女	人事部

【例 14.14】创建员工类，并按照表 14.2 创建初始化数据（**实例位置：资源包\TM\sl\14\14**）

创建 Employee 类，在类中创建姓名、年龄、工资、性别和部门属性，创建对应这些属性的构造方
法和 getter 方法。最后将初始化的员工数据放到一个 ArrayList 列表中。

```
import java.util.ArrayList;
import java.util.List;

public class Employee {                                                        //员工类
    private String name;                                                       //姓名
    private int age;                                                           //年龄
    private double salary;                                                     //工资
    private String sex;                                                        //性别
    private String dept;                                                       //部门

    //构造方法
    public Employee(String name, int age, double salary, String sex, String dept) {
        this.name = name;
        this.age = age;
        this.salary = salary;
        this.sex = sex;
        this.dept = dept;
    }

    //重写 toString()方法，方便输出员工信息
    public String toString() {
        return "name=" + name + ", age=" + age + ", salary=" + salary + ", sex=" + sex + ", dept=" + dept;
    }

    //以下是员工属性的 getter 方法
    public String getName() {
        return name;
    }
    public int getAge() {
        return age;
    }
    public double getSalary() {
        return salary;
    }
    public String getSex() {
        return sex;
    }
    public String getDept() {
        return dept;
    }

    static List<Employee> getEmpList() {                                       //提供数据初始化方法
        List<Employee> list = new ArrayList<Employee>();
        list.add(new Employee("老张", 40, 9000, "男", "运营部"));              //添加员工数据
        list.add(new Employee("小刘", 24, 5000, "女", "开发部"));
        list.add(new Employee("大刚", 32, 7500, "男", "销售部"));
        list.add(new Employee("翠花", 28, 5500, "女", "销售部"));
        list.add(new Employee("小马", 21, 3000, "男", "开发部"));
        list.add(new Employee("老王", 35, 6000, "女", "人事部"));
        list.add(new Employee("小王", 21, 3000, "女", "人事部"));
        return list;
    }
}
```

14.3.1　Stream 接口

　　流处理的接口都被定义在 java.uil.stream 包中。BaseStream 接口是最基础的接口，但最常用的是

BaseStream 接口的一个子接口——Stream 接口。基本上绝大多数的流处理都是在 Stream 接口上实现的。

　　Stream 接口是泛型接口，因此流中操作的元素可以是任何类的对象。Stream 接口的常用方法如表 14.3 所示。

表 14.3　Stream 接口的常用方法

方　　法	返　回　值	功　能　描　述	类　　型
count()	long	返回流中的元素个数	终端操作
distinct()	Stream\<T\>	去除流中的重复元素	中间操作
filter(Predicate\<? super T\> predicate)	Stream\<T\>	返回一个满足指定条件的流	中间操作
forEach(Consumer\<? super T\> action)	void	遍历流中的每一个元素，执行 action 动作	终端操作
limit(long maxSize)	Stream\<T\>	获取流中前 maxSize 个元素	中间操作
map(Function\<? super T,? extends R\> mapper)	\<R\> Stream\<R\>	对流中的元素调用 mapper 方法，产生包含这些元素的一个新的流	中间操作
mapToDouble(ToDoubleFunction\<? super T\> mapper)	DoubleStream	对流中的元素调用 mapper 方法，产生包含这些元素的一个新的 DoubleStream 流	中间操作
mapToInt(ToIntFunction\<? super T\> mapper)	IntStream	对流中的元素调用 mapper 方法，产生包含这些元素的一个新的 IntStream 流	中间操作
mapToLong(ToLongFunction\<? super T\> mapper)	LongStream	对流中的元素调用 mapper 方法，产生包含这些元素的一个新的 LongStream 流	中间操作
max(Comparator\<? super T\> comparator)	Optional\<T\>	根据指定比较器规则，获取流中最大元素	终端操作
min(Comparator\<? super T\> comparator)	Optional\<T\>	根据指定比较器规则，获取流中最小元素	终端操作
skip(long n)	Stream\<T\>	去除流中前 n 个元素	中间操作
sorted()	Stream\<T\>	将流中的元素排序	终端操作
sorted(Comparator\<? super T\> comparator)	Stream\<T\>	将流中的元素按照指定比较器规则进行排序	终端操作

说明

　　表 14.3 中最后一列“类型”中有两种值：中间操作和终端操作。中间操作类型的方法会生成一个新的流对象，被操作的流对象仍然可以执行其他操作；终端操作会消费流，操作结束之后，被操作的流对象就不能再次执行其他操作了。这是二者的最大区别。

　　Collection 接口新增两个可以获取流对象的方法。第一个方法最常用，可以获取集合的顺序流，方法如下：

```
Stream<E> stream();
```

　　第二个方法可以获取集合的并行流，方法如下：

```
Stream<E> parallelstream();
```

　　因为所有集合类都是 Collection 接口的子类，如 ArrayList 类、HashSet 类等，所以这些类都可以进行流处理。例如：

```
List<Integer> list = new ArrayList<Integer>();    //创建集合
Stream<Integer> s = list.stream();                //获取集合流对象
```

14.3.2　Optional 类

Optional 类像是一个容器，可以保存任何对象，并且针对 NullPointerException 空指针异常做了优化，保证 Optional 类保存的值不会是 null。因此，Optional 类是针对"对象可能是 null 也可能不是 null"的场景为开发者提供了优质的解决方案，减少了烦琐的异常处理。

Optional 类由于是用 final 修饰的，因此不能有子类。Optional 类由于是带有泛型的类，因此可以保存任何对象的值。

从 Optional 类的声明代码中就可以看出这些特性，JDK 中的部分代码如下：

```
public final class Optional<T> {
    private final T value;
    …                                                    //省略其他代码
}
```

Optional 类中有一个叫作 value 的成员属性，这个属性就是用来保存具体值的。value 是用泛型 T 修饰的，并且还用了 final 修饰，这表示一个 Optional 对象只能保存一个值。

Optional 类提供了很多封装、校验和获取值的方法，这些方法如表 14.4 所示。

表 14.4　Optional 类提供的常用方法

方　　法	返 回 类 型	功 能 描 述
empty()	Optional<T>	静态方法。返回一个表示空值的 Optional 实例
filter()	Optional<T>	如果 Optional 实例的 value 是有值的，并且该值与给定条件匹配，则返回包含这个值的 Optional 实例，否则返回一个表示空值的 Optional 实例
get()	T	如果 Optional 实例的 value 有值，则返回值，否则抛出 NoSuchElementException 异常
of(T value)	Optional<T>	静态方法。返回一个 value 值等于参数值的 Optional 实例
ofNullable(T value)	Optional<T>	返回一个 value 值等于参数值的非 null 的 Optional 实例
orElse(T other)	T	如果 Optional 实例的 value 是有值的，则返回 value 值，否则返回参数值

说明

除 Optional 类外，还可以使用 OptionalDouble、OptionalInt 和 OptionalLong 3 个类，开发者可以根据不同的应用场景进行灵活选择。

【例 14.15】使用 Optional 类创建"空"对象（实例位置：资源包\TM\sl\14\15）

创建一个 Optional 对象，并赋予一个字符串类型的值，然后判断此对象的值是否为空；再使用 empty() 方法创建一个"空值"的 Optional 对象，然后判断此对象的值是否为空。

```
import java.util.Optional;
public class OptionalDemo {
    public static void main(String[] args) {
        Optional<String> strValue = Optional.of("Hello");        //创建有值对象
        boolean haveValueFlag = strValue.isPresent();            //判断对象中的值是不是空的
        System.out.println("strValue 对象是否有值: " + haveValueFlag);
        if (haveValueFlag) {                                     //如果不是空的
            String str = strValue.get();                         //获取对象中的值
            System.out.println("strValue 对象的值是: " + str);
```

```
        }
        Optional<String> noValue = Optional.empty();              //创建空值对象
        boolean noValueFlag = noValue.isPresent();                //判断对象中的值是不是空的
        System.out.println("noValue 对象是否有值: " + noValueFlag);
        if (noValueFlag) {                                        //如果不是空的
            String str = noValue.get();                           //获取对象中的值
            System.out.println("noValue 对象的值是: " + str);
        } else {                                                  //如果是空的
            String str = noValue.orElse("使用默认值");             //使用默认值
            System.out.println("noValue 对象的值是: " + str);
        }
    }
}
```

运行结果如下：

```
strValue 对象是否有值: true
strValue 对象的值是: Hello
noValue 对象是否有值: false
noValue 对象的值是: 使用默认值
```

14.3.3　Collectors 类

Collectors 类为收集器类，该类实现了 java.util.Collector 接口，可以将 Stream 流对象进行各种各样的封装、归集、分组等操作。同时，Collectors 类还提供了很多实用的数据加工方法，如数据统计计算等。Collectors 类的常用方法如表 14.5 所示。

表 14.5　Collectors 类的常用方法

方　　法	功　能　描　述
averagingDouble(ToDoubleFunction<? super T> mapper)	计算流元素平均值
averagingInt(ToIntFunction<? super T> mapper)	计算流元素平均值
averagingLong(ToLongFunction<? super T> mapper)	计算流元素平均值
counting()	统计元素个数
maxBy(Comparator<? super T> comparator)	返回符合条件的最大的元素
minBy(Comparator<? super T> comparator)	返回符合条件的最小的元素
summarizingInt(ToIntFunction<? super T> mapper)	返回流元素的和
joining()	按照顺序将元素连接成一个 String 类型数据
joining(CharSequence delimiter)	按照顺序将元素连接成一个 String 类型数据，并指定元素之间的分隔符
toList()	将流中元素封装成 List 集合
toMap(Function<? super T,? extends K> keyMapper, Function<? super T,? extends U> valueMapper)	将流中元素封装成 Map 集合
toSet()	将流中元素封装成 Set 集合
groupingBy(Function<? super T,? extends K> classifier)	根据分类函数对元素进行分组，并将结果封装成一个 Map 集合
groupingBy(Function<? super T,? extends K> classifier, Collector<? super T,A,D> downstream)	根据分类函数对元素进行分组，并将结果封装成一个 Map 集合。第一个参数为一级分组条件，第二个参数为二级分组条件

Collectors 类的具体用法将在后面章节做重点讲解。

14.3.4　数据过滤

数据过滤就是在杂乱的数据中筛选出需要的数据，类似 SQL 语句中的 WHERE 关键字，给出一定的条件，将符合条件的数据过滤并展示出来。

1．filter()方法

filter()方法是 Stream 接口提供的过滤方法。该方法可以将 lambda 表达式作为参数，然后按照 lambda 表达式的逻辑过滤流中的元素。过滤出想要的流元素后，还需使用 Stream 提供的 collect()方法按照指定方法重新进行封装。

【例 14.16】输出 1～10 的所有奇数（实例位置：资源包\TM\sl\14\16）

将 1～10 的数字放到一个 ArrayList 列表中，调用该列表的 Stream 对象的 filter()方法，该方法的参数为过滤奇数的 lambda 表达式。查看该方法被执行完毕后 Stream 对象返回的结果。

```java
import java.util.ArrayList;
import java.util.List;
import java.util.stream.Collectors;
import java.util.stream.Stream;
public class FilterOddDemo {
    static void printeach(String message, List list) {        //输出集合元素
        System.out.print(message);                             //输出文字信息
        list.stream().forEach(n -> {                           //使用 forEach 方法遍历集合并输出元素
            System.out.print(n + " ");
        });
        System.out.println();                                  //换行
    }

    public static void main(String[] args) {
        List<Integer> list = new ArrayList<>();                //创建空数组
        for (int i = 1; i <= 10; i++) {                        //从 1 循环到 10
            list.add(i);                                       //给集合赋值
        }
        printeach("集合原有元素：", list);                       //输出集合元素
        Stream<Integer> stream = list.stream();                //获取集合流对象
        //将集合中的所有奇数过滤出来，把过滤结果重新赋值给流对象
        stream = stream.filter(n -> n % 2 == 1);
        //将流对象重新封装成一个 List 集合
        List<Integer> result = stream.collect(Collectors.toList());
        printeach("过滤之后的集合元素：", result);               //输出集合元素
    }
}
```

运行结果如下：

```
集合原有元素：1 2 3 4 5 6 7 8 9 10
过滤之后的集合元素：1 3 5 7 9
```

这个实例把"获取流""过滤流""封装流"3 个部分的操作分开编写，是为了方便读者学习理解，通常为了代码简洁，将 3 部分操作可以写在一行代码中，例如：

```java
List<Integer> result = list.stream().filter(n -> n % 2 == 1).collect(Collectors.toList());
```

这种写法也可以避免终端操作造成的"流被消费掉"的问题,因为每次被操作的流都是从集合中重新获取的。

📖 说明

代码在 Eclipse 中出现黄色警告,这是由 printeach(String message, List list)方法中的 list 参数没有指定泛型引起的。但是,这也体现出 lambda 表达式可以自动识别数据类型的优点。读者可以忽略此警告。

例 14.16 中演示的集合元素是数字类型,集合能保存的不止是数字,下面这个实例将演示如何利用过滤器以对象属性为条件过滤元素。

【例 14.17】找出年龄大于 30 的员工(实例位置:**资源包\TM\sl\14\17**)

本例使用了例 14.14 定义的 Employee 类,在获取员工集合后,将年龄大于 30 的员工过滤出来。如果将员工集合返回的流对象泛型定义为<Employee>,就可以直接在 lambda 表达式中使用 Employee 类的方法。

```java
import java.util.List;
import java.util.stream.Collectors;
import java.util.stream.Stream;

public class FilerDemo {
    public static void main(String[] args) {
        List<Employee> list = Employee.getEmpList();           //获取公共类的测试数据
        Stream<Employee> stream = list.stream();               //获取集合流对象
        stream = stream.filter(people -> people.getAge() > 30); //将年龄大于 30 岁的员工过滤出来
        List<Employee> result = stream.collect(Collectors.toList()); //将流对象重新封装成一个 List 集合
        for (Employee emp : result) {                          //遍历结果集
            System.out.println(emp);                           //输出员工对象信息
        }
    }
}
```

运行结果如下:

```
name=老张, age=40, salary=9000.0, sex=男, dept=运营部
name=大刚, age=32, salary=7500.0, sex=男, dept=销售部
name=老王, age=35, salary=6000.0, sex=女, dept=人事部
```

通过这个结果可以看出,年龄没超过 30 的员工都被过滤掉了。通过类的一个属性,就可以完整地获取到符合条件的类对象,可以输出员工的姓名、性别等属性。

2. distinct()方法

distinct()方法是 Stream 接口提供的过滤方法。该方法可以去除流中的重复元素,效果与 SQL 语句中的 DISTINCT 关键字一样。

【例 14.18】去除 List 集合中的重复数字(实例位置:**资源包\TM\sl\14\18**)

创建一个 List 集合,保存一些数字(包含重复数字),获取集合的流对象,使用 distinct()方法将重复的数字去掉。

```java
import java.util.ArrayList;
import java.util.List;
```

```java
import java.util.stream.Collectors;
import java.util.stream.Stream;
public class DistinctDemo {
    static void printeach(String message, List list) {          //输出集合元素
        System.out.print(message);                              //输出文字信息
        list.stream().forEach(n -> {                            //使用 forEach 方法遍历集合并输出元素
            System.out.print(n + " ");
        });
        System.out.println();                                   //换行
    }

    public static void main(String[] args) {
        List<Integer> list = new ArrayList<Integer>();          //创建集合
        list.add(1);                                            //添加元素
        list.add(2);
        list.add(2);
        list.add(3);
        list.add(3);
        printeach("去重前：", list);                              //输出集合元素
        Stream<Integer> stream = list.stream();                 //获取集合流对象
        stream = stream.distinct();                             //取出流中的重复元素
        List<Integer> reslut = stream.collect(Collectors.toList()); //将流对象重新封装成一个 List 集合
        printeach("去重后：", reslut);                            //输出集合元素
    }
}
```

运行结果如下：

```
去重前：1 2 2 3 3
去重后：1 2 3
```

因为 distinct() 方法属于中间操作，所以可以配合 filter() 方法一起使用。

3．limit() 方法

limit() 方法是 Stream 接口提供的方法，该方法可以获取流中前 *N* 个元素。

【例 14.19】找出所有员工列表中的前两位女员工（**实例位置：资源包\TM\sl\14\19**）

本例使用了例 14.14 定义的 Employee 类，在获取员工集合后，取出所有员工中的前两位女员工，具体代码如下：

```java
import java.util.List;
import java.util.stream.Collectors;
import java.util.stream.Stream;
public class LimitDemo {
    public static void main(String[] args) {
        List<Employee> list = Employee.getEmpList();            //获取公共类的测试数据
        Stream<Employee> stream = list.stream();                //获取集合流对象
        stream = stream.filter(people -> "女".equals(people.getSex())); //将所有女员工过滤出来
        stream = stream.limit(2);                               //取出前两位
        List<Employee> result = stream.collect(Collectors.toList()); //将流对象重新封装成一个 List 集合
        for (Employee emp : result) {                           //遍历结果集
            System.out.println(emp);                            //输出员工对象信息
        }
    }
}
```

运行结果如下：

name=小刘, age=24, salary=5000.0, sex=女, dept=开发部
name=翠花, age=28, salary=5500.0, sex=女, dept=销售部

公司一共有 4 位女员工，但这个结果只输出了公司前两位女员工，"老王"和"小王"没有被输出。

4．skip()方法

skip()方法是 Stream 接口提供的方法，该方法可以忽略流中的前 *n* 个元素。

【例 14.20】取出所有男员工，并忽略前两位男员工（**实例位置：资源包\TM\sl\14\20**）

本例使用了例 14.14 定义的 Employee 类，在获取员工集合后，取出所有男员工，并忽略前两位男员工。

```java
import java.util.List;
import java.util.stream.Collectors;
import java.util.stream.Stream;

public class SkipDemo {
    public static void main(String[] args) {
        List<Employee> list = Employee.getEmpList();              //获取公共类的测试数据
        Stream<Employee> stream = list.stream();                  //获取集合流对象
        stream = stream.filter(people -> "男".equals(people.getSex()));   //将所有男员工过滤出来
        stream = stream.skip(2);                                  //跳过前两位
        List<Employee> result = stream.collect(Collectors.toList());  //将流对象重新封装成一个 List 集合
        for (Employee emp : result) {                             //遍历结果集
            System.out.println(emp);                              //输出员工对象信息
        }
    }
}
```

运行结果如下：

name=小马, age=21, salary=3000.0, sex=男, dept=开发部

公司一共有 3 位男员工，这个结果只输出了"小马"，"老张"和"大刚"都没有被输出。

14.3.5　数据映射

数据的映射和过滤概念不同：过滤是在流中找到符合条件的元素，映射是在流中获得具体的数据。

Stream 接口提供了 map()方法用来实现数据映射，map()方法会按照参数中的函数逻辑获取新的流对象，新的流对象中元素类型可能与旧流对象元素类型不相同。

【例 14.21】获取开发部所有员工的名单（**实例位置：资源包\TM\sl\14\21**）

本例使用了例 14.14 定义的 Employee 类，在获取员工集合后，先过滤出开发部的员工，再引用员工类的 getName()方法作为 map()方法的映射参数，这样就获取到开发部员工名单。

```java
import java.util.List;
import java.util.stream.Collectors;
import java.util.stream.Stream;

public class MapDemo {
    public static void main(String[] args) {
        List<Employee> list = Employee.getEmpList();      //获取公共类的测试数据
        Stream<Employee> stream = list.stream();          //获取集合流对象
        //将所有开发部的员工过滤出来
```

```
        stream = stream.filter(people -> "开发部".equals(people.getDept()));
        //将所有员工的名字映射成一个新的流对象
        Stream<String> names = stream.map(Employee::getName);
        //将流对象重新封装成一个 List 集合
        List<String> result = names.collect(Collectors.toList());
        for (String emp : result) {                            //遍历结果集
            System.out.println(emp);                           //输出所有姓名
        }
    }
}
```

运行结果如下：

```
小刘
小马
```

结果输出了开发部两位员工的名字，但没有输出这两位员工的其他信息，这个就是映射的结果。

除了可以映射出员工名单，还可以对映射数据进行加工处理。例如，统计销售部一个月的薪资总额。因为涉及数字计算，所以需要让 Stream 对象转为可以进行数学运算的数字流。因为薪资类型是 double 类型，所以应该调用 mapToDouble()方法进行转换。

【**例 14.22**】计算销售部一个月的薪资总额（**实例位置：资源包\TM\sl\14\22**）

本例使用了例 14.14 定义的 Employee 类，在获取员工集合后，先过滤出销售部的员工，再引用员工类的 getSalary()方法作为 mapToDouble()的映射参数，获取到 DoubleStream 对象后，调用该对象的 sum() 方法，就可以计算出销售部的薪资总和。具体代码如下：

```
import java.util.List;
import java.util.stream.DoubleStream;
import java.util.stream.Stream;
public class MapToInDemo {
    public static void main(String[] args) {
        List<Employee> list = Employee.getEmpList();          //获取公共类的测试数据
        Stream<Employee> stream = list.stream();              //获取集合流对象
        //将所有销售部的员工过滤出来
        stream = stream.filter(people -> "销售部".equals(people.getDept()));
        //将所有员工的薪资映射成一个新的流对象
        DoubleStream salarys = stream.mapToDouble(Employee::getSalary);
        double sum = salarys.sum();                           //统计流中元素的和
        System.out.println("销售部一个月的薪资总额：" + sum);
    }
}
```

运行结果如下：

```
销售部一个月的薪资总额：13000.0
```

除 DoubleStream 类外，java.util.stream 包还提供了 IntStream 类和 LongStream 类以应对不同的计算场景。

14.3.6　数据查找

本节所讲的数据查找并不是在流中获取数据（这属于数据过滤），而是判断流中是否有符合条件的数据，查找的结果是一个 boolean 值或一个 Optional 类的对象。本节将讲解 allMatch()、anyMatch()、 noneMatch()和 findFirst() 4 个方法。

1．allMatch()方法

allMatch()方法是 Stream 接口提供的方法，该方法会判断流中的元素是否全部符合某一条件，返回结果是 boolean 值。如果所有元素都符合条件，则返回 true，否则返回 false。

【例 14.23】检查所有员工的年龄是否都大于 25 岁（**实例位置：资源包\TM\sl\14\23**）

本例使用了例 14.14 定义的 Employee 类，在获取员工集合后，使用 allMatch()方法检查公司所有员工的年龄是否都大于 25 岁，具体代码如下：

```java
import java.util.List;
import java.util.stream.Stream;
public class AllMatchDemo {
    public static void main(String[] args) {
        List<Employee> list = Employee.getEmpList();        //获取公共类的测试数据
        Stream<Employee> stream = list.stream();            //获取集合流对象
        //判断所有员工的年龄是否都大于 25 岁
        boolean result = stream.allMatch(people -> people.getAge() > 25);
        System.out.println("所有员工的年龄是否都大于 25 岁：" + result);    //输出结果
    }
}
```

运行结果如下：

```
所有员工的年龄是否都大于 25 岁：false
```

最后得出的结果是 false，因为公司里的"小马"和"小王"的年龄都只有 21 岁，而"小刘"的年龄只有 24 岁，不满足"所有员工的年龄都大于 25 岁"这个条件。

2．anyMatch()方法

anyMatch()方法是 Stream 接口提供的方法，该方法会判断流中的元素是否有符合某一条件，只要有一个元素符合条件就返回 true，如果没有元素符合条件，则会返回 false。

【例 14.24】检查是否有年龄大于或等于 40 岁的员工（**实例位置：资源包\TM\sl\14\24**）

本例使用了例 14.14 定义的 Employee 类，在获取员工集合后，使用 anyMatch()方法检查公司里是否有年龄在 40 岁或 40 岁以上的员工，具体代码如下：

```java
import java.util.List;
import java.util.stream.Stream;
public class AnyMatchDemo {
    public static void main(String[] args) {
        List<Employee> list = Employee.getEmpList();        //获取公共类的测试数据
        Stream<Employee> stream = list.stream();            //获取集合流对象
        //判断是否有年龄大于或等于 40 岁的员工
        boolean result = stream.anyMatch(people -> people.getAge() >= 40);
        System.out.println("员工中有年龄在 40 岁或以上的吗？：" + result);    //输出结果
    }
}
```

运行结果如下：

```
员工中有年龄在 40 岁或以上的吗？：true
```

运行结果为 true，因为公司里的"老张"正好 40 岁，符合"有年龄在 40 岁或以上的员工"的条件。

3. noneMatch()方法

noneMatch()方法是 Stream 接口提供的方法,该方法会判断流中的所有元素是否都不符合某一条件。这个方法的逻辑和 allMatch()方法正好相反。

【例 14.25】检查公司是否不存在薪资小于 2000 元的员工（**实例位置：资源包\TM\sl\14\25**）

本例使用了例 14.14 定义的 Employee 类,在获取员工集合后,使用 noneMatch()方法检查公司里是否没有薪资小于 2000 元的员工，具体代码如下:

```java
import java.util.List;
import java.util.stream.Stream;
public class NoneMathchDemo {
    public static void main(String[] args) {
        List<Employee> list = Employee.getEmpList();          //获取公共类的测试数据
        Stream<Employee> stream = list.stream();               //获取集合流对象
        //判断公司中是否不存在薪资小于 2000 元的员工?
        boolean result = stream.noneMatch(people -> people.getSalary() < 2000 );
        System.out.println("公司中是否不存在薪资小于 2000 元的员工？：" + result);    //输出结果
    }
}
```

运行结果如下:

公司中是否不存在薪资小于 2000 元的员工？：true

公司最低薪资是 3000 元，也就是说没有员工的薪资会小于 2000 元，因此结果为 true。

4. findFirst()方法

findFirst()方法是 Stream 接口提供的方法，这个方法会返回符合条件的第一个元素。

【例 14.26】找出第一个年龄等于 21 岁的员工（**实例位置：资源包\TM\sl\14\26**）

本例使用了例 14.14 定义的 Employee 类，在获取员工集合后，首先将年龄为 21 岁的员工过滤出来，然后使用 findFirst()方法获取第一个员工，具体代码如下:

```java
import java.util.List;
import java.util.Optional;
import java.util.stream.Stream;
public class FindFirstDemo {
    public static void main(String[] args) {
        List<Employee> list = Employee.getEmpList();          //获取公共类的测试数据
        Stream<Employee> stream = list.stream();               //获取集合流对象
        stream = stream.filter(people -> people.getAge() == 21);   //过滤出 21 岁的员工
        Optional<Employee> young = stream.findFirst();         //获取第一个元素
        Employee emp = young.get();                            //获取员工对象
        System.out.println(emp);                               //输出结果
    }
}
```

运行结果如下:

name=小马, age=21, salary=3000.0, sex=男, dept=开发部

公司里有两个 21 岁的员工，一个是"小马"，一个是"小王"。因为"小马"在集合中的位置靠前，所以 findFirst()方法获取的是"小马"。

> **📢注意**
>
> 这个方法的返回值不是 boolean 值，而是一个 Optional 对象。

14.3.7　数据收集

数据收集可以理解为高级的"数据过滤+数据映射"，是对数据的深加工。本节将讲解两种实用场景：数据统计和数据分组。

1. 数据统计

数据统计不仅可以筛选出特殊元素，还可以对元素的属性进行统计计算。这种复杂的统计操作不是由 Stream 实现的，而是由 Collectors 收集器类实现的，收集器提供了非常丰富的 API，有着强大的数据挖掘能力。

【例 14.27】统计公司各项数据，并输出报表（**实例位置：资源包\TM\sl\14\27**）

本例使用了例 14.14 定义的 Employee 类，在获取员工集合后，不使用 filter()方法对元素进行过滤，而是直接使用 Stream 接口和 Collectors 类的方法对公司各项数据进行统计，具体代码如下：

```java
import java.util.Comparator;                                    //比较器接口
import java.util.List;
import java.util.Optional;
import java.util.stream.Collectors;

public class ReducingDemo {
    public static void main(String[] args) {
        List<Employee> list = Employee.getEmpList();            //获取测试数据

        long count = list.stream().count();                     //获取总人数
        //下行代码也能实现获取总人数效果
        //count = stream.collect(Collectors.counting());
        System.out.println("公司总人数为： " + count);

        //通过 Comparator 比较接口，比较员工年龄
        //再通过 Collectors 的 maxBy()方法取出年龄最大的员工的 Optional 对象
        Optional<Employee> ageMax = list.stream().collect(
                Collectors.maxBy(Comparator.comparing(Employee::getAge)));
        Employee older = ageMax.get();                          //获取员工对象
        System.out.println("公司年龄最大的员工是： \n      " + older);

        //通过 Comparator 比较接口，比较员工年龄
        //再通过 Collectors 的 minBy()方法取出年龄最小的员工的 Optional 对象
        Optional<Employee> ageMin = list.stream().collect(
                Collectors.minBy(Comparator.comparing(Employee::getAge)));
        Employee younger = ageMin.get();                        //获取员工对象
        System.out.println("公司年龄最小的员工是： \n      " + younger);

        //统计公司员工薪资总和
        double salarySum = list.stream().collect(Collectors.summingDouble(Employee::getSalary));
        System.out.println("公司的薪资总和为： " + salarySum);    //输出结果

        //统计公司薪资平均数
        double salaryAvg = list.stream().collect(Collectors.averagingDouble(Employee::getSalary));
```

```
                //使用格式化输出，保留 2 位小数
                System.out.printf("公司的平均薪资为：%.2f\n", salaryAvg);

                //创建统计对象，利用 summarizingDouble()方法获取员工薪资各方面的统计数据
                java.util.DoubleSummaryStatistics s = list.stream().collect(
                        Collectors.summarizingDouble(Employee::getSalary));
                System.out.print("统计：拿薪资的人数=" + s.getCount() + "，");
                System.out.print("薪资总数=" + s.getSum() + "，");
                System.out.print("平均薪资=" + s.getAverage() + "，");
                System.out.print("最高薪资=" + s.getMax() + "，");
                System.out.print("最低薪资=" + s.getMin() + "\n");

                //将公司员工姓名拼成一个字符串，用逗号分隔
                String nameList = list.stream().map(Employee::getName).collect(Collectors.joining("，"));
                System.out.println("公司员工名单如下：\n        " + nameList);
        }
}
```

运行结果如下：

```
公司总人数为：7
公司年龄最大的员工是：
    name=老张, age=40, salary=9000.0, sex=男, dept=运营部
公司年龄最小的员工是：
    name=小马, age=21, salary=3000.0, sex=男, dept=开发部
公司的薪资总和为：39000.0
公司的平均薪资为：5571.43
统计：拿薪资的人数=7, 薪资总数=39000.0, 平均薪资=5571.428571428572, 最高薪资=9000.0, 最低薪资=3000.0
公司员工名单如下：
    老张，小刘，大刚，翠花，小马，老王，小王
```

这是一个复杂的例子，里面涉及人数统计、比较年龄取最大年龄和最小年龄员工、统计薪资总和、求平均薪资等。最后两项比较特殊：一个是获取统计数字的类，即 DoubleSummaryStatistics，这个类本身就包含了个数、总和、均值、最大值、最小值 5 个属性；另一个是在获取员工映射名单时又进行了加工，即将所有名字拼接成了一个字符串，并在名字之间用逗号分隔。

2．数据分组

数据分组就是将流中元素按照指定的条件分开进行保存，类似 SQL 语言中的"GROUP BY"关键字。分组之后的数据会被按照不同的标签分别保存成一个集合，然后按照"键-值"关系封装在 Map 对象中。

数据分组有一级分组和多级分组两种场景，首先先来介绍一级分组。

一级分组，就是将所有数据按照一个条件进行归类。例如，学校有 100 名学生，这些学生分布在 3 个年级中。学生被按照年级分成了 3 组，然后就不再细分了，这就属于一级分组。

Collectors 类提供的 groupingBy()方法就是用来进行分组的方法，方法参数是一个 Function 接口对象，收集器会按照指定的函数规则对数据进行分组。

【例 14.28】将所有员工按照部门进行分组（实例位置：资源包\TM\sl\14\28）

本例使用了例 14.14 定义的 Employee 类，在获取员工集合后，创建 Function 接口对象 f，f 引用 Employee 员工类的 getDept()方法获取部门名称。然后，流的收集器类按照 f 的规则进行分组，Stream 对象将分组结果赋值给一个 Map 对象，Map 对象将会以"key:部门，value:员工 List"的方式保存数据。具体代码如下：

```java
import java.util.List;
import java.util.Map;
import java.util.Set;
import java.util.function.Function;
import java.util.stream.Collectors;
import java.util.stream.Stream;

public class GroupingDemo1 {
    public static void main(String[] args) {
        List<Employee> list = Employee.getEmpList();        //获取公共类的测试数据
        Stream<Employee> stream = list.stream();            //获取集合流对象
        //分组规则方法，按照员工部门进行分组
        Function<Employee, String> f = Employee::getDept;
        //按照部门分成若干个 List 集合，在集合中保存员工对象，返回给 Map 对象
        Map<String, List<Employee>> map = stream.collect(Collectors.groupingBy(f));
        Set<String> keySet = map.keySet();                  //获取 Map 对象中的所有部门名称
        for (String deptName : keySet) {                    //遍历部门名称集合
            //输出部门名称
            System.out.println("【" + deptName + "】 部门的员工列表如下: ");
            List<Employee> deptList = map.get(deptName);    //获取部门名称对应的员工集合
            for (Employee emp : deptList) {                 //遍历员工集合
                System.out.println("    " + emp);           //输出员工信息
            }
        }
    }
}
```

运行结果如下：

```
【销售部】 部门的员工列表如下:
    name=大刚, age=32, salary=7500.0, sex=男, dept=销售部
    name=翠花, age=28, salary=5500.0, sex=女, dept=销售部
【人事部】 部门的员工列表如下:
    name=老王, age=35, salary=6000.0, sex=女, dept=人事部
    name=小王, age=21, salary=3000.0, sex=女, dept=人事部
【开发部】 部门的员工列表如下:
    name=小刘, age=24, salary=5000.0, sex=女, dept=开发部
    name=小马, age=21, salary=3000.0, sex=男, dept=开发部
【运营部】 部门的员工列表如下:
    name=老张, age=40, salary=9000.0, sex=男, dept=运营部
```

本例有两个难点：

☑　分组规则是一个函数，这个函数是由 Collectors 收集器类调用的，而不是 Stream 流对象。

☑　Map<K,List<T>>有两个泛型，第一个泛型是组的类型，第二个泛型是组内的元素集合类型。
本例是将所有员工按照部门名称进行分组的，因此 K 的类型是 String 类型；部门内的元素是
员工集合，因此 List 集合泛型 T 的类型就应该是 Employee 类型。

介绍完一级分组后，再介绍复杂的多级分组。

一级分组是按照一个条件进行分组的，那么多级分组就是按照多个条件进行分组的。还是用学校
举例，学校有 100 名学生，这些学生分布在 3 个年级中，这是一级分组，但每个年级还有若干个班级，
学生被分到不同年级之后又被分到不同的班里，这就是二级分组。如果学生再被按男女分组，就变成
了三级分组。元素按照两个以上的条件进行分组，就是多级分组。

Collectors 类提供的 groupingBy()方法还提供了一个重载形式：

```
groupingBy(Function<? super T,? extends K> classifier, Collector<? super T,A,D> downstream)
```

这个重载方法的第二个参数也是一个收集器，当分组前数据包含其他分组的结果，这就构成了多级分组功能。

【例 14.29】 将所有员工先按照部门分组，再按照性别分组（**实例位置：资源包\TM\sl\14\29**）

在一级分组实例的基础上，首先创建 Function 接口对象 deptFunc 以用于引用获取部门的方法，再创建 Function 接口对象 sexFunc 以用于引用获取性别的方法（这两个对象将作为一级分组和二级分组的函数规则），最后将按照性别分组的 Collectors.groupingBy(sexFunc)方法作为另一个 groupingBy()方法的参数，按照部门进行分组，这样就实现了二级分组，具体代码如下：

```java
import java.util.List;
import java.util.Map;
import java.util.Set;
import java.util.function.Function;
import java.util.stream.Collectors;
import java.util.stream.Stream;

public class GroupingDemo2 {
    public static void main(String[] args) {
        List<Employee> list = Employee.getEmpList();                         //获取公共类的测试数据
        Stream<Employee> stream = list.stream();                            //获取集合流对象
        //一级分组规则方法，按照员工部门进行分组
        Function<Employee, String> deptFunc = Employee::getDept;
        //二级分组规则方法，按照员工性别进行分组
        Function<Employee, String> sexFunc = Employee::getSex;
        //将流中的数据进行二级分组，先对员工部门进行分组，再对员工性别进行分组
        Map<String, Map<String, List<Employee>>> map = stream
                .collect(Collectors.groupingBy(deptFunc, Collectors.groupingBy(sexFunc)));
        //获取 Map 对象中的一级分组键集合，也就是部门名称集合
        Set<String> deptSet = map.keySet();
        for (String deptName : deptSet) {                                   //遍历部门名称集合
            System.out.println("【" + deptName + "】 部门的员工列表如下: ");  //输出部门名称
            //获取部门对应的二级分组的 Map 对象
            Map<String, List<Employee>> sexMap = map.get(deptName);
            //获得二级分组的键集合，也就是性别集合
            Set<String> sexSet = sexMap.keySet();
            for (String sexName : sexSet) {                                 //遍历部门性别集合
                //获取性别对应的员工集合
                List<Employee> emplist = sexMap.get(sexName);
                System.out.println("   【" + sexName + "】 员工: ");          //输出性别种类
                for (Employee emp : emplist) {                              //遍历员工集合
                    System.out.println("        " + emp);                   //输出对应员工信息
                }
            }
        }
    }
}
```

运行结果如下：

```
【销售部】 部门的员工列表如下:
   【女】 员工:
        name=翠花, age=28, salary=5500.0, sex=女, dept=销售部
   【男】 员工:
        name=大刚, age=32, salary=7500.0, sex=男, dept=销售部
【人事部】 部门的员工列表如下:
   【女】 员工:
        name=老王, age=35, salary=6000.0, sex=女, dept=人事部
```

name=小王, age=21, salary=3000.0, sex=女, dept=人事部
【开发部】部门的员工列表如下：
　　【女】员工：
　　　　name=小刘, age=24, salary=5000.0, sex=女, dept=开发部
　　【男】员工：
　　　　name=小马, age=21, salary=3000.0, sex=男, dept=开发部
【运营部】部门的员工列表如下：
　　【男】员工：
　　　　name=老张, age=40, salary=9000.0, sex=男, dept=运营部

这个结果先按照部门进行了分组，然后又对部门中的男女进行了二级分组。这个实例也有两个难点。

☑　实例中两个 groupingBy()方法的参数不一样，一个是 groupingBy(性别分组规则)，另一个是 groupingBy(部门分组规则, groupingBy(性别分组规则))。

☑　在获得的 Map 对象中，还嵌套了 Map 对象，它的结构是这样的：

Map<部门, Map<性别, List<员工>>>

从左数，第一个 Map 对象做了一级分组，第二个 Map 对象做了二级分组。

编程训练（答案位置：资源包\TM\sl\14\编程训练）

【训练 4】统计男员工的总人数　结合本节的内容，统计男员工的总人数。

【训练 5】找出所有薪资高于 5000 元的女员工　结合本节的内容，找出所有薪资高于 5000 元的女员工。

14.4　实践与练习

（答案位置：资源包\TM\sl\14\实践与练习）

综合练习 1：计算阶乘　通过 Function 接口创建一个匿名方法，该方法可以返回整数的阶乘结果。

综合练习 2：找出大于平均年龄的员工　结合第 14.3 节的内容，找出大于平均年龄的员工。

第 15 章

I/O（输入/输出）

在变量、数组和对象中存储的数据是暂时存在的，程序结束后它们就会被丢失。想要永久地存储程序创建的数据，就需要将其保存在磁盘文件中，而只有数据被存储起来，在其他程序中才可以使用它们。Java 的 I/O 技术可以将数据保存到文本文件、二进制文件甚至是 ZIP 压缩文件中，以达到永久性保存数据的要求。掌握 I/O 处理技术能够提高对数据的处理能力。本章将讲解 Java 的 I/O（输入/输出）技术。

本章知识架构及重难点如下。

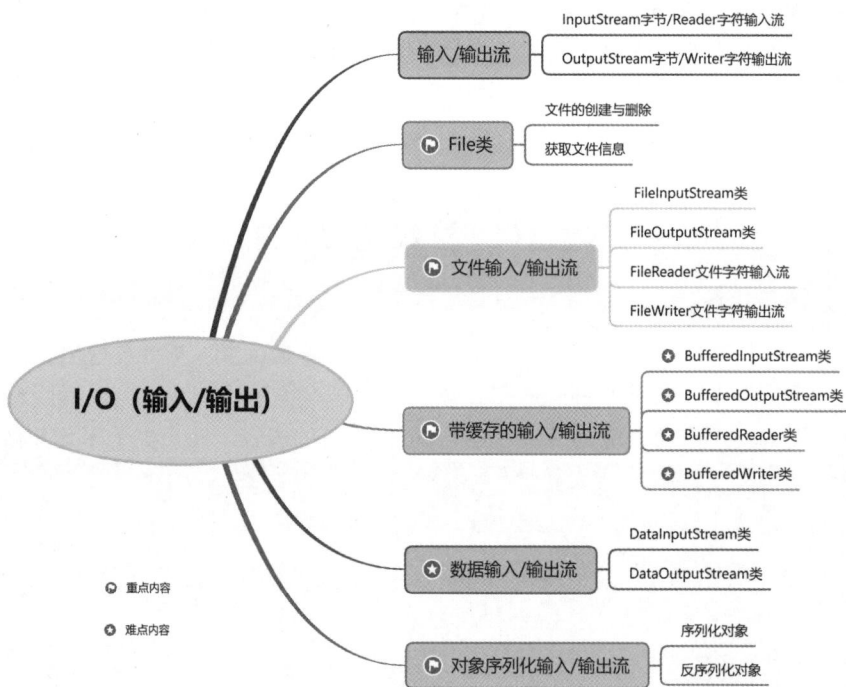

15.1　输入/输出流

在程序开发过程中，将输入与输出设备之间的数据传递抽象为流，例如键盘可以输入数据，显示器可以显示键盘输入的数据等。按照不同的分类方式，可以将流分为不同的类型：根据操作流的数据单元，可以将流分为字节流（操作的数据单元是一个字节）和字符流（操作的数据单元是两个字节或一个字符，因为一个字符占两个字节）；根据流的流向，可以将流分为输入流和输出流。

从内存的角度出发：输入是指数据从数据源（如文件、压缩包或者视频等）流入内存中的过程，输入示意图如图 15.1 所示；输出是指数据从内存流出到数据源中的过程，输出示意图如图 15.2 所示。

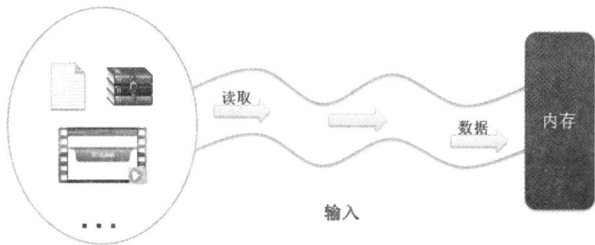

图 15.1 输入示意图　　　　　　　　　　　　图 15.2 输出示意图

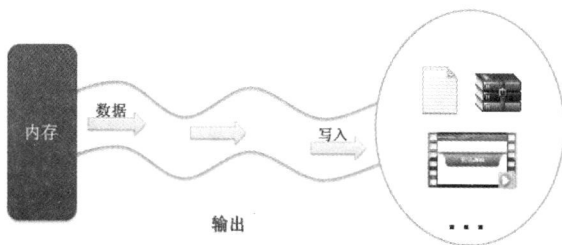

说明

输入流被用来读取数据，输出流被用来写入数据。

Java 语言定义了许多类专门负责各种方式的输入/输出，这些类都被放在 java.io 包中。其中，所有输入流类都是抽象类 InputStream（字节输入流）或抽象类 Reader（字符输入流）的子类，而所有输出流都是抽象类 OutputStream（字节输出流）或抽象类 Writer（字符输出流）的子类。

15.1.1　InputStream 字节/Reader 字符输入流

InputStream 类是字节输入流的抽象类，它是所有字节输入流的父类。InputStream 类的具体层次结构如图 15.3 所示。

该类中所有方法遇到错误时都会引发 IOException 异常。下面是对该类中的一些方法的简要说明。

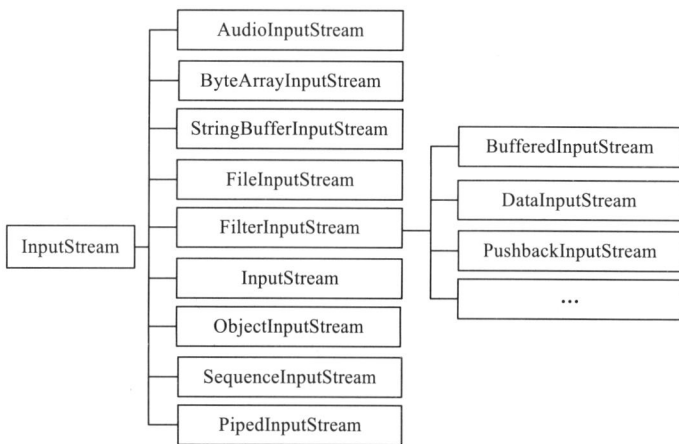

图 15.3 InputStream 类的层次结构

☑ read()方法：从输入流中读取数据的下一个字节。返回 0～255 的 int 字节值。如果因为已经到达流末尾而没有可用的字节，则返回值为-1。

☑ read(byte[] b)：从输入流中读取一定长度的字节，并以整数的形式返回字节数。

☑ mark(int readlimit)方法：在输入流的当前位置放置一个标记，readlimit 参数告知此输入流在标记位置失效之前允许读取的字节数。

☑ reset()方法：将输入指针返回当前所做的标记处。

☑ skip(long n)方法：跳过输入流上的 *n* 个字节并返回实际跳过的字节数。

☑ markSupported()方法：如果当前流支持 mark()/reset()操作，就返回 true。

☑ close 方法：关闭此输入流并释放与该流关联的所有系统资源。

Java 中的字符是 Unicode 编码的，并且是双字节的。InputStream 类是用来处理字节的，并不适合处理字符文本。Java 为字符文本的输入专门提供了一套单独的类，即 Reader 类，但 Reader 类并不是 InputStream 类的替换者，只是在处理字符串时简化了编程。Reader 类是字符输入流的抽象类，所有字符输入流的实现都是它的子类。Reader 类的具体层次结构如图 15.4 所示。

Reader 类中的方法与 InputStream 类中的方法类似，读者在需要时可查看 JDK 文档。

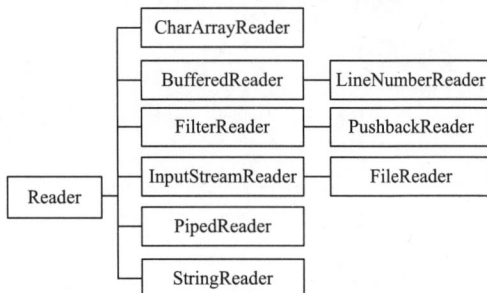

图 15.4　Reader 类的层次结构

15.1.2　OutputStream 字节/Writer 字符输出流

OutputStream 类是字节输出流的抽象类，此抽象类是表示输出字节流的所有类的超类。OutputStream 类的具体层次结构如图 15.5 所示。

OutputStream 类中的所有方法均返回 void，在遇到错误时会引发 IOException 异常。下面是对 OutputStream 类中的一些方法的简要说明。

- ☑ write(int b)方法：将指定的字节写入此输出流中。
- ☑ write(byte[] b)方法：将 b 个字节从指定的 byte 数组写入此输出流中。
- ☑ write(byte[] b,int off,int len)方法：将指定 byte 数组中从偏移量 off 开始的 len 个字节写入此输出流中。
- ☑ flush()方法：彻底完成输出并清空缓存区。
- ☑ close()方法：关闭输出流。

Writer 类是字符输出流的抽象类，所有字符输出类的实现都是它的子类。Writer 类的层次结构如图 15.6 所示。

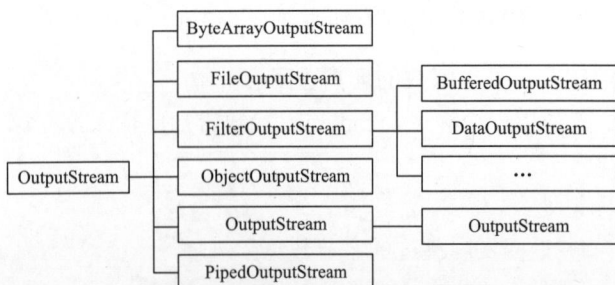

图 15.5　OutputStream 类的层次结构

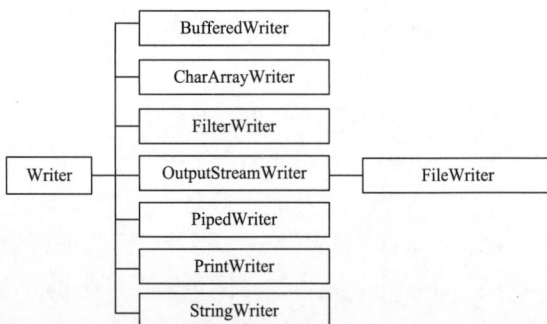

图 15.6　Writer 类的层次结构

15.2　File 类

File 类是 java.io 包中唯一代表磁盘文件本身的类。File 类定义了一些与平台无关的方法来操作文件，这意味着，程序开发人员可以通过调用 File 类中的方法，实现创建、删除、重命名文件等操作。File 类的对象主要用来获取文件本身的一些信息，如文件所在的目录、文件的长度、文件读写权限等。数据流可以将数据写入文件中，文件也是数据流最常用的数据媒体。

15.2.1　文件的创建与删除

可以使用 File 类创建一个文件对象。通常使用以下 3 种构造方法来创建文件对象。

1．File(String pathname)

该构造方法通过将给定的路径名字符串转换为抽象路径名来创建一个新 File 实例。语法如下：

new File(String pathname)

其中，pathname 代表路径名称（包含文件名）。例如：

File file = **new** File("d:/1.txt");

2．File(String parent,String child)

该构造方法根据定义的父路径和子路径字符串（包含文件名）创建一个新的 File 对象。语法如下：

new File(String parent,String child)

- ☑　parent：父路径字符串，如 D:/或 D:/doc。
- ☑　child：子路径字符串，如 letter.txt。

3．File(File f, String child)

该构造方法根据 f 抽象路径名和 child 路径名字符串创建一个新 File 实例。语法如下：

new File(File f,String child)

- ☑　f：父路径对象，如 D:/doc/。
- ☑　child：子路径字符串，如 letter.txt。

> **说明**
>
> 对于 Microsoft Windows 平台，包含盘符的路径名前缀由驱动器号和一个 ":" 组成。如果路径名是绝对路径名，还可能后跟 "\\\\"。

当使用 File 类创建一个文件对象后，例如：

File file = **new** File("word.txt");

如果当前目录中不存在名称为 word 的文件，那么 File 类对象可通过调用 createNewFile()方法创建一个名称为 word.txt 的文件；如果存在 word.txt 文件，则可以通过文件对象的 delete()方法删除该文件，如例 15.1 所示。

【例 15.1】 在 D 盘中创建文本文件（**实例位置：资源包\TM\sl\15\1**）

在项目中创建 FileTest 类，在主方法中判断 D 盘的根目录中是否存在 word.txt 文件：如果该文件存在，则删除它；如果该文件不存在，则创建它。

```java
import java.io.File;
public class FileTest {
    public static void main(String[] args) {
        File file = new File("D:\\word.txt");          //创建文件对象
        if (file.exists()) {                            //如果该文件存在
            file.delete();                              //将文件删除
            System.out.println("文件已删除");
        } else {                                        //如果文件不存在
            try {                                       //try 语句块捕捉可能出现的异常
                file.createNewFile();                   //创建该文件
                System.out.println("文件已创建");
            } catch (Exception e) {
                e.printStackTrace();
            }
        }
    }
}
```

如果 D 盘下没有 word.txt 文件，则会创建该文件并输出如下内容：

文件已创建

如果 D 盘下有 word.txt 文件，则会删除该文件并输出如下内容：

文件已删除

15.2.2 获取文件信息

File 类提供了很多方法以获取文件本身的信息，其中常用的方法如表 15.1 所示。

表 15.1 File 类的常用方法

方 法	返 回 值	说 明	方 法	返 回 值	说 明
getName()	String	获取文件的名称	getParent()	String	获取文件的父路径
canRead()	boolean	判断文件是否为可读的	isFile()	boolean	判断抽象路径名表示的文件是否为一个标准文件
canWrite()	boolean	判断文件是否可被写入	isDirectory()	boolean	判断文件是否为一个目录
exits()	boolean	判断文件是否存在	isHidden()	boolean	判断文件是否为隐藏文件
length()	long	获取文件的长度（以字节为单位）	lastModified()	long	获取文件的最后修改时间
getAbsolutePath()	String	获取文件的绝对路径			

下面通过实例介绍如何使用上述的某些方法来获取文件信息。

【例 15.2】 读取文本文件的名称、长度和隐藏属性（**实例位置：资源包\TM\sl\15\2**）

获取 D 盘根目录下 word.txt 文件的文件名、文件长度，并判断该文件是否为隐藏文件。

```
import java.io.File;
public class FileTest2 {
    public static void main(String[] args) {
        File file = new File("D:\\word.txt");                    //创建文件对象
        if (file.exists()) {                                     //如果文件存在
            String name = file.getName();                        //获取文件名称
            long length = file.length();                         //获取文件长度
            boolean hidden = file.isHidden();                    //判断文件是否为隐藏文件
            System.out.println("文件名称：" + name);              //输出信息
            System.out.println("文件长度是：" + length);
            System.out.println("该文件是隐藏文件吗？" + hidden);
        } else {                                                 //如果文件不存在
            System.out.println("该文件不存在");                    //输出信息
        }
    }
}
```

当 D 盘根目录下有一个非隐藏的 word.txt 文件时，运行结果如下：

```
文件名称：word.txt
文件长度是：0
该文件是隐藏文件吗？false
```

编程训练（答案位置：资源包\TM\sl\15\编程训练）

【训练 1】批量创建文件夹　在 D 盘的 test 目录下创建 20 个文件夹，分别用数字 1～20 命名。

【训练 2】列出所有文件/文件夹名　列出 C 盘目录下的 Windows 文件夹中的所有文件/文件夹名。

15.3　文件输入/输出流

程序运行期间，大部分数据都在内存中被操作，当程序结束或关闭时，这些数据将消失。如果需要将数据永久保存，可使用文件输入/输出流与指定的文件建立连接，将需要的数据永久保存到文件中。本节将讲解文件输入/输出流。

15.3.1　FileInputStream 类和 FileOutputStream 类

FileInputStream 类和 FileOutputStream 类都用来操作磁盘文件。如果用户的文件读取需求比较简单，则可以使用 FileInputStream 类，该类继承自 InputStream 类。FileOutputStream 类与 FileInputStream 类对应，提供了基本的文件写入能力。FileOutputStream 类是 OutputStream 类的子类。

FileInputStream 类常用的构造方法如下：

☑　FileInputStream(String name)。

☑　FileInputStream(File file)。

第一个构造方法使用给定的文件名 name 创建一个 FileInputStream 对象，第二个构造方法使用 File 对象创建 FileInputStream 对象。第一个构造方法比较简单，但第二个构造方法允许在把文件连接到输入流之前对文件做进一步分析。

FileOutputStream 类具有与 FileInputStream 类相同的参数构造方法，创建一个 FileOutputStream 对象时，可以指定不存在的文件名，但此文件不能是一个已被其他程序打开的文件。下面的实例就是使用 FileInputStream 类与 FileOutputStream 类实现文件的读取与写入功能的。

【例 15.3】向文本文件中写入内容，再读取出来（**实例位置：资源包\TM\sl\15\3**）

使用 FileOutputStream 类和 FileInputStream 类，向 D 盘根目录下的 word.txt 文件中写入一句话，然后读取出来输出到控制台上。

```java
import java.io.File;
import java.io.FileInputStream;
import java.io.FileOutputStream;
import java.io.IOException;

public class FileSteamDemo {
    public static void main(String[] args) {
        File file = new File("D:\\word.txt");                              //创建文件对象
        try {
            FileOutputStream out = new FileOutputStream(file);             //创建输出流
            byte buy[] = "我有一只小毛驴，我从来也不骑。".getBytes();              //写入内容的字节数组
            out.write(buy);                                                //将字节写入文件中
            out.close();                                                   //关闭流
        } catch (IOException e) {
            e.printStackTrace();
        }
        try {
            FileInputStream in = new FileInputStream(file);                //创建输入流
            byte byt[] = new byte[1024];                                   //缓存字节数组
            int len = in.read(byt);                                        //将文件信息读入缓存数组中
            System.out.println("文件中的信息是：" + new String(byt, 0, len));   //将字节转为字符串输出
            in.close();                                                    //关闭流
        } catch (IOException e) {
            e.printStackTrace();
        }
    }
}
```

程序运行之后会向 D 盘根目录下的 word.txt 文件中写入一行文字，并且会在控制台上输出如下信息：

文件中的信息是：我有一只小毛驴，我从来也不骑。

说明

虽然 Java 在程序结束时自动关闭所有打开的流，但是当使用完流后，显式地关闭所有打开的流仍是一个好习惯。一个被打开的流有可能会用尽系统资源，这取决于平台和实现。如果没有将打开的流关闭，当另一个程序试图打开另一个流时，可能会得不到需要的资源。

15.3.2　FileReader 类和 FileWriter 类

使用 FileOutputStream 类向文件中写入数据与使用 FileInputStream 类从文件中将内容读出来，都存在一点不足，即这两个类都只提供了对字节或字节数组的读取方法。由于汉字在文件中占用两个字节，如果使用字节流，读取不好可能会出现乱码现象，此时采用字符流 FileReader 类或 FileWriter 类即可避免这种现象。

FileReader 类和 FileWriter 类分别对应了 FileInputStream 类和 FileOutputStream 类。FileReader 类顺序地读取文件，只要不关闭流，每次调用 read()方法就顺序地读取源中其余的内容，直到源的末尾或流

被关闭。

下面通过一个实例讲解 FileReader 类与 FileWriter 类的用法。

【例 15.4】使用字符流读写文本文件（实例位置：资源包\TM\sl\15\4）

使用 FileWriter 类和 FileReader 类，向 D 盘根目录下的 word.txt 文件中写入一句话，然后读取出来输出到控制台上。

```java
import java.io.File;
import java.io.FileReader;
import java.io.FileWriter;
import java.io.IOException;

public class FileReaderDemo {
    public static void main(String[] args) {
        File file = new File("D:\\word.txt");              //创建文件对象
        try {
            FileWriter fw = new FileWriter(file);          //创建字符输出流
            String word = "明月几时有，把酒问青天。";          //写入的字符串
            fw.write(word);                                //将字符串写入文件中
            fw.close();                                    //关闭流
        } catch (IOException e) {
            e.printStackTrace();
        }
        try {
            FileReader fr = new FileReader(file);          //创建字符输入流
            char ch[] = new char[1024];                    //缓存字符数组
            int len = fr.read(ch);                         //将文件中的字符读入缓存数组中
            System.out.println("文件中的信息是：" + new String(ch, 0, len)); //将字符转为字符串输出
            fr.close();                                    //关闭流
        } catch (IOException e) {
            e.printStackTrace();
        }
    }
}
```

程序运行之后会向 D 盘根目录下的 word.txt 文件中写入一行文字，并且会在控制台上输出如下信息：

文件中的信息是：明月几时有，把酒问青天。

编程训练（答案位置：资源包\TM\sl\15\编程训练）

【训练 3】记录古诗　向 D 盘根目录下的 word.txt 文件中写入古诗《春晓》的全文。

【训练 4】保存账户密码　将用户的账户密码存入 save 文件中（读者可自定账户密码）。

15.4　带缓存的输入/输出流

缓存是 I/O 的一种性能优化。缓存流为 I/O 流增加了内存缓存区，这使得在流上执行 skip()、mark() 和 reset() 方法都成为可能。

15.4.1　BufferedInputStream 类和 BufferedOutputStream 类

BufferedInputStream 类可以对所有 InputStream 类进行带缓存区的包装以达到性能的优化。BufferedInputStream 类有以下两个构造方法：

    ☑   BufferedInputStream(InputStream in)。

    ☑   BufferedInputStream(InputStream in,int size)。

第一种形式的构造方法创建了一个有 32 个字节的缓存区，第二种形式的构造方法按指定的大小来创建缓存区。一个最优的缓存区的大小，取决于它所在的操作系统、可用的内存空间以及机器配置。从构造方法中可以看出，BufferedInputStream 对象位于 InputStream 类对象之后。图 15.7 描述了带缓存的字节流读取文件的过程。

使用 BufferedOutputStream 类输出信息和仅用 OutputStream 类输出信息完全一样，只不过

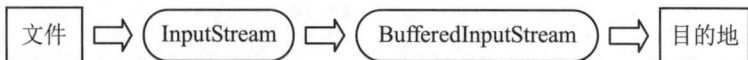

图 15.7　BufferedInputStream 读取文件的过程

BufferedOutputStream 类有一个 flush()方法用来将缓存区的数据强制输出完。BufferedOutputStream 类也有两个构造方法：

    ☑   BufferedOutputStream(OutputStream in)。

    ☑   BufferedOutputStream(OutputStream in,int size)。

第一种构造方法创建一个有 32 个字节的缓存区，第二种构造方法以指定的大小来创建缓存区。

注意

> flush()方法就是用于即使在缓存区没有满的情况下，也将缓存区的内容强制写入外部设备中，习惯上称这个过程为刷新。flush()方法只对使用缓存区的 OutputStream 类的子类有效。当调用 close()方法时，系统在关闭流之前，也会将缓存区中的信息刷新到磁盘文件中。

15.4.2　BufferedReader 类和 BufferedWriter 类

BufferedReader 类与 BufferedWriter 类分别继承 Reader 类与 Writer 类。这两个类同样具有内部缓存机制，并能够以行为单位进行输入/输出。

根据 BufferedReader 类的特点，可以总结出如图 15.8 所示的带缓存的字符数据读取文件的过程。

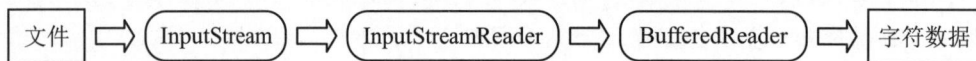

图 15.8　BufferedReader 类读取文件的过程

BufferedReader 类常用的方法如下。

    ☑   read()方法：读取单个字符。

    ☑   readLine()方法：读取一个文本行，并将其返回为字符串。若无数据可读，则返回 null。

BufferedWriter 类中的方法都返回 void。常用的方法如下：

    ☑   write(String s, int off, int len)方法：写入字符串的某一部分。

    ☑   flush()方法：刷新该流的缓存。

    ☑   newLine()方法：写入一个行分隔符。

在使用 BufferedWriter 类的 Write()方法时，数据并没有立刻被写入输出流中，而是首先进入缓存区中。如果想立刻将缓存区中的数据写入输出流中，则一定要调用 flush()方法。

【例 15.5】 使用缓冲流读写文本文件（**实例位置：资源包\TM\sl\15\5**）

使用 BufferedReader 类和 BufferedWriter 类，向 D 盘根目录下的 word.txt 文件中写入多行内容，然

后将其读取出来输出到控制台上。

```java
import java.io.BufferedReader;
import java.io.BufferedWriter;
import java.io.File;
import java.io.FileReader;
import java.io.FileWriter;
import java.io.IOException;

public class BufferedDemo {
    public static void main(String args[]) {
        String content[] = { "好久不见", "最近好吗", "常联系" };    //写入的内容
        File file = new File("D:\\word.txt");                    //创建文件对象
        try {
            FileWriter fw = new FileWriter(file);                //文件字符输出流
            BufferedWriter bw = new BufferedWriter(fw);          //换成输出流
            for (int k = 0; k < content.length; k++) {           //遍历要写入的内容
                bw.write(content[k]);                            //写入字符串
                bw.newLine();                                    //写入一个换行符
            }
            bw.close();                                          //关闭缓冲输出流
            fw.close();                                          //关闭文件字符输出流
        } catch (IOException e) {
            e.printStackTrace();
        }
        try {
            FileReader fr = new FileReader(file);                //文件字符输入流
            BufferedReader br = new BufferedReader(fr);          //缓冲输入流
            String tmp = null;                                   //作为缓冲的临时字符串
            int i = 1;                                           //行数
            //从文件中读出一行，如果读出的内容不为 null，则进入循环
            while ((tmp = br.readLine()) != null) {
                System.out.println("第" + i + "行:" + tmp);      //输出读取的内容
                i++;                                             //行数递增
            }
            br.close();                                          //关闭缓冲输入流
            fr.close();                                          //关闭文件字符输入流
        } catch (IOException e) {
            e.printStackTrace();
        }
    }
}
```

程序运行之后会向 D 盘根目录下的 word.txt 文件中写入 3 行文字，并且会在控制台输出如下信息：

```
第 1 行:好久不见
第 2 行:最近好吗
第 3 行:常联系
```

编程训练（答案位置：资源包\TM\sl\15\编程训练）

【训练 5】记录《再别康桥》　将徐志摩的《再别康桥》全文写入 D 盘根目录下的 word.txt 文件中。

【训练 6】从文件中读取《再别康桥》　将训练 5 中写入的内容全部输出到控制台中。

15.5　数据输入/输出流

数据输入/输出流（DataInputStream 类与 DataOutputStream 类）允许应用程序以与机器无关的方式

从底层输入流中读取基本 Java 数据类型。也就是说，当读取一个数据时，不必再关心这个数值应当是哪种字节。DataInputStream 类与 DataOutputStream 类的构造方法如下。

- ☑ DataInputStream(InputStream in)：使用指定的基础 InputStream 对象创建一个 DataInputStream 对象。
- ☑ DataOutputStream(OutputStream out)：创建一个新的数据输出流，将数据写入指定的基础输出流中。

DataOutputStream 类提供了将字符串、double 数据、int 数据、boolean 数据写入文件中的方法。其中，将字符串写入文件中的方法有 3 种，分别是 writeBytes(String s)、writeChars(String s)、writeUTF(String s)。由于 Java 中的字符是 Unicode 编码的，并且是双字节的：writeBytes()方法只是将字符串中的每一个字符的低字节内容写入目标设备中；而 writeChars()方法将字符串中的每一个字符的两个字节的内容都写入目标设备中；writeUTF()方法将字符串按照 UTF 编码后的字节长度写入目标设备中，然后才是每一个字节的 UTF 编码。

DataInputStream 类只提供了一个 readUTF()方法返回字符串。这是因为要在一个连续的字节流中读取一个字符串，如果没有特殊的标记作为一个字符串的结尾，并且不知道这个字符串的长度，就无法知道读取到什么位置才是这个字符串的结束。DataOutputStream 类中只有 writeUTF()方法向目标设备中写入字符串的长度，因此也能准确地读回所写入的字符串。

【例 15.6】使用数据流读写文本文件（实例位置：资源包\TM\sl\15\6）

分别通过 DataOutputStream 类的 writeUTF()、writeDouble()、writeInt()和 writeBoolean()方法向指定的 word.txt 文件中写入不同类型的数据，并通过 DataInputStream 类的相应方法将写入的数据输出到控制台上。

```java
import java.io.*;
public class DataSteamDemo {
    public static void main(String[] args) {
        File file = new File("D:\\word.txt");
        try {
            //创建 FileOutputStream 对象，指定要向其中写入数据的文件
            FileOutputStream fos = new FileOutputStream(file);
            //创建 DataOutputStream 对象，用来向文件中写入数据
            DataOutputStream dos = new DataOutputStream(fos);
            dos.writeUTF("使用 writeUTF()方法写入数据");       //将字符串写入文件中
            dos.writeDouble(19.8);                          //将 double 数据写入文件中
            dos.writeInt(298);                              //将 int 数据写入文件中
            dos.writeBoolean(true);                         //将 boolean 数据写入文件中
            dos.close();
            fos.close();

            //创建 FileInputStream 对象，指定要从中读取数据的文件
            FileInputStream fis = new FileInputStream(file);
            //创建 DataInputStream 对象，用来从文件中读取数据
            DataInputStream dis = new DataInputStream(fis);
            System.out.println("readUTF 方法读取数据： " + dis.readUTF());        //读取字符串
            System.out.println("readDouble 方法读取数据： " + dis.readDouble());  //读取 double 数据
            System.out.println("readInt 方法读取数据： " + dis.readInt());        //读取 int 数据
            System.out.println("readBoolean 方法读取数据： " + dis.readBoolean()); //读取 boolean 数据
            dis.close();
            fis.close();
        } catch (IOException e) {
            e.printStackTrace();
        }
    }
}
```

运行结果如下：

readUTF 方法读取数据：使用 writeUTF()方法写入数据
readDouble 方法读取数据：19.8
readInt 方法读取数据：298
readBoolean 方法读取数据：true

使用记事本程序打开 word.txt 文件，如图 15.9 所示。尽管在记事本程序中看不出写入的字符串是"使用 writeUFT()方法写入数据"，但程序通过 readUTF()方法读回后显示在屏幕上的仍是"使用 writeUFT()方法写入数据"。但如果使用 writeChars()和 writeBytes()方法写入字符串后，再读取回来就不容易了，读者不妨编写程序进行尝试。

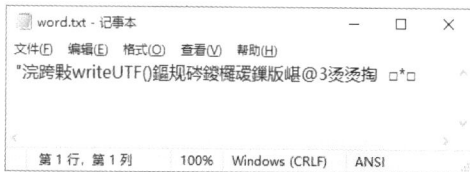

图 15.9　word.txt 文件中的内容

编程训练（答案位置：资源包\TM\sl\15\编程训练）

【训练 7】记录圆周率数值　将圆周率写入 D 盘根目录下的 word.txt 文件中，再将其读出并输出到控制台中（提示：Math.PI）。

【训练 8】数字加密　随意定义一个整数数字，对该数字进行加密运算，并将加密结果写入文本文件中，然后将文本文件中的数字读取出来再解密还原。加密公式如下：

密文 =（原文 * 2 -11）* 3 + 17

15.6　对象序列化输入/输出流

ObjectOutputStream 类的对象用于序列化一个对象。ObjectInputStream 类的对象用于反序列化一个对象。ObjectOutputStream 类继承自 OutputStream 类。ObjectInputStream 类继承自 InputStream 类。

一个类只有实现 Serializable 或 Externalizable 接口，才能被序列化或反序列化。Serializable 接口是一个标记接口。例如，序列化一个 Book 类对象的代码如下：

```java
import java.io.Serializable;
public class Book implements Serializable {

}
```

Java 负责处理从输入流中读取或者向输出流中写入 Serializable 对象的细节。

实现 Externalizable 接口能够更好地控制从输入流中读取对象和向输出流中写入对象。这是因为 Externalizable 接口继承了 Serializable 接口。Externalizable 接口的代码如下：

```java
import java.io.IOException;
import java.io.ObjectInput;
import java.io.ObjectOutput;
import java.io.Serializable;
public interface Externalizable extends Serializable {
    void readExternal(ObjectInput in) throws IOException, ClassNotFoundException;
    void writeExternal(ObjectOutput out) throws IOException;
}
```

当从输入流中读取一个对象时，需要调用 readExternal()方法；当向输出流中写入一个对象时，需要调用 writeExternal()方法。

Book 类实现 Externalizable 接口的代码如下：

```java
import java.io.Externalizable;
import java.io.IOException;
import java.io.ObjectInput;
import java.io.ObjectOutput;
public class Book implements Externalizable {
    public void readExternal(ObjectInput in) throws IOException, ClassNotFoundException {

    }
    public void writeExternal(ObjectOutput out) throws IOException {

    }
}
```

15.6.1 序列化对象

序列化一个 Book 类对象需要执行如下步骤：

☑ 创建 ObjectOutputStream 类的对象，并将对象保存到 book.ser 文件中。

☑ 将对象保存到 ByteArrayOutputStream 类中，并构造一个对象输出流。

☑ 使用 ObjectOutputStream 类的 writeObject()方法序列化对象。

☑ 关闭对象输出流。

依据上述步骤，在 Book.java 文字中编写 Book 类。代码如下：

```java
import java.io.Serializable;

public class Book implements Serializable {
    private String name;                          //书名
    private double price;                         //价格

    public Book(String name, double price) {      //有参构造方法
        this.name = name;
        this.price = price;
    }

    @Override
    public String toString() {                    //把书名和价格输出到控制台上
        return "Name: " + this.name + ", price:    " + this.price;
    }
}
```

在 BookOutTest.java 文件中编写序列化 Book 类对象的代码。代码如下：

```java
import java.io.File;
import java.io.FileOutputStream;
import java.io.IOException;
import java.io.ObjectOutputStream;

public class BookOutTest {
    public static void main(String[] args) {
        Book book1 = new Book("Java 从入门到精通", 79.8);
        Book book2 = new Book("C#从入门到精通", 99.8);
        File fileObject = new File("book.ser");
        try (ObjectOutputStream oos = new ObjectOutputStream(new FileOutputStream(fileObject))) {
            oos.writeObject(book1);
            oos.writeObject(book2);
```

```
                System.out.println(book1);
                System.out.println(book2);
            } catch (IOException e) {
                e.printStackTrace();
            }
        }
    }
```

执行程序后，会把对象 book1 和 book2 各自的书名和价格输出到控制台上，并且把它们各自被序列化后的对象存储在当前项目文件夹下的 book.ser 文件中。

15.6.2　反序列化对象

反序列化一个 Book 类对象需要执行如下步骤：

☑　创建 ObjectInputStream 类的对象，并从 book.ser 文件中读取对象。

☑　从 ByteArrayInputStream 类中读取对象，创建一个对象输入流。

☑　使用 ObjectInputStream 类的 readObject()方法反序列化对象。

☑　关闭对象输入流。

依据上述步骤，在 Book.java 和 book.ser 都保持不变的情况下，在 BookInTest.java 文件中编写反序列化 Book 类对象的代码。代码如下：

```
import java.io.File;
import java.io.FileInputStream;
import java.io.ObjectInputStream;

public class BookInTest {
    public static void main(String[] args) {
        File fileObject = new File("book.ser");
        try (ObjectInputStream ois = new ObjectInputStream(new FileInputStream(fileObject))) {
            Book book1 = (Book) ois.readObject();
            Book book2 = (Book) ois.readObject();
            System.out.println(book1);
            System.out.println(book2);
        } catch (Exception e) {
            e.printStackTrace();
        }
    }
}
```

执行程序后，会发现被输出到控制台上的结果就是 book.ser 文件存储的序列化对象。

15.7　实践与练习

（答案位置：资源包\TM\sl\15\实践与练习）

综合练习 1：输出本类所写的 Java 代码　创建一个 MyReader 类，在该类中编写代码读取本类文件里的所有代码，将这些代码输出到控制台中。

综合练习 2：记录所有文件/文件夹名　将 C 盘 Windows 文件夹中的所有文件/文件夹名保存在一个文本文件中。

第 16 章

反射与注解

通过 Java 的反射机制，程序员可以更深入地控制程序的运行过程。例如，可在程序运行时对用户输入的信息进行验证，还可以逆向控制程序的执行过程。本章将对反射进行讲解。另外，Java 还提供了 Annotation 注解功能，该功能建立在反射机制的基础上。本章对此也进行了讲解，包括定义 Annotation 类型的方法和在程序运行时访问 Annotation 信息的方法。

本章的知识架构及重难点如下。

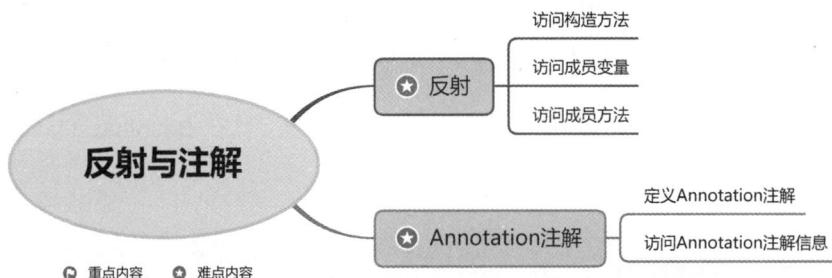

16.1 反 射

通过 Java 反射机制，可以在程序中访问已经被装载到 JVM 中的 Java 对象的描述，实现访问、检测和修改描述 Java 对象本身信息的功能。Java 反射机制的功能十分强大，在 java.lang.reflect 包中提供了对该功能的支持。

众所周知，所有 Java 类均继承了 Object 类，在 Object 类中定义了一个 getClass()方法，该方法返回一个类型为 Class 的对象。例如下面的代码：

```
JTextField textField = new JTextField();    //创建 JTextField 对象
Class textFieldC = textField.getClass();    //获取 Class 对象
```

利用 Class 类的对象 textFieldC，可以访问用来返回该对象的 textField 对象的描述信息。可以访问的主要描述信息如表 16.1 所示。

说明

在通过getFields()方法和getMethods()方法依次获得权限为public的成员变量和方法时，将包含从超类中继承的成员变量和方法；而通过getDeclaredFields()方法和getDeclaredMethods()方法只是获得在本类中定义的所有成员变量和方法。

表 16.1 通过反射可访问的主要描述信息

组 成 部 分	访 问 方 法	返回值类型	说 明
包路径	getPackage()	Package 对象	获得该类的存储路径
类名称	getName()	String 对象	获得该类的名称
继承类	getSuperclass()	Class 对象	获得该类继承的类
实现接口	getInterfaces()	Class 型数组	获得该类实现的所有接口
构造方法	getConstructors()	Constructor 型数组	获得所有权限为 public 的构造方法
	getConstructor(Class<?>...parameterTypes)	Constructor 对象	获得权限为 public 的指定构造方法
	getDeclaredConstructors()	Constructor 型数组	获得所有构造方法
	getDeclaredConstructor(Class<?>...parameterTypes)	Constructor 对象	获得指定的构造方法
方法	getMethods()	Method 型数组	获得所有权限为 public 的方法
	getMethod(String name, Class<?>...parameterTypes)	Method 对象	获得权限为 public 的指定方法
	getDeclaredMethods()	Method 型数组	获得所有方法
	getDeclaredMethod(String name, Class<?>...parameterTypes)	Method 对象	获得指定的方法
成员变量	getFields()	Field 型数组	获得所有权限为 public 的成员变量
	getField(String name)	Field 对象	获得权限为 public 的指定成员变量
	getDeclaredFields()	Field 型数组	获得所有成员变量
	getDeclaredField(String name)	Field 对象	获得指定的成员变量
内部类	getClasses()	Class 型数组	获得所有权限为 public 的内部类
	getDeclaredClasses()	Class 型数组	获得所有内部类
内部类的声明类	getDeclaringClass()	Class 对象	如果该类为内部类，则返回它的成员类，否则返回 null

16.1.1 访问构造方法

在通过下列一组方法访问构造方法时，将返回 Constructor 类型的对象或数组。每个 Constructor 对象代表一个构造方法，利用 Constructor 对象可以操纵相应的构造方法：

☑ getConstructors()。

☑ getConstructor(Class<?>...parameterTypes)。

☑ getDeclaredConstructors()。

☑ getDeclaredConstructor(Class<?>...parameterTypes)。

如果是访问指定的构造方法，则需要根据该构造方法的入口参数的类型来访问。例如，访问一个入口参数类型依次为 String 型和 int 型的构造方法，通过下面两种方式均可实现：

```
objectClass.getDeclaredConstructor(String.class, int.class);
objectClass.getDeclaredConstructor(new Class[] { String.class, int.class });
```

Constructor 类中提供的常用方法如表 16.2 所示。

表 16.2　Constructor 类的常用方法

方　　法	说　　明
isVarArgs()	查看该构造方法是否允许带有可变数量的参数，如果允许，则返回 true，否则返回 false
getParameterTypes()	按照声明顺序以 Class 数组的形式获得该构造方法的各个参数的类型
getExceptionTypes()	以 Class 数组的形式获得该构造方法可能抛出的异常类型
newInstance(Object...initargs)	该构造方法利用指定参数创建一个该类的对象，如果该构造方法中未设置参数，则表示采用默认无参数的构造方法
setAccessible(boolean flag)	如果该构造方法的权限为 private，则该构造方法默认为不允许通过反射利用 newInstance(Object... initargs)方法创建对象，因此先执行该方法，并将入口参数设为 true，则允许创建对象
getModifiers()	获得一个整数，该整数可以解析出该构造方法采用的修饰符

通过 java.lang.reflect.Modifier 类可以解析出 getModifiers()方法的返回值所表示的修饰符信息，在该类中提供了一系列用来解析的静态方法，既能查看是否被指定的修饰符修饰，又能以字符串的形式获得所有修饰符。Modifier 类常用静态方法如表 16.3 所示。

表 16.3　Modifier 类中的常用解析方法

静 态 方 法	说　　明
isPublic(int mod)	查看是否被 public 修饰符修饰，如果是则返回 true，否则返回 false
isProtected(int mod)	查看是否被 protected 修饰符修饰，如果是则返回 true，否则返回 false
isPrivate(int mod)	查看是否被 private 修饰符修饰，如果是则返回 true，否则返回 false
isStatic(int mod)	查看是否被 static 修饰符修饰，如果是则返回 true，否则返回 false
isFinal(int mod)	查看是否被 final 修饰符修饰，如果是则返回 true，否则返回 false
toString(int mod)	以字符串的形式返回所有修饰符

例如，判断对象 constructor 代表的构造方法是否被 private 修饰，以及以字符串形式获得该构造方法的所有修饰符的典型代码如下：

```
int modifiers = constructor.getModifiers();
boolean isEmbellishByPrivate = Modifier.isPrivate(modifiers);
String embellishment = Modifier.toString(modifiers);
```

【例 16.1】反射一个类的所有构造方法（实例位置：资源包\TM\sl\16\1）

在 com.mr 包下创建一个 Demo1 类，在该类中声明一个 String 型成员变量和 3 个 int 型成员变量，并提供 3 个构造方法。具体代码如下：

```
package com.mr;
public class Demo1 {
    String s;
    int i, i2, i3;
    private Demo1() {
    }
    protected Demo1(String s, int i) {
        this.s = s;
        this.i = i;
    }
    public Demo1(String... strings) throws NumberFormatException {
        if (0 < strings.length)
            i = Integer.valueOf(strings[0]);
```

```
            if (1 < strings.length)
                i2 = Integer.valueOf(strings[1]);
            if (2 < strings.length)
                i3 = Integer.valueOf(strings[2]);
        }
        public void print() {
            System.out.println("s=" + s);
            System.out.println("i=" + i);
            System.out.println("i2=" + i2);
            System.out.println("i3=" + i3);
        }
    }
```

然后编写测试类 ConstructorDemo1，在该类中通过反射访问 com.mr.Demo1 类中的所有构造方法，并将该构造方法是否允许带有可变数量的参数、入口参数类型和可能抛出的异常类型信息输出到控制台中。具体代码如下：

```java
import java.lang.reflect.Constructor;
import com.mr.Demo1;

public class ConstructorDemo1 {
    public static void main(String[] args) {
        Demo1 d1 = new Demo1("10", "20", "30");
        Class<? extends Demo1> Demo1Class = d1.getClass();
        //获得所有构造方法
        Constructor[] declaredConstructors = Demo1Class.getDeclaredConstructors();
        for (int i = 0; i < declaredConstructors.length; i++) {         //遍历构造方法
            Constructor<?> constructor = declaredConstructors[i];
            System.out.println("查看是否允许带有可变数量的参数: " + constructor.isVarArgs());
            System.out.println("该构造方法的入口参数类型依次为: ");
            Class[] parameterTypes = constructor.getParameterTypes();   //获取所有参数类型
            for (int j = 0; j < parameterTypes.length; j++) {
                System.out.println("  " + parameterTypes[j]);
            }
            System.out.println("该构造方法可能抛出的异常类型为: ");
            //获得所有可能抛出的异常信息类型
            Class[] exceptionTypes = constructor.getExceptionTypes();
            for (int j = 0; j < exceptionTypes.length; j++) {
                System.out.println("  " + exceptionTypes[j]);
            }
            Demo1 d2 = null;
            while (d2 == null) {
                try { //如果构造方法的访问权限为 private 或 protected，则抛出异常，即不允许访问
                    if (i == 2) //通过执行默认没有参数的构造方法创建对象
                        d2 = (Demo1) constructor.newInstance();
                    else if (i == 1)
                        //通过执行具有两个参数的构造方法创建对象
                        d2 = (Demo1) constructor.newInstance("7", 5);
                    else { //通过执行具有可变数量参数的构造方法创建对象
                        Object[] parameters = new Object[] { new String[] { "100", "200", "300" } };
                        d2 = (Demo1) constructor.newInstance(parameters);
                    }
                } catch (Exception e) {
                    System.out.println("在创建对象时抛出异常，下面执行 setAccessible()方法");
                    constructor.setAccessible(true);                    //设置为允许访问
                }
            }
            if (d2 != null) {
                d2.print();
```

```
                    System.out.println();
            }
        }
    }
}
```

运行结果如下：

```
查看是否允许带有可变数量的参数：true
该构造方法的入口参数类型依次为：
 class [Ljava.lang.String;
该构造方法可能抛出的异常类型为：
 class java.lang.NumberFormatException
s=null
i=100
i2=200
i3=300

查看是否允许带有可变数量的参数：false
该构造方法的入口参数类型依次为：
 class java.lang.String
 int
该构造方法可能抛出的异常类型为：
在创建对象时抛出异常，下面执行 setAccessible()方法
s=7
i=5
i2=0
i3=0

查看是否允许带有可变数量的参数：false
该构造方法的入口参数类型依次为：
该构造方法可能抛出的异常类型为：
在创建对象时抛出异常，下面执行 setAccessible()方法
s=null
i=0
i2=0
i3=0
```

当反射无参构造方法时将输出所有属性的默认值，当反射有参数的构造方法时将输出所有属性被赋予的相应值。

16.1.2　访问成员变量

在通过下列一组方法访问成员变量时，将返回 Field 类型的对象或数组。每个 Field 对象代表一个成员变量，利用 Field 对象可以操纵相应的成员变量：

☑　getFields()。

☑　getField(String name)。

☑　getDeclaredFields()。

☑　getDeclaredField(String name)。

如果是访问指定的成员变量，则可以通过该成员变量的名称来访问。例如，访问一个名称为 birthday 的成员变量，访问方法如下：

```
object. getDeclaredField("birthday");
```

Field 类中提供的常用方法如表 16.4 所示。

表 16.4　Field 类的常用方法

方　　法	说　　明
getName()	获得该成员变量的名称
getType()	获得表示该成员变量类型的 Class 对象
get(Object obj)	获得指定对象 obj 中成员变量的值，返回值为 Object 型
set(Object obj, Object value)	将指定对象 obj 中成员变量的值设置为 value
getInt(Object obj)	获得指定对象 obj 中类型为 int 的成员变量的值
setInt(Object obj, int i)	将指定对象 obj 中类型为 int 的成员变量的值设置为 i
getFloat(Object obj)	获得指定对象 obj 中类型为 float 的成员变量的值
setFloat(Object obj, float f)	将指定对象 obj 中类型为 float 的成员变量的值设置为 f
getBoolean(Object obj)	获得指定对象 obj 中类型为 boolean 的成员变量的值
setBoolean(Object obj, boolean z)	将指定对象 obj 中类型为 boolean 的成员变量的值设置为 z
setAccessible(boolean flag)	此方法可以设置是否忽略权限限制直接访问 private 等私有权限的成员变量
getModifiers()	获得可以解析出该成员变量所采用修饰符的整数

【例 16.2】反射一个类的所有成员变量（实例位置：资源包\TM\sl\16\2）

在 com.mr 包下创建一个 Demo2 类，在该类中依次声明一个 int、float、boolean 和 String 型的成员变量，并将它们设置为不同的访问权限。具体代码如下：

```java
package com.mr;
public class Demo2 {
    int i;
    public float f;
    protected boolean b;
    private String s;
}
```

然后通过反射访问 com.mr.Demo2 类中的所有成员变量，将成员变量的名称和类型信息输出到控制台中，并分别将各个成员变量在修改前后的值输出到控制台中。关键代码如下：

```java
import java.lang.reflect.Field;
import com.mr.Demo2;

public class FieldDemo {
    public static void main(String[] args) {
        Demo2 example = new Demo2();
        Class exampleC = example.getClass();
        Field[] declaredFields = exampleC.getDeclaredFields();          //获得所有成员变量
        for (int i = 0; i < declaredFields.length; i++) {               //遍历成员变量
            Field field = declaredFields[i];
            System.out.println("名称为：" + field.getName());           //获得成员变量名称并输出
            Class fieldType = field.getType();                         //获得成员变量类型
            System.out.println("类型为：" + fieldType);
            boolean isTurn = true;
            while (isTurn) {
                //如果该成员变量的访问权限为 private 或 protected，则抛出异常，即不允许访问
                try {
                    isTurn = false;
                    //获得成员变量值
                    System.out.println("修改前的值为：" + field.get(example));
```

```
                    if (fieldType.equals(int.class)) {                    //判断成员变量的类型是否为 int 型
                        System.out.println("利用方法 setInt()修改成员变量的值");
                        field.setInt(example, 168);                       //为 int 型成员变量赋值
                    } else if (fieldType.equals(float.class)) {           //判断成员变量的类型是否为 float 型
                        System.out.println("利用方法 setFloat()修改成员变量的值");
                        field.setFloat(example, 99.9F);                   //为 float 型成员变量赋值
                    } else if (fieldType.equals(boolean.class)) {         //判断成员变量的类型是否为 boolean 型
                        System.out.println("利用方法 setBoolean()修改成员变量的值");
                        field.setBoolean(example, true);                  //为 boolean 型成员变量赋值
                    } else {
                        System.out.println("利用方法 set()修改成员变量的值");
                        field.set(example, "MWQ");                        //可以为各种类型的成员变量赋值
                    }
                    //获得成员变量值
                    System.out.println("修改后的值为：" + field.get(example));
                } catch (Exception e) {
                    System.out.println("在设置成员变量值时抛出异常，" + "下面执行 setAccessible()方法！");
                    field.setAccessible(true);                            //设置为允许访问
                    isTurn = true;
                }
            }
            System.out.println();
        }
    }
}
```

运行结果如下：

```
名称为：i
类型为：int
在设置成员变量值时抛出异常，下面执行 setAccessible()方法！
修改前的值为：0
利用方法 setInt()修改成员变量的值
修改后的值为：168

名称为：f
类型为：float
修改前的值为：0.0
利用方法 setFloat()修改成员变量的值
修改后的值为：99.9

名称为：b
类型为：boolean
在设置成员变量值时抛出异常，下面执行 setAccessible()方法！
修改前的值为：false
利用方法 setBoolean()修改成员变量的值
修改后的值为：true

名称为：s
类型为：class java.lang.String
在设置成员变量值时抛出异常，下面执行 setAccessible()方法！
修改前的值为：null
利用方法 set()修改成员变量的值
修改后的值为：MWQ
```

　　通过这个结果可以看出，在反射权限为 private 或 protected 的成员变量时，需要执行 setAccessible() 方法，并将入口参数设为 true，否则不允许访问。

16.1.3　访问成员方法

在通过下列一组方法访问成员方法时，将返回 Method 类型的对象或数组。每个 Method 对象代表一个方法，利用 Method 对象可以操纵相应的方法：

☑　getMethods()。

☑　getMethod(String name, Class<?>...parameterTypes)。

☑　getDeclaredMethods()。

☑　getDeclaredMethod(String name, Class<?>...parameterTypes)。

如果是访问指定的方法，需要根据该方法的名称和入口参数的类型来访问。例如，访问一个名称为 print、入口参数类型依次为 String 型和 int 型的方法，通过下面两种方式均可实现：

```
objectClass.getDeclaredMethod("print", String.class, int.class);
objectClass.getDeclaredMethod("print", new Class[] {String.class, int.class });
```

Method 类中提供的常用方法如表 16.5 所示。

表 16.5　Method 类的常用方法

方　　法	说　　明
getName()	获得该方法的名称
getParameterTypes()	按照声明顺序以 Class 数组的形式获得该方法的各个参数的类型
getReturnType()	以 Class 对象的形式获得该方法的返回值的类型
getExceptionTypes()	以 Class 数组的形式获得该方法可能抛出的异常类型
invoke(Object obj, Object...args)	利用指定参数 args 执行指定对象 obj 中的该方法，返回值为 Object 型
isVarArgs()	查看该方法是否允许带有可变数量的参数，如果允许则返回 true，否则返回 false
getModifiers()	获得一个整数，该整数可以解析出该方法采用的修饰符

【例 16.3】反射一个类的所有成员方法（**实例位置：资源包\TM\sl\16\3**）

在 com.mr 包下创建一个 Demo3 类，并编写 4 个成员方法。具体代码如下：

```java
package com.mr;
public class Demo3 {
    static void staticMethod() {
        System.out.println("执行 staticMethod()方法");
    }

    public int publicMethod(int i) {
        System.out.println("执行 publicMethod()方法");
        return i * 100;
    }

    protected int protectedMethod(String s, int i) throws NumberFormatException {
        System.out.println("执行 protectedMethod()方法");
        return Integer.valueOf(s) + i;
    }

    private String privateMethod(String... strings) {
        System.out.println("执行 privateMethod()方法");
        StringBuffer stringBuffer = new StringBuffer();
```

```
            for (int i = 0; i < strings.length; i++) {
                stringBuffer.append(strings[i]);
            }
            return stringBuffer.toString();
        }
    }
```

然后通过反射访问 com.mr.Demo3 类中的所有方法，将各个方法的名称、入口参数类型、返回值类型等信息输出到控制台中，并执行部分方法。关键代码如下：

```
import java.lang.reflect.*;
import com.mr.Demo3;

public class MethondDemo {
    public static void main(String[] args) {
        Demo3 demo = new Demo3();
        Class demoClass = demo.getClass();
        Method[] declaredMethods = demoClass.getDeclaredMethods();          //获得所有方法
        for (int i = 0; i < declaredMethods.length; i++) {                   //遍历方法
            Method method = declaredMethods[i];
            System.out.println("名称为： " + method.getName());              //获得方法名称
            System.out.println("是否允许带有可变数量的参数： " + method.isVarArgs());
            System.out.println("入口参数类型依次为： ");
            Class[] parameterTypes = method.getParameterTypes();            //获得所有参数类型
            for (int j = 0; j < parameterTypes.length; j++) {
                System.out.println(" " + parameterTypes[j]);
            }
            System.out.println("返回值类型为： " + method.getReturnType());   //获得方法返回值类型
            System.out.println("可能抛出的异常类型有： ");
            //获得方法可能抛出的所有异常类型
            Class[] exceptionTypes = method.getExceptionTypes();
            for (int j = 0; j < exceptionTypes.length; j++) {
                System.out.println(" " + exceptionTypes[j]);
            }
            boolean isTurn = true;
            while (isTurn) {
                try {           //如果该方法的访问权限为 private 或 protected，则抛出异常，即不允许访问
                    isTurn = false;
                    if ("staticMethod".equals(method.getName()))
                        method.invoke(demo);                                //执行没有入口参数的方法
                    else if ("publicMethod".equals(method.getName()))
                        System.out.println("返回值为： " + method.invoke(demo, 168));   //执行方法
                    else if ("protectedMethod".equals(method.getName()))
                        System.out.println("返回值为： " + method.invoke(demo, "7", 5)); //执行方法
                    else if ("privateMethod".equals(method.getName())) {
                        //定义二维数组
                        Object[] parameters = new Object[] { new String[] { "M", "W", "Q" } };
                        System.out.println("返回值为： " + method.invoke(demo, parameters));
                    }
                } catch (Exception e) {
                    System.out.println("在执行方法时抛出异常， " + "下面执行 setAccessible()方法！ ");
                    method.setAccessible(true);                             //设置为允许访问
                    isTurn = true;
                }
            }
            System.out.println();
        }
    }
}
```

运行结果如下，程序将依次访问 staticMethod()、publicMethod()、protectedMethod()和 privateMethod()
方法：

名称为：publicMethod
是否允许带有可变数量的参数：false
入口参数类型依次为：
　int
返回值类型为：int
可能抛出的异常类型有：
执行 publicMethod()方法
返回值为：16800

名称为：protectedMethod
是否允许带有可变数量的参数：false
入口参数类型依次为：
　class java.lang.String
　int
返回值类型为：int
可能抛出的异常类型有：
　class java.lang.NumberFormatException
在执行方法时抛出异常，下面执行 setAccessible()方法！
执行 protectedMethod()方法
返回值为：12

名称为：staticMethod
是否允许带有可变数量的参数：false
入口参数类型依次为：
返回值类型为：void
可能抛出的异常类型有：
在执行方法时抛出异常，下面执行 setAccessible()方法！
执行 staticMethod()方法

名称为：privateMethod
是否允许带有可变数量的参数：true
入口参数类型依次为：
　class [Ljava.lang.String;
返回值类型为：class java.lang.String
可能抛出的异常类型有：
在执行方法时抛出异常，下面执行 setAccessible()方法！
执行 privateMethod()方法
返回值为：MWQ

📢●注意

在反射中执行具有可变数量的参数的构造方法时，需要将入口参数定义成二维数组。

编程训练（答案位置：资源包\TM\sl\16\编程训练）

【训练 1】反射方法　利用反射实现通用扩展数组长度的
方法。

【训练 2】反射私有变量　为了保证面向对象的封装特性，通
常会将类的成员变量设置成私有的，然后提供对应的 get 和 set
方法。对于非内部类而言，只能使用 get 和 set 方法来操作该变量。
然而利用反射机制，就可以在运行时修改类的私有变量。请通过
简单的 Student 类来演示反射的这种用法，效果图如图 16.1 所示。

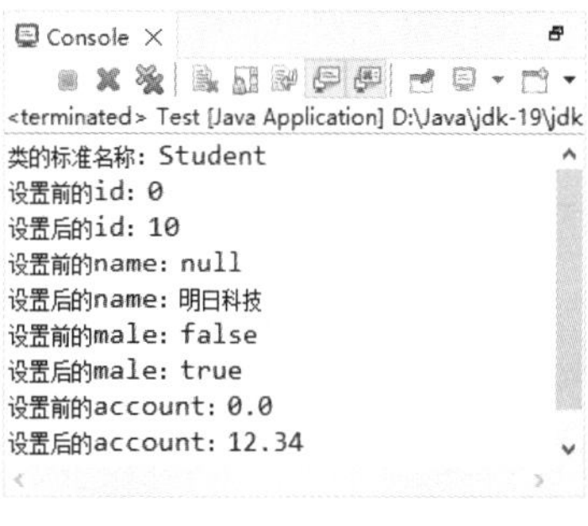

图 16.1　实现效果图

16.2　Annotation 注解功能

Java 中提供了 Annotation 注解功能，该功能可用于类、构造方法、成员变量、成员方法、参数等的声明中。该功能并不影响程序的运行，但是会对编译器警告等辅助工具产生影响。本节将讲解 Annotation 功能的使用方法。

16.2.1　定义 Annotation 类型

在定义 Annotation 类型时，也需要用到用来定义接口的 interface 关键字，但需要在 interface 关键字前加一个 "@" 符号，即定义 Annotation 类型的关键字为@interface，这个关键字的隐含意思是继承了 java.lang.annotation.Annotation 接口。例如，下面的代码定义一个 Annotation 类型：

```
public @interface NoMemberAnnotation {
}
```

上面定义的 Annotation 类型@NoMemberAnnotation 未包含任何成员，这样的 Annotation 类型被称为 marker annotation。下面的代码定义一个只包含一个成员的 Annotation 类型：

```
public @interface OneMemberAnnotation {
    String value();
}
```

☑　String：成员类型。可用的成员类型有 String、Class、primitive、enumerated 和 annotation，以及所列类型的数组。

☑　value：成员名称。如果在所定义的 Annotation 类型中只包含一个成员，通常将成员名称命名为 value。

下面的代码定义一个包含多个成员的 Annotation 类型：

```
public @interface MoreMemberAnnotation {
    String describe();
    Class type();
}
```

在为 Annotation 类型定义成员时，也可以为成员设置默认值。例如，下面的代码在定义 Annotation 类型时为成员设置默认值：

```
public @interface DefaultValueAnnotation {
    String describe() default "<默认值>";
    Class type() default void.class;
}
```

在定义 Annotation 类型时，还可以通过 Annotation 类型@Target 来设置 Annotation 类型适用的程序元素种类。如果未设置@Target，则表示适用于所有程序元素。枚举类 ElementType 中的枚举常量用来设置@Targer，如表 16.6 所示。

表 16.6 枚举类 ElementType 中的枚举常量

枚 举 常 量	说　　明	枚 举 常 量	说　　明
ANNOTATION_TYPE	表示用于 Annotation 类型	METHOD	表示用于方法
TYPE	表示用于类、接口和枚举，以及 Annotation 类型	PARAMETER	表示用于参数
CONSTRUCTOR	表示用于构造方法	LOCAL_VARIABLE	表示用于局部变量
FIELD	表示用于成员变量和枚举常量	PACKAGE	表示用于包

通过 Annotation 类型@Retention 可以设置 Annotation 的有效范围。枚举类 RetentionPolicy 中的枚举常量用来设置@Retention，如表 16.7 所示。如果未设置@Retention，那么 Annotation 的有效范围为枚举常量 CLASS 表示的范围。

表 16.7 枚举类 RetentionPolicy 中的枚举常量

枚 举 常 量	说　　明
SOURCE	表示不编译 Annotation 到类文件中，有效范围最小
CLASS	表示编译 Annotation 到类文件中，但是在运行时不加载 Annotation 到 JVM 中
RUNTIME	表示在运行时加载 Annotation 到 JVM 中，有效范围最大

【例 16.4】创建自定义的注解（**实例位置：资源包\TM\sl\16\4**）

首先定义一个用来注释构造方法的 Annotation 类型@Constructor_Annotation，有效范围为在运行时加载 Annotation 到 JVM 中。完整代码如下：

```java
import java.lang.annotation.ElementType;
import java.lang.annotation.Retention;
import java.lang.annotation.RetentionPolicy;
import java.lang.annotation.Target;

@Target(ElementType.CONSTRUCTOR)                //用于构造方法
@Retention(RetentionPolicy.RUNTIME)             //在运行时加载 Annotation 到 JVM 中
public @interface Constructor_Annotation {
    String value() default "默认构造方法";        //定义一个具有默认值的 String 型成员
}
```

然后定义一个用来注释字段、方法和参数的 Annotation 类型@Field_Method_Parameter_Annotation，有效范围为在运行时加载 Annotation 到 JVM 中。完整代码如下：

```java
import java.lang.annotation.ElementType;
import java.lang.annotation.Retention;
import java.lang.annotation.RetentionPolicy;
import java.lang.annotation.Target;

//用于字段、方法和参数
@Target( { ElementType.FIELD, ElementType.METHOD, ElementType.PARAMETER })
@Retention(RetentionPolicy.RUNTIME)             //在运行时加载 Annotation 到 JVM 中
public @interface Field_Method_Parameter_Annotation {
    String describe();                          //定义一个没有默认值的 String 型成员
    Class type() default void.class;            //定义一个具有默认值的 Class 型成员
}
```

最后编写一个 Record 类，在该类中运用前面定义的 Annotation 类型@Constructor_Annotation 和 @Field_Method_Parameter_Annotation 来对构造方法、字段、方法和参数进行注释。完整代码如下：

```java
public class Record {
    @Field_Method_Parameter_Annotation(describe = "编号", type = int.class)
    //注释字段
    int id;
    @Field_Method_Parameter_Annotation(describe = "姓名", type = String.class)
    String name;

    @Constructor_Annotation()
    //采用默认值注释构造方法
    public Record() {
    }

    @Constructor_Annotation("立即初始化构造方法")
    //注释构造方法
    public Record(@Field_Method_Parameter_Annotation(describe = "编号", type = int.class) int id,
            @Field_Method_Parameter_Annotation(describe = "姓名", type = String.class) String name) {
        this.id = id;
        this.name = name;
    }

    @Field_Method_Parameter_Annotation(describe = "获得编号", type = int.class)
    //注释方法
    public int getId() {
        return id;
    }

    @Field_Method_Parameter_Annotation(describe = "设置编号")
    //成员 type 采用默认值注释方法
    public void setId(
            //注释方法的参数
            @Field_Method_Parameter_Annotation(describe = "编号", type = int.class) int id) {
        this.id = id;
    }

    @Field_Method_Parameter_Annotation(describe = "获得姓名", type = String.class)
    public String getName() {
        return name;
    }

    @Field_Method_Parameter_Annotation(describe = "设置姓名")
    public void setName(@Field_Method_Parameter_Annotation(describe = "姓名", type = String.class) String name) {
        this.name = name;
    }
}
```

16.2.2　访问 Annotation 信息

　　如果在定义 Annotation 类型时将@Retention 设置为 RetentionPolicy.RUNTIME，那么在运行程序时通过反射就可以获取到相关的 Annotation 信息，如获取构造方法、字段和方法的 Annotation 信息。

　　Constructor 类、Field 类和 Method 类均继承了 AccessibleObject 类，在 AccessibleObject 中定义了 3 个关于 Annotation 的方法。其中：方法 isAnnotationPresent(Class<? extends Annotation> annotationClass) 用来查看是否添加了指定类型的 Annotation，如果是，则返回 true，否则返回 false；方法 getAnnotation (Class<T> annotationClass)用来获得指定类型的 Annotation，如果存在，则返回相应的对象，否则返回 null；方法 getAnnotations()用来获得所有的 Annotation，该方法将返回一个 Annotation 数组。

在 Constructor 类和 Method 类中还定义了方法 getParameterAnnotations()，用来获得为所有参数添加的 Annotation，将以 Annotation 类型的二维数组返回，在数组中的顺序与声明的顺序相同。如果没有参数，则返回一个长度为 0 的数组；如果存在未添加 Annotation 的参数，则将用一个长度为 0 的嵌套数组占位。

【例 16.5】访问注释中的信息（实例位置：资源包\TM\sl\16\5）

本例将对 16.2.1 节中的例 16.4 进行扩展，实现在程序运行时通过反射访问 Record 类中的 Annotation 信息。首先编写访问构造方法及其包含参数的 Annotation 信息的代码。关键代码如下：

```
Class recordC = null;
try {
    recordC = Class.forName("Record");
} catch (ClassNotFoundException e) {
    e.printStackTrace();
}

System.out.println("------ 构造方法的描述如下 ------");
Constructor[] declaredConstructors = recordC.getDeclaredConstructors();      //获得所有构造方法
for (int i = 0; i < declaredConstructors.length; i++) {                       //遍历构造方法
    Constructor constructor = declaredConstructors[i];
    //查看是否具有指定类型的注释
    if (constructor.isAnnotationPresent(Constructor_Annotation.class)) {
        //获得指定类型的注释
        Constructor_Annotation ca = (Constructor_Annotation) constructor
                .getAnnotation(Constructor_Annotation.class);
        System.out.println(ca.value());                                      //获得注释信息
    }
    Annotation[][] parameterAnnotations = constructor.getParameterAnnotations();  //获得参数的注释
    for (int j = 0; j < parameterAnnotations.length; j++) {
        int length = parameterAnnotations[j].length;                         //获得指定参数注释的长度
        if (length == 0)                                //如果长度为 0，则表示没有为该参数添加注释
            System.out.println("        未添加 Annotation 的参数");
        else
            for (int k = 0; k < length; k++) {
                //获得参数的注释
                Field_Method_Parameter_Annotation pa = (Field_Method_Parameter_Annotation)
parameterAnnotations[j][k];
                System.out.print("        " + pa.describe());                 //获得参数描述
                System.out.println("        " + pa.type());                   //获得参数类型
            }
    }
    System.out.println();
}
```

然后编写访问字段的 Annotation 信息的代码。关键代码如下：

```
System.out.println("-------- 字段的描述如下 --------");
Field[] declaredFields = recordC.getDeclaredFields();                         //获得所有字段
for (int i = 0; i < declaredFields.length; i++) {                             //遍历字段
    Field field = declaredFields[i];
    //查看是否具有指定类型的注释
    if (field.isAnnotationPresent(Field_Method_Parameter_Annotation.class)) {
        //获得指定类型的注释
        Field_Method_Parameter_Annotation fa = field.getAnnotation(Field_Method_Parameter_Annotation.class);
        System.out.print("        " + fa.describe());                         //获得字段的描述
        System.out.println("        " + fa.type());                           //获得字段的类型
    }
}
```

最后编写访问方法及其包含参数的 Annotation 信息的代码。关键代码如下：

```
System.out.println("-------- 方法的描述如下 --------");
Method[] methods = recordC.getDeclaredMethods();                             //获得所有方法
for (int i = 0; i < methods.length; i++) {                                  //遍历方法
    Method method = methods[i];
    //查看是否具有指定类型的注释
    if (method.isAnnotationPresent(Field_Method_Parameter_Annotation.class)) {
        //获得指定类型的注释
        Field_Method_Parameter_Annotation ma = method.getAnnotation(Field_Method_Parameter_Annotation.class);
        System.out.println(ma.describe());                                  //获得方法的描述
        System.out.println(ma.type());                                      //获得方法的返回值类型
    }
    Annotation[][] parameterAnnotations = method.getParameterAnnotations();  //获得参数的注释
    for (int j = 0; j < parameterAnnotations.length; j++) {
        int length = parameterAnnotations[j].length;                        //获得指定参数注释的长度
        if (length == 0)                                    //如果长度为 0，则表示没有为该参数添加注释
            System.out.println("    未添加 Annotation 的参数");
        else
            for (int k = 0; k < length; k++) {
                //获得指定类型的注释
                Field_Method_Parameter_Annotation pa = (Field_Method_Parameter_Annotation)
parameterAnnotations[j][k];
                System.out.print("    " + pa.describe());                   //获得参数的描述
                System.out.println("    " + pa.type());                     //获得参数的类型
            }
    }
    System.out.println();
}
```

运行结果如下：

```
------ 构造方法的描述如下 ------
默认构造方法

立即初始化构造方法
    编号      int
    姓名      class java.lang.String


-------- 字段的描述如下 --------
    编号      int
    姓名      class java.lang.String

-------- 方法的描述如下 --------
获得姓名
class java.lang.String

设置姓名
void
    姓名      class java.lang.String

获得编号
int

设置编号
void
    编号      int
```

编程训练（答案位置：资源包\TM\sl\16\编程训练）

【训练 3】为用户登录方法创建注解　创建一个专门应用于方法上的注解，被该注解声明的方法为用户登录方法。

【训练 4】为用户名和密码创建注解　在训练 3 的基础上创建两个参数注解，分别用于声明用户名和密码，并将用户名和密码设置为默认值"admin/admin"。

16.3　实践与练习

（答案位置：资源包\TM\sl\16\实践与练习）

综合练习 1：反射 ArrayList 类　在一个类的内部，一般包括域、构造方法、普通方法和内部类等成员。使用反射机制可以在无法查看源代码的情况下查看类的成员。请使用反射机制查看 ArrayList 类中定义的域、构造方法和普通方法，效果如图 16.2 所示。

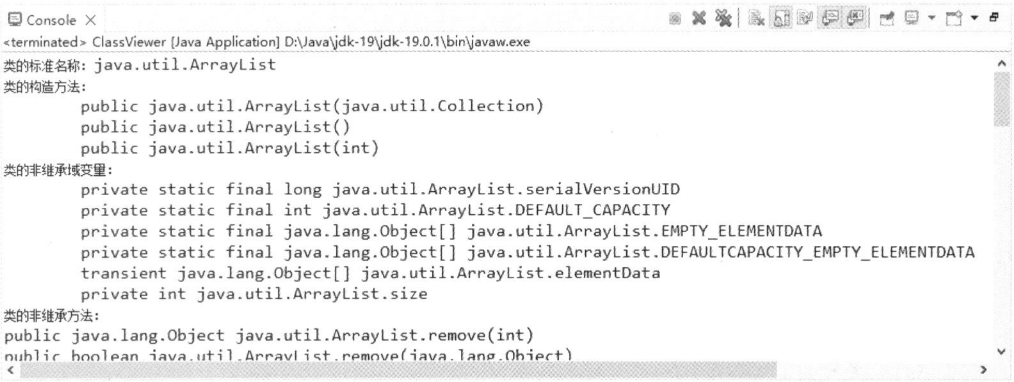

图 16.2　实现效果

综合练习 2：输出 JPanel 的继承关系　Java 提供了 instanceof 运算符来比较两个类（或接口）之间是否存在继承关系。但是，如果对多个类按照继承关系排序，使用这种方式会非常麻烦。请利用反射来对存在继承关系的类进行排序，效果图如图 16.3 所示。

综合练习 3：反射内部类　Java 中支持在类的内部定义类，这种类被称为内部类。内部类有些像 Java 中的方法，这种类可以使用访问权限限定符修饰，也可以使用 static 修饰等。请利用 Java 的反射机制来查看内部类的信息，效果如图 16.4 所示。

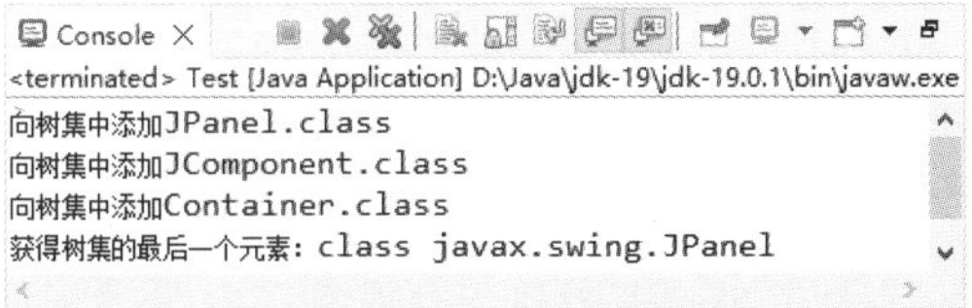

图 16.3　输出继承关系

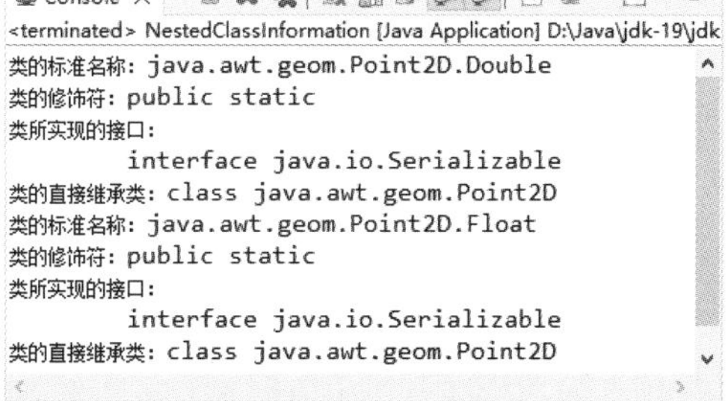

图 16.4　反射内部类

第 17 章

数据库操作

数据库系统由数据库、数据库管理系统和应用系统、数据库管理员构成。数据库管理系统简称 DBMS，是数据库系统的关键组成部分，包括数据库定义、数据查询、数据维护等。JDBC 技术是连接数据库与应用程序的纽带，学习 Java 语言，必须学习 JDBC 技术。开发一款应用程序，需要使用数据库来保存数据，使用 JDBC 技术可以快速地访问和操作数据库，如查找满足条件的记录，以及向数据库中添加、修改、删除数据等。本章将向读者讲解 Java 语言的数据库操作部分。

本章的知识架构及重难点如下。

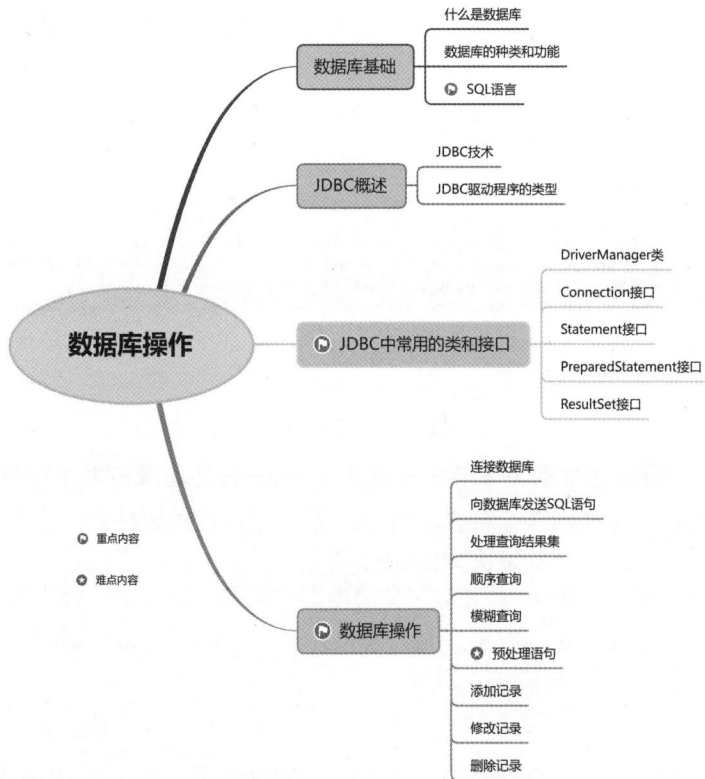

17.1 数据库基础

数据库在应用程序开发中占据着非常重要的地位。从原来的 Sybase 数据库发展到今天的 SQL Server、MySQL、Oracle 等高级数据库，数据库技术已经相当成熟。本节将对数据库的基础知识进行讲解。

17.1.1　什么是数据库

数据库是一种存储结构，它允许使用各种格式输入、处理和检索数据，不必在每次需要数据时重新输入。例如，当需要某人的电话号码时，需要查看电话簿，按照姓名来查阅，这个电话簿就是一个数据库。数据库具有以下主要特点。

- ☑　实现数据共享。数据共享包括所有用户可同时存取数据库中的数据，也包括用户可以用各种方式通过接口使用数据库，并提供数据共享。
- ☑　减少数据的冗余度。同文件系统相比，数据库实现了数据共享，从而避免了用户各自建立应用文件，减少了大量重复数据，减少了数据冗余，维护了数据的一致性。
- ☑　数据的独立性。数据的独立性包括数据库中数据库的逻辑结构和应用程序相互独立，也包括数据物理结构的变化不影响数据的逻辑结构。
- ☑　数据实现集中控制。文件管理方式中，数据处于一种分散的状态，不同的用户或同一用户在不同处理操作中，其文件之间毫无关系。利用数据库可对数据进行集中控制和管理，并通过数据模型表示各种数据的组织以及数据间的联系。
- ☑　数据的一致性和可维护性，以确保数据的安全性和可靠性。主要包括：
  - ➢　安全性控制，以防止数据丢失、错误更新和越权使用。
  - ➢　完整性控制，保证数据的正确性、有效性和相容性。
  - ➢　并发控制，既在同一时间周期内允许对数据进行多路存取，又能防止用户之间的不正常交互。
  - ➢　故障的发现和恢复。

从发展的历史来看，数据库是数据管理的高级阶段，是由文件管理系统发展起来的。数据库的基本结构分为 3 个层次。

- ☑　物理数据层：它是数据库的最内层，是物理存储设备上实际存储的数据集合。这些数据是原始数据，是用户加工的对象，由内部模式描述的指令操作处理的字符和字组成。
- ☑　概念数据层：它是数据库的中间一层，也是数据库的整体逻辑表示，指出了每个数据的逻辑定义及数据间的逻辑联系。它是存储记录的集合。它涉及的是数据库所有对象的逻辑关系，而不是它们的物理情况。它是数据库管理员概念下的数据库。
- ☑　逻辑数据层：它是用户所看到和使用的数据库，是一个或一些特定用户使用的数据集合，即逻辑记录的集合。

17.1.2　数据库的种类和功能

数据库系统一般基于某种数据模型，可以分为层次型、网状型、面向对象型及关系型等，简述如下。

- ☑　层次型数据库：层次型数据库类似于树结构，是一组通过链接而相互联系在一起的记录。层次模型的特点是记录之间的联系通过指针实现。由于层次模型的层次顺序严格而且复杂，因此对数据进行各项操作都很困难。层次型数据库如图 17.1 所示。

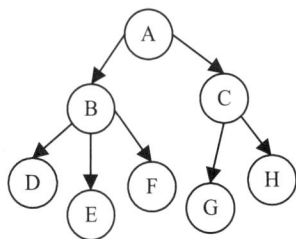

图 17.1　层次型数据库

☑ 网状型数据库：网络模型是使用网络结构表示实体类型、实体间联系的数据模型。网络模型容易实现多对多的联系。但在编写应用程序时，程序员必须熟悉数据库的逻辑结构，如图 17.2 所示。

☑ 面向对象型数据库：建立在面向对象模型基础上。

☑ 关系型数据库：关系型数据库是目前最流行的数据库之一，是基于关系模型建立的数据库，关系模型是由一系列表格组成的。后面会详细地讲解它。

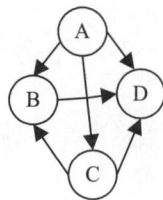

图 17.2　网状型数据库

在当前比较流行的数据库中，MySQL 数据库是最好的开源关系数据库系统应用软件之一，具有功能强、使用简便、管理方便、运行速度快、安全可靠性强等优点。同时，它也是具有客户机/服务器体系结构的分布式数据库管理系统。MySQL 是完全网络化的跨平台关系型数据库系统，它支持多种平台。在 UNIX/Linux 系统上，MySQL 支持多线程运行方式，从而能获得相当好的性能。不使用 UNIX 系统的用户，可以在 Windows NT 系统上以系统服务方式运行，或者在 Windows 95/98 系统上以普通进程方式运行。

从 JDK 6 开始，在 JDK 的安装目录中，除了传统的 bin、jre 等目录，还新增了一个名为 db 的目录，这便是 Java DB。这是一个纯 Java 实现的、开源的数据库管理系统（DBMS），源于 Apache 软件基金会（ASF）名下的项目 Derby。它只有 2MB 大小，但这并不妨碍 Derby 功能齐备、支持几乎大部分的数据库应用所需要的特性。更难能可贵的是，作为内嵌的数据库，Derby 得到了包括 IBM 和 Sun 等大公司以及全世界优秀程序员们的支持。这就好像为 JDK 注入了一股全新的活力，Java 程序员不再需要耗费大量精力安装和配置数据库，就能进行安全、易用、标准且免费的数据库编程了。

17.1.3　SQL 语言

SQL（structure query language，结构化查询语言）被广泛地应用于大多数数据库中，使用 SQL 语言可以方便地查询、操作、定义和控制数据库中的数据。SQL 语言主要由以下几部分组成：

☑ 数据定义语言（data definition language，DDL），如 create、alter、drop 等。

☑ 数据操纵语言（data manipulation language，DML），如 select、insert、update、delete 等。

☑ 数据控制语言（data control language，DCL），如 grant、revoke 等。

☑ 事务控制语言（transaction control language），如 commit、rollback 等。

在应用程序中使用最多的就是数据操纵语言，它也是最常用的核心 SQL 语言。下面对数据操纵语言进行简单的介绍。

1．select 语句

select 语句用于从数据表中检索数据。语法如下：

```
SELECT 所选字段列表 FROM 数据表名
WHERE 条件表达式 GROUP BY 字段名 HAVING 条件表达式(指定分组的条件)
ORDER BY 字段名[ASC|DESC]
```

假设数据表名称是 tb_emp，要检索出 tb_emp 表中所有女员工的姓名、年龄，并按年龄升序排序，代码如下：

```
select name,age form tb_emp where sex = '女' order by age;
```

2．insert 语句

insert 语句用于向表中插入新数据。语法如下：

```
insert into  表名[(字段名 1,字段名 2...)]
values(属性值 1,属性值 2...)
```

假设要向数据表 tb_emp（包含字段 id、name、sex、department）中插入数据，代码如下：

```
insert into tb_emp values(2,'lili','女','销售部');
```

3．update 语句

update 语句用于更新数据表中的某些记录。语法如下：

```
UPDATE  数据表名  SET  字段名  =  新的字段值 WHERE  条件表达式
```

假设要将数据表 tb_emp 中 2 号员工的年龄修改为 24，代码如下：

```
update tb_emp set age = 24 where id = 2;
```

4．delete 语句

delete 语句用于从数据表中删除数据。语法如下：

```
delete from  数据表名  where  条件表达式
```

假设要删除数据表 tb_emp 中编号为 1024 的员工，代码如下：

```
delete from tb_emp where id = 1024;
```

17.2　JDBC 概述

JDBC 是一种可用于执行 SQL 语句的 Java API（application programming interface，应用程序设计接口），是连接数据库和 Java 应用程序的纽带。

17.2.1　JDBC 技术

JDBC 的全称是 Java DataBase Connectivity，是一套面向对象的应用程序接口，指定了统一地访问各种关系型数据库的标准接口。JDBC 是一种底层的 API，因此访问数据库时需要在业务逻辑层中嵌入 SQL 语句。SQL 语句是面向关系的，依赖于关系模型，因此通过 JDBC 技术访问数据库也是面向关系的。JDBC 技术主要完成以下几个任务：

- ☑　与数据库建立一个连接。
- ☑　向数据库中发送 SQL 语句。
- ☑　处理从数据库中返回的结果。

需要注意的是，JDBC 并不能直接访问数据库，必须依赖于数据库厂商提供的 JDBC 驱动程序。下面详细介绍 JDBC 驱动程序的分类。

17.2.2 JDBC 驱动程序的类型

JDBC 的总体结构由 4 个组件——应用程序、驱动程序管理器、驱动程序和数据源组成。JDBC 驱动基本上分为以下 4 种。

- ☑ JDBC-ODBC 桥：依靠 ODBC 驱动器和数据库通信。这种连接方式必须将 ODBC 二进制代码加载到使用该驱动程序的每台客户机上。这种类型的驱动程序最适合于企业网或者用 Java 编写的三层结构的应用程序服务器代码。
- ☑ 本地 API 驱动程序：这类驱动程序把客户机的 API 上的 JDBC 调用转换为 Oracle、DB2、Sybase 或其他 DBMS 的调用。这种驱动程序也需要将某些二进制代码加载到每台客户机上。
- ☑ JDBC 网络驱动：这种驱动程序将 JDBC 转换为与 DBMS 无关的网络协议，然后由某个服务器将该网络协议转换为一种 DBMS 协议。它是一种利用 Java 编写的 JDBC 驱动程序，也是最为灵活的 JDBC 驱动程序。这种方案的提供者提供了适合于企业内部互联网（intranet）用的产品。为使这种产品支持 Internet 访问，这种产品需要处理 Web 提出的安全性、通过防火墙的访问等额外的要求。
- ☑ 本地协议驱动：这是一种纯 Java 的驱动程序。这种驱动程序将 JDBC 调用直接转换为 DBMS 使用的网络协议，它允许从客户机上直接调用 DBMS 服务器，它是一种很实用的访问 Intranet 的解决方法。

JDBC 网络驱动和本地协议驱动是 JDBC 访问数据库的首选，这两类驱动程序提供了 Java 的所有优点。

17.3　JDBC 中常用的类和接口

Java 语言提供了丰富的类和接口用于数据库编程，利用这些类和接口可以方便地进行数据访问和处理。本节将讲解一些常用的 JDBC 类和接口，这些类或接口都在 java.sql 包中。

17.3.1 DriverManager 类

DriverManager 类是 JDBC 的管理层，用于管理数据库中的驱动程序。在操作指定数据库之前，需要使用 Java 中 Class 类的静态方法 forName(String className)加载指定数据库的驱动程序。

例如，加载 MySQL 数据库驱动程序（包名为 mysql_connector_java_8.X.X.jar）的代码如下：

```
try {
    Class.forName("com.mysql.cj.jdbc.Driver");          //加载 MySQL 数据库驱动
} catch (ClassNotFoundException e) {
     e.printStackTrace();
}
```

加载完相应数据库的驱动程序后，Java 会自动将驱动程序的实例注册到 DriverManager 类中，这时即可通过 DriverManager 类的 getConnection()方法连接相应的数据库。DriverManager 类的常用方法如

表 17.1 所示。

表 17.1　DriverManager 类的常用方法

方　　法	功　能　描　述
getConnection(String url, String user, String password)	指定 3 个入口参数（依次是连接数据库的 URL、用户名、密码）来获取与数据库的连接
setLoginTimeout()	获取驱动程序试图登录某一数据库时可以等待的最长时间，以秒为单位
println(String message)	将一条消息输出到当前 JDBC 日志流中

例如，使用 DriverManager 连接本地 MySQL 数据库的代码如下：

```
DriverManager.getConnection("jdbc:mysql://127.0.0.1:3306/test?useUnicode=true&characterEncoding=UTF-8&useSSL=
false&serverTimezone=Asia/Shanghai&zeroDateTimeBehavior=CONVERT_TO_NULL&allowPublicKeyRetrieval=true","root",
"password");
```

在上述连接中，127.0.0.1 表示本地 IP 地址，3306 是 MySQL 的默认端口，test 是数据库名称，useUnicode 用来启用 Unicode 字符集，characterEncoding 指定了字符集为 UTF-8，useSSL 指明不启用 SSL 连接，serverTimezone 将时区定为中国，zeroDateTimeBehavior 让空的日期数据以 null 形式返回，allowPublicKeyRetrieval 允许客户端从服务器上获取公钥。

除了连接 MySQL 8.0 数据库，其他常见数据库的加载驱动包和连接代码如下。

☑　加载 Oracle 数据库驱动程序（包名为 ojdbc.jar 或 class14.jar）：

```
Class.forName("oracle.jdbc.driver.OracleDriver ");
DriverManager.getConnection("jdbc:oracle:thin:@//127.0.0.1:1521/test","system","password");
```

☑　加载 SQL Server 2005 及以上版本数据库驱动程序（包名为 sqljdbc4.jar）：

```
Class.forName("com.microsoft.sqlserver.jdbc.SQLServerDriver");
DriverManager.getConnection("jdbc:sqlserver://127.0.0.1:1433;DatabaseName=test","sa","password");
```

☑　加载 MySQL 5.X 版本数据库驱动程序（包名为 mysql_connector_java_5.X.X_bin.jar）：

```
Class.forName("com.mysql.jdbc.Driver ");
DriverManager.getConnection("jdbc:mysql://127.0.0.1:3306/test","root","password");
```

17.3.2　Connection 接口

Connection 接口代表与特定的数据库的连接，在连接上下文中执行 SQL 语句并返回结果。Connection 接口的常用方法如表 17.2 所示。

表 17.2　Connection 接口的常用方法

方　　法	功　能　描　述
createStatement()	创建 Statement 对象
createStatement(int resultSetType, int resultSetConcurrency)	创建一个 Statement 对象，该对象将生成具有给定类型、并发性和可保存性的 ResultSet 对象
preparedStatement()	创建预处理对象 preparedStatement
isReadOnly()	查看当前 Connection 对象的读取模式是否为只读形式

续表

方　　法	功　能　描　述
setReadOnly()	设置当前 Connection 对象的读写模式，默认是非只读模式
commit()	使所有上一次提交/回滚后进行的更改成为持久更改，并释放此 Connection 对象当前持有的所有数据库锁
roolback()	取消在当前事务中进行的所有更改，并释放此 Connection 对象当前持有的所有数据库锁
close()	立即释放此 Connection 对象的数据库和 JDBC 资源，而不是等待它们被自动释放

17.3.3　Statement 接口

Statement 接口用于在已经建立连接的基础上向数据库中发送 SQL 语句。在 JDBC 中有 3 种 Statement 对象，分别是 Statement、PreparedStatement 和 CallableStatement。Statement 对象用于执行不带参数的简单 SQL 语句；PreparedStatement 继承了 Statement，用来执行动态 SQL 语句；CallableStatement 继承了 PreparedStatement，用于执行对数据库的存储过程的调用。Statement 接口的常用方法如表 17.3 所示。

表 17.3　Statement 接口的常用方法

方　　法	功　能　描　述
execute(String sql)	执行静态的 SELECT 语句，该语句可能返回多个结果集
executeQuery(String sql)	执行给定的 SQL 语句，该语句返回单个 ResultSet 对象
clearBatch()	清空此 Statement 对象的当前 SQL 命令列表
executeBatch()	将一批命令提交给数据库来执行，如果全部命令执行成功，则返回更新计数组成的数组。数组元素的排序与 SQL 语句的添加顺序对应
addBatch(String sql)	将给定的 SQL 命令添加到此 Statement 对象的当前命令列表中。如果驱动程序不支持批量处理，将抛出异常
close()	释放 Statement 实例占用的数据库和 JDBC 资源

17.3.4　PreparedStatement 接口

PreparedStatement 接口用来动态地执行 SQL 语句。PreparedStatement 实例执行的动态 SQL 语句，将被预编译并保存到 PreparedStatement 实例中，从而可以反复地执行该 SQL 语句。PreparedStatement 接口的常用方法如表 17.4 所示。

表 17.4　PreparedStatement 接口提供的常用方法

方　　法	功　能　描　述
setInt(int index, int k)	将指定位置的参数设置为 int 值
setFloat(int index, float f)	将指定位置的参数设置为 float 值
setLong(int index,long l)	将指定位置的参数设置为 long 值
setDouble(int index, double d)	将指定位置的参数设置为 double 值

方　　法	功 能 描 述
setBoolean(int index, boolean b)	将指定位置的参数设置为 boolean 值
setDate(int index, date date)	将指定位置的参数设置为对应的 date 值
executeQuery()	在此 PreparedStatement 对象中执行 SQL 查询，并返回该查询生成的 ResultSet 对象
setString(int index String s)	将指定位置的参数设置为对应的 String 值
setNull(int index, intsqlType)	将指定位置的参数设置为 SQL NULL
executeUpdate()	执行前面包含的参数的动态 INSERT、UPDATE 或 DELETE 语句
clearParameters()	清除当前所有参数的值

17.3.5　ResultSet 接口

ResultSet 接口类似于一个临时表，用来暂时存储数据库查询操作所获的结果集。ResultSet 实例具有指向当前数据行的指针，指针开始的位置在第一条记录的前面，通过 next()方法可将指针向下移。

在 JDBC 2.0（JDK 1.2）之后，该接口添加了一组更新方法 updateXXX()，该方法有两个重载方法，它们可根据列的索引号和列的名称来更新指定列。但该方法并没有将对数据进行的操作同步到数据库中，因此需要使用 updateRow()方法或 insertRow()方法来更新数据库。ResultSet 接口的常用方法如表 17.5 所示。

表 17.5　ResultSet 接口的常用方法

方　　法	功 能 描 述
getInt()	以 int 形式获取此 ResultSet 对象的当前行的指定列值。如果列值是 NULL，则返回值是 0
getFloat()	以 float 形式获取此 ResultSet 对象的当前行的指定列值。如果列值是 NULL，则返回值是 0
getDate()	以 data 形式获取 ResultSet 对象的当前行的指定列值。如果列值是 NULL，则返回值是 null
getBoolean()	以 boolean 形式获取 ResultSet 对象的当前行的指定列值。如果列值是 NULL，则返回值是 null
getString()	以 String 形式获取 ResultSet 对象的当前行的指定列值。如果列值是 NULL，则返回值是 null
getObject()	以 Object 形式获取 ResultSet 对象的当前行的指定列值。如果列值是 NULL，则返回值是 null
first()	将指针移到当前记录的第一行
last()	将指针移到当前记录的最后一行
next()	将指针向下移一行
beforeFirst()	将指针移到集合的开头（第一行位置）
afterLast()	将指针移到集合的尾部（最后一行位置）
absolute(int index)	将指针移到 ResultSet 给定编号的行
isFrist()	判断指针是否位于当前 ResultSet 集合的第一行。如果是，则返回 true，否则返回 false
isLast()	判断指针是否位于当前 ResultSet 集合的最后一行。如果是，则返回 true，否则返回 false
updateInt()	用 int 值更新指定列
updateFloat()	用 float 值更新指定列
updateLong()	用指定的 long 值更新指定列
updateString()	用指定的 String 值更新指定列
updateObject()	用 Object 值更新指定列

续表

方　法	功　能　描　述
updateNull()	将指定的列值修改为 NULL
updateDate()	用指定的 date 值更新指定列
updateDouble()	用指定的 double 值更新指定列
getrow()	查看当前行的索引号
insertRow()	将插入行的内容插入数据库中
updateRow()	将当前行的内容同步到数据表中
deleteRow()	删除当前行，但并不同步到数据库中，而是在执行 close() 方法后同步到数据库中

17.4　数据库操作

要对数据表中的数据进行操作，首先需要建立与数据库的连接。JDBC API 中提供的各种类可对数据表中的数据进行查找、添加、修改、删除等操作。本节以 MySQL 数据库为例，讲解几种常见的数据库操作。

17.4.1　连接数据库

要访问数据库，首先需要加载数据库的驱动程序（只需要在第一次访问数据库时加载一次），然后每次访问数据时创建一个 Connection 对象，接着执行操作数据库的 SQL 语句，最后在完成数据库操作后销毁前面创建的 Connection 对象，释放与数据库的连接。

【例 17.1】连接本地的 MySQL 8.0 数据库（**实例位置：资源包\TM\sl\17\1**）

创建 ConnectionUtil 类，在主方法中加载 MySQL 8.0 的驱动包，并连接本地 MySQL 8.0 数据库，如果可正常连接，则输出成功提示。

```java
import java.sql.Connection;
import java.sql.DriverManager;
import java.sql.SQLException;
public class ConnectionUtil {
    public static void main(String[] args) {
        Connection con = null;                              //声明数据库连接对象
        try {
            Class.forName("com.mysql.cj.jdbc.Driver");      //加载数据库驱动类
            //通过访问数据库的 URL，获取数据库连接对象
            con = DriverManager.getConnection(
"jdbc:mysql://127.0.0.1:3306/test?useUnicode=true&characterEncoding=UTF-8&useSSL=false&serverTimezone=Asia/
Shanghai&zeroDateTimeBehavior=CONVERT_TO_NULL&allowPublicKeyRetrieval=true","root", "123456");
        } catch (SQLException e) {
            e.printStackTrace();
        } catch (ClassNotFoundException e) {
            e.printStackTrace();
        }
        if (con != null) {                                  //如果数据库不为空
            System.out.println("数据库连接成功！");
```

```
            System.out.println(con);
        }
    }
}
```

运行结果如下：

数据库连接成功！
com.mysql.cj.jdbc.ConnectionImpl@5fdcaa40

误区警示

（1）如果驱动类名被写错，则会抛出 ClassNotFoundException 异常。开发者需要做两项检查：

☑　是否为项目引入了驱动 JAR 包。

☑　是否写错驱动类名。

（2）如果 DriverManager 类无法连接数据库，则抛出 SQLException 异常。日常日志是由数据库方提供的，开发者需根据异常日志的具体内容来分析连接失败的原因，如账号密码错误、IP 地址错误、URL 格式不正确、数据库未开启连接服务等。

17.4.2　向数据库中发送 SQL 语句

例 17.1 只是获取与数据库的连接，要执行 SQL 语句，还需要创建 Statement 类对象。通过例 17.1 创建的连接数据库对象 con 的 createStatement()方法可获得 Statement 对象，其语法如下：

```
Statement stmt = con.createStatement();
```

17.4.3　处理查询结果集

有了 Statement 对象以后，可调用相应的方法实现对数据库的查询和修改，并将查询的结果集存储在 ResultSet 类的对象中。例如，执行"select * from tb_stu"语句，并保存查询的结果集，其语法如下：

```
ResultSet res = stmt.executeQuery("select * from tb_stu");
```

运行结果为返回一个 ResultSet 对象。ResultSet 对象一次只可以看到结果集中的一行数据，使用该类的 next()方法可将光标从当前位置移向下一行。

17.4.4　顺序查询

ResultSet 类的 next()方法的返回值是 boolean 类型的数据，当游标移动到最后一行之后会返回 false。下面的实例就是将数据表 tb_emp 中的全部信息显示在控制台上。

【例 17.2】查询数据库中 tb_stu 表中的所有数据（实例位置：资源包\TM\sl\17\2）

将"资源包\TM\sl\17\test.sql"脚本文件导入 MySQL 8.0 数据库中，并在 test 库中查询 tb_stu 表，则可以看到如图 17.3 所示结果。

创建 JDBCDemo 类，在主方法中连接 MySQL 8.0 数据库，将

```
mysql> select * from tb_stu;
+----+------+-----+------------+
| id | name | sex | birthday   |
+----+------+-----+------------+
|  1 | 张三 | 男  | 1998-02-06 |
|  2 | 李四 | 女  | 1995-06-28 |
|  3 | 王五 | 女  | 1999-11-23 |
|  4 | 赵六 | 男  | 2000-05-30 |
+----+------+-----+------------+
```

图 17.3　数据库中的查询结果

tb_stu 表中的所有数据都输出到控制台中。

```java
import java.sql.Connection;
import java.sql.DriverManager;
import java.sql.ResultSet;
import java.sql.SQLException;
import java.sql.Statement;
public class JDBCDemo {
    public static void main(String[] args) {
        try {
            Class.forName("com.mysql.cj.jdbc.Driver");          //加载数据库驱动类
        } catch (ClassNotFoundException e) {
            e.printStackTrace();
        }
        try {
            //通过访问数据库的 URL，获取数据库连接对象
            Connection con = DriverManager.getConnection(
"jdbc:mysql://127.0.0.1:3306/test?useUnicode=true&characterEncoding=UTF-8&useSSL=false&serverTimezone=Asia/
Shanghai&zeroDateTimeBehavior=CONVERT_TO_NULL&allowPublicKeyRetrieval=true","root", "123456");
            Statement stmt = con.createStatement();
            ResultSet res = stmt.executeQuery("select * from tb_stu");
            while (res.next()) {                                //如果当前语句不是最后一条，则进入循环
                String id = res.getString("id");                //获取列名是 id 的字段值
                String name = res.getString("name");            //获取列名是 name 的字段值
                String sex = res.getString("sex");              //获取列名是 sex 的字段值
                String birthday = res.getString("birthday");    //获取列名是 birthday 的字段值
                System.out.print("编号：" + id);                  //将列值输出
                System.out.print(" 姓名:" + name);
                System.out.print(" 性别:" + sex);
                System.out.println(" 生日：" + birthday);
            }
            con.close();                                        //关闭数据库连接
        } catch (SQLException e) {
            e.printStackTrace();
        }
    }
}
```

运行结果如下：

```
编号：1 姓名:张三 性别:男 生日：1998-02-06
编号：2 姓名:李四 性别:女 生日：1995-06-28
编号：3 姓名:王五 性别:女 生日：1999-11-23
编号：4 姓名:赵六 性别:男 生日：2000-05-30
```

17.4.5 模糊查询

SQL 语句中提供了 LIKE 操作符以用于模糊查询，可使用 "%" 来代替 0 个或多个字符，使用下画线 "_" 来代替一个字符。例如，在查询姓张的同学的信息时，可使用以下 SQL 语句：

```sql
select * from tb_stu where name like '张%'
```

【例 17.3】找出所有姓张的同学（实例位置：资源包\TM\sl\17\3）

本例在例 17.2 的基础上进行修改，为查询语句添加 like 关键字，然后将姓张的同学的全部信息输出到控制台中。

```java
import java.sql.Connection;
import java.sql.DriverManager;
import java.sql.ResultSet;
import java.sql.SQLException;
import java.sql.Statement;
public class JDBCDemo2 {
    public static void main(String[] args) {
        try {

            ......                                               //省略与例 17.2 相同的连接数据库代码

            ResultSet res = stmt.executeQuery("select * from tb_stu where name like '张%'");
            while (res.next()) {                                 //如果当前语句不是最后一条，则进入循环
                String id = res.getString("id");                 //获取列名是 id 的字段值
                String name = res.getString("name");             //获取列名是 name 的字段值
                String sex = res.getString("sex");               //获取列名是 sex 的字段值
                String birthday = res.getString("birthday");     //获取列名是 birthday 的字段值
                System.out.print("编号： " + id);                 //将列值输出
                System.out.print(" 姓名:" + name);
                System.out.print(" 性别:" + sex);
                System.out.println(" 生日： " + birthday);
            }
            con.close();                                         //关闭数据库连接
        } catch (SQLException e) {
            e.printStackTrace();
        }
    }
}
```

运行结果如下：

编号：1 姓名:张三 性别:男 生日：1998-02-06

17.4.6　预处理语句

向数据库发送一个 SQL 语句，数据库中的 SQL 解释器负责把 SQL 语句生成为底层的内部命令，然后执行该命令，完成相关的数据操作。如果不断地向数据库中提交 SQL 语句，则肯定会增加数据库中 SQL 解释器的负担，影响执行的速度。

JDBC 可以通过 Connection 对象的 preparedStatement(String sql)方法来对 SQL 语句进行预处理，生成数据库底层的内部命令，并将该命令封装在 PreparedStatement 对象中。通过调用该对象的相应方法，SQL 语句可执行底层数据库命令。也就是说，应用程序能针对连接的数据库，将 SQL 语句解释为数据库底层的内部命令，然后让数据库执行这个命令。这样，可以减轻数据库的负担，提高访问数据库的速度。

对 SQL 进行预处理时可以使用通配符"?"来代替任何的字段值。例如：

sql = con.prepareStatement("select * from tb_stu where id = ?");

在执行预处理语句前，必须用相应方法来设置通配符所表示的值。例如：

sql.setInt(1,16);

上述语句中的 1 表示从左向右的第 1 个通配符，16 表示设置的通配符的值。将通配符的值设置为16 后，功能等同于：

sql = con.prepareStatement("select * from tb_stu where id = 16");

书写两条语句看似麻烦了一些，但使用预处理语句可使应用程序动态地改变 SQL 语句中关于字段

值条件的设定。

> **注意**
>
> 　　通过 setXXX()方法为 SQL 语句中的参数赋值时，建议使用与参数匹配的方法，也可以使用
> setObject()方法为各种类型的参数赋值。例如：
>
> 　　sql.setObject(2,'李丽');

【例 17.4】 找出编号为 3 的同学（**实例位置：资源包\TM\sl\17\4**）

　　本例在例 17.2 的基础上进行修改，使用预处理语句动态地查询编号为 3 的同学信息，并将该同学的全部信息输出到控制台中。

```java
import java.sql.Connection;
import java.sql.DriverManager;
import java.sql.PreparedStatement;
import java.sql.ResultSet;
import java.sql.SQLException;

public class JDBCDemo3 {
    public static void main(String[] args) {
        try {
            Class.forName("com.mysql.cj.jdbc.Driver");                //加载数据库驱动类
        } catch (ClassNotFoundException e) {
            e.printStackTrace();
        }
        try {
            ......                                                    //省略与例 17.2 相同的连接数据库代码
            PreparedStatement ps = con.prepareStatement("select * from tb_stu where id = ?");
            ps.setInt(1, 3);                                          //设置参数
            ResultSet rs = ps.executeQuery();                        //执行预处理语句
            //如果当前记录不是结果集中的最后一行，则进入循环体
            while (rs.next()) {
                String id = rs.getString(1);                         //获取结果集中第一列的值
                String name = rs.getString("name");                 //获取 name 列的列值
                String sex = rs.getString("sex");                   //获取 sex 列的列值
                String birthday = rs.getString("birthday");         //获取 birthday 列的列值
                System.out.print("编号：" + id);                     //输出信息
                System.out.print("  姓名：" + name);
                System.out.print("  性别:" + sex);
                System.out.println("  生日：" + birthday);
            }
            con.close();                                             //关闭数据库连接
        } catch (SQLException e) {
            e.printStackTrace();
        }
    }
}
```

运行结果如下：

编号：3 姓名：王五 性别:女 生日：1999-11-23

17.4.7　添加、修改、删除记录

　　SQL 语句可以对数据执行添加、修改和删除操作。可通过 PreparedStatement 类的指定参数来动态

地对数据表中原有数据进行修改操作，并通过 executeUpdate()方法执行更新语句操作。

【例 17.5】对学生表进行添加、修改和删除操作（**实例位置：资源包\TM\sl\17\5**）

创建 JDBCDemo4 类，在类中编写相应的方法，分别用来初始化数据库连接、关闭数据库连接、查询所有学生数据、添加新学生数据、修改指定编号的学生姓名和删除指定学生的全部数据。最后模拟以下场景。

☑　添加新学生：姓名王富贵，男，生日 1990-12-30，编号为 5。

☑　将编号为 2 的学生姓名修改为"李美丽"。

☑　删除编号为 3 的学生。

具体代码如下：

```java
import java.sql.Connection;
import java.sql.DriverManager;
import java.sql.PreparedStatement;
import java.sql.ResultSet;
import java.sql.SQLException;
import java.sql.Statement;

public class JDBCDemo4 {
    Connection con;                                           //声明数据库连接对象
    public void initConnection() {                            //初始化数据库连接
        try {
            Class.forName("com.mysql.cj.jdbc.Driver");        //加载数据库驱动类
        } catch (ClassNotFoundException e) {
            e.printStackTrace();
        }
        try {
            //通过访问数据库的 URL，获取数据库连接对象
            con = DriverManager.getConnection(
"jdbc:mysql://127.0.0.1:3306/test?useUnicode=true&characterEncoding=UTF-8&useSSL=false&serverTimezone=Asia/
Shanghai&zeroDateTimeBehavior=CONVERT_TO_NULL&allowPublicKeyRetrieval=true","root", "123456");
        } catch (SQLException e) {
            e.printStackTrace();
        }
    }

    public void closeConnection() {                           //关闭数据库连接
        if (con != null) {
            try {
                con.close();
            } catch (SQLException e) {
                e.printStackTrace();
            }
        }
    }

    public void showAllData() {                               //显示所有学生数据
        try {
            Statement stmt = con.createStatement();
            ResultSet rs = stmt.executeQuery("select * from tb_stu");
            while (rs.next()) {                               //如果当前语句不是最后一条，则进入循环
                System.out.print("编号：" + rs.getString("id"));  //将列值输出
                System.out.print(" 姓名:" + rs.getString("name"));
                System.out.print(" 性别:" + rs.getString("sex"));
                System.out.println(" 生日：" + rs.getString("birthday"));
            }
```

```java
        } catch (SQLException e) {
            e.printStackTrace();
        }
    }

    public void add(int id, String name, String sex, String birthday) {          //添加新学生
        try {
            String sql = "insert into tb_stu values(?,?,?,?) ";
            PreparedStatement ps = con.prepareStatement(sql);
            ps.setInt(1, id);                                                     //设置编号
            ps.setString(2, name);                                                //设置名字
            ps.setString(3, sex);                                                 //设置性别
            ps.setString(4, birthday);                                            //设置出生日期
            ps.executeUpdate();
        } catch (SQLException e) {
            e.printStackTrace();
        }
    }

    public void delete(int id) {                                                  //删除指定 ID 的学生
        try {
            Statement stmt = con.createStatement();
            stmt.executeUpdate("delete from tb_stu where id =" + id);
        } catch (SQLException e) {
            e.printStackTrace();
        }
    }

    public void update(int id, String newName) {                                  //修改指定 ID 的学生姓名
        try {
            String sql = "update tb_stu set name = ? where id = ? ";
            PreparedStatement ps = con.prepareStatement(sql);
            ps.setString(1, newName);                                             //设置名字
            ps.setInt(2, id);                                                     //设置编号
            ps.executeUpdate();
        } catch (SQLException e) {
            e.printStackTrace();
        }
    }

    public static void main(String[] args) {
        JDBCDemo4 demo = new JDBCDemo4();
        demo.initConnection();
        demo.showAllData();
        System.out.println("---添加新同学---");
        demo.add(5, "王富贵","男","1990-12-30");
        demo.showAllData();
        System.out.println("---修改编号为 2 的学生姓名---");
        demo.update(2, "李美丽");
        demo.showAllData();
        System.out.println("---删除编号为 3 的学生---");
        demo.delete(3);
        demo.showAllData();
        demo.closeConnection();
    }
}
```

运行结果如下：

```
编号：1 姓名:张三 性别:男 生日：1998-02-06
编号：2 姓名:李四 性别:女 生日：1995-06-28
编号：3 姓名:王五 性别:女 生日：1999-11-23
编号：4 姓名:赵六 性别:男 生日：2000-05-30
---添加新同学---
编号：1 姓名:张三 性别:男 生日：1998-02-06
编号：2 姓名:李四 性别:女 生日：1995-06-28
编号：3 姓名:王五 性别:女 生日：1999-11-23
编号：4 姓名:赵六 性别:男 生日：2000-05-30
编号：5 姓名:王富贵 性别:男 生日：1990-12-30
---修改编号为 2 的学生姓名---
编号：1 姓名:张三 性别:男 生日：1998-02-06
编号：2 姓名:李美丽 性别:女 生日：1995-06-28
编号：3 姓名:王五 性别:女 生日：1999-11-23
编号：4 姓名:赵六 性别:男 生日：2000-05-30
编号：5 姓名:王富贵 性别:男 生日：1990-12-30
---删除编号为 3 的学生---
编号：1 姓名:张三 性别:男 生日：1998-02-06
编号：2 姓名:李美丽 性别:女 生日：1995-06-28
编号：4 姓名:赵六 性别:男 生日：2000-05-30
编号：5 姓名:王富贵 性别:男 生日：1990-12-30
```

17.5　实践与练习

（答案位置：资源包\TM\sl\17\实践与练习）

综合练习 1：添加新学生　编写程序，实现向数据表 tb_stu 中添加数据的功能，要求姓名为"李某"，性别为"女"，出生日期是"1999-10-20"。

综合练习 2：删除指定学生　删除出生日期在"1996-01-01"之前的学生。

综合练习 3：创建数据表　使用 Java 程序在数据库中创建一个 tb_emp 表，结构如表 17.6 所示。

表 17.6　tb_emp 表结构

字　段　名	类　　型	长　　度	字　段　名	类　　型	长　　度
id	int	默认	birth	date	默认
name	varchar	100	dept	varchar	20
sex	char	1			

综合练习 4：向数据表中插入数据　向综合练习 3 的 tb_emp 表中插入数据，数据如表 17.7 所示。

表 17.7　插入数据后的 tb_emp 表

id	name	sex	birth	dept
1	张三	男	1997-11-03	开发部
2	大强	男	1989-06-11	营销部
3	小王	男	1993-05-30	财务部
4	小胖	女	1991-07-10	开发部
5	李姨	女	1982-06-17	人事部

第 18 章

Swing 程序设计

Swing 用于开发桌面窗体程序，是 JDK 的第二代 GUI 框架，其功能比 JDK 第一代 GUI 框架 AWT 更为强大、性能更加优良。但因为 Swing 技术的推出时间太早，其性能、开发效率等不及一些其他流行技术，所以目前市场上大多数桌面窗体程序都不是由 Java 开发的，Swing 技术也逐渐被广大开发人员放弃了。

不过，Swing 是 JDK 自带的功能，并且能非常好地体现 Java 语言在面向对象、接口事件等方面的设计模式，又能提供直观地呈现运行效果，因此本书还是纳入此内容。本章不会深入地讲解 Swing 技术，仅会介绍一些常用组件的使用方法，读者了解即可。

Swing 中的大多数组件均为轻量级组件，使用 Swing 开发出的窗体风格会与当前平台（如 Windows、Linux 等）的窗体风格保持一致。本章主要介绍 Swing 中的基本要素，包括窗体的布局、容器、常用组件、如何创建表格等内容。

本章的知识架构及重难点如下。

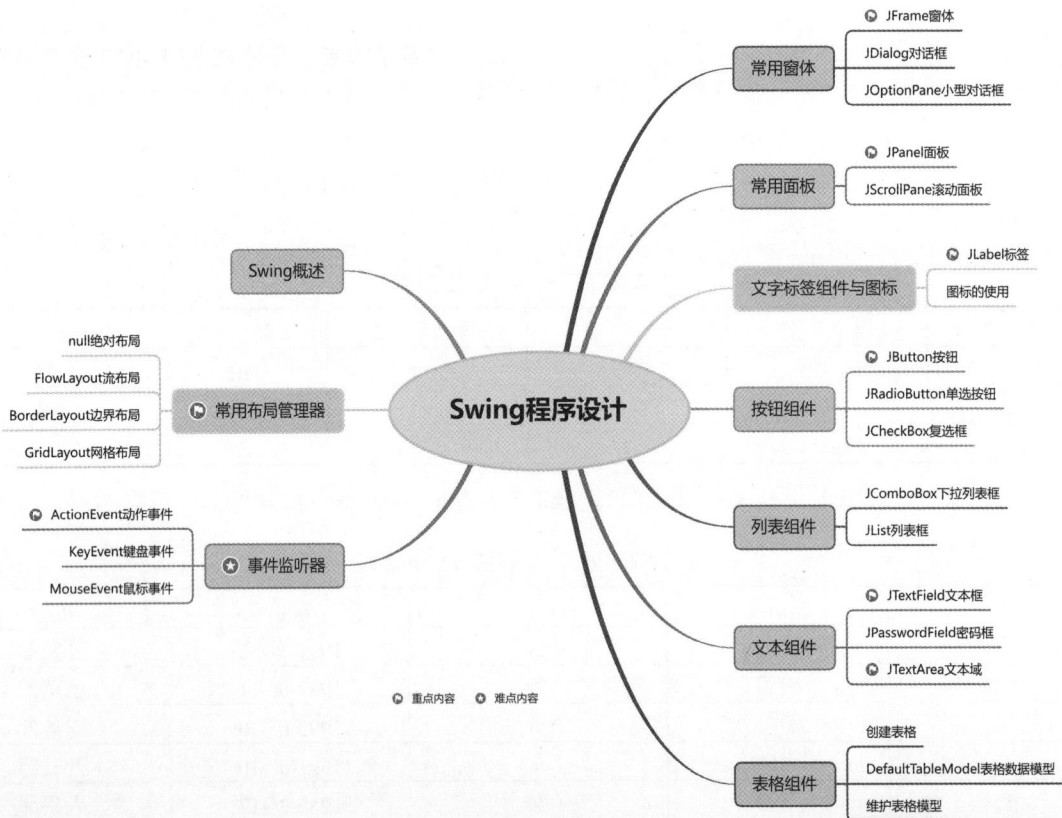

18.1　Swing 概述

Swing 主要用来开发 GUI（graphical user interface）程序，GUI 是应用程序提供给用户操作的图形界面，包括窗口、菜单、按钮等图形界面元素，我们经常使用的 QQ 软件、360 安全卫士等均为 GUI 程序。Java 语言为 Swing 程序的开发提供了丰富的类库，这些类分别被存储在 java.awt 和 javax.swing 包中。Swing 提供了丰富的组件，在开发 Swing 程序时，这些组件被广泛地应用。

Swing 组件是完全由 Java 语言编写的组件。因为 Java 语言不依赖于本地平台（即"操作系统"），所以 Swing 组件可以被应用于任何平台上。基于"跨平台"这一特性，Swing 组件被称作"轻量级组件"；反之，依赖于本地平台的组件被称作"重量级组件"，

在 Swing 包的层次结构和继承关系中，比较重要的类是 Component 类（组件类）、Container 类（容器类）和 JComponent 类（Swing 组件父类）。Swing 包的层次结构和继承关系如图 18.1 所示。

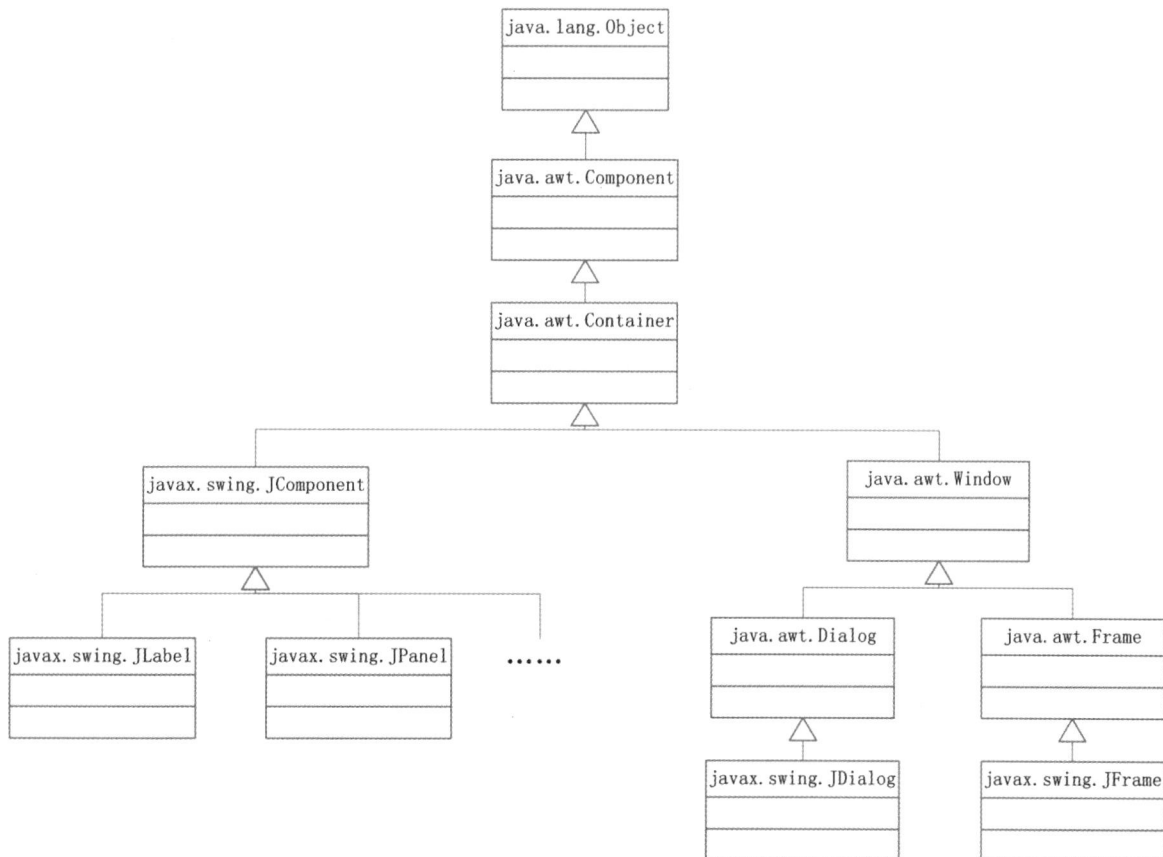

图 18.1　Swing 包的层次结构和继承关系

图 18.1 包含了一些 Swing 组件，常用的 Swing 组件如表 18.1 所示。

表 18.1　常用的 Swing 组件

组 件 类 名	组 件 名 称	重 要 组 件
JButton	普通按钮	√
JCheckBox	复选框	√
JColorChooser	颜色选择器	
JComboBox	下拉列表框	√
JDesktopPane	桌面面板	
JInternalFrame	桌面面板内部的窗体	
JDialog	对话框窗体	
JEditorPane	可编辑的富文本面板	
JFileChooser	文件选择器、文件选择对话框	
JFrame	窗体	√
JLabel	标签	√
JList	列表框	
JMenuBar	菜单栏	
JMenu	菜单	
JMenuItem	菜单项	
JOptionPane	小型弹出式对话框	√
JPanel	面板	√
JPasswordField	密码输入框	√
JPopupMenu	鼠标菜单	
JProgressBar	进度条	
JRadioButton	单选按钮	
JScrollPane	滚动面板	√
JSlider	滑动条	
JSpinner	微调输入框	
JSplitPane	分割面板	
JTabbedPane	选项卡面板	
JTable	表格	
JTextArea	文本域	√
JTextField	文本输入框	√
JToggleButton	可显示选中状态的按钮	
JToolBar	工具栏	
JTree	树状菜单	
JWindow	无边栏窗体	
SystemTray	系统托盘	

18.2　常用窗体

18.2.1　JFrame 窗体

开发 Swing 程序的流程可以被简单地概括为首先通过继承 javax.swing.JFrame 类创建一个窗体，然后向这个窗体中添加组件，最后为添加的组件设置监听事件。下面将详细讲解 JFrame 窗体的使用方法。

JFrame 类的常用构造方法包括以下两种形式。

☑　public JFrame()：创建一个初始不可见、没有标题的窗体。

☑　public JFrame(String title)：创建一个不可见、具有标题的窗体。

例如，创建一个不可见、具有标题的窗体，关键代码如下：

```
JFrame jf = new JFrame("登录系统");
Container container = jf.getContentPane();
```

在创建窗体后，先调用 getContentPane()方法将窗体转换为容器，再调用 add()方法或者 remove()
方法向容器中添加组件或者删除容器中的组件。向容器中添加按钮，关键代码如下：

```
JButton okBtn = new JButton("确定")
container.add(okBtn);
```

删除容器中的按钮，关键代码如下：

```
container.remove(okBtn);
```

创建窗体后，要对窗体进行设置，如设置窗体的位置、大小、是否可见等。JFrame 类提供的相应
方法可实现上述设置操作，具体如下。

☑　setBounds(int x, int y, int width, int leight)：设置窗体左上角在屏幕中的坐标为(x, y)，窗体的宽
度为 width，窗体的高度为 height。

☑　setLocation(int x, int y)：设置窗体左上角在屏幕中的坐标为(x, y)。

☑　setSize(int width, int height)：设置窗体的宽度为 width，高度为 height。

☑　setVisibale(boolean b)：设置窗体是否可见。b 为 true 时，表示可见；b 为 false 时，表示不可见。

☑　setDefaultCloseOperation(int operation)：设置窗体的关闭方式，默认值为 DISPOSE_ON_CLOSE。
Java 语言提供了多种窗体的关闭方式，常用的有 4 种，如表 18.2 所示。

表 18.2　JFrame 窗体关闭的几种方式

窗体关闭方式	实 现 功 能
DO_NOTHING_ON_CLOSE	关闭窗体时，不触发任何操作
DISPOSE_ON_CLOSE	关闭窗体时，释放窗体资源，窗体会消失但程序不停止
HIDE_ON_CLOSE	关闭窗体时，仅隐藏窗体，不释放资源
EXIT_ON_CLOSE	关闭窗体时，释放窗体资源并关闭程序

【例 18.1】第一个窗体程序（**实例位置：资源包\TM\sl\18\1**）

创建 JFreamTest 类，在 JFreamTest 类中创建一个内容为"这是一个 JFrame 窗体"的标签后，把这
个标签添加到窗体中。

```
import java.awt.*;                                      //导入 AWT 包
import javax.swing.*;                                   //导入 Swing 包
public class JFreamTest {
    public static void main(String args[]) {           //主方法
        JFrame jf = new JFrame();                       //创建窗体对象
        jf.setTitle("创建一个 JFrame 窗体");             //设置窗体标题
        Container container = jf.getContentPane();       //获取主容器
        JLabel jl = new JLabel("这是一个 JFrame 窗体");  //一个文本标签
        jl.setHorizontalAlignment(SwingConstants.CENTER);//使标签上的文字居中
        container.add(jl);                               //将标签添加到主容器中
```

```
        jf.setSize(300, 150);                                    //设置窗体宽高
        jf.setLocation(320, 240);                                //设置窗体在屏幕中出现的位置
        jf.setDefaultCloseOperation(WindowConstants.EXIT_ON_CLOSE);  //关闭窗体则停止程序
        jf.setVisible(true);                                     //让窗体展示出来
    }
}
```

运行结果如图 18.2 所示。

18.2.2　JDialog 对话框

图 18.2　窗体的展示效果

JDialog 对话框继承了 java.awt.Dialog 类，其功能是从一个窗体中弹出另一个窗体，如使用 IE 浏览器时弹出的确定对话框。JDialog 对话框与 JFrame 窗体类似，被使用时也需要先调用 getContentPane()方法把 JDialog 对话框转换为容器，再对 JDialog 对话框进行设置。JDialog 类常用的构造方法如下。

☑　public JDialog()：创建一个没有标题和父窗体的对话框。

☑　public JDialog(Frame f)：创建一个没有标题，但指定父窗体的对话框。

☑　public JDialog(Frame f, boolean model)：创建一个没有标题，但指定父窗体和模式的对话框。如果 model 为 true，那么弹出对话框后，用户无法操作父窗体。

☑　public JDialog(Frame f, String title)：创建一个指定标题和父窗体的对话框。

☑　public JDialog(Frame f, String title, boolean model)：创建一个指定标题、父窗体和模式的对话框。

【例 18.2】在窗体中弹出对话框（**实例位置：资源包\TM\sl\18\2**）

创建 MyJDialog 类，使之继承 JDialog 窗体，在父窗体中添加按钮，当用户单击按钮时，弹出对话框。

```java
import java.awt.*;
import java.awt.event.*;
import javax.swing.*;

class MyJDialog extends JDialog {                                //自定义对话框类，继承 JDialog
    public MyJDialog(MyFrame frame) {
        //调用父类构造方法，第一个参数是父窗体，第二个参数是窗体标题，第三个参数表示阻塞父窗体
        super(frame, "第一个 JDialog 窗体", true);
        Container container = getContentPane();                  //获取主容器
        container.add(new JLabel("这是一个对话框"));             //在容器中添加标签
        setBounds(120, 120, 100, 100);                          //设置对话框窗体在桌面显示的坐标和大小
    }
}

public class MyFrame extends JFrame {                            //自定义窗体类，继承 JFrame
    public MyFrame() {                                          //窗体的构造方法
        Container container = getContentPane();                 //获得窗体主容器
        container.setLayout(null);                              //容器使用绝对布局
        JButton bl = new JButton("弹出对话框");                 //创建一个按钮
        bl.setBounds(10, 10, 100, 21);                         //定义按钮在容器中的坐标和大小
        bl.addActionListener(new ActionListener() {             //为按钮添加单击事件
            public void actionPerformed(ActionEvent e) {        //单击事件触发的方法
                MyJDialog dialog = new MyJDialog(MyFrame.this); //创建 MyJDialog 对话框
                dialog.setVisible(true);                        //使对话框可见
            }
        });
        container.add(bl);                                      //将按钮添加到容器中
```

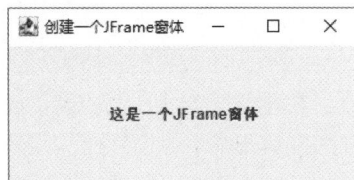

```
        setSize(200, 200);                                      //窗体的宽高
        setDefaultCloseOperation(WindowConstants.EXIT_ON_CLOSE);  //关闭窗体则停止程序
        setVisible(true);                                       //使窗体可见
    }

    public static void main(String args[]) {
        new MyFrame();
    }
}
```

运行结果如图 18.3 所示。

18.2.3　JOptionPane 小型对话框

Java API 中的 javax.swing.JOptionPane 类是一个非常简便的小型对话框类，该类用于创建对话框的方法都是静态方法，无须创建对象即可弹出。在日常开发中经常使用该类弹出提示、确认用户需求、调试程序等。JOptionPane 提供了 4 种创建对话框的方法，如表 18.3 所示。

图 18.3　从父窗体中弹出对话框

表 18.3　JOptionPane 类提供的 4 种创建对话框的方法

方　　法	描　　述
showConfirmDialog()	确认框，询问一个确认问题，如 yes/no/cancel
showInputDialog()	输入框，可以让用户向程序中输入某些值
showMessageDialog()	通知框，告知用户某事已发生
showOptionDialog()	自定义对话框，集合了上述 3 种对话框的全部功能

下面分别介绍这 4 种对话框的外观样式和使用方法。

1．自定义对话框

首先介绍一个自定义的对话框，这个对话框可以说是一块白板，开发者可以自行定义对话框中显示的元素。创建自定义对话框的方法如下：

```
public static int showOptionDialog(Component parentComponent,
        Object message,
        String title,
        int optionType,
        int messageType,
        Icon icon,
        Object[] options,
        Object initialValue)
```

参数说明如下。

☑　parentComponent：指明对话框在哪个窗体上显示，如果传入具体的窗体对象，对话框会在该窗体居中位置显示，如果传入 null，则在屏幕中间弹出对话框。

☑　message：提示的信息。

☑　title：对话框的标题。

☑　optionType：指定可用于对话框的选项的整数，即 DEFAULT_OPTION、YES_NO_OPTION、YES_NO_CANCEL_OPTION 或 OK_CANCEL_OPTION。

☑ messageType：指定消息种类的整数，主要用于确定来自可插入外观的图标，即 ERROR_MESSAGE、INFORMATION_MESSAGE、WARNING_MESSAGE、QUESTION_MESSAGE 或 PLAIN_MESSAGE。

☑ icon：在对话框中显示的图标。

☑ options：指示用户可能选择的对象组成的数组。如果对象是组件，则可以正确呈现，非 String 对象使用其 toString 方法呈现；如果此参数为 null，则由外观确定选项。

☑ initialValue：表示对话框的默认选择的对象，只有在使用 options 时才有意义，可以为 null。

【例 18.3】弹出会话框，问用户准备好了吗（实例位置：资源包\TM\sl\18\3）

在自定义对话框中显示"你做好准备了吗？"，并添加两个 JButton 按钮，分别为"是的"和"再想想"。

```java
import javax.swing.Icon;
import javax.swing.ImageIcon;
import javax.swing.JButton;
import javax.swing.JOptionPane;

public class Demo {
    public static void main(String[] args) {
        Object o[] = { new JButton("是的"), new JButton("再想想") };   //按钮对象的 Object 数组
        Icon icon = new ImageIcon("src/注意.png");                    //获取图标对象
        JOptionPane.showOptionDialog(null,
                "你做好准备了吗？",
                "注意了！",
                JOptionPane.DEFAULT_OPTION,
                JOptionPane.DEFAULT_OPTION,
                icon, o, null);
    }
}
```

运行效果如图 18.4 所示。

2．确认框

确认框已经封装好了一套外观样式，弹出后要求用户做选择操作，用户选择具体选项后，确认框可以返回用户的选择结果，结果以 int 方式返回。创建确认对话框的方法有以下几种重载形式：

图 18.4　自定义对话框的效果

☑ 调出带有选项 Yes、No 和 Cancel 的对话框，标题为 Select an Option。

```java
static int showConfirmDialog(Component parentComponent, Object message)
```

☑ 调出一个由 optionType 参数确定其中选项数的对话框。

```java
static int showConfirmDialog(Component parentComponent, Object message, String title, int optionType)
```

☑ 调用一个由 optionType 参数确定其中选项数的对话框，messageType 参数确定要显示的图标。

```java
static int showConfirmDialog(Component parentComponent,
        Object message,
        String title,
        int optionType,
        int messageType)
```

☑ 调出一个带有指定图标的对话框，其中的选项数由 optionType 参数确定。

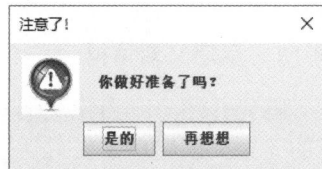

```
static int showConfirmDialog(Component parentComponent,
          Object message,
          String title,
          int optionType,
          int messageType,
          Icon icon)
```

【例 18.4】弹出确认框，询问用户是否离开（**实例位置：资源包\TM\sl\18\4**）

弹出一个确认框，询问用户是否离开，提供"是""否""取消"3 个按钮。

```
import javax.swing.JOptionPane;
public class Demo {
    public static void main(String[] args) {
        int answer = JOptionPane.showConfirmDialog(null,
                "确定离开吗？",
                "标题",
                JOptionPane.YES_NO_CANCEL_OPTION);
    }
}
```

此确认框的弹出效果如图 18.5 所示。如果用户单击"是"按钮，那么变量 answer 获得的值为 0；如果用户单击"否"按钮，那么变量 answer 获得的值为 1；如果用户单击"取消"按钮，那么变量 answer 获得的值为 2。

如果只想弹出"是"和"否"两个按钮，可以使用 JOptionPane.YES_NO_OPTION 类型，该类型对话框效果如图 18.6 所示。

图 18.5　3 个按钮的确认框

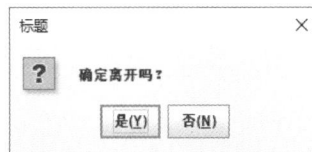

图 18.6　两个按钮的确认框

3. 输入框

输入框已经封装好了一套外观样式，弹出后要求用户在文本框中输入文本，用户完成输入操作后，输入框可以返回用户输入的结果。创建输入框的方法有以下几种重载形式：

☑　显示请求用户输入内容的问题消息对话框，它把 parentComponent 作为其父级。

```
static String showInputDialog(Component parentComponent, Object message)
```

☑　显示请求用户输入内容的问题消息对话框，它把 parentComponent 作为其父级。

```
static String showInputDialog(Component parentComponent, Object message, Object initialSelectionValue)
```

☑　显示请求用户输入内容的对话框，它把 parentComponent 作为其父级，该对话框的标题为 title，消息类型为 messageType。

```
static String showInputDialog(Component parentComponent, Object message, String title, int messageType)
```

☑　提示用户在可以指定初始选择、可能选择及其他所有选项的模块化的对话框中输入内容。

```
static Object showInputDialog(Component parentComponent,
          Object message,
          String title,
          int messageType,
          Icon icon,
          Object[] selectionValues,
          Object initialSelectionValue)
```

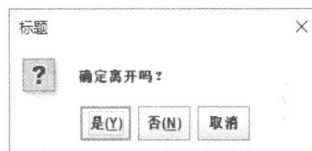

☑ 显示请求用户输入的问题消息对话框。

```
static String showInputDialog(Object message)
```

☑ 显示请求用户输入的问题消息对话框，它带有已初始化为 initialSelectionValue 的输入值。

```
static String showInputDialog(Object message, Object initialSelectionValue)
```

【例 18.5】弹出会话框，让用户输入自己的姓名（**实例位置：资源包\TM\sl\18\5**）

弹出一个输入框，让用户输入自己的姓名。

```java
import javax.swing.JOptionPane;
public class Demo {
    public static void main(String[] args) {
        String name = JOptionPane.showInputDialog(null, "请输入您的姓名");
    }
}
```

此输入框弹出效果如图 18.7 所示，用户输入姓名后，单击"确定"按钮，变量 name 获得的值就是输入框中的文本值。如果用户单击"取消"按钮，那么变量 name 获得的值为 null。

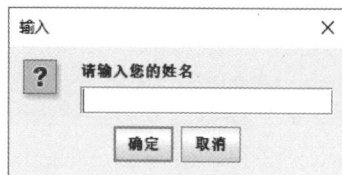

图 18.7　输入框效果

4．通知框

通知框是最简单的一个对话框，仅弹出提示，不会返回任何值。创建通知框方法有以下几种重载形式：

☑ 调出标题为 Message 的信息消息对话框。

```
static void showMessageDialog(Component parentComponent, Object message)
```

☑ 调出对话框，它显示使用由 messageType 参数确定的默认图标的 message。

```
static void showMessageDialog(Component parentComponent,
        Object message,
        String title,
        int messageType)
```

☑ 调出一个显示信息的对话框，为其指定了所有参数。

```
static void showMessageDialog(Component parentComponent,
        Object message,
        String title,
        int messageType,
        Icon icon)
```

【例 18.6】弹出警告对话框（**实例位置：资源包\TM\sl\18\6**）

弹出一个警告提示，告知用户已与服务器断开连接。

```java
import javax.swing.JOptionPane;

public class Demo {
    public static void main(String[] args) {
        JOptionPane.showMessageDialog(null,
                "您与服务器断开了连接",
                "发生错误",
                JOptionPane.ERROR_MESSAGE);
    }
}
```

此通知框弹出效果如图 18.8 所示，用户单击"确定"按钮后通知框消失。

图 18.8　通知框效果

编程训练（答案位置：资源包\TM\sl\18\编程训练）

【训练 1】创建指定大小的窗体　在桌面(300,100)坐标位置处创建一个宽 320、高 240 的窗体。

【训练 2】创建动态大小的窗体　创建动态大小的窗体，并根据桌面大小调整窗体大小。

18.3　常用布局管理器

开发 Swing 程序时，在容器中使用布局管理器能够设置窗体的布局，进而控制 Swing 组件的位置和大小。Swing 常用的布局管理器为绝对布局管理器、流布局管理器、边界布局管理器和网格布局管理器。

18.3.1　null 绝对布局管理器

绝对布局也叫 null 布局，其特点是硬性指定组件在容器中的位置和大小，组件的位置通过绝对坐标的方式来指定。使用绝对布局首先要使用 Container.setLayout(null)方法取消容器的布局管理器，然后使用 Component.setBounds(int x, int y, int width, int height)方法设置每个组件在容器中的位置和大小。

【例 18.7】使用绝对布局定位按钮位置和大小（实例位置：资源包\TM\sl\18\7）

创建继承 JFrame 窗体的 AbsolutePosition 类，设置布局管理器为绝对布局，在窗体中创建两个按钮组件，将按钮分别定位在不同的位置上。

```java
import java.awt.*;
import javax.swing.*;
public class AbsolutePosition extends JFrame {
    public AbsolutePosition() {
        setTitle("本窗体使用绝对布局");                              //窗体标题
        setLayout(null);                                          //使用 null 布局
        setBounds(0, 0, 300, 150);                                //设置窗体的坐标与宽高
        Container c = getContentPane();                           //获取主容器
        JButton b1 = new JButton("按钮 1");                        //创建按钮
        JButton b2 = new JButton("按钮 2");
        b1.setBounds(10, 30, 80, 30);                             //设置按钮的位置与大小
        b2.setBounds(60, 70, 100, 20);
        c.add(b1);                                                //将按钮添加到容器中
        c.add(b2);
        setVisible(true);                                         //使窗体可见
        setDefaultCloseOperation(WindowConstants.EXIT_ON_CLOSE);  //关闭窗体则停止程序
    }
    public static void main(String[] args) {
        new AbsolutePosition();
    }
}
```

运行结果如图 18.9 所示。

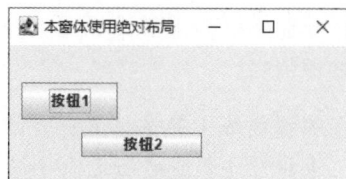

18.3.2　FlowLayout 流布局管理器

流布局（FlowLayout）管理器是 Swing 中最基本的布局管理器。使用流布局管理器摆放组件时，组件被从左到右摆放。当组件占据了当前行的所有空间时，溢出的组件会被移动到当前行的下一行。默认情况下，行组件的排列方式被指定为居中对齐，但是通过设置可以更改每一行组件的排列方式。

图 18.9　使用绝对布局设置
两个按钮在窗体中的位置

FlowLayout 类具有以下常用的构造方法：

☑　public FlowLayout()。

☑　public FlowLayout(int alignment)。

☑　public FlowLayout(int alignment,int horizGap,int vertGap)。

构造方法中的 alignment 参数表示使用流布局管理器时每一行组件的排列方式，该参数可以被赋予 FlowLayout.LEFT、FlowLayout.CENTER 或 FlowLayout.RIGHT，这 3 个值的详细说明如表 18.4 所示。

表 18.4　ailgnment 参数值及其说明

ailgnment 参数值	说　　明
FlowLayout.LEFT	每一行组件的排列方式被指定为左对齐
FlowLayout.CENTER	每一行组件的排列方式被指定为居中对齐
FlowLayout.RIGHT	每一行组件的排列方式被指定为右对齐

在 public FlowLayout(int alignment, int horizGap, int vertGap)构造方法中，还存在 horizGap 与 vertGap 两个参数，这两个参数分别以像素为单位指定组件与组件之间的水平间隔与垂直间隔。

【例 18.8】使用流布局排列按钮（实例位置：资源包\TM\sl\18\8）

创建 FlowLayoutPosition 类，并继承 JFrame 类。设置当前窗体的布局管理器为流布局管理器，运行程序后调整窗体大小，查看流布局管理器对组件的影响。

```java
import java.awt.*;
import javax.swing.*;
public class FlowLayoutPosition extends JFrame {
    public FlowLayoutPosition() {
        setTitle("本窗体使用流布局管理器");                              //设置窗体标题
        Container c = getContentPane();
        //窗体使用流布局，组件右对齐，组件之间的水平间隔为 10 像素，垂直间隔为 10 像素
        setLayout(new FlowLayout(FlowLayout.RIGHT, 10, 10));
        for (int i = 0; i < 10; i++) {                               //在容器中循环添加 10 个按钮
            c.add(new JButton("button" + i));
        }
        setSize(300, 200);                                          //设置窗体大小
        setDefaultCloseOperation(WindowConstants.DISPOSE_ON_CLOSE); //关闭窗体则停止程序
        setVisible(true);                                           //设置窗体可见
    }
    public static void main(String[] args) {
        new FlowLayoutPosition();
    }
}
```

运行结果如图 18.10 所示，使用鼠标改变窗体大小，组件的摆放位置也会相应地发生变化。

18.3.3 BorderLayout 边界布局管理器

使用 Swing 创建窗体后，容器默认的布局管理器是边界布局（BorderLayout）管理器，边界布局管理器把容器划分为东、南、西、北、中 5 个区域，如图 18.11 所示。

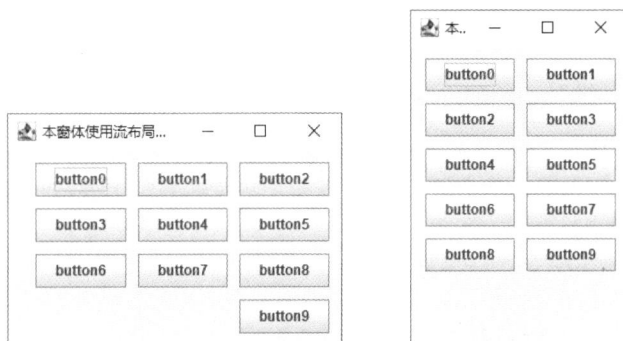

图 18.10　使用流布局管理器摆放按钮和改变窗体大小后的效果　　　图 18.11　边界布局管理器的区域划分

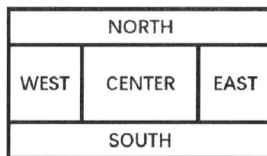

当组件被添加到被设置为边界布局管理器的容器时，需要使用 BorderLayout 类中的成员变量指定被添加的组件在边界布局管理器中的区域，BorderLayout 类中的成员变量及其说明如表 18.5 所示。

表 18.5　BorderLayout 类中的成员变量及其说明

成 员 变 量	含 义
BorderLayout.NORTH	在容器中添加组件时，组件被置于北部
BorderLayout.SOUTH	在容器中添加组件时，组件被置于南部
BorderLayout.EAST	在容器中添加组件时，组件被置于东部
BorderLayout.WEST	在容器中添加组件时，组件被置于西部
BorderLayout.CENTER	在容器中添加组件时，组件被置于中间

说明

当向使用了边界布局管理器的容器中添加组件时：如果不指定要把组件添加到哪个区域，那么当前组件会被默认添加到 CENTER 区域；如果向同一个区域中添加多个组件，那么后放入的组件会覆盖先放入的组件。

add()方法用于实现向容器中添加组件的功能，它可以设置组件的摆放位置。add()方法常用的语法格式如下：

public void add(Component comp, Object constraints)

☑　comp：被添加的组件。
☑　constraints：被添加组件的布局约束对象。

【例 18.9】使用边界布局排列按钮（实例位置：资源包\TM\sl\18\9）

创建 BorderLayoutPosition 类，并继承 JFrame 类，设置该窗体的布局管理器为边界布局管理器，分别在窗体的中部、北部、南部、西部、东部添加 5 个按钮。

```java
import java.awt.*;
import javax.swing.*;
public class BorderLayoutPosition extends JFrame {
    public BorderLayoutPosition() {
        setTitle("这个窗体使用边界布局管理器");
        Container c = getContentPane();                                        //获取主容器
        setLayout(new BorderLayout());                                         //容器使用边界布局
        JButton centerBtn = new JButton("中");
        JButton northBtn = new JButton("北");
        JButton southBtn = new JButton("南");
        JButton westBtn = new JButton("西");
        JButton eastBtn = new JButton("东");
        c.add(centerBtn, BorderLayout.CENTER);                                 //向窗体的中部添加按钮
        c.add(northBtn, BorderLayout.NORTH);                                   //向窗体的北部添加按钮
        c.add(southBtn, BorderLayout.SOUTH);                                   //向窗体的南部添加按钮
        c.add(westBtn, BorderLayout.WEST);                                     //向窗体的西部添加按钮
        c.add(eastBtn, BorderLayout.EAST);                                     //向窗体的东部添加按钮
        setSize(350, 200);                                                     //设置窗体大小
        setVisible(true);                                                      //设置窗体可见
        setDefaultCloseOperation(WindowConstants.DISPOSE_ON_CLOSE);            //关闭窗体则停止程序
    }
    public static void main(String[] args) {
        new BorderLayoutPosition();
    }
}
```

运行结果如图 18.12 所示。

18.3.4　GridLayout 网格布局管理器

网格布局（GridLayout）管理器能够把容器划分为网格，组件可以按行、列进行排列。在网格布局管理器中，网格的个数由行数和列数决定，且每个网格的大小都相同。例如，一个两行两列的网格布局管理器能够产生 4 个大小相等的网

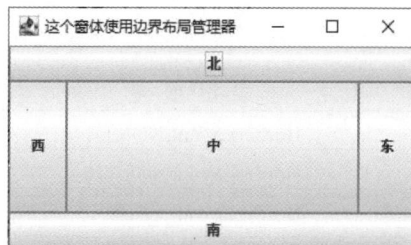

图 18.12　使用边界布局管理器摆放按钮

格。组件从网格的左上角开始，按照从左到右、从上到下的顺序被添加到网格中，且每个组件都会填满整个网格。改变窗体大小时，组件的大小也会随之改变。

网格布局管理器主要有以下两个常用的构造方法：

☑　public GridLayout(int rows, int columns)。

☑　public GridLayout(int rows, int columns, int horizGap, int vertGap)。

其中：参数 rows 和 columns 分别代表网格的行数和列数，这两个参数中只允许有一个参数可以为 0，用于表示一行或一列可以排列任意多个组件；参数 horizGap 和 vertGap 分别代表网格之间的水平间距和垂直间距。

【例 18.10】使用网格布局排列按钮（实例位置：资源包\TM\sl\18\10）

创建 GridLayoutPosition 类，并继承 JFrame 类，设置该窗体使用网格布局管理器，实现一个 7 行 3 列的网格后，向每个网格中添加按钮组件。

```java
import java.awt.*;
import javax.swing.*;
```

```
public class GridLayoutPosition extends JFrame {
    public GridLayoutPosition() {
        Container c = getContentPane();
        //设置容器使用网格布局管理器，设置 7 行 3 列的网格。组件间水平间距为 5 像素，垂直间距为 5 像素
        setLayout(new GridLayout(7, 3, 5, 5));
        for (int i = 0; i < 20; i++) {
            c.add(new JButton("button" + i));     //循环添加按钮
        }
        setSize(300, 300);
        setTitle("这是一个使用网格布局管理器的窗体");
        setVisible(true);
        setDefaultCloseOperation(WindowConstants.EXIT_ON_CLOSE);
    }
    public static void main(String[] args) {
        new GridLayoutPosition();
    }
}
```

运行结果如图 18.13 所示。当改变窗体的大小时，组件的大小也会随之改变。

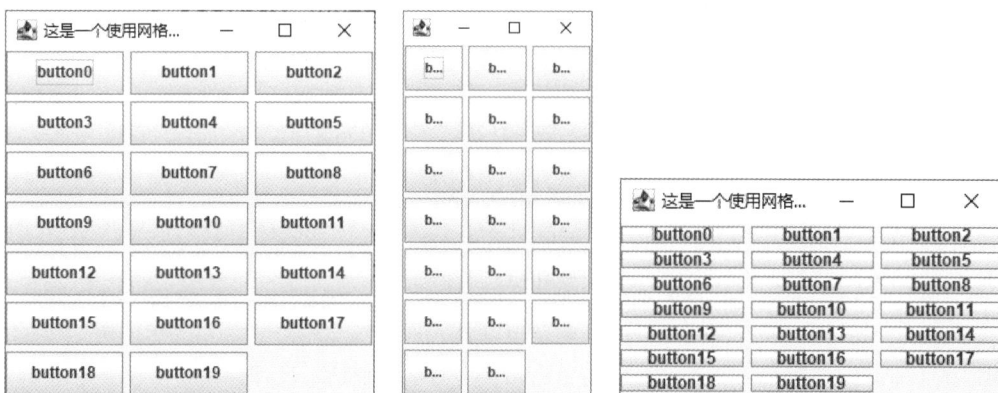

图 18.13　使用网格布局的窗体即使变型也不会改变组件排列顺序

编程训练（答案位置：资源包\TM\sl\18\编程训练）

【训练 3】为"五绝"分配方位　使用边界布局，把《射雕英雄传》中的"东邪""西毒""南帝""北丐""中神通"放置在合适的位置上。

【训练 4】展示 26 个英文字母表　使用网格布局显示 26 个英文字母的字母表。

18.4　常用面板

在 Swing 程序设计中，面板是一个容器，用于容纳其他组件，但将面板必须添加到其他容器中。Swing 中常用的面板包括 JPanel 面板和 JScrollPane 面板。下面将分别予以讲解。

18.4.1　JPanel 面板

JPanel 面板继承 java.awt.Container 类。JPanel 面板必须在窗体容器中使用，无法脱离窗体显示。

【例 18.11】 在一个窗体中显示 4 种布局风格的面板（**实例位置：资源包\TM\sl\18\11**）

创建 JPanelTest 类，并继承 JFrame 类。首先设置窗体的布局管理器为 2 行 2 列的网格布局管理器，然后创建 4 个面板，并为这 4 个面板设置不同的布局管理器，最后向每个面板中添加按钮。

```java
import java.awt.BorderLayout;
import java.awt.Container;
import java.awt.GridLayout;
import javax.swing.BorderFactory;
import javax.swing.JButton;
import javax.swing.JFrame;
import javax.swing.JPanel;
import javax.swing.WindowConstants;

public class JPanelTest extends JFrame {
    public JPanelTest() {
        Container c = getContentPane();
        //将整个容器设置为 2 行 2 列的网格布局，组件水平间隔 10 像素，垂直间隔 10 像素
        c.setLayout(new GridLayout(2, 2, 10, 10));
        //初始化一个面板，此面板使用 1 行 4 列的网格布局，组件水平间隔 10 像素，垂直间隔 10 像素
        JPanel p1 = new JPanel(new GridLayout(1, 4, 10, 10));
        //初始化一个面板，此面板使用边界布局
        JPanel p2 = new JPanel(new BorderLayout());
        //初始化一个面板，此面板使用 1 行 2 列的网格布局，组件水平间隔 10 像素，垂直间隔 10 像素
        JPanel p3 = new JPanel(new GridLayout(1, 2, 10, 10));
        //初始化一个面板，此面板使用 2 行 1 列的网格布局，组件水平间隔 10 像素，垂直间隔 10 像素
        JPanel p4 = new JPanel(new GridLayout(2, 1, 10, 10));
        //给每个面板都添加边框和标题，使用 BorderFactory 工厂类生成带标题的边框对象
        p1.setBorder(BorderFactory.createTitledBorder("面板 1"));
        p2.setBorder(BorderFactory.createTitledBorder("面板 2"));
        p3.setBorder(BorderFactory.createTitledBorder("面板 3"));
        p4.setBorder(BorderFactory.createTitledBorder("面板 4"));
        //向面板 1 中添加按钮
        p1.add(new JButton("b1"));
        p1.add(new JButton("b1"));
        p1.add(new JButton("b1"));
        p1.add(new JButton("b1"));
        //向面板 2 中添加按钮
        p2.add(new JButton("b2"), BorderLayout.WEST);
        p2.add(new JButton("b2"), BorderLayout.EAST);
        p2.add(new JButton("b2"), BorderLayout.NORTH);
        p2.add(new JButton("b2"), BorderLayout.SOUTH);
        p2.add(new JButton("b2"), BorderLayout.CENTER);
        //向面板 3 中添加按钮
        p3.add(new JButton("b3"));
        p3.add(new JButton("b3"));
        //向面板 4 中添加按钮
        p4.add(new JButton("b4"));
        p4.add(new JButton("b4"));
        //向容器中添加面板
        c.add(p1);
        c.add(p2);
        c.add(p3);
        c.add(p4);
        setTitle("在这个窗体中使用了面板");
        setSize(500, 300);                                              //窗体宽高
        setDefaultCloseOperation(WindowConstants.DISPOSE_ON_CLOSE);     //关闭动作
    }
```

```
public static void main(String[] args) {
        JPanelTest test = new JPanelTest();
        test.setVisible(true);
    }
}
```

运行结果如图 18.14 所示。

18.4.2　JScrollPane 滚动面板

JScrollPane 面板是带滚动条的面板，用于在较小的
窗体中显示较大篇幅的内容。需要注意的是，JScrollPane
滚动面板不能使用布局管理器，且只能容纳一个组件。
如果需要向 JScrollPane 面板中添加多个组件，那么需要
先将多个组件添加到 JPanel 面板中，再将 JPanel 面板添
加到 JScrollPane 滚动面板中。

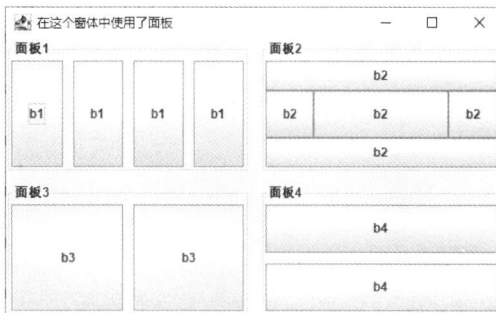

图 18.14　JPanel 面板的应用

【例 18.12】为窗体添加上下滚动条（**实例位置：资源包\TM\sl\18\12**）

创建 JScrollPaneTest 类，并继承 JFrame 类。首先初始化文本域组件，并指定文本域组件的大小；
然后创建一个 JScrollPane 面板，并把文本域组件添加到 JScrollPane 面板中；最后把 JScrollPane 面板添
加到窗体中。

```java
import java.awt.Container;
import javax.swing.JFrame;
import javax.swing.JScrollPane;
import javax.swing.JTextArea;
import javax.swing.WindowConstants;

public class JScrollPaneTest extends JFrame {
    public JScrollPaneTest() {
        Container c = getContentPane();                            //获取主容器
        //创建文本区域组件，文本域默认大小为 20 行、50 列
        JTextArea ta = new JTextArea(20, 50);
        //创建 JScrollPane 滚动面板，并将文本域放到滚动面板中
        JScrollPane sp = new JScrollPane(ta);
        c.add(sp);                                                 //将该面板添加到主容器中
        setTitle("带滚动条的文字编译器");
        setSize(400, 200);
        setDefaultCloseOperation(WindowConstants.DISPOSE_ON_CLOSE);
    }
    public static void main(String[] args) {
        JScrollPaneTest test = new JScrollPaneTest();
        test.setVisible(true);
    }
}
```

运行结果如图 18.15 所示，图中文字内容是作者在编辑器窗口中输入的。

编程训练（答案位置：资源包\TM\sl\18\编程训练）

【训练 5】创建指定外观的面板　创建如图 18.16 所示的载有具有特殊布局效果的面板的窗体。

【训练 6】图像浏览器　将窗体的宽高设置为 300 × 220，使用滚动面板实现通过滚动条查看完整
图片。

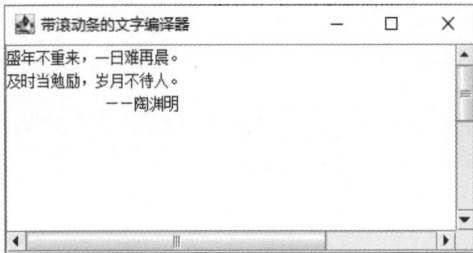

图 18.15　JPanel 面板的使用

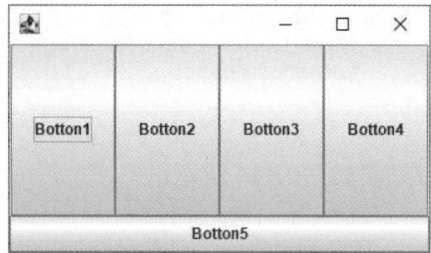

图 18.16　特殊布局窗体

18.5　文字标签组件与图标

在 Swing 程序设计中，标签（JLabel）用于显示文本、图标等内容。在 Swing 应用程序的用户界面中，用户能够通过标签上的文本、图标等内容获得相应的提示信息。本节将对 Swing 标签的用法、如何创建标签和如何在标签上显示文本及图标等内容予以讲解。

18.5.1　JLabel 标签

标签（JLabel）的父类是 JComponent 类。虽然标签不能被添加监听器，但是标签显示的文本、图标等内容可以被指定对齐方式。

使用 JLabel 类的构造方法可以创建多种标签，如显示只有文本的标签、只有图标的标签以及同时包含文本和图标的标签等。JLabel 类常用的构造方法如下。

- ☑　public JLabel()：创建一个不带图标或文本的标签。
- ☑　public JLabel(Icon icon)：创建一个带图标的标签。
- ☑　public JLabel(Icon icon, int aligment)：创建一个带图标的标签，并设置图标的水平对齐方式。
- ☑　public JLabel(String text, int aligment)：创建一个带文本的标签，并设置文本的水平对齐方式。
- ☑　public JLabel(String text, Icon icon, int aligment)：创建一个带文本和图标的 JLabel 对象，并设置文本和图标的水平对齐方式。

【例 18.13】在窗体中显示文字标签（实例位置：资源包\TM\sl\18\13）

向 JPanel 面板中添加一个 JLabel 标签组件，在标签中显示"这是一个 JFrame 窗体"。

```java
import java.awt.Container;
import javax.swing.JFrame;
import javax.swing.JLabel;
import javax.swing.WindowConstants;

public class JLabelTest extends JFrame {
    public JLabelTest() {
        Container container = getContentPane();
        JLabel jl = new JLabel("这是一个 JFrame 窗体");              //创建标签
        container.add(jl);                                          //将标签添加到容器中
        setSize(200, 100);                                         //设置窗体大小
        setDefaultCloseOperation(WindowConstants.EXIT_ON_CLOSE);   //设置窗体关闭模式
        setVisible(true);                                          //使窗体可见
```

```
    }
    public static void main(String args[]) {
        new JLabelTest();
    }
}
```

运行结果如图 18.17 所示。

18.5.2　图标的使用

图 18.17　在窗体中显示文字标签

在 Swing 程序设计中，图标经常被添加到标签、按钮等组件上，使用 javax.swing.ImageIcon 类可以依据现有的图片创建图标。ImageIcon 类实现了 Icon 接口，它有多个构造方法，常用的如下。

- ☑ public ImageIcon()：创建一个 ImageIcon 对象，然后使用其调用 setImage(Image image)方法设置图片。
- ☑ public ImageIcon(Image image)：依据现有的图片创建图标。
- ☑ public ImageIcon(URL url)：依据现有图片的路径创建图标。

【例 18.14】在窗体中演示图标（实例位置：资源包\TM\sl\18\14）

创建 MyImageIcon 类，并继承 JFrame 类。首先在 MyImageIcon 类中创建 ImageIcon 对象，然后使用 ImageIcon 对象依据现有的图片创建图标，接着使用 public JLabel(String text, int alignment)构造方法创建一个 JLabel 对象，最后使用 JLabel 对象调用 setIcon()方法为标签设置图标。

```
import java.awt.*;
import java.net.URL;
import javax.swing.*;
public class MyImageIcon extends JFrame {
    public MyImageIcon() {
        Container container = getContentPane();
        JLabel jl = new JLabel("这是一个 JFrame 窗体");          //创建标签
        URL url = MyImageIcon.class.getResource("pic.png");      //获取图片所在的 URL
        Icon icon = new ImageIcon(url);                          //获取图片的 Icon 对象
        jl.setIcon(icon);                                        //为标签设置图片
        jl.setHorizontalAlignment(SwingConstants.CENTER);        //设置文字放置在标签中间
        jl.setOpaque(true);                                      //设置标签为不透明状态
        container.add(jl);                                       //将标签添加到容器中
        setSize(300, 200);                                       //设置窗体大小
        setVisible(true);                                        //使窗体可见
        setDefaultCloseOperation(WindowConstants.EXIT_ON_CLOSE); //关闭窗体则停止程序
    }
    public static void main(String args[]) {
        new MyImageIcon();
    }
}
```

运行结果如图 18.18 所示。

注意

java.lang.Class 类中的 getResource()方法可以获取本类（编译后的 class 文件）所在的完整路径。

编程训练（答案位置：资源包\TM\sl\18\编程训练）

【训练 7】全景地图　将十字路口 4 个方向的车况截图按 2 行 2 列显示在窗体中，效果如图 18.19

所示。

图 18.18　使用图片文件创建图标

图 18.19　同时显示 4 幅画面

【训练 8】随机背景　有 3 幅图片，运行窗体时，将在这 3 幅图片中随机抽取一张作为窗体的背景图片。

18.6　按　钮　组　件

在 Swing 程序设计中，按钮是较为常见的组件，用于触发特定的动作。Swing 提供了多种按钮组件：按钮、单选按钮、复选框等。本节将分别对这些按钮组件进行讲解。

18.6.1　JButton 按钮

Swing 按钮由 JButton 对象表示，JButton 常用的构造方法如下。

☑　public JButton()：创建一个不带文本或图标的按钮。

☑　public JButton(String text)：创建一个带文本的按钮。

☑　public JButton(Icon icon)：创建一个带图标的按钮。

☑　public JButton(String text, Icon icon)：创建一个带文本和图标的按钮。

创建 JButton 对象后，如果要对 JButton 对象进行设置，则需要使用 JButton 类提供的方法。JButton 类的常用方法及其说明如表 18.6 所示。

表 18.6　JButton 类的常用方法及其说明

方　　法	说　　明
setIcon(Icon defaultIcon)	设置按钮的图标
setToolTipText(String text)	为按钮设置提示文字
setBorderPainted(boolean b)	如果 b 的值为 true 且按钮有边框，那么绘制边框；borderPainted 属性的默认值为 true
setEnabled(boolean b)	设置按钮是否可用。b 的值为 true 时，表示按钮可用；b 的值为 false 时，表示按钮不可用

【例 18.15】演示不同效果的按钮（**实例位置：资源包\TM\sl\18\15**）

创建 JButtonTest 类，并继承 JFrame 类，在窗体中创建按钮组件，设置按钮的图标，为按钮添加动作监听器。

```java
import java.awt.*;
import java.awt.event.*;
import javax.swing.*;
public class JButtonTest extends JFrame {
    public JButtonTest() {
        Icon icon = new ImageIcon("src/imageButtoo.jpg");      //获取图片文件
        setLayout(new GridLayout(3, 2, 5, 5));                  //设置网格布局管理器
        Container c = getContentPane();                        //获取主容器
        JButton btn[] = new JButton[6];                        //创建按钮数组
        for (int i = 0; i < btn.length; i++) {
            btn[i] = new JButton();                            //实例化数组中的对象
            c.add(btn[i]);                                     //将按钮添加到容器中
        }
        btn[0].setText("不可用");
        btn[0].setEnabled(false);                              //设置按钮不可用
        btn[1].setText("有背景色");
        btn[1].setBackground(Color.YELLOW);
        btn[2].setText("无边框");
        btn[2].setBorderPainted(false);                        //设置按钮边框不显示
        btn[3].setText("有边框");
        btn[3].setBorder(BorderFactory.createLineBorder(Color.RED));  //添加红色线型边框
        btn[4].setIcon(icon);                                  //为按钮设置图标
        btn[4].setToolTipText("图片按钮");                      //设置鼠标悬停时提示的文字
        btn[5].setText("可单击");
        btn[5].addActionListener(new ActionListener() {        //为按钮添加监听事件
            public void actionPerformed(ActionEvent e) {
                JOptionPane.showMessageDialog(JButtonTest.this, "点击按钮");  //弹出确认对话框
            }
        });
        setDefaultCloseOperation(EXIT_ON_CLOSE);
        setVisible(true);
        setTitle("创建不同样式的按钮");
        setBounds(100, 100, 400, 200);
    }
    public static void main(String[] args) {
        new JButtonTest();
    }
}
```

运行结果如图 18.20 所示。

18.6.2　JRadioButton 单选按钮

Swing 单选按钮由 JRadioButton 对象表示。在 Swing 程序设计中，需要把多个单选按钮添加到按钮组中，当用户选中某个单选按钮时，按钮组中的其他单选按钮将不能被同时选中。

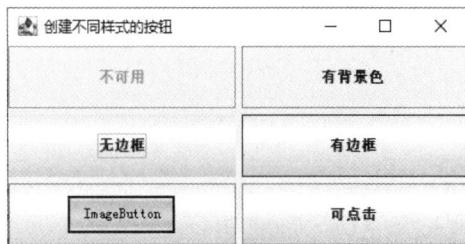

图 18.20　按钮组件的应用

1. 单选按钮

创建 JRadioButton 对象需要使用 JRadioButton 类的构造方法。JRadioButton 类常用的构造方法如下。

- ☑ public JRadioButton()：创建一个未被选中、文本未被设定的单选按钮。
- ☑ public JRadioButton(Icon icon)：创建一个未被选中、文本未被设定，但具有指定图标的单选按钮。
- ☑ public JRadioButton(Icon icon, boolean selected)：创建一个具有指定图标、选择状态，但文本未被设定的单选按钮。
- ☑ public JRadioButton(String text)：创建一个具有指定文本，但未被选中的单选按钮。
- ☑ public JRadioButton(String text, Icon icon)：创建一个具有指定文本、指定图标，但未被选中的单选按钮。
- ☑ public JRadioButton(String text, Icon icon, boolean selected)：创建一个具有指定的文本、指定图标和选择状态的单选按钮。

根据上述构造方法的相关介绍，不难发现，单选按钮的图标、文本和选择状态等属性能够被同时设定。例如，使用 JRadioButton 类的构造方法创建一个文本为 "选项 A" 的单选按钮，关键代码如下：

```
JRadioButton rbtn = new JRadioButton("选项 A");
```

2．按钮组

Swing 按钮组由 ButtonGroup 对象表示，多个单选按钮被添加到按钮组中后，能够实现 "选项有多个，但只能选中一个" 的效果。ButtonGroup 对象被创建后，可以使用 add()方法把多个单选按钮添加到 ButtonGroup 对象中。例如，在应用程序窗体中定义一个单选按钮组，代码如下：

```
JRadioButton jr1 = new JRadioButton();
JRadioButton jr2 = new JRadioButton();
JRadioButton jr3 = new JRadioButton();
ButtonGroup group = new ButtonGroup();                      //按钮组
group.add(jr1);
group.add(jr2);
group.add(jr3);
```

【例 18.16】性别选择（实例位置：资源包\TM\sl\18\16）

创建 RadioButtonTest 类，并继承 JFrame 类，窗体中有男女两种性别可以供用户选择，但只能选择其中一种性别。

```
import javax.swing.*;
public class RadioButtonTest extends JFrame {
    public RadioButtonTest() {
        setDefaultCloseOperation(JFrame.EXIT_ON_CLOSE);
        setTitle("单选按钮的使用");
        setBounds(100, 100, 240, 120);
        getContentPane().setLayout(null);                      //设置绝对布局
        JLabel lblNewLabel = new JLabel("请选择性别：");
        lblNewLabel.setBounds(5, 5, 120, 15);
        getContentPane().add(lblNewLabel);
        JRadioButton rbtnNormal = new JRadioButton("男");
        rbtnNormal.setSelected(true);
        rbtnNormal.setBounds(40, 30, 75, 22);
        getContentPane().add(rbtnNormal);
        JRadioButton rbtnPwd = new JRadioButton("女");
        rbtnPwd.setBounds(120, 30, 75, 22);
        getContentPane().add(rbtnPwd);
        ButtonGroup group = new ButtonGroup();                 //创建按钮组，把交互面板中的单选按钮添加到按钮组中
        group.add(rbtnNormal);
        group.add(rbtnPwd);
```

```
    }
    public static void main(String[] args) {
        RadioButtonTest frame = new RadioButtonTest();      //创建窗体对象
        frame.setVisible(true);                             //使窗体可见
    }
}
```

运行结果如图 18.21 所示，当选中某一个单选按钮时，另一个单选按钮会被取消选中状态。

图 18.21　单选按钮组件的使用

18.6.3　JCheckBox 复选框

复选框组件由 JCheckBox 对象表示。与单选按钮不同的是，窗体中的复选框可以被选中多个，这是因为每一个复选框都提供"被选中"和"不被选中"两种状态。JCheckBox 的常用构造方法如下。

☑　public JCheckBox()：创建一个文本、图标未被设定且默认未被选中的复选框。

☑　public JCheckBox(Icon icon, Boolean checked)：创建一个具有指定图标、指定初始时是否被选中，但文本未被设定的复选框。

☑　public JCheckBox(String text, Boolean checked)：创建一个具有指定文本、指定初始时是否被选中，但图标未被设定的复选框。

【例 18.17】输出用户的所选内容（实例位置：资源包\TM\sl\18\17）

创建 CheckBoxTest 类，并继承 JFrame 类，窗体中有 3 个复选框按钮和一个普通按钮，当单击普通按钮时，在控制台中分别输出 3 个复选框的选中状态。

```java
import java.awt.*;
import java.awt.event.*;
import javax.swing.*;

public class CheckBoxTest extends JFrame {
    public CheckBoxTest() {
        setBounds(100, 100, 170, 110);                      //窗口坐标和大小
        setDefaultCloseOperation(EXIT_ON_CLOSE);
        Container c = getContentPane();                     //获取主容器
        c.setLayout(new FlowLayout());                      //容器使用流布局
        JCheckBox c1 = new JCheckBox("1");                  //创建复选框
        JCheckBox c2 = new JCheckBox("2");
        JCheckBox c3 = new JCheckBox("3");
        c.add(c1);                                          //向容器中添加复选框
        c.add(c2);
        c.add(c3);
        JButton btn = new JButton("打印");                   //创建"打印"按钮
        btn.addActionListener(new ActionListener() {        //添加"打印"按钮动作事件
            public void actionPerformed(ActionEvent e) {
                //在控制台中分别输出 3 个复选框的选中状态
                System.out.println(c1.getText() + "按钮选中状态：" + c1.isSelected());
                System.out.println(c2.getText() + "按钮选中状态：" + c2.isSelected());
                System.out.println(c3.getText() + "按钮选中状态：" + c3.isSelected());
            }
        });
        c.add(btn);                                         //向容器中添加"打印"按钮
        setVisible(true);
    }
```

```
public static void main(String[] args) {
    new CheckBoxTest();
}
}
```

选中第 1、3 个复选框后，运行结果如图 18.22 所示。

编程训练（答案位置：资源包\TM\sl\18\编程训练）

【训练 9】模拟交通信号灯　使用图标和单选按钮模拟交通红绿灯，其中绿灯对应的单选按钮被默认选中。

【训练 10】ASCII 编码查看器　编写一个十进制的 ASCII 编码查看器，可以将字符转换成数字，也可以反向转换它们。

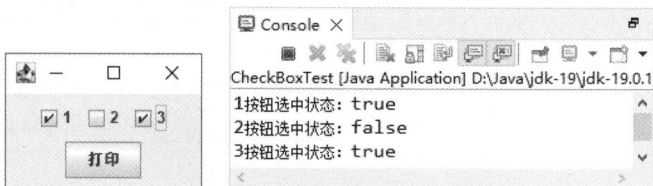

图 18.22　复选框组件的使用

18.7　列表组件

Swing 中提供两种列表组件，分别为下拉列表框（JComboBox）与列表框（JList）。下拉列表框与列表框都是带有一系列列表项的组件，用户可以从中选择需要的列表项。列表框较下拉列表框更直观，它将所有的列表项罗列在列表框中。但是，下拉列表框较列表框更为便捷、美观，它将所有的列表项隐藏起来，当用户选用其中的列表项时才会显现出来。本节将详细讲解列表框与下拉列表框的使用。

18.7.1　JComboBox 下拉列表框

初次使用 Swing 中的下拉列表框时，会感觉到 Swing 中的下拉列表框与 Windows 操作系统中的下拉列表框有一些相似，实质上二者并不完全相同，因为 Swing 中的下拉列表框不仅可以供用户从中选择列表项，也提供编辑列表项的功能。

下拉列表框是一个条状的显示区，它具有下拉功能，在下拉列表框的右侧存在一个倒三角形的按钮，当用户单击该按钮时，下拉列表框中的项目将会以列表的形式显示出来。

下拉列表框组件由 JComboBox 对象表示，JComboBox 类是 javax.swing.JComponent 类的子类。JComboBox 类的常用构造方法如下。

☑　public JComboBox(ComboBoxModel dataModel)：创建一个 JComboBox 对象，下拉列表中的列表项使用 ComboBoxModel 中的列表项，ComboBoxModel 是一个用于组合框的数据模型。

☑　public JComboBox(Object[] arrayData)：创建一个包含指定数组中的元素的 JComboBox 对象。

☑　public JComboBox(Vector vector)：创建一个包含指定 Vector 对象中的元素的 JComboBox 对象。Vector 对象中的元素可以通过整数索引进行访问，而且 Vector 对象中的元素可以根据需求被添加或者移除。

JComboBox 类的常用方法及其说明如表 18.7 所示。

表 18.7　JComboBox 类的常用方法及其说明

方　　法	说　　明
addItem(Object anObject)	为项列表添加项
getItemCount()	返回列表中的项数
getSelectedItem()	返回当前所选项
getSelectedIndex()	返回列表中与给定项匹配的第一个选项
removeItem(Object anObject)	从列表中移除项
setEditable(boolean aFlag)	确定 JComboBox 中的字段是否可被编辑，参数被设置为 true，表示可以编辑，否则不能编辑

【例 18.18】在下拉列表框中显示用户的所选内容（**实例位置：资源包\TM\sl\18\18**）

创建 JComboBoxTest 类，并继承 JFrame 类，窗体中有一个包含多个列表项的下拉列表框，当单击"确定"按钮时，把被选中的列表项显示在标签上。

```java
import java.awt.event.*;
import javax.swing.*;
public class JComboBoxTest extends JFrame {
    public JComboBoxTest() {
        setDefaultCloseOperation(JFrame.EXIT_ON_CLOSE);
        setTitle("下拉列表框的使用");
        setBounds(100, 100, 317, 147);
        getContentPane().setLayout(null);                              //设置绝对布局
        JLabel lblNewLabel = new JLabel("请选择证件：");
        lblNewLabel.setBounds(28, 14, 80, 15);
        getContentPane().add(lblNewLabel);
        JComboBox<String> comboBox = new JComboBox<String>();          //创建一个下拉列表框
        comboBox.setBounds(110, 11, 80, 21);                           //设置坐标
        comboBox.addItem("身份证");                                     //为下拉列表中添加项
        comboBox.addItem("军人证");
        comboBox.addItem("学生证");
        comboBox.addItem("工作证");
        comboBox.setEditable(true);
        getContentPane().add(comboBox);                                //将下拉列表添加到容器中
        JLabel lblResult = new JLabel("");
        lblResult.setBounds(0, 57, 146, 15);
        getContentPane().add(lblResult);
        JButton btnNewButton = new JButton("确定");
        btnNewButton.setBounds(200, 10, 67, 23);
        getContentPane().add(btnNewButton);
        btnNewButton.addActionListener(new ActionListener() {          //为按钮添加监听事件
            @Override
            public void actionPerformed(ActionEvent arg0) {
                //获取下拉列表中的选中项
                lblResult.setText("您选择的是：" + comboBox.getSelectedItem());
            }
        });
    }
    public static void main(String[] args) {
        JComboBoxTest frame = new JComboBoxTest();                     //创建窗体对象
        frame.setVisible(true);                                        //使窗体可见
    }
}
```

运行结果如图 18.23 所示。

18.7.2 JList 列表框

列表框组件被添加到窗体中后，就会被指定长和宽。如果
列表框的大小不足以容纳列表项的个数，那么需要设置列表框
具有滚动效果，即把列表框添加到滚动面板中。用户在选择列

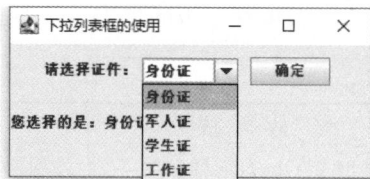

图 18.23　下拉列表框组件的使用

表框中的列表项时，既可以通过单击列表项的方式选择列表项，也可以通过"单击列表项+按住 Shift
键"的方式连续选择列表项，还可以通过"单击列表项+按住 Ctrl 键"的方式跳跃式选择列表项，并能够
在非选择状态和选择状态之间反复切换。列表框组件由 JList 对象表示，JList 类的常用构造方法如下。

- ☑　public void JList()：创建一个空的 JList 对象。
- ☑　public void JList(Object[] listData)：创建一个显示指定数组中的元素的 JList 对象。
- ☑　public void JList(Vector listData)：创建一个显示指定 Vector 中的元素的 JList 对象。
- ☑　public void JList(ListModel dataModel)：创建一个显示指定的非 null 模型的元素的 JList 对象。

例如，使用数组类型的数据作为创建 JList 对象的参数，关键代码如下：

```
String[] contents = {"列表 1","列表 2","列表 3","列表 4"};
JList jl = new JList(contents);
```

再如，使用 Vector 类型的数据作为创建 JList 对象的参数，关键代码如下：

```
Vector contents = new Vector();
JList jl = new JList(contents);
contents.add("列表 1");
contents.add("列表 2");
contents.add("列表 3");
contents.add("列表 4");
```

【例 18.19】在列表框中显示用户的所选内容（实例位置：资源包\TM\sl\18\19）

创建 JListTest 类，并继承 JFrame 类，在窗体中创建列表框对象，当单击"确认"按钮时，把被选
中的列表项显示在文本域中。

```
import java.awt.Container;
import java.awt.event.*;
import javax.swing.*;
public class JListTest extends JFrame {
    public JListTest() {
        Container cp = getContentPane();                    //获取窗体主容器
        cp.setLayout(null);                                 //容器使用绝对布局
        //创建字符串数组，保存列表中的数据
        String[] contents = {"列表 1","列表 2","列表 3","列表 4","列表 5","列表 6"};
        JList<String> jl = new JList<>(contents);           //创建列表框，并将字符串数组作为构造参数
        JScrollPane js = new JScrollPane(jl);               //将列表框放入滚动面板中
        js.setBounds(10, 10, 100, 109);                     //设定滚动面板的坐标和大小
        cp.add(js);
        JTextArea area = new JTextArea();                   //创建文本域
        JScrollPane scrollPane = new JScrollPane(area);     //将文本域放入滚动面板中
        scrollPane.setBounds(118, 10, 73, 80);              //设定滚动面板的坐标和大小
        cp.add(scrollPane);
        JButton btnNewButton = new JButton("确认");         //创建"确认"按钮
        btnNewButton.setBounds(120, 96, 71, 23);            //设定按钮的坐标和大小
```

```
        cp.add(btnNewButton);
        btnNewButton.addActionListener(new ActionListener() {          //添加按钮事件
            public void actionPerformed(ActionEvent e) {
                //获取列表中被选中的元素，返回 java.util.List 类型
                java.util.List<String> values = jl.getSelectedValuesList();
                area.setText("");                                      //清空文本域
                for (String value : values) {
                    area.append(value + "\n");                         //在文本域中循环追加列表框中被选中的值
                }
            }
        });
        setTitle("在这个窗体中使用了列表框");
        setSize(217, 167);
        setVisible(true);
        setDefaultCloseOperation(EXIT_ON_CLOSE);
    }
    public static void main(String args[]) {
        new JListTest();
    }
}
```

运行结果如图 18.24 所示。

编程训练（答案位置：资源包\TM\sl\18\编程训练）

【训练 11】选择出生日期　使用下拉列表选择出生日期。

【训练 12】模拟东北三省的省、市联动　使用下拉列表模拟东北三
省的省、市联动。

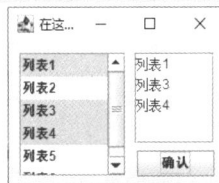

图 18.24　列表框的使用

18.8　文　本　组　件

文本组件在开发 Swing 程序过程中经常被用到，尤其是文本框组件和密码框组件。使用文本组件
可以很轻松地操作单行文字、多行文字、口令字段等文本内容。

18.8.1　JTextField 文本框

文本框组件由 JTextField 对象表示。JTextField 类的常用构造方法如下。

☑　public JTextField()：创建一个文本未被指定的文本框。

☑　public JTextField(String text)：创建一个指定文本的文本框。

☑　public JTextField(int fieldwidth)：创建一个指定列宽的文本框。

☑　public JTextField(String text, int fieldwidth)：创建一个指定文本和列宽的文本框。

☑　public JTextField(Document docModel, String text, int fieldWidth)：创建一个指定文本模型、文
本内容和列宽的文本框。

如果要为一个文本未被指定的文本框设置文本内容，则需要使用 setText()方法。setText()方法的语
法如下：

public void setText(String t)

其中，t 表示文本框要显示的文本内容。

【例 18.20】 在文本框中显示默认文字并清除它们（**实例位置：资源包\TM\sl\18\20**）

创建 JTextFieldTest 类，并继承 JFrame 类，在窗体中创建一个指定文本的文本框，当单击"清除"按钮时，文本框中的文本内容将被清除。

```java
import java.awt.*;
import java.awt.event.*;
import javax.swing.*;
public class JTextFieldTest extends JFrame {
    public JTextFieldTest() {
        Container c = getContentPane();                          //获取窗体主容器
        c.setLayout(new FlowLayout());
        JTextField jt = new JTextField("请点击清除按钮");          //设定文本框初始值
        jt.setColumns(20);                                       //设置文本框长度
        jt.setFont(new Font("宋体", Font.PLAIN, 20));            //设置字体
        JButton jb = new JButton("清除");
        jt.addActionListener(new ActionListener() {              //为文本框添加回车事件
            public void actionPerformed(ActionEvent arg0) {
                jt.setText("触发事件");                          //设置文本框中的值
            }
        });
        jb.addActionListener(new ActionListener() {              //为按钮添加事件
            public void actionPerformed(ActionEvent arg0) {
                System.out.println(jt.getText());               //输出当前文本框的值
                jt.setText("");                                 //将文本框置空
                jt.requestFocus();                              //将焦点返回文本框中
            }
        });
        c.add(jt);                                               //向窗体容器中添加文本框
        c.add(jb);                                               //向窗体中添加按钮
        setBounds(100, 100, 250, 110);
        setVisible(true);
        setDefaultCloseOperation(EXIT_ON_CLOSE);
    }
    public static void main(String[] args) {
        new JTextFieldTest();
    }
}
```

运行结果如图 18.25 所示。

18.8.2　JPasswordField 密码框

密码框组件由 JPasswordField 对象表示，其作用是把用户输入的字符串以某种符号进行加密。JPasswordField 类的常用构造方法如下。

图 18.25　在文本框中显示默认文字并将其进行清除

☑　public JPasswordField()：创建一个文本未被指定的密码框。

☑　public JPasswordFiled(String text)：创建一个指定文本的密码框。

☑　public JPasswordField(int fieldwidth)：创建一个指定列宽的密码框。

☑　public JPasswordField(String text, int fieldwidth)：创建一个指定文本和列宽的密码框。

☑　public JPasswordField(Document docModel, String text, int fieldWidth)：创建一个指定文本模型和列宽的密码框。

JPasswordField 类提供了 setEchoChar()方法，这个方法用于改变密码框的回显字符。setEchoChar()

方法的语法如下：

```
public void setEchoChar(char c)
```

其中，c 表示密码框要显示的回显字符。

例如，创建 JPasswordField 对象，并设置密码框的回显字符为"#"。关键代码如下：

```
JPasswordField jp = new JPasswordField();
jp.setEchoChar('#');                                    //设置回显字符
```

那么，如何获取 JPasswordField 对象中的字符呢？关键代码如下：

```
JPasswordField passwordField = new JPasswordField()     //密码框对象
char ch[] = passwordField.getPassword();                //获取密码字符数组
String pwd = new String(ch);                            //将字符数组转换为字符串
```

18.8.3　JTextArea 文本域

文本域组件由 JTextArea 对象表示，其作用是接收用户的多行文本输入。JTextArea 类的常用构造方法如下。

- ☑　public JTextArea()：创建一个文本未被指定的文本域。
- ☑　public JTextArea(String text)：创建一个指定文本的文本域。
- ☑　public JTextArea(int rows,int columns)：创建一个指定行高和列宽，但文本未被指定的文本域。
- ☑　public JTextArea(Document doc)：创建一个指定文档模型的文本域。
- ☑　public JTextArea(Document doc,String Text,int rows,int columns)：创建一个指定文档模型、文本内容以及行高和列宽的文本域。

JTextArea 类提供了一个 setLineWrap(boolean wrap)方法，这个方法用于设置文本域中的文本内容是否可以自动换行。如果参数 wrap 的值为 true，那么文本域中的文本内容会自动换行；否则不会自动换行。

此外，JTextArea 类还提供了一个 append(String str)方法，这个方法用于向文本域中添加文本内容。

【例 18.21】在文本域中显示默认文字（**实例位置：资源包\TM\sl\18\21**）

创建 JTextAreaTest 类，并继承 JFrame 类，在窗体中创建文本域对象，设置文本域自动换行，向文本域中添加文本内容。

```
import java.awt.*;
import javax.swing.*;
public class JTextAreaTest extends JFrame {
    public JTextAreaTest() {
        setSize(200, 100);
        setTitle("定义自动换行的文本域");
        setDefaultCloseOperation(WindowConstants.DISPOSE_ON_CLOSE);
        Container cp = getContentPane();                    //获取窗体主容器
        //创建一个文本内容为"文本域"、行高和列宽均为 6 的文本域
        JTextArea jt = new JTextArea("文本域", 6, 6);
        jt.setLineWrap(true);                               //可以自动换行
        cp.add(jt);
        setVisible(true);
    }
    public static void main(String[] args) {
        new JTextAreaTest();
```

```
        }
}
```

运行结果如图 18.26 所示。

编程训练（答案位置：资源包\TM\sl\18\编程训练）

【训练 13】仿 QQ 登录窗口　仿照 QQ 登录窗口创建一个输
入用户名和密码的小窗体，当用户输入的用户名为 mr，密码为
mrsoft 时，单击"登录"按钮会弹出登录成功对话框。

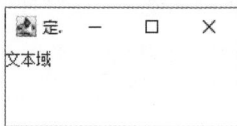

图 18.26　在文本域中显示默认文字

【训练 14】清除按钮　创建一个小窗体，在小窗体中显示一个文本框和一个按钮，当用户单击按
钮后，文本框内的所有内容都会被清空。

18.9　表格组件

Swing 表格由 JTable 对象表示，其作用是把数据以表格的形式显示给用户。本节将对 Swing 表格
组件进行讲解。

18.9.1　创建表格

JTable 类除提供了默认的构造方法外，还提供了用于显示二维数组中的元素的构造方法，这个构
造方法的语法如下：

```
JTable(Object[][] rowData, Object[] columnNames)
```

☑　rowData：存储表格数据的二维数组。

☑　columnNames：存储表格列名的一维数组。

在使用表格时，要先把表格添加到滚动面板中，再把滚动面板添加到窗体的相应位置处。

【例 18.22】创建带滚动条的表格（**实例位置：资源包\TM\sl\18\22**）

利用构造方法 JTable(Object[][] rowData, Object[] columnNames)创建一个具有滚动条的表格。

```
import java.awt.*;
import javax.swing.*;
public class JTableDemo extends JFrame {
    public static void main(String args[]) {
        JTableDemo frame = new JTableDemo();
        frame.setVisible(true);
    }
    public JTableDemo() {
        setTitle("创建可以滚动的表格");
        setBounds(100, 100, 240, 150);
        setDefaultCloseOperation(JFrame.EXIT_ON_CLOSE);
        String[] columnNames = {"A", "B"};                      //定义表格列名数组
        //定义表格数据数组
        String[][] tableValues = {{"A1", "B1"}, {"A2", "B2"}, {"A3", "B3"},
                {"A4", "B4"}, {"A5", "B5"}};
        //创建指定列名和数据的表格
        JTable table = new JTable(tableValues, columnNames);
```

```
        //创建显示表格的滚动面板
        JScrollPane scrollPane = new JScrollPane(table);
        //将滚动面板添加到边界布局的中间
        getContentPane().add(scrollPane, BorderLayout.CENTER);
    }
}
```

运行结果如图 18.27 所示。当窗体的高度变小时，将出现滚动条，效果图如图 18.28 所示。

18.9.2　DefaultTableModel 表格数据模型

Swing 使用 TableModel 接口定义了一个表格模型，AbstractTableModel 抽象类实现了 TableModel 接口的大部分方法，只有以下 3 个抽象方法没有实现：

☑　public int getRowCount()。

☑　public int getColumnCount()。

☑　public Object getValueAt(int rowIndex, int columnIndex)。

为了实现使用表格模型创建表格的功能，Swing 提供了表格模型类，即 DefaultTableModel 类。DefaultTableModel 类继承了 AbstractTableModel 抽象类且实现了上述 3 个抽象方法。DefaultTableModel 类提供的常用构造方法如表 18.8 所示。

图 18.27　滚动条未出现时的表格

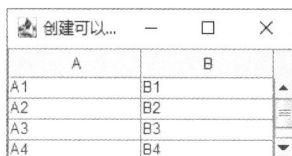

图 18.28　滚动条出现时的表格

表 18.8　DefaultTableModel 类提供的常用构造方法

构 造 方 法	说 明
DefaultTableModel()	创建一个 0 行 0 列的表格模型
DefaultTableModel(int rowCount, int columnCount)	创建一个 rowCount 行 columnCount 列的表格模型
DefaultTableModel(Object[][] data, Object[] columnNames)	按照数组中指定的数据和列名创建一个表格模型
DefaultTableModel(Vector data, Vector columnNames)	按照向量中指定的数据和列名创建一个表格模型

表格模型被创建后，使用 JTable 类的构造方法 JTable(TableModel dm)即可创建表格。表格被创建后，还可以使用 setRowSorter()方法为表格设置排序器：当单击表格的某一列的列头时，在这一列的列名后将出现▲标记，说明将按升序排列表格中的所有行；当再次单击这一列的列头时，标记将变为▼，说明按降序排列表格中的所有行。

【例 18.23】表格自动排序（实例位置：资源包\TM\sl\18\23）

利用表格模型创建表格，并对表格使用表格排序器。

```
import java.awt.*;
import javax.swing.*;
import javax.swing.table.*;
public class SortingTable extends JFrame {
    private static final long serialVersionUID = 1L;
    public static void main(String args[]) {
        SortingTable frame = new SortingTable();
        frame.setVisible(true);
    }
    public SortingTable() {
        setTitle("表格模型与表格");
        setBounds(100, 100, 240, 150);
```

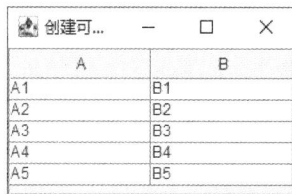

```
        setDefaultCloseOperation(JFrame.EXIT_ON_CLOSE);
        JScrollPane scrollPane = new JScrollPane();
        getContentPane().add(scrollPane, BorderLayout.CENTER);
        String[] columnNames = {"A", "B"};                         //定义表格列名数组
        //定义表格数据数组
        String[][] tableValues = {{"A1", "B1"}, {"A2", "B2"}, {"A3", "B3"}};
        //创建指定表格列名和表格数据的表格模型
        DefaultTableModel tableModel = new DefaultTableModel(tableValues, columnNames);
        JTable table = new JTable(tableModel);                     //创建指定表格模型的表格
        table.setRowSorter(new TableRowSorter<>(tableModel));
        scrollPane.setViewportView(table);
    }
}
```

运行结果如图 18.29 所示。单击名称为 B 的列头后，将得到如图 18.30 所示的效果，此时 B 列的数据按升序排列；再次单击名称为 B 的列头后，将得到如图 18.31 所示的效果，此时 B 列的数据按降序排列。

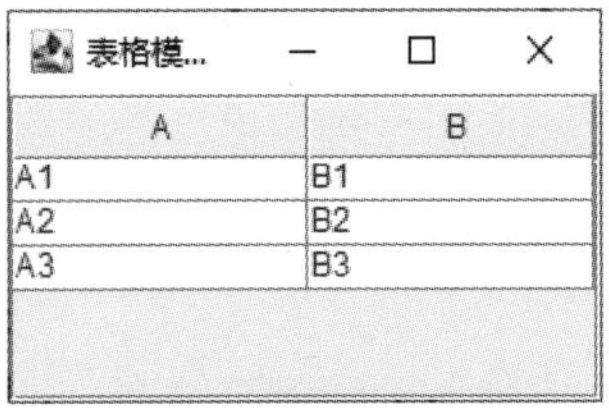

图 18.29　运行效果 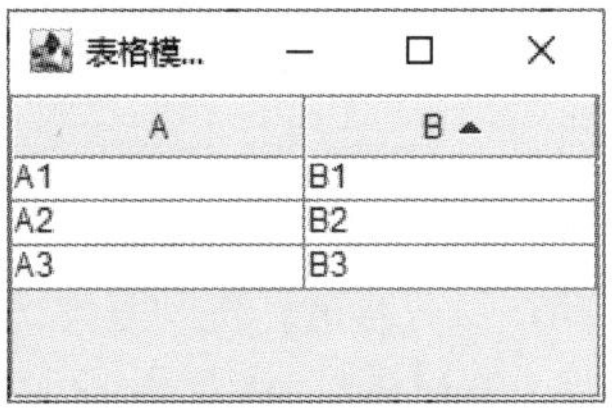　　　　　图 18.30　升序排列 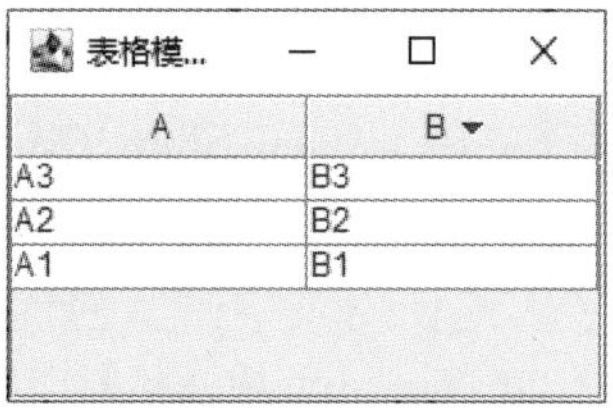　　　　　图 18.31　降序排列

18.9.3　维护表格模型

表格中的数据内容需要予以维护，如使用 getValueAt()方法获得表格中某一个单元格的值，使用 addRow()方法向表格中添加新的行，使用 setValueAt()方法修改表格中某一个单元格的值，使用 removeRow()方法从表格中删除指定行等。

注意

当删除表格模型中的指定行时，每删除一行，其后所有行的索引值将相应地减 1，因此当连续删除多行时，需要注意对删除行索引的处理。

【例 18.24】对表格内容进行增删改查（**实例位置：资源包\TM\sl\18\24**）

维护表格模型。本例通过维护表格模型，实现向表格中添加新的数据行、修改表格中某一单元格的值以及从表格中删除指定的数据行。

```
import java.awt.*;
import java.awt.event.*;
import javax.swing.*;
import javax.swing.table.*;
public class AddAndDeleteDemo extends JFrame {
    private DefaultTableModel tableModel;                          //定义表格模型对象
    private JTable table;                                          //定义表格对象
    private JTextField aTextField;
    private JTextField bTextField;
    public static void main(String args[]) {
```

```java
        AddAndDeleteDemo frame = new AddAndDeleteDemo();
        frame.setVisible(true);
}
public AddAndDeleteDemo() {
        setTitle("维护表格模型");
        setBounds(100, 100, 520, 200);
        setDefaultCloseOperation(JFrame.EXIT_ON_CLOSE);
        final JScrollPane scrollPane = new JScrollPane();
        getContentPane().add(scrollPane, BorderLayout.CENTER);
        String[] columnNames = {"A", "B"};                          //定义表格列名数组
        //定义表格数据数组
        String[][] tableValues = {{"A1", "B1"}, {"A2", "B2"}, {"A3", "B3"}};
        //创建指定表格列名和表格数据的表格模型
        tableModel = new DefaultTableModel(tableValues, columnNames);
        table = new JTable(tableModel);                             //创建指定表格模型的表格
        table.setRowSorter(new TableRowSorter<>(tableModel));       //设置表格的排序器
        //设置表格的选择模式为单选
        table.setSelectionMode(ListSelectionModel.SINGLE_SELECTION);
        //为表格添加鼠标事件监听器
        table.addMouseListener(new MouseAdapter() {
                public void mouseClicked(MouseEvent e) {            //发生了单击事件
                        int selectedRow = table.getSelectedRow();   //获得被选中行的索引
                        //从表格模型中获得指定单元格的值
                        Object oa = tableModel.getValueAt(selectedRow, 0);
                        //从表格模型中获得指定单元格的值
                        Object ob = tableModel.getValueAt(selectedRow, 1);
                        aTextField.setText(oa.toString());          //将值赋值给文本框
                        bTextField.setText(ob.toString());          //将值赋值给文本框
                }
        });
        scrollPane.setViewportView(table);
        JPanel panel = new JPanel();
        getContentPane().add(panel, BorderLayout.SOUTH);
        panel.add(new JLabel("A："));
        aTextField = new JTextField("A4", 10);
        panel.add(aTextField);
        panel.add(new JLabel("B："));
        bTextField = new JTextField("B4", 10);
        panel.add(bTextField);
        JButton addButton = new JButton("添加");
        addButton.addActionListener(new ActionListener() {
                public void actionPerformed(ActionEvent e) {
                        String[] rowValues = {aTextField.getText(),
                                        bTextField.getText()};      //创建表格行数组
                        tableModel.addRow(rowValues);               //向表格模型中添加一行
                        int rowCount = table.getRowCount() + 1;
                        aTextField.setText("A" + rowCount);
                        bTextField.setText("B" + rowCount);
                }
        });
        panel.add(addButton);
        JButton updButton = new JButton("修改");
        updButton.addActionListener(new ActionListener() {
                public void actionPerformed(ActionEvent e) {
                        int selectedRow = table.getSelectedRow();   //获得被选中行的索引
                        if (selectedRow != -1) {                    //判断是否存在被选中行
                                //修改表格模型中的指定值
                                tableModel.setValueAt(aTextField.getText(), selectedRow, 0);
                                //修改表格模型中的指定值
                                tableModel.setValueAt(bTextField.getText(), selectedRow, 1);
```

```
            }
        }
    });
    panel.add(updButton);
    JButton delButton = new JButton("删除");
    delButton.addActionListener(new ActionListener() {
        public void actionPerformed(ActionEvent e) {
            int selectedRow = table.getSelectedRow();      //获得被选中行的索引
            if (selectedRow != -1)                          //判断是否存在被选中行
                tableModel.removeRow(selectedRow);          //从表格模型中删除指定行
        }
    });
    panel.add(delButton);
    }
}
```

运行结果如图 18.32 所示。其中，A、B 文本框分别用来编辑 A、B 列中单元格的数据内容。当单击"添加"按钮时，可以将编辑好的数据内容添加到表格中；当选中表格的某一行时，在 A、B 文本框中将分别显示对应列的信息。重新编辑表格中某一个单元格的值后，单击"修改"按钮即可修改被选中的单元格的值；当单击"删除"按钮时，可以删除表格中被选中的行。

编程训练（答案位置：资源包\TM\sl\18\编程训练）

【训练 15】人员信息表（一） 创建一个表格，显示如图 18.33 所示的内容。

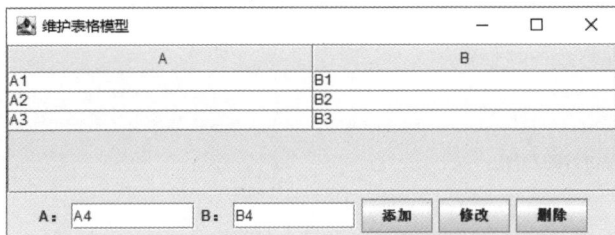

图 18.32　维护表格模型

图 18.33　效果示意图

【训练 16】人员信息表（二） 在训练 15 中添加一个"删除"按钮，单击"删除"按钮可以删除已选中的行。

18.10　事件监听器

前文中一直在讲解组件，这些组件本身并不带有任何功能。例如，在窗体中定义一个按钮，当用户单击该按钮时，虽然按钮可以凹凸显示，但在窗体中并没有实现任何功能。这时需要为按钮添加特定的事件监听器，该监听器负责处理用户单击按钮后实现的功能。本节将着重讲解 Swing 中常用的 3 种事件监听器，即动作事件监听器、键盘事件监听器、鼠标事件监听器。

18.10.1　ActionEvent 动作事件

动作事件（ActionEvent）监听器是 Swing 中比较常用的事件监听器，很多组件的动作都会使用它进行监听，如按钮被单击等。表 18.9 描述了动作事件监听器的接口与事件源等。

表 18.9　动作事件监听器

相 关 定 义	实 现 方 式	相 关 定 义	实 现 方 式
事件名	ActionEvent	添加监听方法	addActionListener()
事件源	JButton、JList、JTextField 等组件	删除监听方法	removeActionListener()
监听接口	ActionListener		

下面以单击按钮事件为例来说明动作事件监听器，当用户单击按钮时，将触发动作事件。

【例 18.25】 单击按钮后，修改按钮文本（**实例位置：资源包\TM\sl\18\25**）

创建 SimpleEvent 类，使该类继承 JFrame 类，在类中创建按钮组件，为按钮组件添加动作监听器，然后将按钮组件添加到窗体中。

```java
import java.awt.Container;
import java.awt.event.ActionEvent;
import java.awt.event.ActionListener;
import javax.swing.JButton;
import javax.swing.JFrame;
import javax.swing.WindowConstants;

public class SimpleEvent extends JFrame {
    private JButton jb = new JButton("我是按钮，点击我");

    public SimpleEvent() {
        setLayout(null);
        setSize(200, 100);
        setDefaultCloseOperation(WindowConstants.DISPOSE_ON_CLOSE);
        Container cp = getContentPane();
        cp.add(jb);
        jb.setBounds(10, 10, 150, 30);
        jb.addActionListener(new jbAction());
        setVisible(true);
    }

    class jbAction implements ActionListener {
        public void actionPerformed(ActionEvent arg0) {
            jb.setText("我被点击了");
        }
    }

    public static void main(String[] args) {
        new SimpleEvent();
    }
}
```

运行结果如图 18.34 所示。

在本实例中，为按钮设置了动作监听器。由于获取事件监听时需要获取实现 ActionListener 接口的对象，因此定义了一个内部类 jbAction 实现 ActionListener 接口，同时在该内部类中实现了

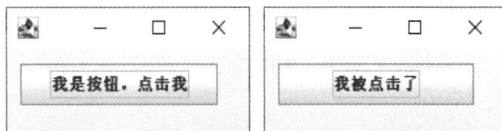

图 18.34　按钮添加动作事件后的点击效果

actionPerformed()方法，也就是在 actionPerformed()方法中定义当用户单击该按钮后实现怎样的功能。

18.10.2　KeyEvent 键盘事件

当向文本框中输入内容时，将发生键盘事件。KeyEvent 类负责捕获键盘事件，可以通过为组件添加实现了 KeyListener 接口的监听器类来处理相应的键盘事件。

KeyListener 接口共有 3 个抽象方法，分别在发生按键事件（按下并释放键）、按键被按下（手指按下键但不松开）和按键被释放（手指从按下的键上松开）时被触发，具体如下：

```
public interface KeyListener extends EventListener {
    public void keyTyped(KeyEvent e);              //发生按键事件时被触发
    public void keyPressed(KeyEvent e);            //按键被按下时被触发
    public void keyReleased(KeyEvent e);           //按键被释放时被触发
}
```

在上述每个抽象方法中，均传入了 KeyEvent 类的对象。KeyEvent 类中比较常用的方法如表 18.10 所示。

表 18.10　KeyEvent 类中的常用方法

方　　　法	功 能 简 介
getSource()	用来获得触发此次事件的组件对象，返回值为 Object 类型
getKeyChar()	用来获得与此事件中的键相关联的字符
getKeyCode()	用来获得与此事件中的键相关联的整数 keyCode
getKeyText(int keyCode)	用来获得描述 keyCode 的标签，如 A、F1 和 HOME 等
isActionKey()	用来查看此事件中的键是否为"动作"键
isControlDown()	用来查看 Ctrl 键在此次事件中是否被按下，当返回 true 时表示被按下
isAltDown()	用来查看 Alt 键在此次事件中是否被按下，当返回 true 时表示被按下
isShiftDown()	用来查看 Shift 键在此次事件中是否被按下，当返回 true 时表示被按下

说明

在 KeyEvent 类中，以"VK_"开头的静态常量代表各个按键的 keyCode，可以通过这些静态常量判断事件中的按键，获得按键的标签。

【例 18.26】虚拟键盘（实例位置：资源包\TM\sl\18\26）

通过键盘事件模拟一个虚拟键盘。首先需要自定义一个 addButtons()方法，用来将所有的按键添加到一个 ArrayList 集合中，然后添加一个 JTextField 组件，并为该组件添加 addKeyListener 事件监听，在该事件监听中重写 keyPressed()和 keyReleased()方法，分别用来在按下和释放键时执行相应的操作。关键代码如下：

```
Color green = Color.GREEN;                         //定义 Color 对象，用来表示按下键的颜色
Color white = Color.WHITE;                         //定义 Color 对象，用来表示释放键的颜色
ArrayList<JButton> btns = new ArrayList<JButton>(); //定义一个集合，用来存储所有的按键 ID
//自定义一个方法，用来将容器中的所有 JButton 组件添加到集合中
private void addButtons() {
    for (Component cmp : contentPane.getComponents()) {   //遍历面板中的所有组件
        if (cmp instanceof JButton) {                     //判断组件的类型是否为 JButton 类型
            btns.add((JButton) cmp);                      //将 JButton 组件添加到集合中
        }
    }
```

```
}
public KeyBoard() {                                        //KeyBoard 的构造方法
    ...                                                    //省略部分代码
    textField = new JTextField();
    textField.addKeyListener(new KeyAdapter() {            //为文本框添加键盘事件的监听
        char word;                                         //用于记录按下的字符
        public void keyPressed(KeyEvent e) {               //按键被按下时被触发
            word = e.getKeyChar();                         //获取按下键表示的字符
            for (int i = 0; i < btns.size(); i++) {        //遍历存储按键 ID 的 ArrayList 集合
                //判断按键是否与遍历到的按键的文本相同
                if (String.valueOf(word).equalsIgnoreCase(btns.get(i).getText())) {
                    btns.get(i).setBackground(green);      //将指定按键颜色设置为绿色
                }
            }
        }
        public void keyReleased(KeyEvent e) {              //按键被释放时被触发
            word = e.getKeyChar();                         //获取释放键表示的字符
            for (int i = 0; i < btns.size(); i++) {        //遍历存储按键 ID 的 ArrayList 集合
                //判断按键是否与遍历到的按键的文本相同
                if (String.valueOf(word).equalsIgnoreCase(btns.get(i).getText())) {
                    btns.get(i).setBackground(white);      //将指定按键颜色设置为白色
                }
            }
        }
    });
    panel.add(textField, BorderLayout.CENTER);
    textField.setColumns(10);
}
```

　　运行本实例,将鼠标定位到文本框组件中,然后按下键盘上的按键,窗体中的相应按钮会变为绿色,释放按键时,相应按钮变为白色,效果如图 18.35 所示。

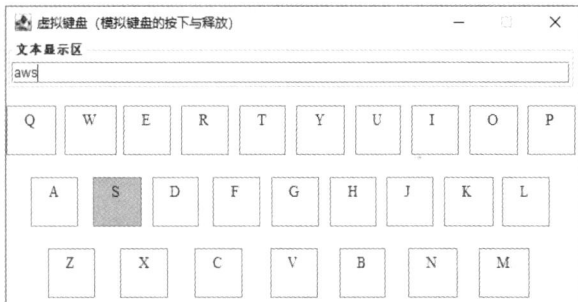

图 18.35　键盘事件

18.10.3　MouseEvent 鼠标事件

　　所有组件都能发生鼠标事件,MouseEvent 类负责捕获鼠标事件,可以通过为组件添加实现了 MouseListener 接口的监听器类来处理相应的鼠标事件。

　　MouseListener 接口共有 5 个抽象方法,分别在光标移入或移出组件、鼠标按键被按下或被释放和发生单击事件时被触发。所谓单击事件,就是按键被按下并被释放。需要注意的是,如果按键是在移出组件之后才被释放的,则不会触发单击事件。MouseListener 接口的具体定义如下:

```
public interface MouseListener extends EventListener {
    public void mouseEntered(MouseEvent e);               //光标移入组件时被触发
    public void mousePressed(MouseEvent e);               //鼠标按键被按下时被触发
    public void mouseReleased(MouseEvent e);              //鼠标按键被释放时被触发
    public void mouseClicked(MouseEvent e);               //发生单击事件时被触发
    public void mouseExited(MouseEvent e);                //光标移出组件时被触发
}
```

　　在上述每个抽象方法中,均传入了 MouseEvent 类的对象。MouseEvent 类中比较常用的方法如表 18.11 所示。

表 18.11　MouseEvent 类中的常用方法

方　　法	功　能　简　介
getSource()	用来获得触发此次事件的组件对象，返回值为 Object 类型
getButton()	用来获得代表此次按下、释放或单击的按键的 int 型值
getClickCount()	用来获得单击按键的次数

当需要判断触发此次事件的按键时，可以通过表 18.12 中的静态常量判断由 getButton()方法返回的 int 型值代表的键。

表 18.12　MouseEvent 类中代表鼠标按键的静态常量

静　态　常　量	常　量　值	代　表　的　键
BUTTON1	1	代表鼠标左键
BUTTON2	2	代表鼠标滚轮
BUTTON3	3	代表鼠标右键

【例 18.27】 捕捉鼠标在窗体中的行为（**实例位置：资源包\TM\sl\18\27**）

创建一个窗体，在窗体中捕捉鼠标进入、移出和单击事件，关键代码如下：

```java
private void mouseOper(MouseEvent e){
    int i = e.getButton();                              //通过该值可以判断按下的是哪个键
    if (i == MouseEvent.BUTTON1)
        System.out.println("按下的是鼠标左键");
    else if (i == MouseEvent.BUTTON2)
        System.out.println("按下的是鼠标滚轮");
    else if (i == MouseEvent.BUTTON3)
        System.out.println("按下的是鼠标右键");
}
public MouseEvent_Example() {
    ...                                                 //省略部分代码
    final JLabel label = new JLabel();
    label.addMouseListener(new MouseListener() {
        public void mouseEntered(MouseEvent e) {        //光标移入组件时被触发
            System.out.println("光标移入组件");
        }
        public void mousePressed(MouseEvent e) {        //鼠标按键被按下时被触发
            System.out.print("鼠标按键被按下，");
            mouseOper(e);
        }
        public void mouseReleased(MouseEvent e) {       //鼠标按键被释放时被触发
            System.out.print("鼠标按键被释放，");
            mouseOper(e);
        }
        public void mouseClicked(MouseEvent e) {        //发生单击事件时被触发
            System.out.print("单击了鼠标按键，");
            mouseOper(e);
            int clickCount = e.getClickCount();         //获取鼠标单击次数
            System.out.println("单击次数为" + clickCount + "下");
        }
        public void mouseExited(MouseEvent e) {         //光标移出组件时被触发
            System.out.println("光标移出组件");
        }
    });
    ...                                                 //省略部分代码
```

运行结果如图 18.36 所示，首先将光标移入窗体，然后单击，接着双击，最后将光标移出窗体，在控制台中将得到如图 18.37 所示的信息。当双击鼠标时，第一次单击鼠标将触发一次单击事件。

图 18.36　程序弹出的窗体

图 18.37　在控制台中输出的日志

编程训练（答案位置：资源包\TM\sl\18\编程训练）

【训练 17】移动图标　创建"前进""后退""上移""下移" 4 个按钮，单击后可以让一个图标在窗体中的位置发生变化。

【训练 18】可操控的全景地图　使用键盘事件（↑：北；↓：南；←：西；→：东），查看十字路口的全景图。

18.11　实践与练习

（答案位置：资源包\TM\sl\18\实践与练习）

综合练习 1：窗体抖动　编写一个程序，模拟 QQ 的窗体抖动效果。即在窗体中加入抖动效果，效果如图 18.38 所示。

综合练习 2：模拟设计计算器　编写一个程序，使用网格布局，模拟一个计算器，效果如图 18.39 所示。

图 18.38　实现窗体抖动效果

图 18.39　实现计算器效果

综合练习 3：翻转扑克牌　使用鼠标的移入与移出，实现翻转扑克牌。

第 19 章

Java 绘图

要开发高级应用程序，就必须掌握一定的图像处理技术。Java 绘图是 Java 程序开发不可缺少的技术，使用这些技术可以为程序提供数据统计、图表分析等功能，还可以为程序搭配音效，提高程序的交互能力。本章将讲解 Java 绘图的基础知识及图像处理技术。

本章的知识架构及重难点如下。

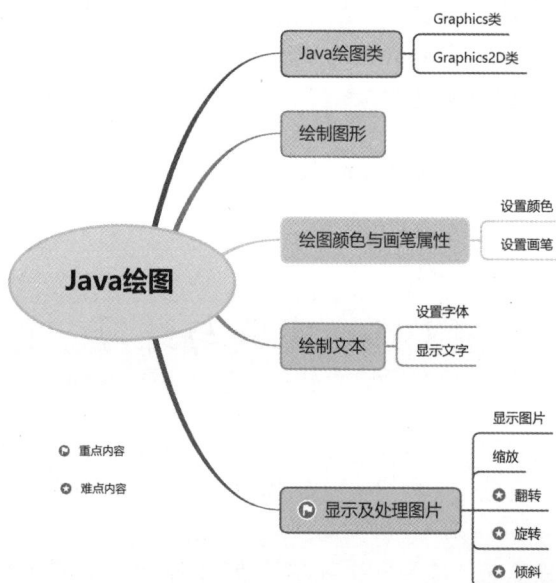

19.1　Java 绘图类

绘图是高级程序设计中非常重要的技术。例如，应用程序可以绘制闪屏图片、背景图片、组件外观等，Web 程序可以绘制统计图、数据库中存储的图片资源等。正所谓"一图胜千言"，使用图片能够更好地表达程序的运行结果，并且能够进行细致的数据分析与保存等。本节先来介绍 Java 程序设计中的绘图类 Graphics 与 Graphics2D。

19.1.1　Graphics 类

Graphics 类是所有图形上下文的抽象基类，它允许应用程序在组件以及闭屏图像上进行绘制。Graphics 类封装了 Java 支持的基本绘图操作所需的状态信息，主要包括颜色、字体、画笔、文本、图像等。

　　Graphics 类提供了绘图常用的方法，利用这些方法可以实现直线、矩形、多边形、椭圆、圆弧等形状和文本、图片的绘制操作。另外，在执行这些操作之前，还可以使用相应的方法设置绘图的颜色和字体等状态属性。

19.1.2 Graphics2D 类

　　使用 Graphics 类可以完成简单的图形绘制任务，但是它所实现的功能非常有限，如无法改变线条的粗细、不能对图片使用旋转和模糊等过滤效果。

　　Graphics2D 类继承 Graphics 类，实现了功能更加强大的绘图操作的集合。由于 Graphics2D 类是 Graphics 类的扩展，也是推荐使用的 Java 绘图类，因此本章主要讲解如何使用 Graphics2D 类实现 Java 绘图。

> **说明**
>
> 　　Graphics2D 是推荐使用的绘图类，但是程序设计中提供的绘图对象大多是 Graphics 类的实例对象，这时应该使用强制类型转换将其转换为 Graphics2D 类型。例如：
>
> ```
> public void paint(Graphics g) {
>     Graphics2D g2 = (Graphics2D) g;      //使用强制类型将 Graphics 类型转换为 Graphics2D 类型
>     g2....
> }
> ```

19.2 绘 制 图 形

　　Java 可以分别使用 Graphics 类和 Graphics2D 类绘制图形，Graphics 类使用不同的方法实现不同图形的绘制。例如，drawLine()方法可以绘制直线，drawRect()方法用于绘制矩形，drawOval()方法用于绘制椭圆形等。

　　【例 19.1】绘制由 5 个圆形组成的图案（**实例位置：资源包\TM\sl\19\1**）

　　在项目中创建 DrawCircle 类，使该类继承 JFrame 类成为窗体组件，在类中创建继承 JPanel 类的 DrawPanel 内部类，并重写 paint()方法，绘制由 5 个圆形组成的图案。

```java
import java.awt.*;
import javax.swing.*;

public class DrawCircle extends JFrame {
    private final int OVAL_WIDTH = 80;          //圆形的宽
    private final int OVAL_HEIGHT = 80;         //圆形的高

    public DrawCircle() {
        initialize();                            //调用初始化方法
    }

    private void initialize() {                  //初始化方法
```

```
            setSize(300, 200);                              //设置窗体大小
            setDefaultCloseOperation(JFrame.EXIT_ON_CLOSE); //设置窗体关闭模式
            setContentPane(new DrawPanel());                //设置窗体面板为绘图面板对象
            setTitle("绘图实例1");                            //设置窗体标题
    }

    class DrawPanel extends JPanel {                        //创建绘图面板
        public void paint(Graphics g) {                    //重写绘制方法
            g.drawOval(10, 10, OVAL_WIDTH, OVAL_HEIGHT);    //绘制第 1 个圆形
            g.drawOval(80, 10, OVAL_WIDTH, OVAL_HEIGHT);    //绘制第 2 个圆形
            g.drawOval(150, 10, OVAL_WIDTH, OVAL_HEIGHT);   //绘制第 3 个圆形
            g.drawOval(50, 70, OVAL_WIDTH, OVAL_HEIGHT);    //绘制第 4 个圆形
            g.drawOval(120, 70, OVAL_WIDTH, OVAL_HEIGHT);   //绘制第 5 个圆形
        }
    }

    public static void main(String[] args) {
        new DrawCircle().setVisible(true);
    }
}
```

运行结果如图 19.1 所示。

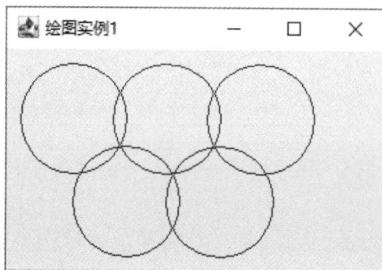

图 19.1　绘制由 5 个圆形组成的图案的窗体

Graphics 类常用的图形绘制方法如表 19.1 所示。

表 19.1　Graphics 类常用的图形绘制方法

方　　法	说　明	举　　例	绘图效果
drawArc(int x, int y, int width, int height, int startAngle, int arcAngle)	弧形	drawArc(100,100,100,50,270,200);	⌐
drawLine(int x1, int y1, int x2, int y2)	直线	drawLine(10,10,50,10); drawLine(30,10,30,40);	T
drawOval(int x, int y, int width, int height)	椭圆	drawOval(10,10,50,30);	○
drawPolygon(int[] xPoints, int[] yPoints, int nPoints)	多边形	int[] xs={10,50,10,50}; int[] ys={10,10,50,50}; drawPolygon(xs, ys, 4);	⋈
drawPolyline(int[] xPoints, int[] yPoints, int nPoints)	多边线	int[] xs={10,50,10,50}; int[] ys={10,10,50,50}; drawPolyline(xs, ys, 4);	Z
drawRect(int x, int y, int width, int height)	矩形	drawRect(10, 10, 100, 50);	▭

方　　法	说　　明	举　　例	绘 图 效 果
drawRoundRect(int x, int y, int width, int height, int arcWidth, int arcHeight)	圆角矩形	drawRoundRect(10, 10, 50, 30,10,10);	
fillArc(int x, int y, int width, int height, int startAngle, int arcAngle)	实心弧形	fillArc(100,100,50,30,270,200);	
fillOval(int x, int y, int width, int height)	实心椭圆	fillOval(10,10,50,30);	
fillPolygon(int[] xPoints, int[] yPoints, int nPoints)	实心多边形	int[] xs={10,50,10,50}; int[] ys={10,10,50,50}; fillPolygon(xs, ys, 4);	
fillRect(int x, int y, int width, int height)	实心矩形	fillRect(10, 10, 50, 30);	
fillRoundRect(int x, int y, int width, int height, int arcWidth, int arcHeight)	实心圆角矩形	g.fillRoundRect(10, 10, 50, 30,10,10);	

　　Graphics2D 类是在继承 Graphics 类的基础上编写的，它包含了 Graphics 类的绘图方法并添加了更强的功能，在创建绘图类时推荐使用该类。Graphics2D 类可以分别使用不同的类来表示不同的形状，如 Line2D 类、Rectangle2D 类等。

　　要绘制指定形状的图形，需要先创建并初始化该图形类的对象，且这些图形类必须是 Shape 接口的实现类；然后使用 Graphics2D 类的 draw()方法绘制该图形对象，或者使用 fill()方法填充该图形对象。语法格式如下：

```
draw(Shape form)
```

或

```
fill(Shape form)
```

　　其中，form 是指实现 Shape 接口的对象。

　　java.awt.geom 包中提供了如下常用的图形类，这些图形类都实现了 Shape 接口：

- ☑　Arc2D 类。
- ☑　CubicCurve2D 类。
- ☑　Ellipse2D 类。
- ☑　Line2D 类。
- ☑　Point2D 类。
- ☑　QuadCurve2D 类。
- ☑　Rectangle2D 类。
- ☑　RoundRectangle2D 类。

注意

　　各图形类都是抽象类型的。在不同图形类中有 Double 和 Float 两个实现类，这两个实现类以不同精度构建图形对象。为方便计算，在程序开发中经常使用 Double 类的实例对象绘制图形，但是如果程序中要使用成千上万个图形，则建议使用 Float 类的实例对象进行绘制，这样会节省内存空间。

【例 19.2】绘制空心和实心的集合图形（实例位置：资源包\TM\sl\19\2）

在窗体的实现类中创建图形类的对象，然后使用 Graphics2D 类绘制和填充这些图形。

```java
import java.awt.*;
import java.awt.geom.*;
import javax.swing.*;

public class DrawFrame extends JFrame {
    public DrawFrame() {
        setTitle("绘图实例 2");                                    //设置窗体标题
        setSize(300, 200);                                        //设置窗体大小
        setDefaultCloseOperation(JFrame.EXIT_ON_CLOSE);           //设置窗体关闭模式
        add(new CanvasPanel());                                   //设置窗体面板为绘图面板对象

    }

    class CanvasPanel extends JPanel {                            //绘图面板
        public void paint(Graphics g) {
            Graphics2D g2 = (Graphics2D) g;
            Shape[] shapes = new Shape[4];                        //声明图形数组
            shapes[0] = new Ellipse2D.Double(5, 5, 100, 100);     //创建圆形对象
            shapes[1] = new Rectangle2D.Double(110, 5, 100, 100); //创建矩形对象

            shapes[2] = new Rectangle2D.Double(15, 15, 80, 80);   //创建矩形对象
            shapes[3] = new Ellipse2D.Double(120, 15, 80, 80);    //创建圆形对象
            for (Shape shape : shapes) {                          //遍历图形数组
                Rectangle2D bounds = shape.getBounds2D();
                if (bounds.getWidth() == 80)
                    g2.fill(shape);                               //填充图形
                else
                    g2.draw(shape);                               //绘制图形
            }
        }
    }

    public static void main(String[] args) {
        new DrawFrame().setVisible(true);
    }
}
```

运行结果如图 19.2 所示。

编程训练（答案位置：资源包\TM\sl\19\编程训练）

【训练 1】绘制空心和实心的椭圆　　在窗体上绘制空心和实心的椭圆，运行效果如图 19.3 所示。

【训练 2】绘制多边形　　在窗体上绘制多边形，运行效果如图 19.4 所示。

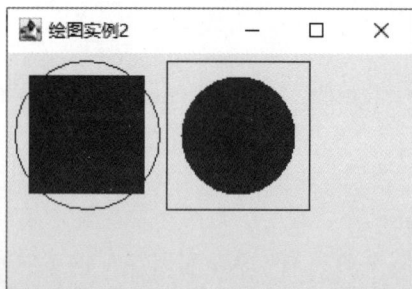

图 19.2　例 19.2 的运行结果

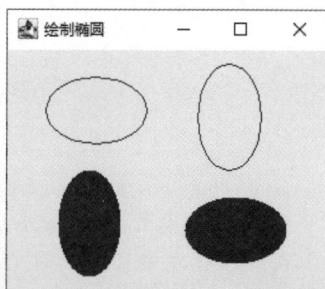

图 19.3　绘制空心和实心的椭圆

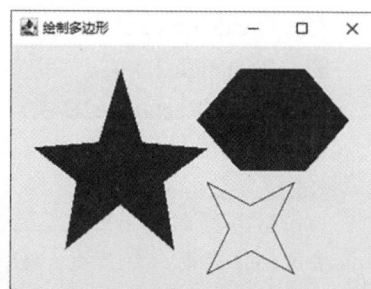

图 19.4　绘制多边形

19.3　绘图颜色与画笔属性

Java 语言使用 Color 类封装颜色的各种属性，并对颜色进行管理。另外，在绘制图形时还可以指定线的粗细和虚实等画笔属性。

19.3.1　设置颜色

使用 Color 类可以创建任意颜色的对象，不用担心平台是否支持该颜色，因为 Java 以跨平台和与硬件无关的方式支持颜色管理。创建 Color 对象的构造方法有如下两种：

```
Color col = new Color(int r, int g, int b)
Color col = new Color(int rgb)
```

- ☑　rgb：颜色值，该值是红、绿、蓝三原色的总和。
- ☑　r：该参数是三原色中红色的取值。
- ☑　g：该参数是三原色中绿色的取值。
- ☑　b：该参数是三原色中蓝色的取值。

Color 类定义了常用色彩的常量值，如表 19.2 所示。这些常量都是静态的 Color 对象，可以直接使用这些常量定义的颜色对象。

表 19.2　常用的 Color 常量

常　量　名	颜　色　值	常　量　名	颜　色　值
Color BLACK	黑色	Color MAGENTA	洋红色
Color BLUE	蓝色	Color ORANGE	橘黄色
Color CYAN	青色	Color PINK	粉红色
Color DARK_GRAY	深灰色	Color RED	红色
Color GRAY	灰色	Color WHITE	白色
Color GREEN	绿色	Color YELLOW	黄色
Color LIGHT_GRAY	浅灰色		

绘图类可以使用 setColor()方法设置当前颜色。语法如下：

```
setColor(Color color)
```

其中，参数 color 是 Color 对象，代表一个颜色值，如红色、黄色或默认的黑色。

例如，设置当前绘图颜色为红色的代码如下：

```
public void paint(Graphics g) {
    Graphics2D g2 = (Graphics2D) g;
    g.setColor(Color.RED);
    ...
}
```

> **说明**
>
> 设置好绘图颜色后，再进行绘图或者绘制文本，系统会采用该颜色作为前景色。如果此时想绘制其他颜色的图形或文本，则需要再次调用 setColor()方法设置其他颜色。

19.3.2 设置画笔

默认情况下，Graphics 类使用的画笔属性是粗细为 1 个像素的正方形，而 Graphics2D 类可以调用 setStroke()方法设置画笔的属性，如改变线条的粗细、虚实，定义线段端点的形状、风格等。语法格式如下：

setStroke(Stroke stroke)

其中，参数 stroke 是 Stroke 接口的实现类对象。

setStroke()方法必须接收一个 Stroke 接口的实现类对象作参数，java.awt 包中提供了 BasicStroke 类，它实现了 Stroke 接口，并且通过不同的构造方法创建画笔属性不同的对象。这些构造方法如下：

☑ BasicStroke()。

☑ BasicStroke(float width)。

☑ BasicStroke(float width, int cap, int join)。

☑ BasicStroke(float width, int cap, int join, float miterlimit)。

☑ BasicStroke(float width, int cap, int join, float miterlimit, float[] dash, float dash_phase)。

这些构造方法中的参数说明如表 19.3 所示。

表 19.3 BasicStroke 类构造方法的参数说明

参　　数	说　　明
width	笔画宽度，此宽度必须大于或等于 0.0f。如果将宽度设置为 0.0f，则将笔画设置为当前设备的默认宽度
cap	线端点的装饰
join	应用在路径线段交会处的装饰
miterlimit	斜接处的剪裁限制。该参数值必须大于或等于 1.0f
dash	表示虚线模式的数组
dash_phase	开始虚线模式的偏移量

cap 参数可以使用 CAP_BUTT、CAP_ROUND 和 CAP_SQUARE 常量，这 3 个常量对线端点的装饰效果如图 19.5 所示。

join 参数用于修饰线段交会效果，可以使用 JOIN_BEVEL、JOIN_MITER 和 JOIN_ROUND 常量，效果如图 19.6 所示。

编程训练（答案位置：资源包\TM\sl\19\编程训练）

【训练 3】彩色扇形 绘制 4 个指定角度的填充扇形，并设置填充扇形的颜色分别为黄、红、青和黑，效果如图 19.7 所示。

【训练 4】绘制线条不同粗细的椭圆 设置笔画的粗细，绘制 4 个线条不同粗细的椭圆，效果如图 19.8 所示。

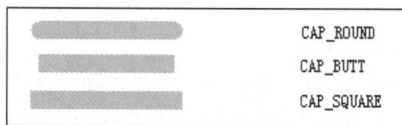

图 19.5 cap 参数对线端点的装饰效果

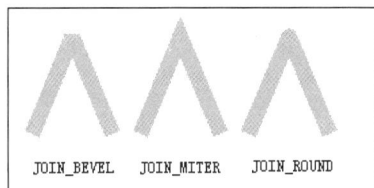

| 图 19.6　join 参数修饰线段交会处的效果 | 图 19.7　填充扇形 | 图 19.8　绘制 4 个线条不同粗细的椭圆 |

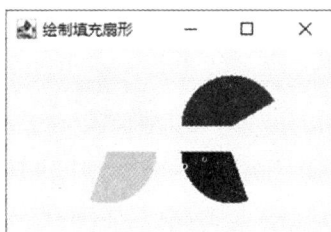

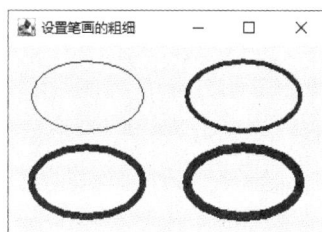

19.4　绘 制 文 本

Java 绘图类也可以用来绘制文本内容，且可以在绘制前设置字体的样式、大小等。本节将讲解如何绘制文本和设置文本的字体。

19.4.1　设置字体

Java 使用 Font 类封装了字体的大小、样式等属性，该类在 java.awt 包中被定义，其构造方法可以指定字体的名称、大小和样式 3 个属性。语法如下：

```
Font(String name, int style, int size)
```

☑　name：字体的名称。

☑　style：字体的样式。

☑　size：字体的大小。

其中，字体样式可以使用 Font 类的 PLAIN、BOLD 和 ITALIC 常量，效果如图 19.9 所示。

图 19.9　字体样式

设置绘图类的字体可以使用绘图类的 setFont()方法。设置字体以后在图形上下文中绘制的所有文字都使用该字体，除非再次设置其他字体。语法如下：

```
setFont(Font font)
```

其中，参数 font 是 Font 类的字体对象。

19.4.2　显示文字

Graphics2D 类提供了 drawString()方法，该方法可用于实现图形上下文的文本绘制，从而实现在图片上显示文字的功能。语法格式有如下两种：

```
drawString(String str, int x, int y)
drawString(String str, float x, float y)
```

☑　str：要绘制的文本字符串。

☑　x：绘制字符串的水平起始位置。

☑　y：绘制字符串的垂直起始位置。

这两个方法唯一不同的就是 x 和 y 的参数类型不同。

【例 19.3】 绘制文字钟表（实例位置：资源包\TM\sl\19\3）

绘制一个矩形图，在矩形图的中间显示文本，文本的内容是当前时间。

```java
import java.awt.*;
import java.awt.geom.Rectangle2D;
import java.util.Date;
import javax.swing.*;

public class DrawString extends JFrame {
    public DrawString() {
        setSize(230, 140);                                    //设置窗体大小
        setDefaultCloseOperation(JFrame.EXIT_ON_CLOSE);       //设置窗体关闭模式
        add(new CanvasPanel());                               //设置窗体面板为绘图面板对象
        setTitle("绘图文本");                                 //设置窗体标题
    }

    class CanvasPanel extends JPanel {
        public void paint(Graphics g) {
            Graphics2D g2 = (Graphics2D) g;
            Rectangle2D rect = new Rectangle2D.Double(10, 10, 200, 80);
            Font font = new Font("宋体", Font.BOLD, 16);
            Date date = new Date();
            g2.setColor(Color.CYAN);                          //设置当前绘图颜色
            g2.fill(rect);                                    //填充矩形
            g2.setColor(Color.BLUE);                          //设置当前绘图颜色
            g2.setFont(font);                                 //设置字体
            g2.drawString("现在时间是", 20, 30);               //绘制文本
            g2.drawString(String.format("%tr", date), 50, 60); //绘制时间文本
        }
    }

    public static void main(String[] args) {
        new DrawString().setVisible(true);
    }
}
```

运行结果如图 19.10 所示。

编程训练（答案位置：资源包\TM\sl\19\编程训练）

【训练 5】 模拟公章 公章是指机关、团体、企事业单位使用的印章。公章的印文自左而右环行，使用简化的宋体字。使用 AWT 的相关技术，在窗体中绘制一个公章，效果如图 19.11 所示。

【训练 6】 水印文字 网络上的图文资源丰富，为了维护正版，各个网站采用了为这些图文资源加水印文字特效的方法。使用 AWT 的相关技术，为图片加上"盗版必究"的水印效果，如图 19.12 所示。

图 19.10 在窗体中绘制文本

图 19.11 公章效果

图 19.12 水印效果

19.5　显示图片

绘图类不仅可以绘制图形和文本，还可以使用 drawImage() 方法将图片资源显示到绘图上下文中，而且可以实现各种特效处理，如图片的缩放、翻转等。有关图像处理的知识将在 19.6 节讲解，本节主要讲解如何显示图片。语法如下：

drawImage(Image img, int x, int y, ImageObserver observer)

该方法将 img 图片显示在 x、y 指定的位置上。方法中涉及的参数及其说明如表 19.4 所示。

表 19.4　drawImage() 方法的参数说明

参　　数	说　　明	参　　数	说　　明
img	要显示的图片对象	y	垂直位置
x	水平位置	observer	要通知的图像观察者

drawImage() 方法的使用与绘制文本的 drawString() 方法类似，唯一不同的是该方法需要指定要通知的图像观察者。

【例 19.4】在窗体中显示照片（**实例位置：资源包\TM\sl\19\4**）

在整个窗体中显示图片，图片的大小保持不变。

```java
import java.awt.*;
import java.io.*;
import javax.imageio.ImageIO;
import javax.swing.*;

public class DrawImage extends JFrame {
    Image img;                                                    //展示的图片

    public DrawImage() {
        try {
            img = ImageIO.read(new File("src/img.jpg"));          //读取图片文件
        } catch (IOException e) {
            e.printStackTrace();
        }
        setSize(440, 300);                                        //设置窗体大小
        setDefaultCloseOperation(JFrame.EXIT_ON_CLOSE);           //设置窗体关闭模式
        add(new CanvasPanel());                                   //设置窗体面板为绘图面板对象
        setTitle("绘制图片");                                      //设置窗体标题
    }

    class CanvasPanel extends JPanel {
        public void paint(Graphics g) {
            Graphics2D g2 = (Graphics2D) g;
            g2.drawImage(img, 0, 0, this);                        //显示图片
        }
    }

    public static void main(String[] args) {
        new DrawImage().setVisible(true);
    }
}
```

运行结果如图 19.13 所示。

编程训练（答案位置：资源包\TM\sl\19\编程训练）

【训练 7】照片浏览器　尝试在窗体中显示你自己的照片。

【训练 8】相册浏览器　在一个窗体中并排显示两张照片。

图 19.13　显示图片的窗体

19.6　图 像 处 理

开发高级的桌面应用程序，必须掌握一些图像处理与动画制作的技术，如在程序中显示统计图、销售趋势图、动态按钮等。本节将在 Java 绘图的基础上讲解图像处理技术。

19.6.1　放大与缩小

在 19.5 节讲解显示图片时，使用了 drawImage() 方法将图片以原始大小显示在窗体中，要想实现图片的放大与缩小，则需要使用它的重载方法。语法如下：

```
drawImage(Image img, int x, int y, int width, int height, ImageObserver observer)
```

该方法将 img 图片显示在 x、y 指定的位置上，并指定图片的宽度和高度属性。方法中涉及的参数说明如表 19.5 所示。

表 19.5　用于图像缩放的 drawImage() 方法的重载方法的参数说明

参　　数	说　　明	参　　数	说　　明
img	要显示的图片对象	width	图片的新宽度属性
x	水平位置	height	图片的新高度属性
y	垂直位置	observer	要通知的图像观察者

【例 19.5】通过滑动条改变图片的大小（**实例位置：资源包\TM\sl\19\5**）

在窗体中显示原始大小的图片，然后通过一个滑动条改变图片的大小。

```java
import java.awt.*;
import java.io.*;
import javax.imageio.ImageIO;
import javax.swing.*;
import javax.swing.event.*;

public class ImageZoom extends JFrame {
    Image img;
    private int imgWidth, imgHeight;
    private JSlider jSlider;

    public ImageZoom() {
        try {
            img = ImageIO.read(new File("src/img.jpg"));          //读取图片文件
        } catch (IOException e) {
```

```
                e.printStackTrace();
            }
        CanvasPanel canvas = new CanvasPanel();
        jSlider = new JSlider();
        jSlider.setMaximum(1000);
        jSlider.setValue(100);
        jSlider.setMinimum(1);
        jSlider.addChangeListener(new ChangeListener() {
            public void stateChanged(ChangeEvent e) {
                canvas.repaint();
            }
        });

        JPanel center = new JPanel();
        center.setLayout(new BorderLayout());
        center.add(jSlider, BorderLayout.SOUTH);
        center.add(canvas, BorderLayout.CENTER);
        setContentPane(center);
        setBounds(100, 100, 800, 600);                      //设置窗体大小和位置
        setDefaultCloseOperation(JFrame.EXIT_ON_CLOSE);     //设置窗体关闭模式
        setTitle("绘制图片");
    }

    class CanvasPanel extends JPanel {
        public void paint(Graphics g) {
            int newW = 0, newH = 0;
            imgWidth = img.getWidth(this);                  //获取图片宽度
            imgHeight = img.getHeight(this);                //获取图片高度
            float value = jSlider.getValue();               //滑块组件的取值
            newW = (int) (imgWidth * value / 100);          //计算图片放大后的宽度
            newH = (int) (imgHeight * value / 100);         //计算图片放大后的高度
            g.drawImage(img, 0, 0, newW, newH, this);       //绘制指定大小的图片
        }
    }

    public static void main(String[] args) {
        new ImageZoom().setVisible(true);
    }
}
```

程序运行之后，拖动滑块可实现图像的缩小和放大，效果如图 19.14 所示。

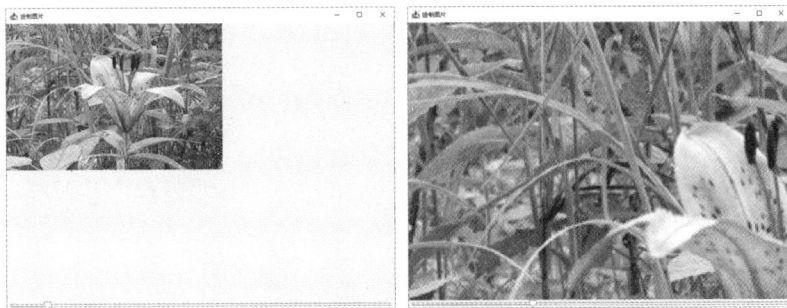

图 19.14　图像的缩放效果

说明

repaint()方法会自动调用 paint()方法，实现组件或画板的重画功能，类似于界面刷新。

19.6.2　图像翻转

图像的翻转需要使用 drawImage()方法的另一个重载方法。语法如下：

drawImage(Image img, **int** dx1, **int** dy1, **int** dx2, **int** dy2, **int** sx1, **int** sy1, **int** sx2, **int** sy2, ImageObserver observer)

此方法总是用非缩放的图像来呈现缩放的矩形，并动态地执行所需的缩放。此操作不使用缓存的缩放图像。要执行图像从源到目标的缩放，需要将源矩形的第一个坐标映射到目标矩形的第一个坐标，源矩形的第二个坐标映射到目标矩形的第二个坐标，并按需要缩放和翻转子图像，以保持这些映射关系。方法中涉及的参数说明如表 19.6 所示。

表 19.6　用于图像翻转的 drawImage()方法的重载方法的参数说明

参　　数	说　　明	参　　数	说　　明
img	要绘制的指定图像	sx1	源矩形第一个坐标的 x 位置
dx1	目标矩形第一个坐标的 x 位置	sy1	源矩形第一个坐标的 y 位置
dy1	目标矩形第一个坐标的 y 位置	sx2	源矩形第二个坐标的 x 位置
dx2	目标矩形第二个坐标的 x 位置	sy2	源矩形第二个坐标的 y 位置
dy2	目标矩形第二个坐标的 y 位置	observer	要通知的图像观察者

【例 19.6】翻转照片（实例位置：资源包\TM\sl\19\6）

在窗体界面中显示一张照片，照片底部添加"水平翻转"和"垂直翻转"两个按钮，单击这两个按钮会让照片发生翻转。

```java
import java.awt.*;
import java.awt.event.*;
import java.io.*;
import javax.swing.*;
import javax.imageio.ImageIO;

public class PartImage extends JFrame {
    private Image img;
    private int dx1, dy1, dx2, dy2;
    private int sx1, sy1, sx2, sy2;
    private int width = 300, height = 200;              //图片宽高
    private JButton vBtn = null;                          // "垂直翻转"按钮
    private JButton hBtn = null;                          // "水平翻转"按钮
    private CanvasPanel canvasPanel = null;

    public PartImage() {
        try {
            img = ImageIO.read(new File("src/cow.jpg"));   //读取图片文件
        } catch (IOException e) {
            e.printStackTrace();
        }
        dx2 = sx2 = width;                                 //初始化图像大小
        dy2 = sy2 = height;

        vBtn = new JButton("垂直翻转");
        hBtn = new JButton("水平翻转");
```

```
            JPanel bottom = new JPanel();
            bottom.add(hBtn);
            bottom.add(vBtn);

            Container c = getContentPane();
            c.add(bottom, BorderLayout.SOUTH);
            canvasPanel = new CanvasPanel();
            c.add(canvasPanel, BorderLayout.CENTER);

            addListener();

            setBounds(100, 100, 300, 260);                    //设置窗体大小和位置
            setDefaultCloseOperation(JFrame.EXIT_ON_CLOSE);   //设置窗体关闭模式
            setTitle("图片翻转");                              //设置窗体标题
        }

        private void addListener() {
            vBtn.addActionListener(new ActionListener() {
                public void actionPerformed(ActionEvent e) {
                    sy1 = Math.abs(sy1 - height);             //纵坐标互换
                    sy2 = Math.abs(sy2 - height);
                    canvasPanel.repaint();
                }
            });
            hBtn.addActionListener(new ActionListener() {
                public void actionPerformed(ActionEvent e) {
                    sx1 = Math.abs(sx1 - width);              //横坐标互换
                    sx2 = Math.abs(sx2 - width);
                    canvasPanel.repaint();
                }
            });
        }

        class CanvasPanel extends JPanel {
            public void paint(Graphics g) {
                g.drawImage(img, dx1, dy1, dx2, dy2, sx1, sy1, sx2, sy2, this);  //绘制指定大小的图片
            }
        }
        public static void main(String[] args) {
            new PartImage().setVisible(true);
        }
    }
}
```

程序运行结果如图 19.15 所示。

图 19.15　源图、水平翻转和垂直翻转的效果

19.6.3　图像旋转

图像旋转需要调用 Graphics2D 类的 rotate()方法，该方法将根据指定的弧度旋转图像。语法如下：

rotate(**double** theta)

其中，theta 是指旋转的弧度。

> **说明**
>
> rotate()方法只接收旋转的弧度作为参数，可以使用 Math 类的 toRadians()方法将角度转换为弧度。toRadians()方法接收角度值作为参数，返回值是转换完毕的弧度值。

【**例 19.7**】让照片围绕左上角点旋转（**实例位置：资源包\TM\sl\19\7**）

在主窗体中绘制 3 个旋转后的图像，每个图像的旋转角度为 5°。

```java
import java.awt.*;
import java.io.*;
import javax.swing.*;
import javax.imageio.ImageIO;

public class RotateImage extends JFrame {
    private Image img;
    public RotateImage() {
        try {
            img = ImageIO.read(new File("src/cow.jpg"));         //读取图片文件
        } catch (IOException e) {
            e.printStackTrace();
        }
        setBounds(100, 100, 400, 350);                           //设置窗体大小和位置
        add(new CanvasPanel());
        setDefaultCloseOperation(JFrame.EXIT_ON_CLOSE);          //设置窗体关闭模式
        setTitle("图片旋转");                                     //设置窗体标题
    }

    class CanvasPanel extends JPanel {
        public void paint(Graphics g) {
            Graphics2D g2 = (Graphics2D) g;
            g2.rotate(Math.toRadians(5));                        //旋转 5°
            g2.drawImage(img, 70, 10, 300, 200, this);
            g2.rotate(Math.toRadians(5));
            g2.drawImage(img, 70, 10, 300, 200, this);
            g2.rotate(Math.toRadians(5));
            g2.drawImage(img, 70, 10, 300, 200, this);
        }
    }

    public static void main(String[] args) {
        new RotateImage().setVisible(true);
    }
}
```

运行结果如图 19.16 所示。

图 19.16　图像旋转效果

19.6.4　图像倾斜

可以使用 Graphics2D 类提供的 shear()方法来设置绘图的倾斜方向，从而使图像实现倾斜的效果。语法如下：

shear(**double** shx, **double** shy)

☑　shx：水平方向的倾斜量。

☑　shy：垂直方向的倾斜量。

【例 19.8】让照片变成向左倾斜的平行四边形形状（**实例位置：资源包\TM\sl\19\8**）

在窗体上绘制图像，并使用 shear()方法使图像在水平方向上实现倾斜效果。

```java
import java.awt.*;
import java.io.*;
import javax.swing.*;
import javax.imageio.ImageIO;

public class TiltImage extends JFrame {
    private Image img;

    public TiltImage() {
        try {
            img = ImageIO.read(new File("src/cow.jpg"));        //读取图片文件
        } catch (IOException e) {
            e.printStackTrace();
        }
        setBounds(100, 100, 400, 300);                          //设置窗体大小和位置
        add(new CanvasPanel());
        setDefaultCloseOperation(JFrame.EXIT_ON_CLOSE);        //设置窗体关闭模式
        setTitle("图片倾斜");                                   //设置窗体标题
    }

    class CanvasPanel extends JPanel {
        public void paint(Graphics g) {
            Graphics2D g2 = (Graphics2D) g;
            g2.shear(0.3, 0);                                  //倾斜 30%
            g2.drawImage(img, 0, 0, 300, 200, this);
        }
    }

    public static void main(String[] args) {
        new TiltImage().setVisible(true);
    }
}
```

运行结果如图 19.17 所示。

编程训练（答案位置：资源包\TM\sl\19\编程训练）

【训练 9】使用按钮缩放图片　将放大、缩小设置成两个按钮，然后单击按钮放大或缩小图像，效果如图 19.18 所示。

【训练 10】自定义缩放　在文本框中输入宽度和高度的缩放比例（数值是能被 10 整除的整数），以对窗体上显示的图片进行缩放，运行效果如图 19.19 所示。

图 19.17　水平倾斜的图片效果

图 19.18　通过按钮放大或缩小图像

图 19.19　根据文本框中输入的宽度和高度的缩放比例缩放图像

19.7　实践与练习

（答案位置：资源包\TM\sl\19\实践与练习）

综合练习 1：绘制 5 个彩色的圆形　绘制由 5 个圆形组成的图案，效果图如图 19.20 所示。

综合练习 2：绘制验证码　随着互联网的不断发展，验证码的出现频率越来越高，验证码的样式也愈加复杂多样。使用 AWT 的相关技术，实现一个含有带背景图片的验证码的登录界面，效果图如图 19.21 所示。

综合练习 3：石英钟　绘制一个石英钟，秒针、分针和时针都会随着时间发生位置变化，效果如图 19.22 所示。

图 19.20　5 个彩色的圆形图

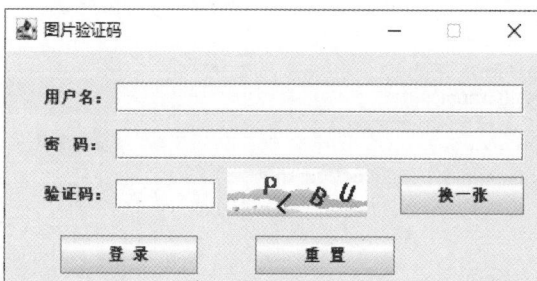

图 19.21　含有背景图片的验证码的登录界面

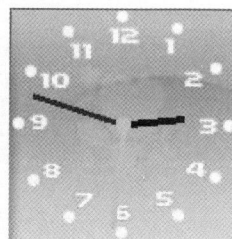

图 19.22　动态石英钟

第 20 章

多线程

如果一次只完成一件事情，很容易实现。但现实生活中，很多事情都是同时进行的。Java 中为了模拟这种状态，引入了线程机制。简单地说，当程序同时完成多件事情时，就是所谓的多线程。多线程应用相当广泛，使用多线程可以创建窗口程序、网络程序等。本章将由浅入深地讲解多线程，除介绍其概念外，还结合实例让读者了解如何使程序具有多线程功能。

本章的知识架构及重难点如下。

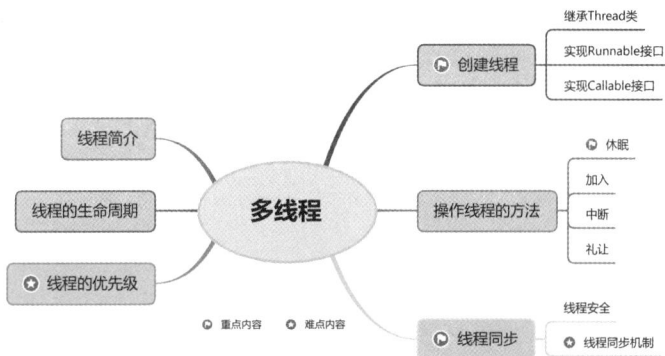

20.1 线程简介

世间有很多工作都是可以同时完成的。例如：人体可以同时进行呼吸、血液循环、思考问题等活动；用户既可以使用计算机听歌，也可以使用它打印文件。同样，计算机完全可以将多种活动同时进行，这种做法放在 Java 中被称为并发，而将并发完成的每一件事情称为线程。

在 Java 中，并发机制非常重要。在以往的程序设计中，我们都是一个任务完成后再进行下一个任务，这样下一个任务的开始必须等待前一个任务的结束。Java 语言提供了并发机制，程序员可以在程序中执行多个线程，每一个线程完成一个功能，并与其他线程并发执行，这种机制被称为多线程。然而，有必要强调的是，并不是所有编程语言都支持多线程。

多线程是非常复杂的机制，比如同时阅读 3 本书，首先阅读第 1 本书第 1 章，然后阅读第 2 本书第 1 章，再阅读第 3 本书第 1 章，回过头再阅读第 1 本书第 2 章，以此类推，就体现了多线程的复杂性。

多线程既然这样复杂，那么在操作系统中是怎样工作的呢？其实 Java 中的多线程在每个操作系统中的运行方式也存在差异，在此着重说明多线程在 Windows 操作系统中的运行模式。Windows 操作系统是多任务操作系统，它以进程为单位。一个进程是一个包含有自身地址的程序，每个独立执行的程序都被称为进程。也就是说，每个正在执行的程序都是一个进程。系统可以分配给每个进程一段有限的使用 CPU 的时间（也可以将其称为 CPU 时间片），CPU 在这段时间中执行某个进程，然后它会在下一段时间跳转并执行另一个进程。CPU 由于转换较快，因此使得每个进程好像是同时执行一样。

图 20.1 表明了 Windows 操作系统的执行模式。

一个线程则是进程中的执行流程，一个进程中可以同时包括多个线程，每个线程也可以得到一小段程序的执行时间，这样一个进程就可以具有多个并发执行的线程。在单线程中，程序代码按调用顺序依次往下执行。如果需要一个进程同时完成多段代码的操作，就需要使用多线程。

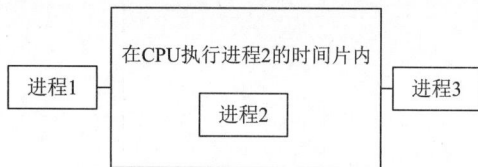

图 20.1　Windows 操作系统的执行模式

20.2　创 建 线 程

在 Java 中，主要提供两种方式实现线程，分别为继承 java.lang.Thread 类与实现 java.lang.Runnable 接口。本节将着重讲解这两种实现线程的方式。

20.2.1　继承 Thread 类

Thread 类是 java.lang 包中的一个类，从这个类中实例化的对象代表线程，程序员启动一个新线程需要建立 Thread 实例。Thread 类中常用的两个构造方法如下。

☑　public Thread()：创建一个新的线程对象。

☑　public Thread(String threadName)：创建一个名称为 threadName 的线程对象。

继承 Thread 类创建一个新的线程的语法如下：

```
public class ThreadTest extends Thread{
}
```

完成线程真正功能的代码放在类的 run()方法中，当一个类继承 Thread 类后，就可以在该类中覆盖 run()方法，将实现该线程功能的代码写入 run()方法中，然后调用 Thread 类中的 start()方法执行线程，也就是调用 run()方法。

Thread 对象需要一个任务来执行，任务是指线程在启动时执行的工作，该工作的功能代码被写在 run()方法中。run()方法必须使用以下语法格式：

```
public void run(){
}
```

注意

如果 start()方法调用一个已经启动的线程，系统将抛出 IllegalThreadStateException 异常。

当执行一个线程程序时，就自动产生一个线程，主方法正是在这个线程上运行的。当不再启动其他线程时，该程序就为单线程程序，如本章以前的程序都是单线程程序。主方法线程启动由 Java 虚拟机负责，程序员负责启动自己的线程。代码如下：

```
public static void main(String[] args) {
    new ThreadTest().start();
}
```

【例 20.1】 让线程循环输出 1～10 的数字（实例位置：资源包\TM\sl\20\1）

在项目中创建 ThreadTest 类并继承 Thread 类，在 run()方法中编写代码，实现循环输出 10 个数字，然后启动线程。

```
public class ThreadTest extends Thread {
    public void run() {
        for (int i = 1; i <= 10; i++) {
            System.out.print(i + " ");
        }
    }

    public static void main(String[] args) {
        ThreadTest t = new ThreadTest();
        t.start();
    }
}
```

运行结果如下：

1 2 3 4 5 6 7 8 9 10

start()方法会启动线程，线程自动执行 run()方法中的代码，就可以看到 for 循环输出的数字了。

在 main()方法中，使线程执行就需要调用 Thread 类中的 start()方法，start()方法调用被覆盖的 run()方法，如果不调用 start()方法，线程永远都不会被启动，在主方法没有调用 start()方法之前，Thread 对象只是一个实例，而不是一个真正的线程。

20.2.2 实现 Runnable 接口

到目前为止，线程都是通过扩展 Thread 类来创建的，程序员如果需要继承其他类（非 Thread 类），而且还要使当前类实现多线程，那么可以通过 Runnable 接口来实现。例如，一个扩展 JFrame 类的 GUI 程序不可能再继承 Thread 类，因为 Java 语言中不支持多继承，这时该类就需要实现 Runnable 接口使其具有使用线程的功能。实现 Runnable 接口的语法如下：

```
public class Thread extends Object implements Runnable
```

📖 **说明**

有兴趣的读者可以查询 API，从中可以发现，实质上 Thread 类实现了 Runnable 接口，其中的 run()方法正是对 Runnable 接口中的 run()方法的具体实现。

实现 Runnable 接口的程序会创建一个 Thread 对象，并将 Runnable 对象与 Thread 对象相关联。Thread 类中有以下两个构造方法：

☑ public Thread(Runnable target)。

☑ public Thread(Runnable target,String name)。

这两个构造方法的参数中都存在 Runnable 实例，使用以上构造方法就可以将 Runnable 实例与 Thread 实例相关联。

使用 Runnable 接口启动新的线程的步骤如下：

（1）建立 Runnable 对象。

（2）使用参数为 Runnable 对象的构造方法创建 Thread 实例。

（3）调用 start() 方法启动线程。

通过 Runnable 接口创建线程时，程序员首先需要编写一个实现 Runnable 接口的类，然后实例化该类的对象，这样就建立了 Runnable 对象，接下来使用相应的构造方法创建 Thread 实例，最后使用该实例调用 Thread 类中的 start() 方法启动线程。图 20.2 表明了实现 Runnable 接口创建线程的流程。

线程最引人注目的部分应该是与 Swing 相结合创建 GUI 程序，下面演示一个 GUI 程序，该程序实现了图标滚动的功能。

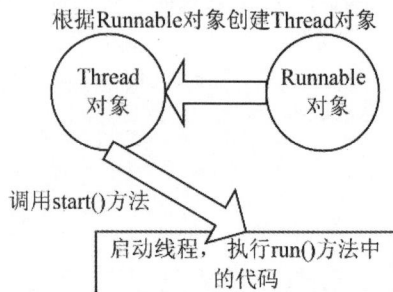

图 20.2　实现 Runnable 接口创建线程的流程

【例 20.2】让窗体中的图标动起来（实例位置：资源包\TM\sl\20\2）

在项目中创建 SwingAndThread 类，该类继承 JFrame 类，在 SwingAndThread 类中，使用 Swing 类和线程来移动窗体中的图标。

```java
import java.awt.Container;
import javax.swing.*;

public class SwingAndThread extends JFrame {
    int count = 0;                                          //图标横坐标

    public SwingAndThread() {
        setBounds(300, 200, 250, 100);                     //绝对定位窗体大小与位置
        Container container = getContentPane();             //主容器
        container.setLayout(null);                          //使窗体不使用任何布局管理器

        Icon icon = new ImageIcon("src/1.gif");             //图标对象
        JLabel jl = new JLabel(icon);                       //显示图标的标签
        jl.setBounds(10, 10, 200, 50);                      //设置标签的位置与大小
        Thread t = new Thread() {                           //定义匿名线程对象
            public void run() {
                while (true) {
                    jl.setBounds(count, 10, 200, 50);       //将标签的横坐标用变量表示
                    try {
                        Thread.sleep(500);                  //使线程休眠 500 毫秒
                    } catch (InterruptedException e) {
                        e.printStackTrace();
                    }
                    count += 4;                             //使横坐标每次增加 4
                    if (count >= 200) {
                        count = 10;                         //当图标到达标签的最右边时，使其回到标签最左边
                    }
                }
            }
        };
        t.start();                                          //启动线程
        container.add(jl);                                  //将标签添加到容器中
        setVisible(true);                                   //使窗体可见
        setDefaultCloseOperation(EXIT_ON_CLOSE);            //设置窗体的关闭方式
```

```
    }
    public static void main(String[] args) {
        new SwingAndThread();
    }
}
```

运行本实例，结果
如图 20.3 所示。

在本实例中，为了
使图标具有滚动功能，
需要在类的构造方法中

图 20.3   图标向右移动

创建 Thread 实例。在创建该实例的同时需要将 Runnable 对象作为 Thread 类构造方法的参数，然后使
用内部类形式实现 run()方法。在 run()方法中主要循环图标的横坐标位置，当图标横坐标到达标签的最
右方时，再次将图标的横坐标置于图标滚动的初始位置。

注意

启动一个新的线程，不是直接调用 Thread 子类对象的 run()方法，而是调用 Thread 子类的 start()
方法，Thread 类的 start()方法产生一个新的线程，该线程运行 Thread 子类的 run()方法。

20.2.3   实现 Callable 接口

上文已经讲解了 Java 语言中常用的两种实现线程的方式：继承 Thread 类和实现 Runnable 接口。
下面将对实现线程的第 3 种方式进行讲解，即实现 Callable 接口。

实现 Runnable 接口和实现 Callable 接口的区别在于以下几点：

☑   前者重写的方法是 run()方法，后者重写的方法是 call()方法。

☑   前者没有返回值，后者有返回值。

☑   前者不需要抛出异常，后者需要抛出异常。

通过实现 Callable 接口实现线程的步骤如下：

（1）同样创建一个类实现 Callable 接口。

（2）使用参数为 Callable 接口的 FutureTask 类的有参构造方法，创建一个 FutureTask 类对象。

（3）使用 Thread 类的有参构造方法，创建一个 Thread 类对象。

（4）调用 start()方法启动线程。

（5）启动线程后，通过 FutureTask.get()方法获取到线程的返回值。

下面通过一个实例演示如何通过实现 Callable 接口实现线程。代码如下：

```java
import java.util.concurrent.Callable;
import java.util.concurrent.FutureTask;

public class CallableTest {
    public static void main(String[] args) throws Exception {
        FutureTask<String> ft = new FutureTask<>(new CalThread());
        Thread thd = new Thread(ft);
        thd.start();
        System.out.println("已获取线程的返回值！返回值是\n"" + ft.get() + """);
```

```
        }
}

class CalThread implements Callable<String> {                    //返回值类型是 String
        @Override
        public String call() throws Exception {                  //重写 call()方法
                return "请查收：已通过实现 Callable 接口实现线程！";
        }
}
```

运行结果如下：

已获取线程的返回值！返回值是
"请查收：已通过实现 Callable 接口实现线程！"

编程训练（答案位置：资源包\TM\sl\20\编程训练）

【训练 1】球员入场　足球比赛开赛前，A、B 两队的上场球员（每队各 11 名球员）会依次出现在两个半场处。受球场条件限制，球员通道口每次只能通过一名球员，使用 Thread 类，模拟球员入场情景。

【训练 2】模拟下载进度条　通过实现 Runnable 接口模拟下载进度条：单击"开始下载"按钮后，"开始下载"按钮失效且进度条从 0 不断加 5，直到加至 100。进度条达到 100 后，失效的"开始下载"按钮变为被启用的"下载完成"按钮，单击"下载完成"按钮后，销毁当前窗体。

20.3　线程的生命周期

　　线程具有生命周期，其中包含 7 种状态，分别为出生状态、就绪状态、运行状态、等待状态、休眠状态、阻塞状态和死亡状态。出生状态就是线程被创建时处于的状态；在用户使用该线程实例调用 start()方法之前线程都处于出生状态；当用户调用 start()方法后，线程处于就绪状态（又被称为可执行状态）；当线程得到系统资源后就进入运行状态。

　　线程一旦进入可执行状态，就会在就绪与运行状态之间进行转换，同时也有可能进入等待、休眠、阻塞或死亡状态。当处于运行状态下的线程调用 Thread 类中的 wait()方法时，该线程便进入等待状态，进入等待状态的线程必须调用 Thread 类中的 notify()方法才能被唤醒，而调用 notifyAll()方法可将所有处于等待状态下的线程唤醒；当线程调用 Thread 类中的 sleep()方法时，则会进入休眠状态。如果一个线程在运行状态下发出输入/输出请求，该线程将进入阻塞状态，在其等待输入/输出结束时线程进入就绪状态，对于阻塞的线程来说，即使系统资源空闲，线程依然不能回到运行状态。当线程的 run()方法执行完毕时，线程进入死亡状态。

> **说明**
>
> 　　使线程处于不同状态下的方法会在 20.4 节中进行讲解，在此读者只需了解线程的多个状态即可。

　　图 20.4 描述了线程生命周期中的各种状态。

　　虽然多线程看起来像同时执行，但事实上在同一时间点上只有一个线程被执行，只是线程之间切换较快，因此才会使人产生线程是同时进行的假象。在 Windows 操作系统中，系统会为每个线程分配一小段 CPU 时间片，一旦 CPU 时间片结束，系统就会将当前线程换为下一个线程，即使该线程没有结束。

要使线程处于就绪状态，有以下几种方法：

- ☑ 调用 sleep()方法。
- ☑ 调用 wait()方法。
- ☑ 等待输入/输出完成。

当线程处于就绪状态后，可以用以下几种方法使线程再次进入运行状态：

- ☑ 线程调用 notify()方法。
- ☑ 线程调用 notifyAll()方法。
- ☑ 线程调用 interrupt()方法。
- ☑ 线程的休眠时间结束。
- ☑ 输入/输出结束。

图 20.4 中描述了线程的生命周期状态，下面将着重讲解使线程处于各种状态的方法。

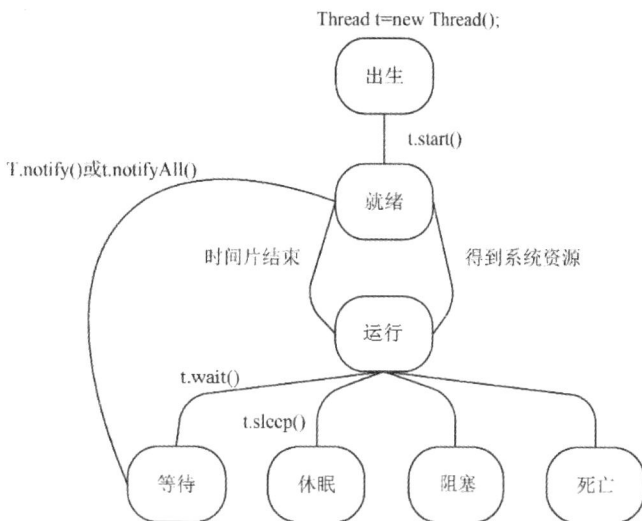

图 20.4 线程的生命周期状态图

20.4 操作线程的方法

操作线程有很多方法，这些方法可以使线程从某一种状态过渡到另一种状态。

20.4.1 线程的休眠

一种能控制线程行为的方法是调用 sleep()方法，sleep()方法需要一个参数用于指定该线程休眠的时间，该时间以毫秒为单位。在前面的实例中，已经演示过 sleep()方法，它通常是在 run()方法内的循环中被使用。sleep()方法的语法如下：

```
try{
    Thread.sleep(2000);
}catch(InterruptedException e){
    e.printStackTrace();
}
```

上述代码会使线程在 2 秒之内不会进入就绪状态。由于 sleep()方法的执行有可能抛出 InterruptedException 异常，因此将 sleep()方法的调用放在 try-catch 块中。虽然使用了 sleep()方法的线程在一段时间内会醒来，但是并不能保证它醒来后进入运行状态，只能保证它进入就绪状态。

为了使读者更深入地了解线程的休眠方法，来看下面的实例。

【例 20.3】每 0.1 秒绘制一条随机颜色的线条（实例位置：资源包\TM\sl\20\3）

在项目中创建 SleepMethodTest 类，该类继承 JFrame 类，实现在窗体中自动画线段的功能，并且为线段设置颜色，颜色是随机产生的。

```
import java.awt.*;
import java.util.Random;
```

```java
import javax.swing.*;

public class SleepMethodTest extends JFrame {
    private static Color[] color = { Color.BLACK, Color.BLUE, Color.CYAN, Color.GREEN, Color.ORANGE, Color.     //定义颜色数组
YELLOW, Color.RED, Color.PINK, Color.LIGHT_GRAY };
    private static final Random rand = new Random();                         //创建随机对象

    private static Color getC() {                                           //获取随机颜色值的方法
        return color[rand.nextInt(color.length)];
    }

    public SleepMethodTest() {
        Thread t = new Thread(new Runnable() {                              //创建匿名线程对象
            int x = 30;                                                      //定义初始坐标
            int y = 50;

            public void run() {
                while (true) {                                               //无限循环
                    try {
                        Thread.sleep(100);                                  //线程休眠 0.1 秒
                    } catch (InterruptedException e) {
                        e.printStackTrace();
                    }
                    Graphics graphics = getGraphics();                      //获取组件绘图上下文对象
                    graphics.setColor(getC());                              //设置绘图颜色
                    graphics.drawLine(x, y, 100, y++);                      //绘制直线并递增垂直坐标
                    if (y >= 80) {
                        y = 50;
                    }
                }
            }
        });
        t.start();                                                          //启动线程
    }

    public static void main(String[] args) {
        init(new SleepMethodTest(), 100, 100);
    }

    public static void init(JFrame frame, int width, int height) {          //初始化程序界面的方法
        frame.setDefaultCloseOperation(JFrame.EXIT_ON_CLOSE);
        frame.setSize(width, height);
        frame.setVisible(true);
    }
}
```

运行结果如图 20.5 所示。

在本实例中定义了 getC()方法，该方法用于随机产生 Color 类型的对象，并且在产生线程的匿名内部类中使用 getGraphics()方法获取 Graphics 对象，使用该对象调用 setColor()方法为图形设置颜色。调用 drawLine()方法绘制一条线段，同时线段会根据纵坐标的变化自动调整。

图 20.5　线程的休眠

20.4.2　线程的加入

如果当前某程序为多线程程序，假如存在一个线程 A，现在需要插入线程 B，并要求线程 B 先执行完毕，然后继续执行线程 A，此时可以使用 Thread 类中的 join()方法来完成。这就好比此时读者正在

看电视，突然有人上门收水费，读者必须付完水费后才能继续看电视。

当某个线程使用 join() 方法加入另一个线程时，另一个线程会等待该线程执行完毕后再继续执行。下面来看一个使用 join() 方法的实例。

【例 20.4】让进度条 A 等待进度条 B（实例位置：资源包\TM\sl\20\4）

在项目中创建 JoinTest 类，该类继承 JFrame 类。该实例包括两个进度条，进度条的进度由线程来控制，线程通过调用 join() 方法使上面的进度条必须等待下面的进度条完成后才可以继续。

```java
import java.awt.BorderLayout;
import javax.swing.*;

public class JoinTest extends JFrame {
    private Thread threadA;                                         //定义两个线程
    private Thread threadB;
    private JProgressBar progressBar = new JProgressBar();          //定义两个进度条组件
    private JProgressBar progressBar2 = new JProgressBar();

    public static void main(String[] args) {
        JoinTest test = new JoinTest();
        test.setVisible(true);
    }

    public JoinTest() {
        setDefaultCloseOperation(JFrame.EXIT_ON_CLOSE);
        setBounds(200, 200, 200, 100);
        getContentPane().add(progressBar, BorderLayout.NORTH);      //将进度条设置在窗体最北面
        getContentPane().add(progressBar2, BorderLayout.SOUTH);     //将进度条设置在窗体最南面
        progressBar.setStringPainted(true);                         //设置进度条显示数字字符
        progressBar2.setStringPainted(true);
        //使用匿名内部类形式初始化 Thread 实例
        threadA = new Thread(new Runnable() {
            int count = 0;
            public void run() {                                     //重写 run()方法
                while (true) {
                    progressBar.setValue(++count);                  //设置进度条的当前值
                    try {
                        Thread.sleep(100);                          //使线程 A 休眠 100 毫秒
                        threadB.join();                             //使线程 B 调用 join()方法
                    } catch (InterruptedException e) {
                        e.printStackTrace();
                    }
                }
            }
        });
        threadA.start();                                            //启动线程 A
        threadB = new Thread(new Runnable() {
            int count = 0;
            public void run() {
                while (true) {
                    progressBar2.setValue(++count);                 //设置进度条的当前值
                    try {
                        Thread.sleep(100);                          //使线程 B 休眠 100 毫秒
                    } catch (InterruptedException e) {
                        e.printStackTrace();
                    }
                    if (count == 100)                               //当 count 变量增长为 100 时
                        break;                                      //跳出循环
                }
```

```
                    }
        });
        threadB.start();                                                    //启动线程 B
    }
}
```

运行结果如图 20.6 所示。

在本实例中同时创建了两个线程，这两个线程分别负责进度条的滚动。在线程 A 的 run() 方法中使线程 B 的对象调用

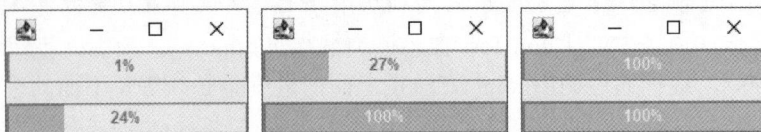

图 20.6　使用 join()方法控制进度条的滚动

join()方法，而 join()方法使当前运行线程暂停，直到调用 join()方法的线程执行完毕后再执行，所以线程 A 等待线程 B 执行完毕后再开始执行，即下面的进度条滚动完毕后上面的进度条才开始滚动。

20.4.3　线程的中断

以往有的时候会使用 stop()方法停止线程，但当前版本的 JDK 早已废除了 stop()方法，不建议使用 stop()方法来停止一个线程的运行。现在提倡在 run()方法中使用无限循环的形式，然后使用一个布尔型标记控制循环的停止。

如果线程是因为使用了 sleep()或 wait()方法进入了就绪状态的，那么可以使用 Thread 类中 interrupt() 方法使线程离开 run()方法，同时结束线程，但程序会抛出 InterruptedException 异常，用户可以在处理该异常时完成线程的中断业务处理，如终止 while 循环。

下面的实例演示了某个线程使用 interrupted()方法，同时程序抛出了 InterruptedException 异常，在异常处理时结束了 while 循环。在项目中，经常在这里执行关闭数据库连接和关闭 Socket 连接等操作。

【例 20.5】单击按钮使进度条停止滚动（实例位置：**资源包\TM\sl\20\5**）

项目中创建 InterruptedSwing 类，该类实现 Runnable 接口，创建一个进度条，让进度条不断滚动。添加一个按钮，若用户单击该按钮，滚动条则停止滚动。

```java
import java.awt.BorderLayout;
import java.awt.event.*;
import javax.swing.*;

public class InterruptedSwing extends JFrame {

    public InterruptedSwing() {
        JProgressBar progressBar = new JProgressBar();                   //创建进度条
        getContentPane().add(progressBar, BorderLayout.NORTH);

                                                                         //将进度条放置在窗体合适位置处
        JButton button = new JButton("停止");
        getContentPane().add(button, BorderLayout.SOUTH);
        progressBar.setStringPainted(true);                             //设置进度条上显示数字
        Thread t = new Thread(new Runnable() {
            int count = 0;

            public void run() {
                while (true) {
                    progressBar.setValue(++count);                      //设置进度条的当前值
                    try {
                        Thread.sleep(100);                              //使线程休眠 100 毫秒
                    } catch (InterruptedException e) {                 //捕捉 InterruptedException 异常
```

```
                    System.out.println("当前线程序被中断");
                    break;
                }
            }
        }
    });

    button.addActionListener(new ActionListener() {

        @Override
        public void actionPerformed(ActionEvent e) {
            t.interrupt();                                    //中断线程
        }
    });
    t.start();                                                //启动线程
}

public static void init(JFrame frame, int width, int height) {
    frame.setDefaultCloseOperation(JFrame.EXIT_ON_CLOSE);
    frame.setSize(width, height);
    frame.setVisible(true);
}

public static void main(String[] args) {
    init(new InterruptedSwing(), 100, 100);
}
}
```

运行本实例后，单击按钮可以看到如图 20.7 所示的结果。

在本实例中，由于调用了 interrupted()方法，因此抛出了 InterruptedException 异常。

图 20.7　线程的中断

20.4.4　线程的礼让

Thread 类中提供了一种礼让方法，使用 yield()方法表示，它只是给当前正处于运行状态的线程一个提醒，告知它可以将资源礼让给其他线程，但这仅是一种暗示，没有任何一种机制保证当前线程会将资源进行礼让。

yield()方法使具有同样优先级的线程有进入可执行状态的机会，在当前线程放弃执行权时会再度回到就绪状态。对于支持多任务的操作系统来说，不需要调用 yield()方法，因为操作系统会为线程自动分配 CPU 时间片来执行。

编程训练（答案位置：资源包\TM\sl\20\编程训练）

【训练 3】模拟红绿灯变化场景　红灯亮 8 秒，绿灯亮 5 秒，黄灯亮 2 秒。

【训练 4】龟兔赛跑　使用线程的加入模拟龟兔赛跑：兔子跑到 70 米时，开始睡觉；乌龟爬至终点时，兔子醒了跑至终点。

20.5　线程的优先级

每个线程都具有各自的优先级，线程的优先级可以表明该线程在程序中的重要性，如果有很多线程处于就绪状态，那么系统会根据优先级来决定首先使哪个线程进入运行状态。但这并不意味着低优先级的线程得不到运行，而只是它运行的概率比较小，如垃圾回收线程的优先级就较低。

Thread 类中包含的成员变量代表了线程的某些优先级，如 Thread.MIN_PRIORITY（常数 1）、Thread.MAX_PRIORITY（常数 10）、Thread.NORM_PRIORITY（常数 5）。其中，每个线程的优先级都在 Thread.MIN_PRIORITY～Thread.MAX_PRIORITY，在默认情况下其优先级都是 Thread.NORM_PRIORITY。每个新产生的线程都继承了父线程的优先级。

在多任务操作系统中，每个线程都会得到一小段 CPU 时间片运行，在时间结束时，将轮换另一个线程进入运行状态，这时系统会选择与当前线程优先级相同的线程予以运行。系统始终选择就绪状态下优先级较高的线程进入运行状态。处于各个优先级状态下的线程的运行顺序如图 20.8 所示。

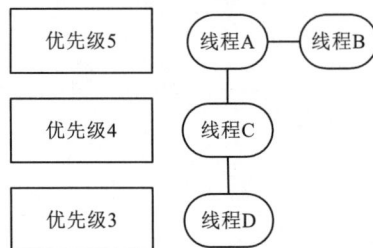

图 20.8　处于各个优先级状态下的线程的运行顺序

在图 20.8 中：优先级为 5 的线程 A 首先得到 CPU 时间片；当该时间结束后，轮换到与线程 A 相同优先级的线程 B；当线程 B 的运行时间结束后，会继续轮换到线程 A，直到线程 A 与线程 B 都执行完毕，才会轮换到线程 C；当线程 C 结束后，才会轮换到线程 D。

线程的优先级可以使用 setPriority()方法进行调整，如果使用该方法设置的优先级不是 1～10，则将产生 IllegalArgumentException 异常。

【例 20.6】观察将不同优先级的线程执行完毕的顺序（**实例位置：资源包\TM\sl\20\6**）

创建 PriorityTest 类并实现 Runnable 接口，在 run()方法中执行 5 万次字符串拼接。在主方法中以 PriorityTest 对象为参数创建 4 个线程，并分配不同的优先级，然后启动这些线程。

```java
public class PriorityTest implements Runnable {
    String name;

    public PriorityTest(String name) {
        this.name = name;
    }

    @Override
    public void run() {
        String tmp = "";
        for (int i = 0; i < 50000; i++) {               //完成 5 万次字符串拼接
            tmp += i;
        }
        System.out.println(name + "线程完成任务");
    }

    public static void main(String[] args) {
        Thread a = new Thread(new PriorityTest("A"));
        a.setPriority(1);                               //A 线程优先级最小
        Thread b = new Thread(new PriorityTest("B"));
        b.setPriority(3);
        Thread c = new Thread(new PriorityTest("C"));
        c.setPriority(7);
        Thread d = new Thread(new PriorityTest("D"));
        d.setPriority(10);                              //D 线程优先级最大
        a.start();
        b.start();
        c.start();
```

```
            d.start();
        }
    }
```

由于线程的执行顺序是由 CPU 决定的，即使线程设定了优先级也是作为 CPU 的参考数据，因此真实的运行结果可能并不一定按照优先级排序，例如笔者运行的结果如下：

```
D 线程完成任务
B 线程完成任务
C 线程完成任务
A 线程完成任务
```

从这个结果中可以看出，优先级最大的 D 线程是第一个完成的，优先级最小的 A 线程是最后一个完成的。但是，C 线程的优先级比 B 线程大，却仍然在 B 线程之后才完成，这是 CPU 的真实运行结果。

编程训练（答案位置：资源包\TM\sl\20\编程训练）

【训练 5】让兔子跑更快　创建乌龟和兔子两个线程类，让兔子线程的默认优先级为 10，乌龟线程的默认优先级为 1。让乌龟先启动，看谁先完成。

【训练 6】客车售票程序　编写一个客车售票程序，共有 10 万张票，用不同线程来购票，但军人优先级最高，其次是老年人，再次是儿童，普通成人优先级最低。

20.6　线 程 同 步

在单线程程序中，每次只能做一件事情，后面的事情需要等待前面的事情完成后才可以进行，但是如果使用多线程程序，就会发生两个线程抢占资源的问题，如两个人同时说话、两个人同时过同一座独木桥等，因此在多线程编程中需要防止这些资源访问的冲突。Java 提供了线程同步的机制来防止资源访问的冲突。

20.6.1　线程安全

实际开发中，使用多线程程序的情况很多，如银行排号系统、火车站售票系统等。这种多线程的程序通常会发生问题。以火车站售票系统为例，在代码中判断当前票数是否大于 0。如果大于 0，则执行将该票出售给乘客的功能，但当两个线程同时访问这段代码时（假如这时只剩下一张票），第一个线程将票售出，与此同时第二个线程也已经执行完成判断是否有票的操作，并得出票数大于 0 的结论，于是它也执行售出操作，这样就会产生负数。因此，在编写多线程程序时，应该考虑线程安全问题。实质上线程安全问题来源于两个线程同时存取单一对象的数据。

例如，在项目中创建 ThreadSafeTest 类，该类实现 Runnable 接口，在未考虑到线程安全问题的基础上，模拟火车站售票系统的功能的代码如下：

```
public class ThreadSafeTest implements Runnable {
    int num = 10;                                          //设置当前总票数

    public void run() {
        while (true) {                                     //设置无限循环
            if (num > 0) {                                 //判断当前票数是否大于 0
                try {
```

```
                            Thread.sleep(100);                              //使当前线程休眠 100 毫秒
                    } catch (InterruptedException e) {
                            e.printStackTrace();
                    }
                    System.out.println(Thread.currentThread().getName() + "----票数" + num--);   //票数减 1
            }
        }
    }

    public static void main(String[] args) {
        ThreadSafeTest t = new ThreadSafeTest();                          //实例化类对象
        Thread tA = new Thread(t, "线程一");                              //以该类对象分别实例化 4 个线程
        Thread tB = new Thread(t, "线程二");
        Thread tC = new Thread(t, "线程三");
        Thread tD = new Thread(t, "线程四");
        tA.start();                                                       //分别启动线程
        tB.start();
        tC.start();
        tD.start();
    }
}
```

运行本实例，最后几行结果如图 20.9 所示。

从这个结果中可以看出，最后输出的剩下的票数为负值，这样就出现了问题。这是由于同时创建了 4 个线程，这 4 个线程都执行 run()方法，在 num 变量为 1 时，线程一、线程二、线程三、线程四都对 num 变量有存储功能，当线程一执行 run()方法时，还没有来得及做递减操作，就指定它调用 sleep()方法进入就绪状态，这时线程二、线程三和线程四也都进入了 run()方法，发现 num 变量依然大于 0，但此时线程一休眠时间已到，将 num 变量值递减，同时线程二、线程三、线程四也都对 num 变量进行递减操作，从而产生了负值。

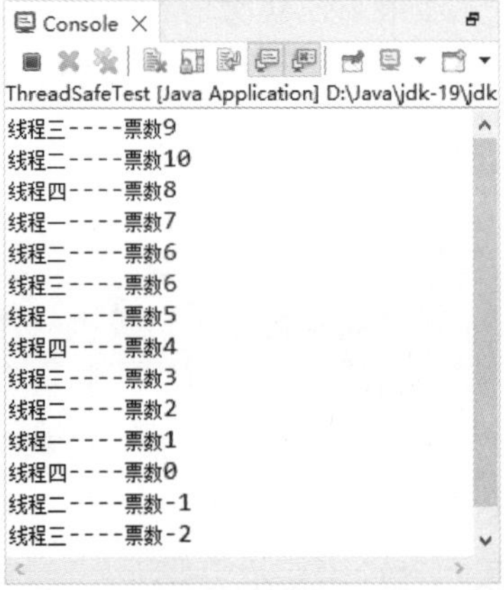

图 20.9　资源共享冲突后出现的问题

20.6.2　线程同步机制

那么，该如何解决资源共享的问题呢？所有解决多线程资源冲突问题的方法基本上都是采用给定时间只允许一个线程访问共享资源的方法，这时就需要给共享资源上一道锁。这就好比一个人上洗手间时，他进入洗手间后会将门锁上，出来时再将锁打开，然后其他人才可以进入。

1. 同步块

Java 中提供了同步机制，可以有效地防止资源冲突。同步机制使用 synchronized 关键字，使用该关键字包含的代码块被称为同步块，也将其称为临界区，语法如下：

```
synchronized (Object) {

}
```

通常将共享资源的操作放置在 synchronized 定义的区域内，这样当其他线程获取到这个锁时，就必须等待锁被释放后才可以进入该区域。Object 为任意一个对象，每个对象都存在一个标志位，并具

有两个值，分别为 0 和 1。一个线程运行到同步块时首先检查该对象的标志位，如果为 0 状态，则表明此同步块内存在其他线程，这时当期线程处于就绪状态，直到处于同步块中的线程执行完同步块中的代码后，这时该对象的标识位被设置为 1，当期线程才能开始执行同步块中的代码，并将 Object 对象的标识位设置为 0，以防止其他线程执行同步块中的代码。

【例 20.7】开发线程安全的火车售票系统（实例位置：资源包\TM\sl\20\7）

创建 SynchronizedTest 类，修改之前线程不安全的火车售票系统，把对 num 操作的代码设置在同步块中。

```java
public class SynchronizedTest implements Runnable {
    int num = 10;                                            //设置当前总票数

    public void run() {
        while (true) {                                       //设置无限循环
            synchronized (this) {                            //设置同步代码块
                if (num > 0) {                               //判断当前票数是否大于 0
                    try {
                        Thread.sleep(100);                   //使当前线程休眠 100 毫秒
                    } catch (InterruptedException e) {
                        e.printStackTrace();
                    }
                    //票数减 1
                    System.out.println(Thread.currentThread().getName() + "——票数" + num--);
                }
            }
        }
    }

    public static void main(String[] args) {
        //实例化类对象
        SynchronizedTest t = new SynchronizedTest();
        //以该类对象分别实例化 4 个线程
        Thread tA = new Thread(t, "线程一");
        Thread tB = new Thread(t, "线程二");
        Thread tC = new Thread(t, "线程三");
        Thread tD = new Thread(t, "线程四");
        tA.start();                                          //分别启动线程
        tB.start();
        tC.start();
        tD.start();
    }
}
```

运行结果如下：

```
线程一——票数 10
线程一——票数 9
线程一——票数 8
线程一——票数 7
线程一——票数 6
线程一——票数 5
线程一——票数 4
线程一——票数 3
线程一——票数 2
线程一——票数 1
```

从这个结果中可以看出，输出到最后票数没有出现负数，这是因为将共享资源放置在了同步块中，不管程序如何运行都不会出现负数。

2. 同步方法

同步方法就是在方法前面用 synchronized 关键字修饰的方法，其语法如下：

```
synchronized void f(){ }
```

当某个对象调用了同步方法时，该对象上的其他同步方法必须等待该同步方法执行完毕后才能被执行。必须将每个能访问共享资源的方法修饰为 synchronized，否则就会出错。

修改例 20.7 的代码，将共享资源操作放置在一个同步方法中，代码如下：

```
int num = 10;
public synchronized void doit() {                          //定义同步方法
    if(num>0){
        try{
            Thread.sleep(10);
        }catch(InterruptedException e){
            e.printStackTrace();
        }
        System.out.println(Thread.currentThread().getName()+"——票数" +num--);
    }
}
public void run(){
    while(true){
        doit();                                            //在 run()方法中调用该同步方法
    }
}
```

将共享资源的操作放置在同步方法中，运行结果与使用同步块的结果一致。

编程训练（答案位置：资源包\TM\sl\20\编程训练）

【训练 7】水池放水　创建一个容量为 100 升的水池，在水池上设置 3 个出水口，A 出水口每秒排出 1 升水，B 出水口一秒排出 2 升水，C 出水口一秒排出 3 升水，使用线程模拟 3 个出水口同时排水的场景，并计算出多少秒后水池的水会被排光。

【训练 8】模拟敲击键盘　使用 IO 流按字节读取文件并通过线程的休眠控制读取字节的速度，再将读取的字节显示在文本域中，最后使用 synchronized 关键字实现暂停读取和继续读取的功能。

20.7　实践与练习

（答案位置：资源包\TM\sl\20\实践与练习）

综合练习 1：反弹动画　使用 Swing 和线程实现"●"和"★"在窗体中做反弹运动，运行结果如图 20.10 所示。

综合练习 2：霓虹灯　创建一个小窗体，显示"流·浪·地·球"字样，同时让字体样式、字体颜色以及面板背景颜色每 3 秒发生一次变化，效果图如图 20.11 所示。

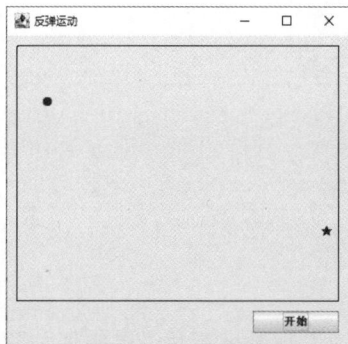

图 20.10　反弹动画

图 20.11　实现效果图

第 21 章

并发

如果使用一台只有一个 CPU 的计算机操作一个含有多个线程的程序，那么这台计算机的 CPU 不可能同时执行两个或者更多个线程。为了能够保证这个程序的正常运行，只有先把 CPU 的运行时间划分成若干个时间段，再把这些时间段分配给各个线程，才能够保证各个线程均被执行。只不过，在一个时间段内，只能执行一个线程，而其他线程均处于等待状态。Java 把这种处理方式称作"并发"。

本章的知识架构及重难点如下。

21.1　并发编程

在讲解并发编程之前，必须理解"串行""并行""并发"的区别。
- ☑ 串行：顺序执行；只有在一个线程被一个 CPU 执行完毕后，另一个线程才可以被这个 CPU 执行。
- ☑ 并行：同时执行；多个 CPU 同时执行多个线程。
- ☑ 并发：穿插执行；一个 CPU 在不同的时间段执行不同的线程，也就是说多个线程轮流穿插着被执行。

为了方便理解，使用如图 21.1 所示的示意图展示"串行""并行""并发"的区别。

所谓并发编程，指的是让一个 CPU 在某一个时间段内执行一个含有多个线程的程序，其中这些线程被这个 CPU 轮流穿插着执行。并发编程的优势在于当一个 CPU 执行含有多个线程的程序时，另一个线程不必等待当前线程被执行完毕后再被执行，进而提高了使用 CPU 的效率。

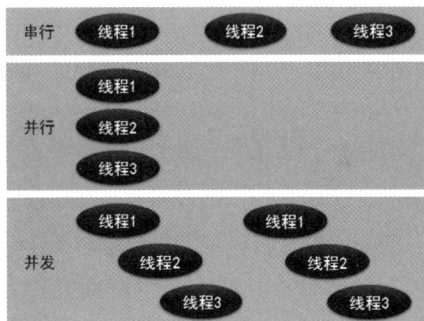

图 21.1　"串行""并行""并发"的区别

并发编程具有 3 个特性：原子性、可见性和有序性。具体如下：

☑ 原子性。原子性是指在一个操作中，所有的子操作被看作一个整体；这个整体同时全部被执行，或者同时不被执行，并且这个整体在执行过程中，不能被挂起，直到被执行完毕。

☑ 可见性。可见性是指当一个线程修改了线程共享变量的值时，其他线程能够立即得知这个修改。

☑ 有序性。有序性是指按照编写代码的先后顺序执行某个程序。但是，为了提高性能，编译器和 CPU 可能不会保证代码的执行顺序与代码的编写顺序的一致性；Java 把这种情况称作"指令重排"。

那么，为什么要学习并发编程呢？由于大数据时代的到来，使得高并发在程序开发过程中成为了常态。此外，并发编程也成为了程序开发人员的硬性要求。

21.2　yield() 方法

操作系统为每个线程都分配了一个时间段来占用 CPU。通常情况下，只有在一个线程把分配给自己占用 CPU 的时间段使用完后，线程调度器才会进行下一轮的线程调度。这里提到的"分配给（一个线程）占用 CPU 的时间段"就是 CPU 分配给线程的执行权。

当一个线程通过某种方式向操作系统提出"让出 CPU 执行权"的请求时，就是在告知线程调度器当前线程将主动放弃由它占用 CPU 的时间段内还没有使用的部分，并在合适的情况下，重新获取新的、占用 CPU 的时间段。为了实现告知线程调度器当前线程请求让出 CPU 执行权的功能，Java 的 Thread 类提供了一个静态的 yield() 方法。yield() 方法的语法格式如下：

```
public static native void yield();
```

因为 yield() 方法是一个静态方法，所以可以由 Thread 类直接对其进行调用。在 yield() 方法的语法格式中，yield() 方法除被 static 修饰外，还被 native 修饰。那么，native 的作用是什么呢？抽象地讲，一个 Native Method 就是一个 Java 调用的非 Java 代码的接口。一个 Native Method 是一个由非 java 语言实现的方法。简单地讲，native 方法就是用于调用操作系统的方法接口，如 Windows 系统的计算机会提供一个 yield() 方法，Linux 系统的计算机也会提供一个 yield() 方法。

yield 即"谦让"，使用 yield() 方法的目的是让具有相同优先级的线程之间能适当地被轮转执行。但是，实际中无法保证 yield() 方法达到谦让目的，因为放弃 CPU 执行权的线程还有可能被线程调度程序再次选中。暂停当前正在执行的线程对象（及放弃当前拥有的 CPU 执行权），并执行其他线程。yield() 方法做的是让当前运行线程回到可运行状态，以允许具有相同优先级的其他线程获得运行机会。

【例 21.1】从 1 加到 10000000 的执行时间（**实例位置：资源包\TM\sl\21\1**）

创建一个线程，线程名为 threadOne。输出一个数，该数的值为从 1 加到 10000000 的和；在不使用 yield() 方法的情况下执行程序，记录执行时间。代码如下：

```java
public class Demo extends Thread {
    @Override
    public void run() {
        long start = System.currentTimeMillis();
```

```
        int count = 0;
        for(int i = 0; i <= 10000000; i++) {
            count = count + i;
        long end = System.currentTimeMillis();
        System.out.println("总执行时间: "+ (end-start) + "毫秒");
    }

    public static void main(String[] args) {
        Demo threadOne = new Demo();
        threadOne.start();
    }
}
```

运行结果如下：

总执行时间：**7** 毫秒

加入 yield()方法，再次执行程序，记录执行时间。

```
public class Demo extends Thread {
    @Override
    public void run() {
        long start = System.currentTimeMillis();
        int count = 0;
        for(int i = 0; i <= 10000000; i++) {
            count = count + i;
            this.yield();                          //加入 yield()方法
        }
        long end = System.currentTimeMillis();
        System.out.println("总执行时间: "+ (end-start) + "毫秒");
    }

    public static void main(String[] args) {
        Demo threadOne = new Demo();
        threadOne.start();
    }
}
```

运行结果如下：

总执行时间：**2565** 毫秒

从执行的结果来看，当加入 yield()方法执行时，线程会让出 CPU 的执行权，并等待再次获取新的执行权，因此执行时间上会更加的长。

在实际的开发场景中，虽然 yield()方法的使用场景比较少，但是在学习并发原理的过程中，理解 yield()方法非常重要，有助于理解不同场景下的线程的不同状态。

21.3　线程上下文切换与死锁

本节内容主要是对死锁进行深入的讲解，具体内容如下：

☑　理解线程的上下文切换，这是本节的辅助基础内容，从概念层面进行理解即可。

☑　了解什么是线程死锁，在并发编程中，线程死锁是一个致命的错误，死锁的概念是本节的重点之一。

☑ 了解线程死锁的必备 4 要素，这是避免死锁的前提，只有了解死锁的必备要素，才能找到避免死锁的方式。

☑ 掌握死锁的实现，通过代码实例，进行死锁的实现，深入体会什么是死锁，这是本节的重难点之一。

☑ 掌握如何避免线程死锁，我们能够实现死锁，也可以避免死锁，这是本节内容的核心。

21.3.1　线程的上下文切换

在多线程编程中，线程个数一般都大于 CPU 的个数，而每个 CPU 同一时刻只能被一个线程使用，为了让用户感觉多个线程是在同时被执行的，CPU 资源的分配采用了时间段轮转的策略，也就是给每个线程分配一个时间段，线程在给定的时间段内占用 CPU 执行任务。

当前线程使用完时间段后，就会处于就绪状态并让出 CPU，让其他线程占用，这就是上下文切换，从当前线程的上下文切换到了其他线程中。

那么就有一个问题，让出 CPU 的线程等下次轮到自己占有 CPU 时如何知道自己之前运行到哪里了？因此在切换线程上下文时需要保存当前线程的执行现场，当再次执行时根据保存的执行现场信息恢复执行现场。

当前线程的 CPU 时间段使用完或者是当前线程被其他线程中断时，当前线程就会释放执行权。那么此时执行权就会被切换给其他的线程进行任务的执行，一个线程释放执行权，另一个线程获取执行权，这就是所谓的上下文切换机制。

21.3.2　线程死锁

死锁是指两个或两个以上的线程在执行过程中，因争夺资源而造成的互相等待的现象，在无外力作用的情况下，这些线程会一直相互等待而无法继续运行下去。

如图 21.2 所示的死锁状态，线程 A 已经持有了资源 1，它同时还想申请资源 2，可是此时线程 B 已经持有了资源 2，线程 A 只能等待。

反观线程 B 持有了资源 2，它同时还想申请资源 1，但是资源 1 已经被线程 A 持有，线程 B 只能等待。所以线程 A 和线程 B 就因为相互等待对方已经持有的资源，而进入了死锁状态。

那么，线程死锁的必备要素都有哪些呢？具体如下。

☑ 互斥条件：进程要求对所分配的资源进行排他性控制，即在一段时间内某资源仅为一个进程所占有。此时若有其他进程请求该资源，则请求进程只能等待。

☑ 不可剥夺条件：进程所获得的资源在未使用完毕之前，不能被其他进程强行夺走，即只能由获得该资源的进程自己来释放（只能是主动释放，如 yield 释放 CPU 执行权）。

☑ 请求与保持条件：进程已经保持了至少一个资源，但又提出了新的资源请求，而该资源已被其他进程占有，此时请求进程被阻塞，但对自己已获得的资源保持不放。

☑ 循环等待条件：指在发生死锁时，必然存在一个如图 21.3 所示的、线程请求资源的环形链，即线程集合 {T0,T1,T2,…,Tn} 中的 T0 正在等待一个 T1 占用的资源，T1 正在等待 T2 占用的资源，以此类推，Tn 正在等待已被 T0 占用的资源。

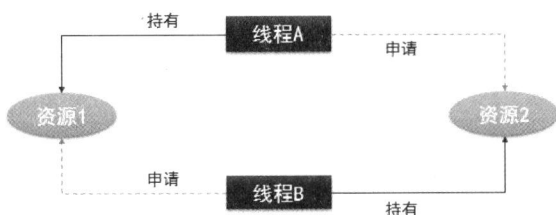

图 21.2　死锁状态

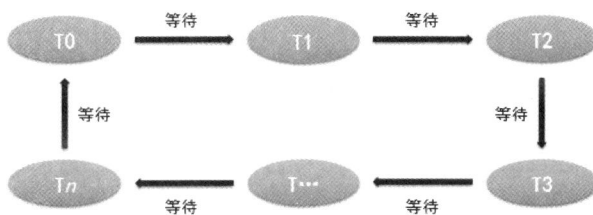

图 21.3　循环等待条件

【例 21.2】死锁的实现（实例位置：资源包\TM\sl\21\2）

创建两个线程，名称分别为 threadA 和 threadB；创建两个资源（使用 newObject()创建即可），名称分别为 resourceA 和 resourceB；threadA 持有 resourceA 并申请资源 resourceB；threadB 持有 resourceB 并申请资源 resourceA；为了确保发生死锁现象，请使用 sleep 方法创造该场景；执行代码，看是否会发生死锁，即线程 threadA 和 threadB 互相等待。代码如下：

```java
public class Demo {
    private static Object resourceA = new Object();              //创建资源 resourceA
    private static Object resourceB = new Object();              //创建资源 resourceB
    public static void main(String[] args) throws InterruptedException {
        //创建线程 threadA
        Thread threadA = new Thread(new Runnable() {
            @Override
            public void run() {
                synchronized (resourceA) {
                    System.out.println(Thread.currentThread().getName() + "获取 resourceA。");
                    try {
                        //sleep 1000 毫秒，确保此时 resourceB 已经进入 run()方法的同步模块中
                        Thread.sleep(1000);
                    } catch (InterruptedException e) {e.printStackTrace();}
                    System.out.println(Thread.currentThread().getName() + "开始申请 resourceB。");
                    synchronized (resourceB) {
                        System.out.println (Thread.currentThread().getName() + "获取 resourceB。");
                    }
                }
            }
        });
        threadA.setName("threadA");
        //创建线程 threadB
        Thread threadB = new Thread(new Runnable() {
            @Override
            public void run() {
                synchronized (resourceB) {
                    System.out.println(Thread.currentThread().getName() + "获取 resourceB。");
                    try {
                        //sleep 1000 毫秒，确保此时 resourceA 已经进入 run()方法的同步模块中
                        Thread.sleep(1000);
                    } catch (InterruptedException e) {e.printStackTrace();}
                    System.out.println(Thread.currentThread().getName() + "开始申请 resourceA。");
                    synchronized (resourceA) {
                        System.out.println (Thread.currentThread().getName() + "获取 resourceA。");
                    }
                }
            }
        });
```

```
        threadB.setName("threadB");
        threadA. start();
        threadB. start();
    }
}
```

运行结果如图 21.4 所示。

threadA 首先获取了 resourceA，获取的方式是代码 synchronized(resourceA)，然后沉睡 1000 毫秒；在 threadA 沉睡过程中，threadB 获取了 resourceB，然后使自己沉睡 1000 毫秒；当两个线程都苏醒时，此时可以确定 threadA 获取了 resourceA，threadB 获取了 resourceB，这就达到了我们做的

图 21.4　运行结果

第一步，线程分别持有自己的资源；开始申请资源，threadA 申请资源 resourceB，threadB 申请资源 resourceA，无奈 resourceA 和 resourceB 都被各自线程持有，两个线程均无法申请成功，最终达成死锁状态。

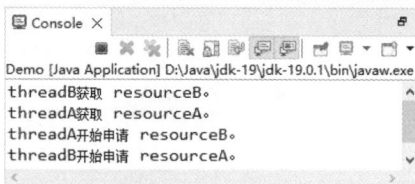

21.3.3　避免死锁

要想避免死锁，只需要破坏掉至少一个构造死锁的必要条件即可，学过操作系统的读者应该都知道，目前只有请求并持有和环路等待条件是可以被破坏的。造成死锁的原因其实和申请资源的顺序有很大关系，使用资源申请的有序性原则就可避免死锁。

下面修改例 21.2，在其他条件保持不变的情况下，仅对之前的 threadB 的代码做如下修改，以避免死锁。代码如下：

```
//创建线程 threadB
Thread threadB = new Thread(new Runnable() {
    @Override
    public void run() {
        synchronized (resourceA) {                                                    //修改 1
            System.out.println(Thread.currentThread().getName() + "获取 resourceB。");   //修改 3
            try {
                //sleep 1000 毫秒，确保此时 resourceA 已经进入 run()方法的同步模块中
                Thread.sleep(1000);
            } catch (InterruptedException e) {
                e.printStackTrace();
            }
            System.out.println(Thread.currentThread().getName() + "开始申请 resourceA。");  //修改 4
        }
        synchronized (resourceB) {                                                    //修改 2
            System.out.println (Thread.currentThread().getName() + "获取 resourceA。");   //修改 5
        }
    }
});
```

运行结果如图 21.5 所示。

threadA 首先获取了 resourceA，获取的方式是代码 synchronized(resourceA)，然后沉睡 1000 毫秒；在 threadA 沉睡过程中，threadB 想要获取 resourceA，但是 resourceA 目前正被沉睡的 threadA 持有，因此 threadB 等待 threadA 释放 resourceA；1000 毫秒后，threadA 苏醒了，释放了

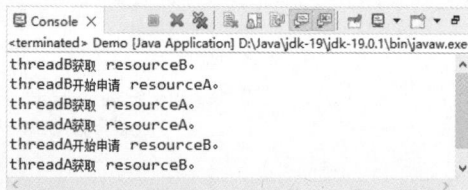

图 21.5　运行结果

resourceA，此时等待的 threadB 获取到了 resourceA，然后 threadB 使自己沉睡 1000 毫秒；threadB 沉睡过程中，threadA 申请 resourceB 成功，继续执行成功后，释放 resourceB；1000 毫秒后，threadB 苏醒了，继续执行获取 resourceB，执行成功。综上，threadA 和 threadB 按照相同的顺序对 resourceA 和 resourceB 依次进行访问，避免了互相交叉持有等待的状态，因而避免了死锁的发生。

21.4　守护线程与用户线程

本节内容主要是对守护线程与用户线程进行深入的讲解，具体内容点如下：

- ☑　了解守护线程与用户线程的定义及区别，是我们学习本节内容的基础知识点。
- ☑　了解守护线程的特点，是我们掌握守护线程的第一步。
- ☑　掌握守护线程的创建，是本节内容的重点。
- ☑　通过守护线程与 JVM 的退出实验，我们可以更加深入地理解守护线程的地位以及作用，为本节内容次重点。
- ☑　了解守护线程的作用及使用场景，为后续开发过程中创建守护线程奠定基础。

21.4.1　守护线程与用户线程的区别

Java 中的线程分为两类，分别为 daemon 线程（守护线程）和 user 线程（用户线程）。

在 JVM 启动时会调用 main 函数，main 函数所在的线程就是一个用户线程，其实在 JVM 内部同时还启动了很多守护线程，如垃圾回收线程。

守护线程定义：所谓守护线程，是指在程序运行的时候在后台提供一种通用服务的线程。如垃圾回收线程就是一个很称职的守护者，并且这种线程并不属于程序中不可或缺的部分。

因此，当所有的非守护线程结束时，程序也就被终止，同时会杀死进程中的所有守护线程。反过来说，只要任何非守护线程还在运行，程序就不会被终止。

用户线程定义：某种意义上的主要用户线程，只要有用户线程未执行完毕，JVM 虚拟机就不会退出。

区别：在本质上，用户线程和守护线程并没有太大区别，唯一的区别就是当最后一个非守护线程结束时，JVM 会正常退出，而不管当前是否有守护线程，也就是说守护线程是否结束并不影响 JVM 的退出。对于用户线程，只要有一个用户线程还没结束，正常情况下 JVM 就不会退出。

21.4.2　守护线程

Java 中的守护线程和 Linux 中的守护进程是有些区别的，Linux 守护进程是系统级别的，当系统退出时，它才会终止。

而 Java 中的守护线程是 JVM 级别的，当 JVM 中无任何用户进程时，守护进程销毁，JVM 退出，程序终止。Java 守护进程的最主要的特点如下：

- ☑　守护线程是运行在程序后台的线程。
- ☑　守护线程创建的线程，依然是守护线程。

☑ 守护线程不会影响 JVM 的退出，当 JVM 只剩余守护线程时，JVM 进行退出。

☑ 守护线程在 JVM 退出时，自动销毁。

那么，如何创建一个守护线程呢？答案是把线程转换为守护线程，即通过调用 Thread 对象的 setDaemon(true)方法予以实现。

需要注意的是，thread.setDaemon(true) 必须在 thread.start() 之前被设置，否则会抛出一个 llegalThreadStateException 异常。也就是说：不能把正在运行的常规线程设置为守护线程；在 Daemon 线程中产生的新线程也是 Daemon 的。

在程序开发过程中，守护线程不应该用于访问固有资源，如文件、数据库，因为它会在任何时候甚至在一个操作正在被执行时发生中断。

下面编写一个示例，演示如何创建一个守护线程。代码如下：

```java
public class Demo {
    public static void main(String[] args) throws InterruptedException {
        Thread threadOne = new Thread(new Runnable() {
            @Override
            public void run() {
                                                        //省略用于实现逻辑功能的代码
            }
        });
        threadOne.setDaemon(true);                       //设置 threadOne 为守护线程
        threadOne.start();
    }
}
```

【例 21.3】 用户线程等待守护线程（**实例位置：资源包\TM\sl\21\3**）

创建 1 个线程，线程名为 threadOne；在 run()方法中，线程休眠 1000 毫秒后，求解 1+2+3+…+100 的值；将线程 threadOne 设置为守护线程；加入 join()方法，强制让用户线程等待守护线程 threadOne；最终输出的结果。代码如下：

```java
public class Demo {
    public static void main(String[] args){
        Thread threadOne = new Thread(new Runnable() {
            @Override
            public void run() {
                try {
                    Thread.sleep(1000);
                } catch (InterruptedException e) {
                    e.printStackTrace();
                }
                int sum = 0;
                for (int i = 1; i   <= 100; i++) {
                    sum = sum + i;
                }
                System.out.println("守护线程：求和的结果为" + sum);
            }
        });
        threadOne.setDaemon(true);                       //设置 threadOne 为守护线程
        threadOne.start();
        try {
            threadOne.join();                            //加入 join()方法
        } catch (InterruptedException e) {
            e.printStackTrace();
        }
```

```
            System.out.println("用户线程：main()方法执行完毕");
        }
    }
}
```

运行结果如下：

用户线程：求和的结果为 5050
用户线程：main()方法执行完毕

如果没有使用 join()方法，那么守护线程还没来得及被执行，就随着用户线程一起消亡了。使用了 join()方法后，待守护线程的执行完成后，再执行用户线程。但是，这样的操作是不允许的，因为守护线程默认就是服务于用户线程的，它们是不需要被用户线程等待的。

那么，什么时候适合用守护线程呢？具体如下：

☑ 为其他线程提供服务支持。

☑ 根据开发需求，程序结束时，这个线程必须正常且立刻被关闭。

☑ 心跳监听，垃圾回收，临时数据清理等通用服务。

注意

如果一个正在执行某个操作的线程必须要将此操作执行完毕后再被释放，否则就会出现不良后果，那么这个线程就不可以是守护线程，而是用户线程。

21.5 ThreadLocal

ThreadLocal 很容易让人望文生义，想当然地认为是一个"本地线程"。其实，ThreadLocal 并不是一个 Thread，而是 Thread 的局部变量。当使用 ThreadLocal 维护变量时，ThreadLocal 为每个使用该变量的线程提供独立的变量副本，因此每一个线程都可以独立地改变自己的副本，而不会影响其他线程对应的副本。

ThreadLocal 是由 JDK 包提供的线程本地变量，如果你创建了一个 ThreadLocal 变量，那么访问这个变量的每个线程都会有这个变量的一个本地副本。当多个线程操作这个变量时，实际操作的是自己本地内存里面的变量，从而避免了线程安全问题。

Java 提供了 3 个用于操作 ThreadLocal 变量的方法，即 set()方法、get()方法和 remove()方法。

☑ set()方法负责设置 ThreadLocal 变量，设置成功后，该变量只能够被当前线程访问，其他线程不可直接访问、操作该变量。set()方法可以设置任何类型的值，无论是 String 类型，Integer 类型，Object 类型等，原因在于 set()方法的 JDK 源码实现是基于泛型的实现。

☑ get()方法负责获取 ThreadLocal 变量的值，get()方法没有任何入参，直接调用即可获取。

☑ remove()方法负责清除 ThreadLocal 变量，清除成功后，该变量中没有值。remove()方法同 get()方法一样，是没有任何入参的，因为 ThreadLocal 变量中只能存储一个值，那么 remove()方法会直接清除这个变量值。

【例 21.4】用户线程等待守护线程（实例位置：资源包\TM\sl\21\4）

创建一个全局的静态 ThreadLocal 变量，存储 String 类型变量；创建两个线程，分别为 threadOne 和 threadTwo；threadOne 线程调用 set()方法进行设置，设置完成后休眠 5000 毫秒，苏醒后调用 get()

方法进行输出；threadTwo 线程调用 set()方法进行设置，设置完成后直接调用 get()方法进行输出，输出完成后调用 remove()方法，并输出 remove()方法被调用完毕的语句；开启线程 threadOne 和 threadTwo；执行程序，并观察输出结果。代码如下：

```java
public class Demo {
    static ThreadLocal<String> local = new ThreadLocal<>();
    public static void main(String[] args){
        Thread threadOne = new Thread(new Runnable() {
            @Override
            public void run() {
                local.set("threadOne's local value");
                try {
                    Thread.sleep(5000);    //休眠 5000 毫秒，确保 threadTwo 线程执行 remove()方法
                } catch (InterruptedException e) {
                    e.printStackTrace();
                }
                System.out.println(local.get());
            }
        });
        Thread threadTwo = new Thread(new Runnable() {
            @Override
            public void run() {
                local.set("threadTwo's local value");
                System.out.println(local.get());
                local.remove();
                System.out.println("local 变量已经执行 remove()方法。");
            }
        });
        threadOne.start();
        threadTwo.start();
    }
}
```

运行结果如图 21.6 所示。

在成功设置 threadOne 线程后，threadOne 线程会进入 5000 毫秒的休眠状态，此时由于只有 threadTwo 线程调用了 remove()方法，因此将不会影响 threadOne 线程调用 get()方法进行输出。这体现了 ThreadLocal 变量的显著特性：线程独有数据，其他线程不可侵犯此线程的数据。

图 21.6　运行结果

21.6　生产者与消费者模式

生产者与消费者模式是一个十分经典的多线程并发协作的模式。如图 21.7 所示，所谓生产者与消费者模式，指的是两类线程：一类是用于生产数据的生产者线程，另一类是用于消费数据的消费者线程。在程序开发设计过程中，通常会采用数据共享的方式，解耦生产者和消费者的关系。

图 21.7　生产者与消费者模式

生产者生产数据后，只需将其放置在数据共享的区域中，并不需要关心消费者的行为。消费者只需从数据共享的区域中获取数据，并不需要关心生产者的行为。

在实现生产者与消费者模式时，可以采用如下 3 种方式：

☑   使用 Object 的 wait()方法和 notify()方法实现消息通知机制。

☑   使用 Lock 的 Condition 的 await()方法和 signal()方法实现消息通知机制。

☑   使用 BlockingQueue 实现消息通知机制。

下面将分别使用 Object 的 wait()方法和 notify()方法、Condition 的 await()方法和 signal()方法实现生产者与消费者模式。

21.6.1 wait()方法和 notify()方法

在线程中调用 Object 的 wait()方法时，将阻塞当前线程，并且释放锁，直至等到其他线程调用了 notify()方法或者 notifyAll()方法后，当前线程才能被唤醒，继续执行下面的操作。

Object 的 notify()方法用于唤醒正在处于等待状态的线程，这使得该线程从等待队列中移入同步队列中，等待下一次能够获取到对象监视器锁的机会。

notifyAll()方法用于唤醒全部正在处于等待状态的线程，与 notify()方法的作用大致相同。

【例 21.5】使用 Object 的相关方法实现生产者与消费者模式（**实例位置：资源包\TM\sl\21\5**）

创建一个工厂类 ProductFactory，该类包含两个方法：produce()生产方法和 consume()消费方法。对于 produce()方法，当没有库存或者库存达到 5 时，停止生产，为了更便于观察结果，每生产一件产品，让当前线程休眠 1000 毫秒；对于 consume()方法，只要有库存就进行消费，为了更便于观察结果，每消费一件产品，让当前线程休眠 1000 毫秒。库存使用 LinkedList 进行实现，此时 LinkedList 即共享数据内存。

创建一个 Producer 生产者类，用于调用 ProductFactory 的 produce()方法，生产过程中，要对每个产品从 0 开始进行编号；创建一个 Consumer 消费者类，用于调用 ProductFactory 的 consume()方法；创建一个 Demo 类，在 main()函数中创建 1 个生产者和 2 个消费者，运行程序并观察结果。代码如下：

```java
import java.util.LinkedList;

class ProductFactory {                                       //工厂类
    private LinkedList<String> products;                     //定义存储已经生产的产品的集合
    private int stockNums = 5;                               //定义最大库存 5 个
    public ProductFactory() {
        products = new LinkedList<String>();
    }

    public synchronized void produce(String product) {       //创建生产方法
        while (stockNums == products.size()) {               //如果库存达到 5 个，则停止生产
            try {
                System.out.println("警告：线程("+ Thread.currentThread().getName()
                                + ")准备生产产品，但产品池已满");
                wait();                                       //库存达到 5 个，生产线程进入等待状态
            } catch (InterruptedException e) {
                e.printStackTrace();
            }
        }
        products.add(product);                               //如果库存没有到达 5 个，则添加产品
        try {
```

```
            Thread.sleep(1000);                              //每生产一件产品，让生产者线程休眠 1000 毫秒
        } catch (InterruptedException e) {
            e.printStackTrace();
        }
        System.out.println("线程(" + Thread.currentThread().getName()
            + ")生产了一件产品；当前剩余商品"+products.size() + "个");
        //生产了产品，把消费者线程从等待状态中唤醒以进行消费
        notify();
    }

    public synchronized String consume() {                   //创建消费方法
        while (products.size()==0) {                         //根据需求：没有库存消费者进入等待状态
            try {
                System.out.println("警告：线程(" + Thread.currentThread().getName()
                    + ")准备消费产品，但当前没有产品");
                //库存为 0，无法消费，消费线程进入等待状态，等待生产者线程唤醒
                wait();
            } catch (InterruptedException e) {
                e.printStackTrace();
            }
        }
        String product = products.remove(0) ;                //如果有库存，则消费，并移除消费掉的产品
        try {
            Thread.sleep(1000);                              //每消费一件产品，让消费者线程休眠 1000 毫秒
        } catch (InterruptedException e) {
            e.printStackTrace();
        }
        System.out.println("线程(" + Thread.currentThread().getName()
            + ")消费了一件产品；当前剩余商品"+products.size() + "个");
        notify();                                            //通知生产者继续生产
        return product;
    }
}

class Producer implements Runnable {                         //生产者线程类
    private ProductFactory productFactory;                   //关联工厂类
    public Producer(ProductFactory productFactory) {
        this.productFactory = productFactory;
    }
    public void run() {
        int i = 0 ;                                          //对产品进行编号
        while (true) {
            productFactory.produce(String.valueOf(i));       //调用 productFactory 的 produce()方法
            i++;
        }
    }
}

class Consumer implements Runnable {                         //消费者线程类
    private ProductFactory productFactory;                   //关联工厂类
    public Consumer(ProductFactory productFactory) {
        this.productFactory = productFactory;
    }
    public void run() {
        while (true) {
            productFactory.consume();                        //调用 productFactory 的 consume()方法
        }
    }
}
```

```
public class Demo {
    public static void main(String[] args){
        ProductFactory productFactory = new ProductFactory();
        new Thread(new Producer(productFactory),"生产者"). start();
        new Thread(new Consumer(productFactory),"消费者_1"). start();
        new Thread(new Consumer(productFactory),"消费者_2"). start();
    }
}
```

运行结果如下：

```
线程(生产者)生产了一件产品；当前剩余商品 1 个
线程(生产者)生产了一件产品；当前剩余商品 2 个
线程(消费者_2)消费了一件产品；当前剩余商品 1 个
线程(消费者_2)消费了一件产品；当前剩余商品 0 个
警告：线程(消费者_2)准备消费产品，但当前没有产品
警告：线程(消费者_1)准备消费产品，但当前没有产品
线程(生产者)生产了一件产品；当前剩余商品 1 个
线程(消费者_2)消费了一件产品；当前剩余商品 0 个
警告：线程(消费者_2)准备消费产品，但当前没有产品
警告：线程(消费者_1)准备消费产品，但当前没有产品
线程(生产者)生产了一件产品；当前剩余商品 1 个
线程(生产者)生产了一件产品；当前剩余商品 2 个
线程(消费者_2)消费了一件产品；当前剩余商品 1 个
线程(消费者_2)消费了一件产品；当前剩余商品 0 个
警告：线程(消费者_2)准备消费产品，但当前没有产品
线程(生产者)生产了一件产品；当前剩余商品 1 个
线程(生产者)生产了一件产品；当前剩余商品 2 个
线程(生产者)生产了一件产品；当前剩余商品 3 个
线程(生产者)生产了一件产品；当前剩余商品 4 个
线程(生产者)生产了一件产品；当前剩余商品 5 个
警告：线程(生产者)准备生产产品，但产品池已满
线程(消费者_1)消费了一件产品；当前剩余商品 4 个
……
```

从运行结果来看，生产者线程和消费者线程合作无间。当仓库没有产品时，消费者线程进入等待；当仓库产品达到最大库存（5 个）时，生产者线程进入等待。这就是经典的生产者与消费者模式。

21.6.2　await()方法和 signal()方法

Condition 接口提供了类似 Object 的监视器方法，与 Lock 配合可以实现消息通知机制。在 Condition 接口中，能够找到 Obejct 类的 wait()、notify()、notifyAll()方法的替代方法。Condition 接口的语法格式如下：

```
public interface Condition {
    void await() throws InterruptedException;
    long awaitNanos(long nanosTimeout) throws InterruptedException;
    boolean await(long time, TimeUnit unit) throws InterruptedException;
    boolean awaitUntil(Date deadline) throws InterruptedException;
    void signal();
    void signalAll();
}
```

方法说明：

☑　void await() throws InterruptedException：当前线程进入等待状态，直到被其他线程唤醒或者被中断。

- ☑ long awaitNanos(long nanosTimeout) throws InterruptedException：当前线程进入等待状态，直到被其他线程唤醒或者被中断，抑或是处于等待状态一段时间后结束。nanosTimeout 为超时时间，返回值是超时时间减去实际消耗时间的结果。

- ☑ boolean await(long time, TimeUnit unit) throws InterruptedException：当前线程进入等待状态，直到被其他线程唤醒或者被中断，抑或是处于等待状态一段时间后结束。与上个方法的区别在于其可以设置时间，未超时被唤醒返回 true，超时则返回 false。

- ☑ boolean awaitUntil(Date deadline) throws InterruptedException：当前线程进入等待状态，直到被其他线程唤醒或者被中断，抑或是处于等待状态一段时间后结束。如果当前线程在截止时间结束前被唤醒，则返回 true，否则返回 false。

- ☑ void signal()：唤醒一个线程。

- ☑ void signalAll()：唤醒所有线程。

Condition 对象是由 Lock 对象调用 newCondition()方法创建的（即 Lock.newCondition()）。也就是说，Condition 是依赖 Lock 对象的。创建 Condition 对象的代码如下：

```
Lock lock = new ReentrantLock();
Condition condition = lock.newCondition();
```

【例 21.6】使用 Condition 的相关方法实现生产者与消费者模式（**实例位置：资源包\TM\sl\21\6**）

编写一个程序，在保证例 21.5 的前提条件不发生变化的情况下，使用 Condition 的相关方法替换例 21.5 中 Object 的 wait()方法和 notify()方法，实现生产者与消费者模式。代码如下：

```
import java.util.LinkedList;
import java.util.concurrent.locks.Condition;
import java.util.concurrent.locks.Lock;
import java.util.concurrent.locks.ReentrantLock;

class ProductFactory {                                      //工厂类
    private LinkedList<String> products;                    //定义存储已经生产的产品的集合
    private int stockNums = 5;                              //定义最大库存 5 个
    private Lock lock = new ReentrantLock(false);
    private Condition p = lock.newCondition();             //与生产者线程对应的 Condition 对象
    private Condition c = lock.newCondition();             //与消费者线程对应的 Condition 对象
    public ProductFactory() {
        products = new LinkedList<String>();
    }

    public void produce(String product) {                  //创建生产方法
        try {
            lock.lock();
            while (stockNums == products.size()) {         //如果库存达到 5 个，停止生产
                try {
                    System.out.println("警告：线程("+ Thread.currentThread().getName()
                            + ")准备生产产品，但产品池已满");
                    p.await();                             //库存达到 5 个，生产线程进入等待状态
                } catch (InterruptedException e) {
                    e.printStackTrace();
                }
            }
            products.add(product);                          //如果库存没有达到 5 个，则添加产品
            System.out.println("线程(" + Thread.currentThread().getName()
                        + ")生产了一件产品；当前剩余商品"+products.size() + "个");
            c.signalAll();                                  //消费者线程从等待状态中唤醒
```

```
        } finally {
            lock.unlock();
        }
    }

    public String consume() {                          //创建消费方法
        try {
            lock.lock();
            while (products.size()==0) {               //根据需求：没有库存消费者进入等待状态
                try {
                    System.out.println("警告：线程(" + Thread.currentThread().getName()
                                    + ")准备消费产品，但当前没有产品");
                    //库存为 0，无法消费，消费线程进入等待状态，等待生产者线程唤醒
                    c.await();
                } catch (InterruptedException e) {
                    e.printStackTrace();
                }
            }
            String product = products.remove(0) ;      //如果有库存，则消费，并移除消费掉的产品
            System.out.println("线程(" + Thread.currentThread().getName()
                            + ")消费了一件产品；当前剩余商品"+products.size() + "个");
            p.signalAll();                             //通知生产者继续生产
            return product;
        } finally {
            lock.unlock();
        }
    }
}

class Producer implements Runnable {                   //生产者线程类
    private ProductFactory productFactory;             //关联工厂类
    public Producer(ProductFactory productFactory) {
        this.productFactory = productFactory;
    }
    public void run() {
        int i = 0 ;                                    //对产品进行编号
        while (true) {
            productFactory.produce(String.valueOf(i)); //调用 productFactory 的 produce()方法
            try {
                Thread.sleep(1000);                    //每生产一件产品，让生产者线程休眠 1000 毫秒
            } catch (Exception e) {
                e.printStackTrace();
            }
            i++;
        }
    }
}

class Consumer implements Runnable {                   //消费者线程类
    private ProductFactory productFactory;             //关联工厂类
    public Consumer(ProductFactory productFactory) {
        this.productFactory = productFactory;
    }
    public void run() {
        while (true) {
            productFactory.consume();                  //调用 productFactory 的 consume()方法
            try {
                Thread.sleep(1000);                    //每消费一件产品，让消费者线程休眠 1000 毫秒
            } catch (InterruptedException e) {
                e.printStackTrace();
```

```
            }
        }
    }
}

public class Demo {
    public static void main(String[] args){
        ProductFactory productFactory = new ProductFactory();
        new Thread(new Producer(productFactory),"生产者"). start();
        new Thread(new Consumer(productFactory),"消费者_1"). start();
        new Thread(new Consumer(productFactory),"消费者_2"). start();
    }
}
```

运行结果如下：

```
线程(生产者)生产了一件产品；当前剩余商品 1 个
线程(消费者_1)消费了一件产品；当前剩余商品 0 个
警告：线程(消费者_2)准备消费产品，但当前没有产品
线程(生产者)生产了一件产品；当前剩余商品 1 个
线程(消费者_1)消费了一件产品；当前剩余商品 0 个
警告：线程(消费者_2)准备消费产品，但当前没有产品
警告：线程(消费者_1)准备消费产品，但当前没有产品
线程(生产者)生产了一件产品；当前剩余商品 1 个
线程(消费者_2)消费了一件产品；当前剩余商品 0 个
警告：线程(消费者_1)准备消费产品，但当前没有产品
线程(生产者)生产了一件产品；当前剩余商品 1 个
线程(消费者_1)消费了一件产品；当前剩余商品 0 个
警告：线程(消费者_2)准备消费产品，但当前没有产品
警告：线程(消费者_1)准备消费产品，但当前没有产品
线程(生产者)生产了一件产品；当前剩余商品 1 个
线程(消费者_2)消费了一件产品；当前剩余商品 0 个
警告：线程(消费者_1)准备消费产品，但当前没有产品
线程(生产者)生产了一件产品；当前剩余商品 1 个
线程(消费者_1)消费了一件产品；当前剩余商品 0 个
警告：线程(消费者_2)准备消费产品，但当前没有产品
线程(生产者)生产了一件产品；当前剩余商品 1 个
……
```

21.7 线 程 池

线程池实质上就是一种多线程处理形式，处理过程中可以先将任务添加到队列中，在创建线程后再自动启动这些任务。

使用线程池最重要的原因就是可以根据系统的需求和硬件环境灵活地控制线程的数量，并且可以对所有线程进行统一的管理和控制，从而提高系统的运行效率，降低系统的运行压力。

使用线程池具有以下优势：

☑ 使线程和任务分离，提升线程重用性。

☑ 控制线程并发数量，降低服务器压力，统一管理所有线程。

☑ 提升系统响应速度。如果创建线程的时间为 T1，执行任务的时间为 T2，销毁线程的时间为 T3，那么使用线程池则免去了时间 T1 和时间 T3。

创建线程池有两种方式：一种是使用 Executors 的默认方法，另一种是通过 ThreadPoolExecutor 进行

自定义的方法。不推荐前者是因为前者的配置很多，而且都是取 Integer 的最大值，很容易造成内存溢出。

ThreadPoolExecutor 自定义的语法格式如下：

ThreadPoolExecutor tpe = new ThreadPoolExecutor(int corePoolSize, int maximumPoolSize, long keepAliveTime, TimeUnit unit, BlockingQueue<Runnable> workQueue, ThreadFactory threadFactory, RejectedExecutionHandler handler)

参数说明。

☑　int corePoolSize：核心线程数。

☑　int maximumPoolSize：最大线程数。

☑　long keepAliveTime：非核心线程的闲置超时时间。

☑　TimeUnit unit：释放时间的单位，如 m（分钟）、h（小时）、d（天）等。

☑　BlockingQueue<Runnable> workQueue：阻塞消息队列。

☑　ThreadFactory threadFactory：线程工厂。

☑　RejectedExecutionHandler handler：拒绝策略。

下面对上述 7 个参数中的"核心线程数""最大线程数""阻塞消息队列""线程工厂""拒绝策略"进行详解。

1．核心线程数

当线程是 IO 密集型时，主要消耗磁盘的读写性能，设置为 2*n，n 为当前服务器核数（如 8 核 16G 的服务器被设置为 16，由 Runtime.getRuntime().availableProcessors() 进行获取）。

当线程是 CPU 密集型时，主要消耗 CPU 的性能，设置为 n+1。

2．最大线程数

当核心线程数和消息队列都满了后，才会创建最大线程，直到达到最大线程数。之后的线程就会执行拒绝策略。

3．阻塞消息队列

☑　ArrayBlockingQueue：基于数组的先进先出队列。此队列创建时必须指定大小，读写用一把锁，性能较差。

☑　LinkedBlockingQueue：基于链表的先进先出队列。如果创建时没有指定此队列大小，则默认为 Integer.MAX_VALUE。写和读用两把锁进行操作，因此性能较好。

☑　synchronousQueue：这个队列比较特殊，它不会保存提交的任务，而是直接新建一个线程来执行新的任务。

需要注意的是：当核心线程数满了后，新线程会先被存储在消息队列中；当消息队列也满了后，才会创建最大线程；直到达到最大线程数，之后的线程就会执行拒绝策略。

4．线程工厂

创建线程的类，既可以使用默认工厂，也可以自定义线程工厂实现 ThreadFactory 接口，重写 newThread() 方法。自定义工厂的优势在于可以设置线程名或者定义辅助线程。

5．拒绝策略

☑　ThreadPoolExecutor.AbortPolicy：丢弃任务并抛出 RejectedExecutionException 异常。

☑ ThreadPoolExecutor.DiscardPolicy：丢弃任务，但是不抛出异常。

☑ ThreadPoolExecutor.DiscardOldestPolicy：丢弃队列最前面的任务，然后重新提交被拒绝的任务。

☑ ThreadPoolExecutor.CallerRunsPolicy：由调用线程（提交任务的线程）处理该任务。

当自定义拒绝策略时，需要实现 RejectedExecutionHandler 接口，重写 rejectedExecution(Runnable r, ThreadPoolExecutor executor)方法。此方法中可以通过类型转换确定线程具体的类型，从而获取线程的相关信息。需要注意的是，只能转换线程池中通过 Runnable 接口实现的线程。如果线程池执行的线程是通过实现 Callable 实现的，在执行前会把线程封装成 FutureTask，这样相当于转换再转换，就没法转换成原来的对象了。

说明

execute 只能提交 Runnable 线程，submit 可以提交所有的 Runnable、Callable、Thread 线程。

下面将演示如何通过 ThreadPoolExecutor 自定义一个线程池。代码如下：

```java
import java.util.concurrent.*;
import java.util.concurrent.atomic.AtomicInteger;

public class ExecutorTest {
    public static class ThreadOne implements Runnable {
        private Integer number;

        public ThreadOne(Integer temp) {
            this.number = temp;
        }

        @Override
        public void run() {
            System.out.println(Thread.currentThread().getName() + ":ThreadOne--" + number);
            try {
                Thread.sleep(3000);
            } catch (InterruptedException e) {
                e.printStackTrace();
            }
        }
    }

    public static class ThreadTwo extends Thread {
        @Override
        public void run() {

        }
    }

    public static class ThreadThree implements Callable<Integer> {
        Integer number;

        public ThreadThree(Integer temp) {
            this.number = temp;
        }

        @Override
        public Integer call() throws Exception {
            System.out.println(Thread.currentThread().getName() + ":ThreadThree--" + number);
```

```
                    Thread.sleep(3000);
                    return number;
                }
            }

    public static void main(String[] args) {
        ExecutorService es = new ThreadPoolExecutor(3, 10, 10, TimeUnit.SECONDS,
                            new LinkedBlockingQueue<Runnable>(5), new Factory(), new Handler());
        try {
            for (int i = 0; i < 50; i++) {
                es.execute(new ThreadOne(i));
            }
        } finally {
            es.shutdown();
        }
    }

    private static class Factory implements ThreadFactory {
        private AtomicInteger count = new AtomicInteger(0);

        @Override
        public Thread newThread(Runnable r) {
            Thread thd = new Thread(r);
            String threadName = "Factory--" + count.addAndGet(1);
            thd.setName(threadName);
            System.out.println("线程" + threadName + "创建完成");
            return thd;
        }
    }

    private static class Handler implements RejectedExecutionHandler {
        @Override
        public void rejectedExecution(Runnable r, ThreadPoolExecutor executor) {
            ThreadOne thdOne = (ThreadOne) r;
            System.out.println(thdOne.number + "被阻塞了");
        }
    }
}
```

运行结果如下：（运行结果不唯一）

```
线程 Factory--1 创建完成
线程 Factory--2 创建完成
Factory--1:ThreadOne--0
线程 Factory--3 创建完成
线程 Factory--4 创建完成
Factory--2:ThreadOne--1
线程 Factory--5 创建完成
线程 Factory--6 创建完成
线程 Factory--7 创建完成
线程 Factory--8 创建完成
Factory--3:ThreadOne--2
线程 Factory--9 创建完成
线程 Factory--10 创建完成
15 被阻塞了
16 被阻塞了
17 被阻塞了
18 被阻塞了
19 被阻塞了
20 被阻塞了
```

```
21 被阻塞了
22 被阻塞了
23 被阻塞了
24 被阻塞了
25 被阻塞了
26 被阻塞了
27 被阻塞了
28 被阻塞了
29 被阻塞了
30 被阻塞了
31 被阻塞了
32 被阻塞了
Factory--4:ThreadOne--8
33 被阻塞了
34 被阻塞了
35 被阻塞了
36 被阻塞了
37 被阻塞了
38 被阻塞了
39 被阻塞了
40 被阻塞了
41 被阻塞了
42 被阻塞了
43 被阻塞了
44 被阻塞了
45 被阻塞了
46 被阻塞了
47 被阻塞了
48 被阻塞了
49 被阻塞了
Factory--5:ThreadOne--9
Factory--6:ThreadOne--10
Factory--7:ThreadOne--11
Factory--8:ThreadOne--12
Factory--9:ThreadOne--13
Factory--10:ThreadOne--14
Factory--1:ThreadOne--3
Factory--2:ThreadOne--4
Factory--3:ThreadOne--5
Factory--4:ThreadOne--6
Factory--10:ThreadOne--7
```

21.8　实践与练习

（答案位置：资源包\TM\sl\21\实践与练习）

综合练习 1：线程安全　创建两个线程，分别设置线程名称为 threadOne 和 threadTwo；创建一个共享的 int 型、初始值为 0 的变量 count；两个线程同时对变量 count 进行加 1 操作，该操作由 increase() 方法实现；在 increase() 方法中，每次让当前线程休眠 1000 毫秒、执行加 1 操作后，输出执行操作的线程名称和变量 count 的值。

综合练习 2：创建 Unsafe 类　编写一个程序，使用 Unsafe 类操作数组中的元素——通过对数组中的元素的内存地址进行偏移，获取数组中的最后一个元素。

第 22 章

网络通信

Internet 提供了大量有用的信息，很少有人能在接触过 Internet 后拒绝它的诱惑。计算机网络实现了多台计算机间的互联，这使得它们彼此之间能够进行数据交换。网络应用程序就是在已连接的不同计算机上运行的程序，这些程序借助网络协议，相互之间可以交换数据。编写网络应用程序前，首先必须明确所要使用的网络协议。TCP/IP 协议是网络应用程序的首选，本章将从介绍网络协议开始，详细地讲解 TCP 网络程序设计和 UDP 网络程序。

本章的知识架构及重难点如下。

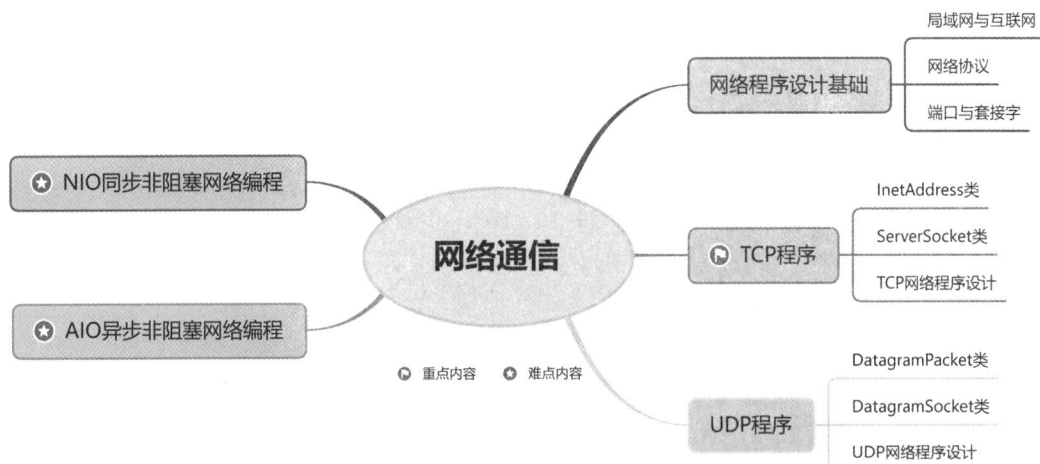

22.1 网络程序设计基础

网络程序设计编写的是与其他计算机进行通信的程序。Java 已经将网络程序需要的元素封装成不同的类，用户只要创建这些类的对象，使用相应的方法，即使不具备有关的网络知识，也可以编写出高质量的网络通信程序。

22.1.1 局域网与互联网

为了实现两台计算机的通信，必须用一个网络线路连接两台计算机，如图 22.1 所示。

服务器是指提供信息的计算机或程序，客户机

图 22.1 服务器、客户机和网络

是指请求信息的计算机或程序。网络用于连接服务器与客户机，实现二者间的相互通信。但是，有时在某个网络中很难将服务器与客户机区分开。我们通常所说的局域网（local area network，LAN），就是一群通过一定形式连接起来的计算机，它可以由两台计算机组成，也可以由同一区域内的若干台计算机组成。将 LAN 延伸到更大的范围，这样的网络被称为广域网（wide area network，WAN）。我们熟悉的互联网（internet），就是由无数的 LAN 和 WAN 组成的。

22.1.2　网络协议

网络协议规定了计算机之间连接的物理、机械（网线与网卡的连接规定）、电气（有效的电平范围）等特征，计算机之间的相互寻址规则，数据发送冲突的解决方式，长数据如何分段传送与接收等内容。就像不同的国家有不同的法律一样，目前网络协议也有多种。下面简单地介绍几个常用的网络协议。

1. IP 协议

IP 是 internet protocol 的简称，是一种网络协议。internet 网络采用的协议是 TCP/IP 协议，其全称是 transmission control protocol/internet protocol。internet 依靠 TCP/IP 协议，在全球范围内实现了不同硬件结构、不同操作系统、不同网络系统间的互联。在 internet 网络上存在着数以亿计的主机，每台主机都用网络为其分配的 internet 地址代表自己，这个地址就是 IP 地址。到目前为止，IP 地址用 4 个字节，也就是用 32 位的二进制数来表示的，被称为 IPv4。为了便于使用，通常取用每个字节的十进制数，并且每个字节之间用圆点隔开来表示 IP 地址，如 192.168.1.1。现在人们正在试验使用 16 个字节来表示 IP 地址，这就是 IPv6，但 IPv6 还没有投入使用。

TCP/IP 模式是一种层次结构，共分为 4 层，分别为应用层、传输层、互联网层和网络层。各层实现特定的功能，提供特定的服务和访问接口，并具有相对的独立性，如图 22.2 所示。

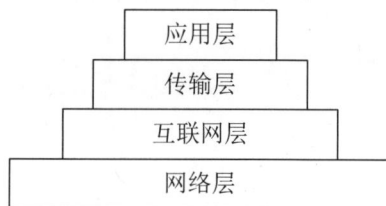

图 22.2　TCP/IP 层次结构

2. TCP 与 UDP 协议

在 TCP/IP 协议栈中，有两个高级协议是网络应用程序编写者应该了解的，即传输控制协议（transmission control protocol，TCP）与用户数据报协议（user datagram protocol，UDP）。

TCP 协议是一种以固接连线为基础的协议，它提供两台计算机间可靠的数据传送。TCP 可以保证数据从一端送至连接的另一端时，能够确实送达，而且抵达的数据的排列顺序和送出时的顺序相同。因此，TCP 协议适合可靠性要求比较高的场合。就像拨打电话，必须先拨号给对方，等两端确定连接后，相互才能听到对方说话，也知道对方回应的是什么。

HTTP、FTP 和 Telnet 等都需要使用可靠的通信频道。例如，HTTP 从某个 URL 读取数据时，如果收到的数据顺序与发送时不相同，可能就会出现一个混乱的 HTML 文件或是一些无效的信息。

UDP 是无连接通信协议，不保证数据的可靠传输，但能够向若干个目标发送数据，或接收来自若干个源的数据。UDP 以独立发送数据包的方式进行。这种方式就像邮递员送信给收信人，可以寄出很多信给同一个人，且每一封信都是相对独立的，各封信送达的顺序并不重要，收信人接收信件的顺序也不能保证与寄出信件的顺序相同。

UDP 协议适合于一些对数据准确性要求不高，但对传输速度和时效性要求非常高的网站，如网络聊天室、在线影片等。这是由于 TCP 协议在认证上存在额外耗费，可能使传输速度减慢，而 UDP 协议即使有一小部分数据包遗失或传送顺序有所不同，也不会严重危害该项通信。

> **注意**
>
> 一些防火墙和路由器会设置成不允许 UDP 数据包传输，因此若遇到 UDP 连接方面的问题，应先确定所在网络是否允许 UDP 协议。

22.1.3　端口与套接字

一般而言，一台计算机只有单一的连到网络的物理连接（physical connection），所有的数据都通过此连接对内、对外送达特定的计算机，这就是端口。网络程序设计中的端口（port）并非真实的物理存在，而是一个假想的连接装置。端口被规定为一个为 0～65535 的整数。HTTP 服务一般使用 80 端口，FTP 服务使用 21 端口。假如一台计算机提供了 HTTP、FTP 等多种服务，那么客户机会通过不同的端口来确定连接到服务器的哪项服务上，如图 22.3 所示。

通常，0～1023 的端口数用于一些知名的网络服务和应用，用户的普通网络应用程序应该使用 1024 以上的端口数，以避免端口号与另一个应用或系统服务使用的端口号冲突。

网络程序中的套接字（socket）用于将应用程序与端口连接起来。套接字是一个假想的连接装置，就像插座一样可连接电器与电线，如图 22.4 所示。Java 将套接字抽象化为类，程序设计者只需创建 Socket 类对象，即可使用套接字。

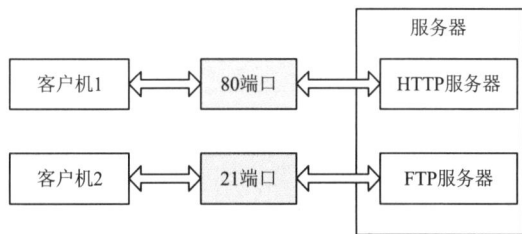

图 22.3　端口

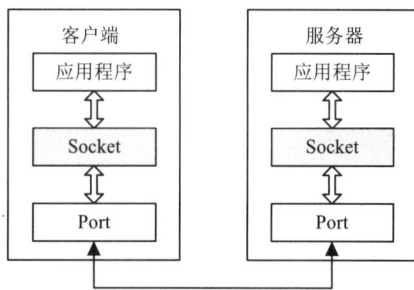

图 22.4　套接字

22.2　TCP 程序

TCP 网络程序设计是指利用 Socket 类编写通信程序。利用 TCP 协议进行通信的两个应用程序是有主次之分的，一个被称为服务器程序，另一个被称为客户机程序，二者的功能和编写方法大不一样。服务器端与客户端的交互过程如图 22.5 所示。

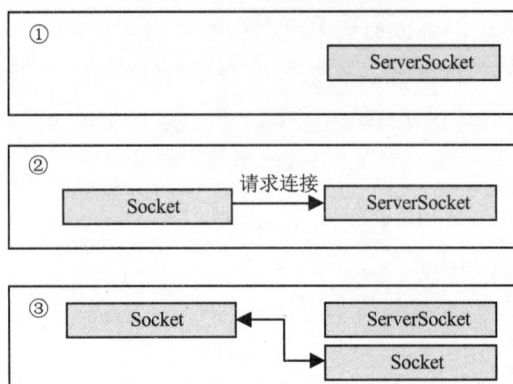

图 22.5　服务器端与客户端的交互

①—服务器程序创建一个 ServerSocket（服务器端套接字）对象，调用 accept()方法等待客户机来连接。

②—客户端程序创建一个 Socket 对象，请求与服务器建立连接。

③—服务器接收客户机的连接请求，同时创建一个新的 Socket 对象与客户建立连接。随后服务器继续等待新的请求。

22.2.1　InetAddress 类

java.net 包中的 InetAddress 类是与 IP 地址相关的类，利用该类可以获取 IP 地址、主机地址等信息。InetAddress 类的常用方法如表 22.1 所示。

表 22.1　InetAddress 类的常用方法

方　法	返　回　值	说　　明
getByName(String host)	InetAddress	获取与 Host 相对应的 InetAddress 对象
getHostAddress()	String	获取 InetAddress 对象包含的 IP 地址
getHostName()	String	获取此 IP 地址的主机名
getLocalHost()	InetAddress	返回本地主机的 InetAddress 对象

【例 22.1】获取计算机的本机名与 IP 地址（**实例位置：资源包\TM\sl\22\1**）

使用 InetAddress 类的 getHostName()和 getHostAddress()方法获得本地主机的本机名、本机 IP 地址。

```java
import java.net.*;                                    //导入 java.net 包
public class Address {                                //创建类
    public static void main(String[] args) {
        InetAddress ip;                               //创建 InetAddress 对象
        try {                                         //捕捉可能出现的异常
            ip = InetAddress.getLocalHost();          //实例化对象
            String localname = ip.getHostName();      //获取本机名
            String localip = ip.getHostAddress();     //获取本机 IP 地址
            System.out.println("本机名: " + localname);   //输出本机名
            System.out.println("本机 IP 地址: " + localip); //输出本机 IP 地址
        } catch (UnknownHostException e) {
            e.printStackTrace();                      //输出异常信息
        }
    }
}
```

该实例在不同系统、不同网络环境下运行的结果会不同，例如笔者的运行结果如下：

本机名：SC-202004221619
本机 IP 地址：192.168.56.1

注意

　　InetAddress 类的方法会抛出 UnknownHostException 异常，因此必须进行异常处理。这个异常在主机不存在或网络连接错误时发生。

22.2.2　ServerSocket 类

　　java.net 包中的 ServerSocket 类用于表示服务器套接字，其主要功能是等待来自网络上的"请求"，它可通过指定的端口来等待连接的套接字。服务器套接字一次可以与一个套接字连接。如果多台客户机同时提出连接请求，则服务器套接字会将请求连接的客户机存入列队中，然后从中取出一个套接字，与服务器新建的套接字连接起来。若请求连接数大于最大容纳数，则多出的连接请求被拒绝。队列的默认大小是 50。

　　ServerSocket 类的构造方法通常会抛出 IOException 异常，具体有以下几种形式。

- ☑　ServerSocket()：创建非绑定服务器套接字。
- ☑　ServerSocket(int port)：创建绑定到特定端口的服务器套接字。
- ☑　ServerSocket(int port, int backlog)：利用指定的 backlog 创建服务器套接字，并将其绑定到指定的本地端口号上。
- ☑　ServerSocket(int port, int backlog, InetAddress bindAddress)：使用指定的端口、侦听 backlog 和要绑定到的本地 IP 地址创建服务器。这种情况适用于计算机上有多块网卡和多个 IP 地址的情况，用户可以明确规定 ServerSocket 在哪块网卡或哪个 IP 地址上等待客户的连接请求。

　　ServerSocket 类的常用方法如表 22.2 所示。

表 22.2　ServerSocket 类的常用方法

方　　法	返　回　值	说　　明
accept()	Socket	等待客户机的连接。若连接，则创建一个套接字
isBound()	boolean	判断 ServerSocket 的绑定状态
getInetAddress()	InetAddress	返回此服务器套接字的本地地址
isClosed()	boolean	返回服务器套接字的关闭状态
close()	void	关闭服务器套接字
bind(SocketAddress endpoint)	void	将 ServerSocket 绑定到特定地址（IP 地址和端口号）上
getInetAddress()	int	返回服务器套接字等待的端口号

　　调用 ServerSocket 类的 accept()方法，会返回一个和客户端 Socket 对象相连接的 Socket 对象。服务器端的 Socket 对象使用 getOutputStream()方法获得的输出流，将指向客户端 Socket 对象使用 getInputStream()方法获得的那个输入流；同样，服务器端的 Socket 对象使用 getInputStream()方法获得的输入流，将指向客户端 Socket 对象使用 getOutputStream()方法获得的那个输出流。也就是说，当服务器向输出流中写入信息时，客户端通过相应的输入流就能读取，反之亦然。

📢 注意

accept()方法会阻塞线程的继续执行，直到服务器接收到客户的呼叫。如果客户没有呼叫服务器，那么 System.out.println("连接中")语句将不会被执行。如果服务器没有接收到客户的请求，accept()方法就没有发生阻塞，肯定是程序出现了问题。通常是使用了一个被其他程序占用的端口号，ServerSocket 绑定没有成功。

```
yu = server.accept();
System.out.println("连接中");
```

22.2.3 TCP 网络程序设计

明白了 TCP 程序工作的过程，就可以编写 TCP 服务器程序了。在网络编程中，如果只要求客户机向服务器发送消息，不要求服务器向客户机发送消息，则被称为单向通信。客户机套接字和服务器套接字连接成功后，客户机通过输出流发送数据，服务器则通过输入流接收数据。下面是简单的单向通信的实例。

【例 22.2】创建 TCP/IP 协议服务器（**实例位置：资源包\TM\sl\22\2**）

本实例是一个 TCP 服务器端程序，在 getserver()方法中建立服务器套接字，调用 getClientMessage()方法获取客户机信息。

```java
import java.io.*;
import java.net.*;

public class MyServer {
    private ServerSocket server;                                    //服务器套接字
    private Socket socket;                                          //客户机套接字

    void start() {                                                 //启动服务器
        try {
            server = new ServerSocket(8998);                       //服务器启用 8998 端口
            System.out.println("服务器套接字已经创建成功");
            while (true) {
                System.out.println("等待客户机的连接");
                socket = server.accept();                          //服务器监听客户机连接
                //根据套接字字节流创建字符输入流
                BufferedReader reader = new BufferedReader(new InputStreamReader(socket.getInputStream()));
                while (true) {                                     //循环接收信息
                    String message = reader.readLine();            //读取一行文本
                    if ("exit".equals(message)) {                  //如果客户机发来的内容为"exit"
                        System.out.println("客户机退出");
                        break;                                     //停止接收信息
                    }
                    System.out.println("客户机:" + message);
                }
                reader.close();                                    //关闭流
                socket.close();                                    //关闭套接字
            }
        } catch (IOException e) {
            e.printStackTrace();
        }
    }
}
```

```java
public static void main(String[] args) {
    MyServer tcp = new MyServer();
    tcp.start();                                        //启动服务器
}
}
```

运行结果如图 22.6 所示。

运行服务器端程序,将输出提示信息,等待客户呼叫。下面再来看客户端程序。

编写客户端程序,将用户在文本框中输入的信息发送至服务器端,并将文本框中输入的信息显示在客户端的文本域中。

图 22.6 例 22.2 的运行结果

```java
import java.awt.*;
import java.awt.event.*;
import java.io.*;
import java.net.Socket;
import javax.swing.*;

public class MyClient extends JFrame {
    private PrintWriter writer;                         //根据套接字字节流创建的字符输出流
    Socket socket;                                      //客户端套接字
    private JTextArea area = new JTextArea();           //展示信息的文本域
    private JTextField text = new JTextField();         //发送信息的文本框

    public MyClient() {
        setTitle("向服务器送数据");
        setDefaultCloseOperation(JFrame.EXIT_ON_CLOSE);
        Container c = getContentPane();                 //主容器
        JScrollPane scrollPane = new JScrollPane(area); //滚动面板
        getContentPane().add(scrollPane, BorderLayout.CENTER);
        c.add(text, "South");                           //将文本框放在窗体的下部
        text.addActionListener(new ActionListener() {   //文本框触发回车事件
            public void actionPerformed(ActionEvent e) {
                writer.println(text.getText().trim());  //将文本框中的信息写入流中
                area.append(text.getText() + '\n');     //将文本框中的信息显示在文本域中
                text.setText("");                       //清空文本框中的信息
            }
        });
    }

    private void connect() {                            //连接服务器方法
        area.append("尝试连接\n");                        //在文本域中提示信息
        try {
            socket = new Socket("127.0.0.1", 8998);     //连接本地计算机的 8998 端口
            writer = new PrintWriter(socket.getOutputStream(), true);
            area.append("完成连接\n");
        } catch (IOException e) {
            e.printStackTrace();
        }
    }

    public static void main(String[] args) {
        MyClient clien = new MyClient();
        clien.setSize(200, 200);                        //窗体大小
        clien.setVisible(true);                         //显示窗体
        clien.connect();                                //连接服务器
    }
}
```

先运行例 22.2 的服务器端程序，再运行这个客户端程序，运行结果如图 22.7 所示。

从图 22.7 中可以看出，客户端与服务器端已经创建了连接。向文本框中输入信息，会发现输入的信息被输出到服务器端，并显示在客户端的文本域中，如图 22.8 和图 22.9 所示。

图 22.7　升级后的运行结果　　　　图 22.8　服务器端运行结果　　　　图 22.9　客户端运行结果

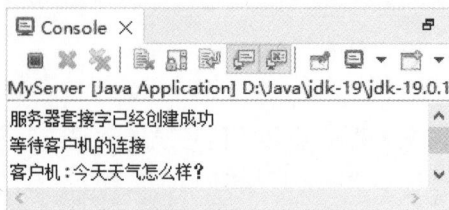

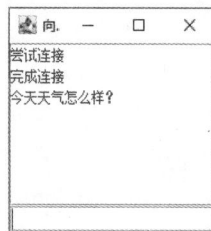

说明

当一台机器上安装了多个网络应用程序时，很可能指定的端口号已被占用。还可能遇到以前运行良好的网络程序突然运行不了的情况，这种情况很可能也是由于端口号被别的程序占用了。此时可以运行 netstat-help 来获得帮助，使用 netstat-an 命令来查看该程序使用的端口号，如图 21.10 所示。

图 22.10　查看端口号

编程训练（答案位置：资源包\TM\sl\22\编程训练）

【训练 1】获取内网所有 IP 地址　在进行网络编程时，有时需要对局域网内的所有主机进行遍历，为此需要获取内网的所有 IP 地址。请编写程序演示如何在 Java 应用程序中获取内网的所有 IP 地址，效果如图 22.11 所示。

【训练 2】一对一聊天程序　在使用套接字进行网络编程时，需要在服务器端和客户端之间进行通信，请编写程序实现一个服务器与一个客户端之间的通信，效果如图 22.12 和图 22.13 所示。

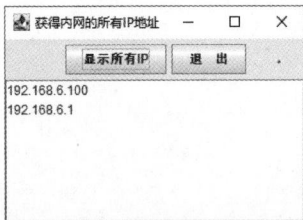

图 22.11　获取内网的所有
IP 地址

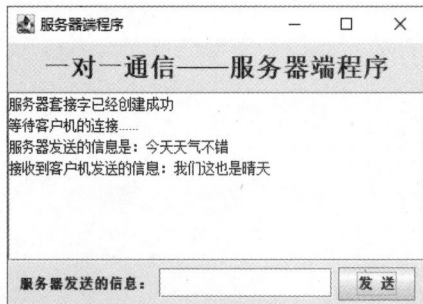

图 22.12　服务器端发送和接收
信息的效果

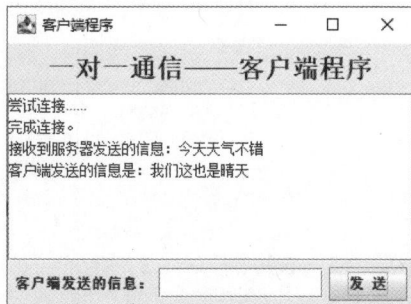

图 22.13　客户端接收和发送
信息的效果

22.3　UDP 程序

用户数据报协议（UDP）是网络信息传输的另一种形式。基于 UDP 的通信和基于 TCP 的通信不同，基于 UDP 的信息传递更快，但不提供可靠性保证。使用 UDP 传递数据时，用户无法知道数据能否正确地到达主机，也不能确定到达目的地的顺序是否和发送的顺序相同。虽然 UDP 是一种不可靠的协议，但如果需要较快地传输信息，并能容忍小的错误，可以考虑使用 UDP。

基于 UDP 通信的基本模式如下：

☑　将数据进行打包（被称为数据包），然后将数据包发往目的地。

☑　接收别人发来的数据包，然后查看数据包。

发送数据包的步骤如下：

（1）使用 DatagramSocket()创建一个数据包套接字。

（2）使用 DatagramPacket(byte[] buf, int offset, int length, InetAddress address, int port)创建要发送的数据包。

（3）使用 DatagramSocket 类的 send()方法发送数据包。

接收数据包的步骤如下：

（1）使用 DatagramSocket(int port)创建数据包套接字，绑定到指定的端口上。

（2）使用 DatagramPacket(byte[] buf, int length)创建字节数组来接收数据包。

（3）使用 DatagramPacket 类的 receive()方法接收 UDP 包。

> **注意**
>
> DatagramSocket 类的 receive()方法接收数据时，如果还没有可以接收的数据，那么在正常情况下 receive()方法将阻塞，一直等到网络上有数据传来，receive()方法接收该数据并返回。如果网络上没有数据发送过来，receive()方法也没有阻塞，那么肯定是程序有问题，大多数情况下是因为使用了一个被其他程序占用的端口号。

22.3.1　DatagramPacket 类

java.net 包的 DatagramPacket 类用来表示数据包。DatagramPacket 类的构造方法如下：

☑　DatagramPacket(byte[] buf, int length)。

☑　DatagramPacket(byte[] buf, int length, InetAddress address, int port)。

第一种构造方法在创建 DatagramPacket 对象时，指定了数据包的内存空间和大小。第二种构造方法不仅指定了数据包的内存空间和大小，还指定了数据包的目标地址和端口。在发送数据时，必须指定接收方的 Socket 地址和端口号，因此使用第二种构造方法可创建发送数据的 DatagramPacket 对象。

22.3.2　DatagramSocket 类

java.net 包中的 DatagramSocket 类用于表示发送和接收数据包的套接字。该类的构造方法如下：

☑ DatagramSocket()。

☑ DatagramSocket(int port)。

☑ DatagramSocket(int port, InetAddress addr)。

第一种构造方法创建 DatagramSocket 对象，构造数据报套接字，并将其绑定到本地主机任何可用的端口上。第二种构造方法创建 DatagramSocket 对象，创建数据报套接字，并将其绑定到本地主机的指定端口上。第三种构造方法创建 DatagramSocket 对象，创建数据报套接字，并将其绑定到指定的端口和指定的本地地址上，这种构造方法适用于有多块网卡和多个 IP 地址的情况。

如果接收数据时必须指定一个端口号，不允许系统随机产生，此时可以使用第二种构造方法。比如有个朋友要你给他写信，那他的地址就必须确定，不确定是不行的。在发送数据时通常使用第一种构造方法，不指定端口号，而是由系统为我们分配一个端口号，就像寄信不需要到指定的邮局去寄一样。

22.3.3 UDP 网络程序设计

根据前面所讲的网络编程的基本知识以及 UDP 网络编程的特点，下面创建一个广播数据报程序。广播数据报是一项较新的技术，其原理类似于广播电台。广播电台需要在指定的波段和频率上广播信息，收听者也要将收音机调到指定的波段、频率，才可以收听广播内容。

【例 22.3】创建 UDP 协议广播电台程序（**实例位置：资源包\TM\sl\22\3**）

主机不断地重复播出节目预报，使加入同一组内的主机随时可接收到广播信息。接收者将正在接收的信息放在一个文本域中，并将已接收到的所有信息存储在另一个文本域中。

（1）广播主机程序不断地向外播出信息，代码如下：

```java
import java.io.IOException;
import java.net.*;

public class Notification extends Thread {
    String weather = "节目预报：8 点有大型晚会，请收听";      //发送的消息
    int port = 9898;                                        //端口
    InetAddress iaddress = null;
    MulticastSocket socket = null;                          //多点广播套接字

    Notification() {
        try {
            iaddress = InetAddress.getByName("224.255.10.0");   //广播组地址
            socket = new MulticastSocket(port);                 //实例化多点广播套接字
            socket.setTimeToLive(1);                            //指定发送范围是本地网络
            socket.joinGroup(iaddress);                         //加入广播组
        } catch (IOException e) {
            e.printStackTrace();                                //输出异常信息
        }
    }

    public void run() {
        while (true) {
            DatagramPacket packet = null;                       //数据包
            byte data[] = weather.getBytes();                   //字符串消息的字节数组
            packet = new DatagramPacket(data, data.length, iaddress, port);  //将数据进行打包
            System.out.println(weather);                        //在控制台中输出消息
            try {
                socket.send(packet);                            //发送数据
```

```
                sleep(3000);                                                //线程休眠
            } catch (IOException e) {
                e.printStackTrace();
            } catch (InterruptedException e) {
                e.printStackTrace();
            }
        }
    }

    public static void main(String[] args) {
        Notification w = new Notification();
        w.start();                                                          //启动线程
    }
}
```

运行结果如图 22.14 所示。

（2）接收广播程序。单击"开始接收"按钮，系统开始接收主机播出的信息；单击"停止接收"
按钮，系统停止接收广播主机播出的信息。代码如下：

```
import java.awt.*;
import java.awt.event.*;
import java.io.IOException;
import java.net.*;
import javax.swing.*;

public class Receive extends JFrame implements Runnable, ActionListener {
    int port;                                                              //端口
    InetAddress group = null;                                             //广播组地址
    MulticastSocket socket = null;                                        //多点广播套接字对象
    JButton inceBtn = new JButton("开始接收");
    JButton stopBtn = new JButton("停止接收");
    JTextArea inceAr = new JTextArea(10, 10);                            //显示接收广播的文本域
    JTextArea inced = new JTextArea(10, 10);
    Thread thread;
    boolean stop = false;                                                 //停止接收信息的状态

    public Receive() {
        setTitle("广播数据报");
        setDefaultCloseOperation(WindowConstants.EXIT_ON_CLOSE);
        thread = new Thread(this);
        inceBtn.addActionListener(this);                                 //绑定 ince 按钮的单击事件
        stopBtn.addActionListener(this);                                 //绑定 stop 按钮的单击事件
        inceAr.setForeground(Color.blue);                                //指定文本域中文字的颜色
        JPanel north = new JPanel();
        north.add(inceBtn);                                              //将按钮添加到面板 north 上
        north.add(stopBtn);
        add(north, BorderLayout.NORTH);                                  //将 north 放置在窗体的上部
        JPanel center = new JPanel();                                    //创建面板对象 center
        center.setLayout(new GridLayout(1, 2));                          //设置面板布局
        center.add(inceAr);                                             //将文本域添加到面板上
        center.add(inced);
        add(center, BorderLayout.CENTER);                                //设置面板布局
        validate();                                                      //刷新
        port = 9898;                                                     //设置端口号
        try {
            group = InetAddress.getByName("224.255.10.0");               //指定接收地址
            socket = new MulticastSocket(port);                          //绑定多点广播套接字
            socket.joinGroup(group);                                     //加入广播组
        } catch (IOException e) {
```

```
                e.printStackTrace();                                            //输出异常信息
            }
            setBounds(100, 50, 360, 380);                                       //设置布局
            setVisible(true);                                                   //将窗体设置为显示状态
        }

        public void run() {                                                     //run()方法
            while (!stop) {
                byte data[] = new byte[1024];                                   //创建缓存字节数组
                DatagramPacket packet = null;
                packet = new DatagramPacket(data, data.length, group, port);    //待接收的数据包
                try {
                    socket.receive(packet);                                     //接收数据包
                    //获取数据包中的内容
                    String message = new String(packet.getData(), 0, packet.getLength());
                    inceAr.setText("正在接收的内容：\n" + message);                //将接收内容显示在文本域中
                    inced.append(message + "\n");                               //每条信息为一行
                } catch (IOException e) {
                    e.printStackTrace();                                        //输出异常信息
                }
            }
        }

        public void actionPerformed(ActionEvent e) {                            //单击 ince 按钮触发的事件
            if (e.getSource() == inceBtn) {
                inceBtn.setBackground(Color.red);                              //设置按钮颜色
                stopBtn.setBackground(Color.yellow);
                if (!(thread.isAlive())) {                                      //如线程不处于"新建状态"
                    thread = new Thread(this);                                  //实例化 Thread 对象
                }
                thread.start();                                                 //启动线程
                stop = false;                                                   //开始接收信息
            }
            if (e.getSource() == stopBtn) {                                     //单击 stop 按钮触发的事件
                inceBtn.setBackground(Color.yellow);                           //设置按钮颜色
                stopBtn.setBackground(Color.red);
                stop = true;                                                    //停止接收信息
            }
        }

        public static void main(String[] args) {
            Receive rec = new Receive();
            rec.setSize(460, 200);
        }
    }
```

运行结果如图 22.15 所示。

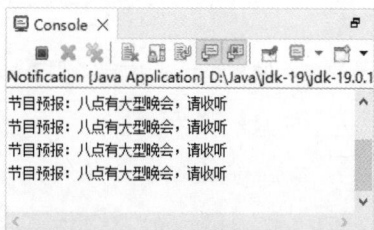

图 22.14　广播主机程序的运行结果

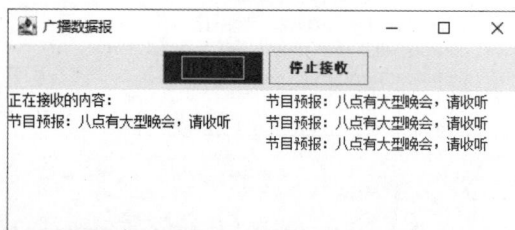

图 22.15　接收广播的运行结果

424

> **说明**
>
> 　　发出广播和接收广播的主机地址必须位于同一个组内，地址范围为 224.0.0.0～224.255.255.255，该地址并不代表某个特定主机的位置。加入同一个组的主机可以在某个端口上广播信息，也可以在某个端口上接收信息。

编程训练（答案位置：资源包\TM\sl\22\编程训练）

【训练 3】时间广播器　使用 UDP 向所有客户端发送广播，每秒发送一次，内容为当前时间。

【训练 4】自定义广播　创建一个窗体，让用户自己定义实时广播的内容，效果如图 22.16 所示。

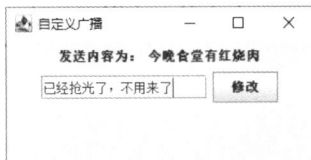

图 22.16　用户在窗体中修改广播内容

22.4　NIO 同步非阻塞网络编程

NIO 的全称是 non-blocking IO。从 JDK 1.4 开始，Java 提供了一系列改进的输入/输出的新特性，被统称为 NIO。NIO 是同步非阻塞的。NIO 的相关类都被存储在 java.nio 包及其子包下，具有 3 个核心组件：Buffer（缓冲区）、Channel（通道）和 Selector（选择器）。

1．Buffer（缓冲区）

缓冲区本质上是一个可以写入数据的内存块（类似于数组），可以再次被读取。此内存块包含在 NIO Buffer 对象中，该对象提供了一组方法，可以更轻松地使用内存块。使用 Buffer 进行数据写入和读取，需要进行如下 4 个步骤：

（1）将数据写入缓冲区中。

（2）调用 buffer.flip() 方法，转化为读取模式。

（3）缓冲区读取数据。

（4）调用 buffer.clear() 方法或者 buffer.compact() 方法清除缓冲区。

Buffer（缓冲区）具有 3 个重要属性。

☑　capacity 容量：作为一个内存块，Buffer 具有一定的固定大小，也被称作容量。

☑　position 位置：写入模式时代表写数据的位置。读取模式时代表读取数据的位置。

☑　limit 限制：写入模式，限制等于 buffer 的容量。读取模式下，limit 等于写入的数据量。

2．Channel（通道）

Channel（通道）的 API 涵盖了 UDP/TCP 网络和文件 IO。和标准 IOStream 操作的区别如下：

☑　在一个通道内进行读取和写入。

☑ stream 通道是单向的（input 或 output）。

☑ 可以非阻塞读取和写入通道。

☑ 通道始终读取和写入缓冲区。

SocketChannel 用于建立 TCP 网络连接，类似于 Socket。创建 SocketChannel 有两种方式：一种是客户端主动发起和服务端的连接，另一种是服务端获取的新连接。

ServerSocketChannel 可以监听新建的 TCP 连接通道，类似于 ServerSocket。

3．Selector（选择器）

Selector（选择器）是一个 JavaNIO 组件，可以检查一个或多个 NIO 通道，并确定哪些通道已准备好进行读取或者写入。实现单个线程可以管理多个通道，从而管理多个网络连接。

一个线程使用 Selector（选择器）监听多个 channel 的不同事件：4 个事件分别对应 SelectionKey 的 4 个常量。SelectionKey 的 4 个常量如下。

☑ SelectionKey.OP_CONNECT：Connect 连接。

☑ SelectionKey.OP_ACCEPT：Accept 准备就绪。

☑ SelectionKey.OP_READ：Read 读取。

☑ SelectionKey.OP_WRITE：Write 写入。

下面使用 NIO 分别编码实现客户端和服务器端。客户端的代码如下：

```java
import java.io.IOException;
import java.net.InetSocketAddress;
import java.nio.ByteBuffer;
import java.nio.channels.SocketChannel;
import java.util.Scanner;

public class NIOClient {
    public static void main(String[] args) throws IOException {
        SocketChannel scl = SocketChannel.open();
        scl.configureBlocking(false);
        scl.connect(new InetSocketAddress("127.0.0.1", 8080));
        while (!scl.finishConnect()) {
            //如果没有连接到服务器，就一直等待
            Thread.yield();
        }
        Scanner scanner = new Scanner(System.in);
        System.out.println("请输入：");
        //发送内容
        String msg = scanner.nextLine();
        ByteBuffer bbw = ByteBuffer.wrap(msg.getBytes());
        while (bbw.hasRemaining()) {
            scl.write(bbw);
        }
        //读取响应
        System.out.println("收到服务器端响应：");
        ByteBuffer bba = ByteBuffer.allocate(1024);

        while (scl.isOpen() && scl.read(bba) != -1) {
            //长连接情况下，需要手动判断数据有没有读取结束
            //此处做一个简单的判断，超过 0 字节就认为请求结束了
            if (bba.position() > 0)
```

```
                    break;
                }
                bba.flip();
                byte[] b = new byte[bba.limit()];
                bba.get(b);
                System.out.println(new String(b));
                scanner.close();
                scl.close();
        }
}
```

服务器端的代码如下：

```
import java.io.IOException;
import java.net.InetSocketAddress;
import java.nio.ByteBuffer;
import java.nio.channels.ServerSocketChannel;
import java.nio.channels.SocketChannel;

public class NIOServer {
    public static void main(String[] args) throws IOException {
        //创建网络服务器
        ServerSocketChannel ssc = ServerSocketChannel.open();
        ssc.configureBlocking(false);                               //设置为非阻塞模式
        ssc.socket().bind(new InetSocketAddress(8080));             //绑定端口
        System.out.println("服务器已启动");
        while (true) {
            SocketChannel sca = ssc.accept();                      //获取新 tcp 连接通道
            //tcp 请求读取/响应
            if (sca != null) {
                System.out.println("获取新连接：" + sca.getRemoteAddress());
                sca.configureBlocking(false);                      //默认阻塞，设置为非阻塞
                ByteBuffer bba = ByteBuffer.allocate(1024);
                while (sca.isOpen() && sca.read(bba) != -1) {
                    //长连接情况下，需要手动判断有没有读取结束
                    //此处做一个简单判断，超过 0 字节就认为请求结束
                    if (bba.position() > 0)
                        break;
                }
                if (bba.position() == 0)
                    continue;                                      //如果没数据了，则不继续之后的处理
                bba.flip();
                byte[] b = new byte[bba.limit()];
                bba.get(b);
                System.out.println("收到数据:" + new String(b) + "，来自：" + sca.getRemoteAddress());
                //响应结果
                String str = "Hello!";
                ByteBuffer bbw = ByteBuffer.wrap(str.getBytes());
                while (bbw.hasRemaining()) {
                    sca.write(bbw);                                //非阻塞
                }
            }
        }
    }
}
```

先运行服务器端，再运行客户端。

客户端输出到控制台上的内容如下：

```
请输入：
hello
收到服务器端响应：
Hello!
```

服务器端输出到控制台上的内容如下：

```
服务器已启动
获取新连接：/127.0.0.1:60364
收到数据:hello，来自：/127.0.0.1:60364
```

22.5　AIO 异步非阻塞网络编程

AIO 的全称是 asynchronized IO，是从 JDK 7 开始支持的。AIO 不是在 IO 准备好时再通知线程的，而是在 IO 操作已经完成后，再给线程发出通知的。因此，AIO 是完全不会阻塞的。AIO 的特点如下：

- ☑　读完了再通知线程。
- ☑　不会加快 IO，只是在读完后进行通知。
- ☑　使用回调函数，进行业务处理。

AIO 需要使用异步通道，即 AsynchronousServerSocketChannel。其中，accept()方法主要负责两件事：一件事是发起 accept 请求，告诉系统可以开始监听端口了；另一件事是注册 CompletionHandler 实例，当有客户端进行连接时：如果连接成功，就执行 CompletionHandler.completed()方法；如果连接失败，就执行 CompletionHandler.failed()方法。因此，accept()方法不会被阻塞。

下面使用 AIO 分别编码实现客户端和服务器端。客户端的代码如下：

```java
import java.net.InetSocketAddress;
import java.nio.ByteBuffer;
import java.nio.channels.AsynchronousSocketChannel;
import java.nio.charset.Charset;

public class SimpleAIOClient {
    static final int PORT = 9000;
    public static void main(String[] args) throws Exception {
        //用于读取数据的 ByteBuffer
        ByteBuffer bba = ByteBuffer.allocate(1024);
        Charset ctf = Charset.forName("utf-8");
        try (AsynchronousSocketChannel asc = AsynchronousSocketChannel.open()) {
            //连接远程服务器
            asc.connect(new InetSocketAddress("127.0.0.1", PORT)).get();
            bba.clear();
            //从 clientChannel 中读取数据
            asc.read(bba).get();
            bba.flip();
            //将 buff 中内容转换为字符串
            String str = ctf.decode(bba).toString();
            System.out.println("由服务器端发送的信息：" + str);
        }
    }
}
```

服务器端的代码如下：

```
import java.net.InetSocketAddress;
import java.nio.ByteBuffer;
import java.nio.channels.AsynchronousServerSocketChannel;
import java.nio.channels.AsynchronousSocketChannel;
import java.util.concurrent.Future;

public class SimpleAIOServer {
    static final int PORT = 9000;
    public static void main(String[] args) throws Exception {
        try (AsynchronousServerSocketChannel assc = AsynchronousServerSocketChannel.open()) {
            //在指定的地址、端口处进行监听
            assc.bind(new InetSocketAddress(PORT));
            while (true) {
                //采用循环接受来自客户端的连接
                Future<AsynchronousSocketChannel> ft = assc.accept();
                //获取连接完成后返回的 AsynchronousSocketChannel
                AsynchronousSocketChannel asc = ft.get();
                //执行输出
                asc.write(ByteBuffer.wrap("你好！ ".getBytes("UTF-8"))).get();
            }
        }
    }
}
```

先运行服务器端，再运行客户端。运行结果如下：

由服务器端发送的信息：你好！

22.6　实践与练习

（答案位置：资源包\TM\sl\22\实践与练习）

综合练习 1：一对多聊天程序　使用套接字进行网络编程，有时需要在不同的客户端之间进行通信，其中有一种通信方式就是一个客户端与其他多个客户端进行通信。请编写程序实现一个客户端与其他多个客户端进行通信，效果如图 22.17 和图 22.18 所示。

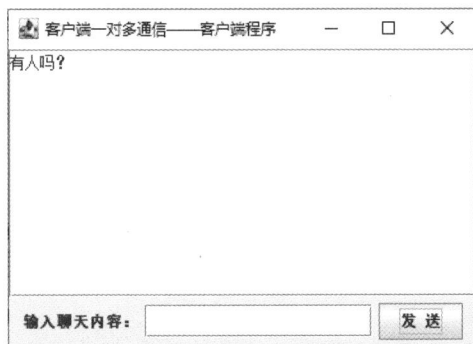

图 22.17　客户端向其他客户端发出提问

图 22.18　其他客户端反馈信息

综合练习 2：可选择用户的聊天程序　使用套接字进行网络编程，有时需要在不同的客户端之间进行通信，其中有一种通信方式就是一个客户端与另一个指定的客户端进行通信。请编写程序实现一个客户端与另一个指定的客户端进行通信，效果如图 22.19 和图 22.20 所示。

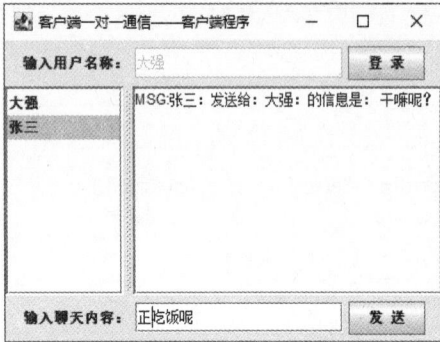

图 22.19　客户端 1 接收到客户端 2 的消息　　　　图 22.20　客户端 2 反馈给客户端 1 的消息

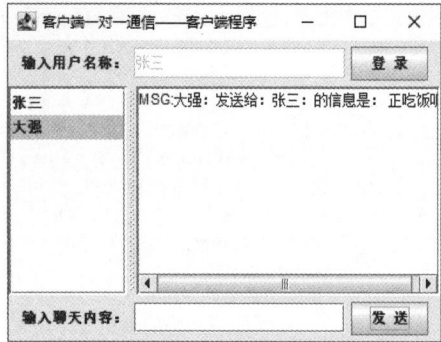

第 **4** 篇

项目实战

本篇通过一个小型游戏和一个利用人工智能视觉分析的人脸识别打卡系统，运用软件工程的设计思想，让读者学习如何进行软件项目的实践开发。书中按照"编写项目计划书→系统设计→数据库设计→创建项目→实现项目→运行项目→解决开发常见问题"的过程进行讲解，带领读者一步一步地体验项目开发的全过程。

项目实战

飞机大战游戏

设计一款经典的飞机大战游戏，体验Java项目开发的全过程

MR人脸识别打卡系统

设计一个基于计算机视觉的人工智能人脸识别打卡系统，进一步体验Java企业级项目开发，无缝对接职场要求

第 23 章

飞机大战游戏

Java 语言设计的初衷是使其无所不能，但客户端游戏（简称"端游"）却是 Java 语言不能编写的。原因有两个：其一，Java 语言不能直接操作内存；其二，Java 语言的垃圾回收机制是自动的，会影响游戏的流畅性。但是，类似于界面或者桌面游戏（如推箱子游戏、俄罗斯方块、五子棋，贪吃蛇等），Java 语言是能够编写的。本章将使用 Swing 和 AWT 编写一个飞机大战游戏。

本章的知识架构及重难点如下。

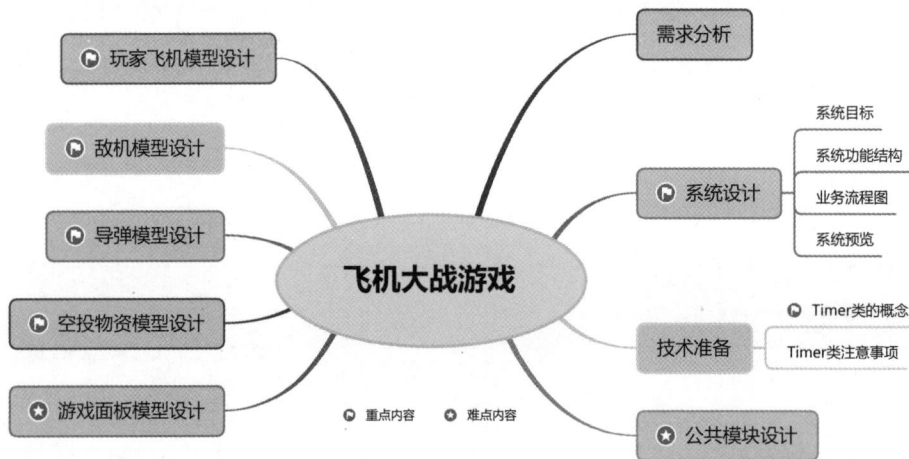

23.1 需求分析

微信已成为家喻户晓的社交软件，微信提供公众平台、朋友圈、消息推送等功能，用户既能添加好友、又能关注公众平台，还能将用户看到的精彩内容分享给好友和朋友圈。除此之外，微信也会时常带来惊喜，例如微信 5.0 版本引入了飞机大战等。

微信 5.0 版本引入的飞机大战采用涂鸦风格（见图 23.1），虽然简单但却不失趣味，用户通过消灭更多的飞机，挑战更高的分数。本章将以微信 5.0 版本引入了飞机大战为原型，使用 Java 语言编写一个飞机大战游戏。

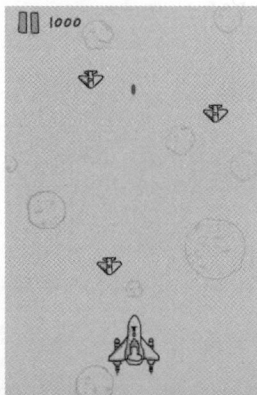

图 23.1　微信 5.0 版本的飞机大战

23.2　系　统　设　计

23.2.1　系统目标

本程序属于射击类小游戏，本程序设计完成后，将达到以下目标：

☑　窗体界面设计美观，不采用涂鸦风格。

☑　基本模型的全面设置，基本模型包括玩家飞机、导弹、敌机、空投物资等。

☑　游戏规则简单、操作灵活。

☑　程序运行稳定。

23.2.2　系统功能结构

飞机大战游戏的功能结构如图 23.2 所示。

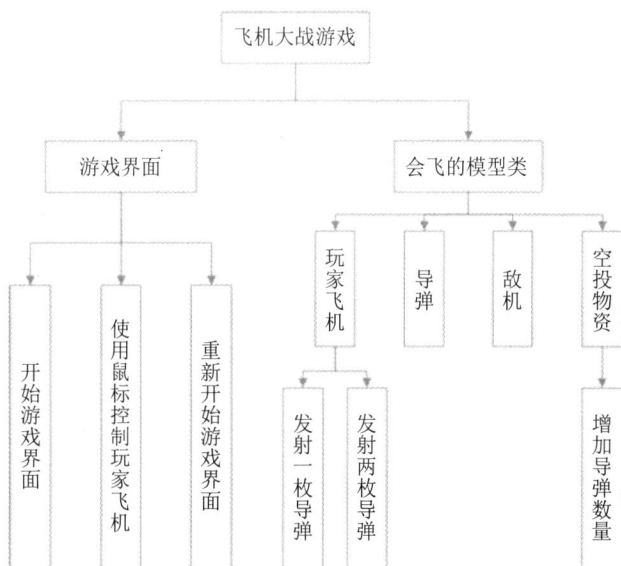

23.2.3　业务流程图

飞机大战游戏的业务流程如图 23.3 所示。

23.2.4　系统预览

飞机大战游戏由 3 个界面组成，分别是开始游戏界面、主界面（使用鼠标控制玩家飞机）和重新开始游戏界面。运行程序后，即可进入开始游戏界面中，开始游戏界面的效果如图 23.4 所示。

在开始游戏界面的任意位置单击，即可进入使用鼠标控制玩家飞机的主界面中。其中：未击中空投物资时，玩家飞机只能发射一枚导弹，此时主界面的效果如图 23.5 所示；击中空投物资时，玩家飞机能够同时发射两枚导弹，此时主界面的效果如图 23.6 所示。

当敌机与玩家飞机发生碰撞时，游戏结束，程序的界面将进入重新开始游戏界面中，效果如图 23.7 所示。

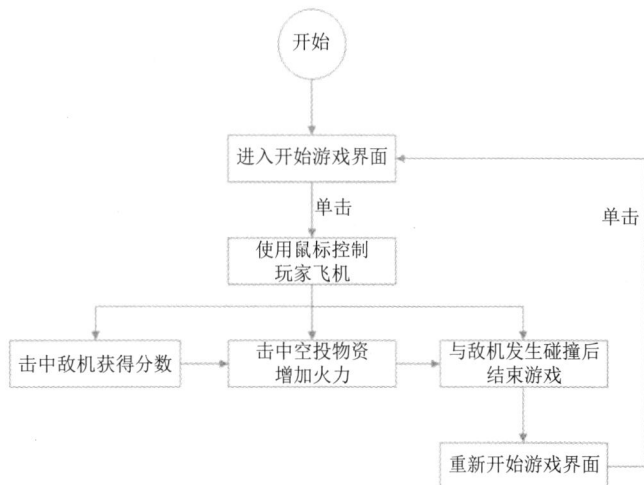

图 23.2　飞机大战游戏的功能结构

图 23.3　飞机大战游戏的业务流程

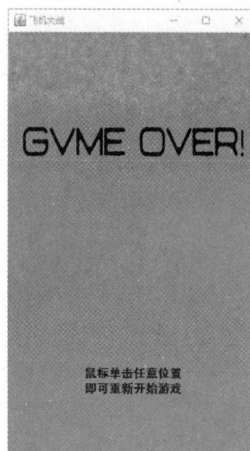

图 23.4　开始游戏界面　图 23.5　只能发射一枚导弹　图 23.6　能够同时发射两枚导弹　图 23.7　重新开始游戏界面

23.3　技术准备

当游戏开始时，空投物资和敌机纷纷入场，玩家飞机开始移动并发射导弹。当导弹击中敌机或者空投物资时，玩家飞机将获得分数或者增强火力。当敌机与玩家飞机发生碰撞时，游戏结束。移动到游戏面板外的敌机、空投物资和导弹将被删除。这些类似于动画的设计过程，将借助 Java 提供的 Timer 类予以实现。本节将重点介绍 Timer 类。

23.3.1　Timer 类的概念

定时计划任务功能在 Java 中主要使用的就是 Timer 对象，该对象由于在内部使用多线程的方式进行处理，因此和多线程技术还是有非常大的关联。在 JDK 中，虽然 Timer 类主要负责计划任务的功能，也就是在指定的时间开始执行某一个任务，但封装任务的类却是 TimerTask 类。

下面将使用 Timer 类和 TimerTask 类编写一个程序：程序计划在 "2019-03-01 00:00:00" 被运行，如果计划时间早于当前时间，则程序立即被运行；反之，则程序不被运行。具体代码如下：

（1）创建一个 ExecuteNotes 类，用于记录程序被运行的日期和时间，该类通过继承 TimerTask 类和实现 run()方法来自定义要执行的任务。具体代码如下：

```
public class ExecuteNotes extends TimerTask {
    @Override
    public void run(){
        DateFormat dateFormat = RunOrNot.dateFormat.get();
        System.out.println("程序被运行的日期和时间是" + dateFormat.format(new Date()));
    }
}
```

（2）创建一个 RunOrNot 类，用于格式化程序被运行的日期和时间格式。具体代码如下：

```
public class RunOrNot {
    public static final ThreadLocal<DateFormat> dateFormat = new ThreadLocal<DateFormat>() {
```

```
        @Override
        protected DateFormat initialValue() {
            return new SimpleDateFormat("yyyy-MM-dd HH:mm:ss");
        }
    };
}
```

（3）创建可运行 Test 类，通过执行 Timer.schedule(TimerTask task,Date time)在"2019-03-01 00:00:00"（计划时间）运行程序。具体代码如下：

```
public class Test {
    private static Timer timer = new Timer();
    public static void main(String[] args) throws ParseException {
        timer.schedule(new ExecuteNotes(),
                RunOrNot.dateFormat.get().parse("2019-03-01 00:00:00"));
    }
}
```

23.3.2　Timer 类注意事项

正确并合理使用 Timer 类，才能达到预期的定时效果。使用 Timer 类的注意事项如下：

☑　创建一个 Timer 对象就是新启动了一个线程，但是这个新启动的线程，并不是守护线程，它一直在后台运行。将新启动的 Timer 线程设置为守护线程的代码如下：

```
Timer timer=new Timer(true);
```

☑　提前：当计划时间早于当前时间，则程序立即被运行。

☑　延迟：TimerTask 是以队列的方式一个一个地按顺序运行程序的，因此执行的时间和预期的时间可能不一致。如果前面的程序消耗的时间较长，则后面的程序运行的时间会被延迟。延迟的程序具体开始的时间，就是依据前面程序的结束时间。

☑　周期性运行：Timer 对象通过调用 schedule(TimerTask task,Date firstTime,long period)方法，可以实现从 firstTime 开始每隔 period 毫秒执行一次程序。

☑　schedule(TimerTask task,long delay)当前的时间为参考时间，在此时间基础上延迟制定的毫秒数后执行一次 TimerTask 程序。

☑　schedule(TimerTask task,long delay,long period)当前的时间为参考时间，在此基础上延迟制定的毫秒数，再以某一间隔时间无限次数地执行某一程序。

23.4　公共模块设计

在定义公共模块时，需要设置与各个模型类相对应的成员变量，并为这些成员变量设置相应的 get 与 set 方法。这样，在定义各个模型类时，既能减少重复代码的编写，又有利于代码的重复使用与维护。

在飞机大战游戏中，玩家飞机、导弹、敌机和空投物资均属于飞行中的物体，其共同特点就是会飞。因此，将玩家飞机、导弹、敌机和空投物资抽象为会飞的模型类。

开始游戏后，玩家飞机、导弹、敌机和空投物资将有各自的图片和初始位置。其中，图片有宽度和高度，初始位置则有图片左上角的 x、y 坐标决定。这样，就发现了会飞的模型类中的 5 个成员变量，分别是图片、图片的宽度、图片的高度、图片左上角的 x 坐标和图片左上角的 y 坐标。为这些成员变量设置相应的 get() 与 set() 方法的代码如下：

```java
public abstract class FlyModel {
    protected BufferedImage image;            //图片
    protected int x;                          //图片左上角的 x 坐标
    protected int y;                          //图片左上角的 y 坐标
    protected int width;                      //图片的宽度
    protected int height;                     //图片的高度

    //使用 get()和 set()方法封装模型类中的属性
    public int getX() {
        return x;
    }
    public void setX(int x) {
        this.x = x;
    }
    public int getY() {
        return y;
    }
    public void setY(int y) {
        this.y = y;
    }
    public int getWidth() {
        return width;
    }
    public void setWidth(int width) {
        this.width = width;
    }
    public int getHeight() {
        return height;
    }
    public void setHeight(int height) {
        this.height = height;
    }
    public BufferedImage getImage() {
        return image;
    }
    public void setImage(BufferedImage image) {
        this.image = image;
    }
}
```

除此之外，会飞的模型类还包括了以下内容：玩家飞机、导弹、敌机和空投物资有各自的移动方式，是否可以移动到游戏面板外以及敌机、空投物资是否被导弹击中。因为抽象类中既可以有方法，也可以有抽象方法，所以表示上述内容的代码如下：

```java
/**
 * 会飞的模型的移动方法
 */
public abstract void move();
/**
 * 会飞的模型是否移动到游戏面板外
 */
public abstract boolean outOfPanel();
/**
 * 检查当前会飞的模型是否被导弹击中
 * @param Ammo  导弹对象
```

```
*/
public boolean shootBy(Ammo ammo) {
    int x = ammo.x;                                          //导弹图片左上角的 x 坐标
    int y = ammo.y;                                          //导弹图片左上角的 y 坐标
    return this.x < x && x < this.x + width && this.y < y && y < this.y + height;
}
```

23.5 玩家飞机模型设计

玩家飞机类是会飞的模型类的子类，除具有会飞的模型类中属性外，还具有图片数组（玩家飞机享有两张图片）、初始化切换玩家飞机图片时的索引、玩家飞机同时发射两枚导弹以及玩家飞机的生命数。玩家飞机的图片分别如图 23.8 和图 23.9 所示。

此外，玩家飞机类除需要重写会飞的模型类中move()方法和 outOfPanel()方法外，还提供了一些特有的方法。例如，发射一枚导弹、同时发射两枚导弹、减少生命数、获得生命数、更新玩家飞机移动后的中心点坐标等。

图 23.8 玩家飞机图片 1   图 23.9 玩家飞机图片 2

（1）由于玩家飞机类具有 4 个特有的成员变量，因此要在玩家飞机类的构造方法中，为这 4 个特有的成员变量赋值。此外，还要为会飞的模型类中 5 个成员变量赋值。具体代码如下：

```
public class Player extends FlyModel {

    private BufferedImage[] playerImages;                    //用于保存玩家飞机的图片
    private int imageIndex;                                  //初始化在切换玩家飞机图片时的索引
    private int doubleAmmos;                                 //玩家飞机同时发射两枚导弹
    private int lifeNumbers;                                 //玩家飞机的生命数
    /**
     * 在构造方法中，初始化玩家飞机类中的数据
     */
    public Player() {
        lifeNumbers = 1;                                     //游戏开始时玩家飞机有 1 条命
        doubleAmmos = 1;                                     //设置游戏开始时玩家飞机只能发射一枚导弹
        playerImages = new BufferedImage[]
            { GamePanel.player1Image, GamePanel.player2Image };     //初始化玩家飞机的图片
        image = GamePanel.player1Image;                     //设置游戏开始时的玩家飞机的图片
        width = image.getWidth();                           //初始化玩家飞机图片的宽度
        height = image.getHeight();                         //初始化玩家飞机图片的高度
        x = 145;                                            //设置游戏开始时，玩家飞机图片左上角的 x 坐标
        y = 450;                                            //设置游戏开始时，玩家飞机图片左上角的 y 坐标
    }
}
```

（2）在会飞的模型类中，有两个抽象方法，即 move()方法和 outOfPanel()方法。因为玩家飞机类是会飞的模型类的子类，所以要在玩家飞机类中重写 move()方法和 outOfPanel()方法。代码如下：

```
/**
 * 玩家飞机图片的移动方法
 */
public void move() {
    if (playerImages.length > 0) {
        //每移动一步，玩家飞机的图片就在 player1Image 和 player2Image 之间切换一次
```

```
        image = playerImages[imageIndex++ / 10 % playerImages.length];
    }
}
/**
 * 玩家飞机的图片不能移动到游戏面板外
 */
public boolean outOfPanel() {
    return false;
}
```

（3）游戏开始时，玩家飞机只能发射一枚导弹，此时 doubleAmmos 的值为 1，为了增强视觉效果，导弹的位置位于玩家飞机的中间，而且第一枚导弹与玩家飞机要有充足的距离。当导弹击中空投物资时，玩家飞机能够同时发射两枚导弹，此时 doubleAmmos 的值为 2，这两枚导弹的位置分别位于玩家飞机的左右两侧。代码如下：

```
/**
 * 玩家飞机同时发射两枚导弹
 */
public void fireDoubleAmmos() {
    doubleAmmos = 2;
}
/**
 * 玩家飞机发射导弹
 * @return 发射的导弹对象
 */
public Ammo[] fireAmmo() {
    int xStep = width / 4;                                  //把玩家飞机图片的宽度平均分为 4 份
    int yStep = 20;                                         //游戏开始时，第一枚导弹与玩家飞机的距离
    if (doubleAmmos == 1) {                                 //发射一枚导弹
        Ammo[] ammos = new Ammo[1];                         //一枚导弹
        //x + 2 * xStep（导弹相对玩家飞机的 x 坐标），y-yStep（导弹相对玩家飞机的 y 坐标）
        ammos[0] = new Ammo(x + 2 * xStep, y - yStep);
        return ammos;
    } else {                                                //发射两枚导弹
        Ammo[] ammos = new Ammo[2];                         //两枚导弹
        ammos[0] = new Ammo(x + xStep, y - yStep);
        ammos[1] = new Ammo(x + 3 * xStep, y - yStep);
        return ammos;
    }
}
```

（4）如果敌机与玩家飞机发生碰撞，游戏将结束。为此，需要对碰撞进行检验，检验过程由 hit() 方法予以实现，代码如下：

```
/**
 * 判断玩家飞机是否发生碰撞
 */
public boolean hit(FlyModel model) {
    int x1 = model.x - this.width / 2;                      //距离玩家飞机最小的 x 坐标
    int x2 = model.x + this.width / 2 + model.width;        //距离玩家飞机最大的 x 坐标
    int y1 = model.y - this.height / 2;                     //距离玩家飞机最小的 y 坐标
    int y2 = model.y + this.height / 2 + model.height;      //距离玩家飞机最大的 y 坐标

    int playerx = this.x + this.width / 2;                  //表示玩家飞机中心点的 x 坐标
    int playery = this.y + this.height / 2;                 //表示玩家飞机中心点的 y 坐标
    //区间范围内发生碰撞
    return playerx > x1 && playerx < x2 && playery > y1 && playery < y2;
}
```

（5）除上述方法外，玩家飞机类中，还包括减少生命数、获得生命数、更新玩家飞机移动后的中心点坐标 3 个方法，这 3 个方法的代码如下：

```java
/**
 * 减少生命数
 */
public void loseLifeNumbers() {
    lifeNumbers--;
}
/**
 * 获得生命数
 */
public int getLifeNumbers() {
    return lifeNumbers;
}
/**
 * 更新玩家飞机图片移动后的左上角坐标
 * @param mouseX 鼠标所处位置的 x 坐标
 * @param mouseY 鼠标所处位置的 y 坐标
 */
public void updateXY(int mouseX, int mouseY) {
    this.x = mouseX - width/2;
    this.y = mouseY - height/2;
}
```

23.6　敌机模型设计

与玩家飞机类相同，敌机类也是会飞的模型类的子类。游戏开始时，敌机开始进入游戏面板中。敌机被玩家飞机用导弹击中后，玩家飞机会获得分数奖励，每击中一架敌机，玩家飞机会获得 5 分。而未被导弹击中的敌机，将移动到游戏面板外。敌机的图片如图 23.10 所示。

图 23.10　敌机

（1）上文介绍了，不仅敌机类也是会飞的模型类的子类，而且每击中一架敌机，玩家飞机会获得 5 分。因为 Java 不支持多继承，所以为了同时实现这两个效果，需要引入接口。新建一个名为 Hit 的接口，并在该接口中编写一个将用于获得分数的抽象方法。具体代码如下：

```java
/**
 * 敌机被击中，玩家飞机获得分数
 */
public interface Hit {
    int getScores();                          //获得分数
}
```

（2）首先，在敌机类中，初始化敌机图片的移动速度。然后，在敌机类的构造方法中，初始化敌机图片、敌机图片的宽度、敌机图片的高度、敌机图片左上角的 x 坐标和敌机图片左上角的 y 坐标。当游戏开始时，敌机的位置是随机出现的，因此需要借助 Random 类予以实现。代码如下：

```java
public class Enemy extends FlyModel implements Hit {
    private int speed = 3;                     //敌机图片的移动速度

    /**
     * 初始化数据
     */
```

```
    public Enemy(){
        this.image = GamePanel.enemyImage;                    //敌机图片
        width = image.getWidth();                             //敌机图片的宽度
        height = image.getHeight();                           //敌机图片的高度
        y = -height;                                          //游戏开始时，敌机图片左上角的 y 坐标
        Random rand = new Random();                           //创建随机数对象
        //游戏开始时，敌机图片左上角的 x 坐标（随机）
        x = rand.nextInt(GamePanel.WIDTH - width);
    }
}
```

（3）敌机类既继承了抽象的会飞的模型类，又实现了 Hit 接口。因此，在敌机类中，要重写会飞的模型类中的 move()方法和 outOfPanel()方法，以及 Hit 接口中的 getScores()方法。代码如下：

```
/**
 * 获得分数
 */
public int getScores() {
    return 5;                                                 //击落一架敌机得 5 分
}
/**
 * 敌机图片移动
 */
public void move() {
    y += speed;
}
/**
 * 敌机图片是否移动到游戏面板外
 */
public boolean outOfPanel() {
    return y > GamePanel.HEIGHT;
}
```

23.7　导弹模型设计

在飞机大战游戏中，导弹类继承自会飞的模型类。导弹类除具有会飞的模型类中的属性外，还具有移动速度这一属性。导弹的效果图如图 23.11 所示。

（1）定义导弹的移动速度为 3，在导弹类的构造方法中，初始化导弹类的图片、导弹类图片左上角的 x 坐标和导弹类图片左上角的 y 坐标。代码如下：

图 23.11　导弹

```
public class Ammo extends FlyModel {
    private int speed = 3;                                    //导弹的移动速度

    /** 初始化数据 */
    public Ammo(int x,int y){
        this.x = x;
        this.y = y;
        this.image = GamePanel.ammoImage;
    }
}
```

（2）因为导弹类继承自会飞的模型类，所以在导弹类中要重写会飞的模型类中的 move()方法和 outOfPanel()方法。其中：在 move()方法中，语句 y -= speed 使得导弹类图片左上角的 y 坐标不断地改变；

在 outOfPanel()方法中，语句 y <- height 判断导弹图片是否移动到游戏面板外。代码如下：

```
/**
 * 导弹图片的移动方法
 */
public void move(){
    y -= speed;
}
/**
 * 导弹图片是否移动到游戏面板外
 */
public boolean outOfPanel() {
    return y <- height;
}
```

23.8　空投物资模型设计

空投物资是会飞的模型类的子类，它们的运动轨迹与敌机和导弹不同，它们是斜飞入游戏面板中的。也就是说，空投物资既具有 x 轴方向的速度，又具有 y 轴方向的速度。此外，当空投物资移动至游戏面板的左右边缘时，空投物资不会移动到游戏面板外，而是与游戏面板发生碰撞后，反弹回来，继续移动，直至移动到游戏面板下边缘后消失。空投物资的图片如图 23.12 所示。

图 23.12　空投物资

（1）因为空投物资既具有 x 轴方向的速度，又具有 y 轴方向的速度，所以要先予以定义。然后在空投物资类的构造方法中，初始化空投物资的图片、图片的宽度、图片的高度、图片左上角的 x 坐标和图片左上角的 y 坐标。与敌机的出现方式相同，当游戏开始时，空投物资的位置是随机出现的，因此需要借助 Random 类予以实现。代码如下：

```
public class Airdrop extends FlyModel {
    private int xSpeed = 1;                          //空投物资图片 x 坐标的移动速度
    private int ySpeed = 2;                          //空投物资图片 y 坐标的移动速度
    /**
     * 初始化数据
     */
    public Airdrop(){
        this.image = GamePanel.airdropImage;        //空投物资的图片
        width = image.getWidth();                    //空投物资图片的宽度
        height = image.getHeight();                  //空投物资图片的高度
        y = -height;                                 //游戏开始时，空投物资图片左上角的 y 坐标
        Random rand = new Random();                  //创建随机数对象
        //初始时，空投物资图片左上角的 x 坐标（随机）
        x = rand.nextInt(GamePanel.WIDTH - width);
    }
}
```

（2）在空投物资类中，还有重写会飞的模型类中的 move()方法和 outOfPanel()方法。其中，在 move()方法中，需要使用 if 语句实现当空投物资移动至游戏面板的左右边缘时，会与游戏面板发生碰撞后，反弹回来，继续移动的效果。move()方法和 outOfPanel()方法的代码如下：

```
/**
 * 空投物资的图片是否移动到游戏面板外
```

```
    */
    public boolean outOfPanel() {
        return y > GamePanel.HEIGHT;
    }
    /**
     * 空投物资图片的移动方法
     */
    public void move() {
        x += xSpeed;
        y += ySpeed;
        if(x > GamePanel.WIDTH-width){
            xSpeed = -1;
        }
        if(x < 0){
            xSpeed = 1;
        }
    }
}
```

23.9 游戏面板模型设计

游戏面板包括 3 个组成部分：开始游戏界面、主界面（使用鼠标控制玩家飞机）和重新开始游戏界面。这 3 个界面是通过鼠标的单击事件实现相互切换的。

在开始游戏界面的任意位置处单击，即可开始游戏。在游戏开始后，玩家飞机开始发射导弹，敌机和空投物资纷纷进入游戏面板中。在游戏进行过程中，玩家飞机每击中一架敌机，会得到 5 分的奖励，效果如图 23.13 所示；击中空投物资，即可同时发射两枚导弹，效果如图 23.14 所示。玩家飞机的生命数为 1，一旦与敌机或空投物资发生碰撞，游戏就结束。此时，游戏面板将从主界面切换到重新开始游戏界面。在重新开始游戏界面的任意位置处单击，游戏面板将从重新开始游戏界面切换到开始游戏界面。

图 23.13　玩家飞机只能
发射一枚导弹

图 23.14　玩家飞机能够
同时发射两枚导弹

（1）创建继承 JPanel 类的游戏面板类 GamePanel，在类中，使用静态变量声明 BufferedImage 类型的飞机大战游戏需要使用的图片，使用静态变量定义窗体的宽度和高度，使用静态代码块和 ImageIO 类中的 read() 方法初始化图片资源。代码如下：

```
public class GamePanel extends JPanel {
    //常量：表示窗体的宽度和高度
    public static final int WIDTH = 360;
    public static final int HEIGHT = 600;

    public static BufferedImage startImage;             //游戏开始时的窗体背景图片
    public static BufferedImage backgroundImage;        //窗体背景图片
    public static BufferedImage enemyImage;             //敌机图片
    public static BufferedImage airdropImage;           //空投物资图片
    public static BufferedImage ammoImage;              //导弹图片
    public static BufferedImage player1Image;           //玩家飞机图片（喷气量小）
```

442

```
        public static BufferedImage player2Image;                           //玩家飞机图片（喷气量大）
        public static BufferedImage gameoverImage;                          //游戏结束图片

        static {                                                            //初始化图片资源
            try {
                startImage = ImageIO.read(GamePanel.class.getResource("start.png"));
                backgroundImage = ImageIO.read(GamePanel.class.getResource("background.png"));
                enemyImage = ImageIO.read(GamePanel.class.getResource("enemy.png"));
                airdropImage = ImageIO.read(GamePanel.class.getResource("airdrop.png"));
                ammoImage = ImageIO.read(GamePanel.class.getResource("ammo.png"));
                player1Image = ImageIO.read(GamePanel.class.getResource("player1.png"));
                player2Image = ImageIO.read(GamePanel.class.getResource("player2.png"));
                gameoverImage = ImageIO.read(GamePanel.class.getResource("gameover.png"));
            } catch (Exception e) {
                e.printStackTrace();
            }
        }
    }
```

（2）当背景图片、玩家飞机、导弹等其他会飞的模型第一次显示在屏幕上时，系统会自动调用 paint()
方法，触发绘图代码。paint()方法包括画背景图片、画玩家飞机、画导弹、画会飞的模型（敌机或者空
投物资）、画分数和画游戏状态 6 个功能模块。paint()方法和 6 个功能模块的代码如下：

```
/**
 * 画背景图片、玩家飞机、导弹、会飞的模型、分数和游戏状态
 */
public void paint(Graphics g) {
    g.drawImage(backgroundImage, 0, 0, null);                       //画背景图片
    paintPlayer(g);                                                 //画玩家飞机
    paintAmmo(g);                                                   //画导弹
    paintFlyModel(g);                                               //画会飞的模型
    paintScores(g);                                                 //画分数
    paintGameState(g);                                             //画游戏状态
}
/**
 * 画玩家飞机
 */
public void paintPlayer(Graphics g) {
    g.drawImage(player.getImage(), player.getX(), player.getY(), null);
}
/**
 * 画导弹
 */
public void paintAmmo(Graphics g) {
    for (int i = 0; i < ammos.length; i++) {
        Ammo a = ammos[i];
        g.drawImage(a.getImage(), a.getX() - a.getWidth() / 2, a.getY(), null);
    }
}
/**
 * 画会飞的模型
 */
public void paintFlyModel(Graphics g) {
    for (int i = 0; i < flyModels.length; i++) {
        FlyModel f = flyModels[i];
        g.drawImage(f.getImage(), f.getX(), f.getY(), null);
    }
}
/**
```

```
 *  画分数
 */
public void paintScores(Graphics g) {
    int x = 10;                                              //显示分数时的 x 坐标
    int y = 25;                                              //显示分数时的 y 坐标
    Font font = new Font(Font.SANS_SERIF, Font.BOLD, 14);   //字体
    g.setColor(Color.YELLOW);                               //字体颜色
    g.setFont(font);                                        //设置字体
    g.drawString("SCORE:" + scores, x, y);                  //画分数
    y += 20;                                                // y 坐标增 20
    g.drawString("LIFE:" + player.getLifeNumbers(), x, y);  //画玩家飞机的生命数
}
/**
 *  画游戏状态
 */
public void paintGameState(Graphics g) {
    switch (state) {
        case START: g.drawImage(startImage, 0, 0, null);break;       //游戏开始
        case OVER: g.drawImage(gameoverImage, 0, 0, null);break;     //游戏结束
    }
}
```

（3）编写 paint()方法的过程中：在画玩家飞机时，引入了玩家飞机对象 player；在画导弹时，引入了导弹数组，这是因为导弹是多个，需要借助数组予以存储；在画会飞的模型时，引入了会飞的模型数组，与导弹数组的作用相同，会飞的模型数组被用来存储多个敌机和空投物资；在画游戏状态时，引入了表示游戏状态的变量 state 以及表示游戏开始和游戏结束的两个常量 START 和 OVER。然而，在使用上述被引入的玩家飞机对象 player、导弹数组、会飞的模型数组和表示游戏状态的变量 state 以及表示游戏开始和游戏结束的两个常量 START 和 OVER 之前，需要先在游戏面板类 GamePanel 中予以声明或定义。代码如下：

```
private int state;                                //游戏的状态
//常量：表示游戏的状态
private static final int START = 0;
private static final int RUNNING = 1;
private static final int OVER = 2;
private FlyModel[] flyModels = {};               //声明会飞的模型（如敌机、空投物资）数组
private Ammo[] ammos = {};                        //声明导弹数组
private Player player = new Player();             //新建玩家飞机类对象
```

（4）在飞机游戏大战中，通过鼠标的单击事件，实现游戏界面的切换。具体地说，在开始游戏界面的任意位置处单击，即可开始游戏。在游戏开始后，玩家飞机与敌机或空投物资发生碰撞，游戏结束。此时，游戏面板将从主界面切换到重新开始游戏界面。在重新开始游戏界面的任意位置处单击，游戏面板将从重新开始游戏界面切换到开始游戏界面。其中，游戏开始后的动画设计过程，通过 Timer 类予以实现。此外，上述的鼠标单击事件和 Timer 类的代码实现均被编写在 load()方法中。代码如下：

```
private int scores = 0;                           //游戏开始时，得分为 0
private Timer timer;                              //声明定时器
private int interval = 1000 / 100;               //初始化时间间隔（毫秒）
/**
 *  游戏面板对象加载会飞的模型
 */
public void load() {
    //鼠标监听事件
    MouseAdapter mouseAdapter = new MouseAdapter() {
        public void mouseMoved(MouseEvent e) {                    //移动鼠标
```

```
            if (state == RUNNING) {                    //在运行状态下，使得玩家飞机随鼠标位置移动
                int x = e.getX();
                int y = e.getY();
                player.updateXY(x, y);
            }
        }
        public void mouseClicked(MouseEvent e) {        //单击鼠标
            switch (state) {
            case START:
                state = RUNNING; break;                 //游戏在启动状态下予以运行
            case OVER:                                  //游戏结束，清理游戏面板
                flyModels = new FlyModel[0];            //清空会飞的模型
                ammos = new Ammo[0];                    //清空导弹
                player = new Player();                  //重新创建玩家飞机
                scores = 0;                             //清空分数
                state = START;                          //重置游戏状态为"游戏开始"
                break;
            }
        }
    };
    this.addMouseListener(mouseAdapter);                //单击鼠标时执行的操作
    this.addMouseMotionListener(mouseAdapter);          //移动鼠标时执行的操作

    timer = new Timer();                                //新建定时器对象
    timer.schedule(new TimerTask() {                    //游戏开始时的动画设计过程
        public void run() {
            if (state == RUNNING) {                     //游戏正在运行
                flyModelsEnter();                       //空投物资或者敌机入场
                step();                                 //敌机、空投物资、导弹和玩家飞机开始移动
                fire();                                 //玩家飞机发射导弹
                hitFlyModel();                          //导弹击打敌机或者空投物资
                delete();                               //删除移到游戏面板外的敌机、空投物资和导弹
                overOrNot();                            //判断游戏是否结束
            }
            repaint();                                  //重绘，调用 paint()方法
        }
    }, intervel, intervel);
}
```

（5）使用 Timer 类实现游戏开始后的动画设计的过程如下。

☑ 空投物资或者敌机进入游戏面板中。每 400 秒产生一架敌机或者一个空投物资，这里需要借助 nextInt()方法来实现。因为空投物资是随机产生的，所义通过 Random 类的对象产生随机数：当随机变量 type 的值为 0 时，产生一个空投物资对象；当随机变量 type 的值不为 0 时，产生一个敌机对象。代码如下：

```
int flyModelsIndex = 0;                                //初始化会飞的模型的入场时间
/**
 * 空投物资或者敌机入场
 */
public void flyModelsEnter() {
    flyModelsIndex++;
    if (flyModelsIndex % 40 == 0) {                    //每隔 400 毫秒（10*40）生成一个会飞的模型
        FlyModel obj = nextOne();                      //随机生成一个空投物资或者敌机
        flyModels = (FlyModel[]) Arrays.copyOf(flyModels, flyModels.length + 1);
        flyModels[flyModels.length - 1] = obj;
    }
}
/**
```

```
 * 随机生成一个空投物资或者敌机
 * @return 一个空投物资或者敌机
 */
public static FlyModel nextOne() {
    Random random = new Random();
    int type = random.nextInt(20);                              //[0,20)
    if (type == 0) {
        return new Airdrop();                                   //空投物资
    } else {
        return new Enemy();                                     //敌机
    }
}
```

☑ 敌机、空投物资、导弹和玩家飞机开始移动。敌机和空投物资被归纳为会飞的模型类，被存
储在会飞的模型数组中，而导弹则被存储在导弹数组中。对于会飞的模型、导弹和玩家飞机，
当它们各自调用对应的 move() 方法时，即可实现各自移动的效果。代码如下：

```
/**
 * 敌机、空投物资、导弹和玩家飞机开始移动
 */
public void step() {
    for (int i = 0; i < flyModels.length; i++) {                //敌机、空投物资开始移动
        FlyModel f = flyModels[i];
        f.move();;
    }
    for (int i = 0; i < ammos.length; i++) {                    //导弹开始移动
        Ammo b = ammos[i];
        b.move();
    }
    player.move();                                              //玩家飞机开始移动
}
```

☑ 玩家飞机发射导弹。玩家飞机每 300 毫秒发射一枚导弹。玩家飞机对象通过调用玩家飞机模
型类中的 fireAmmo() 方法，以实现发射导弹。代码如下：

```
int fireIndex = 0;                                             //初始化玩家飞机发射导弹的时间
/**
 * 玩家飞机发射导弹
 */
public void fire() {
    fireIndex++;
    if (fireIndex % 30 == 0) {                                 //每 300 毫秒发射一枚导弹
        Ammo[] as = player.fireAmmo();                         //玩家飞机发射导弹
        ammos = (Ammo[]) Arrays.copyOf(ammos, ammos.length + as.length);
        System.arraycopy(as, 0, ammos, ammos.length - as.length, as.length);
    }
}
```

☑ 导弹击中敌机或者空投物资。判断导弹击中敌机或者空投物资，当敌机或者空投物资被击中
时，删除被击中敌机或者空投物资。如果敌机被击中，那么玩家飞机获得分数奖励；如果空
投物资被击中，那么玩家飞机将同时发射两枚导弹。代码如下：

```
/**
 * 导弹击中敌机或者空投物资
 */
public void hitFlyModel() {
    for (int i = 0; i < ammos.length; i++) {                   //遍历所有导弹
```

```
            Ammo aos = ammos[i];
            bingoOrNot(aos);                                    //导弹是否击中敌机或者空投物资
        }
}
/**
 * 导弹是否击中敌机或者空投物资
 */
public void bingoOrNot(Ammo ammo) {
    int index = -1;                                            //击中的敌机或者空投物资的索引
    for (int i = 0; i < flyModels.length; i++) {
        FlyModel obj = flyModels[i];
        if (obj.shootBy(ammo)) {                               //判断敌机或者空投物资是否被击中
            index = i;                                         //记录被击中的敌机或者空投物资的索引
            break;
        }
    }
    if (index != -1) {                                         //敌机或者空投物资被击中
        FlyModel one = flyModels[index];                       //记录被击中的敌机或者空投物资
        //被击中的飞行物与最后一个飞行物交换
        FlyModel temp = flyModels[index];
        flyModels[index] = flyModels[flyModels.length - 1];
        flyModels[flyModels.length - 1] = temp;
        //删除最后一个飞行物（即被击中的）
        flyModels = (FlyModel[]) Arrays.copyOf(flyModels, flyModels.length - 1);
        //检查 one 的类型
        if (one instanceof Hit) {                              //如果是敌机，则加分
            Hit e = (Hit) one;                                 //强制类型转换
            scores += e.getScores();                           //加分
        } else {                                               //如果是空投物资
            player.fireDoubleAmmos();                          //设置双倍火力
        }
    }
}
```

☑　删除移动到游戏面板外的敌机、空投物资和导弹。敌机、空投物资和导弹都可以移动到游戏
　　面板外。为此，"删除移动到游戏面板外的敌机、空投物资和导弹"可以被理解为"保留游戏
　　面板内的敌机、空投物资和导弹"。代码如下：

```
/**
 * 删除移动到游戏面板外的敌机、空投物资和导弹
 */
public void delete() {
    int index = 0;                                             //索引
    //用于存储未被击中的敌机和空投物资
    FlyModel[] flyingLives = new FlyModel[flyModels.length];
    for (int i = 0; i < flyModels.length; i++) {
        FlyModel f = flyModels[i];
        if (!f.outOfPanel()) {
                //把没有移动到游戏面板外的敌机、空投物资存储在 flyingLives 中
                flyingLives[index++] = f;
        }
    }
    //将不越界的飞行物都留着
    flyModels = (FlyModel[]) Arrays.copyOf(flyingLives, index);

    index = 0;                                                 //将索引重置为 0
    Ammo[] ammoLives = new Ammo[ammos.length];                 //用于存储游戏面板内的导弹
    for (int i = 0; i < ammos.length; i++) {
        Ammo ao = ammos[i];
```

```
        if (!ao.outOfPanel()) {
            ammoLives[index++] = ao;                        //没移到游戏面板外的导弹存储在 ammoLives 中
        }
    }
    ammos = (Ammo[]) Arrays.copyOf(ammoLives, index);       //将不越界的子弹留着
}
```

☑ 判断游戏是否结束。当玩家飞机与敌机或空投物资发生碰撞时，玩家飞机的生命数由 1 变为 0，并且删除发生碰撞的敌机或空投物资。此外，将游戏状态设置为表示游戏结束的 OVER。代码如下：

```
/**
 * 判断游戏是否结束
 */
public void overOrNot() {
    if (isOver()) {                                         //游戏结束
        state = OVER;                                       //改变状态
    }
}
/**
 * 游戏结束
 */
public boolean isOver() {
    for (int i = 0; i < flyModels.length; i++) {
        int index = -1;                                     //初始化与玩家飞机发生碰撞的敌机索引
        FlyModel obj = flyModels[i];
        if (player.hit(obj)) {                              //如果玩家飞机与敌机碰撞
            player.loseLifeNumbers();                       //玩家飞机减命
            index = i;                                      //记录与玩家飞机发生碰撞的敌机索引
        }
        if (index != -1) {                                  //发生碰撞后
            //交换已发生碰撞的敌机
            FlyModel t = flyModels[index];
            flyModels[index] = flyModels[flyModels.length - 1];
            flyModels[flyModels.length - 1] = t;
            //删除被碰撞上的飞行物
            flyModels = (FlyModel[]) Arrays.copyOf(flyModels, flyModels.length - 1);
        }
    }
    return player.getLifeNumbers() <= 0;
}
```

（6）main()方法被称作 Java 程序的入口，如果一个程序没有 main()方法，那么这个程序无法被运行。在飞机大战游戏中，main()方法包含了加载游戏面板、设置窗体的相关属性以及调用 load()方法控制游戏界面并加载会飞的模型等内容。代码如下：

```
//程序的入口
public static void main(String[] args) {
    JFrame frame = new JFrame("飞机大战");                    //新建标题为"飞机大战"的窗体对象
    GamePanel gamePanel = new GamePanel();                   //新建游戏面板
    frame.add(gamePanel);                                   //把游戏面板添加到窗体中
    frame.setSize(WIDTH, HEIGHT);                           //设置窗体的宽和高
    frame.setAlwaysOnTop(true);                             //设置窗体在其他窗口上方
    frame.setDefaultCloseOperation(JFrame.EXIT_ON_CLOSE);   //设置窗体的关闭方式
    frame.setLocationRelativeTo(null);                      //设置窗体显示在屏幕中央
    frame.setVisible(true);                                 //设置窗体可见
    gamePanel.load();                                       //控制游戏界面并加载会飞的模型
}
```

第 24 章

MR 人脸识别打卡系统

很多公司都使用打卡机或打卡软件进行考勤。传统的打卡方式包括点名、签字、刷卡、指纹等。随着技术的不断发展，计算机视觉技术越来越强大，已经可以实现人脸识别打卡功能。打卡软件通过摄像头扫描人脸特征，利用人脸的差异识别人员。人脸识别打卡的准确性不输于指纹打卡，甚至安全性和便捷性都高于指纹打卡。

本章将使用虹软科技发布的人脸识别 SDK 作为人脸识别的核心技术，结合 Java Swing、webcam-capture 和 MySQL 数据库技术开发一个人脸识别打卡系统。

本章重难点如下。

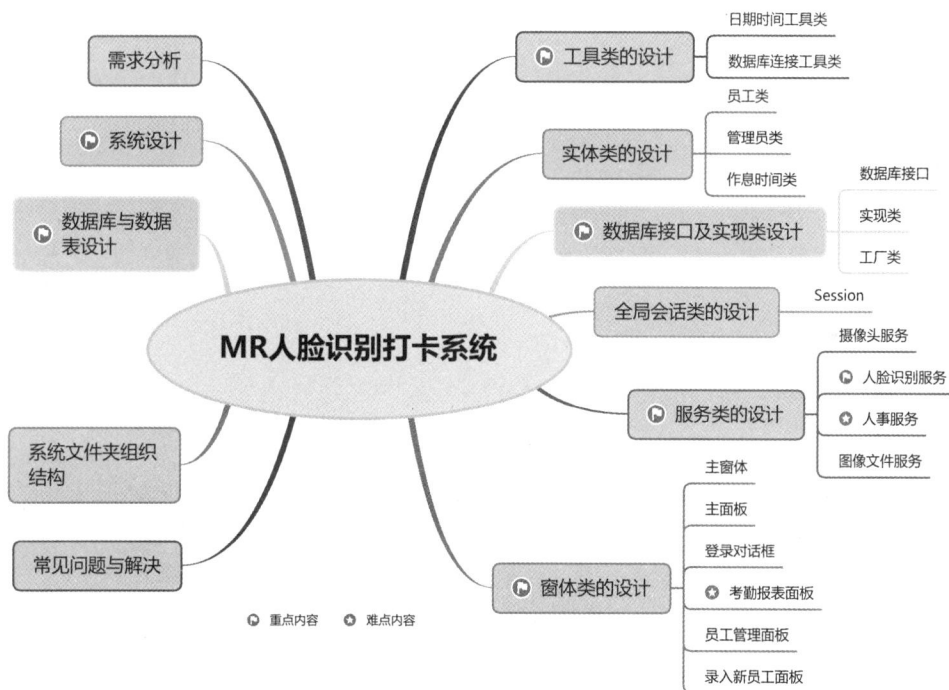

24.1 需求分析

打卡系统有 3 个核心功能：维护员工资料、人脸识别打卡和查看打卡记录。在满足核心功能的基础之上，需要完善一些附加功能和功能细节。在开发 MR 人脸识别打卡系统之前，应先对本系统的一些需求进行拆解和分析。

1．对打卡功能的分析

系统可以通过摄像头识别人脸信息，并在公司的人脸信息库查找相匹配的信息。如果确定镜头前的人是本公司员工，则提示该员工打卡成功，并将在数据库中保存该员工的打卡时间。

系统在录入新员工时需要通过拍照方式保存员工的照片样本。当员工面对摄像头时，点击拍照或录入的按钮就可以生成一张正面特写照片文件。

所有员工都有人脸识别打卡的权限，但只有系统管理员有权录入新员工或删除员工。

2．对考勤报表的分析

每家公司的考勤制度都不同，很多公司都主动设置"上班时间"和"下班时间"来作为考勤的标准。员工要在"上班时间"之前打卡才算正常到岗，在"下班时间"之后打卡才算正常离岗。未在规定时间内打卡的情况属于"打卡异常"，"打卡异常"通常分为 3 种情况：迟到、早退和缺席（或者叫缺勤）。

本系统会分析每一位员工在某一天的打卡记录：如果该员工在"上班时间"前和"下班时间"后都有打卡记录，则认为该员工当天全勤，该员工当天的其他打卡记录会被忽略；如果该员工在"上班时间"前未能打卡，而是在"上班时间"后到中午 12 点前打卡，这种情况被视为迟到；如果该员工在"下班时间"后未能打卡，而是在中午 12 点之后到"下班时间"前打卡，这种情况被视为早退；没有打卡记录被视为缺席。

但是，只有系统管理员有权查看考勤报表。

24.2 系 统 设 计

24.2.1 开发环境

操作系统：Windows 10 64 位。

JDK 版本：OpenJDK 19。

开发工具：Eclipse 2022-09。

数据库：MySQL 8.0（可切换 MySQL 5.7 和 SQLite）。

第三方扩展包：虹软人脸识别 SDK，Webcam Capture 摄像头捕获组件。

是否需要网络：需要。虹软人脸识别 SDK 需要联网激活。

24.2.2 系统功能结构

MR 人脸识别打卡系统的功能结构如图 24.1 所示。

24.2.3 系统业务流程

MR 人脸识别打卡系统的业务流程如图 24.2 所示。

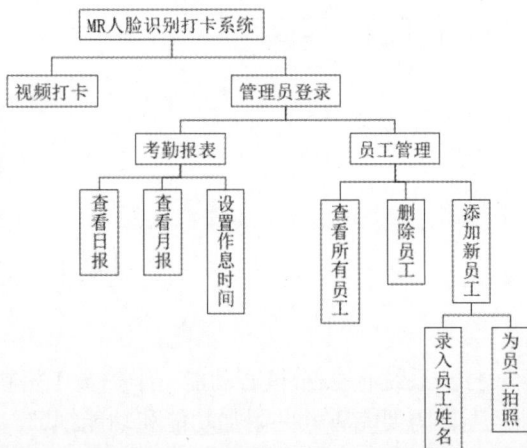

图 24.1 MR 人脸识别打卡系统的功能结构

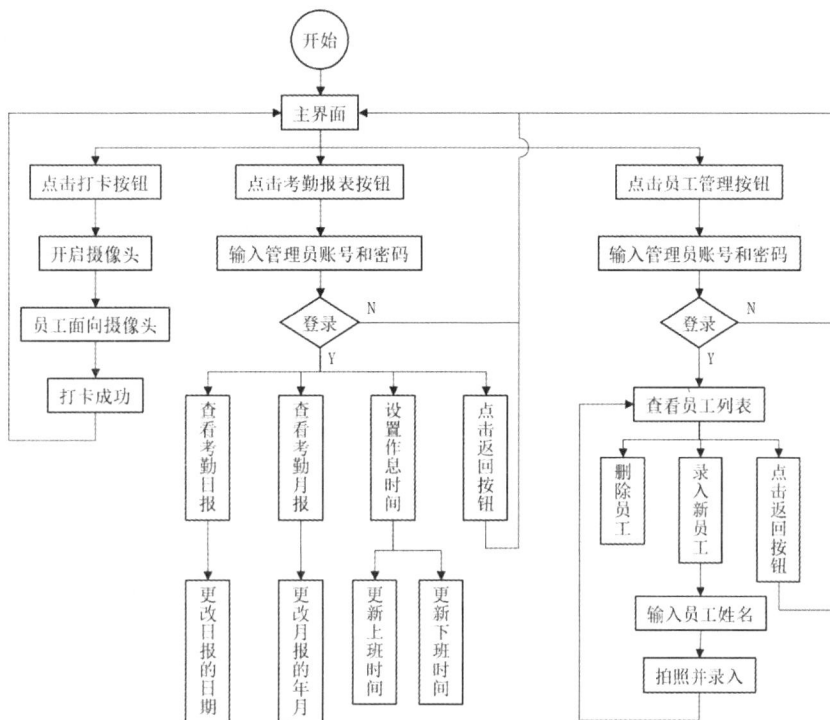

图 24.2　MR 人脸识别打卡系统的业务流程

24.3　数据库与数据表设计

当打卡系统使用时间较长后就会积攒大量的打卡信息，因此有必要通过数据库来存储数据。数据库可以高效地对大量数据进行增、删、改、查操作。

24.3.1　数据库分析

本系统使用 MySQL 数据库，要规范数据内容和格式，建立统一模型。

若把软件的使用者设定为"公司"，那把打卡者身份可设定为"员工"，程序中的数据模型就应该包括员工模型。

每位员工都有姓名，姓名就作为员工类中必备的数据之一。因为员工可能会重名，所以必须使用另一种标记作为员工身份的认证，即为每一位员工添加不会重复的员工编号。员工编号的格式为从 1 开始递增的数字，每添加一位新员工，员工编号就+1。

系统中必须保存所有员工的照片用于人脸识别。为了区分每位员工的照片文件，系统使用"员工特征码.png"的规则为照片文件命名。因为员工编号复杂性较低，并且长度不统一，某些情况下容易发生混淆（如编号为 1、11、111），所以不推荐使用员工编号作为特征码。特征码应该是一种长度一致、复杂性高、不重复的字符串。建议采用 UUID 作为特征码。

员工与编号、姓名、特征码是一对一的关系，但员工与打卡记录是一对多的关系，因此打卡记录要与员工信息分开存储。员工与打卡记录的 ER 图如图 24.3 所示。

因为在系统中删除员工属于敏感操作，所以需要给用户设置权限。普通用户只可以打卡，管理员才可以对员工进行删减。系统中需要为管理员用户添加数据模型，管理员用户只包含两个属性：用户名和密码。管理员用户的 ER 图如图 24.4 所示。

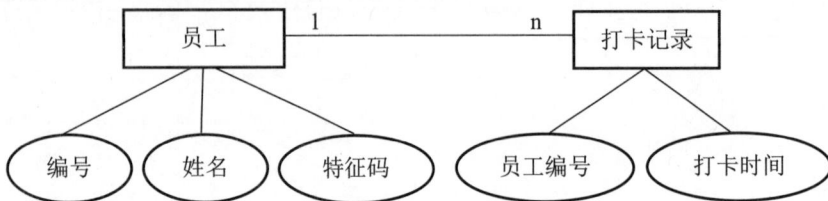

图 24.3　员工与打卡记录的 ER 图

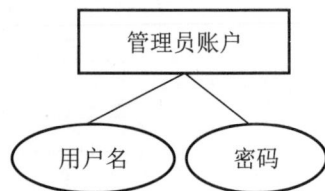

图 24.4　管理员用户的 ER 图

计算考勤报表时需要确定公司的上班时间和下班时间，这两个时间是要存储在数据库里的，因此把这两个时间命名为作息时间。作息时间的 ER 图如图 24.5 所示。

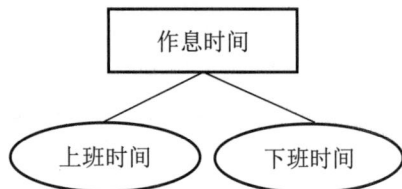

24.3.2　数据表设计

图 24.5　作息时间的 ER 图

经过数据库分析之后，数据库中需要存储 4 种数据，分别为员工信息、打卡信息、管理员用户和作息时间。因此，在 MySQL 中创建一个名为 db_time_attendance 的库，在该库中创建与 4 个数据模型对应的表，如表 24.1 所示。

表 24.1　系统使用的所有表

表　名	说　明	表　名	说　明
t_emp	员工信息表	t_user	管理员用户表
t_lock_in_record	员工打卡记录表	t_work_time	作息时间表

下面分别介绍这 4 个表的表结构设计。

（1）员工信息表的名称为 t_emp，主要用于存储员工个人的详细信息，其结构如表 24.2 所示。

表 24.2　t_emp 员工信息表

字 段 名 称	数 据 类 型	字 段 大 小	是 否 主 键	说　明
id	int	默认	主键	员工编号
name	varchar	20		员工姓名
code	char	32		员工特征码

（2）员工打卡记录表的名称为 t_lock_in_record，主要用于存储员工打卡的详细信息，其结构如表 24.3 所示。

表 24.3　t_lock_in_record 员工打卡记录表

字 段 名 称	数 据 类 型	字 段 大 小	是 否 主 键	说　明
emp_id	int	默认		员工编号
lock_in_time	datetime	默认		打卡时间

（3）管理员用户表的名称为 t_user，主要用于存储管理员的账号和密码，其结构如表 24.4 所示。

表 24.4　t_user 管理员用户表表

字 段 名 称	数 据 类 型	字 段 大 小	是 否 主 键	说 　 明
id	int	默认	主键	管理员编号
username	varchar	20		管理员用户名
password	varchar	20		管理员密码

（4）作息时间表的名称为 t_work_time，主要用于存储上班时间和下班时间的记录，其结构如表 24.5 所示。

表 24.5　t_work_time 作息时间表

字 段 名 称	数 据 类 型	字 段 大 小	是 否 主 键	说 　 明
start	time	默认		上班时间
end	time	默认		下班时间

24.4　系统文件夹组织结构

在系统开发之前需要规划好文件夹组织结构，对各个功能模块进行划分，以实现统一管理。这样做的好处是益于开发、管理和维护。本系统的文件夹组织结构如下所示：

TimeAttendance	项目名称
├── src	源码文件夹
│　├── com.mr.clock.config	配置文件包
│　│　├── ArcFace.properties	虹软 SDK 激活码配置文件
│　│　└── jdbc.properties	数据库连接配置文件
│　├── com.mr.clock.dao	数据库接口包
│　│　├── DAO.java	数据库接口
│　│　├── DAOFactory.java	数据库接口工厂类
│　│　├── DAOMysqlImpl.java	基于 MySQL 的数据库接口实现类
│　│　└── DAOSqliteImpl.java	基于 SQLite 的数据库接口实现类
│　├── com.mr.clock.frame	图形界面包
│　│　├── AddEmployeePanel.java	添加新员工面板类
│　│　├── AttendanceManagementPanel.java	考勤报表面板类
│　│　├── EmployeeManagementPanel.java	员工管理面板类
│　│　├── LoginDialog.java	登录对话框类
│　│　├── MainFrame.java	主窗体类
│　│　└── MainPanel.java	主面板类
│　├── com.mr.clock.main	入口包
│　│　└── Main.java	入口类（启动类）

```
|    |    ├── com.mr.clock.pojo                      数据模型包
|    |    |    ├── Employee.java                      员工类
|    |    |    ├── User.java                          管理员类
|    |    |    └── WorkTime.java                      作息时间类
|    |    ├── com.mr.clock.service                    服务包
|    |    |    ├── CameraService.java                 摄像头服务类
|    |    |    ├── FaceEngineService.java             人脸识别服务类
|    |    |    ├── HRService.java                     人事服务类
|    |    |    └── ImageService.java                  图像文件服务类
|    |    ├── com.mr.clock.session                    全局会话包
|    |    |    └── Session.java                       全局会话类
|    |    └── com.mr.clock.util                       工具包
|    |         ├── DateTimeUtil.java                  日期时间工具类
|    |         └── JDBCUtil.java                      数据库连接工具类
|    └── faces                                        存储员工照片的文件夹
├── JER System Library                                Eclipse 显示的 JRE 系统库
├── Referenced Libraries                              Eclipse 显示的引用库
├── ArcFace                                           虹软人脸识别 SDK
|    ├── WIN64                                        算法库文件夹
|    |    └── ......                                  SDK 中的所有算法文件
|    └── arcsoft-sdk-face-3.0.0.0.jar                 Java 语言使用的 JAR 文件
├── DB_MySQL                                          MySQL 库
|    ├── Mysql5.7_init.sql                            MySQL 5.7 的初始化脚本
|    ├── Mysql8.0_init.sql                            MySQL 8.0 的初始化脚本
|    └── mysql-connector-java-8.0.23.jar              MySQL 8.0 驱动包
├── DB_Sqlite                                         SQLite 库
|    ├── sqlite-jdbc-3.27.2.1.jar                     SQLite 驱动包
|    └── time_attendance.db                           SQLite 数据文件
└── lib_camera                                        Webcam Capture 摄像头捕获组件库
     └── ......                                       Webcam Capture 所依赖的 JAR 文件
```

24.5 工具类的设计

将一些反复调用的代码封装成工具类，不仅可以提高开发效率，还可以提高代码的可读性。MR 人脸识别打卡系统中共有两个工具类，分别是日期时间工具类和数据库连接工具类。

日期时间工具类主要用在考勤报表业务和窗体显示中，数据库连接工具类主要用在数据库接口的实现类中。

24.5.1　日期时间工具类

com.mr.clock.util 包下的 DateTimeUtil.java 为日期时间工具类,该类为项目提供了一系列获取时间、校验时间格式的静态工具方法。

1．获取当前日期、时间字符串

DateTimeUtil 类提供了 3 种获取当前时间字符串的方法,具体如下:

☑　按照 HH:mm:ss 的格式获取当前时间的 timeNow()方法,得到的字符串格式如"20:03:56",即晚上 8 时 3 分 56 秒。

☑　按照 yyyy-MM-dd 的格式获取当前日期的 dateNow()方法,得到的字符串格式如"2023-1-08",即 2023 年 1 月 8 日。

☑　按照 yyyy-MM-dd HH:mm:ss 的格式获取当前日期时间的 dateTimeNow()方法,得到的字符串格式如"2023-1-08 20:03:56",即 2023 年 1 月 8 日晚上 8 时 3 分 56 秒。

这 3 种方法的具体代码如下:

```java
public static String timeNow() {
    return new SimpleDateFormat("HH:mm:ss").format(new Date());
}

public static String dateNow() {
    return new SimpleDateFormat("yyyy-MM-dd").format(new Date());
}

public static String dateTimeNow() {
    return new SimpleDateFormat("yyyy-MM-dd HH:mm:ss").format(new Date());
}
```

2．获取由当前年、月、日、时、分、秒数字所组成的数组

DateTimeUtil 类提供的 now()方法可以将当前时间的年、月、日、时、分、秒数组封装成一个长度为 6 的整数数组。now()方法使用 Calendar 日历类获取当前年、月、日、时、分、秒。因为在 Calendar 日历类中一月份是用数字 0 表示的,所以要在月份结果后面+1。now()方法的具体代码如下:

```java
public static Integer[] now() {
    //保存年、月、日、时、分、秒的数组
    Integer now[] = new Integer[6];
    Calendar c = Calendar.getInstance();            //日历对象
    now[0] = c.get(Calendar.YEAR);                  //年
    now[1] = c.get(Calendar.MONTH) + 1;             //月
    now[2] = c.get(Calendar.DAY_OF_MONTH);          //日
    now[3] = c.get(Calendar.HOUR_OF_DAY);           //时
    now[4] = c.get(Calendar.MINUTE);                //分
    now[5] = c.get(Calendar.SECOND);                //秒
    return now;
}
```

3．获取指定月份的总天数

DateTimeUtil 类提供的 getLastDay()方法可以获取指定月份的总天数,也就是最后一天的日期。方法的参数 year 用来指定年份,参数 month 用来指定月份。计算出一个月有多少天对于生成考勤报表是

至关重要的，不同月份可能出现的总天数为 28 天、29 天（闰年）、30 天和 31 天。getLastDay()方法使用 Calendar 日历类提供的 getActualMaximum()方法即可自动计算出具体月份的总天数。getLastDay()方法的具体代码如下：

```java
public static int getLastDay(int year, int month) {
    Calendar c = Calendar.getInstance();           //日历对象
    c.set(Calendar.YEAR, year);                    //指定年
    c.set(Calendar.MONTH, month - 1);              //指定月
    //返回这月的最后一天
    return c.getActualMaximum(Calendar.DAY_OF_MONTH);
}
```

4．将字符串转换为 Date 对象

DateTimeUtil 类提供的 dateOf()方法可以将时间字符串转为 Date 对象，该方法的参数 datetime 就是传入的时间字符串，该字符串必须符合 yyyy-MM-dd HH:mm:ss 时间格式，否则该方法会抛出 ParseException 异常。dateOf()方法的具体代码如下：

```java
public static Date dateOf(String datetime) throws ParseException {
    return new SimpleDateFormat("yyyy-MM-dd HH:mm:ss").parse(datetime);
}
```

5．按照指定年、月、日和时间创建 Date 对象

这是 dateOf()方法的重载方法，该方法的参数由原先的 1 个变为 4 个。其中，参数 year 指定具体年份，参数 month 指定具体月份，参数 day 指定具体日期，这 3 个参数都是整数类型。最后一个参数 time 指定了时间，time 必须是以 HH:mm:ss 为时间格式的字符串，否则 dateOf()方法的重载方法会抛出 ParseException 异常。dateOf()方法的重载方法会拼接这 4 个参数，然后按照"%4d-%02d-%02d %s"对拼接的结果进行格式化，其含义如下：

☑ %4d：长度为 4 的整数。

☑ %02d：长度为 2 且用 0 补位的整数。

☑ %s：直接显示字符串。

最后就会将参数拼接成符合 yyyy-MM-dd HH:mm:ss 时间格式的字符串，并将拼接好的字符串交给 dateOf(String datetime)进行转换。重载方法的具体代码如下：

```java
public static Date dateOf(int year, int month, int day, String time) throws ParseException {
    String datetime = String.format("%4d-%02d-%02d %s", year, month, day, time);
    return dateOf(datetime);
}
```

6．校验时间字符串是否符合 HH:mm:ss 格式

DateTimeUtil 类提供的 checkTimeStr()方法是一个校验字符串的方法。如果参数 time 的值符合 HH:mm:ss 时间格式，则返回 true，否则返回 false。checkTimeStr()方法通过异常处理来实现格式校验。checkTimeStr()方法的具体代码如下：

```java
public static boolean checkTimeStr(String time) {
    SimpleDateFormat sdf = new SimpleDateFormat("HH:mm:ss");
    try {
        sdf.parse(time);                           //将时间字符串转为 Date 对象
        return true;
    } catch (ParseException e) {
```

```
        return false;                                    //发生异常则表示字符串格式错误
    }
}
```

24.5.2　数据库连接工具类

com.mr.clock.util 包下的 JDBCUtil.java 为数据库连接工具类,该类封装了加载驱动、读取配置文件、创建连接和关闭连接等一系列操作。

1．静态属性

JDBCUtil 类将一些数据库连接属性值、数据库连接对象和配置文件地址定义成了私有静态属性,这样可以方便类中的静态代码块和方法调用。这些属性的定义如下:

```
private static String driver_name;                      //驱动类
private static String username;                         //账号
private static String password;                         //密码
private static String url;                              //数据库地址
private static Connection con = null;                   //数据库连接
private static final String CONFIG_FILE = "src/com/mr/clock/config/jdbc.properties";   //数据库配置文件地址
```

2．初始化

JDBCUtil 类通过一个静态代码块完成类的初始化。在初始化过程中,程序会先读取 com.mr.clock.config 包下的 jdbc.properties 文件,如果读取到的属性驱动名和连接地址为 null,则会触发缺少配置信息的异常。静态代码块的具体代码如下:

```
static {
    Properties pro = new Properties();                  //配置文件解析类
    try {
        File config = new File(CONFIG_FILE);            //配置文件的文件对象
        if (!config.exists()) {                         //如果配置文件不存在
            throw new FileNotFoundException("缺少文件: " + config.getAbsolutePath());
        }
        pro.load(new FileInputStream(config));          //加载配置文件
        driver_name = pro.getProperty("driver_name");   //获取指定字段值
        username = pro.getProperty("username", "");
        password = pro.getProperty("password", "");
        url = pro.getProperty("url");
        if (driver_name == null || url == null) {
            throw new ConfigurationException("jdbc.properties 文件缺少配置信息");
        }
    } catch (FileNotFoundException e) {
        e.printStackTrace();
    } catch (IOException e) {
        e.printStackTrace();
    } catch (ConfigurationException e) {
        //输出发生异常的配置文件内容
        System.err.println("配置文件获取的内容:[driver_name=" + driver_name + "],[username=" + username + "], [password="
+ password + "],[url=" + url + "]");
        e.printStackTrace();
    }
}
```

3．获取数据库连接

JDBCUtil 类提供的 getConnection()静态方法是本类的核心方法,该方法可以向外提供根据 jdbc.

properties 中的配置信息创建的数据库连接对象，使用此数据库连接对象即可直接向数据库发送 SQL 语句。getConnection()方法的具体代码如下：

```java
public static Connection getConnection() {
    try {
        if (con == null || con.isClosed()) {          //如果连接对象为 null 或已关闭
            Class.forName(driver_name);               //加载驱动类
            //根据 URL、账号密码获取数据库连接
            con = DriverManager.getConnection(url, username, password);
        }
    } catch (ClassNotFoundException e) {
        e.printStackTrace();
    } catch (SQLException e) {
        e.printStackTrace();
    }
    return con;
}
```

24.6 实体类的设计

实体类也可以被称为数据模型类，这是一种基于 JavaBean 结构的专门用于保存数据模型的类。每一个实体类都要对应一种数据模型，通常会将类的属性与数据表的字段相对应。实体类的属性都是私有的，但每一个属性都提供了 Getter/Setter 方法，外部类需要通过 Getter/Setter 方法来获取或修改实体类的某一个属性值。实体类通常都提供无参方法，根据具体情况来选择是否提供有参构造方法。

本项目共有 3 个实体类，分别为员工类、管理员类和作息时间类，下面分别进行讲解。

1. 员工类

com.mr.clock.pojo 包下的 Employee.java 为员工类，该类与 MySQL 数据库中的 t_emp 表相对应，类中的员工编号、员工名称和员工特征码 3 个属性用于保存表中对应字段的数据。

Employee 类除 JavaBean 结构外，还重写了 hashCode()方法和 equals()方法。因为项目会大量使用 HashMap（哈希键值对）和 HashSet（哈希集合），这两种集合类都会通过计算对象哈希值的方式来分配对象在集合中的存储位置，所以需要重写这两个方法来教会集合类如何区分不同的员工对象。在默认情况下，hashCode()方法会把类中所有的属性都添加到哈希码的计算过程中，但 Employee 类只将员工编号添加到哈希码的计算过程中，这样就可以保证相同编号的员工对象计算出的哈希码也是相同的。简单来说，只要员工对象的员工编号是相同的，不管其数量有多少，它们就代表的都是同一个人，集合类只保存其中一位员工对象即可。Employee 类的关键代码如下：

```java
public class Employee {
    private Integer id;                         //员工编号
    private String name;                        //员工名称
    private String code;                        //员工特征码

    ...//此处省略构造方法
    ...//此处省略每个属性的 Getter/Setter 方法

    /**
     * 重写 hashCode()方法，只通过 id 生成哈希码
     */
    public int hashCode() {
```

```
        final int prime = 31;
        int result = 1;
        result = prime * result + ((id == null) ? 0 : id.hashCode());
        return result;
    }

    /**
     * 重写 equals()方法，只通过 id 判断是否为同一位员工
     */
    public boolean equals(Object obj) {
        if (this == obj)
            return true;
        if (obj == null)
            return false;
        if (getClass() != obj.getClass())
            return false;
        Employee other = (Employee) obj;
        if (id == null) {
            if (other.id != null)
                return false;
        } else if (!id.equals(other.id))
            return false;
        return true;
    }
}
```

2．管理员类

com.mr.clock.pojo 包下的 User.java 为管理员类，该类与 MySQL 数据库中的 t_user 表相对应，类中的用户名和密码两个属性用于保存表中对应字段的数据。User 类的关键代码如下：

```
public class User {
    private String username;                    //用户名
    private String password;                    //密码

    ... //此处省略构造方法
    ... //此处省略每个属性的 Getter/Setter 方法
}
```

3．作息时间类

com.mr.clock.pojo 包下的 WorkTime.java 为作息时间类，该类与 MySQL 数据库中的 t_work_time 表相对应，类中的上班时间和下班时间两个属性用于保存表中对应字段的数据。WorkTime 类的关键代码如下：

```
public class WorkTime {
    private String start;                       //上班时间
    private String end;                         //下班时间

    ... //此处省略构造方法
    ... //此处省略每个属性的 Getter/Setter 方法
}
```

24.7　数据库接口及实现类设计

本节讲解项目中数据持久层的设计。数据持久层是指一个项目中专门负责将数据持久化保存的业

务层，初学者可以将其简单地理解为"专门负责增删改查的功能模块"。

本系统采用设计模式中的接口模式来实现持久层的设计，通过接口确定业务范围，再由实现类来实现具体细节，这样做的好处是同一套业务可以有多种实现方式。例如：同样是读取所有员工的打卡记录，既可以从主数据库中读取，也可以从备份数据库中读取；可以从 MySQL 数据库中读取，也可以从 SQLite 数据库中读取等。想要实现这样看似复杂的功能，实际上只要针对接口写不同的实现类即可。

24.7.1 数据库接口

com.mr.clock.dao 包下的 DAO.java 为数据库接口。要注意 DAO 是一个接口（interface）而不是一个类（class）。

DAO 是 Data Access Object（数据访问对象）的缩写，它定义了程序有哪些访问数据库的行为，并将这些行为封装成了抽象方法。程序究竟要如何访问数据库？访问哪种数据库？如何编写 SQL 语句？这些具体的问题需要交由具体的实现类来解决。DAO 是行为的制定者，而不是执行者。DAO 接口定义的抽象方法及其说明如下：

```java
public interface DAO {
    /**
     * 获取所有员工
     * @return 所有员工对象集合
     */
    public Set<Employee> getALLEmp();

    /**
     * 根据员工编号获取员工对象
     * @param id 员工编号
     * @return 具体员工对象
     */
    public Employee getEmp(int id);

    /**
     * 根据特征码获取员工对象
     * @param code 特征码
     * @return 具体员工对象
     */
    public Employee getEmp(String code);

    /**
     * 添加新员工
     * @param e 新员工对象
     */
    public void addEmp(Employee e);

    /**
     * 删除指定员工
     * @param id 员工编号
     */
    public void deleteEmp(Integer id);

    /**
     * 获取作息时间
     * @return 作息时间对象
     */
    public WorkTime getWorkTime();
```

```
/**
 * 更新作息时间
 * @param time
 */
public void updateWorkTime(WorkTime time);

/**
 * 指定员工添加打卡记录
 * @param empID  员工编号
 * @param now    打卡日期
 */
public void addCLockInRecord(int empID, Date now);

/**
 * 删除指定员工所有打卡记录
 * @param empID  员工编号
 */
public void deleteClockInRecord(int empID);

/**
 * 获取所有员工的打卡记录
 * @return  左索引记录员工编号，右索引记录打卡日期
 */
public String[][] getAllClockInRecord();

/**
 * 验证管理员登录
 * @param user  管理员账号
 * @return  如果账号密码正确，则返回 true，否则返回 false
 */
public boolean userLogin(User user);
}
```

24.7.2　基于 MySQL 数据库的接口实现类

24.7.1 节的 DAO 接口已经设计好了抽象方法，本节就来讲解如何编写一个基于 MySQL 数据库的接口实现类。

com.mr.clock.dao 包下的 DAOMysqlImpl.java 为基于 MySQL 的数据库接口实现类，该类通过 implements 关键字实现了 DAO 接口，因此该类需要实现 DAO 接口所有的抽象方法。DAOMysqlImpl 类的声明代码如下：

```
public class DAOMysqlImpl implements DAO
```

因为很多抽象方法的实现代码都很相似，所以本节将只讲解具有代表性的实现方法。

1. 查询

getEmp(int id)方法是通过员工编号查询员工详细信息的方法，方法参数是被查询员工的编号。

getEmp(int id)方法首先会设计一个待执行的 SQL 语句，这是一个 select 指令，SQL 语句中的 "?" 是占位符，稍后会为其赋值；然后通过 JDBCUtil 数据库工具类获取数据库连接，并创建执行 SQL 语句的接口，将方法参数传入的 id 值赋值给 SQL 语句中的占位符，这样就获得了一个完整的 SQL 语句；最后执行 SQL 语句，如果有查询结果，就根据结果中的 name 字段值和 code 字段值创建一个员工对象，并返回，查不到结果就返回 null。别忘了在异常处理之后要及时关闭结果集和执行 SQL 语句的接口。

461

getEmp(int id)方法的具体代码如下：

```java
@Override
public Employee getEmp(int id) {
    String sql = "select name,code from t_emp where id = ?";   //待执行的 SQL 语句
    con = JDBCUtil.getConnection();                             //获取数据库的连接
    try {
        ps = con.prepareStatement(sql);                        //创建执行 SQL 语句的接口
        ps.setInt(1, id);                                      //将 SQL 语句中第一个?改为员工编号的值
        rs = ps.executeQuery();                                //执行 SQL 语句
        if (rs.next()) {                                       //如果有查询结果
            String name = rs.getString("name");               //获取 name 字段的值
            String code = rs.getString("code");               //获取 code 字段的值
            Employee e = new Employee(id, name, code);        //将 id、name、code 3 个值封装成员工对象
            return e;                                          //返回此员工对象
        }
    } catch (SQLException e) {
        e.printStackTrace();
    } finally {
        JDBCUtil.close(stmt, ps, rs);                          //关闭数据库接口对象
    }
    return null;                                                //无此员工则返回 null
}
```

2．添加

addEmp(Employee e)方法是向数据库中添加新员工信息的方法，方法参数是新员工对象。

addEmp(Employee e)方法首先会设计一个待执行的 SQL 语句，这是一个 insert 指令；然后创建数据库连接、执行 SQL 语句的接口，并将参数中的员工信息填充到 SQL 语句中；最后执行 SQL 语句，完成添加。因为 insert 指令不涉及查询结果，所以不使用 ResultSet 对象。addEmp(Employee e)方法的具体代码如下：

```java
@Override
public void addEmp(Employee e) {
    String sql = "insert into t_emp(name,code) values(?,?)";
    con = JDBCUtil.getConnection();
    try {
        ps = con.prepareStatement(sql);
        ps.setString(1, e.getName());
        ps.setString(2, e.getCode());
        ps.executeUpdate();
    } catch (SQLException e1) {
        e1.printStackTrace();
    } finally {
        JDBCUtil.close(stmt, ps, rs);                          //关闭数据库接口对象
    }
}
```

3．删除

deleteEmp(Integer id)方法是删除数据库中某个员工的所有信息的方法，方法参数是被删除员工的编号。

deleteEmp(Integer id)方法首先会设计一个待执行的 SQL 语句，这是一个 delete 指令；然后创建数据库连接、执行 SQL 语句的接口，并将参数中的员工编号填充到 SQL 语句中；最后执行 SQL 语句，完成删除操作。同样，因为 delete 指令不涉及查询结果，所以不使用 ResultSet 对象。deleteEmp(Integer id)方法的具体代码如下：

```
@Override
public void deleteEmp(Integer id) {
    String sql = "delete from t_emp where id = ?";
    con = JDBCUtil.getConnection();
    try {
        ps = con.prepareStatement(sql);
        ps.setInt(1, id);
        ps.executeUpdate();
    } catch (SQLException e1) {
        e1.printStackTrace();
    } finally {
        JDBCUtil.close(stmt, ps, rs);          //关闭数据库接口对象
    }
}
```

4．修改

updateWorkTime(WorkTime time)方法是更新数据库中的作息时间数据的方法，方法参数是更新之后的作息时间。

updateWorkTime(WorkTime time)方法首先会设计一个待执行的 SQL 语句，这是一个 update 指令；然后创建数据库连接、执行 SQL 语句的接口，并将参数中的员工编号填充到 SQL 语句中；最后执行 SQL 语句，完成更新操作。同样，因为 update 指令不涉及查询结果，所以不使用 ResultSet 对象。updateWorkTime(WorkTime time)方法的具体代码如下：

```
@Override
public void updateWorkTime(WorkTime time) {
    String sql = "update t_work_time set start = ?, end = ? ";
    con = JDBCUtil.getConnection();
    try {
        ps = con.prepareStatement(sql);
        ps.setString(1, time.getStart());
        ps.setString(2, time.getEnd());
        ps.executeUpdate();
    } catch (SQLException e1) {
        e1.printStackTrace();
    } finally {
        JDBCUtil.close(stmt, ps, rs);          //关闭数据库接口对象
    }
}
```

5．复杂的查询实现

getAllClockInRecord()方法用来获取所有员工的打卡记录，因为这个数据量是不断变化的，返回结果是一个二维数组，所以需要一些特殊手段对查询结果进行处理。

因为打卡记录的数量不确定，所以先创建一个长度可变的 HashSet 哈希集合来保存所有查询结果。集合中的元素是一个一维数组，0 索引保存打卡的员工编号，1 索引保存打卡的具体时间。当所有结果都读取完毕之后，根据集合的元素个数创建二维数组，再将每一个元素赋值给二维数组，这样就得到了一个与数据库中 t_lock_in_record 表中数据完全相同的二维数组。getAllClockInRecord()方法的具体代码如下：

```
@Override
public String[][] getAllClockInRecord() {
    //保存查询数据的集合。因为不确定行数，所以使用集合而不是二维数组
    HashSet<String[]> set = new HashSet<>();
```

```
String sql = "select emp_id, lock_in_time from t_lock_in_record ";
con = JDBCUtil.getConnection();
try {
    stmt = con.createStatement();
    rs = stmt.executeQuery(sql);
    while (rs.next()) {
        String emp_id = rs.getString("emp_id");
        String lock_in_time = rs.getString("lock_in_time");
        //直接将查询的两个结果以字符串数组的形式放到集合中
        set.add(new String[] { emp_id, lock_in_time });
    }
} catch (SQLException e) {
    e.printStackTrace();
} finally {
    JDBCUtil.close(stmt, ps, rs);                    //关闭数据库接口对象
}
if (set.isEmpty()) {                                 //如果集合是空的，则表示表中没有任何打卡数据
    return null;
} else {                                             //如果存在打卡数据
    //创建二维数组作为返回结果，数组行数为集合元素个数，列数为 2
    String result[][] = new String[set.size()][2];
    Iterator<String[]> it = set.iterator();          //创建集合迭代器
    for (int i = 0; it.hasNext(); i++) {             //迭代集合，同时让 i 递增
        result[i] = it.next();                       //集合中的每一个元素都作为数组的每一行数据
    }
    return result;
}
}
```

24.7.3　数据库接口工厂类

　　工厂类是接口模式的一个重要组成部分，工厂类专门负责创建数据库接口实现类对象。这样做的好处是前端业务代码在调用数据库接口时，调用者可以不知道也不关心自己使用的接口对象是由哪个类实现的。一个项目中可能有几个甚至十几个接口实现类，但具体采用哪种实现类，工厂类具有决定权。

　　com.mr.clock.dao 包下的 DAOFactory.java 为数据库接口工厂类，其具体代码如下：

```
public class DAOFactory {
    public static DAO getDAO() {
        return new DAOMysqlImpl();                   //返回基于 MySQL 数据库的实现类对象
    }
}
```

　　从上述代码中可以看到工厂类的代码非常少。本系统的工厂类返回的是基于 MySQL 数据库的实现类，开发者如果想要切换成其他数据库，只需在 getDAO()方法中将返回的对象改为基于其他数据库的实现类即可，前端业务代码无须做任何修改。

24.8　全局会话类的设计

　　com.mr.clock.session 包下的 Session.java 为全局会话类，该类可以为系统中频繁使用的数据提供缓存机制。让程序从内存中读取数据，而不是频繁地访问数据库，这样可以极大地提高软件性能。

　　Session 类使用 HashSet（哈希集合）或 HashMap（哈希键值对）作为数据容器。被缓存的数据如下。

☑ 当前登录的管理员：静态属性 user 用于保存已登录的管理员对象，该属性的类型为 User 管理员实体类。如果 user 为 null，则表示还没有管理员登录。

☑ 当前使用的作息时间：静态属性 worktime 用于保存当前考勤报表所采用的作息时间，该属性的类型为 WorkTime 作息时间实体类。

☑ 全体员工：静态属性 EMP_SET 用于保存所有员工对象，该属性的类型为 HashSet<Employee>。

☑ 全体人脸特征：通过静态属性 FACE_FEATURE_MAP 用于保存人脸特征库，该属性的类型为 HashMap<String, FaceFeature>，其中键为某员工的特征码，值为该员工的人脸特征对象。

☑ 全体人脸图像：静态属性 IMAGE_MAP 用于保存所有员工的人脸照片图像，该属性的类型为 HashMap<String, BufferedImage>，其中键为某员工的特征码，值为该员工的人脸照片图像。

☑ 全部打卡记录：静态属性 RECORD_MAP 用于保存所有员工的人脸照片图像，该属性的类型为 HashMap<Integer, Set<Date>>，其中键为某员工的编号，值为该员工的打卡日期集合。

Session 类除缓存这些数据外，还提供了加载资源的 init()方法和释放资源的 dispose()方法。项目启动时会自动执行 init()方法来加载所有资源，在用户确认关闭程序后会执行 dispose()方法释放所有资源。Session 类的具体代码如下：

```java
public class Session {
    /**
     * 当前登录管理员
     */
    public static User user = null;
    /**
     * 当前作息时间
     */
    public static WorkTime worktime = null;
    /**
     * 全部员工
     */
    public static final HashSet<Employee> EMP_SET = new HashSet<>();
    /**
     * 全部人脸特征
     */
    public static final HashMap<String, FaceFeature> FACE_FEATURE_MAP = new HashMap<>();
    /**
     * 全部人脸图像
     */
    public static final HashMap<String, BufferedImage> IMAGE_MAP = new HashMap<>();
    /**
     * 全部打卡记录
     */
    public static final HashMap<Integer, Set<Date>> RECORD_MAP = new HashMap<>();

    /**
     * 初始化全局资源
     */
    public static void init() {
        ImageService.loadAllImage();              //加载所有人脸图像文件
        HRService.loadWorkTime();                 //加载作息时间
        HRService.loadAllEmp();                   //加载所有员工
        HRService.loadAllClockInRecord();         //加载所有打卡记录
        FaceEngineService.loadAllFaceFeature();   //加载所有人脸特征
    }

    /**
```

```
 * 释放全局资源
 */
public static void dispose() {
    FaceEngineService.dispost();                    //释放人脸识别引擎
    CameraService.releaseCamera();                  //释放摄像头
    JDBCUtil.closeConnection();                     //关闭数据库连接
    }
}
```

24.9 服务类的设计

MR 人脸识别打卡系统将同一个业务场景下的不同功能交给某个服务（或者叫模块）进行统一管理。每一种服务都对应一个单独分服务类，所有服务类都放在 com.mr.clock.service 包下。项目中的服务类及其所提供的功能如表 24.6 所示。

表 24.6 MR 人脸识别打卡系统中的服务

服 务 名 称	对 应 类	主 要 功 能
摄像头服务	CameraService	启动摄像头，展示摄像头画面，为员工拍照
人脸识别服务	FaceEngineService	人脸特征提取，人脸特征对比
人事服务	HRService	查看员工信息，删除员工，添加新员工，生成考勤日报，生成考勤月报，设置作息时间
图像文件服务	ImageService	读取所有员工照片文件，保存新员工照片文件

24.9.1 摄像头服务

com.mr.clock.service 包下的 CameraService.java 为摄像头服务类，该服务类封装了所有关于摄像头的操作。

CameraService 类中的静态常量属性 WEBCAM 为当前计算机使用的默认摄像头。若计算机同时连接多个摄像头，则 WEBCAM 代表启用顺序排名第一的摄像头；若计算机没有连接任何摄像头，则 WEBCAM 为 null。静态常量属性 WEBCAM 的定义如下：

```
private static final Webcam WEBCAM = Webcam.getDefault();     //摄像头对象
```

startCamera()方法用于开启摄像头，这是捕获摄像头画面的前置操作，如果摄像头开启失败，方法会返回 false。startCamera()方法的具体代码如下：

```
public static boolean startCamera() {
    if (WEBCAM == null) {                           //如果计算机没有连接摄像头
        return false;
    }
    WEBCAM.setViewSize(new Dimension(640, 480));    //摄像头采用默认的 640（宽）×480（高）
    return WEBCAM.open();                           //开启摄像头，返回开启是否成功
}
```

cameraIsOpen()方法用于判断摄像头是否已经正常开启。因为从启动摄像头到摄像头可以捕捉到画面会有一段延迟时间，该方法可以通知其他程序摄像头是否已进入工作状态。cameraIsOpen()方法的具

体代码如下：

```
public static boolean cameraIsOpen() {
    if (WEBCAM == null) {                              //如果计算机没有连接摄像头
        return false;
    }
    return WEBCAM.isOpen();
}
```

getCameraPanel()方法用于返回一个 JPanel 面板，该面板会显示摄像头捕捉到的连续画面。该方法的具体代码如下：

```
public static JPanel getCameraPanel() {
    WebcamPanel panel = new WebcamPanel(WEBCAM);       //摄像头画面面板
    panel.setMirrored(true);                           //开启镜像
    return panel;
}
```

getCameraFrame()方法用于获取摄像头捕获的当前帧画面，返回值是 BufferedImage 类型的图像。该方法的具体代码如下：

```
public static BufferedImage getCameraFrame() {          //获取当前帧画面
    return WEBCAM.getImage();
}
```

releaseCamera()方法是释放摄像头的方法，当其他代码使用完摄像头之后，要及时调用该方法释放摄像头资源。该方法的具体代码如下：

```
/**
 * 释放摄像头资源
 */
public static void releaseCamera() {
    if (WEBCAM != null) {
        WEBCAM.close();                                //关闭摄像头
    }
}
```

24.9.2　人脸识别服务

com.mr.clock.service 包下的 FaceEngineService.java 为人脸识别服务类，该服务类封装了所有关于人脸识别的功能。

> **注意**
>
> 人脸识别服务采用虹软科技提供的离线人脸识别 SDK，读者在运行项目前需要到虹软科技视觉开发平台（ai.arcsoft.com.cn）注册账户，并申请试用离线人脸识别 SDK。在得到 app id 和 sdk key 两个激活码后，将其填写到 com.mr.clock.config 包下的 ArcFace.properties 文件中，并确保第一次运行项目时计算机可以连接互联网。
>
> 关于虹软科技人脸识别 SDK 的免费试用期限和商业版收费的标准，请以虹软科技官网内容为准。

FaceEngineService 类中有很多私有静态属性，appId 和 sdkKey 是从配置文件中读取的激活码。所有私有静态属性的定义如下：

```
private static String appId = null;
private static String sdkKey = null;
private static FaceEngine faceEngine = null;                          //人脸识别引擎
private static String ENGINE_PATH = "ArcFace/WIN64";                  //算法库文件夹地址
private static final String CONFIG_FILE = "src/com/mr/clock/config/ArcFace.properties";  //配置文件地址
```

在使用人脸识别服务前，需要先对人脸识别引擎进行初始化操作。首先要从 com.mr.clock.config 包下的 ArcFace.properties 文件中读取读者填写的激活码，然后用激活码激活引擎，激活成功后再对引擎进行一系列功能性的配置，最后让引擎初始化。

这些操作都写在一个静态代码块中，具体代码如下：

```
static {
    Properties pro = new Properties();                               //配置文件解析类
    File config = new File(CONFIG_FILE);                             //配置文件的文件对象
    try {
        if (!config.exists()) {                                      //如果配置文件不存在
            throw new FileNotFoundException("缺少文件：" + config.getAbsolutePath());
        }
        pro.load(new FileInputStream(config));                       //加载配置文件
        appId = pro.getProperty("app_id");                          //获取指定字段值
        sdkKey = pro.getProperty("sdk_key");
        if (appId == null || sdkKey == null) {                      //如果配置文件中获取不到这两个字段
            throw new ConfigurationException("ArcFace.properties 文件缺少配置信息");
        }
    } catch (FileNotFoundException e) {
        e.printStackTrace();
    } catch (ConfigurationException e) {
        e.printStackTrace();
    } catch (IOException e) {
        e.printStackTrace();
    }

    File path = new File(ENGINE_PATH);                               //算法库文件夹
    faceEngine = new FaceEngine(path.getAbsolutePath());            //人脸识别引擎
    //激活引擎，**首次激活需要联网**
    int errorCode = faceEngine.activeOnline(appId, sdkKey);
    if (errorCode != ErrorInfo.MOK.getValue()
            && errorCode != ErrorInfo.MERR_ASF_ALREADY_ACTIVATED.getValue()) {
        System.err.println("ERROR: ArcFace 引擎激活失败，请检查激活码是否填写错误，或重新联网激活");
    }
    EngineConfiguration engineConfiguration = new EngineConfiguration();  //引擎配置
    engineConfiguration.setDetectMode(DetectMode.ASF_DETECT_MODE_IMAGE);  //单张图像模式
    engineConfiguration.setDetectFaceOrientPriority(DetectOrient.ASF_OP_ALL_OUT);  //检测所有角度
    engineConfiguration.setDetectFaceMaxNum(1);                      //检测最多人脸数
    engineConfiguration.setDetectFaceScaleVal(16);                   //设置人脸相对于所在图片的长边的占比
    FunctionConfiguration functionConfiguration = new FunctionConfiguration();  //功能配置
    functionConfiguration.setSupportFaceDetect(true);               //支持人脸检测
    functionConfiguration.setSupportFaceRecognition(true);          //支持人脸识别
    engineConfiguration.setFunctionConfiguration(functionConfiguration);  //引擎使用此功能配置
    errorCode = faceEngine.init(engineConfiguration);               //初始化引擎
    if (errorCode != ErrorInfo.MOK.getValue()) {
        System.err.println("ERROR:ArcFace 引擎初始化失败");
    }
}
```

引擎初始化完成后，就可以使用人脸识别功能了。getFaceFeature()方法可以从一张人脸图像中分析出此人的面部特征。参数 img 为被检测的图像：如果图像中没有人脸，方法会返回 null；如果图像中有人脸，则返回此人的面部特征对象。因为人脸识别引擎对图像有格式要求，所以在检测人脸之前，需要将传入的图像覆盖到一个标准 BRG 格式的临时图像之上，然后让人脸识别引擎分析临时图像。
getFaceFeature()方法的具体代码如下：

```java
public static FaceFeature getFaceFeature(BufferedImage img) {
    if (img == null) {
        throw new NullPointerException("人脸图像为 null");
    }
    //创建一个和原图像一样大的临时图像，临时图像类型为普通 BRG 图像
    BufferedImage face = new BufferedImage(img.getWidth(), img.getHeight(), BufferedImage.TYPE_INT_BGR);
    face.setData(img.getData());                                      //临时图像使用原图像中的数据
    ImageInfo imageInfo = ImageFactory.bufferedImage2ImageInfo(face); //采集图像信息
    List<FaceInfo> faceInfoList = new ArrayList<FaceInfo>();          //人脸信息列表
    //从图像信息中采集人脸信息
    faceEngine.detectFaces(imageInfo.getImageData(), imageInfo.getWidth(), imageInfo.getHeight(),
                        imageInfo.getImageFormat(), faceInfoList);
    if (faceInfoList.isEmpty()) {                                     //如果人脸信息是空的
        return null;
    }
    FaceFeature faceFeature = new FaceFeature();                      //人脸特征
    //从人脸信息中采集人脸特征
    faceEngine.extractFaceFeature(imageInfo.getImageData(), imageInfo.getWidth(), imageInfo.getHeight(),
            imageInfo.getImageFormat(), faceInfoList.get(0), faceFeature);
    return faceFeature;                                               //采集之后的人脸特征
}
```

loadAllFaceFeature()方法用于一次性加载所有员工的人脸特征，并将这些特征保存在 Session 类对象中。该方法会在项目启动时执行一次，这样项目启动完成之后就会形成一个公司内部的人脸特征库。
loadAllFaceFeature()方法的具体代码如下：

```java
public static void loadAllFaceFeature() {
    Set<String> keys = Session.IMAGE_MAP.keySet();                   //获取所有人脸图片对应的特征码集合
    for (String code : keys) {                                       //遍历所有特征码
        BufferedImage image = Session.IMAGE_MAP.get(code);           //取出一张人脸图片
        FaceFeature faceFeature = getFaceFeature(image);             //获取该人脸图片的人脸特征对象
        Session.FACE_FEATURE_MAP.put(code, faceFeature);            //将人脸特征对象保存至全局会话中
    }
}
```

detectFace()方法用于检测某个人脸特征是否可以在人脸特征库中找到匹配，参数 targetFaceFeature 为传入的人脸特征对象。detectFace()方法会遍历人脸特征库，让传入人脸特征对象与每一个特征进行对比，记录最高对比得分，如果最高得分可以超过 90%，则认为匹配成功，该方法返回得分最高的员工特征码。detectFace()方法的具体代码如下：

```java
public static String detectFace(FaceFeature targetFaceFeature) {
    if (targetFaceFeature == null) {
        return null;
    }
    //获取所有人脸特征对应的特征码集合
    Set<String> keys = Session.FACE_FEATURE_MAP.keySet();
    float score = 0;                                                 //匹配最高得分
    String resultCode = null;                                        //评分对应的特征码
    for (String code : keys) {                                       //遍历所有特征码
        //取出一个人脸特征对象
        FaceFeature sourceFaceFeature = Session.FACE_FEATURE_MAP.get(code);
        //特征对比对象
        FaceSimilar faceSimilar = new FaceSimilar();
        //对比目标人脸特征和取出的人脸特征
```

```
        faceEngine.compareFaceFeature(targetFaceFeature, sourceFaceFeature, faceSimilar);
        if (faceSimilar.getScore() > score) {                    //如果得分大于当前最高得分
            score = faceSimilar.getScore();                      //重新记录当前最高得分
            resultCode = code;                                   //记录最高得分的特征码
        }
    }
    if (score > 0.9) {                                           //如果最高得分大于 0.9，则认为找到匹配人脸
        return resultCode;                                       //返回人脸对应的特征码
    }
    return null;
}
```

dispost()方法用于释放人脸识别引擎，该方法的具体代码如下：

```
/**
 * 释放资源
 */
public static void dispost() {
    faceEngine.unInit();                                         //卸载引擎
}
```

24.9.3 人事服务

📄 本节使用的数据表：t_emp，t_lock_in_record，t_user，t_work_time

com.mr.clock.service 包下的 HRService.java 为人事服务类，该服务类封装了管理员登录、员工管理和计算考勤等所有与人事管理有关的功能。

HRService 类中有两类静态常量属性：一类是计算考勤报表用到的考勤标记，这些标记会记录员工的考勤状态；另一类是数据库接口对象。这些属性的定义如下：

```
private static final String CLOCK_IN = "I";                     //正常上班打卡标记
private static final String CLOCK_OUT = "O";                    //正常下班打卡标记
private static final String LATE = "L";                         //迟到标记
private static final String LEFT_EARLY = "E";                   //早退标记
private static final String ABSENT = "A";                       //缺席标记
private static DAO dao = DAOFactory.getDAO();                   //数据库接口
```

loadAllEmp()方法用于一次性从数据库读取所有员工的信息，并将这些员工信息保存在 Session 类对象中。该方法的具体代码如下：

```
/**
 * 加载所有员工
 */
public static void loadAllEmp() {
    Session.EMP_SET.clear();                                    //全局会话先清空所有员工
    Session.EMP_SET.addAll(dao.getALLEmp());                   //重新从数据库中加载所有员工的对象集合
}
```

userLogin()方法用于检验管理员账号、密码是否正确，在该方法中，参数 username 为用户输入的管理员用户名，参数 password 为用户输入的密码。如果用户名和密码正确，则返回 true，表示登录成功并被保存在 Session 类对象中，否则返回 false。userLogin()方法的具体代码如下：

```
public static boolean userLogin(String username, String password) {
    User user = new User(username, password);                   //创建管理员对象
    if (dao.userLogin(user)) {                                  //如果数据库中可以查到相关管理员用户名和密码
```

```
        Session.user = user;                          //将登录的管理员设为全局会话中的管理员
        return true;                                  //登录成功
    } else {
        return false;                                 //登录失败
    }
}
```

addEmp()方法用于添加新员工，在该方法中，参数 name 为新员工的姓名，参数 face 是为新员工拍的照片图像。该方法首先会通过 UUID 工具类为新员工生成一个随机的 32 位特征码，然后将新员工的数据插入数据库中，插入完毕后还要查询数据库为新员工分配的员工编号是多少，并将所有结果封装成一个新的员工对象，最后将新员工对象添加到 Session 类对象的全体员工集合中，并返回此新员工对象。addEmp()方法的具体代码如下：

```
public static Employee addEmp(String name, BufferedImage face) {
    String code = UUID.randomUUID().toString().replace("-", "");    //通过 UUID 随机生成该员工的特征码
    Employee e = new Employee(null, name, code);      //创建新员工对象
    dao.addEmp(e);                                    //向数据库中插入该员工数据
    e = dao.getEmp(code);                             //重新获取已分配员工编号的员工对象
    Session.EMP_SET.add(e);                           //将新员工加入全局员工列表中
    return e;                                         //返回新员工对象
}
```

deleteEmp()方法用于删除员工，参数 id 为被删除员工的编号。彻底删除一个员工要分 6 步：第一步，在 Session 类对象的员工集合中删除该员工；第二步，在数据库的员工表中删除该员工；第三步，在数据库的打卡记录表中删除该员工的所有打卡记录；第四步，删除该员工的照片文件；第五步，在 Session 类对象的人脸特征库中删除该员工的人脸特征；第六步，在 Session 类对象的打卡记录集中删除该员工的所有记录。实现以上 6 步的具体代码如下：

```
public static void deleteEmp(int id) {
    Employee e = getEmp(id);                          //根据编号获取该员工对象
    if (e != null) {                                  //如果存在该员工
        Session.EMP_SET.remove(e);                    //从员工列表中删除该员工
    }
    dao.deleteEmp(id);                                //在数据库中删除该员工信息
    dao.deleteClockInRecord(id);                      //在数据库中删除该员工所有打卡记录
    ImageService.deleteFaceImage(e.getCode());        //删除该员工人脸照片文件
    Session.FACE_FEATURE_MAP.remove(e.getCode());     //删除该员工人脸特征
    Session.RECORD_MAP.remove(e.getId());             //删除该员工打卡记录
}
```

getEmp()方法是一个经常被用到的方法，该方法用于获取用户对象，并有两种重载形式，分别是通过员工编号予以查找和通过员工特征码予以查找。这两个重载方法的具体代码如下：

```
public static Employee getEmp(int id) {
    for (Employee e : Session.EMP_SET) {              //遍历所有员工
        if (e.getId().equals(id)) {                   //如果编号是一样的
            return e;                                 //返回该员工
        }
    }
    return null;                                      //没找到返回 null
}

public static Employee getEmp(String code) {
    for (Employee e : Session.EMP_SET) {              //遍历所有员工
        if (e.getCode().equals(code)) {               //如果特征码是一样的
```

```
        return e;                                          //返回该员工
    }
}
    return null;                                           //没找到则返回 null
}
```

addClockInRecord()方法用于为某员工添加打卡记录，参数 e 为打卡的员工对象。该方法会以方法执行时间作为员工的打卡时间。该方法的具体代码如下：

```
public static void addClockInRecord(Employee e) {
    Date now = new Date();                                 //当前时间
    dao.addCLockInRecord(e.getId(), now);                  //为该员工添加当前时间的打卡记录
    if (!Session.RECORD_MAP.containsKey(e.getId())) {      //如果全局会话中没有该员工的打卡记录
        Session.RECORD_MAP.put(e.getId(), new HashSet<>());  //为该员工添加空记录
    }
    //在该员工的打卡记录中添加新的打卡时间
    Session.RECORD_MAP.get(e.getId()).add(now);
}
```

loadAllClockInRecord()方法用于一次性加载所有员工的打卡记录，并将打卡记录保存在 Session 类对象的打卡记录键值对中。该方法会在项目启动时执行一次。因为从数据库中读取的全部打卡记录是一个二维数组，所以需要对数据格式进行加工，对数组中员工编号进行归类，为每一位员工分配一个 HashSet 集合，将员工打卡时间字符串转换为 Date 对象，并添加到各自的集合中，这样就得到了一个以员工编号为键，以打卡日期集合为值的键值对结构。loadAllClockInRecord()方法的具体代码如下：

```
public static void loadAllClockInRecord() {
    String record[][] = dao.getAllClockInRecord();         //从数据库中获取打卡记录数据
    if (record == null) {                                  //如果数据库中不存在打卡数据
        System.err.println("表中无打卡数据");
        return;
    }
    //遍历所有打卡记录
    for (int i = 0, length = record.length; i < length; i++) {
        String r[] = record[i];                            //获取第 i 行记录
        Integer id = Integer.valueOf(r[0]);                //获取员工编号
        if (!Session.RECORD_MAP.containsKey(id)) {         //如果全局会话中没有该员工的打卡记录
            Session.RECORD_MAP.put(id, new HashSet<>());   //为该员工添加空记录
        }
        try {
            Date recodeDate = DateTimeUtil.dateOf(r[1]);   //日期时间字符串转为日期对象
            Session.RECORD_MAP.get(id).add(recodeDate);    //在该员工的打卡记录中添加新的打卡时间
        } catch (ParseException e) {
            e.printStackTrace();
        }
    }
}
```

loadWorkTime()方法和 updateWorkTime()方法用于加载和更新作息时间。更新操作会同时修改数据库和 Session 类对象中的作息时间。这两个方法的具体代码如下：

```
public static void loadWorkTime() {
    Session.worktime = dao.getWorkTime();                  //从数据库中获取作息时间，并赋值给全局会话
}

public static void updateWorkTime(WorkTime time) {
    dao.updateWorkTime(time);                              //更新数据库中的作息时间
    Session.worktime = time;                               //更新全局会话中的作息时间
}
```

　　getOneDayRecordData()方法是获取某一天所有员工的考勤情况的方法，方法的 3 个参数分别是所要查询的年、月、日的数字，方法返回值是一个键值对，键为员工对象，值为员工的考勤标记。

　　考勤标记是由打卡标记（由类常亮属性提供）拼接而成的，可以如实地反映员工的打卡次数和每一次打卡所处的时间段。例如，某员工在某一天的考勤标记为"IEO"，表示该员工打了 3 次卡，分别是在上班时间打卡、在迟到的时间打卡和在下班时间打卡。系统需要根据实际情况对考勤标记进行分析，如果员工同时有正常上班打卡记录和迟到打卡记录，说明该员工在上班前已经到达公司，迟到记录可能是误打卡，不应算作考勤结果。

　　该方法中使用 Date 类提供的 before()方法和 after()方法来判断两个日期时间的先后顺序。如果 a 时间比 b 时间早，则 a.before(b)返回 true，a.after(b)返回 false。只有在 a 时间与 b 时间完全相同的情况下，a.equals(b)才会返回 true。

　　该方法通过 5 个时间划分出了 4 种打卡时间段，如图 24.6 所示。上班时间和下班时间是由用户自己定义的，数据库默认的上班时间为 9:00:00，下班为 17:00:00。

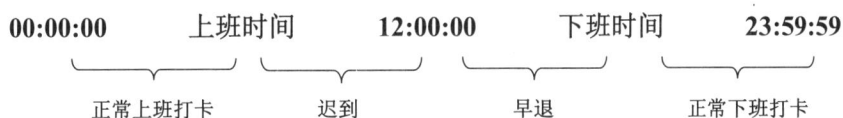

00:00:00	上班时间	12:00:00	下班时间	23:59:59
正常上班打卡	迟到	早退	正常下班打卡	

图 24.6　4 种打卡时间段

　　如果员工一天的打卡次数少于两次，则认为员工漏打卡；如果员工一次打卡记录都没有，则认为员工缺席。getOneDayRecordData()方法的具体代码如下：

```java
private static Map<Employee, String> getOneDayRecordData (int year, int month, int day) {
    Map<Employee, String> record = new HashMap<>();                        //键为员工对象，值为考勤标记
    //各时间点对象
    Date zeroTime = null, noonTime = null, lastTime = null, workTime = null, closingTime = null;
    try {
        zeroTime = DateTimeUtil.dateOf(year, month, day, "00:00:00");       //零点
        noonTime = DateTimeUtil.dateOf(year, month, day, "12:00:00");       //中午 12 点
        lastTime = DateTimeUtil.dateOf(year, month, day, "23:59:59");       //一天中最后一秒
        WorkTime wt = Session.worktime;                                     //获取当前作息时间
        workTime = DateTimeUtil.dateOf(year, month, day, wt.getStart());    //上班时间
        closingTime = DateTimeUtil.dateOf(year, month, day, wt.getEnd());   //下班时间
    } catch (ParseException e1) {
        e1.printStackTrace();
    }

    for (Employee e : Session.EMP_SET) {                                    //遍历所有员工
        String report = "";                                                //该员工的考勤记录，初始为空
        //如果所有打卡记录可以找到该员工
        if (Session.RECORD_MAP.containsKey(e.getId())) {
            boolean isAbsent = true;                                        //默认为缺席状态
            //获取该员工的所有打卡记录
            Set<Date> lockinSet = Session.RECORD_MAP.get(e.getId());
            for (Date r : lockinSet) {                                      //遍历所有打卡记录
                //如果该员工在此日期内有打卡记录
                if (r.after(zeroTime) && r.before(lastTime)) {
                    isAbsent = false;                                       //不缺席
                    //上班前打卡
                    if (r.before(workTime) || r.equals(workTime)) {
                        report += CLOCK_IN;                                 //追加上班正常打卡标记
                    }
                    //下班后打卡
```

```
                if (r.after(closingTime) || r.equals(closingTime)) {
                    report += CLOCK_OUT;                              //追加下班正常打卡标记
                }
                //上班后，中午前打卡
                if (r.after(workTime) && r.before(noonTime)) {
                    report += LATE;                                   //追加迟到标记
                }
                //中午后，下班前打卡
                if (r.after(noonTime) && r.before(closingTime)) {
                    report += LEFT_EARLY;                             //追加早退标记
                }
            }
        }
        if (isAbsent) {                                               //该员工在此日期没有打卡记录
            report = ABSENT;                                         //指定为缺席标记
        }
    } else {                                                         //如果所有打卡记录里都没有该员工
        report = ABSENT;                                             //指定为缺席标记
    }
    record.put(e, report);                                           //保存该员工的考勤记录
    }
    return record;
}
```

　　getDayReport()方法用来生成考勤日报字符串，方法的 3 个参数分别是要查询的年、月、日的数字。该方法首先会创建 3 个空的集合，分别用来存储迟到员工、早退员工和缺席员工；然后调用getOneDayRecordData()方法获取所有员工在这一天的考勤标记，分析这些标记，如果员工迟到了，就把该员工放进迟到集合里，以此类推，将打卡异常的员工放到对应的集合中；最后遍历这些集合，统计出多少人迟到、多少人早退、多少人缺席，并将这些人都列出来。getDayReport()方法的具体代码如下：

```
/**
 * 获取日报报表
 *
 * @param year   年
 * @param month  月
 * @param day    日
 * @return 完整的日报字符串
 */
public static String getDayReport(int year, int month, int day) {
    Set<String> lateSet = new HashSet<>();                          //迟到名单
    Set<String> leftSet = new HashSet<>();                          //早退名单
    Set<String> absentSet = new HashSet<>();                        //缺席名单
    //获取这一天所有员工的打卡数据
    Map<Employee, String> record = HRService.getOneDayRecordData(year, month, day);
    for (Employee e : record.keySet()) {                            //遍历每一位员工
        String oneRecord = record.get(e);                          //获取该员工的考勤标记
        //如果有迟到标记，并且没有正常上班打卡标记
        if (oneRecord.contains(LATE) && !oneRecord.contains(CLOCK_IN)) {
            lateSet.add(e.getName());                              //添加到迟到名单中
        }
        //如果有早退标记，并且没有正常下班打卡标记
        if (oneRecord.contains(LEFT_EARLY) && !oneRecord.contains(CLOCK_OUT)) {
            leftSet.add(e.getName());                             //添加到早退名单中
        }
        //如果有缺席标记
        if (oneRecord.contains(ABENT)) {
            absentSet.add(e.getName());                           //添加到缺席名单中
        }
```

```java
    }
    StringBuilder report = new StringBuilder();                              //报表字符串
    int count = Session.EMP_SET.size();                                      //获取员工人数
    //拼接报表内容
    report.append("-----   " + year + "年" + month + "月" + day + "日  -----\n");
    report.append("应到人数：" + count + "\n");

    report.append("缺席人数：" + absentSet.size() + "\n");
    report.append("缺席名单：");
    if (absentSet.isEmpty()) {                                               //如果缺席名单是空的
        report.append("（空）\n");
    } else {
        //创建缺席名单的遍历对象
        Iterator<String> it = absentSet.iterator();
        while (it.hasNext()) {                                               //遍历名单
            report.append(it.next() + " ");                                  //在报表中添加缺席员工的名字
        }
        report.append("\n");
    }

    report.append("迟到人数：" + lateSet.size() + "\n");
    report.append("迟到名单：");
    if (lateSet.isEmpty()) {                                                 //如果迟到名单是空的
        report.append("（空）\n");
    } else {
        //创建迟到名单的遍历对象
        Iterator<String> it = lateSet.iterator();
        while (it.hasNext()) {                                               //遍历名单
            report.append(it.next() + " ");                                  //在报表中添加迟到员工的名字
        }
        report.append("\n");
    }

    report.append("早退人数：" + leftSet.size() + "\n");
    report.append("早退名单：");
    if (leftSet.isEmpty()) {                                                 //如果早退名单是空的
        report.append("（空）\n");
    } else {
        Iterator<String> it = leftSet.iterator();                           //创建早退名单的遍历对象
        while (it.hasNext()) {                                               //遍历名单
            report.append(it.next() + " ");                                  //在报表中添加早退员工的名字
        }
        report.append("\n");
    }
    return report.toString();
}
```

　　getMonthReport()方法用于获取考勤月报的数据。方法参数只有两个，分别是要查询的年和月的数字。方法返回值是一个二维数组，该数组第一列为员工姓名，从第二列至最后为该员工在该月份每一天的打卡情况。如果存在打卡异常情况，则会显示相应的文字提示；如果正常上下班打卡，则什么都不显示。getMonthReport()方法的具体代码如下：

```java
public static String[][] getMonthReport(int year, int month) {
    int lastDay = DateTimeUtil.getLastDay(year, month);                     //此月最大天数
    int count = Session.EMP_SET.size();                                     //员工总人数
    //报表数据键值对，键为员工对象，值为该员工从第一天至最后一天的考勤标记列表
    Map<Employee, ArrayList<String>> reportCollectioin = new HashMap<>();
    for (int day = 1; day <= lastDay; day++) {                              //从第一天遍历至最后一天
```

```
    //获取这一天所有员工的打卡数据
    Map<Employee, String> recordOneDay = HRService.getOneDayRecordData(year, month, day);
    for (Employee e : recordOneDay.keySet()) {                          //遍历每一位员工
        if (!reportCollectioin.containsKey(e)) {                        //如果报表中没有此员工的记录
            //为该员工添加空列表，列表长度为最大天数
            reportCollectioin.put(e, new ArrayList<>(lastDay));
        }
        //向该员工的打卡记录列表中添加这一天的考勤标记
        reportCollectioin.get(e).add(recordOneDay.get(e));
    }
}

//报表数据数组，行数为员工人数，列数为最大天数 + 1（因为第一列是员工姓名）
String report[][] = new String[count][lastDay + 1];
int row = 0;                                                            //二维数组的行索引，从第一行开始遍历
//遍历报表数据键值对中的每一位员工
for (Employee e : reportCollectioin.keySet()) {
    report[row][0] = e.getName();                                      //第一列为员工姓名
    //获取该员工考勤标记列表
    ArrayList<String> list = reportCollectioin.get(e);
    //遍历每一个考勤标记
    for (int i = 0, length = list.size(); i < length; i++) {
        report[row][i + 1] = "";                                       //从第二列开始，默认值为空字符串
        String record = list.get(i);                                   //获取此列的考勤标记
        if (record.contains(ABENT)) {                                  //如果存在缺席标记
            report[row][i + 1] = "【缺席】";                             //该列标记为缺席
        }
        //如果存在正常上班打卡记录和正常下班打卡记录
        else if (record.contains(CLOCK_IN) && record.contains(CLOCK_OUT)) {  //如果是全勤
            report[row][i + 1] = "";                                   //该列标记为空字符串
        } else {
            //如果有迟到记录，并且无正常上班打卡记录
            if (record.contains(LATE) && !record.contains(CLOCK_IN)) {
                report[row][i + 1] += "【迟到】";                        //该列标记为迟到
            }
            //如果有早退记录，并且无下班打卡记录
            if (record.contains(LEFT_EARLY) && !record.contains(CLOCK_OUT)) {
                report[row][i + 1] += "【早退】";                        //该列标记为早退
            }

            //如果无迟到记录，并且无上班打卡记录
            if (!record.contains(LATE) && !record.contains(CLOCK_IN)) {
                report[row][i + 1] += "【上班未打卡】";                   //该列标记为上班未打卡
            }
            //如果无早退记录，并且无下班打卡记录
            if (!record.contains(LEFT_EARLY) && !record.contains(CLOCK_OUT)) {
                report[row][i + 1] += "【下班未打卡】";                   //该列标记为下班未打卡
            }
        }
    }
    row++;                                                             //二维数组的行索引递增
}
return report;
}
```

24.9.4　图像文件服务

com.mr.clock.service 包下的 ImageService.java 为图像文件服务类，该服务类封装了所有关于员工照

片文件的读写功能。

ImageService 类中有两个私有静态常量属性，FACE_DIR 表示存储员工照片文件的文件夹对象，SUFFIX 表示图像文件的默认格式。这两个属性的定义如下：

```
private static final File FACE_DIR = new File("src/faces");       //存储员工照片文件的文件夹
private static final String SUFFIX = "png";                       //图像文件的默认格式
```

loadAllImage()方法用于一次性加载所有员工照片，并将这些照片图像保存在 Session 类对象中。该方法会在项目启动时执行一次，这样项目启动完成后就会形成一个公司内部的照片库。loadAllImage()方法的具体代码如下：

```
public static Map<String, BufferedImage> loadAllImage() {
    if (!FACE_DIR.exists()) {                                    //如果人脸图像的文件夹丢失
        System.err.println("src\\face\\人脸图像文件夹丢失！");
        return null;
    }
    File faces[] = FACE_DIR.listFiles();                         //获取文件夹下的所有文件
    for (File f : faces) {                                       //遍历每一个文件
        try {
            BufferedImage img = ImageIO.read(f);                //创建该图像文件的 BufferedImage 对象
            String fileName = f.getName();                      //文件名
            String code = fileName.substring(0, fileName.indexOf('.'));  //截取文件名，去掉后缀名
            Session.IMAGE_MAP.put(code, img);                   //将人脸图像添加到全局会话中
        } catch (IOException e) {
            e.printStackTrace();
        }
    }
    return null;
}
```

saveFaceImage()方法用于保存新员工的照片文件，该方法的参数 image 为新员工的照片图像，参数 code 为新员工的特征码。该方法会将新员工的特征码作为照片的文件名，将照片保存在 FACE_DIR 所指定的文件夹中，并采用 SUFFIX 所指定的格式。saveFaceImage()方法的具体代码如下：

```
public static void saveFaceImage(BufferedImage image, String code) {
    try {
        //将图像按照 SUFFIX 格式写入文件夹中
        ImageIO.write(image, SUFFIX, new File(FACE_DIR, code + "." + SUFFIX));
        Session.IMAGE_MAP.put(code, image);                     //将人脸图像添加到全局会话中
    } catch (IOException e) {
        e.printStackTrace();
    }
}
```

deleteFaceImage()方法用于删除某员工的照片文件，参数 code 为该员工的特征码。该方法的具体代码如下：

```
/**
 * 删除人脸图像文件
 *
 * @param code 员工特征码
 */
public static void deleteFaceImage(String code) {
    Session.IMAGE_MAP.remove(code);                             //在全局会话中删除该员工的图像
    File image = new File(FACE_DIR, code + "." + SUFFIX);       //创建该员工人脸图像文件对象
    if (image.exists()) {                                       //如果此文件存在
        image.delete();                                        //删除文件
```

```
        System.out.println(image.getAbsolutePath() + " ---已删除");        //提示删除文件成功
    }
}
```

24.10 窗体类的设计

　　MR 人脸识别打卡系统的窗体采用精简风格设计，整个系统只有一个窗体，但可以根据用户的操作更换窗体中展示的内容。不同的功能界面由不同的面板类来实现。项目中共设计了 4 个功能面板和 1 个对话框，分别是主面板、员工管理面板、考勤报表面板、录入新员工面板和登录对话框。下面将详细讲解这些窗体、面板及其组件的设计。

24.10.1 主窗体

　　com.mr.clock.frame 包下的 MainFrame 类就是主窗体类，该类继承 JFrame 窗体类。主窗体除了做主容器，不显示任何内容，如图 24.7 所示。但是，主窗体会提供以下 3 种功能。

　　☑　数据初始化：主窗体对象是项目启动后第一个被创建的对象，因此在构造主窗体时，让 Session 类对象做数据初始化操作，这样就可以在窗体显示前一次性地将所有数据都加载完毕。

图 24.7　不显示任何内容的主窗体

　　☑　更换窗体中的面板：主窗体需要提供更换面板的功能，以确保相应用户切换界面的操作。

　　☑　关闭窗体时弹出确认提示：为防止用户误关程序，主窗体添加了窗体事件监听。如果窗体被关闭，则会弹出确认对话框，只有在用户单击"是"按钮的情况下，程序才会被关闭，如图 24.8 所示。

图 24.8　关闭窗体时弹出的确认对话框

MainFrame 类的具体代码如下：

```java
public class MainFrame extends JFrame {

    public MainFrame() {
        Session.init();                                          //全局会话初始化
        addListener();                                           //添加监听
        setSize(640, 480);                                       //窗体宽高
        setDefaultCloseOperation(DO_NOTHING_ON_CLOSE);           //单击"关闭"按钮不触发任何事件
        Toolkit tool = Toolkit.getDefaultToolkit();              //创建系统默认组件工具包
        Dimension d = tool.getScreenSize();                      //获取屏幕尺寸，赋给坐标对象
        setLocation((d.width - getWidth()) / 2, (d.height - getHeight()) / 2);   //让主窗体在屏幕中间显示
    }

    /**
     * 添加组件监听
     */
    private void addListener() {
```

```
addWindowListener(new WindowAdapter() {                          //添加窗体事件监听
    @Override
    public void windowClosing(WindowEvent e) {                   //窗体关闭时
        //弹出选择对话框，并记录用户做出的选择
        int closeCode = JOptionPane.showConfirmDialog(MainFrame.this,"是否退出程序？","提示！",
            JOptionPane.YES_NO_OPTION);
        if (closeCode == JOptionPane.YES_OPTION) {               //如果用户选择"是"
            Session.dispose();                                   //释放全局资源
            System.exit(0);                                      //关闭程序
        }
    }
});
}

/**
 * 更换主容器中的面板
 * @param panel 更换的面板
 */
public void setPanel(JPanel panel) {
    Container c = getContentPane();                              //获取主容器对象
    c.removeAll();                                               //删除容器中所有组件
    c.add(panel);                                                //容器添加面板
    c.validate();                                                //容器重新验证所有组件
}
}
```

24.10.2　主面板

com.mr.clock.frame 包下的 MainPanel 类就是主面板类，该类继承 JPanel 面板类。主面板也叫作主菜单面板，是主窗体启动后加载的第一个功能面板，效果如图 24.9 所示。

主面板中部是人脸识别打卡的功能区，左侧是信息提示栏，可以输出摄像头启动日志和员工打卡成功提示。右侧黑色区域是摄像头画面，全黑或者"提示相机未就绪"则表示摄像头尚未开启工作。

黑色区域下方有一个较大的"打卡"按钮，单击此按钮后，系统会打开计算机默认连接的摄像头，并将摄像头捕捉到的画面展示在上方，效果如图 24.10 所示。如果摄像头捕捉到某位员工的正脸，就会在提示栏中输出该员工的名字和打卡时间，然后自动关闭摄像头，效果如图 24.11 所示。如果计算机没有连接任何摄像头，则会弹出如图 24.12 所示的对话框。

图 24.9　主面板界面图

图 24.10　开启摄像头打卡

479

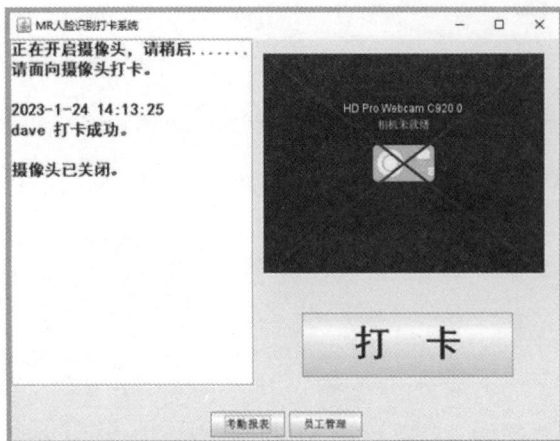

图 24.11 打卡成功

图 24.12 没有连接摄像头时弹出的提示

主面板底部有两个按钮，分别是"考勤报表"按钮和"员工管理"按钮，如果用户单击这两个按钮则会让主窗体切换至对应的功能界面。

MainPanel 类将很多面板中使用的组件定义成了类属性，具体如下：

```
private MainFrame parent;                    //主窗体
private JToggleButton daka;                  //打卡按钮
private JButton kaoqin;                      //考勤按钮
private JButton yuangong;                    //员工按钮
private JTextArea area;                      //提示信息文本域
private DetectFaceThread dft;                //人脸识别线程
private JPanel center;                       //中部面板
```

因为 Webcam Capture 组件是通过一个摄像头线程让前台画面不断变化的，如果想要检测是否有员工正在刷脸打卡，就需要再单独创建一个人脸识别线程不断地分析当前画面。主面板类中的成员内部类 DetectFaceThread 就是人脸识别线程类。DetectFaceThread 类继承 Thread 线程类，并在 run()方法中写了一个不停地执行的 while 循环，从而不断地捕捉当前摄像头捕捉的帧画面。如果摄像头处于工作状态，线程就会获取当前一帧画面，并交给 FaceEngineService 人脸识别服务类对象来看看画面中的人是谁。如果 FaceEngineService 类对象返回了一个员工特征码，说明找到了匹配员工，就让 HRService 人事服务类对象为该员工添加打卡记录，并在提示栏里输出打卡成功，最后关闭摄像头。

DetectFaceThread 线程类中有一个 work 属性，表示该线程是否持续循环执行，如果 stopThread()方法被执行，work 的值就会变成 false，使 run()方法中的 while 循环停止，也就停止了人脸识别线程。DetectFaceThread 类的具体代码如下：

```
private class DetectFaceThread extends Thread {
    boolean work = true;                      //人脸识别线程是否继续扫描 image

    @Override
    public void run() {
        while (work) {
            if (CameraService.cameraIsOpen()) {    //如果摄像头已开启
                //获取摄像头的当前帧
                BufferedImage frame = CameraService.getCameraFrame();
                if (frame != null) {               //如果可以获得有效帧
                    //获取当前帧中出现的人脸对应的特征码
                    String code = FaceEngineService.detectFace(FaceEngineService.getFaceFeature(frame));
```

```
            if (code != null) {                                //如果特征码不为 null，则表明画面中存在某员工的人脸
                Employee e = HRService.getEmp(code);           //根据特征码获取员工对象
                HRService.addClockInRecord(e);                 //为此员工添加打卡记录
                //在文本域中添加提示信息
                area.append("\n" + DateTimeUtil.dateTimeNow() + " \n");
                area.append(e.getName() + " 打卡成功。\n\n");
                releaseCamera();                               //释放摄像头
            }
        }
    }
}

    public synchronized void stopThread() {                    //停止人脸识别线程
        work = false;
    }
}
```

releaseCamera()方法用于释放摄像头以及释放主面板中的一些资源，并重置一些组件的属性。该方法通常会在员工打卡完成、切换其他功能面板或者用户手动关闭摄像头之后被触发。该方法的具体代码如下：

```
/**
 * 释放摄像头及面板中的一些资源
 */
private void releaseCamera() {
    CameraService.releaseCamera();                             //释放摄像头
    area.append("摄像头已关闭。\n");                            //添加提示信息
    if (dft != null) {                                         //如果人脸识别线程被创建
        dft.stopThread();                                     //停止线程
    }
    daka.setText("打　卡");                                    //更改"打卡"按钮的文本
    daka.setSelected(false);                                   // "打卡"按钮变为未选中状态
    daka.setEnabled(true);                                     // "打卡"按钮可用
}
```

当"打卡"按钮被单击后，会触发 ActionListener 监听，按钮的文本会变成"关闭摄像头"，创建一个临期线程启动摄像头，并将摄像头的画面展示在主面板中，同时启动人脸识别线程。使用临时线程启动摄像头是为了防止摄像头漫长的启动过程阻塞主程序线程。如果按钮被再次单击，按钮的文本会变回"打卡"，并释放摄像头及其他资源。"打卡"按钮触发事件的具体代码如下：

```
daka.addActionListener(new ActionListener() {                 // "打卡"按钮的事件
    @Override
    public void actionPerformed(ActionEvent e) {
        if (daka.isSelected()) {                               //如果"打卡"按钮是选中状态
            //在文本域中添加提示信息
            area.append("正在开启摄像头，请稍后.......\n");
            daka.setEnabled(false);                            // "打卡"按钮不可用
            daka.setText("关闭摄像头");                         //更改"打卡"按钮的文本
            //创建启动摄像头的临时线程
            Thread cameraThread = new Thread() {
                public void run() {
                    //如果摄像头可以正常开启
                    if (CameraService.startCamera()) {
                        area.append("请面向摄像头打卡。\n");     //添加提示
                        daka.setEnabled(true);                 // "打卡"按钮可用
                        //获取摄像头画面面板
```

```
                    JPanel cameraPanel = CameraService.getCameraPanel();
                    //设置面板的坐标与宽高
                    cameraPanel.setBounds(286, 16, 320, 240);
                    center.add(cameraPanel);                          //放到中部面板当中
                } else {
                    //弹出提示
                    JOptionPane.showMessageDialog(parent, "未检测到摄像头！");
                    releaseCamera();                                  //释放摄像头资源
                    return;                                           //停止方法
                }
            }
        };
        cameraThread.start();                                         //启动临时线程
        dft = new DetectFaceThread();                                 //创建人脸识别线程
        dft.start();                                                  //启动人脸识别线程
    } else {                                                          //如果"打卡"按钮不是选中状态
        releaseCamera();                                             //释放摄像头资源
    }
  }
});
```

"考勤报表"按钮和"员工管理"按钮触发的事件就相对简单了，首先会判断用户是否有管理员身份，如果没有就弹出登录对话框让用户登录，当用户登录成功后，就会让主窗体切换至各自的功能界面。"考勤报表"按钮和"员工管理"按钮触发的事件的代码具体如下：

```
kaoqin.addActionListener(new ActionListener() {                       // "考勤报表"按钮的事件
    @Override
    public void actionPerformed(ActionEvent e) {
        if (Session.user == null) {                                   //如果没有管理员登录
            //创建登录对话框
            LoginDialog ld = new LoginDialog(parent);
            ld.setVisible(true);                                      //展示登录对话框
        }
        if (Session.user != null) {                                   //如果管理员已登录
            //创建考勤报表面板
            AttendanceManagementPanel amp = new AttendanceManagementPanel(parent);
            parent.setPanel(amp);                                     //主窗体切换至考勤面板上
            releaseCamera();                                          //释放摄像头
        }
    }
});

yuangong.addActionListener(new ActionListener() {                     // "员工管理"按钮的事件
    @Override
    public void actionPerformed(ActionEvent e) {
        if (Session.user == null) {                                   //如果没有管理员登录
            //创建登录对话框
            LoginDialog ld = new LoginDialog(parent);
            ld.setVisible(true);                                      //展示登录对话框
        }
        if (Session.user != null) {                                   //如果管理员已登录
            //创建员工管理面板
            EmployeeManagementPanel emp = new EmployeeManagementPanel(parent);
            parent.setPanel(emp);                                     //主窗体切换至考勤面板上
            releaseCamera();                                          //释放摄像头资源
        }
    }
});
```

24.10.3　登录对话框

📇　本节使用的数据表：t_user

如果用户想要查看考勤报表或者管理公司员工数据，则需要以管理员身份登录系统。登录对话框就是让用户输入用户名和密码的界面，效果如图 24.13 所示。

com.mr.clock.frame 包下的 LoginDialog 类就是登录对话框类，该类继承 JDialog 对话框类。它由于是一个对话框而不是一个面板，因此是一个独立的小窗体，可以在主容器之外显示。对话框有一个特点：可以阻塞主窗体。这表示弹出登录对话框之后，用户无法对对话框后面的主窗体做任何操作。

图 24.13　主窗体弹出登录对话框

LoginDialog 类使用的组件很少，关键性的组件被定义成了类属性，具体代码如下：

```
private JTextField usernameField = null;              //"用户名"文本框
private JPasswordField passwordField = null;          //"密码"输入框
private JButton loginBtn = null;                      //"登录"按钮
private JButton cancelBtn = null;                     //"取消"按钮
private final int WIDTH = 300, HEIGHT = 150;          //对话框的宽高
```

LoginDialog 类重写了父类的构造方法，并在构造方法中调用了父类的另一个构造方法 Dialog (Frame owner, String title, boolean modal)，该构造方法的第一个参数 owner 表示对话框在哪个窗体上弹出，第二个参数 title 表示对话框的标题，第三个参数 modal 表示对话框是否会阻塞该窗体。LoginDialog 类重写构造方法的具体代码如下：

```
public LoginDialog(Frame owner, boolean modal) {
    super(owner, "管理员登录", modal);                  //阻塞主窗体
    setSize(WIDTH, HEIGHT);                           //设置宽高
    //在主窗体中央显示
    setLocation(owner.getX() + (owner.getWidth() - WIDTH) / 2, owner.getY() + (owner.getHeight() - HEIGHT) / 2);
    init();                                           //组件初始化
    addListener();                                    //为组件添加监听
}
```

登录面板只有两个按钮，"登录"按钮用于校验用户名和密码是否正确。如果用户名和密码正确，就将登录成功的管理员对象保存在 Session 中；如果用户名和密码不正确，就弹出错误提示。"取消"按钮只是简单地关闭了对话框。"登录"按钮触发事件的具体代码如下：

```
//"登录"按钮的事件
loginBtn.addActionListener(new ActionListener() {
    @Override
    public void actionPerformed(ActionEvent e) {
        String username = usernameField.getText().trim();           //获取用户输入的用户名
        String password = new String(passwordField.getPassword());  //获取用户输入的密码
        boolean result = HRService.userLogin(username, password);   //检查用户名和密码是否正确
        if (result) {                                               //如果正确
            LoginDialog.this.dispose();                             //销毁登录对话框
        } else {
            //提示用户名或密码错误
            JOptionPane.showMessageDialog(LoginDialog.this, "用户名或密码有误！");
```

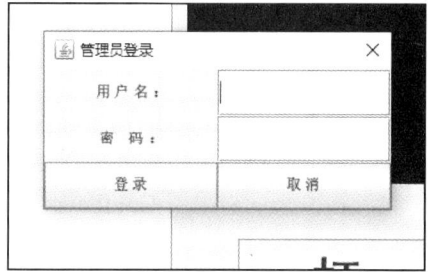

```
        }
    }
});
```

24.10.4 考勤报表面板

📇 本节使用的数据表：t_emp，t_lock_in_record，t_work_time

考勤报表是本系统的特色功能之一，系统会分析每一位员工的考勤状况，然后生成日报和月报。考勤报表面板就用来设置和展现这两种报表。

考勤报表面板采用 CardLayout 卡片式布局，这样可以保证同时只有一种报表展示在窗体中，但又可以流畅地切换成其他报表。面板下有 4 个按钮，如图 24.14 所示。前 3 个按钮可以切换当前显示的内容，最后一个"返回"按钮则可以回到主面板界面。

图 24.14 考勤报表下方的 4 个按钮

打开考勤报表面板时会默认显示今日的考勤日报，用户可以通过选择上方的日期下拉列表更换日报的日期。例如，2023 年 1 月 2 日的日报如图 24.15 所示，2023 年 1 月 8 日的日报如图 24.16 所示。如果修改完作息时间之后日报没有同步更新，则可以单击下拉列表右侧的"刷新报表"按钮来重新生成日报。

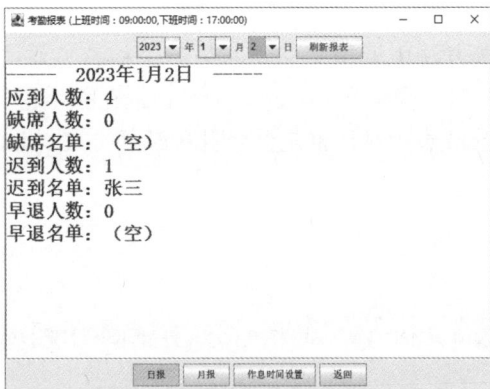

图 24.15 2023 年 1 月 2 日的日报

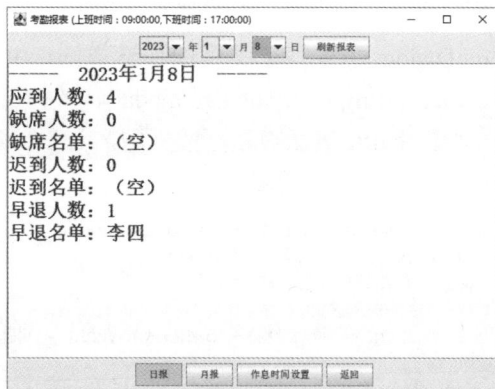

图 24.16 2023 年 1 月 8 日的日报

如果单击了下方的"月报"按钮，面板会切换至月报界面。与日报不同，月报是以表格的方式显示所有员工在某一月的打卡情况的，用户可以通过选择上方的日期下拉列表更换月报的具体月份。例如，2023 年 1 月的月报如图 24.17 所示，2023 年 12 月的月报如图 24.18 所示。如果修改完作息时间之后月报没有同步更新，也可以单击下拉列表右侧的"刷新报表"按钮来重新生成月报。

如果单击了下方的"作息时间设置"按钮，面板会切换至作息时间设置界面。该界面会用几个文本框显示当前启动的作息时间，效果如图 24.19 所示。用

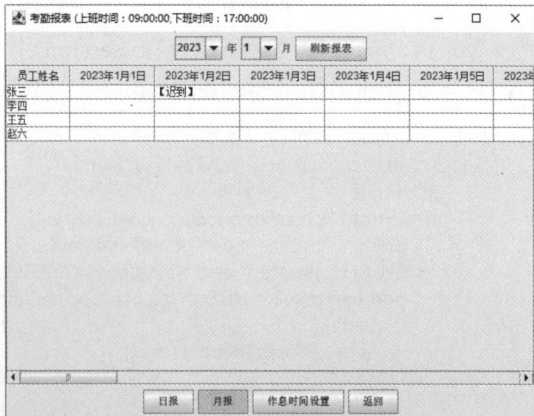

图 24.17 2023 年 1 月的月报

户可以修改其中的时间值，但必须保证符合时间格式，否则会弹出错误提示。设置完之后单击"替换作息时间"按钮，系统就会换成新的作息时间。

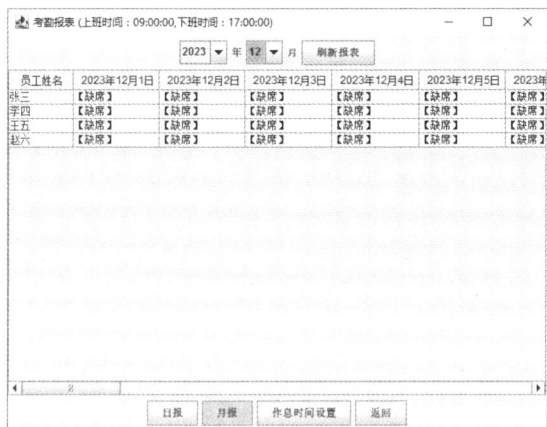

图 24.18 2023 年 12 月的月报

图 24.19 设置作息时间

com.mr.clock.frame 包下的 AttendanceManagementPanel 类就是考勤报表面板类，该类继承 JPanel 面板类。考勤报表面板中使用的组件非常多，其中一些关键性的组件被定义成了类属性，具体代码如下：

```
private MainFrame parent;                                         //主窗体

private JToggleButton dayRecordBtn;                               //日报按钮
private JToggleButton monthRecordBtn;                             //月报按钮
private JToggleButton worktimeBtn;                                //作息时间设置按钮
private JButton back;                                             //返回按钮
private JButton flushD, flushM;                                   //分别在日报和月报面板中的刷新按钮
private JPanel centerdPanel;                                      //中央面板
private CardLayout card;                                          //中央面板使用的卡片布局

private JPanel dayRecordPanel;                                    //日报面板
private JTextArea area;                                           //日报面板里的文本域
//日报面板里的年、月、日下拉列表
private JComboBox<Integer> yearComboBoxD, monthComboBoxD, dayComboBoxD;
//年、月、日下拉列表使用的数据模型
private DefaultComboBoxModel<Integer> yearModelID, monthModelID, dayModelID;

private JPanel monthRecordPanel;                                  //月报面板
private JTable table;                                             //月报面板里的表格
private DefaultTableModel model;                                  //表格的数据模型
private JComboBox<Integer> yearComboBoxM, monthComboBoxM;         //月报面板里的年、月下拉列表
private DefaultComboBoxModel<Integer> yearModelM, monthModelM;    //年、月下拉列表使用的数据模型

private JPanel worktimePanel;                                     //作息时间面板
private JTextField hourS, minuteS, secondS;                       //上班时间的时、分、秒文本框
private JTextField hourE, minuteE, secondE;                       //下班时间的时、分、秒文本框
private JButton updateWorktime;                                   //替换作息时间按钮
```

考勤报表面板中两个核心方法是 updateDayRecord()更新日报方法和 updateMonthRecord()更新月报方法。

updateDayRecord()更新日报方法首先会获取用户在日期下拉列表中选中的年、月、日，然后交给 HRService 人事服务类对象生成这一天的日报字符串，最后将字符串覆盖到文本域中，这样就实现了日

报的更新，方法的具体代码如下：

```java
private void updateDayRecord() {
    //获取日报面板中选中的年、月、日
    int year = (int) yearComboBoxD.getSelectedItem();
    int month = (int) monthComboBoxD.getSelectedItem();
    int day = (int) dayComboBoxD.getSelectedItem();
    String report = HRService.getDayReport(year, month, day);    //获取日报报表
    area.setText(report);                                        //日报报表覆盖到文本域中
}
```

updateMonthRecord()更新月报方法会复杂一些。该方法只获取用户选择的年和月，计算出此月的最大天数后，按照姓名+最大天数来分配表格的列数，确保每一个记录都能展现在表格中。等表格的结构设计完之后，再通过 HRService 人事服务类对象生成此月的月报数据，并填充到表格中。这样就实现了月报的更新，方法的具体代码如下：

```java
private void updateMonthRecord() {
    //获取月报面板中选中的年、月
    int year = (int) yearComboBoxM.getSelectedItem();
    int month = (int) monthComboBoxM.getSelectedItem();

    int lastDay = DateTimeUtil.getLastDay(year, month);          //此月最大天数

    String tatle[] = new String[lastDay + 1];                    //表格列头
    tatle[0] = "员工姓名";                                        //第一列是员工姓名
    //后面为选中月份每一天的日期
    for (int day = 1; day <= lastDay; day++) {
        tatle[day] = year + "年" + month + "月" + day + "日";
    }
    //获取月报数据
    String values[][] = HRService.getMonthReport(year, month);
    model.setDataVector(values, tatle);                          //将数据和列头放入表格数据模型中
    int columnCount = table.getColumnCount();                    //获取表格中的所有列数
    for (int i = 1; i < columnCount; i++) {                      //遍历每一列
        //从第 2 列开始，每一列都设为 100 宽度
        table.getColumnModel().getColumn(i).setPreferredWidth(100);
    }
}
```

当用户重新选择下拉列表里的日期时，月报和日报会按照用户选择的日期重新生成。这就需要为每一个下拉列表添加事件监听。例如，当月报的日期下拉列表被重新选择时，表格中的月报会更新，其关键代码如下：

```java
//月报面板中的年份、月份下拉列表使用的监听对象
ActionListener yearM_monthM_Listener = new ActionListener() {
    @Override
    public void actionPerformed(ActionEvent e) {
        updateMonthRecord();                                     //更新月报
    }
};

yearComboBoxM.addActionListener(yearM_monthM_Listener);          //添加监听
monthComboBoxM.addActionListener(yearM_monthM_Listener);
```

日报的日期下拉列表之间是存在联动的，如果用户修改了年和月，日下拉列表的天数会随之变化。例如：选择 2023 年 1 月之后，日下拉列表里就有 31 天；选中 2023 年 11 月之后，日下拉列表里就有

30 天。实现联动功能的关键代码如下：

```
//日报面板中的日期下拉列表使用的监听对象
ActionListener dayD_Listener = new ActionListener() {
    @Override
    public void actionPerformed(ActionEvent e) {
        updateDayRecord();                                    //更新日报
    }
};
dayComboBoxD.addActionListener(dayD_Listener);               //添加监听
//日报面板中的年份、月份下拉列表使用的监听对象
ActionListener yearD_monthD_Listener = new ActionListener() {
    @Override
    public void actionPerformed(ActionEvent e) {
        //删除日期下拉列表使用的监听对象，防止日期改变后自动触发此监听
        dayComboBoxD.removeActionListener(dayD_Listener);
        updateDayModel();                                    //更新日期下拉列表中的天数
        updateDayRecord();                                   //更新日报
        //重新为日期下拉列表添加监听对象
        dayComboBoxD.addActionListener(dayD_Listener);
    }
};
yearComboBoxD.addActionListener(yearD_monthD_Listener);      //添加监听
monthComboBoxD.addActionListener(yearD_monthD_Listener);
```

更新日期下拉列表中的天数被单独封装成了一个 updateDayModel()方法，在该方法中会根据用户选择的年和月来计算出此月共有多少天，并重置日期下拉列表中的内容。该方法的具体代码如下：

```
/**
 * 更新日期下拉列表中的天数
 */
private void updateDayModel() {
    int year = (int) yearComboBoxD.getSelectedItem();        //获取年份下拉列表中选中的值
    int month = (int) monthComboBoxD.getSelectedItem();      //获取月份下拉列表中选中的值
    int lastDay = DateTimeUtil.getLastDay(year, month);      //获取选中月份的最大天数
    dayModelD.removeAllElements();                           //清除已有元素
    for (int i = 1; i <= lastDay; i++) {
        dayModelD.addElement(i);                             //将每一天都添加到日期下拉列表数据模型中
    }
}
```

"替换作息时间"按钮触发事件的代码较多，但逻辑却很简单。从每一个文本框中获取用户输入的值，将这些值拼接成上班时间和下班时间两个字符串，并交给 DateTimeUtil 日期时间工具类对象校验格式是否正确。如果格式正确就让 HRService 人事服务类对象更新作息时间，如果错误就弹出提示让用户检查自己的输入。其关键代码如下：

```
updateWorktime.addActionListener(new ActionListener() {     //替换作息时间按钮的事件
    @Override
    public void actionPerformed(ActionEvent e) {
        String hs = hourS.getText().trim();                 //上班的小时
        String ms = minuteS.getText().trim();               //上班的分钟
        String ss = secondS.getText().trim();               //上班的秒
        String he = hourE.getText().trim();                 //下班的小时
        String me = minuteE.getText().trim();               //下班的分钟
        String se = secondE.getText().trim();               //下班的秒

        boolean check = true;                               //时间校验成功标志
        String startInput = hs + ":" + ms + ":" + ss;       //拼接上班时间
```

```
String endInput = he + ":" + me + ":" + se;                                    //拼接下班时间
if (!DateTimeUtil.checkTimeStr(startInput)) {                                   //如果上班时间不是正确的时间格式
    check = false;                                                             //校验失败
    JOptionPane.showMessageDialog(parent, "上班时间的格式不正确"); //弹出提示
}
//如果下班时间不是正确的时间格式
if (!DateTimeUtil.checkTimeStr(endInput)) {
    check = false;                                                             //校验失败
    JOptionPane.showMessageDialog(parent, "下班时间的格式不正确"); //弹出提示
}

if (check) {                                                                   //如果校验通过
    //弹出选择对话框，并记录用户选择
    int confirmation = JOptionPane.showConfirmDialog(parent,
        "确定做出以下设置? \n 上班时间：" + startInput + "\n 下班时间：" + endInput, "提示! ",
        JOptionPane.YES_NO_OPTION);
    if (confirmation == JOptionPane.YES_OPTION) {                              //如果用户选择"是"
        WorkTime input = new WorkTime(startInput, endInput);
        HRService.updateWorkTime(input);                                      //更新作息时间
        //修改主窗体标题
        parent.setTitle("考勤报表 (上班时间：" + startInput + ",下班时间：" + endInput + ")");
    }
}
    }
});
```

24.10.5　员工管理面板

📋　本节使用的数据表：t_emp

员工管理面板用于查看和删除员工，同时也是录入新员工的入口。员工管理面板界面的效果如图 24.20 所示。当管理员选中某位员工时，单击"删除员工"按钮会弹出确认对话框，效果如图 24.21 所示。如果管理员单击"是"按钮，则会彻底删除该员工的一切数据，包括员工信息、打卡记录和员工照片。

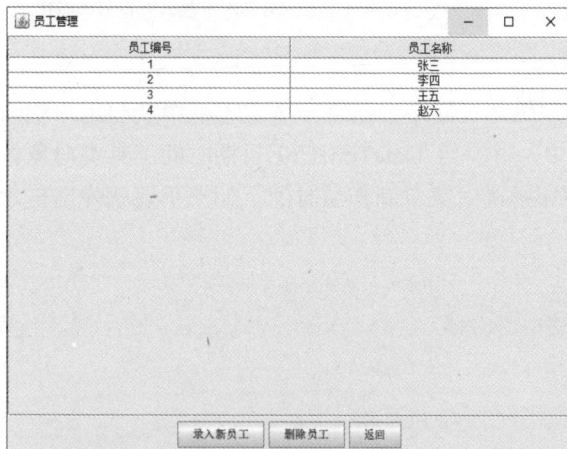

图 24.20　员工管理面板

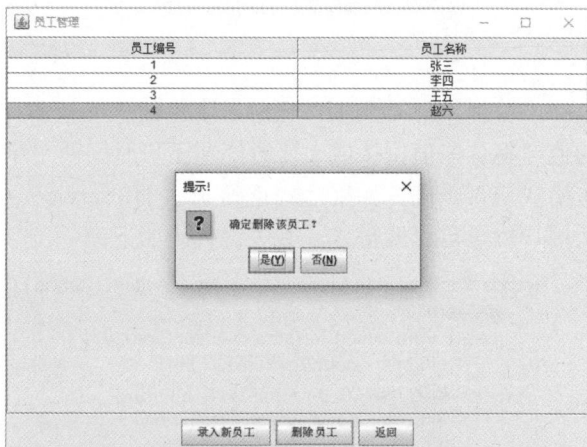

图 24.21　删除员工时弹出确认对话框

com.mr.clock.frame 包下的 EmployeeManagementPanel 类就是员工管理面板类，该类继承 JPanel 面

板类。员工管理面板使用的组件很少，关键性的组件被定义成了类属性，具体代码如下：

```
private MainFrame parent;                                    //主窗体
private JTable table;                                        //员工信息表格
private DefaultTableModel model;                             //表格的数据模型
private JButton add;                                         //录入新员工按钮
private JButton delete;                                      //删除员工按钮
private JButton back;                                        //返回按钮
```

员工管理面板显示的表格是一个自定义的表格，由 EmpTable 内部类实现，该类继承 JTable 表格类。EmpTable 类重写了父类的 isCellEditable()方法，确保表格中的内容无法被编辑。同时，该类重写 getDefaultRenderer()方法，让表格中的所有内容居中显示。EmpTable 类的具体代码如下：

```
private class EmpTable extends JTable {

    public EmpTable(TableModel dm) {
        super(dm);
        setSelectionMode(ListSelectionModel.SINGLE_SELECTION);   //只能单选
    }

    @Override
    public boolean isCellEditable(int row, int column) {
        return false;                                            //表格不可编辑
    }

    @Override
    public TableCellRenderer getDefaultRenderer(Class<?> columnClass) {
        //获取单元格渲染对象
        DefaultTableCellRenderer cr = (DefaultTableCellRenderer) super.getDefaultRenderer(columnClass);
        //表格文字居中显示
        cr.setHorizontalAlignment(DefaultTableCellRenderer.CENTER);
        return cr;
    }
}
```

表格中的第一列为员工编号，因此用户单击"删除员工"按钮时，就可以根据用户选择的行数确定被选中员工的编号。将员工编号交给 HRService 人事服务类对象彻底删除该员工。"删除员工"按钮触发事件的具体代码如下：

```
//"删除员工"按钮的监听事件
delete.addActionListener(new ActionListener() {
    public void actionPerformed(ActionEvent e) {
        int selecRow = table.getSelectedRow();                       //获取表格中被选中的行索引
        if (selecRow != -1) {                                        //如果有行被选中
            //弹出选择对话框，并记录用户选择
            int deleteCode = JOptionPane.showConfirmDialog(parent, "确定删除该员工？", "提示！",
                    JOptionPane.YES_NO_OPTION);
            if (deleteCode == JOptionPane.YES_OPTION) {              //如果用户选择"是"
                //获取选中的员工编号
                String id = (String) model.getValueAt(selecRow, 0);
                HRService.deleteEmp(Integer.parseInt(id));           //删除此员工
                model.removeRow(selecRow);                           //表格删除此行
            }
        }
    }
});
```

24.10.6　录入新员工面板

📇　本节使用的数据表：t_emp

如果管理员在员工管理面板中单击了"录入新员工"按钮，主窗体则会切换至录入新员工面板上。该面板会立刻打卡摄像头，效果如图 24.22 所示。此时员工需在下方输入自己的名字，并正面面向摄像头，最后单击下方的"拍照并录入"按钮，就会弹出如图 24.23 所示的提示框。

图 24.22　录入新员工界面

图 24.23　录入成功时弹出的提示框

单击提示提示框上的"确定"按钮后，主窗体会切换回员工管理面板，此时可以在表格中看到新员工的编号和名称，如图 24.24 所示。同时也可以在项目的 faces 文件夹中看到刚为新员工拍摄的照片文件，位置如图 24.25 所示，文件名为该员工的特征码。

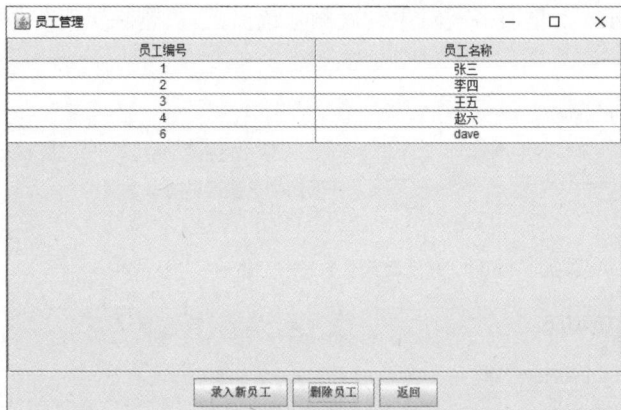

图 24.24　员工列表中多了新员工

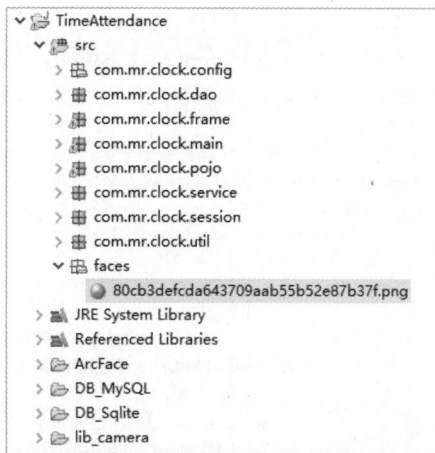

图 24.25　新员工照片文件的存储地址

com.mr.clock.frame 包下的 AddEmployeePanel 类就是录入新员工面板类，该类继承 JPanel 面板类。录入新员工面板使用的组件很少，关键性的组件被定义成了类属性，具体代码如下：

```
private MainFrame parent;                                          //主窗体
private JLabel message;                                            //提示
private JTextField nameField;                                      //姓名文本框
private JButton submit;                                            //提交按钮
private JButton back;                                              //返回按钮
private JPanel center;                                             //中部面板
```

与主面板一样，录入新员工面板也为启动摄像头编写了一个临时线程，只不过在未检测到摄像头的情况下会自动触发"返回"按钮的单击事件，也就是让主窗体切换回员工管理面板。其关键代码如下：

```
Thread cameraThread = new Thread() {                               //摄像头启动线程
    public void run() {
        if (CameraService.startCamera()) {                        //如果摄像头成功开启
            message.setText("请正面面向摄像头");                   //更换提示信息
            JPanel cameraPanel = CameraService.getCameraPanel();  //获取摄像头画面面板
            cameraPanel.setBounds(150, 75, 320, 240);             //设置面板的坐标和宽高
            center.add(cameraPanel);                              //放到中部面板
        } else {
            //弹出提示
            JOptionPane.showMessageDialog(parent, "未检测到摄像头！");
            back.doClick();                                       //触发"返回"按钮的单击事件
        }
    }
};
cameraThread.start();                                             //开启线程
```

录入新员工面板的主要业务都集中在"拍照并录入"按钮上，该按钮被单击后会做 3 种校验：员工是否输入了自己的姓名？摄像头是否正常工作？摄像头是否拍到了员工的脸？只有在这 3 种校验都通过的情况下，才会通过 HRService 人事服务类对象添加新员工，并从摄像头中取一帧有人脸的画面作为员工的照片，交给 ImageService 图片服务类对象保存照片文件，同时将该员工的面部特征保存在 Session 类对象的面部特征库里。"拍照并录入"按钮触发事件的具体代码如下：

```
submit.addActionListener(new ActionListener() {                   //"提交"按钮的事件
    @Override
    public void actionPerformed(ActionEvent e1) {
        String name = nameField.getText().trim();                 //获取文本框里的名字
        if (name == null || "".equals(name)) {                    //如果是空内容
            JOptionPane.showMessageDialog(parent, "名字不能为空！");
            return;                                               //中断方法
        }
        if (!CameraService.cameraIsOpen()) {                      //如果摄像头未开启
            JOptionPane.showMessageDialog(parent, "摄像头尚未开启，请稍后。");
            return;
        }
        BufferedImage image = CameraService.getCameraFrame();     //获取当前摄像头捕捉的帧
        FaceFeature ff = FaceEngineService.getFaceFeature(image); //获取此图像中人脸的面部特征
        if (ff == null) {                                         //如果不存在面部特征
            JOptionPane.showMessageDialog(parent, "未检测到有效人脸信息");
            return;
        }
        Employee e = HRService.addEmp(name, image);               //添加新员工
        ImageService.saveFaceImage(image, e.getCode());           //保存员工照片文件
        Session.FACE_FEATURE_MAP.put(e.getCode(), ff);            //全局会话记录此人面部特征
        JOptionPane.showMessageDialog(parent, "员工添加成功！");   //弹出提示框
        back.doClick();                                           //触发"返回"按钮的单击事件
    }
});
```

24.11 常见问题与解决

24.11.1 如何运行项目

问题描述：不知道如何运行开发好的项目。

解决方法：系统的入口类（启动类）为 com.mr.clock.main.Main.java，在 Main.java 文件上右击，在弹出的快捷菜单中依次选择 Run As→Java Application 命令，即可启动项目，操作过程如图 24.26 所示。

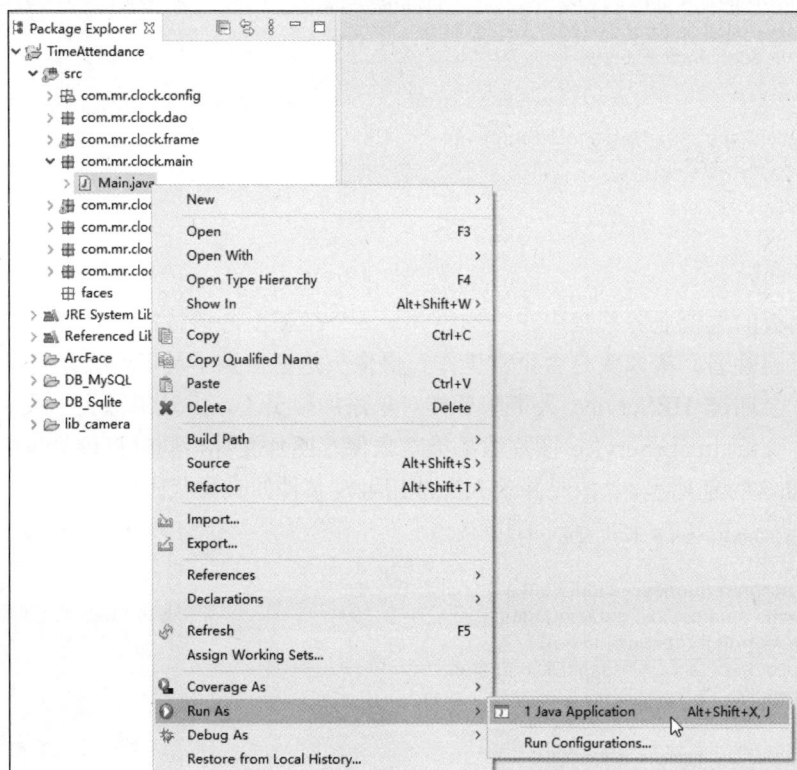

图 24.26 在 Main.java 文件上右击运行项目

24.11.2 无法激活人脸识别引擎

问题描述 1：运行项目后会在控制台提示 "ERROR: ArcFace 引擎激活失败，请检查授权码是否填写错误，或重新联网激活。"

解决方法：没有在 com.mr.clock.config.ArcFace.properties 配置文件中填写正确的激活码，请登录虹软科技的开发者中心，然后重新复制激活码。具体相关操作可以参考源码资源包中附赠的 "项目部署说明" 文档。

问题描述 2：运行项目后会在控制台提示 "ERROR:ArcFace 引擎初始化失败"。

解决方法 1：让计算机连接网络，虹软科技的人脸识别 SDK 即可自动联网激活。

解决方法 2：即使联网也会出现初始化失败的错误，可能是 com.mr.clock.config.ArcFace.properties 配置文件中填写的激活码有误，请登录虹软科技的开发者中心重新复制激活码。

24.11.3　无法连接 MySQL 数据库

问题描述：系统运行后会抛出数据库相关异常，且无法正常读取数据库中的数据。

解决方法：检查 com.mr.clock.config.jdbc.properties 数据库连接配置文件，查看相关设置是否与计算机本地安装的数据库属性一致。需要检查的内容包括数据库账号、数据库密码、数据库 IP、数据库端口和连接的数据库名称，相关属性位置如图 24.27 所示。

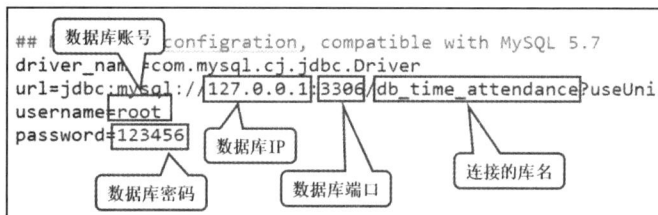

图 24.27　jdbc.properties 配置文件中数据库属性的所在位置

24.11.4　如何切换成 SQLite 数据库

问题描述：我的计算机没有安装 MySQL 数据库或者安装失败，但看到项目中有 SQLite 数据库的相关文件，做哪些操作可以让项目从 MySQL 数据库切换到 SQLite 数据库？

解决方法：修改 com.mr.clock.config.jdbc.properties 数据库连接配置文件，将所有关于 MySQL 的配置注释掉，打开 SQLite 的默认配置，效果如图 24.28 所示。

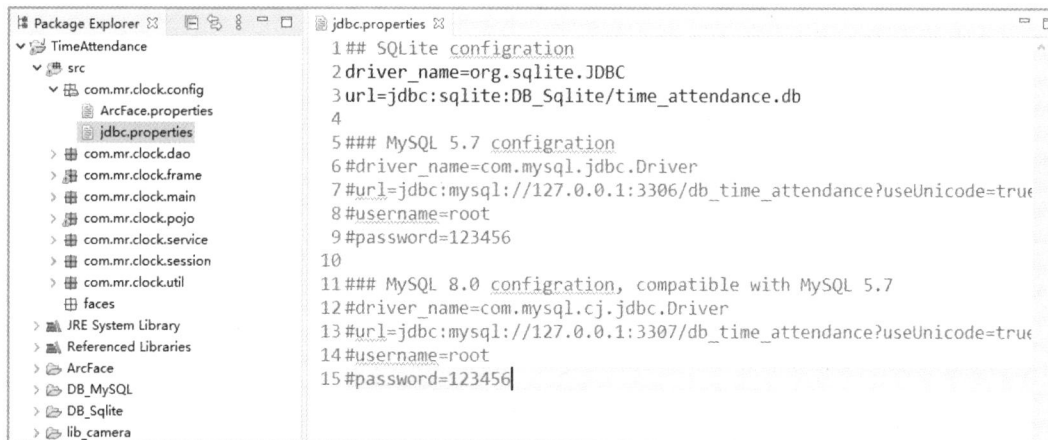

图 24.28　修改 com.mr.clock.config.jdbc.properties 配置文件

修改 com.mr.clock.dao.DAOFactory.java 文件中的代码，将返回的数据库接口改为由 SQLite 的实现类创建，效果如图 24.29 所示。修改完毕后，重启项目，项目就改用 SQLite 数据库了。

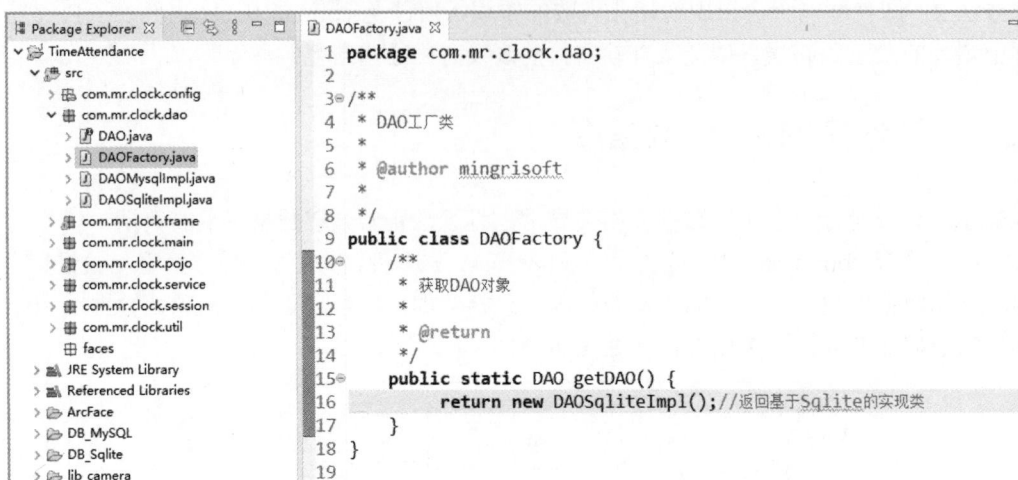

图 24.29　修改 com.mr.clock.dao.DAOFactory.java 工厂类

如果想要还原 SQLite 数据库中的原始数据，只需将资源包中的\DB_Sqlite\time_attendance.db 文件覆盖到项目根目录下的 DB_Sqlite\time_attendance.db 文件中即可。